U0344151

"十二五"国家重点图书出版规划项目

冶金环保手册

柴立元　彭　兵　**主编**

内容简介 / Introduction

环境保护是冶金工业可持续发展的有力保障。本手册是综合性环保工具书，以冶金过程环境保护为主线，系统介绍了冶金环保的基本方法和相关知识。全书共分六章，分别为：冶金工业相关法规与标准；冶金工业污染源监测与评价；冶金过程污染物排放系数；冶金过程“三废”治理技术；冶金过程环境保护设备与设施；冶金工业清洁生产。

本手册可供从事冶金环境保护工作的设计人员、科研人员和工程技术人员使用，也可供大专院校师生参考。

图书在版编目(CIP)数据

冶金环保手册/柴立元，彭兵主编.
—长沙：中南大学出版社，2016.4
ISBN 978-7-5487-2201-4

Ⅰ.冶... Ⅱ.①柴...②彭... Ⅲ.冶金工业-环境保护-手册
Ⅳ.X756-62

中国版本图书馆CIP数据核字(2016)第072778号

冶金环保手册

YEJIN HUANBAO SHOUCE

柴立元 彭 兵 主编

□责任编辑 史海燕 胡业民
□责任印制 易建国
□出版发行 中南大学出版社
社址：长沙市麓山南路 邮编：410083
发行科电话：0731-88876770 传真：0731-88710482
□印 装 长沙鸿和印务有限公司

□开 本 720×1000 1/16 □印张 33.5 □字数 674千字
□版 次 2016年4月第1版 □印次 2016年4月第1次印刷
□书 号 ISBN 978-7-5487-2201-4
□定 价 160.00元

前言

Foreword

冶金是我国重要的基础工业，在促进我国经济发展与社会进步的同时，对环境也造成了一定的影响。我国是金属生产第一大国，2015 年，粗钢产量达到 8.04 亿吨，占全球的 49.5%，十种有色金属产量为 5090 万吨，冠全球十三载。

冶金工业是以开发利用矿产资源为主的重要基础原材料产业，也是能源资源消耗和污染物排放的重点行业。冶金工业产业规模大、生产流程长，使企业面临着很大的环保及社会压力。因此，环境、资源和能源已成为影响中国冶金工业发展的主要因素。冶金工业迫切需要清洁生产减污、污染物资源循环及末端治理等相关技术，实现其可持续发展。

冶金工业为国民经济各部门提供金属材料，也是经济发展的物质基础。冶金工业为人类创造了巨大的物质财富，但同时也造成了严重的环境污染。冶金环保的重要目标是防止和消除冶金工业对环境的危害。冶金过程污染种类很多，防治的方法也多样，主要是减少对环境有毒有害污染物的排放，或将其转化为无毒无害的物质，这种转化过程与冶金工艺有着非常密切的关系。冶金环保的核心是利用物理、化学和生物技术防治环境污染以及在冶金过程中实现清洁生产。

作者团队长期从事冶金环境工程领域的技术研究与开发工作，取得了系列创新性研究成果，对冶金与环境保护有比较全面的掌握。《冶金环保手册》以冶金过程环境保护为主线，系统介绍了冶金环保的基本方法和相关知识。全书共分六章，分别为：冶金工业相关法规与标准；冶金工业污染源监测与评价；冶金过程污染物排放系数；冶金过程“三废”治理技术；冶金过程环境保护设备与设施；冶金工业清洁生产。

本手册由柴立元和彭兵主编，参加本书编写的有王云燕、李燕春、雷杰、彭宁、闫缓、陈栋等。其中，第一章由柴立元、王云燕、雷杰编写，第二章由彭兵、雷杰、彭宁编写，第三章由李燕春、彭兵编写，第四章由柴立元、王云燕、闫缓编写，第五章由彭兵、李燕春编写，第六章由王云燕、李燕春、陈栋编写。全书由彭兵、王云燕统稿，柴立元审稿。

本手册可供从事冶金环境保护工作的设计人员、科研人员和工程技术人员使用，也可供大专院校师生参考。

该手册具有系统性、基础性和实用性的特点，该手册的出版将有利于促进冶金工业节能减排和环境保护的发展，推动冶金与环境保护的共同进步。

目录

Contents

第一章　冶金工业相关法规与标准

冶金工业是金属冶炼及加工成材的工业部门，包括两大类：①黑色金属工业（钢铁工业），即生产铁、锰、铬及其合金的金属工业；②有色金属工业，即生产除铁、锰、铬及其合金以外的其他金属工业，如铜、铝、铅、锌、镍等。冶金工业是重要的原材料工业部门，为国民经济各部门提供金属材料，是经济发展的重要物质基础，同时也是高能耗重污染行业。冶金行业是资源、能源密集型产业，产业规模大、生产流程长，从冶炼到产品的最终产出，需要经过许多道生产工序，产生二氧化硫、焦油及氧化镉、砷化物、铬酸盐等污染物。

现在我国已成为金属生产第一大国。2015 年，我国粗钢产量达到 8.04 亿 t，占全球的 49.5%；十种有色金属产量为 5090 万 t，冠全球十三载。虽然我国冶金工业取得了很大的进步，但是要保证其今后健康可持续发展，还存在着资源、能源和环境等制约自身发展的重大问题，具体为：

(1)矿产资源危机日趋严重

中国铁矿资源不足，富铁矿较少，人均拥有量仅为世界人均铁矿资源量的 34.8%，可供开发利用的资源仅为总资源量的 53%，资源品质较差，矿石类型复杂，竞争能力弱。我国有色矿产资源紧缺，多数已探明可开采的有色金属品种储量仅够开采 20 多年。如锑矿，我国已开发利用的锑矿储量占全国总储量的 83%，且大部分富矿和易采矿都已经耗尽，后备资源严重不足。

(2)行业整体综合利用率不高

我国矿产资源具有大矿少、中小矿多，富矿少、贫矿多，单一矿物少、共生矿多的特点，开采难度大，在资源开发利用过程中(采、选、冶、加工)均有较多的金属流失，金属回收率低。自然资源和能源的日益减少，世界人口的不断增长和环境的持续恶化，使得金属的回收和再生利用成为全球的研究重点。目前，发达国家铜、铝、铅回收利用率已超过了 50%，而中国仅为 30% 左右。

(3)能耗高

我国能源利用效率仅为 33%，比发达国家低 10 个百分点。我国产品单位能耗高出国际先进水平 15% 左右。钢铁行业是传统能耗大户，全行业总能耗约占全国总能耗的 15%，钢铁的单位产品能耗和国际先进水平相差 21.4%。

(4)环境污染严重

由于我国矿物金属品位低，原生矿结构比较复杂，并常与有毒金属和非金属元素共生，所以在采矿、选矿、冶炼和加工等过程中均有大量废气、废水和废渣

(石)产生及排放，造成严重的环境污染。

冶金工业是高能耗重污染的行业。要改善我国的环境质量，实现整个社会的可持续发展，就必须走新型的冶金工业化道路，必须改变粗放型的经济发展模式，走科技含量高、经济效益好、生态良好、人与自然和谐的发展道路。而我国是一个人均资源量匮乏的大国，因此只有走以最有效利用资源和保护环境为基础的循环经济之路，才有可能实现冶金工业的可持续发展。对于冶金工业的发展，必须抓住两个方面：一是实施技术改造和结构性调整，二是严格限制排放、大幅度削减污染物排放量。这就需要相应的环境法规和行业标准来满足冶金工业环境保护的要求。

我国非常重视环境保护立法工作。《中华人民共和国宪法》明确规定："国家保护和改善生活环境和生态环境，防治污染和其他公害。""国家保障自然资源的合理利用，保护珍贵的动物和植物。禁止任何组织或者个人用任何手段侵占或者破坏自然资源。"《中华人民共和国刑法》明确规定："'重大环境污染事故罪'违反国家规定，排放、倾倒或者处置有放射性的废物、含传染病病原体的废物、有毒物质或者其他有害物质，严重污染环境的，处三年以下有期徒刑或者拘役，并处或者单处罚金；后果特别严重的，处三年以上七年以下有期徒刑，并处罚金。'非法处置进口的固体废物罪；擅自进口固体废物罪；走私固体废物罪'违反国家规定，将境外的固体废物进境倾倒、堆放、处置的，处五年以下有期徒刑或者拘役，并处罚金；造成重大环境污染事故，致使公私财产遭受重大损失或者严重危害人体健康的，处五年以上十年以下有期徒刑，并处罚金；后果特别严重的，处十年以上有期徒刑，并处罚金。未经国务院有关主管部门许可，擅自进口固体废物用作原料，造成重大环境污染事故，致使公私财产遭受重大损失或者严重危害人体健康的，处五年以下有期徒刑或者拘役，并处罚金；后果特别严重的，处五年以上十年以下有期徒刑，并处罚金。以原料利用为名，进口不能用作原料的固体废物、液态废物、气态废物的，依照本法第一百五十五条第二款、第三款的规定定罪处罚。'环境监管失职罪'负有环境保护监督管理职责的国家机关工作人员严重不负责任，导致发生重大环境污染事故，致使公私财产遭受重大损失或者造成人身伤亡的严重后果的，处三年以下有期徒刑或者拘役。将严重危害自然环境、破坏野生动植物资源的行为定为危害公共安全罪和破坏社会主义经济秩序罪。"

1.1 全国人大常委会颁布的相关法令

1.1.1 《中华人民共和国环境保护法》(2015)

1979 年 9 月 13 日第五届全国人民代表大会常务委员会第十一次会议原则通过了《中华人民共和国环境保护法(试行)》，并由全国人民代表大会常务委员会令第 2 号公布试行。1989 年 12 月 26 日第七届全国人民代表大会常务委员会第十一次会议通过《中华人民共和国环境保护法》，1989 年 12 月 26 日中华人民共和国主席令第 22 号公布施行，《中华人民共和国环境保护法(试行)》同时废止。

由中华人民共和国第十二届全国人民代表大会常务委员会第八次会议于 2014 年 4 月 24 日修订通过的《中华人民共和国环境保护法》，自 2015 年 1 月 1 日起施行。新修订的环境保护法法律条文从原来的 6 章增加到 7 章，从 47 条增加到了 70 条，修订后的法律对于保护和改善环境、防治污染、保障公众健康、推进生态文明建设、促进经济社会可持续发展具有重要意义。

该法对环境进行了定义，并规定其适用范围，鼓励环境保护科学教育事业的发展，加强环境保护科学技术的研究和开发，提高环境保护科学技术水平，普及环境保护的科学知识；对国家环境质量标准、地方环境标准、国家污染物排放标准的制定进行了规定，环境污染项目必须遵守国家有关建设项目环境保护管理的规定；对环境质量的保护和改善做了相关规定，开发利用自然资源，必须采取措施保护生态环境，各级人民政府应当加强对农业环境、海洋环境的保护，保护植被、水域和自然景观，加强城市园林、绿地和风景名胜区的建设，防治环境污染和其他公害；对新建工业企业和现有工业企业的技术改造，应当采用资源利用率高、污染物排放量少的设备和工艺，采用经济合理的废弃物综合利用技术和污染物处理技术，建设项目中防治污染的措施，必须与主体工程同时设计、同时施工、同时投产使用；对造成环境严重污染的企业事业单位，限期治理，禁止引进不符合我国环境保护规定要求的技术和设备。本法对违反规定，造成环境污染危害、重大环境污染事故的行为，根据不同情节，给予不同程度的惩罚；对环境保护监督管理人员滥用职权、玩忽职守、徇私舞弊的，由其所在单位或者上级主管机关给予行政处分，构成犯罪的，依法追究刑事责任。

受限于原有的法律规定，长期以来，中国环保部门的处罚力度、执法手段都相当有限，难以震慑日益猖獗的环境违法行为。新《环境保护法》提供了一系列足以改变现状、有针对性的执法利器：①新增“按日计罚”的制度，即对持续性的环境违法行为进行按日、连续罚款。这意味着，非法偷排、超标排放、逃避检测等行为，违反的时间越久，罚款越多。之前法律规定的针对环境违法的罚款，是一个定数，数额并不大，导致违法成本较低，不少企业因而怠于治污。新法施行“按日计罚”之后，罚款数额上不封顶，将倒逼违法企业迅速纠正污染行为。②新的《环境保护法》作为一部行政法律，规定了行政拘留的处罚措施，对污染违法者将动用最严厉的行政处罚手段。新法规定：对情节严重的环境违法行为适用行政拘留；对有弄虚作假行为的环境监测机构以及环境监测设备和防治污染设施维护、运营机构，规定承担连带责任。③新《环境保护法》规定是：领导干部虚报、谎报、瞒报污染情况，将会引咎辞职；面对重大的环境违法事件，地方政府分管领导、环保部门等监管部门主要负责人将引咎辞职。④新《环境保护法》还是一部开放的法律，设立了环保公益诉讼制度，将民间力量有序地纳入环境治理的机制中。在修订草案二审时，曾将环保公益诉讼的主体限定为一家“国字号”环保组织；在之后的几次修订中，法律诉讼主体得到进一步扩大，最终被规定为“依法在设区的市级以上人民政府民政部门登记，专门从事环境保护公益活动连续五年以上且信誉良好的社会组织”。同时，新法还规定：“符合规定的社会组织向人民法院提起诉讼，人民法院应当依法受理。”

1.1.2 《中华人民共和国矿产资源法》(2009)

《中华人民共和国矿产资源法》是为了发展矿业，加强矿产资源的勘查、开发利用和保护工作，保障社会主义现代化建设的当前和长远的需要，根据中华人民共和国宪法而制定的，于1986年3月19日第六届全国人民代表大会常务委员会第十五次会议通过。根据1996年8月29日第八届全国人民代表大会常务委员会第二十一次会议《关于修改〈中华人民共和国矿产资源法〉的决定》修正，1996年8月29日中华人民共和国主席令第74号公布，自1997年1月1日起施行。根据2009年8月27日第十一届全国人民代表大会常务委员会第十次会议《全国人民代表大会常务委员会关于修改部分法律的决定》对部分内容进行了第一次修正。

本法指明了矿产资源属于国家所有，由国务院行使国家对矿产资源的所有权，国家保障矿产资源的合理开发利用，禁止任何组织或者个人用任何手段侵占或者破坏矿产资源，要求各级人民政府必须加强矿产资源的保护工作，国家保障依法设立的矿山企业开采矿产资源的合法权益。国家鼓励矿产资源勘查、开发的科学技术研究，推广先进技术，提高矿产资源勘查、开发的科学技术水平。本法对矿产资源勘查的登记和开采的审批作了明确的规定，对矿产资源勘查实行统一的区块登记管理制度，勘查成果档案资料和各类矿产储量的统计资料，实行统一的管理制度，按照国务院规定汇交或者填报，对国家规定实行保护性开采的特定矿种，实行有计划的开采。同时对矿产资源的勘查、开采做了相应规定，区域地质调查按照国家统一规划进行，矿床勘探报告及其他有价值的勘查资料，按照国务院规定实行有偿使用，开采矿产资源，必须遵守国家劳动安全卫生规定和有关环境保护的法律规定。此外，国家对集体矿山企业和个体采矿实行积极扶持、合理规划、正确引导、加强管理的方针。

1.1.3 《中华人民共和国可再生能源法》(2010)

《中华人民共和国可再生能源法》是为了促进可再生能源的开发利用，增加能源供应，改善能源结构，保障能源安全，保护环境，实现经济社会的可持续发展而制定的，已由中华人民共和国第十届全国人民代表大会常务委员会第十四次会议于2005年2月28日通过，2005年2月28日中华人民共和国主席令第33号公布，自2006年1月1日起施行。2009年12月26日第十一届全国人民代表大会常务委员会第十二次会议《关于修改〈中华人民共和国可再生能源法〉的决定》对本法进行了修正，自2010年4月1日起施行。

本法所称可再生能源，是指风能、太阳能、水能、生物质能、地热能、海洋能等非化石能源，国家将可再生能源的开发利用列为能源发展的优先领域。国务院能源主管部门负责组织和协调全国可再生能源资源的调查，并制定全国可再生能源开发利用中长期总量目标、全国可再生能源开发利用规划、可再生能源产业发展指导目录以及相关的行业标准。国家将可再生能源开发利用的科学技术研究和产业化发展列为科技发展与高技术产业发展的优先领域，纳入国家科技发展规划和高技术产业发展规划，并安排资金支持可再生能源开发利用的科学技术研究、应用示范和产业化发展，鼓励和支持可再生能源并网发电，实行可再生能源发电全额保障性收购制度，鼓励清洁、高效地开发利用生物质燃料，鼓励发展能源作物，鼓励单位和个人安装和使用太阳能热水系统、太阳能供热采暖和制冷系统、太阳能光伏发电系统等太阳能利用系统，鼓励和支持农村地区的可再生能源开发利用。国家财政设立可再生能源发展基金，用于补偿电网企业为收购可再生能源电量而支付的合理的接网费用、建设公共可再生能源独立电力系统的销售电价等。国家对列入可再生能源产业发展指导目录的项目给予税收优惠，对符合信贷条件的可再生能源开发利用项目，金融机构可以提供有财政贴息的优惠贷款。

1.1.4 《中华人民共和国水法》(2002)

《中华人民共和国水法》是为了合理开发、利用、节约和保护水资源，防治水害，实现水资源的可持续利用，适应国民经济和社会发展的需要而制定的法规。第九届全国人民代表大会常务委员会第二十九次会议于2002年8月29日修订通过，2002年8月29日中华人民共和国主席令第74号公布，自2002年10月1日起施行。

在中华人民共和国领域内开发、利用、节约、保护、管理水资源，防治水害，适用本法。本法所称水资源，包括地表水和地下水。水资源属于国家所有。水资源的所有权由国务院代表国家行使。农村集体经济组织的水塘和由农村集体经济组织修建管理的水库中的水，归该农村集体经济组织使用。开发、利用、节约、保护水资源和防治水害，应当全面规划、统筹兼顾、标本兼治、综合利用、讲求效益，发挥水资源的多种功能，协调好生活、生产经营和生态环境用水。县级以上人民政府应当加强水利基础设施建设，并将其纳入本级国民经济和社会发展计划。国家鼓励单位和个人依法开发、利用水资源，并保护其合法权益。开发、利用水资源的单位和个人有依法保护水资源的义务。国家对水资源依法实行取水许可制度和有偿使用制度。但是，农村集体经济组织及其成员使用本集体经济组织的水塘、水库中的水除外。国务院水行政主管部门负责全国取水许可制度和水资源有偿使用制度的组织实施。国家厉行节约用水，大力推行节约用水措施，推广节约用水新技术、新工艺，发展节水型工业、农业和服务业，建立节水型社会。

各级人民政府应当采取措施，加强对节约用水的管理，建立节约用水技术开发推广体系，培育和发展节约用水产业。单位和个人均有节约用水的义务。国家保护水资源，采取有效措施，保护植被，植树种草，涵养水源，防治水土流失和水体污染，改善生态环境。国家鼓励和支持开发、利用、节约、保护、管理水资源和防治水害的先进科学技术的研究、推广和应用。在开发、利用、节约、保护、管理水资源和防治水害等方面成绩显著的单位和个人，由人民政府给予奖励。国家对水资源实行流域管理与行政区域管理相结合的管理体制。

1.1.5 《中华人民共和国水污染防治法》(2008)

《中华人民共和国水污染防治法》是为了防治水污染，保护和改善环境，保障饮用水安全，促进经济社会全面协调可持续发展而制定的，1984 年 5 月 11 日第六届全国人民代表大会常务委员会第五次会议通过，根据 1996 年 5 月 15 日第八届全国人民代表大会常务委员会第十九次会议《关于修改〈中华人民共和国水污染防治法〉的决定》修正，2008 年 2 月 28 日第十届全国人民代表大会常务委员会第三十二次会议修订，2008 年 2 月 28 日中华人民共和国主席令第 87 号公布，自 2008 年 6 月 1 日起施行。

水污染防治应当坚持预防为主、防治结合、综合治理的原则，优先保护饮用水水源，严格控制工业污染、城镇生活污染，防治农业面源污染，积极推进生态治理工程建设，预防、控制和减少水环境污染和生态破坏。国家实行水环境保护目标责任制和考核评价制度，鼓励、支持水污染防治的科学技术研究和先进适用技术的推广应用，加强水环境保护的宣传教育，任何单位和个人都有义务保护水环境。国务院环境保护主管部门制定国家水环境质量标准、国家水污染物排放标准，并适时修订水环境质量标准和水污染物排放标准。国家实行排污许可制度，建立水环境质量监测和水污染物排放监测制度，对重点水污染物排放实施总量控制制度。水污染防治措施规定禁止向水体排放油类、酸液、碱液或者剧毒废液，禁止向水体排放、倾倒放射性固体废物或者含有高放射性和中放射性物质的废水，禁止向水体排放、倾倒工业废渣、城镇垃圾和其他废弃物等。国家对严重污染水环境的落后工艺和设备实行淘汰制度，禁止新建不符合国家产业政策的炼硫、炼砷、钢铁等严重污染水环境的生产项目，建立饮用水水源保护区制度，在饮用水水源保护区内，禁止设置排污口。同时规定可能发生水污染事故的企业事业单位，应当制定有关水污染事故的应急方案，做好应急准备。违反本法规定，根据情节的严重程度，给予不同程度的处分和罚款；构成违反治安管理行为的，依法给予治安管理处罚；构成犯罪的，依法追究刑事责任。

1.1.6 《中华人民共和国大气污染防治法》(2000)

我国在 1987 年制定了《大气污染防治法》，1995 年作了修改，时隔五年，又在 2000 年对这部法律作出了修订。《中华人民共和国大气污染防治法》是为防治大气污染，保护和改善生活环境和生态环境，保障人体健康，促进经济和社会的可持续发展而制定的，已由中华人民共和国第九届全国人民代表大会常务委员会第十五次会议于 2000 年 4 月 29 日修订通过，自 2000 年 9 月 1 日起施行。2015 年 8 月 29 日第十届全国人民代表大会常务委员会第十六次会议第二次修订。

本法规定国务院和地方各级人民政府必须将大气环境保护工作纳入国民经济和社会发展计划，合理规划工业布局，加强防治大气污染的科学研究，采取防治大气污染的措施，保护和改善大气环境。国家采取措施，有计划地控制或者逐步削减各地方主要大气污染物的排放总量。县级以上人民政府环境保护行政主管部门对大气污染防治实施统一监督管理。任何单位和个人都有保护大气环境的义务，并有权对污染大气环境的单位和个人进行检举和控告。国务院环境保护行政主管部门制定国家大气环境质量标准、国家大气污染物排放标准，省、自治区、直辖市人民政府可以制定地方标准、地方排放标准。国家鼓励和支持大气污染防治的科学技术研究，推广先进适用的大气污染防治技术，鼓励和支持开发、利用太阳能、风能、水能等清洁能源，鼓励和支持环境保护产业的发展。新建、扩建、改建向大气排放污染物的项目，必须遵守国家有关建设项目环境保护管理的规定。向大气排放污染物的，其污染物排放浓度不得超过国家和地方规定的排放标准。国家实行征收排污费制度，制定排污费的征收标准。企业应当优先采用能源利用效率高、污染物排放量少的清洁生产工艺，减少大气污染物的产生。国务院环境保护行政主管部门建立大气污染监测制度，组织监测网络，制定统一的监测方法。本法同时对防治燃煤产生的大气污染、防治机动车船排放污染、防治废气、尘和恶臭污染做了相应的规定，要求改进城市能源结构，推广清洁能源的生产和使用，鼓励和支持洁净煤技术的开发和推广，鼓励生产和消费使用清洁能源的机动车船等。对违反本法规定的行为，根据不同情节，责令停止违法行为，限期改正，给予警告或者处以罚款，构成犯罪的依法追究刑事责任。

1.1.7 《中华人民共和国固体废物污染环境防治法》(2005)

《中华人民共和国固体废物污染环境防治法》是为了防治固体废物污染环境，保障人体健康，维护生态安全，促进经济社会可持续发展而制定的，已由中华人民共和国第十届全国人民代表大会常务委员会第十三次会议于 2004 年 12 月 29 日修订通过，2004 年 12 月 29 日中华人民共和国主席令第 31 号公布，自 2005 年 4 月 1 日起施行。2013 年 6 月 29 日第十二届全国人民代表大会常务委员会第三次会议通过对《中华人民共和国固体废物污染环境防治法》作出修改，将第四十四条第二款修改为："禁止擅自关闭、闲置或者拆除生活垃圾处置的设施、场所；确有必要关闭、闲置或者拆除的，必须经所在地的市、县人民政府环境卫生行政主管部门和环境保护行政主管部门核准，并采取措施，防止污染环境。"

本法适用于中华人民共和国境内固体废物污染环境的防治。国家对固体废物污染环境的防治，实行减少固体废物的产生量和危害性、充分合理利用固体废物和无害化处置固体废物的原则，促进清洁生产和循环经济发展，鼓励、支持采取有利于保护环境的集中处置固体废物的措施，促进固体废物污染环境防治产业发展。国家实行污染者依法负责的原则，鼓励单位和个人购买、使用再生产品和可重复利用产品。任何单位和个人都有保护环境的义务，并有权对造成固体废物污染环境的单位和个人进行检举和控告。国务院制定国家固体废物污染环境防治技术标准，建立固体废物污染环境监测制度，制定统一的监测规范，制定防治工业固体废物污染环境的技术政策，组织推广先进的防治工业固体废物污染环境的生产工艺和设备。产生工业固体废物的单位应当建立、健全污染环境防治责任制度，采取防治工业固体废物污染环境的措施。企业事业单位应当合理选择和利用原材料、能源和其他资源，采用先进的生产工艺和设备，减少工业固体废物的产生量，降低工业固体废物的危害性。本法对危险废物污染环境的防治做了特别规定，国务院制定国家危险废物名录，规定统一的危险废物鉴别标准、鉴别方法和识别标志。产生危险废物的单位，必须按照国家有关规定制定危险废物管理计划，按照国家有关规定处置危险废物，不得擅自倾倒、堆放，禁止将危险废物混入非危险废物中贮存，产生、收集、贮存、运输、利用、处置危险废物的单位，应当制定意外事故的防范措施和应急预案，禁止过境转移危险废物。

1.1.8 《中华人民共和国环境噪声污染防治法》(1997)

1989 年 9 月 26 日国务院发布《中华人民共和国环境噪声污染防治条例》，自 1989 年 12 月 1 日起施行，宗旨是防治环境噪声污染，保障人们有良好的生活环境，保护人体健康。《中华人民共和国环境噪声污染防治法》是为防治环境噪声污染，保护与改善生活环境，保障人体健康，促进经济社会发展而制定的，已由中华人民共和国第八届全国人民代表大会常务委员会第二十二次会议于 1996 年 10 月 29 日通过，1996 年 10 月 29 日中华人民共和国主席令第 77 号公布，自 1997 年 3 月 1 日起施行，《中华人民共和国环境噪声污染防治条例》同时废止。

本法所称环境噪声是指在工业生产、建筑施工、交通运输和社会中所产生的干扰周围生活环境的声音，环境噪声污染是指所产生的环境噪声超过国家规定的环境噪声排放标准，并干扰他人生活、工作、学习的现象。本法规定环境噪声污染防治工作应当纳入环境保护规划，任何单位和个人都有保护环境的义务，并有权对造成环境噪声污染的单位和个人进行检举和控告，国家鼓励和支持环境噪声污染防治的科学研究、技术开发、推广先进的防治技术和普及防治环境噪声污染的科学知识。国务院环境保护行政主管部门制定国家噪声环境质量标准、国家环境噪声排放标准，建立环境噪声监测制度，制定监测规范，新建、改建、扩建的建设项目，必须遵守国家有关建设项目环境保护管理的规定，产生环境噪声污染的企事业单位，必须保持防治环境噪声污染防治设施的正常使用，采取措施进行治理，并按照国家规定缴纳超标准排污费。在城市范围内向周围生活环境排放工业噪声的，应当符合国家规定的工业企业厂界环境噪声排放标准，排放建筑施工噪声的，应当符合国家规定的建筑施工场界环境噪声排放标准。对违反本法规定的行为，根据不同情节，给予警告或者处以罚款，构成犯罪的，依法追究刑事责任。

1.1.9　《中华人民共和国环境影响评价法》(2003)

《中华人民共和国环境影响评价法》是为了实施可持续发展战略，预防因规划和建设项目实施后对环境造成不良影响，促进经济、社会和环境的协调发展而制定的，已由中华人民共和国第九届全国人民代表大会常务委员会第三十次会议于2002年10月28日通过并同时公布，自2003年9月1日起施行。

本法所称环境影响评价，是指对规划和建设项目实施后可能造成的环境影响进行分析、预测和评估，提出预防或者减轻不良环境影响的对策和措施，并对其进行跟踪监测的方法与制度。国家鼓励有关单位、专家和公众以适当方式参与环境影响评价，鼓励和支持对环境影响评价的方法、技术规范进行科学研究，建立必要的环境影响评价信息共享制度，提高环境影响评价的科学性。国务院有关部门、设区的市级以上地方人民政府及有关部门，对其组织编制的土地利用的有关规划，应当在规划编制过程中组织进行环境影响评价，编写该规划有关环境影响的篇章或者说明，对其组织编制的工业、农业、畜牧业、林业、能源、水利、交通、城市建设、旅游、自然资源开发的有关专项规划，应当在该专项规划草案上报审批前，组织进行环境影响评价，并向审批该专项规划的机关提出环境影响报告书，对环境有重大影响的规划实施后，编制机关应当及时组织环境影响的跟踪评价，并将评价结果报告审批机关。国家根据建设项目对环境的影响程度，对建设项目的环境影响评价实行分类管理，建设项目的环境影响评价，应当避免与规划的环境影响评价相重复，环境影响评价文件中的环境影响报告书或者环境影响报告表，应当由具有相应环境影响评价资质的机构编制。环境保护行政主管部门应当对建设项目投入生产或者使用后所产生的环境影响进行跟踪检查，对造成严重环境污染或者生态破坏的，应当查清原因、查明责任。对违反本法规定的，根据不同情节，依法给予罚款、行政处分，构成犯罪的，依法追究刑事责任。省、自治区、直辖市人民政府可以根据本地的实际情况、要求对本辖区的县级人民政府编制的规划进行环境影响评价。

1.1.10　《中华人民共和国清洁生产促进法》(2012)

《中华人民共和国清洁生产促进法》是为促进清洁生产，提高资源利用效率，减少和避免污染物的产生，保护和改善环境，保障人体健康，促进经济与社会可持续发展而制定的，经2002年6月29日第九届全国人民代表大会常务委员会第二十八次会议通过，2002年6月29日中华人民共和国主席令第72号公布，自2003年1月1日起施行。后根据2012年2月29日第十一届全国人民代表大会常务委员会第二十五次会议《关于修改〈中华人民共和国清洁生产促进法〉的决定》修正，自2012年7月1日起施行。

本法所称清洁生产，是指不断采取改进设计、使用清洁的能源和原料、采用先进的工艺技术与设备、改善管理、综合利用等措施，从源头削减污染，提高资源利用效率，减少或者避免生产、服务和产品使用过程中污染物的产生和排放，以减轻或者消除对人类健康和环境的危害。本法要求从事生产和服务活动的单位以及从事相关管理活动的部门依照本法规定，组织、实施清洁生产。国家鼓励和促进清洁生产，鼓励开展有关清洁生产的科学研究、技术开发和国际合作，组织宣传、普及清洁生产知识，推广清洁生产技术，鼓励社会团体和公众参与清洁生产的宣传、教育、推广、实施及监督。国务院依法制定有利于实施清洁生产的财政税收政策，编制国家清洁生产推行规划，确定本行业清洁生产的重点项目，制定行业专项清洁生产推行规划并组织实施，定期发布清洁生产技术、工艺、设备和产品导向目录，组织编制重点行业或者地区的清洁生产指南，制定并发布限期淘汰的生产技术、工艺、设备以及产品的名录。新建、改建和扩建项目应当优先采用资源利用率高以及污染物产生量少的清洁生产技术、工艺和设备，企业在进行技术改造过程中，应当采取相应的清洁生产措施，矿产资源的勘查、开采，应当采用有利于合理利用资源、保护环境和防止污染的勘查、开采方法和工艺技术，提高资源利用水平。国家建立清洁生产表彰奖励制度，对在清洁生产工作中做出显著成绩的单位和个人，由人民政府给予表彰和奖励。对违反本法规定者，根据不同情节给予相应处分。

1.1.11 《中华人民共和国节约能源法》(2007)

《中华人民共和国节约能源法》于1997年11月1日第八届全国人民代表大会常务委员会第二十八次会议通过，2007年10月28日第十届全国人民代表大会常务委员会第三十次会议修订。2007年10月28日中华人民共和国主席令第77号公布，自2008年4月1日起施行。

为了推动全社会节约能源，提高能源利用效率，保护和改善环境，促进经济社会全面协调可持续发展，制定本法。本法所称能源，是指煤炭、石油、天然气、生物质能和电力、热力以及其他直接或者通过加工、转换而取得有用能的各种资源。本法所称节约能源(以下简称节能)，是指加强用能管理，采取技术上可行、经济上合理以及环境和社会可以承受的措施，从能源生产到消费的各个环节，降低消耗、减少损失和污染物排放、制止浪费，有效、合理地利用能源。节约资源是我国的基本国策。国家实施节约与开发并举、把节约放在首位的能源发展战略。国务院和县级以上地方各级人民政府应当将节能工作纳入国民经济和社会发展规划、年度计划，并组织编制和实施节能中长期专项规划、年度节能计划。国务院和县级以上地方各级人民政府每年向本级人民代表大会或者其常务委员会报告节能工作。国家实行节能目标责任制和节能考核评价制度，将节能目标完成情况作为对地方人民政府及其负责人考核评价的内容。省、自治区、直辖市人民政府每年向国务院报告节能目标责任的履行情况。国家实行有利于节能和环境保护的产业政策，限制发展高耗能、高污染行业，鼓励发展节能环保型产业。国务院和省、自治区、直辖市人民政府应当加强节能工作，合理调整产业结构、企业结构、产品结构和能源消费结构，推动企业降低单位产值能耗和单位产品能耗，淘汰落后的生产能力，改进能源的开发、加工、转换、输送、储存和供应，提高能源利用效率。国家鼓励、支持开发和利用新能源、可再生能源以及节能科学技术的研究、开发、示范和推广，促进节能技术创新与进步等。

1.2　国务院颁布的相关法令和条例

1.2.1　国务院关于环境保护工作的有关决定

(1)国务院《关于环境保护工作的决定》(1984)

保护和改善生活环境和生态环境，防治污染和自然环境破坏，是我国社会主义现代化建设中的一项基本国策。为了实现党的十二大提出的促进社会主义经济建设全面高涨的任务，保障环境保护和经济建设协调发展，使我们的环境状况同国民经济发展以及人民物质文化生活水平的提高相适应，1984 年 5 月 8 日国务院发布了《关于环境保护工作的决定》。文件从七个方面做了具体的规定：一、成立国务院环境保护委员会；二、原国家计委、国家经委、国家科委负责做好国民经济、社会发展计划和生产建设、科学技术发展中的环境保护综合平衡工作；工交、农林水、海洋、卫生、外贸、旅游等有关部门以及军队，要负责做好本系统的污染防治和生态保护工作；三、各省、自治区、直辖市人民政府，各市、县人民政府，都应有一名负责同志分管环境保护工作；四、新建、扩建、改建项目(包括小型建设项目)和技术改造项目，以及一切可能对环境造成污染和破坏的工程建设和自然开发项目，都必须严格执行防治污染和生态破坏的措施与主体工程同时设计、施工、投产的规定；五、老企业的污染治理，要认真执行国务院《关于结合技术改造防治工业污染的几项规定》(国发〔1983〕20 号文)；六、采取鼓励综合利用的政策；七、环境保护部门为建设监测系统、科研院所和学校以及环境保护示范工程所需要的基本建设投资，按计划管理体制，分别纳入中央和地方的投资计划。

(2)国务院《关于进一步加强环境保护工作的决定》(1990)

保护和改善生产环境与生态环境、防治污染和其他公害，是我国的一项基本国策。经过长期努力，我国的环境保护工作取得了一定进展。但是，随着人口的增长和现代工业的发展，向环境中排放的有害物质大量增加，还有局部地区人为造成的对自然生态环境的损害，致使环境质量逐步恶化。防治环境污染和生态破坏已成为十分紧迫的任务。为促使经济持续、稳定、协调发展，深入贯彻执行《中华人民共和国环境保护法》，在改革开放中进一步搞好环境保护工作，1990 年 12 月 5 日，国务院发布了《关于进一步加强环境保护工作的决定》。

《关于进一步加强环境保护工作的决定》从八个方面做了具体的规定：一、严格执行环境保护法律法规；二、依法采取有效措施防治工业污染；三、积极开展城市环境综合整治工作；四、在资源开发利用中重视生态环境的保护；五、利用多种形式开展环境保护宣传教育；六、积极研究开发环境保护科学技术；七、积极参与解决全球环境问题的国际合作；八、实行环境保护目标责任制。文件要求各级人民政府、各部门、各企事业单位及有关部门严格遵守和执行。

(3) 国务院《关于环境保护若干问题的决定》(1996)

为进一步落实环境保护基本国策，实施可持续发展战略，贯彻《中华人民共和国国民经济和社会发展"九五"计划和 2010 年远景目标纲要》，实现到 2000 年力争使环境污染和生态破坏加剧的趋势得到基本控制，部分城市和地区的环境质量有所改善的环境保护目标，1996 年 8 月 3 日国务院颁布了《关于环境保护若干问题的决定》。

《关于环境保护若干问题的决定》从十个方面做了明确的规定：一、明确目标，实行环境质量行政领导负责制；二、突出重点，认真解决区域环境问题；三、严格把关，坚决控制新污染；四、限期达标，加快治理老污染；五、采取有效措施，禁止转嫁废物污染；六、维护生态平衡，保护和合理开发自然资源；七、完善环境经济政策，切实增加环境保护投入；八、严格环保执法，强化环境监督管理；九、积极开展环境科学研究，大力发展环境保护产业；十、加强宣传教育，提高全民环境意识。文件要求各地区、各部门在参加有关国际活动时，应认真贯彻和积极宣传我国政府关于全球性环境问题的原则立场，维护我国和发展中国家的利益。国务院责成原国家环保总局会同监察部等有关部门监督检查本次决定的贯彻情况，向国务院做出报告。

(4) 国务院《关于落实科学发展观加强环境保护的决定》(2005)

为全面落实科学发展观，加快构建社会主义和谐社会，实现全面建设小康社会的奋斗目标，必须把环境保护摆在更加重要的战略位置，2005 年 12 月 3 日，国务院发布了《关于落实科学发展观加强环境保护的决定》。

《关于落实科学发展观加强环境保护的决定》从六个方面做了明确的规定：一、充分认识做好环境保护工作的重要意义；二、用科学发展观统领环境保护工作；三、经济社会发展必须与环境保护相协调；四、切实解决突出的环境问题；五、建立和完善环境保护的长效机制；六、加强对环境保护工作的领导。文件要求各省、自治区、直辖市人民政府和国务院各有关部门要按照本决定的精神，制订措施，抓好落实。环保总局要会同监察部监督检查本决定的贯彻执行情况，每年向国务院作出报告。

(5)国务院《关于加强环境保护重点工作的意见》(2011)

多年来，我国积极实施可持续发展战略，将环境保护放在重要的战略位置，不断加大解决环境问题的力度，取得了明显成效。但由于产业结构和布局仍不尽合理，污染防治水平仍然较低，环境监管制度尚不完善等原因，环境保护形势依然十分严峻。

为深入贯彻和落实科学发展观，加快推动经济发展方式转变，提高生态文明建设水平，2011 年 10 月 17 日，国务院印发《关于加强环境保护重点工作的意见》。该《意见》分为全面提高环境保护监督管理水平、着力解决影响科学发展和损害群众健康的突出环境问题、改革创新环境保护体制机制三部分。

全面提高环境保护监督管理水平部分从四个方面做了明确规定：一、严格执行环境影响评价制度；二、继续加强主要污染物总量减排；三、强化环境执法监管；四、有效防范环境风险和妥善处置突发环境事件。着力解决影响科学发展和损害群众健康的突出环境问题部分，从七个方面做了明确规定：一、切实加强重金属污染防治；二、严格化学品环境管理；三、确保核与辐射安全；四、深化重点领域污染综合防治；五、大力发展环保产业；六、加快推进农村环境保护；七、加大生态保护力度。改革创新环境保护体制机制部分从五个方面做了明确规定：一、继续推进环境保护历史性转变；二、实施有利于环境保护的经济政策；三、不断增强环境保护能力；四、健全环境管理体制和工作机制；五、强化对环境保护工作的领导和考核。文件要求各地区、各部门要加强协调配合，明确责任、分工和进度要求，认真落实本意见。环境保护部要会同有关部门加强对本意见落实情况的监督检查，重大情况向国务院报告。

1.2.2　国务院关于建设项目环境保护的有关规定

(1)《建设项目环境保护管理条例》(1998)

为进一步加强建设项目的环境保护管理，严格控制新的污染，加快治理原有污染，经国务院同意，根据《中华人民共和国环境保护法(试行)》和基本建设的有关规定，1986 年 3 月 26 日，国务院对原国家计委、国家建委、国家经委、国务院环境保护领导小组 1981 年 5 月 11 日国环〔1981〕12 号文《基本建设项目环境保护管理办法》进行了修改，重新制定了《建设项目环境保护管理办法》。为了防止建设项目产生新的污染、破坏生态环境，1998 年 11 月 18 日国务院第十次常务会议通过并发布《建设项目环境保护管理条例》，自 1998 年 11 月 29 日发布施行。

《建设项目环境保护管理条例》适用于中华人民共和国领域和中华人民共和国管辖的其他海域内建设对环境有影响的建设项目。本条例要求产生污染的建设项目，必须遵守污染物排放的国家标准和地方标准；在实施重点污染物排放总量控制的区域内，还必须符合重点污染物排放总量控制的要求；工业建设项目应当采用能耗物耗小、污染物产生量少的清洁生产工艺，合理利用自然资源，防止环境污染和生态破坏；改建、扩建项目和技术改造项目必须采取相应措施，治理与该项目有关的原有环境污染和生态破坏。

(2)《建设项目环境保护设计规定》(1987)

1987年3月20日，原国家计委和国务院环境保护委员会发布《关于颁发建设项目环境保护设计规定的通知》，根据《中华人民共和国环境保护法(试行)》及《建设项目环境保护管理办法》等制定本规定。

《建设项目环境保护设计规定》适用于中华人民共和国领域内的工业、交通、水利、农林、商业、卫生、文教、科研、旅游、市政、机场等对环境有影响的新建、扩建、改建和技术改造项目，包括区域开发建设项目以及中外合资、中外合作、外商独资的引进项目等一切建设项目。本规定要求环境保护设计必须遵循国家有关环境保护法律、法规，合理开发和充分利用各种自然资源，严格控制环境污染，保护和改善生态环境。本规定由建设项目的设计单位、建设单位负责执行。

1.2.3 国务院关于"三废"治理的有关规定

(1)《关于防治水污染技术政策的规定》(1986)

为贯彻执行《中华人民共和国环境保护法(试行)》和《中华人民共和国水污染防治法》，使全国水环境状况基本上同国民经济的发展和人民生活水平的提高相适应，必须尽快扭转水资源浪费和水环境污染的局面。在综合治理水污染方面，应遵循"谁造成污染，谁承担责任"的原则。这种责任，既体现在本单位的污水处理设施的建设上，也体现在按流域、区域或城市防治水污染设施(包括城市污水处理厂)的建设上。逐步实现：流经城市的主要江河段水质达到地表水三级标准；城市地下水符合饮用水源水质标准；湖泊、水库按功能要求分别达到规定的灌溉用水、渔业和饮用水水源水质标准；近海海域达到国家规定的海水水质标准。

为此，1986年11月20日，国务院发布了《关于防治水污染技术政策的规定》，文件以近期为主、突出重点的原则，从三个方面做了明确规定：一、按流域、区域综合防治水污染的技术政策；二、城市污水治理的技术政策；三、防治工矿企业和乡镇企业水污染的技术政策。

(2)《危险废物污染防治技术政策》(2001)

为贯彻《中华人民共和国固体废物污染环境防治法》，保护生态环境，保障人体健康，指导危险废物污染防治工作，国家环境保护部于2001年12月17日批准发布《危险废物污染防治技术政策》。

《危险废物污染防治技术政策》是为引导危险废物管理和处理处置技术的发展，促进社会和经济的可持续发展，根据《中华人民共和国固体废物污染环境防治法》等有关法规、政策和标准而制定，适用于危险废物的产生、收集、运输、分类、检测、包装、综合利用、贮存和处理处置等全过程污染防治的技术选择，并指导相应设施的规划、立项、选址、设计、施工、运营和管理，引导相关产业的发展。本政策将随社会经济、技术水平的发展适时修订。

《危险废物污染防治技术政策》所称危险废物是指列入国家危险废物名录或根据国家规定的危险废物鉴别标准和鉴别方法认定的具有危险特性的废物。本技术政策的总原则是危险废物的减量化、资源化和无害化，鼓励并支持跨行政区域的综合性危险废物集中处理处置设施的建设和运营，要求危险废物的收集运输单位、处理处置设施的设计、施工和运营单位应具有相应的技术资质，各级政府应通过制定鼓励性经济政策等措施加快建立符合环境保护要求的危险废物收集、贮存、处理处置体系，积极推动危险废物的污染防治工作。

1.2.4　国务院关于节能减排工作的有关通知

(1)《关于印发节能减排综合性工作方案的通知》国发(2007)15 号

2007 年 5 月 23 日，国务院同意发改委会同有关部门制定的《节能减排综合性工作方案》并发出通知，要求各省、自治区、直辖市人民政府，国务院各部委、各直属机构结合本地区、本部门实际，认真贯彻执行：一、充分认识节能减排工作的重要性和紧迫性；二、狠抓节能减排责任落实和执法监管；三、建立强有力的节能减排领导协调机制。

《节能减排综合性工作方案》从十个方面做了明确规定：一、进一步明确实现节能减排的目标任务和总体要求；二、控制增量，调整和优化结构；三、加大投入，全面实施重点工程；四、创新模式，加快发展循环经济；五、依靠科技，加快技术开发和推广；六、强化责任，加强节能减排管理；七、健全法制，加大监督检查执法力度；八、完善政策，形成激励和约束机制；九、加强宣传，提高全民节约意识；十、政府带头，发挥节能表率作用。

(2)《关于印发“十二五”节能减排综合性工作方案的通知》国发(2011)26 号

2011 年 8 月 31 日，国务院印发《“十二五”节能减排综合性工作方案》并发出通知，要求各省、自治区、直辖市人民政府，国务院各部委、各直属机构结合本地区、本部门实际，认真贯彻执行：一、“十一五”时期，各地区、各部门认真贯彻落实党中央、国务院的决策部署，把节能减排作为调整经济结构、转变经济发展方式、推动科学发展的重要抓手和突破口，取得了显著成效。二、充分认识做好“十二五”节能减排工作的重要性、紧迫性和艰巨性。三、严格落实节能减排目标责任，进一步形成政府为主导、企业为主体、市场有效驱动、全社会共同参与推进的节能减排工作格局。四、要全面加强对节能减排工作的组织领导，狠抓监督检查，严格考核问责。

《“十二五”节能减排综合性工作方案》从十二个方面做了明确的规定：一、节能减排总体要求和主要目标；二、强化节能减排目标责任；三、调整优化产业结构；四、实施节能减排重点工程；五、加强节能减排管理；六、大力发展循环经济；七、加快节能减排技术开发和推广应用；八、完善节能减排经济政策；九、强化节能减排监督检查；十、推广节能减排市场化机制；十一、加强节能减排基础工作和能力建设；十二、动员全社会参与节能减排。

1.2.5 国务院关于环境影响评价工作的有关规定

(1)《关于建设项目环境影响报告书审批权限问题的通知》(1986)

1986 年 10 月 3 日，国家环保部发布《关于建设项目环境影响报告书审批权限问题的通知》，进一步说明了国务院环境保护委员会、国家计划委员会、国家经济委员会 1986 年 3 月 26 日公布实施的《建设项目环境保护管理办法》中有关环境影响报告书的审批权限问题。

文件对一些内容加以明确：所谓“特大型的建设项目(报国务院审批)”，是指建设投资和计划任务书由原国家计委报国务院审批者。包括下列两种类型：①根据原国家计委、国家经委、财政部、工商银行、建设银行、国家统计局(1984)2626 号文规定，“总投资限额在 2 亿元以上由国家计委核报国务院审批”的建设项目；②根据国家计委、建委、财政部计划(1978)234 号文规定，大、中型建设项目中的一些重大项目，其计划任务书由国家计委报国务院批准的建设项目。

关于上述两种类型建设项目环境影响报告书的审批程序问题，按(1986)国环字第 003 号文规定，经省级以上(含省级)的环境保护部门预审后，报原国家环境保护总局审批，而省级环境保护部门在审批前应向原国家环境保护总局报送审批意见。

(2)《建设项目环境影响评价文件分级审批规定》(2008)

为进一步加强和规范建设项目环境影响评价文件审批，提高审批效率，明确审批权责，根据《环境影响评价法》等有关规定，国家环境保护部于 2008 年 12 月 11 日制定本《建设项目环境影响评价文件分级审批规定》，自 2009 年 3 月 1 日起施行。自本规定施行之日起，2002 年 11 月 1 日原国家环境保护总局发布的《建设项目环境影响评价文件分级审批规定》(原国家环境保护总局令第 15 号)同时废止。

《建设项目环境影响评价文件分级审批规定》明确：建设对环境有影响的项目，不论投资主体、资金来源、项目性质和投资规模，其环境影响评价文件均应按照本规定确定分级审批权限，各级环境保护部门负责建设项目环境影响评价文件的审批工作。建设项目环境影响评价文件的分级审批权限，原则上按照建设项目的审批、核准和备案权限及建设项目对环境的影响性质和程度确定。

环境保护部可以将法定由其负责审批的部分建设项目环境影响评价文件的审批权限，委托给该项目所在地的省级环境保护部门，并应当向社会公告。环境保护部直接审批环境影响评价文件的建设项目的目录、环境保护部委托省级环境保护部门审批环境影响评价文件的建设项目的目录，由环境保护部制定、调整并发布。有色金属冶炼及矿山开发、钢铁加工、电石、铁合金、焦炭、垃圾焚烧及发电、制浆等对环境可能造成重大影响的建设项目环境影响评价文件由省级环境保护部门负责审批，报省级人民政府批准后实施，并抄报环境保护部。建设项目可能造成跨行政区域的不良环境影响，有关环境保护部门对该项目的环境影响评价结论有争议的，其环境影响评价文件由共同的上一级环境保护部门审批。

（3）《规划环境影响评价条例》(2009)

为了加强规划的环境影响评价工作，提高规划的科学性，从源头预防环境污染和生态破坏，促进经济、社会和环境的全面协调可持续发展，根据《中华人民共和国环境影响评价法》，制定本条例，于2009年8月12日国务院第76次常务会议通过，自2009年10月1日起施行。

《规划环境影响评价条例》要求国务院有关部门、设区的市级以上地方人民政府及其有关部门，对其组织编制的土地利用的有关规划和区域、流域、海域的建设、开发利用规划（以下称综合性规划），以及工业、农业、畜牧业、林业、能源、水利、交通、城市建设、旅游、自然资源开发的有关专项规划（以下称专项规划），应当进行环境影响评价。对规划进行环境影响评价，应当遵循客观、公开、公正的原则。国家建立规划环境影响评价信息共享制度。规划环境影响评价所需的费用应当按照预算管理的规定纳入财政预算，严格支出管理，接受审计监督。任何单位和个人对违反本条例规定的行为或者对规划实施过程中产生的重大不良环境影响，有权向规划审批机关、规划编制机关或者环境保护主管部门举报。有关部门接到举报后，应当依法调查处理。

《规划环境影响评价条例》的颁布实施是我国环境立法的重大进展，标志着环境保护参与综合决策进入了新阶段。《条例》要求将区域、流域、海域生态系统整体影响作为规划环评的着力点，有利于从决策源头防止生产力布局、资源配置不合理造成的环境问题产生，是“预防为主”环境保护方针的重要抓手。《条例》将经济效益、社会效益与环境效益的统筹作为推进规划环评的关键点，有利于在机制体制层面促进经济、社会与环境的全面协调可持续发展，是推进生态文明建设和探索中国特色环保新道路的重要举措。《条例》将人群健康和长远环境影响作为推进规划环评的出发点，有利于更好地从源头解决关系民生的环境问题，维护人民群众的环境权益，是坚持以人为本、构建社会主义和谐社会的重要平台。

1.3 国家环保部颁布的相关标准

1.3.1 大气环境保护相关标准

（1）《大气污染治理工程技术导则》(HJ 2000—2010)

为了贯彻《中华人民共和国环境保护法》和《中华人民共和国大气污染防治法》，规范大气污染治理工程的建设和运行管理，防治环境污染，保护环境和人体健康，制订本标准。本标准规定了大气污染治理工程在设计、施工、验收和运行维护中的通用技术要求。本标准为环境工程技术规范体系中的通用技术规范。对于已有相应的工艺技术规范或重点污染源技术规范的工程，应同时执行本标准和相应的工艺技术规范或重点污染源技术规范；对于没有工艺技术规范或重点污染源技术规范的工程，应执行本标准。本标准可作为大气污染治理工程环境影响评价、设计、施工、验收及运行与管理的技术依据。本标准于2010年12月17日发布，2011年3月1日起实施。

(2)《制定地方大气污染物排放标准的技术方法》(GB/T 3840—1991)

本标准规定了地方大气污染物排放标准的制定方法。本标准适用于指导各省、自治区、直辖市及所辖地区制定大气污染物排放标准。本标准包括：燃料燃烧过程产生的气态大气污染物排放标准的制定方法，生产工艺过程中产生的气态大气污染物排放标准的制定方法，有害气体无组织排放控制与工业企业卫生防护距离标准的制定方法，烟尘排放标准的制定方法等。本标准于1991年8月31日发布，1992年6月1日起实施。自本标准实施之日起，《制订地方大气污染物排放标准的技术原则与方法》(GB 3840—1983)同时废止。

(3)《环境空气质量标准》(GB 3095—2012)

为贯彻《中华人民共和国环境保护法》和《中华人民共和国大气污染防治法》，保护和改善生活环境、生态环境，保障人体健康，制定本标准。本标准规定了环境空气功能区分类、标准分级、污染物项目、平均时间及浓度限值、监测方法、数据统计的有效性规定及实施与监督等内容。各省、自治区、直辖市人民政府对本标准中未作规定的污染物项目，可以制定地方环境空气质量标准。本标准中的污染物浓度均为质量浓度。本标准首次发布于1982年，1996年第一次修订，2000年第二次修订，本次为第三次修订，于2012年2月29日发布，从2012年开始分级实施，2016年全国实施。本标准将根据国家经济社会发展状况和环境保护要求适时修订。自本标准实施之日起，《环境空气质量标准》(GB 3095—1996)、《〈环境空气质量标准〉(GB 3095—1996)修改单》(环发〔2000〕1号)和《保护农作物的大气污染物最高允许浓度》(GB 9137—1988)同时废止。

(4)《钢铁烧结、球团工业大气污染物排放标准》(GB 28662—2012)

为贯彻《中华人民共和国环境保护法》《中华人民共和国大气污染防治法》《国务院关于落实科学发展观加强环境保护的决定》等法律、法规和《国务院关于编制全国主体功能区规划的意见》，保护环境，防治污染，促进钢铁烧结及球团工业生产工艺和污染治理技术的进步，制定本标准。本标准规定了钢铁烧结及球团生产企业及其生产设施的大气污染物排放限值、监测和监控要求，以及标准的实施与监督等。本标准适用于现有钢铁烧结及球团生产企业或生产设施的大气污染物排放管理，以及钢铁烧结及球团工业建设项目的环境影响评价、环境保护设施设计、竣工环境保护验收及其投产后的大气污染物排放管理。本标准于2012年6月27日首次发布，2012年10月1日起实施。

(5)《炼铁工业大气污染物排放标准》(GB 28663—2012)

为贯彻《中华人民共和国环境保护法》《中华人民共和国大气污染防治法》《国务院关于落实科学发展观加强环境保护的决定》等法律、法规和《国务院关于编制全国主体功能区规划的意见》，保护环境，防治污染，促进炼铁工业生产工艺和污染治理技术的进步，制定本标准。本标准规定了炼铁生产企业及其生产设施大气污染物排放限值、监测和监控要求，以及标准的实施与监督等。本标准适用于现有炼铁生产企业或生产设施大气污染物排放管理，以及炼铁工业建设项目的环境影响评价、环境保护设施设计、竣工环境保护验收及其投产后的大气污染物排放管理。本标准于2012年6月27日首次发布，2012年10月1日起实施。

(6)《炼钢工业大气污染物排放标准》(GB 28664—2012)

为贯彻《中华人民共和国环境保护法》《中华人民共和国大气污染防治法》《中华人民共和国海洋环境保护法》《国务院关于落实科学发展观加强环境保护的决定》等法律、法规和《国务院关于编制全国主体功能区规划的意见》，保护环境，防治污染，促进炼钢工业生产工艺和污染治理技术的进步，制定本标准。本标准规定了炼钢生产企业及其生产设施大气污染物排放限值、监测和监控要求，以及标准的实施与监督等。本标准适用于现有炼钢生产企业或生产设施大气污染物排放管理，及炼钢工业建设项目的环境影响评价、环境保护设施设计、竣工环境保护验收及其投产后的大气污染物排放管理。本标准于2012年6月27日首次发布，2012年10月1日起实施。

(7)《轧钢工业大气污染物排放标准》(GB 28665—2012)

为贯彻《中华人民共和国环境保护法》《中华人民共和国大气污染防治法》《中华人民共和国海洋环境保护法》《国务院关于落实科学发展观加强环境保护的决定》等法律、法规和《国务院关于编制全国主体功能区规划的意见》，保护环境，防治污染，促进轧钢工业生产工艺和污染治理技术的进步，制定本标准。本标准规定了轧钢生产企业及其生产设施的大气污染物排放限值、监测和监控要求，以及标准的实施与监督等。本标准适用于现有轧钢生产企业或生产设施大气污染物排放管理，以及轧钢工业建设项目的环境影响评价、环境保护设施设计、竣工环境保护验收及其投产后的大气污染物排放管理。本标准于2012年6月27日首次发布，2012年10月1日起实施。

(8)《钢铁工业除尘工程技术规范》(HJ 435—2008)

为贯彻《中华人民共和国环境保护法》《中华人民共和国大气污染防治法》，规范钢铁工业除尘工程建设，防治钢铁工业含尘气体污染，改善环境质量，制定本标准。本标准规定了钢铁工业主要生产工艺中烟(粉)尘的治理原则和措施，以及除尘工程设计、施工、验收和运行的技术要求。本标准适用于钢铁工业新建、改建、扩建除尘工程从设计、施工到验收、运行的全过程管理和已建除尘工程的运行管理，可作为钢铁工业建设项目环境影响评价、环境保护设施设计与施工、建设项目竣工环境保护验收及建成后运行与管理的技术依据。本标准于2008年6月6日首次发布，2008年9月1日起实施。

(9)《工业炉窑大气污染物排放标准》(GB 9078—1996)

本标准按年限规定了工业炉窑烟尘、生产性粉尘、有害污染物的最高允许排放浓度、烟尘黑度的排放限值。本标准适用于除炼焦炉、焚烧炉、水泥厂以外使用固体、液体、气体燃料和电加热的工业炉窑的管理，以及工业炉窑建设项目环境影响评价、设计、竣工验收及其建成后的排放管理。本标准于1996年3月7日发布，1997年1月1日起实施。

(10)《工业锅炉及炉窑湿法烟气脱硫工程技术规范》(HJ 462—2009)

为贯彻《中华人民共和国环境保护法》和《中华人民共和国大气污染防治法》，执行国家《锅炉大气污染物排放标准》《工业炉窑大气污染物排放标准》，防治工业锅炉及炉窑大气污染，改善环境质量，制定本标准。本标准对工业锅炉及炉窑湿法烟气脱硫工程的术语和定义、总体设计、脱硫工艺系统、材料和设备选择、施工与验收、运行与维护提出了技术要求。本标准适用于采用石灰法、钠钙双碱法、氧化镁法、石灰石法工艺，配用在蒸发量≥20 t/h(14 MW)的燃煤工业锅炉或蒸发量<400 t/h的燃煤热电锅炉以及相当烟气量炉窑的新建、改建和扩建湿法烟气脱硫工程，可作为环境影响评价、设计、施工、环境保护验收及建成后运行与管理的技术依据。燃油、燃气工业锅炉的湿法烟气脱硫工程参照本标准执行。本标准于2009年3月6日首次发布，2009年6月1日起实施。

(11)《恶臭污染物排放标准》(GB 14554—1993)

本标准分年限规定了八种恶臭污染物的一次最大排放限值、复合恶臭物质的臭气浓度限值及无组织排放源的厂界浓度限值。本标准适用于全国所有向大气排放恶臭气体单位及垃圾堆放场的管理以及建设项目的环境影响评价、设计、竣工验收及其建成后的排放管理。本标准于1993年8月6日发布，1994年1月15日起实施。自本标准实施之日起，《工业三废排放试行标准》(GBJ 4—1973)中的部分相关条款同时废止。

1.3.2 水环境保护相关标准

(1)《水污染治理工程技术导则》(HJ 2015—2012)

为贯彻《中华人民共和国环境保护法》和《中华人民共和国水污染防治法》，规范水污染治理工程的设计、施工、验收和运行维护，改善水环境质量，制定本标准。本标准规定了水污染治理工程在设计、施工、验收和运行维护中的通用技术要求。本标准为环境工程技术规范体系中的通用技术规范，适用于厂(站)式污(废)水处理工程。对于有相应的工艺技术规范或污染源控制技术规范的工程，应同时执行本标准和相应的工艺技术规范或污染源控制技术规范。本标准可作为水污染治理工程环境影响评价、设计、施工、竣工验收及运行维护的技术依据。本标准于2012年3月19日首次发布，2012年6月1日起实施。

(2)《制订地方水污染物排放标准的技术原则与方法》(GB 3839—1983)

依据《中华人民共和国环境保护法(试行)》第十一条“保护江、河、湖、海、水库等水域，维持水质良好状态”的规定，为统一全国制订地方水污染物排放标准的指导思想、技术规定、基本程序和方法，特制订本标准。本标准是国家环境基础标准，适用于制订排入江、河、湖、水库等地面水的污染物排放标准。各地制订地方水污染物排放标准，除应执行本标准的规定外，尚需执行国家有关环境保护的方针、政策和规定等。本标准于1983年9月14日首次发布，1984年4月1日起实施。

(3)《地表水环境质量标准》(GB 3838—2002)

为贯彻《中华人民共和国环境保护法》和《中华人民共和国水污染防治法》，防治水污染，保护地表水水质，保障人体健康，维护良好的生态系统环境，制定本标准。本标准按照地表水环境功能分类和保护目标，规定了水环境质量应控制的项目及限值，以及水质评价、水质项目的分析方法和标准的实施与监督。本标准适用于中华人民共和国领域内江河、湖泊、运河、渠道、水库等具有使用功能的地表水水域。具有特定功能的水域，应执行相应的专业用水水质标准。本标准于2002年4月28日发布，2002年6月1日起实施。自本标准实施之日起，《地面水环境质量标准》(GB 3838—1988)和《地表水环境质量标准》(GHZB 1—1999)同时废止。

(4)《地下水质量标准》(GB/T 14848—1993)

为保护和合理开发地下水资源，防止和控制地下水污染，保障人民身体健康，促进经济建设，特制定本标准。本标准是地下水勘查评价、开发利用和监督管理的依据。本标准规定了地下水的质量分类，包括地下水质量监测、评价方法和地下水质量保护。本标准适用于一般地下水，不适用于地下热水、矿水、盐卤水。本标准于1993年12月30日发布，1994年10月1日起实施。

(5)《污水综合排放标准》(GB 8978—1996)

为贯彻《中华人民共和国环境保护法》《中华人民共和国水污染防治法》和《中华人民共和国海洋环境保护法》，控制水污染，保护江河、湖泊、运河、渠道、水库和海洋等地面水以及地下水水质的良好状态，保障人体健康，维护生态平衡，促进国民经济和城乡建设的发展，特制定本标准。本标准按照污水排放去向，分年限规定了69种水污染物最高允许排放浓度及部分行业最高允许排水量。本标准适用于现有单位水污染物的排放管理，以及建设项目的环境影响评价、建设项目环境保护设施设计、竣工验收及其投产后的排放管理。本标准于1996年10月4日发布，1998年1月1日起实施。

(6)《钢铁工业水污染物排放标准》(GB 13456—2012)

为贯彻《中华人民共和国环境保护法》《中华人民共和国水污染防治法》《中华人民共和国海洋环境保护法》《国务院关于落实科学发展观加强环境保护的决定》等法律、法规和《国务院关于编制全国主体功能区规划的意见》，保护环境，防治污染，促进钢铁工业工艺和污染治理技术的进步，制定本标准。本标准规定了钢铁生产企业及其生产设施水污染物排放限值、监测和监控要求，以及标准的实施与监督等。本标准适用于现有钢铁生产企业或生产设施的水污染物排放管理。本标准于2012年6月27日发布，2012年10月1日起实施。自本标准实施之日起，《钢铁工业水污染物排放标准》(GB 13456—1992)同时废止。

(7)《钢铁工业废水治理及回用工程技术规范》(HJ 2019—2012)

为贯彻《中华人民共和国环境保护法》《中华人民共和国水污染防治法》和《钢铁工业水污染物排放标准》，规范钢铁工业废水治理及回用工程的建设与运行管理，保护环境和人体健康，制定本标准。本标准规定了钢铁工业废水治理及回用工程的总体要求、工艺设计、主要工艺设备与材料、检测与控制、施工、验收和运行等的技术要求。本标准于2012年10月17日首次发布，2013年1月1日起实施。

(8)《地表水和污水监测技术规范》(HJ/T 91—2002)

依据《中华人民共和国环境保护法》第十一条“国务院环境保护行政主管部门建立监测制度、制订监测规范”的要求，制定本技术规范。本规范规定了地表水和污水监测的布点与采样、监测项目与相应监测分析方法、流域监测、监测数据的处理与上报、污水流量计量方法、水质监测的质量保证、资料整编等内容。本规范规定了污染物总量控制监测、建设项目污水处理设施竣工环境保护验收监测、应急监测的基本方法。本规范适用于对江河、湖泊、水库和渠道的水质监测，包括向国家直接报送监测数据的国控网站、省级(自治区、直辖市)、市(地)级、县级控制断面(或垂线)的水质监测，以及污染源排放污水的水质监测。本标准于2002年12月25日发布，2003年1月1日起实施。

(9)《地下水环境监测技术规范》(HJ/T 164—2004)

依据《中华人民共和国环境保护法》第十一条“国务院环境保护行政主管部门建立监测制度、制订监测规范”和《中华人民共和国水污染防治法》的要求，积极开展地下水环境监测，掌握地下水环境质量，保护地下水水质安全，防治地下水污染，以保障人体健康，特制订本技术规范。本规范规定了地下水环境监测点网的布设与采样、样品管理、监测项目和监测方法、实验室分析、监测数据的处理与上报、地下水环境监测质量保证等工作的要求。本规范适用于地下水的环境监测，包括向国家直接报送监测数据的国控监测井，省(自治区、直辖市)级、市(地)级、县级控制监测井的背景值监测和污染控制监测。本规范不适用于地下水热水、矿水、盐水和卤水。本标准于2004年12月9日发布，2004年12月9日起实施。

(10)《水污染物排放总量监测技术规范》(HJ/T 92—2002)

为配合国家水污染物排放总量控制制度的实施，指导水污染物排放总量监测工作，制定了本规范。本规范规定了水污染物排放总量监测方案的制订、采样点位的设置、监测采样方法、监测频次、水流量测量、监测项目与分析方法、质量保证和总量核定等的要求。本规范适用于企事业单位水污染物排放总量的监测，还适用于建设项目“三同时”竣工验收、市政污水排放口以及排污许可证制度实施过程中的水污染物排放总量监测。本标准于2002年12月25日发布，2003年1月1日起实施。

1.3.3　固体废物污染控制相关标准

(1)《固体废物处理处置工程技术导则》(HJ 2035—2013)

为贯彻《中华人民共和国环境保护法》和《中华人民共和国固体废物环境污染防治法》，防治环境污染，保护环境和人体健康，制定了本标准。本标准提出了固体废物处理处置工程设计、施工、验收和运行维护的通用技术要求。本标准为指导性文件，供有关方面在固体废物处理处置工作中参照采用。本标准于2013年9月26日首次发布，2013年12月1日起实施。

(2)《一般工业固体废物贮存、处置场污染控制标准》(GB 18599—2001)

为贯彻《中华人民共和国固体废物污染环境防治法》，防治一般工业固体废物贮存、处置场的二次污染，制定本标准。本标准规定了一般工业固体废物贮存、处置场的选址、设计、运行管理、关闭与封场以及污染控制与监测等内容。本标准于2001年12月28日首次发布，2002年7月1日起实施。为进一步完善国家污染物排放(控制)标准体系，国家环境保护部于2013年6月8日发布《一般工业固体废物贮存、处置场污染控制标准》(GB 18599—2001)等三项国家污染物控制标准修改单的公告，对本标准的部分条款进行了修改，自发布之日起实施。

(3)《危险废物贮存污染控制标准》(GB 18597—2001)

为贯彻《中华人民共和国固体废物污染环境防治法》，防止危险废物贮存过程造成的环境污染，加强对危险废物贮存的监督管理，制定本标准。本标准规定了对危险废物贮存的一般要求，以及对危险废物包装、贮存设施的选址、设计、运行、安全防护、监测和关闭等要求。本标准于2001年12月28日首次发布，2002年7月1日起实施。为进一步完善国家污染物排放(控制)标准体系，国家环境保护部于2013年6月8日发布《一般工业固体废物贮存、处置场污染控制标准》(GB 18599—2001)、《危险废物贮存污染控制标准》(GB 18597—2001)和《危险废物填埋污染控制标准》(GB 18598—2001)等三项国家污染物控制标准修改单的公告，对本标准的部分条款进行了修改，自发布之日起实施。

(4)《危险废物填埋污染控制标准》(GB 18598—2001)

为贯彻《中华人民共和国固体废物污染环境防治法》，防止危险废物填埋处置对环境造成的污染，制定本标准。本标准对危险废物安全填埋场在建造和运行过程中涉及的环境保护要求，包括填埋物入场条件，填埋场选址、设计、施工、运行、封场及监测等方面做了规定。本标准于2001年12月28日首次发布，2002年7月1日起实施。为进一步完善国家污染物排放(控制)标准体系，国家环境保护部于2013年6月8日发布《一般工业固体废物贮存、处置场污染控制标准》(GB 18599—2001)、《危险废物贮存污染控制标准》(GB 18597—2001)和《危险废物填埋污染控制标准》(GB 18598—2001)等三项国家污染物控制标准修改单的公告，对本标准的部分条款进行了修改，自发布之日起实施。

(5)《危险废物焚烧污染控制标准》(GB 18484—2001)

本标准从我国的实际情况出发，以集中连续型焚烧设施为基础，涵盖了危险废物焚烧全过程的污染控制；对具备热能回收条件的焚烧设施要考虑热能的综合利用。本标准内容(包括实施时间)等同于1999年12月3日国家环境保护部发布的《危险废物焚烧污染控制标准》(GWKB 2—1999)。本标准于2001年11月12日发布，2002年1月1日起实施。自本标准实施之日起，《危险废物焚烧污染控制标准》(GWKB 2—1999)同时废止。

(6)《进口可用作原料的固体废物环境保护控制标准——冶炼渣》(GB 16487.2—2005)

为贯彻《中华人民共和国固体废物污染环境防治法》，防止境外不能用作原料的固体废物进口，规范可用作原料的固体废物进口审查许可，控制由于进口可用作原料的冶炼渣造成的环境污染，制定本标准。本标准是进口固体废物环境保护系列控制标准之一，适用于进口可用作原料的固体废物目录中有关冶炼渣的进口管理。本标准于2005年12月14日发布，2006年2月1日起实施。自本标准实施之日起，《进口废物环境保护控制标准——冶炼渣》(GB 16487.2—1996)同时废止。

(7)《进口可用作原料的固体废物环境保护控制标准——废钢铁》(GB 16487.6—2005)

为贯彻《中华人民共和国固体废物污染环境防治法》，防止境外不能用作原料的固体废物进口，规范可用作原料的固体废物进口审查许可，控制由于进口可用作原料的废钢铁造成的环境污染，制定本标准。本标准是进口固体废物环境保护系列控制标准之一，适用于进口可用作原料的固体废物目录中有关废钢铁的进口管理。本标准于2005年12月14日发布，2006年2月1日起实施。自本标准实施之日起，《进口废物环境保护控制标准——废钢铁》(GB 16487.6—1996)同时废止。

(8)《进口可用作原料的固体废物环境保护控制标准——废有色金属》(GB 16487.7—2005)

为贯彻《中华人民共和国固体废物污染环境防治法》，防止境外不能用作原料的固体废物进口，规范可用作原料的固体废物进口审查许可，控制由于进口可用作原料的废有色金属造成的环境污染，制定本标准。本标准是进口固体废物环境保护系列控制标准之一，适用于进口可用作原料的固体废物目录中有关废有色金属的进口管理。本标准于 2005 年 12 月 14 日发布，2006 年 2 月 1 日起实施。自本标准实施之日起，《进口废物环境保护控制标准——废有色金属》(GB 16487.7—1996)同时废止。

(9)《危险废物鉴别技术规范》(HJ/T 298—2007)

为贯彻《中华人民共和国固体废物污染环境防治法》及相关法律和法规，加强危险废物管理，保证危险废物鉴别的科学性，制定本标准。本标准规定了固体废物的危险特性鉴别中样品的采集、检测以及检测结果的判断等过程的技术要求。本标准中的固体废物包括固态、半固态废物和液态废物(排入水体的废水除外)。本标准适用于固体废物的危险特性鉴别，不适用于突发性环境污染事故产生的危险废物的应急鉴别。本标准于 2007 年 5 月 21 日发布，2007 年 7 月 1 日起实施。

(10)《危险废物收集贮存运输技术规范》(HJ 2025—2012)

为贯彻《中华人民共和国环境保护法》和《中华人民共和国固体废物污染环境防治法》，规范危险废物收集、贮存、运输过程，保护环境，保障人体健康，制定本标准。本标准规定了危险废物收集、贮存、运输过程的技术要求，本标准为指导性标准。本标准于 2012 年 12 月 14 日首次发布，2013 年 2 月 1 日起实施。

(11)《工业固体废物采样制样技术规范》(HJ/T 20—1998)

为贯彻《中华人民共和国固体废物污染环境防治法》，加强工业固体废物的控制，特制定本标准。本标准是在《工业固体废物有害特性试验与监测分析方法(试行)》(国家环境保护局〔86〕环监字第 114 号文颁布)样品的采集和制备一章的基础上，同时参考了国际上固体废物采样、制样技术的先进经验制定的。本标准于 1998 年 1 月 8 日首次发布，1998 年 7 月 1 日开始实施。

1.3.4　环境噪声相关标准

(1)《环境噪声与振动控制工程技术导则》(HJ 2034—2013)

为贯彻《中华人民共和国环境保护法》和《中华人民共和国环境噪声污染防治法》，规范噪声与振动控制工程的建设与运行管理，防治环境污染，保护环境和人体健康，制定本标准。本标准规定了噪声与振动控制工程的通用技术要求。本标准为指导性文件。本标准于 2013 年 9 月 26 日首次发布，2013 年 12 月 1 日起实施。

(2)《声环境质量标准》(GB 3096—2008)

为贯彻《中华人民共和国环境噪声污染防治法》，防治噪声污染，保障城乡居民正常生活、工作和学习的声环境质量，制定本标准。本标准规定了五类声环境功能区的环境噪声限值及测量方法。本标准适用于声环境质量评价与管理。机场周围区域受飞机通过(起飞、降落、低空飞越)噪声的影响，不适用于本标准。本标准是对 GB 3096—1993《城市区域环境噪声标准》和 GB/T 14623—1993《城市区域环境噪声测量方法》的修订。本标准于 2008 年 8 月 19 日发布，2008 年 10 月 1 日起实施。自本标准实施之日起，《城市区域环境噪声测量方法》(GB/T 14623—1993)和《城市区域环境噪声测量方法》(GB/T 14623—1993)同时废止。

(3)《工业企业厂界环境噪声排放标准》(GB 12348—2008)

为贯彻《中华人民共和国环境保护法》和《中华人民共和国环境噪声污染防治法》，防治工业企业噪声污染，改善声环境质量，制定本标准。本标准是对 GB 12348—1990《工业企业厂界噪声标准》和 GB 12349—1990《工业企业厂界噪声测量方法》的第一次修订。本标准规定了工业企业和固定设备厂界环境噪声排放限值及其测量方法。本标准适用于工业企业噪声排放的管理、评价及控制。机关、事业单位、团体等对外环境排放噪声的单位也按本标准执行。本标准于 2008 年 8 月 19 日发布，2008 年 10 月 1 日起实施。自本标准实施之日起，《工业企业厂界噪声标准》(GB 12348—1990)和《工业企业厂界噪声测量方法》(GB 12349—1990)同时废止。

1.3.5 清洁生产相关标准

(1)《清洁生产标准　制订技术导则》(HJ/T 425—2008)

为贯彻《中华人民共和国环境保护法》和《中华人民共和国清洁生产促进法》，保护环境，加快建立和完善清洁生产标准体系，规范行业清洁生产标准的编制，制定本标准。本标准规定了行业清洁生产标准的框架结构、编制原则、编写规则和工作程序、编制内容和方法以及格式体例的要求。本标准适用于行业清洁生产标准的编制，本标准为指导性标准。本标准于 2008 年 4 月 8 日首次发布，2008 年 8 月 1 日起实施。

(2)《清洁生产审核指南　制订技术导则》(HJ 469—2009)

为贯彻《中华人民共和国环境保护法》和《中华人民共和国清洁生产促进法》，保护环境，加快建立和完善清洁生产标准体系，规范清洁生产审核指南的编制，制定本标准。本标准规定了清洁生产审核指南的通用术语及其定义、制订的原则和工作程序、制订内容和方法以及格式体例的要求。本标准适用于工业清洁生产审核指南的制修订。农业和服务业各行业清洁生产审核指南的制修订可参照本标准。本标准于 2009 年 3 月 25 日首次发布，2009 年 7 月 1 日起实施。

(3)《清洁生产标准　钢铁行业》(HJ/T 189—2006)

为贯彻实施《中华人民共和国环境保护法》和《中华人民共和国清洁生产促进

法》，保护环境，为钢铁企业开展清洁生产提供技术支持和导向，制订本标准。本标准为推荐性标准，可用于钢铁联合企业和电炉钢厂（短流程）的清洁生产审核和清洁生产潜力与机会的判断，以及清洁生产绩效评定和清洁生产绩效公告制度。本标准于2006年7月3日发布，2006年10月1日起实施。

（4）《清洁生产标准　钢铁行业（炼钢）》（HJ/T 428—2008）

为贯彻实施《中华人民共和国环境保护法》和《中华人民共和国清洁生产促进法》，保护环境，为钢铁行业炼钢工序开展清洁生产提供技术支持和指导，制订本标准。本标准规定了清洁生产的一般要求。本标准将清洁生产指标分为六类，即生产工艺与装备要求、资源能源利用指标、产品指标、污染物产生控制指标、废物回收利用指标和环境管理要求。本标准适用于钢铁行业具有炼钢生产工序的钢铁企业的清洁生产审核和清洁生产潜力与机会的判断、清洁生产绩效评定和清洁生产绩效公告制度，也适用于环境影响评价和排污许可证等环境管理制度。本标准为指导性标准。本标准于2008年4月8日首次发布，2008年8月1日起实施。

（5）《清洁生产标准　钢铁行业（高炉炼铁）》（HJ/T 427—2008）

为贯彻《中华人民共和国环境保护法》和《中华人民共和国清洁生产促进法》，保护环境，为钢铁行业高炉炼铁工艺开展清洁生产提供技术支持和导向，制定本标准。本标准规定了清洁生产的一般要求。本标准将清洁生产指标分为六类，即生产工艺与装备要求、资源能源利用指标、产品指标、污染物产生控制指标、废物回收利用指标和环境管理要求。本标准适用于钢铁行业具有高炉炼铁生产工艺企业的清洁生产审核和清洁生产潜力与机会的判断、清洁生产绩效评定和清洁生产绩效公告制度，也适用于环境影响评价和排污许可证等环境管理制度。本标准为指导性标准。本标准于2008年4月8日首次发布，2008年8月1日起实施。

（6）《清洁生产标准　钢铁行业（烧结）》（HJ/T 426—2008）

为贯彻《中华人民共和国环境保护法》和《中华人民共和国清洁生产促进法》，保护环境，为钢铁行业烧结工艺开展清洁生产提供技术支持和导向，制定本标准。本标准规定了清洁生产的一般要求。本标准将清洁生产指标分为六类，即生产工艺与装备要求、资源能源利用指标、产品指标、污染物产生指标、废物回收利用指标和环境管理要求。本标准适用于钢铁行业具有烧结生产工艺企业的清洁生产审核和清洁生产潜力与机会的判断、清洁生产绩效评定和清洁生产绩效公告制度，也适用于环境影响评价和排污许可证等环境管理制度。本标准为指导性标准。本标准于2008年4月8日首次发布，2008年8月1日起实施。

（7）《清洁生产标准　钢铁行业（中厚板轧钢）》（HJ/T 318—2006）

为贯彻实施《中华人民共和国环境保护法》和《中华人民共和国清洁生产促进法》，进一步推动中国的清洁生产，防止生态破坏，保护人民健康，促进经济发展，并为钢铁行业中厚板轧钢企业开展清洁生产提供技术支持和导向，制定本标准。本标准适用于钢铁行业中厚板轧钢的清洁生产审核、清洁生产潜力与机会的判断、清洁生产绩效评定和清洁生产绩效公告制度。本标准于2006年11月22日发布，2007年2月1日起实施。

(8)《清洁生产标准　钢铁行业(铁合金)》(HJ 470—2009)

为贯彻《中华人民共和国环境保护法》和《中华人民共和国清洁生产促进法》，保护环境，为钢铁行业铁合金企业开展清洁生产提供技术支持和导向，制定本标准。本标准规定了在达到国家和地方污染物排放标准的基础上，根据当前的行业技术、装备水平和管理水平，钢铁行业铁合金企业清洁生产的一般要求。本标准共分为三级，一级代表国际清洁生产先进水平，二级代表国内清洁生产先进水平，三级代表国内清洁生产基本水平。随着技术的不断进步和发展，本标准将适时修订。本标准规定了钢铁行业铁合金企业清洁生产的一般要求。本标准将钢铁行业铁合金企业清洁生产指标分为四类，即生产工艺与装备要求、资源与能源利用指标、废物回收利用指标和环境管理要求。本标准适用于采用电炉法生产硅铁、高碳锰铁、锰硅合金、中低碳锰铁、高碳铬铁和中低微碳铬铁共六个品种产品铁合金企业的清洁生产审核和清洁生产潜力与机会的判断、清洁生产绩效评定、清洁生产绩效公告制度，也适用于环境影响评价和排污许可证等环境管理制度。本标准于2009年4月10日首次发布，2009年8月1日起实施。

(9)《清洁生产标准　氧化铝业》(HJ 473—2009)

为贯彻《中华人民共和国环境保护法》和《中华人民共和国清洁生产促进法》，保护环境，为氧化铝生产企业开展清洁生产提供技术支持和导向，制定本标准。本标准规定了在达到国家和地方污染物排放标准的基础上，根据当前的行业技术、装备水平和管理水平，提出了氧化铝生产企业清洁生产的一般要求。本标准分三级，一级代表国际清洁生产先进水平，二级代表国内清洁生产先进水平，三级代表国内清洁生产基本水平。随着技术的不断进步和发展，本标准将适时修订。本标准适用于氧化铝生产企业(铝土矿开采、自备热电生产部分除外)清洁生产的一般要求。本标准将清洁生产标准分为六类，即生产工艺与装备要求、资源能源利用指标、产品指标、污染物产生指标(末端处理前)、废物回收利用指标和环境管理要求。本标准适用于以铝土矿为原料用拜耳法、联合法生产氧化铝的清洁生产审核、清洁生产潜力与机会的判断，以及清洁生产绩效评定和清洁生产绩效公告制度，也适用于环境影响评价和排污许可证等环境管理制度。本标准于2009年8月10日首次发布，2009年10月1日起实施。

(10)《清洁生产标准　电解铝业》(HJ/T 187—2006)

为贯彻实施《中华人民共和国环境保护法》和《中华人民共和国清洁生产促进法》，保护环境，为电解铝业开展清洁生产提供技术支持和导向，制定本标准。本标准为推荐性标准，可用于企业的清洁生产审核和清洁生产潜力与机会的判断，以及企业清洁生产绩效评定和企业清洁生产绩效公告制度。本标准于 2006 年 7 月 3 日发布，2006 年 10 月 1 日起实施。

（11）《清洁生产标准　粗铅冶炼业》（HJ 512—2009）

为贯彻《中华人民共和国环境保护法》和《中华人民共和国清洁生产促进法》，保护环境，为铅冶炼工业企业开展清洁生产提供技术支持和导向，制定本标准。本标准规定了在达到国家和地方污染物排放标准的基础上，根据当前行业技术、装备水平和管理水平，粗铅冶炼业企业清洁生产的一般要求。本标准共分为三级，一级代表国际清洁生产先进水平，二级代表国内清洁生产先进水平，三级代表国内清洁生产基本水平。随着技术的不断进步和发展，本标准将适时修订。本标准规定了粗铅冶炼业企业清洁生产的一般要求。本标准将粗铅冶炼业清洁生产指标分为六类，即生产工艺与装备要求、资源能源利用指标、产品指标、污染物产生指标（末端处理前）、废物回收利用指标和环境管理要求。本标准适用于粗铅冶炼生产企业的清洁生产审核、清洁生产潜力与机会的判断，以及清洁生产绩效评定和清洁生产绩效公告制度，也适用于环境影响评价、排污许可证等环境管理制度。本标准于 2009 年 11 月 13 日首次发布，2010 年 2 月 1 日起实施。

（12）《清洁生产标准　铅电解业》（HJ 513—2009）

为贯彻《中华人民共和国环境保护法》和《中华人民共和国清洁生产促进法》，保护环境，为铅电解工业企业开展清洁生产提供技术支持和导向，制定本标准。本标准规定了在达到国家和地方污染物排放标准的基础上，根据当前行业技术、装备水平和管理水平，铅电解业企业清洁生产的一般要求。本标准共分为三级，一级代表国际清洁生产先进水平，二级代表国内清洁生产先进水平，三级代表国内清洁生产基本水平。随着技术的不断进步和发展，本标准将适时修订。本标准规定了铅电解业企业清洁生产的一般要求，将铅电解业企业清洁生产指标分为五类，即生产工艺与装备要求、资源能源利用指标、产品指标、污染物产生指标（末端处理前）和环境管理要求。本标准适用于铅电解生产企业的清洁生产审核、清洁生产潜力与机会的判断，以及清洁生产绩效评定和清洁生产绩效公告制度，也适用于环境影响评价、排污许可证等环境管理制度。本标准于 2009 年 11 月 13 日首次发布，2010 年 2 月 1 日起实施。

（13）《清洁生产标准　铜冶炼业》（HJ 558—2010）

为贯彻《中华人民共和国环境保护法》和《中华人民共和国清洁生产促进法》，保护环境，为铜冶炼企业开展清洁生产提供技术支持和导向，制定本标准。本标准规定了在达到国家和地方污染物排放标准的基础上，根据当前的行业技术、装备水平和管理水平，铜冶炼企业清洁生产的一般要求。本标准分为三级，一级代表国际清洁生产先进水平，二级代表国内清洁生产先进水平，三级代表国内清洁生产基本水平。随着技术的不断进步和发展，本标准将适时修订。本标准适用于以硫化铜精矿为主要原料的铜火法冶炼企业(不包括以废杂铜为主要原料的铜冶炼企业,也不包括湿法冶炼铜的企业)的清洁生产审核、清洁生产潜力与机会的判断,以及清洁生产绩效评定和清洁生产绩效公告制度,也适用于环境影响评价、排污许可证管理等环境管理制度。本标准于2010年2月1日首次发布,2010年5月1日起实施。

(14)《清洁生产标准　铜电解业》(HJ 559—2010)

为贯彻《中华人民共和国环境保护法》和《中华人民共和国清洁生产促进法》,为铜电解企业开展清洁生产提供技术支持和导向,制定本标准。本标准规定了在达到国家和地方污染物排放标准的基础上,根据当前的行业技术、装备水平和管理现状,提出了铜电解企业清洁生产的一般要求。本标准分三级,一级代表国际清洁生产先进水平,二级代表国内清洁生产先进水平,三级代表国内清洁生产基本水平。随着技术的不断进步和发展,本标准将适时修订。本标准适用于铜电解企业的清洁生产审核、清洁生产潜力与机会的判断,以及清洁生产绩效评定和清洁生产绩效公告制度,也适用于环境影响评价、排污许可证管理等环境管理制度。本标准于2010年2月1日首次发布,2010年5月1日起实施。

(15)《清洁生产标准　电解锰行业》(HJ/T 357—2007)

为贯彻实施《中华人民共和国环境保护法》和《中华人民共和国清洁生产促进法》,保护环境,为电解锰行业企业开展清洁生产提供技术支持和导向,制定本标准。本标准规定了清洁生产的一般要求。本标准将清洁生产标准分成六类,即生产工艺与装备要求、资源能源利用指标、产品指标、污染物产生指标(末端处理前)、废物回收利用指标和环境管理要求。本标准适用于电解锰生产企业的清洁生产审核与清洁生产潜力与机会的判断,以及清洁生产绩效评定和清洁生产绩效公告制度。本标准于2007年8月1日发布,2007年10月1日起实施。

1.3.6　环境影响评价相关标准

(1)《环境影响评价技术导则　总纲》(HJ 2.1—2011)

为贯彻《中华人民共和国环境保护法》《中华人民共和国环境影响评价法》和《建设项目环境保护管理条例》,保护环境,指导建设项目环境影响评价工作,制定本标准。本标准规定了建设项目环境影响评价的一般性原则、内容、工作程序、方法及要求。本标准适用于在中华人民共和国领域和中华人民共和国管辖的其他海域内建设的对环境有影响的建设项目。本标准是对《环境影响评价技术导则总纲》(HJ/T 2.1—1993)的修订。本标准于2011年9月1日发布,2012年1月1日起实施。自本标准实施之日起,《环境影响评价技术导则总纲》(HJ/T 2.1—1993)同时废止。

(2)《环境影响评价技术导则　大气环境》(HJ 2.2—2008)

为贯彻《中华人民共和国环境保护法》《中华人民共和国环境影响评价法》

《中华人民共和国大气污染防治法》和《建设项目环境保护管理条例》，防治大气污染，改善环境质量，指导建设项目大气环境影响评价工作，制定本标准。本标准规定了大气环境影响评价的一般性原则、内容、工作程序、方法和要求。本标准适用于建设项目的新建或改、扩建工程的大气环境影响评价。区域和规划的大气环境影响评价可参照使用。本标准是对《环境影响评价技术导则大气环境》(HJ/T 2.2—1993)的第一次修订。主要修订内容有：评价工作分级和评价范围确定方法，环境空气质量现状调查内容与要求，气象观测资料调查内容与要求，大气环境影响预测与评价方法及要求，环境影响预测推荐模式等。本标准于2008年12月31日发布，2009年4月1日起实施。本标准自实施之日起，《环境影响评价技术导则大气环境》(HJ/T 2.2—1993)同时废止。

(3)《环境影响评价技术导则　地面水环境》(HJ/T 2.3—1993)

为贯彻《中华人民共和国环境保护法》《建设项目环境保护管理办法》以及《环境影响评价技术导则总纲》，制定本标准。本标准规定了地面水环境影响评价的原则、方法及要求。本标准适用于厂矿企业、事业单位建设项目的地面水环境影响评价。其他建设项目的地面水环境影响评价也可参照使用。本标准于1993年9月18日发布，1994年4月1日起实施。

(4)《环境影响评价技术导则　地下水环境》(HJ 610—2011)

为贯彻《中华人民共和国环境保护法》《中华人民共和国水污染防治法》和《中华人民共和国环境影响评价法》，规范和指导地下水环境影响评价工作，保护环境，防治地下水污染，制定本标准。本标准规定了地下水环境影响评价的一般性原则、内容、工作程序、方法和要求。本标准适用于以地下水作为水源及对地下水环境可能产生影响的建设项目的环境影响评价。规划环境影响评价中的地下水环境影响评价可参照执行。本标准于2011年2月11日首次发布，2011年6月1日起实施。

(5)《环境影响评价技术导则　声环境》(HJ 2.4—2009)

为贯彻《中华人民共和国环境保护法》《中华人民共和国环境影响评价法》和《中华人民共和国环境噪声污染防治法》，保护环境，防治噪声污染，规范和指导声环境影响评价工作，制定本标准。本标准规定了声环境影响评价工作的一般性原则、内容、工作程序、方法和要求。本标准适用于建设项目声环境影响评价及规划环境影响评价中的声环境影响评价。本标准是对《环境影响评价技术导则　声环境》(HJ/T 2.4—1995)的修订。本标准于1995年首次发布，2009年12月23日第一次修订，2010年4月1日起实施，HJ/T 2.4—1995同时废止。

(6)《环境影响评价技术导则　生态影响》(HJ 19—2011)

为贯彻《中华人民共和国环境保护法》和《中华人民共和国环境影响评价法》，指导和规范生态影响评价工作，制定本标准。本标准规定了生态影响评价的一般性原则、方法、内容及技术要求。本标准适用于建设项目对生态系统及其组成因子所造成影响的评价。区域和规划的生态影响评价可参照使用。本标准是对《环境影响评价技术导则　非污染生态影响》(HJ/T 19—1997)的第一次修订，本修订标准于2011年4月8日发布，2011年9月1日起实施。本标准自实施之日起，《环境影响评价技术导则　非污染生态影响》(HJ/T 19—1997)同时废止。

(7)《环境影响评价技术导则　钢铁建设项目》(HJ 708—2014)

为贯彻《中华人民共和国环境保护法》《中华人民共和国环境影响评价法》和《建设项目环境保护管理条例》，保护环境，规范钢铁建设项目环境影响评价工作，制定本标准。本标准规定了钢铁建设项目环境影响评价的一般原则、内容、方法和技术要求，2014年10月30日批准，2015年1月1日起实施。本标准适用于新建、扩建和技术改造的钢铁建设项目，不适用于独立炼焦企业的建设项目、钢铁行业非主体工程、钢铁行业冶金矿山采矿和选矿建设项目的环境影响评价工作。

(8)《建设项目环境影响技术评估导则》(HJ 616—2011)

为贯彻《中华人民共和国环境保护法》和《中华人民共和国环境影响评价法》，规范和指导环境影响技术评估工作，制定本标准。本标准规定了对建设项目环境影响评价文件进行技术评估的一般原则、程序、方法、基本内容、要点和要求。本标准适用于各级环境影响评估机构对建设项目环境影响评价文件进行技术评估。本标准不适用于核设施及其他可能产生放射性污染、输变电工程及其他产生电磁环境影响的建设项目环境影响评价文件的技术评估。本标准于2011年4月8日首次发布，2011年9月1日起实施。

(9)《建设项目环境风险评价技术导则》(HJ/T 169—2004)

为贯彻《中华人民共和国环境影响评价法》《建设项目环境管理条例》以及《环境影响评价技术导则》，将建设项目环境风险评价纳入环境影响评价管理范畴，从而有利于项目建设全过程风险管理，并提高环境风险评价工作及审查工作的质量和效率，使其达到法制化、规范化和标准化的要求，特制定本规范。本规范是根据国家有关环境影响评价的法规和标准，以及危险化学品安全管理与安全评价有关法律法规以及标准制定的，是作为环境影响评价单位进行环境风险评价时使用的技术规范。本规范的附录A为规范性附录，附录B为资料性附录。本规范由国家环保部2004年12月11日批准，2004年12月11日实施。

1.3.7　其他相关标准

(1)《铁合金工业污染物排放标准》(GB 28666—2012)

为贯彻《中华人民共和国环境保护法》《中华人民共和国大气污染防治法》《关于落实科学发展观加强环境保护的决定》(国发〔2005〕39号)等法律、法规和《国务院关于编制全国主体功能区规划的意见》(国发〔2007〕21号)，保护环境，防治污染，促进铁合金工业生产工艺和污染治理技术的进步，制定本标准。本标准规定了铁合金生产企业或生产设施水污染物和大气污染物排放限值、监测和监控要求，以及标准的实施与监督等。本标准适用于电炉法铁合金生产企业或生产设施的水污染物和大气污染物排放管理，以及电炉法铁合金工业建设项目的环境影响评价、环境保护设施设计、竣工环境保护验收及其投产后的水污染物和大气污染物排放管理。本标准于 2012 年 6 月 27 日首次发布，2012 年 10 月 1 日起实施。

（2）《钒工业污染物排放标准》（GB 26452—2011）

为贯彻《中华人民共和国环境保护法》《中华人民共和国水污染防治法》《中华人民共和国大气污染防治法》《关于落实科学发展观加强环境保护的决定》（国发〔2005〕39 号）等法律、法规和国家加强重金属污染防治工作的有关要求，保护环境，防治污染，促进钒工业生产工艺和污染治理技术的进步，制定本标准。本标准于 2011 年 4 月 2 日首次发布，2011 年 10 月 1 日起实施。自本标准实施之日起，钒工业企业的水和大气污染物排放控制按本标准的规定执行，不再执行《污水综合排放标准》（GB 8978—1996）、《钢铁工业水污染排放标准》（GB 13456—1996）、《大气污染物综合排放标准》（GB 16297—1996）和《工业炉窑大气污染物排放标准》（GB 9078—1996）中的相关规定。地方省级人民政府对本标准未作规定的污染物项目，可以制定地方污染物排放标准；对本标准已作规定的污染物项目，可以制定严于本标准的地方污染物排放标准。

（3）《稀土工业污染物排放标准》（GB 26451—2011）

为贯彻《中华人民共和国环境保护法》《中华人民共和国水污染防治法》《中华人民共和国大气污染防治法》《中华人民共和国海洋环境保护法》《国务院关于落实科学发展观加强环境保护的决定》等法律、法规和国家加强重金属污染防治工作的有关要求，保护环境，防治污染，促进稀土工业生产工艺和污染治理技术的进步，制定本标准。本标准规定了稀土工业企业或生产设施水污染物和大气污染物排放限值、监测和监控要求，以及标准的实施与监督等。本标准于 2011 年 1 月 24 日发布，2011 年 10 月 1 日起实施。自本标准实施之日起，稀土工业企业的水和大气污染物排放控制按本标准的规定执行，不再执行《污水综合排放标准》（GB 8978—1996）《大气污染物综合排放标准》（GB 16297—1996）和《工业炉窑大气污染物排放标准》（GB 9078—1996）中的相关规定。

（4）《镁、钛工业污染物排放标准》（GB 25468—2010）

本标准规定了镁、钛工业企业生产过程中水污染物和大气污染物排放限值、监测和监控要求。本标准适用于镁、钛工业企业的水污染物和大气污染物排放管理，以及镁、钛工业企业建设项目的环境影响评价、环境保护设施设计、竣工环境保护验收及其投产后的水污染物和大气污染物排放管理。本标准不适用于镁、钛再生及压延加工等工业的水污染物和大气污染物排放管理；也不适用于附属于镁、钛企业的非特征生产工艺和装置的水污染物和大气污染物排放管理。本标准规定的水污染物排放控制要求适用于企业直接或间接向其法定边界外排放水污染物的行为。镁、钛工业企业排放恶臭污染物、环境噪声适用相应的国家污染物排放标准，产生固体废物的鉴别、处理和处置适用国家固体废物污染控制标准。本标准于 2010 年 9 月 27 日首次发布，2010 年 10 月 1 日起实施。自本标准实施之日起，镁、钛工业企业水和大气污染物排放执行本标准，不再执行《污水综合排放标准》(GB 8978—1996)、《大气污染物综合排放标准》(GB 16297—1996)和《工业炉窑大气污染物排放标准》(GB 9078—1996)中的相关规定。

(5)《铜、镍、钴工业污染物排放标准》(GB 25467—2010)

本标准规定了铜、镍、钴工业企业生产过程中水污染物和大气污染物排放限值、监测和监控要求。本标准适用于铜、镍、钴工业企业的水污染物和大气污染物排放管理，以及铜、镍、钴工业企业建设项目的环境影响评价、环境保护设施设计、竣工环境保护验收及其投产后的水污染物和大气污染物排放管理。本标准不适用于铜、镍、钴再生及压延加工等工业的水污染物和大气污染物排放管理；也不适用于附属于铜、镍、钴工业的非特征生产工艺和装置产生的水污染物和大气污染物排放管理。本标准规定的水污染物排放控制要求适用于企业直接或间接向其法定边界外排放水污染物的行为。铜、镍、钴工业企业排放恶臭污染物、环境噪声适用相应的国家污染物排放标准，产生固体废物的鉴别、处理和处置适用国家固体废物污染控制标准。本标准于 2010 年 9 月 27 日首次发布，2010 年 10 月 1 日起实施。自本标准实施之日起，铜、镍、钴工业企业水和大气污染物排放执行本标准，不再执行《污水综合排放标准》(GB 8978—1996)、《大气污染物综合排放标准》(GB 16297—1996)和《工业炉窑大气污染物排放标准》(GB 9078—1996)中的相关规定。

(6)《铅、锌工业污染物排放标准》(GB 25466—2010)

本标准规定了铅、锌工业企业生产过程中水污染物和大气污染物排放限值、监测和监控要求。本标准适用于铅、锌工业企业的水污染物和大气污染物排放管理，以及铅、锌工业企业建设项目的环境影响评价、环境保护设施设计、竣工环境保护验收及其投产后的水污染物和大气污染物排放管理。本标准不适用于再生铅、锌及铅、锌材压延加工等工业的水污染物和大气污染物排放管理，也不适用于附属于铅、锌工业企业的非特征生产工艺和装置的水污染物和大气污染物排放管理。本标准规定的水污染物排放控制要求适用于企业直接或间接向其法定边界外排放水污染物的行为。铅、锌工业企业排放恶臭污染物、环境噪声适用相应的国家污染物排放标准，产生固体废物的鉴别、处理和处置适用国家固体废物污染控制标准。本标准于 2010 年 9 月 27 日首次发布，2010 年 10 月 1 日起实施。自本标准实施之日起，铅、锌工业企业水和大气污染物排放执行本标准，不再执行《污水综合排放标准》(GB 8978—1996)、《大气污染物综合排放标准》(GB 16297—1996)和《工业炉窑大气污染物排放标准》(GB 9078—1996)中的相关规定。

(7)《锡、锑、汞工业污染物排放标准》(GB 30770—2014)

为贯彻《中华人民共和国环境保护法》《中华人民共和国水污染防治法》《中华人民共和国大气污染防治法》《中华人民共和国海洋环境保护法》等法律、法规和《大气污染防治行动计划》(国发〔2013〕37号)，保护环境，防治污染，促进锡、锑、汞工业生产工艺和污染治理技术的进步，制定本标准。本标准规定了锡、锑、汞采选及冶炼工业企业生产过程中水污染物和大气污染物排放限值、监测和监控要求，规定了重点区域水污染物和大气污染物特别排放限值。本标准为首次发布。自本标准实施之日起，锡、锑、汞工业企业水和大气污染物排放执行本标准，不再执行《污水综合排放标准》(GB 8978—1996)、《大气污染物综合排放标准》(GB 16297—1996)和《工业炉窑大气污染物排放标准》(GB 9078—1996)中的相关规定。锡、锑、汞采选及冶炼加工企业排放恶臭污染物、环境噪声适用相应的国家污染物排放标准。产生固体废物的鉴别、处理和处置适用国家固体废物污染控制标准。本标准不适用于锡、锑、汞再生及加工等工业。本标准由环保部2014年4月28日批准，新建企业自2014年7月1日、现有企业自2015年1月1日起执行本标准。

(8)《再生铜、铝、铅、锌工业污染物排放标准》(GB 31574—2015)

为贯彻《中华人民共和国环境保护法》《中华人民共和国水污染防治法》《中华人民共和国大气污染防治法》《中华人民共和国海洋环境保护法》等法律、法规，保护环境，防治污染，促进再生有色金属(铜、铝、铅、锌)工业生产工艺和污染治理技术进步，制定本标准。本标准规定了再生有色金属(铜、铝、铅、锌)工业企业生产过程中水污染物和大气污染物排放限值、监测和监控要求，对重点区域规定了水污染物和大气污染物特别排放限值。本标准为首次发布。自本标准实施之日起，再生有色金属(铜、铝、铅、锌)工业企业水和大气污染物排放执行本标准，不再执行《污水综合排放标准》(GB 8978—1996)、《大气污染物综合排放标准》(GB 16297—1996)和《工业炉窑大气污染物排放标准》(GB 9078—1996)中的相关规定。再生有色金属(铜、铝、铅、锌)工业企业排放恶臭污染物、环境噪声适用相应的国家污染物排放标准。产生固体废物的鉴别、处理和处置适用国家固体废物污染控制标准。本标准由环保部2015年4月3日批准，新建企业自2015年7月1日、现有企业自2017年1月1日起执行本标准。

(9)《铝工业污染物排放标准》(GB 25465—2010)

本标准规定了铝工业企业生产过程中水污染物和大气污染物排放限值、监测和监控要求。本标准适用于铝工业企业的水污染物和大气污染物排放管理，以及对铝工业企业建设项目的环境影响评价、环境保护设施设计、竣工环境保护验收及其投产后的水污染物和大气污染物排放管理。本标准不适用于再生铝和铝材压延加工企业（或生产系统）的水污染物和大气污染物排放管理；也不适用于附属于铝工业企业的非特征生产工艺和装置的水污染物和大气污染物排放管理。本标准规定的水污染物排放控制要求适用于企业直接或间接向其法定边界外排放水污染物的行为。铝工业企业排放恶臭污染物、环境噪声适用相应的国家污染物排放标准，产生固体废物的鉴别、处理和处置适用国家固体废物污染控制标准。本标准于 2010 年 9 月 27 日首次发布，2010 年 10 月 1 日起实施。自本标准实施之日起，铝工业企业水和大气污染物排放执行本标准，不再执行《污水综合排放标准》（GB 8978—1996）、《大气污染物综合排放标准》（GB 16297—1996）和《工业炉窑大气污染物排放标准》（GB 9078—1996）中的相关规定。

（10）《铝电解废气氟化物和粉尘治理工程技术规范》（HJ 2033—2013）

为贯彻《中华人民共和国大气污染防治法》，规范铝电解工业废气治理工程建设与设施运行管理，防治铝电解生产废气对环境的污染，保护环境和人体健康，制定本标准。本标准规定了铝电解废气氟化物和粉尘治理工程的设计、施工、验收与运行维护等技术要求。本标准为首次发布。本标准 2013 年 9 月 26 日批准，2013 年 12 月 1 日起实施。

（11）《工业污染源现场检查技术规范》（HJ 606—2011）

为贯彻《中华人民共和国环境保护法》，保护环境，防治污染，规范工业污染源现场检查活动，制定本标准。本标准规定了工业污染源现场检查的准备工作、主要内容及技术要点。本标准适用于各级环境保护主管部门的工业污染源现场检查工作。本标准于 2011 年 2 月 12 日首次制定，2011 年 6 月 1 日起实施。

（12）《钢铁工业发展循环经济环境保护导则》（HJ 465—2009）

为了贯彻《中华人民共和国环境保护法》《关于落实科学发展观加强环境保护的决定》（国发〔2005〕39 号）和《关于加快发展循环经济的若干意见》（国发〔2005〕22 号），保护环境，促进钢铁工业发展循环经济，实现资源能源利用效率最大化，预防和控制钢铁行业发展过程中的环境污染，制定本标准。本标准就钢铁工业发展循环经济的规划、建设及运行的污染防治和环境保护相关事项提出了要求，相关企业和管理部门可参照执行。本标准适用于各级环境保护主管部门对钢铁工业发展循环经济的规划、建设和运行中污染的防治和环境管理。本标准也适用于指导钢铁企业在发展循环经济中加强污染控制。本标准于 2009 年 3 月 14 日首次发布，2009 年 7 月 1 日起实施。

（13）《铝工业发展循环经济环境保护导则》（HJ 466—2009）

为贯彻《中华人民共和国环境保护法》《关于落实科学发展观加强环境保护

的决定》(国发〔2005〕39号)、《关于加快发展循环经济的若干意见》(国发〔2005〕22号)和《关于做好建设节约型社会近期重点工作的通知》(国发〔2005〕21号)，促进铝工业发展循环经济，实现资源能源利用效率最大化，预防和控制铝工业发展循环经济过程中的环境污染，制定本标准。本标准就铝工业发展循环经济的规划、建设及运行的污染防治和环境保护相关事项提出了要求，相关企业和管理部门可参照执行。本标准适用于各级环境保护主管部门对铝工业发展循环经济的规划、建设和运行中污染的防治和环境管理。本标准也适用于指导铝工业企业在发展循环经济中加强污染控制。本标准于2009年3月14日首次发布，2009年7月1日起实施。

(14)《饮用水水源保护区划分技术规范》(HJ/T 338—2007)

为贯彻《中华人民共和国水污染防治法》和《中华人民共和国水污染防治法实施细则》，防治饮用水水源地污染，保证饮用水安全，制定本标准。本标准规定了地表水饮用水水源保护区、地下水饮用水水源保护区划分的基本方法和饮用水水源保护区划分技术文件的编制要求。本标准适用于集中式地表水、地下水饮用水水源保护区(包括备用和规划水源地)的划分。农村及分散式饮用水水源保护区的划分可参照本标准执行。本标准于2007年1月9日发布，2007年2月1日起实施。

第二章 冶金工业污染源监测与评价

冶金工业污染源监测是环境污染治理与保护的前提和基础。冶金工业污染源监测包括冶金工业废气监测、冶金工业废水监测、冶金工业固体废物及有害成分监测，冶金工业物理性污染监测。

2.1 冶金工业废气监测

冶金工业废气是指冶炼工业企业在生产中向大气中排放的有害气体。冶金工业废气监测即对冶金工业气体污染源的监测。工业生产所用的烟道、烟囱及排气筒、钢铁厂、铝冶炼厂、有色金属冶炼厂的大工业烟囱等固定污染源所排放的废气中既包含固态的烟尘和粉尘，也包含气态和气溶胶态等多种有害物质。

对于大气中固定污染源的监测，国家已有标准《固定污染源排气中颗粒物测定与气态污染物的采样方法》(GB/T 16157—1996)，主要规定了大气固定污染源中颗粒物的采样测定及计算方法。该标准中规定的大气污染源中气态污染物的采样方法，只属一般性要求。采样时，还应遵守有关排放标准和气态污染物分析方法标准。该标准适用于各种冶炼炉、工业炉窑及其他固定污染源排气中颗粒物的测定和气态污染物的采样。该标准还规定了排气温度、压力、水分、成分的测定；排气密度和气体相对分子质量的计算，排气流速和流量的测定；排气中颗粒物的测定和排放浓度、排放率的计算；排气中气态污染物采样和排放浓度、排放率的测定。

冶金工业废气污染源监测的目的包括：

①检查污染源排放的废气中有害物质的浓度是否符合排放标准的要求；

②评价废气净化装置的性能和运行情况，以了解所采取污染防治措施的效果；

③为大气质量管理与评价提供依据。

冶金工业废气污染源监测的要求包括：

①进行监测时，生产设备必须处于正常运转状态；

②对于不同的生产过程废气排放情况不同的污染源，应根据生产过程的变化特点和周期进行系统监测；

③测定工业锅炉烟尘浓度时，锅炉应在稳定的负荷下运转，工作负荷不能低于额定负荷的85%，对于人工加煤的锅炉，至少要测定两个加煤周期的烟尘浓度。

冶金工业废气污染源监测的内容包括：

①污染源的废气排放量，m^3/h；

②污染源的有害物质排放量，kg/h；

③污染源排放的废气中有害物质的浓度，mg/m^3。

监测时应注意，对有害物质排放浓度和废气排放量进行计算时，气样体积要采用现行监测方法中推荐的标准状态（温度为0℃，大气压力为101.325 kPa）下干燥气体的体积。

基本参数的确定，以烟道气的监测为例说明固定污染源废气的测定，烟气的体积、温度和压力是烟气的基本状态常数，也是计算烟气流速、烟尘及有害物质浓度的依据。其中，烟气体积由采样流量和采样时间的乘积求得，而采样流量由采样点烟道断面面积乘以烟气流速得到，流速又由烟气压力和温度计算求出。

温度的测定仪器主要是玻璃水银温度计和热电偶测温毫伏计。玻璃水银温度计适用于直径小、温度不高的烟道。测量时，温度计放入烟道中心部位，待读数稳定不变时，开始读数。切不可将温度计抽出烟道气外读数，以免产生误差。热电偶测温毫伏计适用于直径大、温度高的烟道。测温原理是将两根不同的金属线连成闭合回路，当两接点（冷端焊接点和热端焊接点）处于不同温度环境时，便产生热电势。两接点温差越大，热电势越大。热电偶冷端焊接点温度保持恒定，称为自由端，热端焊接点称为测量端或工作端，其电势差由毫伏计测出，以温度值表示。

使用热电偶温度计时，首先将两个接头分别接到测温毫伏计的"+""-"两个接线柱上，打开短路锁，将热电偶头部擦拭干净，插到烟道中心部位，待指针读数稳定时再读数。当使用带有冷端自动补偿的数显温度计时，其读数为实际烟气温度。如没有自动温度补偿装置，应在测前将毫伏计指针调至零刻度，测得的烟气温度再加上环境温度，才是烟气的实际温度。根据需测温度的高低，选用不同材料的热电偶。测量1300℃以下烟气用镍铬-镍铝热电偶；测量1600℃以下的烟气用铂-铂铑热电偶。

压力的测定分静压（P_a）、动压（P_v）和全压（P_t）。静压是单位体积气体所具有的势能，表示为气体在各方向上作用于器壁的压力。动压是单位体积气体具有的动能，是使气体流动的压力。全压是气体在管道中流动具有的总能量，即静压和动压之和。烟气压力测量装置包括皮托管和压力计。

常用皮托管分为标准皮托管和S形皮托管两种。标准皮托管具有较高的精度，其校正系数近似等于1，不需校正。但标准皮托管的测孔很小，如果烟气中烟尘浓度大，则易被堵塞，因此只适用于在较清洁的烟道内使用，或用来校准其他类型的皮托管和流量测量装置。S形皮托管由两根相同的金属臂并联组成，测量端为两个大小相等、方向相反的开口。测量烟气压力时，一个开口面向气流，测定气流的全压；另一个开口背向气流，测定气流的静压。由于气体绕流的影响使得测得的静压值比气流实际静压值小，因此，在使用前必须用标准皮托管进行校正。S形皮托管开口较大，减少了被尘粒堵塞的可能性，适用于测烟尘含量较高的烟气。

常用的压力计有U形压力计和斜管式微压计。U形压力计是一个内装工作液体的U形玻璃管，通常根据被测压力的大小分别选用水、乙醇或汞作为工作液体。斜管式微压计斜管将读数放大，便于微小压差的测量。测压时，将微压计容器开口与测压系统中压力较高的一端相连，斜管与压力较低的一端相连，作用在两个液面上的压力差使液柱沿斜管上升。

2.1.1 冶金工业烟气监测项目

2.1.1.1 钢铁冶金烟气监测项目

钢铁冶炼过程中排放出大量有毒有害气体，在焙烧等过程中产生大量的烟尘，如二氧化硫、一氧化碳、二氧化碳、氮氧化物、悬浮颗粒物等。故钢铁冶金过程中需要监测的项目包括：二氧化硫、一氧化碳、二氧化碳、氮氧化物、可吸入悬浮颗粒物、总悬浮颗粒物、铅等。

2.1.1.2 有色冶金烟气监测项目

不同的有色金属冶金过程，所排出的废气中所含的大部分污染物相同，只有少部分的污染物不同，如特定的金属蒸气。有色冶金烟气需要监测的项目包括：二氧化硫、一氧化碳、二氧化碳、氮氧化物、可吸入悬浮颗粒物、总悬浮颗粒物、铅等重有色金属蒸气。

2.1.2 烟气的采集与处理

2.1.2.1 烟尘浓度的测定

烟尘浓度测定时，抽取一定体积的含尘烟气，使之通过一个已知质量的滤尘装置，烟气中的烟尘被阻留在滤尘装置的滤料上，称量滤尘装置的质量，根据滤尘装置采样前后的质量差，求出单位体积烟气中的含尘量。

烟道内粉尘浓度的分布不均匀，为了测出具有代表性的含尘浓度，监测时必须注意多点采样求平均值确定烟尘浓度，采样必须采用等速采样法。

控制烟气进入采样嘴的速度(v_n)与采样点烟气流速(v_s)相等时进行采样，这种方法称等速采样法。等速采样法可以避免因v_n大于或小于v_s而产生的测量误差。当采样速度v_n大于采样点的烟气流速v_s时，处于采样管边缘的一些大颗粒，由于本身的惯性作用，不能随改变了方向的气流进入采样管，使采样所得的浓度低于实际浓度，导致测量结果偏低。当采样速度v_n小于采样点烟气流速v_s时，情况正好相反，处于采样管边缘的一些大颗粒，本应随流线绕过采样管，但由于惯性作用，继续按原来的方向前进，进入采样管内，使采样所得的浓度高于实际浓度，测定结果偏高。只有$v_n=v_s$时，气体和尘粒才会按照它们在采样点的实际比例进入采样嘴，采集的烟气样品中烟尘浓度与烟气实际浓度相同。

保证等速采样的措施包括：预测流速法、平行采样法、等速管法等。

①预测流速法：在采样前测出烟道断面上各测点的流速，然后根据各测点气流速度及采样嘴进口直径，计算出各点的采样流量，采用流量计控制流量进行采样。

②平行采样法：该方法是将S形皮托管、测温装置和采样管固定在一起，插入采样点处，将测量的烟气温度、压力等有关参数输入计算机，算出等速采样的流量。平行采样法适用于烟气状况不太稳定的情况，采样时可根据温度、压力变化，随时调节采样流量，维持等速采样，减小由于烟气流速改变带来的采样误差。

③等速管法：用特制的压力平衡型等速采样管进行采样，采样管分为动压平衡型等速采样管和静压平衡型等速采样管。其中动压平衡型等速采样管是利用安装在采样管上的孔板测速装置产生的压差与皮托管测出的动压相等来实现等速采样的。该方法不需要预先测出烟气流速、状态参数和计算等速采样流量，仅通过调节测速装置的压差即可进行等速采样，不但操作简便，而且能跟踪烟气速度变化，随时保持等速采样条件。

烟尘浓度的计算采用如下两种方法：

1）移动采样时烟尘浓度

$$c = (G_1 - G_2) \times 10^6 / V_{nd} \qquad (2-1)$$

式中：c——烟尘浓度，mg/m^3；

G_1，G_2——采样前后滤筒质量，g；

V_{nd}——标准状态下的采样体积，L。

2）定点采样时烟尘浓度

$$c = (c_1 v_1 S_1 + c_2 v_2 S_2 + \cdots + c_n v_n S_n) / (v_1 S_1 + v_2 S_2 + \cdots + v_n S_n) \qquad (2-2)$$

式中：c——烟尘浓度，mg/m^3；

c_1，…，c_n——各测点的烟尘浓度，mg/m^3；

v_1，…，v_n——各测点的烟气流速，m/s；

S_1，…，S_n——各测点所代表的截面积，m^2。

2.1.2.2　烟气组分的测定

烟气组分分为主要气体组分（NO、O_2、CO、水蒸气）和有害气体组分（NO_x、SO_x，H_2S等）。由于气态、蒸气态分子在烟道内分布均匀，故不需要多点采样，烟道内任何一点的气样都具有代表性。采样时可取靠近烟道中心的一点作为采样点。

与大气相比，烟道气的温度高、湿度大、烟尘及有害气体浓度大并具有腐蚀性。烟气采样装置需设置烟尘过滤器（在采样管头部安装阻挡尘粒的滤料）、保温或加热装置（防止烟气中的水分在采样管中冷凝，使待测污染物溶于水中产生误差)、除湿器。为防止腐蚀，采样管多采用不锈钢制作。

(1)烟气主要气体组分的测定

烟气中主要气体组分可采用奥氏气体分析器吸收法和仪器分析法进行测定。奥氏气体分析器吸收法的基本原理是采用不同的气体吸收液对烟气中的不同组分逐一进行吸收，根据吸收前、后烟气体积的变化，计算待测组分的含量。

例如，CO_2是酸性气体，可被氢氧化钠和氢氧化钾溶液吸收。通过测量吸收前后气体体积的差值，可测定 CO_2的含量。但是 H_2S 和 SO_2也能被碱性吸收剂吸收，故应预先消除，以免干扰 CO_2的测定；焦性没食子酸(邻苯三酚)的碱性溶液可吸收氧气，生成六氧基联苯钾，据此测定气体中的 O_2含量。

(2)烟气中有害组分的测定

1)采样方法

烟气中气态污染物的含量常常比较高，常用的采样方法是化学采样法。其基本原理是通过采样管将样品抽到装有吸收液的吸收瓶或装有固体吸收剂的吸收管、真空瓶、注射器或气袋中，样品溶液或气态样品经化学分析或仪器分析来测定污染物含量。采样装置如图 2－1 所示。

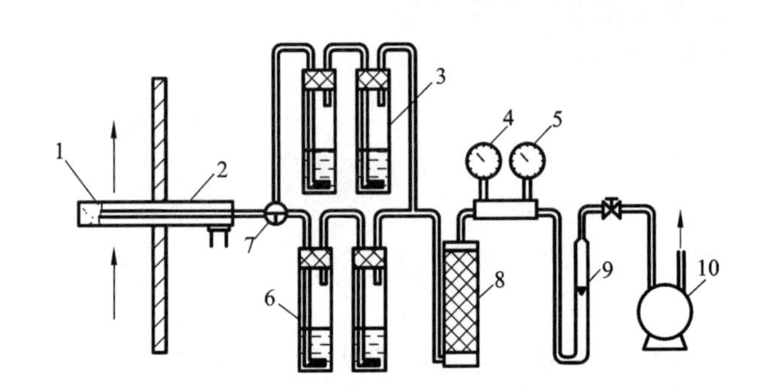

图 2－1　烟气中气体污染物的采样装置

1—烟道；2—加热采样管；3—旁路吸收瓶；4—温度计；5—真空压力表；
6—吸收瓶；7—三通阀；8—干燥器；9—流量计；10—抽气泵

2)分析测定方法

烟气中有害组分主要有 CO、NO、SO_x、H_2S、苯、挥发酚、氟化物、汞、HCl 等。测定方法的选择根据有害组分的含量而定。当含量较高时，一般选用化学容量分析法，例如，烟气中 SO_2的测定多选用碘量法，烟气中 NO_x的测定多选用中和滴定法；当含量较低时，可选用各种仪器分析方法，如分光光度法、电化学分析法、气相色谱法等。表 2－1 列出了《空气和废气监测方法》中推荐的有害组分测定方法。

表 2-1　烟气中有害组分的测定方法

组分	测定方法	测定范围
一氧化碳	奥氏气体分析吸收法 检气管法	>0.5%（体积比） >20 mg/m³
二氧化碳	碘量法 甲醛缓冲溶液吸收法	100~6000 mg/m³ 2.5~500 mg/m³
氮氧化物	二磺酸分光光度法 盐酸萘乙二胺分光光度法	20~2000 mg/m³ 2.4~280 mg/m³
硫化物	碘量法 亚甲基蓝分光光度法	>3 mg/m³ 0.01~10 mg/m³
汞	冷原子吸收分光光度法	0.01~30 mg/m³
氯	碘量法	>35 mg/m³
氯化氢	硝酸银容量法 离子色谱法	>40 mg/m³ 25~1000 mg/m³
光气（碳酰氯）	碘量法 紫外分光光度法	50~2500 mg/m³ 0.5~50 mg/m³
苯（苯系物）	气相色谱法	4~1000 mg/m³
挥发酚	4-氨基安替比林分光光度法	0.5~50 mg/m³
氟化物	离子选择电极法 氟试剂分光光度法	1~1000 mg/m³ 0.1~50 mg/m³
硫酸雾	铬酸钡分光光度法 离子色谱法	5~120 mg/m³ 0.3~500 mg/m³
铅	原子吸收分光光度法 配合滴定法	0.05~50 mg/m³ >20 μg/m³

2.1.3　烟气物理化学性质检验方法

2.1.3.1　二氧化硫的测定

二氧化硫的主要环境来源是煤和石油的燃烧、生产硫酸和金属冶炼时的黄铁矿的燃烧、硫酸盐和亚硫酸盐的制造、橡胶硫化、熏蒸杀虫、消毒等过程。二氧化硫是目前最主要的大气污染物，在大气中可与水分和尘粒结合形成气溶胶，并逐渐氧化成硫酸或硫酸盐。二氧化硫是构成酸雨的主要成分。测定二氧化硫的常用方法有甲醛缓冲溶液吸收—盐酸副玫瑰苯胺分光光度法（HJ 482—2009）、四氯汞钾溶液吸收—盐酸副玫瑰苯胺分光光度法（HJ 483—2009）、钍试剂分光光度法、电导法、紫外荧光法、定电位电解法（HJ/T 57—2000）等。选用何种方法主要取决于分析的目的及实验室条件等因素。四氯汞钾溶液吸收—盐酸副玫瑰苯胺分光光度法灵敏度高，选择性好，但吸收液的毒性大。钍试剂分光光度法所用吸收液无毒，但灵敏度差，所需采样体积大，适合于测定二氧化硫的日平均浓度。甲醛缓冲溶液—盐酸副玫瑰苯胺分光光度法避免了使用含汞的吸收液，其灵敏度、选择性和检出限等均与四氯汞钾溶液吸收—盐酸副玫瑰苯胺分光光度法相近。

(1)四氯汞钾溶液吸收—盐酸副玫瑰苯胺分光光度法

用氯化钾和氯化汞配制成四氯汞钾吸收液，吸收二氧化硫之后生成稳定的二氯亚硫酸盐配合物。该配合物再与甲醛作用生成羟基甲基磺酸，羟基甲基磺酸与盐酸副玫瑰苯胺作用，生成紫红色配合物，其颜色深浅与 SO_2 含量成正比，可用分光光度法测定。反应式如下：

$$HgCl_2 + 2KCl \longrightarrow K_2[HgCl_4] \tag{2-3}$$

$$[HgCl_4]^{2-} + SO_2 + H_2O \longrightarrow [HgCl_2SO_3]^{2-} + 2Cl^- + 2H^+ \tag{2-4}$$

$$[HgCl_2SO_3]^{2-} + HCHO + 2H^+ \longrightarrow HgCl_2 + HOCH_2SO_3H \tag{2-5}$$

测定时先用亚硫酸钠溶液及四氯汞钾溶液配制 SO_2 标准溶液，并用碘量法进行标定。系列 SO_2 标准溶液分别加入一定量的氨基磺酸铵溶液、甲醛溶液及盐酸副玫瑰苯胺溶液，定容并显色。当室温为 15～20℃时，显色 30 min；室温为 20～25℃时，显色 20 min；室温为 25～30℃时，显色 15 min。用 10 mm 比色皿，在波长515 nm处，以水为参比，测定吸光度。以吸光度为纵坐标、二氧化硫含量为横坐标绘制标准曲线。样品可用内装 5 mL 吸收液的多孔玻板吸收管以 0.5 L/min 流量采气 10～20 L。放置一段时间(20 min)使臭氧分解后，即可取定量样品试液按标准曲线的绘制方法进行测定。气样中 SO_2 浓度由下式计算：

$$c = [(A - A_0)B_s \times V_t]/V_0 \times V_1 \tag{2-6}$$

式中：c——大气中二氧化硫的浓度，mg/m^3；

A_0——试剂空白液吸光度；

A——样品溶液吸光度；

B_s——计算因子，μg/吸光度；

V_0——换算成标准状态下的采气体积，L；

V_t——气样吸收液总体积，mL；

V_1——测定时所取气样吸收液体积，mL。

该方法灵敏度较高，选择性好，检出限为 0.15 mg/mL，可测定的大气中 SO_2 浓度范围为 0.015～0.500 mg/m^3，国内外广泛用于大气环境 SO_2 的监测。但是，吸收液毒性极大。推荐用甲醛缓冲溶液为吸收液，代替剧毒的四氯汞钾进行比色测定。

大气中的二氧化氮会对测定产生干扰，所以采样后需加入氨基磺酸铵以消除干扰；大气中某些金属离子干扰测定，可用 EDTA 和磷酸进行屏蔽处理。

(2)甲醛缓冲溶液吸收—盐酸副玫瑰苯胺分光光度法

二氧化硫被甲醛缓冲溶液吸收后，生成稳定的羟基甲醛磺酸加成化合物，加入氢氧化钠使加成化合物分解，释放出的二氧化硫与盐酸副玫瑰苯胺、甲醛作用，生成紫红色化合物，用分光光度计在577 nm处测定吸光度。当用10 mL吸收液采样30 L时，检出限为0.007 mg/m^3；当用50 mL吸收液连续24 h采样300 L时，检出限为0.003 mg/m^3。

该方法适用于环境大气中二氧化硫的测定。主要干扰物为氮氧化物、臭氧及某些重金属元素。样品放置一段时间可使臭氧自动分解；加入氨磺酸钠溶液可消除氮氧化物的干扰；加入环己二胺四乙酸二钠（简称CDTA）可以减少某些金属离子的干扰。当10 mL样品中存在50 μg钙、镁、铁、镍、铜等离子及二价锰离子时，不干扰测定。

短时间采样时，可根据空气中二氧化硫浓度的大小，采用内装吸收液的U形多孔玻板吸收管，以0.5 L/min的流量采样，最佳吸收液温度为19～23℃。如果是24 h连续采样，用内装吸收液的多孔玻板吸收瓶，以0.2～0.3 L/min的流量连续采样，最佳吸收温度为19～23℃。

2.1.3.2　氮氧化物的测定

氮氧化物是一氧化氮（NO）、二氧化氮（NO_2）、三氧化二氮（N_2O_3）和五氧化二氮（N_2O_5）等氮的氧化物的总称。其中，五氧化二氮是固体。在空气中，除二氧化氮比较稳定，一氧化氮稍稳定外，其他氮氧化物都不稳定，而且浓度很低，故仅NO_2和NO的测定有实际意义。

大气中氮氧化物污染的主要来源是化石燃料的高温燃烧，硝酸和硫酸制造工业、氮肥工厂、硝化、硝酸处理或熔解金属等工艺过程中排放的废气，城市汽车尾气等。

大气中氮氧化物的主要成分为NO_2和NO。NO在大气中可逐渐氧化成NO_2。大气中NO_2被水雾吸收，可形成气溶胶状的硝酸和亚硝酸的酸性雾滴。当氮氧化物与碳氢化合物共存于大气中时，经紫外线照射，发生光化学反应，生成臭氧（O_3）和过氧酰基硝酸盐（PAN），即浅蓝色的光化学烟雾，它是一种强刺激性的、有害的二次污染物。光化学烟雾能使植物变黑直至枯死；人体接触后可引起气喘、慢性中毒；对人眼、皮肤和呼吸器官有刺激作用，是导致支气管炎、哮喘等呼吸道疾病不断增加的原因之一；当浓度增高时，引起肺气肿、全身痛甚至死亡。NO_2是NO毒性的5倍，它对深部呼吸道具有强烈的刺激作用，可引起肺损害，甚至造成肺水肿。NO_2还能使植物枯黄。NO毒性不大，只有轻度刺激性，高浓度时可引起变性血红蛋白的形成和中枢神经系统的轻度障碍等。

大气中氮氧化物的测定方法有分光光度法、化学发光法及电化学法等。最常用的氮氧化物测定方法是Saltzman法（GB/T 15435—1995）和Saltzman法（HJ 479—2009），两者均为分光光度法。此外，还有紫外分光光度法（HJ/T 42—1999）、盐酸萘乙二胺分光光度法（HJ/T 43—1999）、酸碱滴定法（HJ 675—

2013)、非分散红外吸收法(HJ 692—2014)、定电势电解法(HJ 693—2014)等。

(1)二氧化氮的测定

空气中的 NO_2与吸收液中的对氨基苯磺酸发生重氮化反应，再与盐酸萘乙二胺作用，生成玫瑰红色的偶氮染料，于波长 540 nm 处用分光光度计测定其吸光度。采样方法如下：

①短时间采样(1 h 以内)：取一支多孔玻板瓶，装入吸收液，标记吸收液面位置，以 0.4 L/min 流量采气 6 ~24 L。

②长时间采样(24 h 以内)：用大型多孔玻板吸收瓶，内装吸收液，液柱不低于 80 mm，以 0.4 L/min 流量采气 288 L。

③采样、样品运输及存放过程中应避免阳光照射。气温超过 25℃时，长时间运输及存放样品应采取降温措施。

④采样后若不能及时分析，应将样品于低温暗处存放。样品在 20℃暗处存放，可稳定 24 h；于 0 ~4℃冷藏，至少可稳定 3 d。

(2)氮氧化物的测定

氮氧化物(一氧化氮和二氧化氮)的分析常采用酸性高锰酸钾溶液氧化法，采样时取两支内装吸收液的多孔玻板吸收瓶和一支内装酸性高锰酸钾的氧化瓶，按吸收瓶—氧化瓶—吸收瓶的顺序连接。当空气通过吸收瓶时，二氧化氮被串联的第一支吸收瓶中的吸收液吸收生成玫瑰红色的偶氮染料。空气中的一氧化氮不与第一支吸收瓶中的吸收液反应，进入串联在两支吸收瓶中间的氧化瓶内，被氧化瓶内的酸性高锰酸钾溶液氧化为二氧化氮，然后进入第二支吸收瓶中，被吸收液吸收生成红色偶氮染料。于波长 540 nm 处测定两支吸收瓶中吸收液的吸光度。采样具体方法如下：

①短时间采样(1 h 以内)：取装有吸收液的多孔玻板吸收瓶和内装酸性高锰酸钾溶液的氧化瓶(液柱不低于 80 mm)，用尽量短的硅橡胶管将氧化瓶串联在两支吸收瓶之间，以 0.4 L/min 的流量采气 4 ~24 L；

②长时间采样(24 h)：取大型内装吸收液的多孔玻板吸收瓶，液柱不低于 80 mm，标记液面位置，再取内装酸性高锰酸钾溶液的氧化瓶，接入采样系统，以 0.2 L/min 流量采气 288 L。

2.1.3.3 一氧化碳的测定

一氧化碳是大气中的污染物之一，主要来源为炼焦、炼钢、炼铁、炼油、汽车尾气及家庭用煤的不完全燃烧产物，自然灾害，如火山爆发、森林火灾等，也是其来源之一。

CO，无色无臭，是一种窒息性的有毒气体，由于 CO 和血液中有输氧能力的血红蛋白的亲和力比氧气和血红蛋白的亲和力大 200 ~300 倍，因而能很快和血红蛋白结合形成碳氧血红蛋白，使血液的输氧能力大大降低，导致心脏、头脑等重要器官严重缺氧。中毒轻时，会出现头晕、恶心、头痛等症状；中毒严重时，会使人心悸、昏睡、窒息，甚至死亡。

测定大气中 CO 的方法有非分散红外吸收法（GB/T 9801—1988）、气相色谱法（GB/T 8984—2008）、非色散红外吸收法（HJ/T 44—1999）、汞置换法等。

（1）非分散红外吸收法

CO 的红外吸收峰在 4.5 μm 附近，CO_2在 4.3 μm 附近，水蒸气在 3 μm 和 6 μm附近。因为空气中 CO_2和水蒸气的浓度远大于 CO 的浓度，故干扰 CO 的测定。在测定前用制冷或通过干燥剂的方法可除去水蒸气；用窄带光学滤光片或气体滤波室将红外辐射限制在 CO 吸收的窄带光范围内，可消除 CO_2的干扰。

非分散红外吸收法 CO 监测仪的工作原理：从红外光源发射出能量相等的两束平行光，被同步电机带动的切光片交替切断。一束光通过参比室，称为参比光束，光强度不变；另一束光称为测量光束，通过测量室。由于测量室内有气样通过，气样中的 CO 吸收了部分特征波长的红外光，使射入检测室的光束强度减弱；CO 含量越高，光强减弱越多。由于射入检测室的参比光束强度大于测量光束强度，使两室中气体的温度产生差异，从而改变了电容器的电容，由其变化值即可得出气样中 CO 的浓度值，用电子技术将电容量变化转变成电势变化，经放大及信号处理后，由指示表和记录仪显示和记录测量结果。测量时，先通入纯氮气进行零点校正，再用标准 CO 气体校正，最后通入气样，便可直接显示、记录气样中的 CO 浓度，以 mg/m^3表示。

（2）气相色谱法

大气中的 CO、CO_2和甲烷经 TDX－01 碳分子筛柱分离后，于氢气流中在镍催化（360℃ ±10℃）作用下，CO、CO_2皆能转化为 CH_4，然后用氢离子化检测器分别测定上述 3 种物质，其出峰顺序为：CO、CH_4、CO_2。此法有较高的灵敏度，同时还能检测 CO_2和甲烷。为保证催化剂的活性，在测定之前，转化炉应在 360℃下通气 8 h，且氢气和氮气的纯度大于 99.9%。当进样量为 2 mL 时，对 CO 的检测限为 0.2 mg/m^3。

（3）非色散红外吸收法

非色散红外吸收法适用于固定污染源有组织排放的 CO 测定。检出限为 20 mg/m^3，定量测定的浓度范围为 $60 \sim 15 \times 10^4$ mg/m^3。方法的原理为：CO 对 4.67 μm、4.72 μm 两种波长外的红外辐射能够选择性吸收，在一定波长范围内，吸收值与 CO 的浓度呈线性关系（遵循朗伯－比耳定律），根据吸收值确定样品中 CO 的浓度。

（4）汞置换法

汞置换法也称间接冷原子吸收法。该方法基于气样中的 CO 与活性氧化汞在 180～200℃发生反应，置换出汞蒸气，带入冷原子吸收测汞仪测定汞的含量，再换算成 CO 浓度。

汞置换法 CO 测定仪的工作流程为：空气经灰尘过滤器、活性炭管、分子筛管及硫酸二硅胶管等净化装置除去尘埃、水蒸气、二氧化硫、丙酮、甲醛、乙烯、乙炔等干扰物质后，通过流量计、六通阀，由定量管取样送入氧化汞反应室，被 CO 置换出的汞蒸气随气流进入测量室，吸收低压汞灯发射的 253.7 nm 紫外光，用光电管、放大器及显示、记录仪表测量吸光度，以实现对 CO 的定量测定。测量后的气体经碘—活性炭吸附管由抽气泵抽出排放。

空气中的氢干扰测定，可在校正零点时消除。校正零点时将霍加特氧化管串入气路，将空气中的 CO 氧化为 CO_2后作为零气。该方法检出限为 0.04 mg/m^3。

2.1.3.4 光化学氧化剂和臭氧的测定

总氧化剂是指大气中除氧以外，能显示氧化性质的物质。一般指能氧化碘化钾析出碘的物质，主要有臭氧、过氧乙酰硝酸酯、氮氧化物等，并以臭氧浓度记作总氧化剂的含量。

光化学氧化剂是除氮氧化物以外的能氧化碘化钾的氧化剂。臭氧是大气中的重要微量气体成分之一，它是大气中的氧在紫外线的照射下或受雷击形成的。90% 的臭氧集中于平流层中，是地球大气中能有效吸收太阳紫外辐射的重要气体。过量的紫外辐射可以使生物的免疫系统受到损害，并进一步威胁生物的生命，因此，大气臭氧层是人类及地球上所有生物生存的基本环境保障之一。

在低层大气中(对流层)，臭氧是氧化性光化学烟雾的主要参与者。在紫外线的作用下，大气中的烃类、NO_x 和氧化剂之间发生一系列光化学反应，生成光化学烟雾。光化学烟雾的主要成分是臭氧、过氧乙酰硝酸酯、酮类和醛类等。光化学烟雾中的臭氧对人体有强烈的刺激性和强氧化作用，可引起流泪、眼睛刺痛、口渴、声音嘶哑、咳嗽、呼吸困难、眩晕、头痛、手足麻木和全身疲倦等症状，重者还会出现意识障碍。

(1)光化学氧化剂的测定

光化学氧化剂的测定采用硼酸 - 碘化钾分光光度法。原理为：硼酸 - 碘化钾吸收液吸收 O_3等氧化剂，反应如下：

$$O_3 + 2I^- + 2H^+ \longrightarrow I_2 + O_2 + H_2O \qquad (2-7)$$

析出的 I_2在 352 nm 下有特征吸收峰，用分光光度法测定，计算总氧化剂浓度。方法灵敏、简便。检出限为 0.02 mg/m^3；采样体积为 30 L 时，检出限为 0.006 mg/m^3。在吸收管前加一个三氧化铬 - 石英砂氧化管可除去二氧化硫的负干扰，并将一氧化氮氧化为二氧化氮，亦能氧化碘化钾，但仅有 26.9% 的二氧化氮参与氧化反应。测定氧化剂的同时测定大气中氮氧化物总量，从总氧化剂中扣除氮氧化物参加反应的部分，即得光化学氧化剂浓度。

(2)臭氧的测定

大气中臭氧的测定方法有分光光度法、化学发光法、紫外光度法等。我国颁布的空气质量 O_3测定的方法标准为靛蓝二磺酸钠分光光度法(HJ 504—2009)和紫外光度法(HJ 590—2010)。在此介绍靛蓝二磺酸钠分光光度法。

空气中的臭氧在磷酸盐缓冲液存在下，与吸收液中蓝色的靛蓝二磺酸钠(IDS)发生等摩尔反应，褪色生成靛红二磺酸钠。在 610 nm 处测量吸光度。

二氧化氮对臭氧的测定产生干扰。空气中二氧化氮、硫化氢、过氧乙酰硝酸酯(PAN)和氟化氢的浓度分别高于 750 $\mu g/m^3$、110 $\mu g/m^3$、1800 $\mu g/m^3$ 和 2.5 $\mu g/m^3$时，产生负干扰。空气中氮气、二氧化氮的存在使臭氧的测定结果偏高。但在一般情况下，这些气体的浓度很低，不会造成显著误差。

由于聚氯乙烯管、橡皮管会分解臭氧影响测定，造成测定结果偏低，所以应选择使用惰性材料管。当采样 5 ~ 30 L 时，该方法适用 O_3 浓度范围为 0.03 ~ 0.2 mg/m^3时的测定。

2.1.3.5 颗粒物的测定

颗粒物在大气污染物中数量最多、成分复杂、性质多样、危害较大，它本身可以是有毒物质，还可以是其他有毒有害物质在大气中的运载体、催化剂或反应床。在某些情况下，颗粒物质与所吸附的气态或蒸气态物质结合，会产生比单个组分更大的协同毒性作用。大气中的悬浮颗粒污染物，特别是细小颗粒对人的健康损坏极大。悬浮颗粒污染物对环境也有严重的危害，大雾弥漫、减弱太阳辐射和照度使局部区域气候恶化等。监测大气中悬浮颗粒物的浓度，对于治理悬浮颗粒污染物、保护自然、保护人类十分重要。大气中悬浮颗粒物有固体、液体两种状态，它们以细小颗粒形式分散在气流或大气中，直径范围从几十纳米(nm)到几百微米(μm)，如烟、煤烟、尘粒、雾、烟气、粉尘、降尘等。直径在 10 μm 以上的颗粒物能够依靠自身重力作用降到地面上，称为降尘；直径小于 10 μm 的颗粒物在空气中可以较长时间漂浮，能被人体吸入肺部，称为可吸入颗粒物。

大气中颗粒物质的检测项目有总悬浮颗粒物的测定、可吸入颗粒物浓度及粒度分布的测定、降尘量的测定、颗粒中化学组分的测定。

(1)可吸入颗粒物的测定

测定可吸入颗粒物的方法有重量法(HJ 618—2011)、压电晶体震荡法、β 射线吸收法及光散射法。其中，重量法应用比较广泛。

方法原理：分别通过具有一定切割特性的采样器，以恒速抽取定量体积空气，使环境空气中 PM2.5 和 PM10 被截留在已知质量的滤膜上，根据采样前后滤膜的质量差和采样体积，计算出 PM2.5 和 PM10 浓度。

分析步骤：将滤膜放在恒温恒湿箱(室)中平衡 24 h，平衡条件为：温度取 15 ~ 30℃中任何一点，相对湿度控制在45% ~55%，记录平衡温度与湿度。在上述平衡条件下，用感量为0.1 mg或0.01 mg的分析天平称量滤膜，记录滤膜质量。同一滤膜在恒温恒湿箱(室)中相同条件下再平衡1 h后称重。对于PM10和PM2.5颗粒物样品滤膜，两次质量之差分别小于0.4 mg或0.04 mg为满足恒重要求。

PM2.5和PM10的浓度按下式计算：

$$\rho = \frac{w_2 - w_1}{V} \times 1000 \tag{2-8}$$

式中：ρ——PM2.5或PM10的浓度，mg/m^3；

w_2——采样后滤膜的质量，g；

w_1——空白滤膜的质量，g；

V——已换算成标准状态(101.325 kPa，273K)下的采样体积，m^3。

切割器、采样系统性能指标要求：

①PM10切割器、采样系统：切割粒径$D_{a50} = (10 \pm 0.5)\mu m$；捕集效率的几何标准差为$\sigma_g = (1.5 \pm 0.1)\mu m$。其他性能和技术指标应符合HJ/T 93—2003的规定。

②PM2.5切割器、采样系统：切割粒径$D_{a50} = (2.5 \pm 0.2)\mu m$；捕集效率的几何标准差为$\sigma_g = (1.2 \pm 0.1)\mu m$。其他性能和技术指标应符合HJ/T 93—2003的规定。

采样器孔口流量计或其他符合本标准技术指标要求的流量计：

①大流量流量计：量程$(0.8 \sim 1.4)m^3/min$；误差≤2%。

②中流量流量计：量程(60～125)L/min；误差≤2%。

③小流量流量计：量程<30 L/min；误差≤2%。

滤膜要求：

①根据样品采集目的可选用玻璃纤维滤膜、石英滤膜等无机滤膜或聚氯乙烯、聚丙烯、混合纤维素等有机滤膜。

②滤膜对0.3 μm标准粒子的截留效率不低于99%。

③空白滤膜按本标准的分析步骤进行平衡处理至恒重，称量后，放入干燥器中备用。

采样时应注意：

①环境空气监测中采样环境及采样频率的要求，按HJ/T 194的要求执行。采样时，采样器入口距地面高度不得低于1.5 m。采样不宜在风速大于8 m/s的天气条件下进行。采样点应避开污染源及障碍物。如果测定交通枢纽处PM10和PM2.5，采样点应布置在距人行道边缘外侧1 m处。

②采用间断采样方式测定日平均浓度时，次数不应少于4次，累积采样时间不应少于18 h。

③采样时，将已称重的滤膜用镊子放入洁净采样夹内的滤网上，滤膜毛面应朝向进气方向。将滤膜牢固压紧至不漏气。每测一次浓度，需更换一次滤膜；如测日平均浓度，样品可采集在一张滤膜上。采样结束后，用镊子取出。将有尘面两次对折，放入样品盒或纸袋，并做好采样记录。

④采样后滤膜样品的称量按本标准的分析步骤进行。

(2)总悬浮颗粒物的测定

总悬浮颗粒物(TSP)是指悬浮在空气中、空气动力学当量直径≤100 μm的颗粒物。总悬浮颗粒物可分为一次颗粒物和二次颗粒物。一次颗粒物是由天然污染源和人为污染源释放到大气中直接造成污染的物质，如风扬起的灰尘、燃烧和工业烟尘。二次颗粒物是通过某些大气化学过程所产生的微粒，如二氧化硫转化生成的硫酸盐。

测定大气中的总悬浮颗粒物重量法见GB/T 15432—1995。通过具有一定切割特性的采样器，以恒速抽取定量体积的空气，空气中粒径小于100 μm的悬浮颗粒物被截留在恒重的滤膜上。根据采样前后滤膜质量之差及采样体积，计算总悬浮颗粒物的浓度。

该方法适用于大流量或中流量总悬浮颗粒物采样器对空气中总悬浮颗粒物的测定，不适用于总悬浮颗粒物含量过高或雾天采样使滤膜阻力大于10 kPa的情况。该方法的检出限为0.001 mg/m^3。

当两台总悬浮颗粒物采样器安放位置相距不大于4 m且不少于2 m时，同样采样测定总悬浮颗粒物含量，相对偏差不大于15%。

采样应注意：

①滤膜准备时，每张滤膜均不得有针孔或任何缺陷，将滤膜放在恒温恒湿箱中平衡24 h。在上述平衡条件下称量滤膜，大流量采样器滤膜称量精确到1 mg，中流量采样器滤膜称量精确到0.1 mg，记录滤膜质量。称量好的滤膜平展地放在滤膜保存盒中，采样前不得将滤膜弯曲或折叠。

②安放滤膜及采样，将已编号并称量过的滤膜绒面向上，放在滤膜支持网上，然后放上滤膜夹，对正，拧紧，使不漏气。安好采样头顶盖，设置采样器采样时间，启动采样。取滤膜时，如发现滤膜损坏，或滤膜上的边缘轮廓不清晰、滤膜安装歪斜(说明漏气)，则本次采样作废，需重新采样。

③尘膜的平衡及称重。将尘膜放在恒温恒湿箱中平衡24 h，称量并记录下滤膜质量。滤膜增重要求：大流量滤膜不小于100 mg，中流量滤膜不小于10 mg。

2.1.3.6　大气中颗粒铅的测定

大气中铅的来源有天然因素和非天然因素。天然因素主要是地壳侵蚀、火山爆发、海啸等使地壳中的铅释放到大气中，非天然因素主要指来自工业、交通方面的铅排放。研究表明，非自然排放是铅污染的主要来源。在非自然排放中，含铅汽油燃烧的排铅量最高，是全球环境铅污染的主要来源。

大气中的铅大部分颗粒直径为0.5 μm或更小，因此可以长时间飘浮在空气中。如果接触高浓度的含铅气体，就会引起严重的急性中毒症状，但这种状况比较少见。常见的影响是长期吸入低浓度的含铅大气。较大颗粒吸入到呼吸道黏膜上，可随痰排出。较小颗粒可通过呼吸道进入肺的深部组织，这很小部分的含铅气体，可以引起慢性中毒症状，如头昏、头痛、全身无力、失眠、记忆力减退等神经系统综合症。当铅在人体内各器官的积累增加到一定程度时，就会影响人体的生理机能和造血机能，尤其对少年及幼儿的中枢神经系统和造血系统影响更大。此外，长期慢性铅中毒者，心脏和肺将受到不同程度的损害，造成智力下降，注意力不集中，甚而导致呆傻。铅还具有高度的潜在致癌性，其潜伏期长达20～30年。

测定大气中颗粒铅的方法有：火焰原子吸收分光光度法（GB/T 15264—1994）、电感耦合等离子体质谱法（HJ 657—2013）、双硫腙分光光度法等。其中火焰原子吸收分光光度法测定铅快速、准确、干扰少；双硫腙分光光度法灵敏、易于推广，但火焰原子吸收分光光度法操作复杂、要求严格。固定污染源废气中铅的测定一般采用火焰原子吸收分光光度法（HJ 685—2014）。

火焰原子吸收分光光度法是将用玻璃纤维滤膜采集的试样，经硝酸—过氧化氢溶液浸出制成试样溶液，再直接吸入乙炔火焰中原子化，在283.3 nm处测量基态原子对空心阴极灯特征辐射的吸收情况。在一定条件下，吸收光度与待测样中金属浓度成正比。

采样时应注意：①中流量采样器，玻璃纤维滤膜直径8 cm，以50～150 L/min的流量采样30～60 m^3。采样时，滤膜毛面朝上；采样后取下，尘面对折两次叠成扇形，放回纸袋。②硝酸—过氧化氢溶液浸出法：取试样滤膜，置于高型烧杯中，加入硝酸—过氧化氢混合溶液浸泡2 h以上，微火加热至沸腾，保持微沸10 min，冷却后加入过氧化氢，沸腾至微干，加硝酸溶液再沸腾10 min，将热溶液通过多孔玻璃过滤器收集于烧杯中，用少量热硝酸溶液冲洗过滤器数次。待滤液冷却后，转移到容量瓶中，再用硝酸溶液稀释至标线，即为试样溶液。

2.2 冶金工业废水监测

冶金工业是水环境的重要污染源，冶金工业废水中含有大量的有毒有害重金属离子，如铜、铅、锌、镉、砷、汞等，它们会对地表水造成严重污染。因此，冶金工业污染源水质监测是水环境污染治理与保护的前提和基础。

冶金工业废水监测即对冶金工业水污染源进行监测。冶金工业水污染源监测的对象包括冶炼生产工艺过程用水、机械设备用水、设备场地洗涤水、烟气洗涤水等。对冶金工业废水污染源进行监测的目的可概括为以下几个方面：

①对进入江河湖泊、水库、海洋等地表水的污染物质及渗透到地下水中的污

染物质进行经常性监测，以掌握水质现状及发展趋势；

②对冶金生产过程排放的各类废水进行监测，为污染源管理和排污收费提供依据；

③对水环境污染事故提供监测数据，为分析事故原因、危害及采取对策提供依据；

④对水污染纠纷进行仲裁性监测，为准确判断纠纷原因和公正执法提供依据；

⑤为国家政府部门制定冶金行业环境保护法规、全面展开冶金行业废水排放管理工作提供有关数据和资料。

2.2.1　冶金工业废水监测项目

(1)钢铁冶金废水监测项目

钢铁冶金废水主要包括高炉煤气洗涤水中的氰化物、硫化物和酚；外排废水中的铁矿石颗粒及其他氧化物、焦炭粉等，无机盐，锌等金属。钢铁冶金废水监测的项目主要针对水温、硫化物、氰化物、挥发酚、浊度及锌等。

(2)有色冶金废水监测项目

有色冶金废水监测项目主要包括重金属离子(铜、铅、锌、镉、砷、汞、铬等)、氟化物、氯化物、硫化物等的监测。由于不同有色金属冶炼过程产生的污染物不同，因此需要根据有色金属冶炼原料、工艺过程和废水中的污染物综合考虑，确定不同有色金属废水的监测项目。

2.2.2　水样的采集与处理

冶金工业水污染源水样的采集与处理主要包括资料收集、采样点的布设、采样时间和频次、采样类型、采样方法及设备、水样的运输与保存以及水样的预处理。

2.2.2.1　资料收集

在制订水污染源监测方案时，需要进行资料收集和现场调研，了解各污染源排放部门或企业的用水量、废水和污水的类型、主要污染物及其排污去向(江、河、湖等水体)、排放规律和排放总量；调查相应的排污口位置和数量、废水处理情况等。排污单位需向地方环境监测站提供废水监测基本信息，主要包括：污染源名称、行业类型、联系地址、主要产品、总用水量、新鲜水量、回用水量、生产用水、生活用水、水平衡图、生产工艺、排污情况、厂区平面布置图及排水管网布置图、废水处理设施情况、废水处理基本工艺流程图、废水处理设施处理效果等。

2.2.2.2　采样点的布设

①第一类污染物采样点位一律设在车间或车间处理设施的排放口或专门处理此类污染物设施的排放口。这类污染物主要有汞、镉、砷、铅的无机化合物，六价铬的无机化合物及强致癌物质等。

②第二类污染物采样点位一律设在排污单位的外排口。这类污染物主要有悬

浮物、硫化物、挥发酚、氰化物、有机磷化合物以及铜、锌、氟的无机化合物等。

③进入集中式污水处理厂和进入城市污水管网的污水采样点位应根据地方环境保护行政主管部门的要求确定。

④已有废水处理设施的工厂，在废水处理设施的总排放口布设采样点。如需了解废水处理效果，可在处理设施进口设置采样点。

⑤对各污水处理单元效率监测时，在污水进入的各种处理设施单元的入口和排口设置采样点。

2.2.2.3 采样时间和采样频次

冶金工业废水水质随着时间变化而不停地发生改变。因此，废水的采样时间和频次应能反映污染物排放的变化特征，而且具有较好的代表性。一般情况下，采集时间和采样频次由其生产工艺特点或生产周期决定。冶炼工艺不同，则生产周期不同，因此确定采样时间和频次是一个比较复杂的问题。

地方环境监测站对污染源的监督性监测每年不少于 1 次，如被国家或地方环境保护行政主管部门列为年度监测的重点排污单位，则应增加到每年 2 ~ 4 次。因管理或执法的需要所进行的抽查性监测或对企业的加密监测由各级环境保护行政主管部门确定。

冶炼工业废水按生产周期和生产特点确定监测频率。一般每个生产日至少 3 次。

排污单位为了确认自我监测的采样频次，应在正常生产条件下的一个生产周期内进行加密监测：周期在 8 小时以内的，每小时采样 1 次；周期大于 8 小时的，每 2 小时采样 1 次，但每个生产周期采样次数不少于 3 次。采样的同时测定流量。根据加密监测结果，绘制污水污染物排放曲线(浓度—时间，流量—时间，总量—时间)，并与所掌握的资料对照，如基本一致，即可据此确定企业自行监测的采样频次。

根据管理需要进行污染源调查性监测时，也应按此频次采样。

另外，对于污染治理、环境科研、污染源调查和评价等工作中的污水监测，其采样频次可以根据工作方案的要求另行确定。

2.2.2.4 采样类型

排污单位如有污水处理设施并能正常运转使污水稳定排放，则污染物排放曲线比较平，监督监测可以采瞬时样；对于污染物排放曲线有明显变化的不稳定排放污水的情况，要根据曲线情况分实际单元采样，再组成混合样品。正常情况下，混合样的单元采样不少于 2 次。

2.2.2.5 采样方法及设备

(1)浅水采样

浅水采样可用容器直接采集，或用聚乙烯塑料长把勺采集。

（2）深层水采样

深层水采样可使用专制的深层采水器采集，也可将聚乙烯筒固定在重架上，沉入预定深度采集。

（3）自动采样

自动采样采用自动采样器或连续自动定时采样器采集。例如自动混合式采样器可定时连续地将定量水样或按流量比采集的水样汇集于一个容器内。

固定式自动采水装置，如图 2－2 所示。这是一种固定在采样点进行采水的自动装置。采样时，在一定位置上设置一个水泵，采水经过滤后输入高位槽，过多的采水通过溢流排水管返回水体，高位槽内的样品水以一定时间间隔注入样品容器，采水装置的整套动作都通过自动程序控制器予以控制。为防止管路系统堵塞，应定期用自来水或超声波清洗器将其洗净。

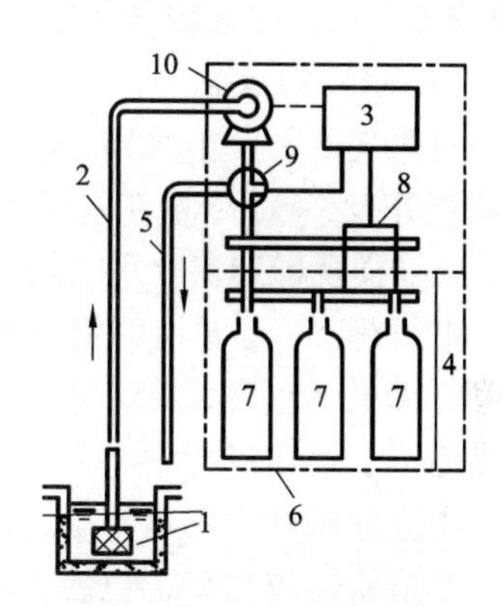

图 2－2　固定式自动采水装置

1—滤网；2—采水管；3—高位槽（含自动控制单元）；4—冷却单元；5—溢流管；6—贮样室；7—水样瓶；8—水流切换器；9—水流切换阀；10—采水泵

（4）单独采样

当测定 pH、COD、硫化物、有机物、悬浮物、放射性等项目的样品时，不能混合，只能单独采样，并且不宜使用自动采样装置采样。对不同的监测项目，其选用的容器材质、采集的水样体积和容器的洗涤方法不同。

采样后认真填写“污水采样记录表”，表中应包括以下内容：污染源名称、监测目的、监测项目、采样位点、采样时间、样品编号、污水性质、污水流量、采样人姓名及其他有关事项等。

（5）采样量

采样量应至少满足分析的需要，并应该考虑重复测试所需的水样量和留作备份测试的水样用量。一般情况下，如供单项分析，可参考表 2－2 中的建议采样量。如果被测物的浓度很低而需要预先浓缩时，采样量就应该增加。每个分析方法一般都会对相应监测项目的用水体积提出明确要求。但有些监测项目采样或分样过程也有特殊要求，需要特别指出：

①当水样需避免与空气接触时（如测定含溶解性气体或游离 CO_2，水样的 pH 或电导率），采样器和盛水器都应完全充满，不留气泡空间；

②当水样在分析前需要摇荡均匀时（如测定不溶解物质），则不应充满盛水器，装瓶时应使容器留有 1/10 顶空，以保证水样不外溢；

③当被测物浓度很低而且是以不连续的物质形态存在时，应从统计学的角度

考虑单位体积里可能的质点数目从而确定最小采样量；

④将采集的水样总体积分装于几个盛水器内时，应考虑到各盛水器水样之间的均匀性和稳定性。

2.2.2.6 水样的运输与保存

(1)水样的运输

对采集的每一个水样，除了部分项目(如水温、溶解氧、二氧化碳、硫化氢、游离氯等)必须或尽量在采样现场测定外，大部分项目都只能在实验室测定，因此，从采样现场到实验室之间这段时间里需要运输水样。对运输的水样，在采样瓶上贴好标签，运输有时需要专门的车，如卡车甚至直升机。为将一些参数的变化降低到最低程度，需要尽可能地缩短运输时间，尽快分析测定和采取必要的保护措施。在运输过程中，应注意以下几点：

①塞紧采样容器口塞子，必要时用封口胶、石蜡封口；

②盛水器应当妥善包装，以免外部受到污染，特别是水样瓶颈部和瓶塞；

③为避免水样在运输过程中因震动、碰撞导致损失或玷污，最好将样瓶装箱，并用泡沫塑料或纸条挤紧；

④需冷藏的样品，应配备专门的隔热容器，并放入制冷剂，将样品瓶置于其中；

⑤冬季水样可能结冰，如果盛水器用的是玻璃瓶，则要小心防冻，以免破裂；

⑥水样的运输时间，通常以 24 h 作为最大允许时间。

(2)水样的保存

水样采集后，应尽快进行分析测定。但由于各种条件所限(如仪器、场地等)，往往只有少数项目可在现场测定，大多数项目仍需送往实验室测定。有时因人力、时间不足，还需在室内存放一段时期后才能分析。因此，从采样到分析的这段时间里，水样的保存技术就显得至关重要。

有些监测项目在采样现场采取一些简单的保护性措施后，能够保存一段时间。水样允许保存的时间与水样的性质、分析指标、溶液的酸度、保存的容器和存放温度等多种因素有关。采取适当的保护措施，虽然能够降低待测成分的变化程度或减缓变化的速度，但不能完全抑制这种变化。水样保存的基本要求是尽量减少其中各种待测组分的变化。

水样保存的基本要求：

①减缓水样的生物化学作用。

②减缓化合物或配合物的氧化-还原作用。

③减少被测组分的挥发损失。

④避免沉淀物吸附或结晶物析出所引起的组分变化。

⑤要避免贮存水样的容器吸附水样中的待测组分或者玷污水样，因此要选择化学性能稳定、杂质含量低的材料制作的容器。常用的容器材质有硼硅玻璃、石

英、聚乙烯和聚四氟乙烯。石英和聚四氟乙烯杂质含量相对较少，但价格昂贵，常规监测中广泛使用聚乙烯和硼硅玻璃材质的容器。

⑥清洁水样存放时间不应超过 72 h，轻污染水样存放时间不应超过 48 h，严重污染水样存放时间不应超过 12 h。

水样的保存方法：

针对水样发生变化的物理因素、化学因素和生物因素等，采取以下方法保存水样：①冷藏或冷冻法：冷藏或冷冻的作用是抑制微生物活动，减缓物理挥发和化学反应速率。水样若不能及时进行分析，一般应保存在5℃以下(3～4℃为宜)的低温暗室内。②加入化学试剂：加入的方法可以是在采样后立即往水样中投加化学试剂，也可以事先将化学试剂加到水样瓶中。一般来说，所加化学试剂与水样性质和待测物有关，通常有如下几种：

①酸：加酸能抑制微生物活动，消除微生物对COD、油脂等项目测定的影响；可防止水样中金属离子发生水解、沉淀或被容器壁吸附；加入 H_2SO_4，与水样中的 NH_3 生成铵盐，可以减少 NH_3 的挥发损失等。

②碱：加碱能抑制和防止微生物的代谢，防止微生物对有机物项目测定的影响；测定氰化物的水样中，必须加入 NaOH 调节 pH 为 10～11；测酚的水样也需加碱保存。

③生物抑制剂：在测定氨氮、硝酸盐氮、化学需氧量的水样中加入 $HgCl_2$，可抑制生物的氧化还原作用；对测定酚的水样，用 H_3PO_4 调 pH 为 4，加入 $CuSO_4$ 可抑制苯酚菌的分解。

④氧化剂或还原剂：测定汞的水样需加入 HNO_3 至 $pH < 1$ 和 $K_2Cr_2O_7$(0.05%)，使汞保持高价态；测定硫化物的水样，加入抗坏血酸，可以防止被氧化；测定溶解氧的水样则需加入少量硫酸锰和碘化钾－叠氮化钠试剂固定溶解氧等。

对化学试剂的一般要求是有效、方便、经济，且对测定无干扰和不良影响，应该使用高纯或分析纯试剂，最好用优级纯试剂；当添加剂的作用相互有干扰时，建议采用分瓶采样、分别加入的方法保存水样；不能影响待测物浓度，如果加入的保护剂是液体，则要记录体积的变化；进行空白实验，扣除保存剂体积，以校正结果。

⑤其他措施：如过滤和离心分离等。若水样混浊影响分析结果，采集后可在现场立即过滤或离心分离。

国家相关标准中有详细的推荐保存技术，表 2－2 列出了针对冶金工业废水中具体监测项目的水样保存推荐方法。常用保存剂的作用和应用范围见表 2－3。

表 2-2　冶金行业常用水样保存方法

项目	采样容器	保存方法	保存期	采样量/mL	容器洗涤
浊度	G. P.		12 h	250	Ⅰ
色度	G. P.		12 h	250	Ⅰ
pH	G. P.		12 h	250	Ⅰ
电导	G. P.		12 h	250	Ⅰ
碱度			12 h	250	Ⅰ
酸度	G. P.		30 d	250	Ⅰ
COD	G. P.	加硫酸，pH≤2	2 d	250	Ⅰ
F^-	G. P.		14 d	250	Ⅰ
Cl^-	G. P.		30 d	250	Ⅰ
Br^-	G. P.		14 h	250	Ⅰ
I^-	G. P.	NaOH，pH = 12	14 h	250	Ⅰ
硫化物	G. P.	1 L 水样加 NaOH 至 pH = 9，加入 5% 抗坏血酸 5 mL，饱和 EDTA 3 mL，滴加饱和醋酸锌至胶体产生，常温避光	24 h	250	Ⅰ
总氰	G. P.	NaOH，pH≥9	12 h	250	Ⅰ
Cr(Ⅵ)	G. P.	NaOH，pH = 8 ~ 9	14 d	250	Ⅱ
Mn	G. P.	HNO_3，1 L 水样中加浓 HNO_3 10 mL	14 d	250	Ⅲ
Fe	G. P.	HNO_3，1 L 水样中加浓 HNO_3 10 mL	14 d	250	Ⅲ
Ni	G. P.	HNO_3，1 L 水样中加浓 HNO_3 10 mL	14 d	250	Ⅲ
Cu	P	HNO_3，1 L 水样中加浓 HNO_3 10 mL	14 d	250	Ⅲ
Zn	P	HNO_3，1 L 水样中加浓 HNO_3 10 mL	14 d	250	Ⅲ
As	G. P.	HNO_3，1 L 水样中加浓 HNO_3 10 mL	14 d	250	Ⅰ
Se	G. P.	HCl，1 L 水样中加浓 HCl 2 mL	14 d	250	Ⅲ
Ag	G. P.	HNO_3，1 L 水样中加浓 HNO_3 2 mL	14 d	250	Ⅲ
Cd	G. P.	HNO_3，1 L 水样中加浓 HNO_3 10 mL	14 d	250	Ⅲ
Sb	G. P.	HCl，0.2%（氢化物法）	14 d	250	Ⅲ
Hg	G. P.	HCl 1%，如水为中性，1 L 水样中加浓 HCl 10 mL	14 d	250	Ⅲ
Pb	G. P.	HNO_3 1%，如水为中性，1 L 水样中加浓 HNO_3 10 mL	14 d	250	Ⅲ
酚类	G	用磷酸调至 pH = 2，用 0.01 ~ 0.02 g 抗坏血酸除去残余氯	24 h	250	Ⅰ

注：1. G 为硬质玻璃瓶；P 为聚乙烯瓶。

2. Ⅰ、Ⅱ、Ⅲ表示三种洗涤方法，如下：

Ⅰ：洗涤剂洗一次，自来水洗三次，蒸馏水洗一次；

Ⅱ：洗涤剂洗一次，自来水洗两次，1 + 3 HNO_3荡洗一次，自来水洗三次，蒸馏水洗一次；

Ⅲ：洗涤剂洗一次，自来水洗两次，1 + 3 HNO_3荡洗一次，自来水洗三次，去离子水洗一次。

表2-3 常用保存剂的作用和应用范围

保存剂	作用	适用的监测项目
$HgCl_2$	微生物抑制剂	各种形式的氮或磷
H_2SO_4	微生物抑制剂，与有机化合物形成盐类	有机水样(COD、TOC、油)、胺类
HNO_3	金属溶剂，防止沉淀	多种金属
NaOH	与挥发性化合物形成盐类，防止挥发	氰化物、有机酸类、酚类等

2.2.2.7 水样的预处理

从环境中采集的样品，无论是气体、液体还是固体，几乎都不能直接进行分析测定。特别是许多环境样品以多相形式存在，且成分复杂，样品中存在大量干扰物质，而且多数待测组分浓度非常低，达不到仪器检测限要求。因此在分析测定之前，需要进行不同程度的样品预处理，以得到待测组分适合于分析方法要求的形态和浓度，并与干扰性物质最大限度地分离。因此，水样的预处理技术是保证分析数据有效、准确和可靠的重要基础。

(1)水样的消解

当测定含有机物水样中的无机元素时，需进行消解处理。消解处理的目的是破坏有机物，溶解悬浮性固体，将各种价态的欲测元素氧化成单一高价态或转变成易于分离的无机化合物。消解后的水样应清澈、透明、无沉淀。消解水样的方法有湿式消解法、干式分解法(干灰化法)和微波消解法。湿式消解的方法有酸式、碱式等。多采用酸式消解，如硝酸—硫酸、硝酸—磷酸、硫酸—高氯酸、硫酸—高锰酸钾等。

1)硝酸消解法

硝酸可用于较清洁水样的消解。操作要点为：取50~200 mL混匀的水样于烧杯中，加入浓硝酸5~10 mL，在电热板上加热煮沸，蒸发至小体积，试液应清澈透明，呈浅色或无色，否则，宜补加硝酸继续消解。蒸至近干，取下烧杯，稍冷后加2% HNO_3或HCl 20 mL，温热溶解可溶盐。若有沉淀，则应过滤，滤液冷却至室温后于50 mL容量瓶中定容，备用。

2)硝酸-硫酸消解法

硝酸与硫酸均有较强的氧化能力，其中硝酸沸点低，而硫酸沸点高，两者结合使用可提高消解温度和消解效果。常用硝酸与硫酸的比例为5:2。消解时，先将硝酸加入水样中，加热蒸发至小体积，稍冷，再加入硫酸、硝酸，继续加热蒸发至冒大量白烟，冷却，加适量水，温热溶解可溶盐，若有沉淀，则应过滤。为提高消解效果，常加入少量过氧化氢。

该方法不适用于测定易生成难溶硫酸盐组分(如铅、钡、锶)的水样，可选用硝酸－盐酸混合体系。

3)硝酸－高氯酸消解法

硝酸和高氯酸均是强氧化性酸，联合使用可消解含难氧化有机物的水样。方法要点：取适量水样于烧杯或锥形瓶中，加入5～10 mL硝酸，在电热板上加热、消解至大部分有机物被分解。取下烧杯，稍冷却后，加入2～5 mL高氯酸，继续加热至开始冒白烟，如试液呈深色，则再补加硝酸，继续加热至冒浓厚白烟将尽(不可蒸至干涸)。取下烧杯冷却，用2%的HNO_3溶解，如有沉淀，则应过滤，滤液冷至室温，定容备用。因为高氯酸能与羟基化合物反应生成不稳定的高氯酸酯，有发生爆炸的危险，故先加入硝酸，氧化水样中的羟基化合物，稍冷后再加高氯酸处理。

4)硫酸－高锰酸消解法

该方法常用于消解测定汞的水样。高锰酸钾是强氧化剂，在中性、碱性、酸性条件下都可以氧化有机物。消解要点：取适量水样，加入适量硫酸和5%高锰酸钾，混匀后加热煮沸，冷却，滴加盐酸羟胺溶液以消除过量的高锰酸钾。

为优化消解效果，在某些情况下需要采用三元以上酸或氧化剂消解体系。例如，处理测总铬的水样时，用硫酸、磷酸和高锰酸钾消解。通过多种酸的配合使用，起到单元酸或二元酸消解所起不到的作用，尤其是在多种物质均要求测定的复杂介质体系。

5)碱分解法

当用酸体系消解水样造成易挥发组分损失时，可用碱分解法，即在水样中加入氢氧化钠和过氧化氢溶液，或者氨水和过氧化氢溶液，加热煮沸至接近干涸，用水或稀碱溶液温热溶解可溶盐。若有沉淀，则应过滤，滤液冷却至室温后于50 mL容量瓶中定容，备用。

6)干灰化法

干灰化法又称高温分解法。操作步骤为：取适量水样于白瓷或石英蒸发皿中，置于水浴上蒸干，然后移入马弗炉内，于450～550℃灼烧至残渣呈灰白色，使有机物完全分解除去。取出蒸发皿，冷却，用适量2% HNO_3或HCl溶解样品灰分，过滤，滤液定容后备用。本方法不适用于处理测定易挥发组分(如砷、汞、镉、硒、锡等)的水样。

7)微波消解法

干法消解能彻底破坏样品中的有机物结构，但是由于灼烧温度较高，势必会造成一些挥发性金属元素(如砷、汞等)的损失；湿法消解虽可以避免此问题，但是硝酸、高氯酸、硫酸等与有机物的反应比较剧烈，并释放出对人体有害的气体，且试剂用量多，操作时间长，空白值偏大。微波消解克服了上述缺点，具有简单、快速、节能、经济、环境污染小、空白值小和劳动强度低等优点，是一种革新的样品处理技术。

微波是一种电磁波，波长在100 cm至1 mm范围内。微波消解仪器所使用的频率基本上都是2450 MHz。操作原理：称取0.2～1.0 g的试样置于消解罐中，加入约2 mL的水，再加入适量的酸，通常选用HNO_3、HCl、HF、H_2O_2等。盖好罐盖，放入炉中。当微波通过试样时，极性分子随微波频率快速变换取向，2450 MHz的微波，分子每秒钟变换方向2×10^9次，分子来回转动，与周围分子相互碰撞摩擦，分子的总能量增加，使试样温度急剧上升。同时，试液中的带电粒子(离子、水合离子等)在交变的电磁场中，受电场力的作用而来回迁移运动，也会与邻近分子撞击，使得试样温度升高。

(2)水样的富集与分离

冶金工业废水水质分析中，水样中的成分复杂且干扰因素多，待测物的含量大多处于痕量水平，达不到分析方法的检测限，因此在测定前必须对水样进行富集与分离，以排除分析过程中的干扰，提高待测物浓度，满足分析方法检出限的要求。富集和分离往往同时进行。常用的方法有过滤、挥发、蒸馏、萃取、离子交换、吸附、共沉淀、层析、低温浓缩等，需结合具体情况选择使用。常用技术有顶空法和气提法。顶空法和气提法都是利用水样中某些污染组分挥发度大，或者将欲测组分转变成易挥发物质，然后用惰性气体带出而达到分离的目的。

1)顶空法

顶空处理技术是利用液上空间制备样品，实质上是把存在于水相中的目标化合物转移至气相，通过对液上空间气体的分析，完成对样品的测定。顶空技术主要取决于被分析物在气/液、气/固相间的分配系数，平衡时向气相部分迁移越多，分析物可检测灵敏度越高。顶空法适于处理小分子量、低沸点、易挥发的有机物。

2)气提法

气提法是利用待测组分挥发度最大的特性，或将欲测组分转变成易挥发物质，然后用惰性气体带出而达到分离富集的目的。

2.2.3　水样物理化学性质检验方法

冶金工业废水中污染物主要是重金属、酸碱性物质，含少量的有机酚添加剂。

2.2.3.1　水样物理指标的测定

(1)水温

水的许多物理化学性质与水温密切相关，水中溶解性气体(如氧、二氧化碳等)的溶解度、生物和微生物活动、化学和生物化学反应速度及盐度、pH等均受水温变化的影响。因此，水温是水质监测的一项重要物理指标。水温的测量对水体自净、热污染判断及水处理过程的运转控制等意义重大。

水的温度因气温和来源不同有很大差异。一般来说，地下水温度比较稳定，通常为8～12℃；地面水随季节和气候变化较大，大致变化范围为0～30℃。冶金工业废水的温度因生产工艺不同有很大差别。

水温的测定方法通常采用《水质水温的测定　温度计或颠倒温度计测定法》(GB 13195—1991)。测量应在现场进行。常用的测量仪器有水温计、深水温度计、颠倒温度计和热敏电阻温度计等。各种温度计应定期校核。

(2)浊度

浊度是指水中悬浮物对光线透过时的阻碍程度，其大小与悬浮物的量及粒径等因素有关。常用的测定方法有目视比浊法、分光光度法和浊度计法。《水质浊度的测定》(GB 13200—1991)中规定了两种测定水中浊度的方法，即分光光度法和目视比浊法。分光光度法适用于饮用水、天然水及高浊度水，最低检出浊度为3度。目视比浊法适用于饮用水和水源水等低浊度的水，最低检测浊度为1度。水中应无碎屑和易沉颗粒，如所用器皿不清洁，或水中有溶解的气泡和有色物质时会干扰测定结果。

1)分光光度法

基本原理：一定量的硫酸肼$(N_2H_4)H_2SO_4$与六次甲基四胺$(CH_2)_6N_4$聚合，生成白色高分子聚合物，以此配制浊度标准溶液，用分光光度计于680 nm处测吸光度，绘制标准曲线。在同样条件下测定水样吸光度，比较后得出浊度。

测定要点：取10 mg/mL硫酸肼溶液和100 mg/mL六次甲基四胺溶液各5 mL，于100 mL容量瓶中混匀，(25±3)℃下静置反应24 h，冷却后用无浊度水稀释至标线，混匀。此液即浊度标准贮备液，浊度为400度。用浊度标准贮备液配制系列浊度标准溶液(视水样浊度高低确定浊度范围)。于680 nm波长处测定系列浊度标准溶液的吸光度，绘制吸光度－浊度标准曲线。取适量水样定容，按照测定系列浊度标准溶液的方法测其吸光度，并由标准曲线上查出相应浊度。

2)目视比浊法

方法原理：将水样与用硅藻土或白陶土配制的标准浊度溶液进行目视比较，以确定水样的浊度。规定1000 mL水中含1 mg一定粒度的硅藻土或白陶土所产生的浊度为1度。

测定要点：配制浊度标准贮备液和系列浊度标准溶液(视水样浊度高低确定浊度范围)。取与浊度标准溶液等体积的摇匀水样或稀释水样，对照系列浊度标准溶液观察比较，选出与水样产生视觉效果相近的标准溶液，即为水样的浊度。

3)浊度计法

浊度计是依据浑浊液对光进行散射或透射的原理制成的测定水体浊度的专用仪器，一般用于水体浊度的连续自动测定。依据丁道尔效应可知散射光强度与水中浊度成正比。在一定条件下，将水样的散射光强度与相同条件下的标准参比悬浮液的散射光强度比较，即可得水样浊度。

浊度仪由光源(一般为钨灯)、样品池、光电检测器和读数装置组成。由光源发出的特定光强的光经过样品池，被水中的悬浮物散射、吸收，减弱了的光强通过光电检测器的转换，将光信号转变为电信号，便可由读数装置直接读取水样的浊度。浊度仪要定期用标准浊度溶液进行校正。

2.2.3.2　金属和类金属化合物的测定

冶炼工业废水中有些金属或类金属元素，如汞、铬、镉、砷等不仅有毒而且具有致癌作用。所以，测定冶炼废水中金属或类金属的含量十分必要。

测定水中金属元素广泛采用的方法有分光光度法、原子吸收分光光度法、阳极溶出伏安法及容量法，前两种方法较为常用；容量法则用于常量金属的测定。

(1)汞的测定

汞及其化合物均有毒性，特别是有机汞化合物。无机汞有一价和二价两种价态，有机汞有烷基汞、芳基汞和烷氧基汞等。天然水中含汞极少，一般不超过0.1 μg/L，我国规定饮用水中汞的标准限值为0.001 mg/L，冶金工业废水中汞的最高允许排放浓度为0.05 mg/L。

汞的常用测定方法有冷原子吸收分光光度法、冷原子荧光法和双硫腙分光光度法。其中，《水质总汞的测定冷原子吸收分光光度法》(HJ 597—2011)规定了采用高锰酸钾 - 过硫酸钾法或溴酸钾 - 溴化钾法消解水样，用冷原子吸收分光光度法测定水中总汞。本方法适用于地面水、地下水、饮用水、生活污水及工业废水。《水质总汞的测定高锰酸钾 - 过硫酸钾消解法双硫腙分光光度法》(GB/T 7469—1987)适用于生活污水、工业废水和受汞污染的地面水，汞的最低检出浓度为2 μg/L，测定上限为40 μg/L。

另外，对于环境中甲基汞的测定，可采用《环境甲基汞的测定气相色谱法》(GB/T 17132—1997)进行测定。

1)冷原子吸收分光光度法

方法原理：汞原子蒸气对253.7 nm的紫外光具有强烈的吸收作用，并且在一定浓度范围内，吸光度与汞蒸气浓度成正比。试样经消解后全部转化成二价汞。用盐酸羟胺将过剩的氧化剂还原，再用氯化亚锡将二价汞还原为元素汞，利用汞易挥发的特点，在室温下通入载气(空气或氮气)将产生的汞蒸气带入测汞仪的吸收池测定吸光度，与汞标准溶液吸光度进行定量比较。

冷原子吸收测汞仪的工作流程如图2 - 3所示。低压汞灯辐射253.7 nm紫外光，经紫外光滤光片射入吸收池，部分被试样中还原释放出的汞蒸气吸收，剩余紫外光经石英透镜聚焦于光电倍增管上，产生的光电流经电子放大系统放大，送入指示表指示或记录仪记录。当指示表刻度用标准样校准后，可直接读出汞浓度。汞蒸气发生的气路是：抽气泵将载气(空气或氮气)抽入盛有经预处理的水样和氯化亚锡的还原瓶，在此产生汞蒸气并随载气经U形硅胶管吸收，除去水蒸气后进入吸收池测其吸光度，然后经流量计、汞吸收瓶(内充经碘化处理的活性炭，吸收废气中的汞)排出。

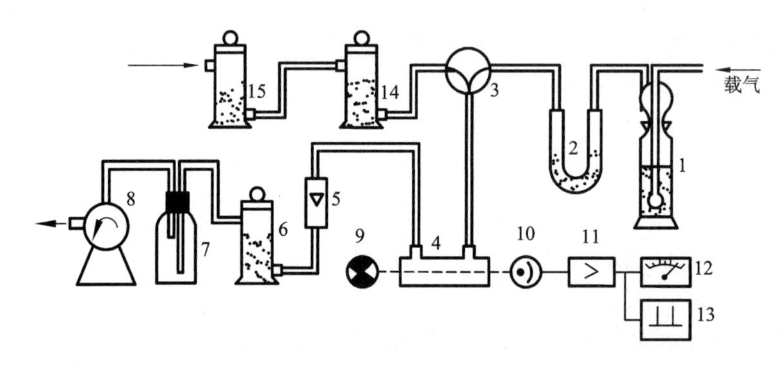

图2-3 冷原子吸收测汞仪工作流程(气路连接)

1—汞还原瓶；2—硅胶吸收管；3—三通阀；4—吸收池；5—流量计；6—汞吸收瓶；7—缓冲瓶；8—抽气泵；9—低压汞灯；10—光电倍增管；11—放大器；12—指示表；13—记录仪；14—汞吸收瓶；15—水蒸气吸收瓶

测定要点：水样预处理在硫酸-硝酸介质及加热条件下，用高锰酸钾和过硫酸钾将试样消解；或者用溴酸钾和溴化钾混合试剂，在20℃以上室温和0.6～2 mol/L的酸性介质中产生溴，将试样消解。过剩的氧化剂在测定前用盐酸羟胺溶液还原。

绘制标准曲线应依照水样介质条件，用$HgCl_2$配制系列汞标准溶液。分别吸取适量汞标准溶液于还原瓶内，加入氯化亚锡溶液，然后迅速通入载气，记录表头的最高指示值或记录仪上的峰值。以经过空白校正的各测量值(吸光度)为纵坐标，相应标准溶液的汞浓度为横坐标，绘制出标准曲线。

水样的测定取适量处理好的水样于还原瓶中，按照标准溶液测定方法测其吸光度，经空白校正后，从标准曲线上查得汞浓度，再乘以样品的稀释倍数，即可得水样中的汞浓度。

2)冷原子荧光法

冷原子荧光法是在冷原子吸收法基础上发展起来的，属于发射光谱法。将水样中的汞离子还原为基态原子蒸气，吸收253.7 nm的紫外光后，被激发而产生特征共振荧光，在一定的测量条件下和较低的浓度范围内，荧光强度与汞浓度成正比。此方法最低检出浓度为0.05 μg/L，测定上限可达1 μg/L，且干扰因素少，适于地面水、生活污水和工业废水的测定。

冷原子荧光测汞仪的工作原理：测定吸收池中的汞原子蒸气吸收特征紫外光

后激发产生的特征波长荧光的强度，其光电倍增管必须放在与吸收池垂直的方向上，见图2－4。

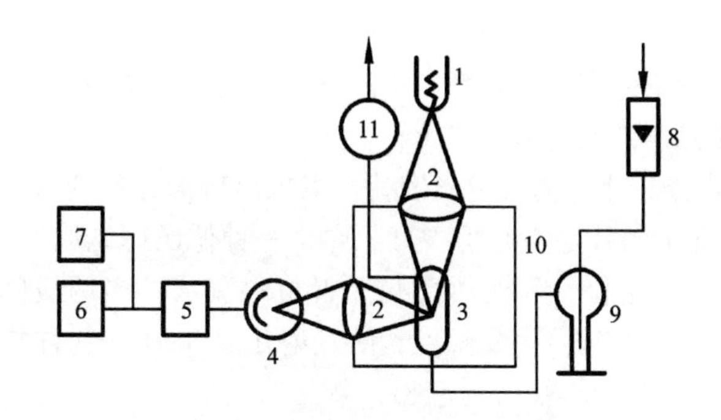

图2－4　原子荧光测汞仪工作原理

1—低压汞灯；2—石英聚光镜；3—吸收－激发池；4—光电倍增管；5—放大器；6—指示表；7—记录仪；8—流量计；9—还原瓶；10—荧光池（铝材发黑处理）；11—抽气泵

(2)镉的测定

绝大多数淡水的含镉量低于1 μg/L，海水中镉的平均浓度为0.15 μg/L，均低于饮用水标准。镉的主要污染源是电镀、采矿、冶炼、染料、电池和化学工业等排放的废水。我国规定工厂最高允许镉排放浓度为0.1 mg/L。

测定镉的方法有双硫腙分光光度法(GB 7471—1987)、原子吸收分光光度法(GB 7475—1987)、阳极溶出伏安法和示波极谱法等。

1)双硫腙分光光度法

本方法的原理是在强碱性介质中，镉离子与双硫腙生成红色螯合物，用三氯甲烷萃取分离后，于518 nm处测定其吸光度，与标准溶液比较定量。

水样中含铅20 mg/L、锌30 mg/L、铜40 mg/L、锰和铁4 mg/L时，不干扰测定，镁离子浓度达20 mg/L时，需多加酒石酸钾钠掩蔽。本方法适用于受镉污染的天然水和废水中镉的测定，测定前应对水样进行消解处理。

2)原子吸收分光光度法

该方法具有测定快速、干扰少、应用范围广、可在同一试样中分别测定多种元素等特点。测定废水和受污染水中镉、铜、铅、锌等元素时，可采用直接吸入火焰原子吸收分光光度法。

原子吸收分光光度法的原理：火焰原子吸收分光光度法的测定过程是将含有待测元素的溶液通过原子化系统喷成细雾，随载气进入火焰并在火焰中解离成基态原子。空心阴极灯辐射出待测元素的特征波长光通过火焰时，会被火焰中待测元素的基态原子吸收而减弱。在一定实验条件下，特征波长光强的变化与火焰中待测元素基态原子的浓度有定量关系，从而与试样中待测元素的浓度(c)有定量关系，即

$$A = kc \tag{2-9}$$

式中：k——与实验条件有关的系数，实验条件一定时为常数；

A——待测元素的吸光度。

因此，在一定条件下，测得吸光度就可以求出待测元素的浓度。

光源系统最常用的就是空心阴极灯。它是一种低压辉光放电管，包括一个空心圆筒形阴极和一个阳极，阴极由待测元素材料制成。当两极间加上一定电压时，阴极表面溅射出来的原子被激发，便发射出特征光。这种特征光谱线宽度窄，干扰少，故称为锐线光源。

原子化系统是将待测元素转变成原子蒸气的装置，可分为火焰原子化系统和无火焰原子化系统。火焰原子化系统包括喷雾器、雾化室、燃烧器和火焰及气体供给部分。火焰的作用是将试样雾滴蒸发、干燥并经过热解离或还原作用产生大量基态原子。常用的火焰是乙炔-空气火焰。对用乙炔-空气火焰难以解离的Al、Be、V、Ti等元素，可用乙炔-氧化亚氮火馅，最高温度可达3300 K。常用的无火焰原子化系统是电热高温石墨管原子化器，其原子化效率比火焰原子化器高得多，因此可大大提高测定灵敏度，但其基本干扰较严重。无火焰原子化法的测定精密度比火焰原子化法差。

原子吸收定量分析方法：原子吸收定量分析方法主要有标准曲线法和标准加入法两种。标准曲线法首先配制系列含待测元素的标准溶液，用原子吸收分光光度计分别测其吸光度。以对应的标准溶液浓度为横坐标，以扣除空白值之后的吸光度为纵坐标，绘制标准曲线。然后在同样条件下测定待测试样的吸光度，并在标准曲线上查得相应浓度，即为待测元素的浓度。使用该方法时应注意：配制的标准溶液浓度应在吸光度与浓度成线性的范围内；整个分析过程中操作条件应保持不变。

标准加入法：如果试样的基体组成复杂且对测定有明显干扰时，在标准曲线成线性关系的浓度范围内，可使用标准加入法测定。该方法的要点：取四份相同体积的试样溶液，从第二份起按比例加入不同量待测元素的标准溶液，稀释至相同体积。设试样中待测元素的浓度为 c_x，加入标准溶液后的浓度分别为 c_x、c_x+c_0、c_x+2c_0、c_x+4c_0，分别测得吸光度为 A_x、A_1、A_2、A_3。以吸光度 A 对加入的标准浓度 c 作图，得到一条不通过原点的直线，外延此直线与横坐标交于一点，横坐标上的截距即为试样溶液中待测元素的浓度 c_x，见图2-5。

试样测量方法：根据水样预处理方式的不同，水样中镉的原子吸收法测量有直接吸入火焰原子吸收法、萃取火焰原子吸收法、离子交换火焰原子吸收法等。

清洁水样可不经预处理直接测定，冶金工业废水需用硝酸或硝酸－高氯酸消解，并进行过滤、定容。将试样溶液直接喷雾于火焰中进行原子化，测量各元素对其特征光产生的吸收，用标准曲线法或标准加入法定量。

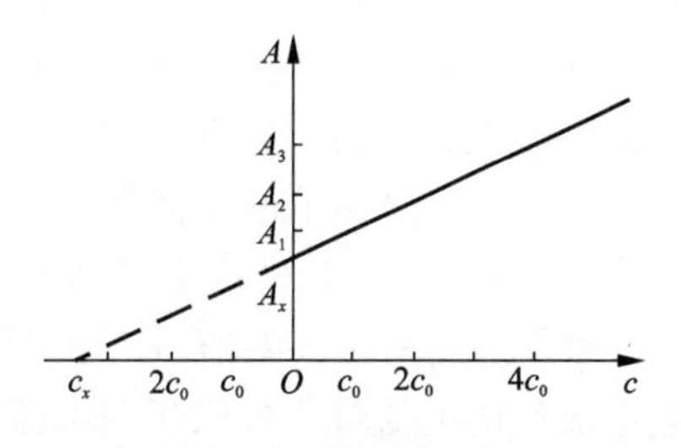

图 2－5　标准加入法

本方法适用于含量较低、需进行富集后测定的水样。对一般仪器的适用浓度范围为镉、铜 1～50 μg/L，铅 10～200 μg/L。经消解的水样中待测金属离子在酸性介质中与吡咯烷二硫代氨基甲酸铵（APDC）生成配合物，采用碘化钾－甲基异丁基甲酮（KI－MIBK）萃取后吸入火焰进行原子吸收分光光度测定。当水样中的铁含量较高时，采用碘化钾－甲基异丁基甲酮（KJ－MIBK）萃取体系的效果更好。其操作条件同直接吸入原子吸收分光光度法。

离子交换火焰原子吸收法测定微量镉、铅、铜：用强酸型阳离子交换树脂吸附富集水样中的铜、铅、镉，再用酸洗脱后吸入火焰进行原子吸收测定。该方法的最低检出浓度为铜 0.93 μg/L，铅 1.4 μg/L，镉 0.1 μg/L。

3）示波极谱法

极谱分析是一种特殊电解条件下的电化学分析方法，根据电解过程中得到的电流－电压关系曲线进行定性、定量分析，其基本装置如图 2－6 所示。E 为直流电源，R 为滑线电阻，加于电解池（极化池）两电极上的电压可借移动触点 C 来调节。V 为伏特计，G 为检流计。电解池中的两个电极，一是滴汞电极，二是汞池电极或饱和甘汞电极（SCE）。滴汞电极（负极）是一支上部连接贮汞瓶（H）的毛细管（内径 0.05 mm），将汞滴有规则地滴入电解池（D）溶液中。因为汞滴表面积小，故在电解过程中电流密度较大，使汞滴周围液层的离子浓度与主体溶液中离子浓度相差较大，形成浓差极化，故称滴汞电极为极化电极。汞池电极或饱和甘汞电极表面积较大，电解过程中电流密度较小，不易发生浓差极化，电极电位不随外加电压的改变而变化，称为去极化电极。

当实验条件一定时，n、D、m、t 均为定值，极限扩散电流表达式可简化成下式：

$$i_d = kc \tag{2-10}$$

测定镉离子的稀溶液极谱波的电流－电压关系曲线建立时，将 10^{-3}～10^{-4} mol/L试液注入电解池中，加入支持电解质 KCl 约达 0.1 mol/L，通入氮气除去溶液中的氧。调节汞滴以每 3～4 s 一滴的速度滴落。在电解液保持静态的条件下，移动滑线电阻的触点 C，使加于两电极间的电压逐渐增大，记录不同电压与相应的电流，以电压为横坐标、电流为纵坐标绘制两者的关系曲线，便得到如图2－7所示的电流－电压曲线。由图可见，在未达到镉离子的分解电压时，只有微小的电流通过检流计（*AB*部分），该电流称为残余电流。当外加电压达到镉离子分解电压后，镉离子迅速在滴汞电极上还原并与汞结合生成汞齐，电解电流急剧上升（*BC*部分）。当外加电压增加到一定数值后，电流不再随外加电压增加而增大，而是达到一个极限值（*CD*部分），此时的电流为极限电流。极限电流减去残余电流后的电流称为极限扩散电流。它与溶液中镉离子浓度成正比，这是极谱法定量分析的基础。当电流等于极限扩散电流的一半时滴汞电极的电势称为半波电势（$E_{1/2}$）。不同物质具有不同的半波电势，这是进行定性分析的依据。

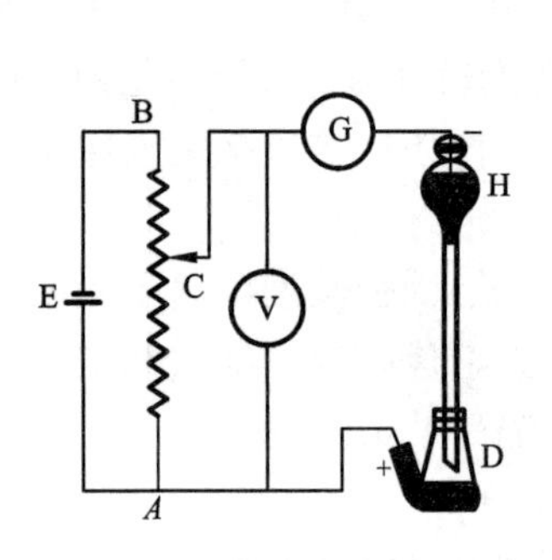

图2－6　极谱分析基本装置

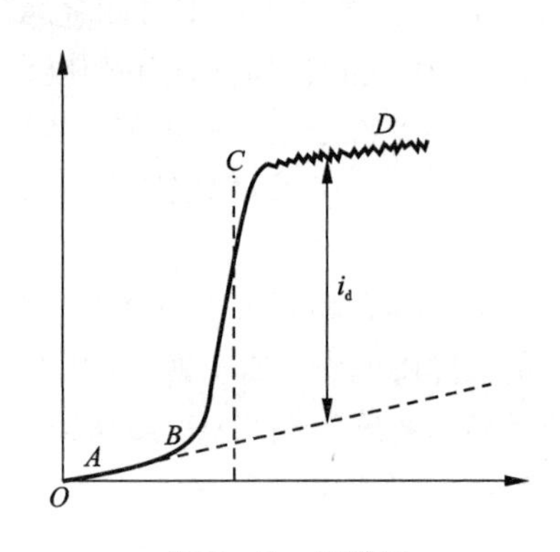

图2－7　极谱图

滴汞电极上的极限扩散电流可用尤考维奇公式表示：

$$i_d = 607nD^{1/2}m^{2/3}t^{1/6}c \qquad (2-11)$$

式中：i_d——平均极限扩散电流，μA；

n——电极反应中电子的转移数；

D——电极上起反应的物质在溶液中的扩散系数，cm/s；

m——汞的流速，mg/s；

t——在一定电压时的滴汞周期，s；

c——在电极上发生反应物质的浓度，mmol/L。

可见，测定i_d后，即可求得c。在实际工作中，通常只需要测量极谱仪自动绘出的极谱波高，不必测量扩散电流的绝对值。常用的定量测量方法有直接比较法、标准曲线法和标准加入法。

示波极谱法是一种用电子示波器观察极谱电解过程中电流－电势曲线，进行定性、定量分析的方法。示波极谱法测定镉、铜、铅、锌、镍，浓度范围为10^{-2}～10^{-5} mol/L，测量浓度过高时则灵敏度和分辨率将受到限制。为此，又发展了新的极谱分析方法，如溶出伏安法、极谱催化波等。

图2-8为示波极谱仪的工作原理。由于锯齿波脉冲电势发生器产生的快速扫描电势代替了经典极谱法中的可变直流电势源，故电流-电势曲线的记录必须用快速跟踪的阴极射线示波器，锯齿波快速扫描电势通过电阻(R)加在极谱电解池的两电极上，所产生的电解电流在R上形成电势降，经垂直放大后，送给垂直偏向板，而加于两极上的电势经水平放大后送致水平偏向板。也就是说示波器的垂直偏向板代表电流，水平偏向板代表极化电势，故从示波器的荧光屏上就能直接观察电流-电势曲线，如图2-9所示。极谱曲线呈现峰状的原因可按滴汞电极在扫描时近似看作固定面积的电极来解释。由于加入扫描电势快，当达到待测离子分解电势时，滴汞电极表面液层中的待测离子几乎瞬间被全部还原，电流迅速上升，但主体溶液中的待测离子来不及补充时，汞滴滴下，扫描电势又降到起始值，故电解电流下降。当汞滴面积固定，电势扫描速度恒定时，峰值电流(i_p)与试液中待测离子浓度成正比；当底液组成一定时，与峰值电流相应的滴汞电极电势(E_p)取决于待测离子的性质，据此，可进行定量及定性分析。

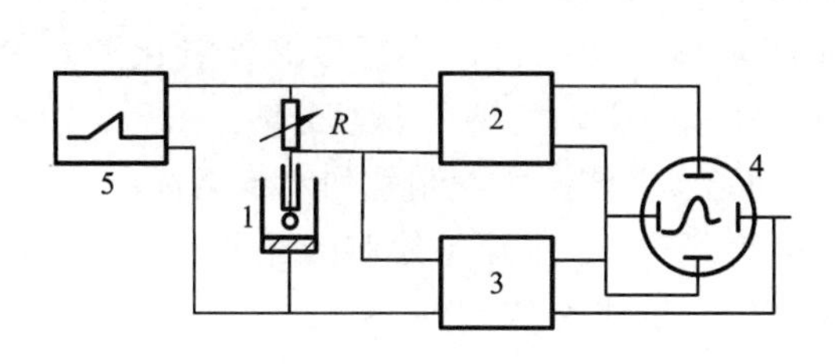

图2-8　示波极谱仪的工作原理

1—极谱电解池；2—垂直放大器；3—水平放大器；
4—荧光屏；5—锯齿波电压发生器

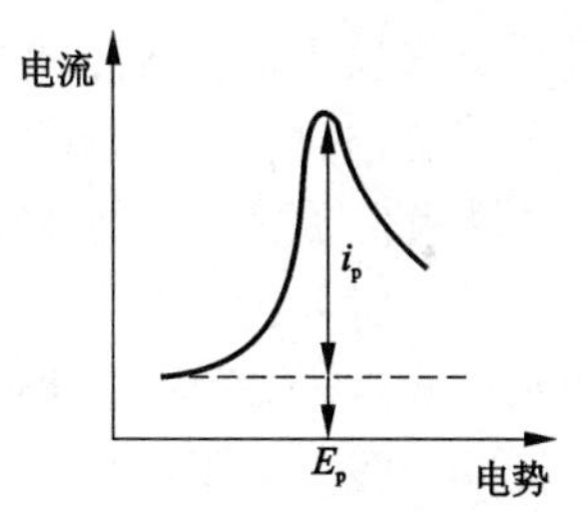

图2-9　示波极谱曲线

示波极谱法适用于测定工业废水和生活污水中的镉、铜、铅、锌、镍等。该方法的检测下限可达10^{-6} mol/L。测定时，先对冶炼工业废水水样进行预处理，然后按照仪器操作方法，在氨性支持电解质中测定镉、铜、锌和镍；在盐酸支持电解质中测定铅。用标准曲线法或标准加入法定量。

(3)铬的测定

冶金工业废水中，铬主要来源于铬渣的浸出液。铬的毒性与铬的价态有关，通常认为六价铬的毒性比三价铬大100倍。但是，对鱼类来说，三价铬化合物的毒性比六价铬大。六价铬常以$HCr_2O_7^-$、CrO_4^{2-}、$Cr_2O_7^{2-}$三种阴离子形式存在，受水体pH、温度、氧化还原物质、有机物等因素的影响，三价铬和六价铬化合物可以互相转化。

铬是水质污染控制的一项重要指标。水中铬的测定方法主要有二苯碳酰二肼分光光度法（GB 7467—1987）、原子吸收分光光度法、硫酸亚铁铵滴定法等。原子吸收分光光度法参见之前的介绍。

1）二苯碳酰二肼分光光度法

在酸性溶液中，二苯碳酰二肼（DPC）能与六价铬反应生成紫红色配合物，对540 nm波长光有最大吸收率。本方法适用于地面水和工业废水中Cr（Ⅵ）和总铬的测定。当取样50 mL，使用30 mm比色皿时，该方法的最低检出浓度为0.004 mg/L；使用10 mm比色皿时，该方法的测定上限为1 mg/L。

对于清洁水样Cr（Ⅵ）可直接测定；对于色度不大的水样，可用丙酮代替显色剂的空白水样作为参比测定；对于浑浊、色度较深的水样，以氢氧化锌作共沉淀剂，调节溶液pH至8～9，此时Cr^{3+}、Fe^{3+}、Cu^{2+}均形成氢氧化物沉淀，过滤除去，与水样中的Cr（Ⅵ）分离；存在亚硫酸盐、二价铁等还原性物质和次氯酸盐等氧化性物质时，也应采取相应措施消除干扰。配制系列铬标准溶液，按照水样测定步骤操作。将测得的吸光度经空白校正后，绘制吸光度对六价铬含量的标准曲线。取适量经过预处理的水样，加酸、显色、定容。以水作为参比测定其吸光度并进行空白校正，根据标准曲线计算水样中六价铬的含量。

测定总铬时，首先在酸性条件下将水样中的三价铬用高锰酸钾氧化成六价铬，过量的高锰酸钾用亚硝酸钠分解，过量的亚硝酸钠用尿素分解；然后，加入二苯碳酰二肼显色，于540 nm处进行分光光度测定。配制系列六价铬标准溶液，按照水样测定步骤操作。将测得的吸光度经空白校正后，绘制吸光度对六价铬含量的标准曲线。根据标准曲线计算水样中六价铬含量。

2）硫酸亚铁铵滴定法

在酸性介质中，以银盐为催化剂，用过硫酸铵将三价铬氧化成六价铬。加少量氯化钠煮沸，除去过量的过硫酸铵和反应中产生的氯气。以苯基代邻氨基苯甲酸为指示剂，用硫酸亚铁铵标准溶液滴定至溶液呈亮绿色。

根据硫酸亚铁铵溶液的浓度和进行试剂空白校正后的用量，可计算出水样中总铬的含量。钒对测定有干扰，但在含铬废水中，钒的含量一般在容许限以下。该方法适于含铬浓度较高（>1 mg/L）的废水中铬的测定。

（4）砷的测定

元素砷毒性极低，而砷的化合物均有剧毒，三价砷化合物比其他砷化物毒性更强。砷化物容易在人体内积累，造成急性或慢性中毒。砷污染主要来源于采选、冶金、化工、化学制药等工业废水。

测定水体中砷的方法有《水质痕量砷的测定硼氢化钾硝酸银分光光度法》（GB 11900—1989）、《水质总砷的测定二乙氨基二硫代甲酸银分光光度法》（GB/T 7485—1987）、《水质　汞、砷、硒、铋和锑的测定原子荧光法》（HJ 694—2014）和原子吸收分光光度法等。

1)硼氢化钾－硝酸银分光光度法

硼氢化钾(或硼氢化钠)在酸性溶液中产生新生态的氢，将水样中砷还原成砷化氢，以硝酸－硝酸银－聚乙烯醇－乙醇溶液为吸收液，将吸收液中银离子还原成单质银(黄色胶态)，使溶液呈黄色，在400 nm处，以空白吸收液为参比，测量其吸光度。

该方法适用于地面水、地下水和饮用水中痕量砷的测定，最大优点是灵敏度高，但操作条件要求较严格，其应用范围不断扩大。当取250 mL试样、3 mL吸收液，用10 mm比色皿时，本方法的最低检出浓度为0.4 μg/L，测定上限为12 μg/L。对于废水，要用盐酸－硝酸－高氯酸消解。水样经调节pH，加还原剂和掩蔽剂后移入反应管中测定。

2)二乙氨基二硫代甲酸银法

锌与酸作用产生新生态氢，在碘化钾、酸性氯化亚锡作用下，五价砷被还原成三价砷，三价砷被新生态氢还原成砷化氢(胂)；用二乙氨基二硫代甲酸银－三乙醇胺的三氯甲烷液吸收砷化氢，生成红色胶体银，在波长510 nm处，测定其吸收液的吸光度，用标准曲线法定量。

使用此方法时应注意：清洁水样可直接取样加硫酸后测定；含有机物的水样应用硝酸－硫酸消解。水样中共存锑、铋和硫化物时干扰测定，氯化亚锡和碘化钾可抑制锑、铋干扰，硫化物可用醋酸铅棉吸收去除。砷化氢剧毒，整个反应应在通风橱进行。

当试样取最大体积50 mL时，本方法可测定的上限浓度为含砷0.50 mg/L，最低可检测浓度为0.007 mg/L。本方法可用于测定地表水和废水中的砷。

3)原子荧光法

经预处理后的试液进入原子荧光仪，在酸性条件的硼氢化钾(或硼氢化钠)还原作用下，生成砷化氢、铋化氢、锑化氢、硒化氢气体和汞原子，氢化物在氩氢火焰中形成基态原子，其基态原子和汞原子受元素(汞、砷、硒、铋和锑)灯发射光的激发产生原子荧光，原子荧光强度与试液中待测元素含量在一定范围内呈正比。

本方法适用于地表水、地下水、生活污水和工业废水中汞、砷、硒、铋和锑的溶解态和总量的测定。本方法汞的检出限为0.04 μg/L，测定下限为0.16 μg/L；砷的检出限为0.3 μg/L，测定下限为1.2 μg/L；硒的检出限为0.4 μg/L，测定下限16 μg/L；铋和锑的检出限为0.2 μg/L，测定下限为0.8 μg/L。

(5)铅的测定

铅的主要污染源是蓄电池、采选、冶炼、五金、机械、涂料和电镀工业等部门排放的废水。铅是可在人体和动植物组织中蓄积的有毒金属，其主要毒性效应是导致贫血和肾损伤等。铅对水生生物的安全浓度为0.16 mg/L。

测定水体中铅的常用方法有《水质铜、锌、铅、镉的测定原子吸收分光光度法》(GB 7475—1987)、《水质铅的测定双硫腙分光光度法》(GB 7470—1987)、阳极溶出伏安法和《水质铅的测定示波极谱法》(GB/T 13896—1992)。

测定水体中铅的方法与测定镉的方法大致相同。

(6)铜的测定

铜的主要污染源是电镀、冶炼、五金加工、矿山采选、石油化工和化学工业等部门排放的废水。铜是人体所必需的微量元素，缺铜会引发贫血、腹泻等病症，但过量摄入铜也会对人体产生危害。铜对水生生物的危害较大，有人认为铜对鱼类的最低毒性浓度为0.002 mg/L，铜对水生生物的毒性与其形态有关，游离铜离子的毒性比配合态铜大。

测定水中铜的方法主要有《水质铜、锌、铅、镉的测定原子吸收分光光度法》(GB 7475—1987)、《水质铜的测定二乙基二硫代氨基甲酸钠分光光度法》(HJ 485—2009)和《水质铜的测定 2，9 - 二甲基 - 1，10 - 菲啰啉分光光度法》(HJ 486—2009)，还可以用阳极溶出伏安法或示波极谱法。

关于铜的测定方法如原子吸收法、阳极溶出伏安法和示波极谱法与测定镉相同，下面主要介绍二乙氨基二硫代甲酸钠萃取分光光度法和新亚铜灵萃取分光光度法。

1)二乙氨基二硫代甲酸钠萃取分光光度法

在氨性溶液(pH = 8 ~ 10)中，铜离子与铜试剂二乙氨基二硫代甲酸钠(DDTC)作用生成黄棕色配合物，该配合物可用四氯化碳或三氯甲烷萃取，在440 nm处进行比色测定，颜色可以稳定1 h。

使用该方法测定应注意：当水样中含铁、锰、镍、钴和铋等离子时，也与DDTC生成有色配合物，干扰铜的测定。除铋外，均可用EDTA和柠檬酸铵掩蔽消除。铋干扰可以通过加入氰化钠予以消除。当水样中含铜较高时，可加入明胶、阿拉伯胶等胶体保护剂，在水相中直接进行分光光度测定。

本方法适用于地表水、地下水和工业废水中铜的测定。当试样体积为50 mL，比色皿为20 mm时，本方法的测定范围为含铜0.20 ~ 0.60 mg/L，最低检测浓度为0.01 mg/L，测定上限浓度为2.0 mg/L。

2)新亚铜灵萃取分光光度法

将水样中的二价铜离子用盐酸羟胺还原为亚铜离子；在中性或微酸性介质中，亚铜离子与新亚铜灵反应，生成黄色配合物，用三氯甲烷 - 甲醇混合溶剂萃取，于457 nm波长处测定吸光度，用标准曲线法进行定量测定；当25 mL有机相中含铜不超过0.15 mg时，符合比尔定律；在三氯甲烷 - 甲醇溶液中，黄色配合物的颜色可稳定存在数日。

选用此方法测定铜浓度具有灵敏度高、选择性好等优点。只有铍、较大量铬(Ⅵ)、锡(Ⅳ)等氧化性离子及氰化物、硫化物、有机物对测定有干扰。若在水样中和之前加入盐酸羟胺和柠檬酸钠，则可消除铍的干扰。大量铬(Ⅵ)可用亚硫酸盐还原，锡(Ⅳ)等氧化性离子可用盐酸羟胺还原。样品通过消解可除去氰化物、硫化物和有机化合物的干扰。

该方法适用于地表水、生活污水和工业废水中铜的测定。当试样体积为50 mL，用10 mm比色皿时，最低检测浓度为0.06 mg/L，测定上限为3 mg/L。

(7)锌的测定

锌的主要污染源来自于电镀、采矿、冶金等行业。锌的测定方法主要有原子吸收分光光度法、双硫腙分光光度法《水质锌的测定双硫腙分光光度法》(GB 7472—1987)、阳极溶出伏安法和示波极谱法等。原子吸收法、阳极溶出伏安法和示波极谱法测定锌与测定镉相同。

双硫腙分光光度法较常用，在pH 4.0~5.5的乙酸缓冲介质中，锌离子与双硫腙反应生成红色螯合物，用四氯化碳或三氯甲烷萃取后，于其最大吸收波长535 nm处，以四氯化碳作为参比，测其经空白校正后的吸光度，用标准曲线法定量。少量铋、镉、钴、铜、铅、汞、镍、亚锡等离子均会产生干扰，采用硫代硫酸钠掩蔽和控制溶液的pH来消除。这种方法称为混色测定法。如果上述干扰离子含量较多，混色法测定误差大，就需要使用单色法测定。单色法与混色法不同之处在于：将萃取有色螯合物后的有机相先用硫代硫酸钠-乙酸钠-硝酸混合液洗涤除去部分干扰离子。再用新配制的0.17%硫化钠洗去过量的双硫腙。使用该方法时应确保样品不被玷污。为此，必须用无锌玻璃器皿并充分洗净、对试剂进行提纯和使用无锌水。

该方法适用于天然水和轻度污染的地面水中锌的测定，测定范围为5~50 μg/L，当使用光程为20 mm比色皿，试样体积为100 mL时，该方法的最低检测浓度为5 μg/L。

2.2.3.3　非金属无机物的测定

(1)pH的测定

pH是最常用的水质指标之一，对化学反应等有重要影响，在水质监测中属于必测指标。天然水的pH多在5~9范围内；饮用水pH要求在6.5~8.5，工业废水pH因含酸、碱量不同而有很大差异。某些工业用水的pH必须保持在7.0~8.5，以防止金属设备和管道被腐蚀。

测定水的pH的方法有比色法和《水质pH的测定玻璃电极法》(GB 6920—1986)。比色法简便易行，但准确度较差，且受到水体颜色、浊度及其他物质干扰。常用方法为玻璃电极法，此方法的主要问题是pH大于10时，误差较大，读数偏低。

1)比色法

方法原理：基于各种酸碱指示剂在不同pH的水溶液中显示不同的颜色，将水样与标准缓冲液进行比较，用目视法确定水样的 pH。

作为比色用的 pH 标准系列，有市售的“氢离子浓度测定比色剂”，也可以自行配制 pH 标准系列和不同 pH 范围内变色的指示剂系列。

该方法不适用于有色、浑浊或含较多种游离氯、氧化剂、还原剂的水样。可使用 pH 试纸粗略地测定水样 pH。

2)玻璃电极法

方法原理：以 pH 玻璃电极为指示电极，饱和甘汞电极为参比电极，并将两者与被测溶液组成原电池，表示如下：

-)Ag，AgCl | 0.1mol/L HCl | 玻璃膜 | 试液 ‖ 饱和甘汞电极(SCE)(+

电池的电动势符合能斯特方程。电动势与 pH 存在一定关系。

玻璃电极测定法准确、快速，受水体色度、浊度、胶态物质、氧化剂、还原剂及盐度等因素的干扰程度小。

(2)氰化物的测定

氰化物的主要污染源是电镀、焦化、选矿、冶金、洗印、石油化工、有机玻璃制造、农药等工业废水。废水中含有的氰化物可分为简单氰化物、配合氰化物和有机氰化物。氰化物除少数稳定的配合物(如铁氰化钾)外，一般都有剧毒。氰化物进入人体后，主要与高铁细胞色素氧化酶结合，生成氰化高铁细胞色素氧化酶而失去传递氧的作用，引起组织缺氧窒息。

测定水体中氰化物的方法有滴定法、分光光度法和离子选择电极法。其中，氰化物测定的国家标准有《水质氰化物的测定容量法和分光光度法》(HJ 484—2009)和《水质氰化物等的测定真空检测管 - 电子比色法》(HJ 659—2013)。

氰化物的测定较为困难和复杂。首先，氰离子可以不同形态存在于化合物中，容易与金属离子配合；其次，易与氧化剂或还原剂作用生成其他化合物(如硫氰酸或氰酸盐)，且容易与有机物发生反应。此外，测定中干扰物质较多，通常采用蒸馏预处理方法除去干扰物质，以氰化氢形式将其分离后测定。目前标准方法中采用的蒸馏方法有两种：

①向水样中加入酒石酸和硝酸锌，调节 pH 至 4，加热蒸馏，使简单氰化物及部分配合氰化物以氰化氢形式被蒸馏出来，用氢氧化钠溶液吸收。取此蒸馏液测得的氰化物为易释放的氰化物。

②向水样中加入磷酸和 EDTA，在 $pH<2$ 的条件下加热蒸馏，此时可将全部简单氰化物和除钴氰配合物外的绝大部分配合氰化物以氰化氢的形式蒸馏出来，用氢氧化钠溶液吸收。取该蒸馏液测得的氰化物为总氰化物。

1)异烟酸 - 吡唑啉酮分光光度法

方法原理：取一定的预蒸馏溶液，调节 pH 至中性条件，水中的氰离子被氯胺 T 溶液氧化成为氯化氰；氯化氰与异烟酸 - 吡唑啉酮溶液作用，经水解生成戊烯二醛，与吡唑啉酮进行缩合反应生成蓝色染料，在 638 nm 波长下测定其吸光度，进行比色测定。氰离子没有直接参与形成有机化合物。氰离子定量的原理在于以上反应步骤的每一步都必须定量完成。在这一类反应机理较为复杂的显色反应中，按照方法规定的操作步骤，严格控制反应条件甚为重要。

水样中氰化物浓度按照下式计算：

$$氰化物(CN^-,\ mg/L)=(m_a-m_b)V_1/VV_2 \qquad (2-12)$$

式中：m_a——从标准曲线上查出的试样中氰化物的含量，μg/L；

m_b——从标准曲线上查出的空白试样中氰化物的含量，μg/L；

V——预蒸馏所取水的体积，mL；

V_1——水样预蒸馏馏出液的体积，mL；

V_2——显色测定所取馏出液的体积，mL。

本方法适用于饮用水、地面水、生活污水和工业废水中氰化物含量的测定。最低检测浓度为 0.004 mg/L，测定上限为 0.25 mg/L。

使用该方法测定应注意：当氰化物以 HCN 形式存在时，易挥发。因此，加入缓冲溶液后，每一步骤都要迅速操作，并随时盖严塞子。当预蒸馏所用氢氧化钠吸收液的浓度较高时，加缓冲溶液前应以酚酞为指示剂，滴加盐酸至红色褪去，并与标准试液氢氧化钠浓度一样。

2）滴定法

方法原理：取预蒸馏溶液，调节 pH 为 11 以上，以试银灵作为指示剂，用硝酸银标准溶液滴定，则氰离子与银离子生成银氰配合物$[Ag(CN)_2]^-$，稍过量的银离子与试银灵反应，使溶液由黄色变为橙红色，即为终点。

该方法适用于氰化物含量 >1 mg/L 的水样，测定上限为 100 mg/L。

（3）氟化物的测定

氟化物广泛存在于天然水中，饮用水中含氟的适宜浓度为 0.5～1.0 mg/L。氟是人体必需的微量元素之一，缺氟易患龋齿病。当长期饮用含氟量高于 1.5 mg/L的水时，则易患斑齿病。如水中含氟高于 4 mg/L 时，则可导致氟骨病。

测定水中氟化物的主要方法有《水质氟化物的测定离子选择电极法》（GB 7484—1987）、《水质氟化物的测定氟试剂分光光度法》（HJ 488—2009）、《水质氟化物的测定茜素磺酸锆目视比色法》（HJ 487—2009）、离子色谱法和硝酸钍滴定法等。前两种方法应用最为广泛。

对于严重污染的工业废水以及含氟酸硼盐的水均要进行预蒸馏。

1)氟离子选择电极法

氟离子选择电极是一种以氟化镧(LaF_3)单晶片为敏感膜的传感器。由于单晶结构对能进入晶格交换的离子有严格的限制,故有良好的选择性。

测量时,氟离子选择电极与参比电极、被测溶液组成原电池,电池电动势随溶液中氟离子活度的变化而改变。

$$E = K - 0.059\lg a_{F^-} \tag{2-13}$$

式中:E——电池电动势;

K——系数,与内外参比电极、内参比溶液中 F^- 活度有关,当实验条件一定时为常数;

a_{F^-}——F^- 的活度。

用晶体管毫伏计或电势计测量上述原电池的电动势,并与用氟离子标准溶液测得的电动势相比较,即可求出水样中氟化物的浓度。如果用专用离子计测量,经校准后,可以直接显示被测溶液中氟的浓度。对基体复杂的样品,宜采用标准加入法。

某些高价阳离子(如 Al^{3+}、Fe^{3+})及氢离子能与氟离子配合而干扰测定;在碱性溶液中,氢氧根离子浓度大于氟离子浓度的1/10时也有干扰,常采用加入总离子强度调节剂(TISAB)的方法消除。TISAB 是一种含有强电解质、配合剂、pH 缓冲剂的溶液,其作用是消除标准溶液与被测溶液的离子强度差异,使离子活度系数保持一致;配合干扰离子,使配合态的氟离子释放出来;缓冲 pH 变化,保持溶液有合适的 pH 范围(5~8)。

氟离子选择电极法具有测定简便、快速、灵敏、选择性好,可测定浑浊、有色水样等优点。最低检出浓度为 0.05 mg/L(以 F^- 计);测定上限可达 1900 mg/L(以 F^- 计)。

2)氟试剂分光光度法

氟试剂即茜素配合剂(ALC),化学名称为 1,2-二羟基蒽醌-3-甲胺-N,N-二乙酸。在 pH 4.1 的乙酸盐缓冲介质中,它与氟离子和硝酸镧反应,生成蓝色的二元配合物,颜色深度与氟离子浓度成正比,于620 nm 波长处比色定量。

根据反应原理:凡是对 La-ALC-F 三元体系的任何一个组分存在竞争反应的离子,均产生干扰,如 Pb^{2+}、Zn^{2+}、Cu^{2+}、Cd^{2+} 等能与 ALC 反应生成红色螯合物;Al^{3+}、Be^{2+} 等与 F^- 生成稳定的配离子;大量 PO_4^{3-}、SO_4^{2-} 能与 La^{3+} 反应等。当这些离子超过允许浓度时,水样应进行预蒸馏。

该方法最低检出浓度为 0.05 mg/L,测定上限为 1.80 mg/L。如果用含有机胺的醇溶液萃取后测定,检测浓度可低至 5×10^{-3} mg/L。此法适用于地表水、地下水和工业废水中氟化物的测定。

（4）硫化物的测定

水中硫化物包括水溶性的 H_2S、HS^- 和 S^{2-}，酸溶性的金属硫化物，以及不溶性的硫化物和有机硫化物。通常所测定的硫化物指水溶性的及酸溶性的硫化物。硫化氢毒性很大，可危害细胞色素、氧化酶，造成细胞组织缺氧，甚至危及生命；腐蚀金属设备和管道，并可被微生物氧化成硫酸，加剧腐蚀性，因此，硫化物是水体污染的重要检测指标。

测定水中硫化物的方法有《水质硫化物的测定碘量法》（HJ/T 60—2000）、电位滴定法、《水质硫化物的测定气相分子吸收光谱法》（HJ/T 200—2005）、离子色谱法、极谱法、库仑滴定法、比浊法等，其中前三种方法应用较广。

水样颜色，含悬浮物、某些还原性物质（如亚硫酸盐、硫代硫酸钠等）及溶解的有机物均对碘量法或光度法测定有干扰，需进行预处理。常用的预处理方法有乙酸锌沉淀—过滤法、酸化—吹气法或过滤—酸化—吹气法，视水样具体状况选择。

1）对氨基二甲基苯胺分光光度法

在含高铁离子的酸性溶液中，硫离子与对氨基二甲基苯胺反应，生成蓝色的亚甲蓝染料，颜色深度与水样中硫离子浓度成正比，于665 nm 波长处比色定量。该方法最低检出浓度为0.02 mg/L，测定上限为0.8 mg/L。

2）碘量法

该方法适用于测定硫化物含量大于1 mg/L 的水样。原理：水样中的硫化物与乙酸锌生成白色硫化锌沉淀，将其用酸溶解后，加入过量碘溶液，碘与硫化物反应析出硫，用硫代硫酸钠标准溶液滴定剩余的碘，根据硫代硫酸钠溶液消耗量，间接计算硫化物的含量。

3）电势滴定法

以硫离子选择电极作为指示电极，双盐桥饱和甘汞电极作为参比电极，与被测水样组成原电池。用硝酸铅标准溶液滴定硫离子，生成硫化铅沉淀（$Pb^{2+} + S^{2-} = PbS\downarrow$）。用晶体管毫伏计或酸度计测量原电池电动势的变化，根据滴定终点电势的突跃，求出硝酸铅标准溶液用量（用一阶微分或二阶微分法），即可计算出水样中硫离子的含量。

该方法不受色度、浊度的影响。但硫离子易被氧化，常加入抗氧化缓冲溶液（SAOB）予以保护。SAOB 溶液中含有水杨酸和抗坏血酸。水杨酸能与 Fe^{3+}、Fe^{2+}、Cu^{2+}、Zn^{2+}、Cr^{3+} 等多种金属离子生成稳定的配合物；抗坏血酸能还原 Ag^+、Hg^{2+} 等，从而消除它们的干扰。该方法适宜测定的硫离子浓度范围为 $10^{-1} \sim 10^{-3}$ mol/L；最低检出浓度为0.2 mg/L。

2.2.3.4　有机化合物的测定

冶炼废水中有机污染物含量不多，主要是有机酚污染。目前多测定与水中有机物相当的需氧量(如 COD、BOD、TOD 等)来间接表征有机物的含量，或者某一类有机污染物(如酚类等)。

(1)化学需氧量的测定

化学需氧量(COD)是指在一定条件下，氧化 1 L 水样中还原性物质所消耗的氧化剂的量，以氧 mg/L 表示。水中还原性物质包括有机物和亚硝酸盐、硫化物、亚铁盐等无机物。化学需氧量反映了水中受还原性物质污染的程度。由于水体被有机物污染是很普通的现象，因此该指标也作为有机物相对含量的综合指标之一。化学需氧量的测定方法有《水质化学需氧量的测定重铬酸钾法》(GB 11914—1989)和《水质化学需氧量的测定氯气校正法》(HJ/T 70—2001)等。

重铬酸钾法较常用，在水样中加入已知量的重铬酸钾溶液，并且在强酸性溶液中，以银盐作为催化剂，经沸腾回流后，过量的重铬酸钾以试剂亚铁灵作指示剂，用硫酸亚铁铵标准溶液回滴，根据用量计算水样中还原性物质消耗氧的量。测定结果按下式计算：

$$COD_{Cr}(O_2, mg/L) = [(V_0 - V_1)c \times 8 \times 1000]/V \qquad (2-14)$$

式中：V_0——滴定空白时消耗硫酸亚铁铵标准溶液体积，mL；

V_1——滴定水样消耗硫酸亚铁铵标准溶液体积，mL；

V——水样体积，mL；

c——硫酸亚铁铵标准溶液浓度，mol/L；

8——氧(1/2O)的摩尔质量，g/mol。

用0. 25 mol/L 的重铬酸钾溶液可测定大于 50 mg/L 的 COD 值，用 0.025 mol/L重铬酸钾溶液可测定 5 ~ 50 mg/L 的 COD 值，但准确度较差。未经稀释的水样测定上限为 700 mg/L。不适用于含氯化物浓度大于 1000 mg/L 的含盐水。

(2)挥发性酚的测定

根据酚类能否与水蒸气一起蒸出，分为挥发酚与不挥发酚。通常认为沸点在 230℃以下的为挥发酚(属一元酚)，而沸点在 230℃以上的为不挥发酚。根据酚类特有的物理和化学性质，现在更关注挥发酚对人体的危害。

挥发酚的主要分析方法有容量法、分光光度法、色谱法等。目前普遍采用的是《水质挥发酚的测定 4 - 氨基安替比林分光光度法》(HJ 503—2009)；高浓度含酚废水可采用《水质挥发酚的测定溴化容量法》(HJ 502—2009)。

无论采用溴化容量法还是分光光度法，当水样中存在氧化剂、还原剂、油类及某些金属离子时，均应设法消除并进行预蒸馏。如对于游离氯加入硫酸亚铁使之还原；对于硫化物加入硫酸铜使之沉淀，或者在酸性条件下使其以硫化氢形式逸出；对于油类用有机溶剂萃取除去等。蒸馏的作用一是分离出挥发酚，二是消除颜色、浑浊和金属离子等的干扰。

1)4－氨基安替吡林分光光度法

该方法适用于饮用水、地表水、地下水和工业废水中挥发酚的测定。浓度低于0.5 mg/L时，采用氯仿萃取法；浓度高于0.5 mg/L时，采用直接分光光度法。此外，在直接分光光度法中，由于有色配合物不够稳定，因此应立即测定；氯仿萃取法有色配合物可稳定3 h。酚类化合物于pH 10.0 ±0.2的介质中，在铁氰化钾的存在下，与4－氨基安替吡林(4－AAP)反应，生成橙红色的吲哚酚安替吡林染料，吸光后用比色法定量。

氯仿萃取法：用氯仿可将染料从水溶液中萃取出来，并在460 nm波长测定吸光度，以含苯酚 mg/L 表示。此法最低检出浓度为0.002 mg/L，测定上限为0.12 mg/L。

直接比色法：显色后30 min内，于510 nm波长测定吸光度，以含苯酚 mg/L表示。用20 mm比色皿测量时，酚的最低检出浓度为0.1 mg/L。

2)溴化滴定法

在含过量溴(由溴酸钾和溴化钾产生)的溶液中，使挥发酚与溴反应生成三溴酚，并进一步生成溴代三溴酚。将剩余的溴与碘化钾作用，释放出游离碘的同时，溴代三溴酚也与碘化钾反应生成三溴酚和游离碘，用硫代硫酸钠标准溶液滴定释出的游离碘，并根据其消耗量，计算出挥发酚含量(以苯酚计)。

2.3　冶金工业固体废物及有害成分监测

随着社会经济的发展，固体废物的排放量猛增，而冶金工业固体废物的排放量占总固体废物排放量的50%以上。冶金工业固体废物主要是冶炼废渣，冶炼废渣侵占土地，其中有毒有害的重金属渗透到土壤和水体，严重污染环境，影响人类健康。

冶金工业固体废物样品的采集及制备方法参考《工业固体废物采样制样技术规范》(HJ/20—1998)。

2.3.1　冶金工业固体废物监测项目

2.3.1.1　钢铁冶金固体废物监测项目

钢铁冶金固体废物主要来源于铁矿开采时产生的剥离废石、选矿时产生的大量尾矿、高炉炉渣、转炉炉渣、电炉炉渣、铁合金炉渣、含铁尘泥、电镀金属污泥、六价铬渣等。

钢铁工业固体废物含有铁、锰、钒、铬、钼、镍、稀土、铝、钙、镁、硅等金属和非金属元素，除了铬渣、电炉粉尘等有毒废物，其他固体废物，如尾矿、钢渣、含铁尘泥，尽管量比较大，但是基本属于一般工业固体废物，不属于危险废物。钢铁冶金固体废物主要监测项目包括：六价铬、总铬、锌、铅等。

2.3.1.2 有色冶金固体废物监测项目

有色金属工业固体废物的种类包括：采矿废石、选矿尾矿、冶炼弃渣、污泥、工业垃圾及其他固体废物，不同金属冶炼过程中产生的固体废物种类也不同，具体有铜渣、铅渣、锌渣、镍渣、钴渣、锡渣、锑渣、汞渣等。

有色冶金固体废物主要监测项目包括：铜、锌、镉、铅、总铬、六价铬、汞、铍、钡、镍、银、砷、硒等。

2.3.2 固体废物样品的采集和处理

固体废物采样的基本目的是从一批冶金工业固体废物中采集具有代表性的样品，通过试验和分析，获得在允许误差范围内的数据。

2.3.2.1 背景调查和现场勘察

为了使采集样品具有代表性，在采集之前要进行背景调查和现场勘察，包括：

①冶金工业固体废物的产生单位、产生时间、产生形式（间断还是连续）、贮存（处置）方式；

②冶金工业固体废物的种类、形态、数量和特性（含物理性质和化学性质）；

③冶金工业固体废物在试验及分析时的允许误差和要求；

④冶金工业固体废物环境污染，监测分析的历史。

在背景调查和现场勘察的基础上，确定采样方法、采样点、采样份样数、采样份样量及采样工具等，然后进行采样。

2.3.2.2 采样方法

（1）简单随机采样法

一批废物，当对其了解很少，且采取的份样比较分散也不影响分析结果时，对这一批废物不做任何处理，不进行分类也不进行排队，而是按照其本来的状况从一批废物中随机采取份样。

1）抽签法

先对所有采份样的部位进行编号，同时把号码写在纸片上（代表采份样的部位），掺和均匀后，从中随机抽取，抽中号码的部位，就是采份样的部位，此法只宜在采份样的点不多时使用。

2）随机数字表法

先对所有采份样的部位进行编号，有多少部位就编多少号，最大编号是几位数，就使用随机数表的几栏（或几行），并把几栏（或几行）合在一起使用，从随机数字表的任意一栏、任意一行数字开始数，碰到小于或等于最大编号的数码就记下来（碰上已抽过的数就不要），直到抽够份数为止。抽到的号码，就是采份样的部位。

(2)系统采样法

一批按一定顺序排列的固体废物，按照规定的采样间隔，每隔一个间隔采取一个份样，组成小样或大样。在一批废物以运送带、管道等形式连续排出的移动过程中，按一定的质量或时间间隔采样，份样间的间隔可根据表2－4规定的份样数和实际批量按下式计算：

$$T \leqslant Q/n \text{ 或 } T' \leqslant 60Q/Gn \tag{2-15}$$

式中：T——采样质量间隔，t；

Q——批量，t；

n——按表2－4中规定的份样数；

G——每小时排出量，t/h；

T'——采样时间间隔，min。

表2－4　批量大小与最少份样数(单位：液体1 m^3，固体1 t)

批量大小/t	最少份样个数	批量大小/t	最少份样个数
<1	5	≥100	30
≥1	10	≥500	40
≥5	15	≥1000	50
≥30	20	≥5000	60
≥50	25	≥10000	80

在生产现场采样，首先应确定样品的批量，然后计算出采样间隔进行流动间隔采样。采第一个份样时，不准在第一间隔的起点开始，可在第一间隔内任意确定。

在运送带上或落口处采份样，必须截取废物流的全截面。所采份样的粒度比例应符合采样间隔或采样部位的粒度比例，所得大样的粒度比例应与整批废物流的粒度分布大致相符。

(3)分层采样法

根据对一批废物已有的认识，将其按照有关标志分为若干层，然后在每层中随机采取份样。一批废物分次排出或某生产工艺过程的废物间歇排出过程中，可分 n 层采样，根据每层物质的多少，按比例采样，分量。同时，必须注意粒度比例，使每层所采份样的粒度比例与该层废物粒度分布大致相符。

第 i 层采样份数 n_i 按下式计算：

$$n_i = nQ_i/Q \tag{2-16}$$

式中：n_i——第 i 层应采集份样数；

n——按公式(2－16)计算出的份样数或表2－4中规定的份样数；

Q_i——第 i 层废物量，t；

Q——批量，t。

(4)两段采样法

简单随机采样、系统采样和分层采样都是一次直接从一批废物中采取份样，称为单阶段采样。当一批废物由许多车、桶、箱、袋等容器盛装时，由于各容器比较分散，所以要分阶段采样。首先从废物总容器件数 N_0 中随机抽取 n_1 件容器，然后再从 n_1 件的容器中采 n_2 个份样。

推荐当 $N_0 \leqslant 6$ 时，取 $n_1 = N_0$；当 $N_0 > 6$ 时，n_1 按式(2－17)计算：

$$n_1 \geqslant 3N_0^{1/3}\text{（小数进整数）} \tag{2-17}$$

推荐第二阶段的采样数 $n_2 \geqslant 3$，即 n_1 件容器中的每个容器均随机采上、中、下最少3个份样。

(5)权威采样法

这种方法由对被采工业固体废物非常熟悉的个人来采取样品而置随机性于不顾，有效性完全取决于采样者的经验和知识。尽管权威采样有时也能获得有效的数据，但对大多数采样情况，建议不采用这种方法。

2.3.2.3 份样量

份样量即构成一个份样的工业固体废物的质量。一般地，样品量多一些才有代表性。因此，份样量不能少于某一限度；但份样量达到一定限度之后，再增加质量也不能显著提高采样的准确度。份样量取决于废物的粒度上限，废物的粒度越大，均匀性越差，份样量就应越多，它大致与废物的最大粒度直径的某次方成正比，与废物不均匀性程度成反比。份样量按切乔特公式(2－18)计算：

$$Q \geqslant kd^a \tag{2-18}$$

式中：Q——份样量应采的最低质量，kg；

d——废物中最大粒度的直径，mm；

k——缩分系数，代表废物的不均匀程度，废物越不均匀，k 值越大，可用统计误差法由实验测定，有时也可由主管部门根据经验指定；

a——经验常数，随废物的均匀程度和易破碎程度而定。

对于一般的情况，推荐 $k=0.06$，$a=1$。

对于液态废物的份样量以不小于100 mL的采样瓶(或采样器)所盛量为准。

2.3.2.4 份样数

份样数即从一批废物中所采取的份样个数。可通过公式法或查表法确定。

当已知份样间的标准偏差和允许误差时，可按公式(2－19)计算份样数：

$$n \geqslant (tS/\Delta)^2 \tag{2-19}$$

式中：n——必要份样数；

S——份样间的标准误差；

Δ——采样允许误差；

t——选定置信水平下的概率。

取 $n \to \infty$ 时的 t 值作为最初 t 值，以此算出 n 的初值。用对应于 n 初值的 t 值代入，不断迭代，直至算得的 n 值不变，此值即为必要份样数。

当份样间标准偏差或允许误差未知时，可按表 2－4 经验确定份样数。

在运输一批固体废物时，当车数不多于该批废物规定的份样数时，每车应采份样数(小数进为整数) = 规定份样数/车数。当车数多于规定的份样数时，按表 2－4 选出所需最少的采样车数，然后从所选车中各随机采集一个份样数。

2.3.2.5　采样点

对于堆存、运输中的固态冶金工业固体废物，可按对角线形、梅花形、棋盘形、蛇形等点分布确定采样点。

对于粉末状、小颗粒的工业固体废物，可按垂直方向、一定深度的部位确定采样点。

对于容器内的工业固体废物，可按上部(表面下相当于总体积的 1/6 深处)、中部(表面下相当于总体积的 1/2 深处)、下部(表面下相当于总体积的 5/6 深处)确定采样。

根据采样方式(简单随机采样、分层采样、系统采样、两段采样等)确定采样点。

2.3.2.6　采样工具

固体废物的采样工具包括尖头钢锹、钢锤、钢尖镐(腰斧)、采样钻、采样探子、采样铲(采样器)、具盖采样桶或内衬塑料的采样袋。

对于半固态废物，一般可以按固态废物采样或液态废物采样规定进行。对在常温下为固体，当受热时易变成流动的液体而不改变其化学性质的废物，最好在产生现场加热使其全部溶化后按液态采取样品；也可劈开包装按采取固态样品方法采样。黏稠的液体废物，其流动性介于固体和液体之间，最好在产生现场按系统采样法采样；当必须从最终容器中采样时，要选合适的采样器按液态废物采样。由于此种废物难以混匀，所以份样数建议取公式法确定的份样数的 4/3 倍。

注意采样工具、设备所用材质不能和待采工业固体废物有任何反应，不能使待采冶金工业固体废物污染、分层和损失。采样工具应干燥、清洁，便于使用、清洗、保养和维修。任何采样装置(特别是自动采样器)在正式使用前均应进行可行性实验。

采样过程中还要防止待采冶金工业固体废物受到污染和发生变质。与水、酸、碱有反应的工业固体废物，应在隔绝水、酸、碱的条件下采样；组成随温度变化的冶金工业固体废物，应在其正常组成所要求的温度下采样。

2.3.2.7 样品的制备

样品制备的目的是从采集的小样或大样中获取最佳量、具有代表性、能满足试验或分析要求的样品。在预处理过程中，应该防止样品产生化学变化和污染。通常，固体废物样品的预处理包括样品风干、粉碎、筛分、混合和缩分等步骤。

(1)制样工具

制样工具包括粉碎机、破碎机、研磨机、药碾、钢锤、标准套筛、十字分样板、分样铲等。

(2)制样程序

自然风干：湿样品应在室温下自然干燥，使其达到适于破碎、筛分、缩分的程度。

粉碎：用机械方法或人工方法破碎和研磨，使样品分阶段达到相应分析所要求的最大粒度，粉碎过程中不可随意丢弃难以破碎的粗粒。

筛分：根据粉碎阶段排料的最大粒度，选择相应的筛号，分阶段筛出一定粒度范围的样品。要求保证样品95%以上处于某一粒度范围。

混合：用机械设备或人工转堆法，使过筛的一定粒度范围的样品充分混合，达到均匀分布。

缩分：将样品缩分成两份或多份，以减少样品的质量。可以采用下列方法中的一种或几种。

1)份样缩分法

将样品置于平整、洁净的台面上，充分混合后，按一定厚度铺成长方形平堆，划成等分的网格，缩分大样不少于20格，缩分小样不少于12格，缩分份样不少于4格。从各格堆随机取等量，合并为缩分样品。

2)圆锥四分法

将样品在清洁、平整不吸水的板面上堆成圆锥形，每铲物料自圆锥顶端落下，使其均匀地沿锥尖散落，不可使圆锥中心错位。反复转堆至少3次，使其充分混合。然后将圆锥顶端轻轻压平成圆饼后，用十字分样板自上压下，分成四等份，任取两个对角的等份混合。重复操作次数，直至不少于1 kg样品为止。

3)二分器缩分法

测定不稳定的氰化物、总汞及其他物质时，应将采集的新鲜固体废物样品剔除异物后研磨均匀，然后直接称样测定。但需同时测定水分，最终测定结果以干样品表示。

2.3.2.8 样品的保存与记录

制好的样品密封于容器中保存，每份样品保存量至少应为试验和分析需用量的3倍。容器应对样品不产生吸附、不使样品变质；对易挥发废物，采取无顶空存样，并以冷冻方式保存；对光敏废物，样品应装入深色容器中并置于避光处；

对温度敏感的废物，样品应该保存在规定的温度范围内；对与水、酸、碱等易反应的废物，应在隔绝水、酸、碱等条件下贮存，贴上标签备用。标签上应注明：样品名称及编号、批及批量、产生单位、制样人、制样时间等。特殊样品可采取冷冻或充惰性气体等方法保存。制备好的样品一般有效保存期为 1 个月，易变质的样品不受此限制。最后，填好采样记录表。

2.3.3 固体废物物理化学性质检验方法

根据冶金工业固体废物所含污染物特性，对冶金工业固体废物的检验，主要是对其危险特性和浸出毒性进行监测。

2.3.3.1 急性毒性的初筛实验

急性毒性的初筛实验是指一次投给实验动物的毒性物质的半致死量小于规定的值。主要归因于冶金工业固体废物中含有许多有害成分，组分分析难度大，急性毒性的初筛实验可以简易鉴别并表达有害冶金工业固体废物的综合急性毒性。

2.3.3.2 腐蚀性试验方法

腐蚀性废物既可能通过接触损伤生物细胞组织，也可能腐蚀盛装的容器造成泄漏，引起污染。冶金工业固体废物多呈酸性或碱性，故需要考察其腐蚀性。

测定腐蚀性的方法有两种：一种是测定 pH，另一种用在 55.7℃以下对钢制品的腐蚀率来表示。

2.3.3.3 反应性的试验方法

反应性是指在通常情况下固体废物不稳定、极易发生剧烈的化学反应、或遇水反应猛烈、或形成可爆炸性的混合物、或产生有毒气体的特性。对于冶金工业固体废物特性，一般是考察其热不稳定性和遇水反应性。

(1)遇水反应性实验

遇水反应性实验包括遇水温升试验和释放有害气体试验。两种试验方法均需用定量固体废物与一定体积的水接触。前者在密闭条件下测定固—液界面上的反应温度，与室温差值即为温升值。后者则需在密封条件下充分接触反应，取容器上部气体分析有毒气体的浓度，评价其有害程度。

(2)热不稳定性

这类鉴别指标是确定固体废物对热的敏感程度，测定方法有以下三种。

①差热分析法：确定样品的热不稳定性，用差热分析仪测定。当样品与参比物质以同一升温速度加热时，在记录仪上记录表示吸热或放热过程的温度－时间曲线。样品受热后分解的情况可以从温度－时间曲线得到，通过温度峰与峰形判断样品的热不稳定性。

②爆发点测定：爆发点是测定样品对热作用的敏感度。样品开始受热到爆炸的这段时间叫延滞期。采用 5 s 延滞期的爆发点来比较样品的热感度。用爆发点测定仪测定，求出 5 s 延滞期爆发点温度。

③火焰敏感度测定：确定样品对火焰的敏感程度。被测样品与黑火药柱保持一段距离，用灼热的镍铬丝点燃标准黑药柱，观察黑药柱燃烧产生的热量能否点燃样品，用火焰感度仪测定。

2.3.3.4 浸出毒性试验

《危险废物鉴别标准浸出毒性鉴别》(GB 5085.3—2007)所指浸出毒性是指固体废物遇水浸沥，其中有害的物质迁移转化，污染环境，这种危害特性称为浸出毒性。鉴别标准：按照 HJ/T 299 制备的固体废物浸出液中任何一种危害成分含量超过表 2-5 中所列的浓度限值，则判定该固体废物是具有浸出毒性特征的危险废物。

表 2-5 浸出毒性鉴别标准值

序号	危害成分项目	浸出液危害成分浓度限值/($mg\cdot L^{-1}$)
1	铜(以总铜计)	100
2	锌(以总锌计)	100
3	镉(以总镉计)	1
4	铅(以总铅计)	5
5	总铬	15
6	铬(六价)	5
7	烷基汞	不得检出①
8	汞(以总汞计)	0.1
9	铍及其化合物(以总铍计)	0.02
10	钡及其化合物(以总钡计)	100
11	镍及其化合物(以总镍计)	5
12	总银	5
13	砷(以总砷计)	5
14	硒(以总硒计)	1
15	无机氟化物(不包括氟化钙)	100
16	氰化物(以 CN^- 计)	5

注①：“不得检出”指甲基汞 <10 ng/L，乙基汞 <20 ng/L。

浸出试验采用《固体废物浸出毒性浸出方法硫酸硝酸法》(HJ/T 299)规定步骤进行，具体如下：

①含水率测定：称取 50～100 g 样品置于具盖容器中，于 105℃下烘干，恒重至两次称量值的误差小于 ±1%，计算样品含水率。样品中含有初始液相时，应将样品进行压力过滤，再测定滤渣的含水率，并根据总样品量（初始液相与滤渣质量之和）计算样品中的干固体百分率。进行含水率测定后的样品，不得用于浸出毒性试验。

②样品颗粒应可以通过 9.5 mm 孔径的筛，对于粒径大的颗粒可通过破碎、切割或碾磨降低粒径。

③如果样品中含有初始液相，应用压力过滤器和滤膜对样品过滤。干固体百分率小于或等于 9% 的，所得到的初始液相即为浸出液，直接进行分析；干固体百分率大于 9% 的，将滤渣按步骤④浸出，初始液相与浸出液混合后进行分析。

④称取 150～200 g 样品，置于 2 L 浸提瓶中，按液固比 10∶1（L/kg）加入浸提剂，盖紧瓶盖后固定在翻转式振荡装置上，调节转速为 30 ±2 r/min，于 23 ±2℃下振荡（18 ±2）h。在振荡过程中有气体产生时，应定时在通风橱中打开提取瓶，释放过度的压力。

⑤在压力过滤器上装好滤膜，用稀硝酸淋洗过滤器和滤膜，弃掉淋洗液，过滤并收集浸出液，于 4℃下保存。

⑥除非消解会造成待测金属的损失，用于金属分析的浸出液应按分析方法的要求进行消解。

⑦各危害成分项目的测定，除执行规定的标准分析方法外，暂按表 2－6 中规定的方法执行；待适用于测定特定危害成分项目的国家环境保护标准发布后，按标准的规定执行。

表 2－6　测定方法

序号	危害成分项目	分析方法
1	铜（以总铜计）	GB 5085.3—2007 附录 A、B、C、D
2	锌（以总锌计）	GB 5085.3—2007 附录 A、B、C、D
3	镉（以总镉计）	GB 5085.3—2007 附录 A、B、C、D
4	铅（以总铅计）	GB 5085.3—2007 附录 A、B、C、D
5	总铬	GB 5085.3—2007 附录 A、B、C、D
6	铬（六价）	GB/T 15555.4—1995
7	烷基汞	GB/T 14204—1993
8	汞（以总汞计）	GB 5085.3—2007 附录 B
9	铍及其化合物（以总铍计）	GB 5085.3—2007 附录 A、B、C、D

续表 2-6

序号	危害成分项目	分析方法
10	钡及其化合物(以总钡计)	GB 5085.3—2007 附录 A、B、C、D
11	镍及其化合物(以总镍计)	GB 5085.3—2007 附录 A、B、C、D
12	总银	GB 5085.3—2007 附录 A、B、C、D
13	砷(以总砷计)	GB 5085.3—2007 附录 C、E
14	硒(以总硒计)	GB 5085.3—2007 附录 B、C、E
15	无机氟化物(不包括氟化钙)	GB 5085.3—2007 附录 F
16	氰化物(以 CN^- 计)	GB 5085.3—2007 附录 G

注：

附录 A：固体废物元素的测定，电感耦合等离子体原子发射光谱法；

附录 B：固体废物元素的测定，电感耦合等离子体质谱法；

附录 C：固体废物金属元素的测定，石墨炉原子吸收光谱法；

附录 D：固体废物金属元素的测定，火焰原子吸收光谱法；

附录 E：固体废物砷、锑、铋、硒的测定，原子荧光法；

附录 F：固体废物氟离子、溴酸根、氯离子、亚硝酸根、氰酸根、溴离子、硝酸根、磷酸根、硫酸根的测定，离子色谱法；

附录 G：固体废物氰根离子和硫离子的测定，离子色谱法；

GB/T 15555.4—1995：固体废物六价铬的测定，二苯碳酰二肼分光光度法；

GB/T 14204—1993：水质烷基汞的测定，气相色谱法。

2.4 冶金工业物理性污染监测

2.4.1 冶金工业噪声监测

工业噪声一般是指在工业生产过程中机械设备运转发出的声响。冶金工业企业噪声监测分为两类：一类是工业企业内部的噪声，即内部噪声，另一类是工业企业对外界环境的影响，即厂界噪声。内部噪声又分为生产环境噪声和机器设备噪声。这里只介绍工业企业厂界噪声的测量。

噪声的表征包括响度与响度级、计权声级、等效连续 A 声级、累计百分数声级、噪声污染级和昼夜等效声级。噪声的测量仪器主要是声级计。声级计有积分式声级计和脉冲式声级计。积分式声级计测量对象是非稳态噪声，其能够以数字形式直接显示出某一测量时间内被测噪声的等效连续声级。脉冲式声级计测量对象是不连续的噪声，如脉冲声、冲击声，该仪器具有脉冲和峰值保持功能，能将结果在电表上保持住，以便观察。

《工业企业厂界环境噪声排放标准》(GB 12348—2008)规定：测量应在被测企事业单位的正常工作时间内进行，分为昼、夜两部分，且应在无雨无雪的气候下进行，风力大于5.5 m/s时应停止测量。

测量仪器的精度为Ⅱ级以上的声级计或环境噪声自动监测仪。用声级计测量时仪器动态特性为“慢”响应，采样时间间隔为5 s；用环境噪声自动监测仪测量时，仪器动态特性为“快”响应，采样时间间隔不大于1 s。

测量值为等效声级。稳态噪声需测量1 min的等效声级；周期性噪声为声级变化一个周期的等效声级；非周期非稳态噪声为整个正常工作时间的等效声级。

围绕厂界布点，布点数目及间距视实际情况而定，测点即传声器位置，应选在法定厂界外1 m，高度1.2 m以上的噪声敏感处，如厂界有围墙，则测点应高于围墙，若厂界与居民住宅相连，厂界噪声无法测量时，则测点应选在居室中央，室内限值应比相应标准低10 dB(A)。

背景噪声的声级值应比待测噪声的声级值低10 dB(A)以上，若测量值与背景噪声的声级值的差值小于10 dB(A)，则需按表2－7进行修正。

表2－7 修正值表

差值/dB(A)	3	4～6	7～9
修正值/dB(A)	－3	－2	－1

噪声评价以监测为基础，以噪声标准为评判依据。选用标准时，一定要注意标准的时效性。冶金工业噪声以《工业企业厂界环境噪声排放标准》(GB 12348—2008)为标准。各类厂界噪声标准值见表2－8。

表2－8 各类厂界噪声标准值(等效声级)/dB(A)

厂界外声环境功能区类别	时段	
	昼间	夜间
0	50	40
1	55	45
2	60	50
3	65	55
4	70	55

注：0类标准适用于康复疗养区等特别需要安静的区域；

1类标准适用于以居住、文教机关为主的区域；

2类标准适用于居住、商业、工业混杂区及商业中心区；

3类标准适用于工业区；

4类标准适用于交通干线道路两侧区域。

2.4.2 冶金工业放射性物质监测

2.4.2.1 放射性监测的内容

对放射性核素具体测量的内容有放射源强度、半衰期、射线种类及能量；环境和人体中放射性物质的含量、放射性强度、空间照射量或电离辐射剂量等。

2.4.2.2 放射性监测分类

(1)按照监测对象分类

①现场监测，即对放射性物质生产或应用单位内部工作区域所做的监测。

②个人剂量监测，即对放射性专业工作人员或公众做内照射和外照射的剂量监测。

③环境监测，即对放射性生产和应用单位外部环境，包括空气、水体、土壤、生物、固体物等所做的监测。

(2)按主要测定的放射性元素分类

① α 放射性核素，即^{239}Pu、^{226}Ra、^{224}Ra、^{222}Rn、^{210}Po、^{222}Th、^{234}U 和^{235}U。

② β 放射性核素，即^{3}H、^{90}Sr、^{89}Sr、^{134}Cs、^{137}Cs、^{131}I 和^{60}Co。

这些核素在环境中出现的可能性较大，其毒性也较大。

(3)按监测方法分类

①定期监测。定期监测的一般步骤是采样、样品预处理、样品总放射性或放射性核素的测定。

②连续监测。连续监测是在现场安装放射性自动监测仪器，实现采样、预处理和测定的连续、自动化。

2.4.2.3 放射性监测标准

放射性监测有相应的方法标准，如《辐射环境监测技术规范》(HJ/T 61—2001)、《空气中微量铀的分析方法 TBP 萃取荧光法》(GB 12378—1990)、空气中微量铀的分析方法激光荧光法》(GB 12377—1990)、《核设施水质监测采样规定》(HJ/T 21—1998)、《气载放射性物质采样一般规定》(HJ/T 22—1998)、《水中氚的分析方法》(GB 12375—1990)、《牛奶中碘－131 的分析方法》(GB/T 14674—1993)、《植物、动物甲状腺中碘－131 的分析方法》(GB/T 13273—1991)、《环境空气中氡的标准测量方法》(GB/T 14582—1993)等。

2.4.2.4 放射性监测过程

放射性监测需经过样品采集、样品预处理和样品测定三个过程。

(1)样品采集

样品应具有代表性；采样必须有清楚的目的，明确需解决的问题以及所存在的物理条件；在估计由于核设施运转造成污染的环境中采样时，必须在污染源污染浓度最高处；在分析前对于样品的贮存要谨慎小心，以免损失某些放射性核素，还要避免样品的变质和分解，如从溶液至器壁的吸附可通过加酸、加载体或加配合剂等方式加以消除，以及对植物和生物材料要特别考虑取样后立即将其转化为更稳定的形式。大部分这类材料可以进行干燥而不会损失放射性核素，这样在一定条件下可以延长贮存时间。短期贮存只需冷冻或在瓶内加入甲醛或其他防腐剂即可。对于某些类型样品，例如用于分析锶－90 的含量可先灰化，把灰保存起来以供将来分析之用。

(2)样品预处理

对样品进行预处理的目的是将样品处理成适于测量的状态，将样品的欲测核素转变成适于测量的形态并进行浓缩，以及去除干扰核素。

常用的预处理方法有放置衰变法、有机溶剂溶解法、蒸馏法、灰化法、溶剂萃取法、离子交换法、共沉淀法、电化学法等。

放置衰变法是采样后将样品放置一段时间，使样品中一些短寿命的非欲测核素衰变除去，然后再进行放射性测量。例如，测定大气中气溶胶的总 α 和总 β 放射性时常用这种方法，即用抽气过滤法采样后，放置 4 ~ 5 h，使短寿命的氡、钍子体衰变除去。

用一般化学沉淀法分离环境样品中的放射性核素时，因核素含量很低，达不到测量浓度要求，故不能达到分离目的，需要采用共沉淀法。即加入毫克数量级与欲分离放射性核素性质相近的非放射性元素载体，由于两者之间会发生同晶共沉淀或吸附共沉淀作用，故载体将放射性核素载带下来，从而达到分离和富集的目的。例如，用^{59}Co 做载体共沉淀^{60}Co，则发生同晶共沉淀；用新沉淀而来的水合二氧化锰做载体沉淀水样中的钚，则两者之间发生吸附共沉淀。这种分离富集方法具有简便、实验条件容易满足等优点。

电化学法是通过电解将放射性核素沉积在阴极上，或以氧化物形式沉积在阳极上，具有分离核素的纯度高等优点。如果放射性核素沉积在惰性金属片电极上，则可直接进行放射性定量；如将其沉积在惰性金属丝电极上，则可先将沉积物溶出，再制备成样品源。如 Ag^+、Bi^{2+}、Pb^{2+} 等可以金属形式沉积在阴极；Pb^{2+}、Co^{2+} 可以氧化物的形式沉积在阳极。

环境样品经预处理后，有的已成为可供放射性测量的样品源，有的尚需用蒸发、悬浮、过滤等方法将其制备成适于测量要求状态(液态、气态、固态)的样品源。蒸发法是指将样品溶液置于测量盘或承托片上，在红外灯下徐徐蒸干，制成固态薄层样品源。悬浮法是将沉淀形式的样品用水或适当有机溶剂进行混悬，再移入测量盘用红外灯徐徐蒸干。过滤法是将待测定沉淀物过滤到已称重的滤纸上，用有机溶剂洗涤后，将沉淀物连同滤纸一起移入测量盘中，置于干燥器内干燥后进行测量。还可以用电解法制备无载体的 α 或 β 辐射体的样品源；用活性炭等吸附剂浓集放射性惰性气体，再进行热解吸并将其导入电离室或正比计数管等探测器内测量。将低能 β 辐射体的液体试样与液体闪烁剂混合制成液体源，置于闪烁瓶中测量等。

(3)样品测定

放射性核素测量中，常用的放射性测量仪有三类，即电离型检测器、闪烁检测器和半导体检测器。常用放射性检测器见表2-9。

表2-9 常用放射性检测器

射线种类	检测器	特点
α	闪烁检测器	检测灵敏度低，探测面积大
	正比计数管	检测效率高，技术要求高
	半导体检测器	本底小，灵敏度高，探测面积小
	电流电离室	测较大放射性活度
β	正比计数管	检测效率高，装置体积大
	盖革计数管	检测效率较高，装置体积较大
	闪烁检测器	检测效率较低，本底小
	半导体检测器	探测面积小，装置体积小
γ	闪烁检测器	检测效率高，能量分辨能力强
	半导体检测器	能量分辨能力强，装置体积小

2.4.3 冶金工业热污染监测

冶金工业热污染是指现代冶炼工业生产中排放的废热水所造成的环境污染。钢铁冶炼厂的冷却系统排出热水，这些废热水排入地表水体之后，使水温升高。在工业发达的美国，每天所排放的冷却用水达4.5亿m^3，接近全国用水量的1/3；废热水含热量约2500亿千卡，足够2.5亿m^3的水温升高10℃。

热污染首当其冲的受害者是水生物，由于水温升高使水中溶解氧减少，水体处于缺氧状态，同时又使水生生物代谢率增高而需要更多的氧，造成一些水生生物在热效力作用下发育受阻或死亡，从而影响环境和生态平衡。此外，河水水温上升给一些致病微生物造成一个人工温床，使它们得以滋生、泛滥，引起疾病流行，危害人类健康。

冶金工业热污染监测主要是对热污染源排放温度进行监测。

2.4.4 冶金工业电磁波辐射监测

电磁波是指传播着的核变电磁场。如广播、电视台和通信电台，就是从发射台发出带有信号的电磁波，不用电线而经自由空间传播到达接收台。随着无线电广播、电视及微波技术的发展与普及，射频设备的功率成倍提高，地面上的电磁波辐射大幅度增加，于是高强度电磁辐射的物理、化学和生物效应及对人体的影响和危害逐渐引起了人们的重视。

据研究，高强度的电磁波辐射已经达到了直接威胁人体健康的程度。影响人类生活环境的电磁污染根据污染源可分为天然和人工两类。天然电磁波污染是由某些自然现象引起的，最常见的是雷电。它除了可能对电气设备、飞机、建筑物等直接造成危害外，还会在广大地区产生明显的电磁干扰。电磁波强度弱则几千赫，强则可达几百兆赫。火山爆发、地震和太阳黑子活动引起的磁暴等，也会产生电磁干扰。天然电磁污染对短波通信的干扰特别严重。人为电磁污染源产生于一些电子设备和电气装置的工作系统。如大功率输电线路与各类无线电设备在工作过程中产生的电磁感应与电磁辐射。主要污染源有：

①高频感应加热设备，包括高频淬火、高频焊接和高频火炼等，感应加热设备工作频率为 200 ~ 500 kHz。主要辐射源有感应加热器、馈电线以及裸露的高频变压器等。其工作时存在的电磁感应场和辐射场非常强大，造成的环境污染较为突出。

②高频介质加热设备：主要有塑料热合机、高频干燥处理机和介质加热联动机等，工作频率均在 20 ~ 40 MHz。高频介质加热设备的主要场源有振荡回路、馈电线、焊刀加热等。

2.4.4.1 电磁辐射污染监测标准

电磁辐射监测有相应的方法标准，如《电磁环境控制限值》(GB 8702—2014)、《辐射环境监测技术规范》(HJ/T 61—2001)、《辐射环境保护管理导则 电磁辐射监测仪器和方法》(HJ/T 10.2—1996)等。

2.4.4.2 电磁辐射监测和方法

电磁辐射污染源监测方法

1)环境条件

应符合行业标准和仪器标准中规定的使用条件。测量记录表应注明环境温度、相对湿度。

2)测量仪器

可使用各向同性响应或有方向性的电场探头或磁场探头的宽带辐射测量仪。采用有方向性探头时，应在测量点调整探头方向以测出测量点最大辐射电平。

测量仪器工作频带应满足待测场要求，仪器应经计量标准定期鉴定。

3)测量时间

在辐射体正常工作时间内进行测量，每个测点连续测 5 次，每次测量时间不应小于 15 秒，并读取稳定状态的最大值。若测量读数起伏较大时，应适当延长测量时间。

4）测量位置

测量位置即作业人员操作位置，取距地面0.5 m、1 m、1.7 m三个部位；

辐射体各辅助设施（计算机房、供电室等）作业人员经常操作的位置，测量部位距地面0.5 m、1 m、1.7 m；

辐射体附近的固定哨位、值班位置等。

5）数据处理

若有几次读数，求出每个测量部位平均场强值。

6）评价

根据各操作位置的 E 值（H、Pd）按国家标准《电磁辐射防护规定》（GB 8702—1988）或其他部委制定的“安全限值”作出分析评价。

2.5 冶金工业污染源评价

2.5.1 冶金工业污染源评价标准

为了统一评价标准，在1985年全国污染源调查中，根据工业污染源调查工作的实际水平，对工业污染源排放的废水、废气中有害物质的评价标准作了统一规定。但是近年来，在环境影响评价的污染源调查和评价工作中常采用对应的环境质量标准或排放标准作为污染源评价标准。

2.5.1.1 大气污染物排放标准

根据污染源的不同，废气污染物的排放分别执行：《大气污染物综合排放标准》（GB 16297—1996）、《锅炉大气污染物排放标准》（GB 13271—2014）、《工业炉窑大气污染物排放标准》（GB 9078—1996）、《恶臭污染物排放标准》（GB 14554—1993）、《轧钢工业大气污染物排放标准》（GB 28665—2012）、《炼钢工业大气污染物排放标准》（GB 28664—2012）、《炼铁工业大气污染物排放标准》（GB 28663—2012）、《钢铁烧结、球团工业大气污染物排放标准》（GB 28662—2012）等。

2.5.1.2 水污染物排放标准

水污染物排放一般执行《污水综合排放标准》（GB 8978—1996），污水排入城市下水道执行《污水排入城镇下水道水质标准》（CJ 343—2010），污水处理厂排水执行《城镇污水处理厂污染物排放标准》（GB 18918—2002），污水深海排放执行《污水海洋处置工程污染控制标准》（GB 18486—2001），钢铁工业分别执行《钢铁工业水污染物排放标准》（GB 13456—2012）、《铁合金工业污染物排放标准》（GB 28666—2012）和《铁矿采选工业污染物排放标准》（GB 28661—2012）等，有色冶金工业分别执行《铝工业污染物排放标准》（GB 25465—2010）、《铅、锌工业污染物排放标准》（GB 25466—2010）、《铜、镍、钴工业污染物排放标准》（GB 25467—2010）、《镁、钛工业污染物排放标准》（GB 25468—2010）、《稀土工业污染物排放标准》(GB 26451—2011)、《钒工业污染物排放标准》(GB 26452—2011)、《锡、锑、汞工业污染物排放标准》(GB 30770—2014)和《再生铜、铝、铅、锌工业污染物排放标准》(GB 31574—2015)等。

2.5.1.3 固体废物排放标准

一般工业固体废物执行《一般工业固体废物储存、处置场污染控制标准》(GB 18599—2001);危险废物按《国家危险废物名录》(环保部〔2008〕第1号令)进行分类,需储存处理的危险废物执行《危险废物储存污染控制标准》(GB 18597—2001),需填埋处理的危险废物执行《危险废物填埋污染控制标准》(GB 18598—2001),需焚烧处理的危险废物执行《危险废物焚烧污染控制标准》(GB 18484—2001)。

2.5.1.4 噪声排放标准

噪声排放标准执行《工业企业厂界环境噪声排放标准》(GB 12348—2008)、《建筑施工场界环境噪声排放标准》(GB 12523—2011)中规定的各功能区标准。

2.5.2 冶金工业污染源评价方法

污染源评价方法主要采用等标污染负荷法(亦称等标排放量法)和排毒系数法。

(1)等标污染负荷法

污染源污染物等标污染负荷等于所排各种污染物的等标污染负荷之和:

$$P_n = \sum_{i=1}^{j} P_i,\ i = 1, 2, \cdots, j \tag{2-20}$$

式中:P_i 为某污染物等标污染负荷。

(2)排毒系数法

有些污染物排放量小,但毒性大,容易在环境中造成累积,对这些污染物,用等标污染负荷法易造成遗漏,而对这些污染物的控制非常必要,因此,可以采用排毒系数法进行污染源评价。污染物的排毒系数(F_i)定义为

$$F_i = \frac{m_i}{d_i} \tag{2-21}$$

式中:m_i——污染物排放量;

d_i——能导致一个人出现毒作用反应的污染物最小摄入量,mg/人。

2.5.3 冶金工业污染源环境风险评价

环境风险评价是环境影响评价中的一种评价分析手段。随着科学的发展,特别是随着系统安全工程科学的发展,出现了多种风险评价方法,如初步危险分析法、故障树类型和效应致命度分析法、事件树分析法等。这些风险评价的方法都可应用于环境风险评价中事故概率的计算。

环境风险评价的目的是分析和预测项目存在的潜在危险、有害元素,项目运

行期间可能发生的突发性事件(一般不包括人为破坏及自然灾害)，引起有毒有害、易燃易爆物质泄漏的情况以及对人身安全与环境的损害程度，提出合理可行的防范、应急和减缓措施，以使建设项目事故率达到可接受水平，且损失和环境影响最小。环境风险评价还应把事故引起的厂(场)址外人群的伤害、环境质量的变化及对生态系统影响的预测和防护作为评价工作重点。

评价内容包括风险识别及分析、同类项目事故统计、风险标准体系、最大可信事故及源项、后果计算及风险评价、风险管理及减缓风险措施，应急预案等。

根据美国环境保护局的规定，将环境风险评价分为以下四个步骤：

(1)危害鉴定

危害鉴定是确定暴露于有害因子中能否引发不良健康效应发生率升高的过程，即对有害因子引起不良健康效应的潜力进行定性评价的过程，并根据其毒性大小及人群暴露程度进行风险物质危害类型判断及危害等级的划分。

(2)剂量-反应评价

剂量-反应评价是对有害因子暴露水平与暴露人群中不良健康效应发生率间的关系进行定量估算，主要研究毒效应与剂量之间的定量关系。剂量-反应评价是进行风险评定的定量依据。毒理学研究已发现剂量-反应关系一般呈S形函数关系。

(3)暴露评价

暴露评价是对人群暴露于介质中的有害因子强度、频率、时间进行测量、估算或预测。暴露评价是进行风险评定的定量依据，确定暴露人群或个体对有害因子的暴露剂量至关重要，其计算公式可表示为

$$E = \int_{t_1}^{t_2} C(t)\,\mathrm{d}t \tag{2-22}$$

式中：E—— 暴露人群或个体在一定期间(即 $t_1 \sim t_2$)对有害因子的暴露量；

$C(t)$—— 时间 t 时有毒物质的浓度，它是一个随时间 t 变化的函数；

t_1、t_2—— 暴露的起始、终止时间。

(4)风险表征

风险表征是对暴露于有害因子的人群在各条件下不良健康反应发生概率的估算。风险表征是风险评价的最后一个环节，必须把前三步的资料和分析加以综合，以确定有害结果发生的概率和可接受的风险水平及评价结果的不确定性等。

第三章　冶金过程污染物排放系数

3.1　污染物排放系数与排放量

3.1.1　污染物排放系数

污染物排放系数包括产污系数和排污系数。产污系数，即污染物产生系数，是指在典型工况生产条件下，生产单位产品或使用单位原料所产生的原始污染物量(千克/吨产品)。排污系数，即污染物排放系数，是指在产污系数条件下经污染控制措施削减后污染物的排放量(千克/吨产品)，无治理措施时，排污系数与产污系数相同。产污系数和排污系数与生产过程中的材料、规模、设备技术水平及污染物控制措施有关。

排放系数的估算方式主要有公式计算法、实测数据统计法、摘抄借用法、摘抄换算法和比例推算法等。本章中的排放系数选自《第一次全国污染源普查工业污染源产、排污系数手册(2010 年修订)》，主要来源于代表性企业的实测数据。

本章编录了燃料燃烧过程、钢铁冶金过程、有色金属冶炼过程中各种废水、废气、废渣的产污系数与排污系数。燃料燃烧过程包括燃煤、燃气、燃油、燃烧生活物质；钢铁冶金过程包括炼铁、炼钢、钢压延加工、钢铁铸造、铁合金生产；有色金属冶炼过程包括铜冶炼、铅锌冶炼、钴镍冶炼、锡冶炼、锑冶炼、铝冶炼、镁冶炼、金冶炼、钨钼冶炼。

3.1.2　污染物排放量

污染物排放量，指污染源排入环境或其他设施的某种污染物的数量。污染物排放量的计算方法主要有以下三种方法：

①实测法：使用国家有关部门认定的连续计量设施和仪表直接确定污染源的排放量。

②物料衡算法：将工业污染源的排放量、生产工艺、管理和资源(原材料、水源、能源)的综合利用及环境治理结合起来，系统全面地研究生产过程中污染物的产生、排放的一种科学有效的计算方法。

③产污—排污系数法：产污—排污系数法是指在正常技术经济和管理条件下，生产单位产品所产生(或排放)的污染物数量的统计平均值。环境管理中，利用排放系数可以方便地根据产品产量或生产规模计算污染物的排放量。

$$G = KM \qquad (3-1)$$

式中：G——污染物排放量；

K——污染物排放系数；

M——产品产量。

3.1.3 污染物排放量的计算

污染物排放量采用产污—排污系数法进行计算，步骤为：

①确定产品名称、原料名称、生产工艺、生产规模，找到相应的产、排污系数表。

②细读与生产工艺、生产规模相对应的注意事项，确定产污系数。

③根据相关末端处理技术，细读相关注意事项，确定排污系数。

④根据公式(3－1)计算污染物排放量。

确定排放系数时要特别注意所采用的除尘技术、脱硫技术、原料含硫量、废水是否循环利用、设备的实际生产量。拥有多套生产设备时，按主体设备生产规模计算污染物排放量。

案例1：

某冶炼厂采用转炉法生产碳钢，产量100 t/a，原料为生铁水、石灰、铁合金。废水末端治理技术为化学混凝沉淀法；化学需氧量和石油类污染物的末端治理技术为过滤法；废气和粉尘的末端治理技术为过滤式除尘法。计算该冶炼厂的污染物排放量。

第一步，根据产品名称、生产工艺查表3－14所示的“炼钢行业产、排污系数表”。

第二步，根据产量、末端治理技术查相应的排污系数。查到相应的排污系数为：工业废水量为4.283吨/吨钢；化学需氧量为70克/吨钢；石油类污染物为8.5克/吨钢；工业废气为5233标立方米/吨钢；工业粉尘为0.225千克/吨钢。

第三步：计算污染物排放量：

工业废水排放量＝100吨×4.283吨/吨钢＝428.3吨

化学需氧量＝100吨×70克/吨钢＝7千克

石油类污染物＝100吨×8.5克/吨钢＝0.85千克

工业废气＝100吨×5233标立方米/吨钢＝5.233×10^5标立方米

工业粉尘＝100吨×0.225千克/吨钢＝22.5千克

案例2：

某冶炼厂采用烧结机—鼓风炉—电解工艺生产电解铅，产量为4万t/a，原料为铅精矿。废水、化学需氧量的末端治理技术为中和法，只处理废酸水，其余废水直接外排，废气直接外排，烟尘末端治理技术为过滤式除尘法，二氧化硫采用烟气制酸法。计算该冶炼厂的污染物排放量。

第一步，根据产品名称、生产工艺查到如表 3－25 所示的“铅锌冶炼行业产、排污系数表”。

第二步，根据产量、末端治理技术查到表 3－25 相应的排污系数为：工业废水量为 18.85 吨/吨产品；由于该厂只处理废酸水，其余废水直接外排，所以化学需氧量为 883.6 克/吨产品；镉的排污系数为 8.323 克/吨产品；铅的排污系数为 60.24 克/吨产品；砷的排污系数为 5.883 克/吨产品；工业废气为 68720 标立方米/吨产品；烟尘为 18.01 千克/吨产品；工业粉尘为 0.446 千克/吨产品；二氧化硫排污系数为 81.72 千克/吨产品。

第三步：计算污染物排放量：

工业废水排放量 = 40000 吨 × 18.85 吨/吨产品 = 7.54×10^5 吨

化学需氧量 = 40000 吨 × 883.6 克/吨产品 = 35.344 吨

镉 = 40000 吨 × 8.323 克/吨产品 = 332.92 千克

铅 = 40000 吨 × 60.24 克/吨产品 = 2.41 吨

砷 = 40000 吨 × 5.883 克/吨产品 = 235.32 千克

工业废气 = 40000 吨 × 68720 标立方米/吨产品 = 2.749×10^9 标立方米

烟尘 = 40000 吨 × 18.01 千克/吨产品 = 720.4 吨

工业粉尘 = 40000 吨 × 0.446 千克/吨产品 = 17.84 吨

二氧化硫 = 40000 吨 × 81.72 千克/吨产品 = 3268.8 吨

3.2　燃料燃烧过程污染物排放系数

3.2.1　废气排放系数

3.2.1.1　燃煤锅炉废气排放系数

燃煤锅炉产、排污系数表查表(表 3－1)说明：

①燃煤锅炉是指以煤为燃料的锅炉，燃煤种类包括烟煤、褐煤、无烟煤和型煤，燃煤锅炉种类按锅炉燃烧方式包括层燃炉、抛煤机炉、循环流化床炉、煤粉炉和水煤浆炉。

②用于控制燃煤锅炉二氧化硫产生与排放的治理技术如表 3－2 所示，用于控制燃煤锅炉烟的产生与排放的治理技术如表 3－3 所示。

③没在系数表中列出的燃煤锅炉的产、排污系数均参照烟煤的产、排污系数。

表 3-1　工业锅炉(热力生产和供应行业)产、排污系数表(燃煤工业锅炉)

产品名称	原料名称	工艺名称	规模等级	污染物指标	单位	产污系数	末端治理技术名称	排污系数
蒸汽/热水/其他	烟煤	层燃炉	所有规模	工业废气量	标立方米/吨-原料	10290.43	直排	10290.43
							有末端治理[①]	10804.95
				二氧化硫	千克/吨-原料	16S[②]（无炉内脱硫）	直排	16S
							湿法除尘法[③]	13.6S
							湿式除尘脱硫(钙法/镁法/其他脱硫剂)[④]	4.8S
						11.2S（炉内脱硫[⑤]）	直排	11.2S
							湿式除尘脱硫(钙法/镁法/其他脱硫剂)	3.36S
				烟尘	千克/吨-原料	1.25A[②]	直排	1.25A
							单筒旋风除尘法	0.5A
							多管旋风除尘法	0.38A
							湿法除尘法/湿式除尘脱硫[⑥]	0.16A
							静电除尘法(管式)	0.23A
							静电除尘法(卧式)	0.04A
							布袋/静电+布袋[⑦]	0.01A
				氮氧化物	千克/吨-原料	2.94	直排	2.94

续表 3-1

产品名称	原料名称	工艺名称	规模等级	污染物指标	单位	产污系数	末端治理技术名称	排污系数
蒸汽/热水/其他	烟煤	抛煤机炉	所有规模	工业废气量	标立方米/吨－原料	9097.4	直排	9097.4
							有末端治理	9552.27
蒸汽/热水/其他	烟煤	抛煤机炉	所有规模	二氧化硫	千克/吨－原料	16S（无炉内脱硫）	直排	16S
							湿法除尘法	13.6S
							湿式除尘脱硫（钙法/镁法/其他脱硫剂）	4.8S
						11.2S（炉内脱硫）	直排	11.2S
							湿式除尘脱硫（钙法/镁法/其他脱硫剂）	3.36S
				烟尘	千克/吨－原料	3.84A	直排	3.84A
							湿法除尘法/湿式除尘脱硫	0.5A
							静电除尘法(卧式)	0.12A
							布袋除尘法	0.04A
				氮氧化物	千克/吨－原料	3.11	直排	3.11

续表 3－1

产品名称	原料名称	工艺名称	规模等级	污染物指标	单位	产污系数	末端治理技术名称	排污系数
蒸汽/热水/其他	烟煤	循环流化床炉	所有规模	工业废气量	标立方米/吨－原料	9415.54	直排	9415.54
							有末端治理	9886.32
				二氧化硫	千克/吨－原料	15S（无脱硫剂）	直排	15S
							湿法除尘法	12.75S
							湿式除尘脱硫（钙法/镁法/其他脱硫剂）	4.5S
						4.5S（添加脱硫剂[8]）	直排	4.5S
							湿式除尘脱硫（钙法/镁法/其他脱硫剂）	1.35S
				烟尘	千克/吨－原料	5.19A	直排	5.19A
蒸汽/热水/其他	烟煤	循环流化床炉	所有规模	烟尘	千克/吨－原料	5.19A	机械＋湿法除尘法/湿式除尘脱硫[9]	0.42A
							静电除尘法（卧式）	0.16A
							布袋/静电＋布袋	0.05A
				氮氧化物	千克/吨－原料	2.7	直排	2.7

续表 3－1

产品名称	原料名称	工艺名称	规模等级	污染物指标	单位	产污系数	末端治理技术名称	排污系数
蒸汽/热水/其他	烟煤	煤粉炉	所有规模	工业废气量	标立方米/吨－原料	9186.57	直排	9186.57
							有末端治理	9645.9
				二氧化硫	千克/吨－原料	17S	直排	17S
							湿法除尘法	14.45S
							湿式除尘脱硫（钙法/镁法/其他脱硫剂）	5.1S
				烟尘	千克/吨－原料	8.93A	直排	8.93A
							机械＋湿法除尘法/湿式除尘脱硫	0.71A
							静电除尘法（卧式）	0.27A
							布袋/静电＋布袋	0.09A
				氮氧化物	千克/吨－原料	4.72	直排	4.72
蒸汽/热水/其他	烟煤	水煤浆炉	所有规模	工业废气量	标立方米/吨－原料	9186.57	直排	9186.57
							有末端治理	9645.9
				二氧化硫	千克/吨－原料	17S	直排	17S
							湿法除尘法	14.45S
							湿式除尘脱硫（钙法/镁法/其他脱硫剂）	5.1S
				烟尘	千克/吨－原料	8.93A	直排	8.93A

续表 3－1

产品名称	原料名称	工艺名称	规模等级	污染物指标	单位	产污系数	末端治理技术名称	排污系数
蒸汽/热水/其他	烟煤	水煤浆炉	所有规模	烟尘	千克/吨－原料	8.93A	机械＋湿法除尘法/湿式除尘脱硫	0.71A
							静电除尘法（卧式）	0.27A
							布袋/静电＋布袋	0.09A
				氮氧化物	千克/吨－原料	2.72	直排	2.72
蒸汽/热水/其他	褐煤	层燃炉	所有规模	工业废气量	标立方米/吨－原料	5915	直排	5915
							有末端治理	6210.75
				二氧化硫	千克/吨－原料	15S（无炉内脱硫）	直排	15S
							湿法除尘法	12.75S
							湿式除尘脱硫（钙法/镁法/其他脱硫剂）	4.5S
						10.5S（炉内脱硫）	直排	10.5S
							湿式除尘脱硫（钙法/镁法/其他脱硫剂）	3.15S
				烟尘	千克/吨－原料	1.25A	直排	1.25A
							单筒旋风除尘法	0.5A
							多管旋风除尘法	0.38A
							湿法除尘法/湿式除尘脱硫	0.16A
							静电除尘法（管式）	0.23A
							静电除尘法（卧式）	0.04A
							布袋/静电＋布袋	0.01A
				氮氧化物	千克/吨－原料	2.94	直排	2.94

续表 3-1

产品名称	原料名称	工艺名称	规模等级	污染物指标	单位	产污系数	末端治理技术名称	排污系数
蒸汽/热水/其他	褐煤	抛煤机炉	所有规模	工业废气量	标立方米/吨-原料	5915	直排	5915
							有末端治理	6210.75
				二氧化硫	千克/吨-原料	15S（无炉内脱硫）	直排	15S
							湿法除尘法	12.75S
							湿式除尘脱硫（钙法/镁法/其他脱硫剂）	4.5S
						10.5S（炉内脱硫）	直排	10.5S
							湿式除尘脱硫（钙法/镁法/其他脱硫剂）	3.15S
				烟尘	千克/吨-原料	3.84A	直排	3.84A
							湿法除尘法/湿式除尘脱硫	0.5A
							静电除尘法（卧式）	0.12A
							布袋除尘法	0.04A
				氮氧化物	千克/吨-原料	3.11	直排	3.11

续表 3－1

产品名称	原料名称	工艺名称	规模等级	污染物指标	单位	产污系数	末端治理技术名称	排污系数
蒸汽/热水/其他	褐煤	煤粉炉	所有规模	工业废气量	标立方米/吨－原料	5915	直排	5915
							有末端治理	6210.75
				二氧化硫	千克/吨－原料	17S（无炉内脱硫）	直排	17S
							湿法除尘法	14.45S
							湿式除尘脱硫（钙法/镁法/其他脱硫剂）	5.1S
						11.9S（炉内脱硫）	直排	11.9S
							湿式除尘脱硫（钙法/镁法/其他脱硫剂）	3.57S
蒸汽/热水/其他	褐煤	煤粉炉	所有规模	烟尘	千克/吨－原料	8.93A	直排	8.93A
							机械＋湿法除尘法/湿式除尘脱硫	0.71A
							静电除尘法（卧式）	0.27A
							布袋/静电＋布袋	0.09A
				氮氧化物	千克/吨－原料	4.72	直排	4.72

续表 3-1

产品名称	原料名称	工艺名称	规模等级	污染物指标	单位	产污系数	末端治理技术名称	排污系数
蒸汽/热水/其他	无烟煤	层燃炉	所有规模	工业废气量	标立方米/吨-原料	10196.99	直排	10196.99
							有末端治理	10706.84
				二氧化硫	千克/吨-原料	16S（无炉内脱硫）	直排	16S
							湿法除尘法	13.6S
							湿式除尘脱硫（钙法/镁法/其他脱硫剂）	4.8S
						11.2S（炉内脱硫）	直排	11.2S
							湿式除尘脱硫（钙法/镁法/其他脱硫剂）	3.36S
				烟尘	千克/吨-原料	1.8A	直排	1.8A
							单筒旋风除尘法	0.72A
							多管旋风除尘法	0.54A
							湿法除尘法/湿式除尘脱硫	0.23A
							静电除尘法（管式）	0.32A
							静电除尘法（卧式）	0.05A
							布袋/静电+布袋	0.02A
蒸汽/热水/其他	无烟煤	层燃炉	所有规模	氮氧化物	千克/吨-原料	2.7	直排	2.7

续表 3-1

产品名称	原料名称	工艺名称	规模等级	污染物指标	单位	产污系数	末端治理技术名称	排污系数
蒸汽/热水/其他	无烟煤	循环流化床炉	所有规模	工业废气量	标立方米/吨-原料	11034.09	直排	11034.09
							有末端治理	11585.79
				二氧化硫	千克/吨-原料	15S（无脱硫剂）	直排	15S
							湿法除尘法	12.75S
							湿式除尘脱硫（钙法/镁法/其他脱硫剂）	4.5S
						4.5S（添加脱硫剂）	直排	4.5S
							湿式除尘脱硫（钙法/镁法/其他脱硫剂）	1.35S
				烟尘	千克/吨-原料	4.63A	直排	4.63A
							机械+湿法除尘法/湿式除尘脱硫	0.37A
							静电除尘法（卧式）	0.14A
							布袋/静电+布袋	0.05A
				氮氧化物	千克/吨-原料	1.82	直排	1.82

续表 3－1

产品名称	原料名称	工艺名称	规模等级	污染物指标	单位	产污系数	末端治理技术名称	排污系数
蒸汽/热水/其他	型煤	层燃炉	所有规模	工业废气量	标立方米/吨－原料	7999.75	直排	7999.75
							有末端治理	8399.74
				二氧化硫	千克/吨－原料	14S（无固硫剂）	直排	14S
							湿法除尘法	11.9S
							湿式除尘脱硫（钙法/镁法/其他脱硫剂）	4.2S
蒸汽/热水/其他	型煤	层燃炉	所有规模	二氧化硫	千克/吨－原料	7S（添加固硫剂[10]）	直排	7S
							湿式除尘脱硫（钙法/镁法/其他脱硫剂）	2.1S
				烟尘	千克/吨－原料	0.01A	直排	0.01A
				氮氧化物	千克/吨－原料	0.5	直排	0.5
蒸汽/热水/其他	型煤	层燃炉（常压）	所有规模	工业废气量	标立方米/吨－原料	7999.75	直排	7999.75
							有末端治理	8399.74
				二氧化硫	千克/吨－原料	14S[①]（无固硫剂）	直排	14S
							湿式除尘脱硫（钙法/镁法/其他脱硫剂）	4.2S
						7S（添加固硫剂）	直排	7S
							湿式除尘脱硫（钙法/镁法/其他脱硫剂）	2.1S
				烟尘	千克/吨－原料	0.01A	直排	0.01A
				氮氧化物	千克/吨－原料	0.5	直排	0.5

续表 3－1

产品名称	原料名称	工艺名称	规模等级	污染物指标	单位	产污系数	末端治理技术名称	排污系数
蒸汽/热水/其他	型煤	层燃炉（常压）	所有规模	烟尘	千克/吨－原料	0.01A	直排	0.01A
				氮氧化物	千克/吨－原料	0.5	直排	0.5
蒸汽/热水/其他	混煤	层燃炉（常压）	所有规模	工业废气量	标立方米/吨－原料	11668.05	直排	11668.05
							有末端治理	12251.45
				二氧化硫	千克/吨－原料	16S（无炉内脱硫）	直排	16S
							湿法除尘法	13.6S
							湿式除尘脱硫（钙法/镁法/其他脱硫剂）	4.8S
						11.2S（炉内脱硫法）	直排	11.2S
				烟尘	千克/吨－原料	1.25A	直排	1.25A
							单筒旋风除尘法	0.5A
							多管旋风除尘法	0.38A

续表 3-1

产品名称	原料名称	工艺名称	规模等级	污染物指标	单位	产污系数	末端治理技术名称	排污系数
蒸汽/热水/其他	混煤	层燃炉（常压）	所有规模	烟尘	千克/吨－原料	1.25A	湿法除尘法/湿式除尘脱硫	0.16A
							静电除尘法（管式）	0.23A
							静电除尘法（卧式）	0.04A
							布袋/静电＋布袋	0.01A
				氮氧化物	千克/吨－原料	2.94	直排	2.94

注：①有末端治理：是指安装并运行除尘或脱硫设施的情形，此情况下考虑末端治理设施的漏风，烟气排放量应大于烟气产生量。

②产、排污系数表中，二氧化硫的产、排污系数是以含硫量（S%）的形式表示的，其中含硫量（S%）是指燃煤收到基硫分含量，以质量分数的形式表示。例如燃料中含硫量（S%）为3%，则S＝3。烟尘的产、排污系数是以含灰量（A%）的形式表示的，其中含灰量（A%）是指燃煤收到基灰分含量，以质量分数的形式表示。例如燃料中灰分含量为15%，则A＝15。

③湿法除尘法：是使含尘烟气与水密切接触，利用水滴和尘粒的惯性碰撞及其他作用捕集尘粒。现在常用的有冲击浴式除尘器、管式水膜除尘器、立式及卧式旋风水膜除尘器（含文丘里水膜除尘器）等。因为二氧化硫在水中有一定的溶解度，所以湿法除尘法对排放烟气中的二氧化硫有一定的去除效果。

④湿式除尘脱硫（钙法/镁法/其他脱硫剂）：指湿式除尘脱硫一体化工艺，燃中低硫煤锅炉，采用利用锅炉自排碱性废水或企业自排碱性废液的除尘脱硫工艺；燃中高硫煤锅炉，采用双碱法工艺。该工艺还包括氧化镁法、氨法等。

⑤炉内脱硫：主要包括炉内喷钙脱硫法。

⑥湿法除尘法/湿式除尘脱硫：是指单独使用湿法除尘法或单独使用湿式除尘脱硫的情况，这两种技术的除尘效率基本相同。

⑦布袋/静电＋布袋：是指使用布袋除尘法或静电除尘法与布袋除尘法的组合。

⑧添加脱硫剂：是指向循环流化床炉内加入一定比例的脱硫剂，在炉内燃料燃烧过程中达到脱硫效果的措施。

⑨机械＋湿法除尘法/湿式除尘脱硫：是指先经过单筒旋风除尘器、多管旋风除尘器等机械类除尘器除尘后再经过湿法除尘或湿式除尘脱硫。

⑩添加固硫剂：是指在型煤制作过程中添加固硫剂，其主要成分是碱金属和碱土金属的氧化物、氢氧化物、盐类及其复合物。

⑪常压锅炉产、排污系数中的含硫量和含灰量的含义与上述相应燃煤、燃油、燃气锅炉产、排污系数中的含硫量和含灰量同义。

表 3－2　二氧化硫产生与排放的治理技术

治理技术	脱硫效率/%	效率取值/%
湿法除尘法	15	15
湿式除尘脱硫(钙法/镁法/其他脱硫剂)	60 ~ 80	70
炉内脱硫	20 ~ 40	30
添加脱硫剂	60 ~ 80	70
添加固硫剂	50	50

表 3－3　烟尘产生与排放的治理技术

末端治理技术	除尘效率/%	效率取值/%
单筒旋风除尘法	50 ~ 70	60
多管旋风除尘法	60 ~ 80	70
湿法除尘法/湿式除尘脱硫	85 ~ 90	87
机械 + 湿法除尘法/湿式除尘脱硫	90 ~ 95	92
静电除尘法(管式)	80 ~ 85	82
静电除尘法(卧式)	96 ~ 98	97
布袋除尘法	99	99
布袋除尘法/(静电除尘法 + 布袋除尘法)	99	99

3.2.1.2　燃油锅炉废气排放系数

燃油锅炉产、排污系数表(表 3－4)查表说明：

1)燃油锅炉是指以燃油为燃料的锅炉，燃油分为轻油和重油，燃油锅炉的燃烧方式均为室燃炉。按其产品、原料、工艺、规模等级组合，分为蒸汽/热水/其他 + 轻油 + 室燃炉 + 所有规模、蒸汽/热水/其他 + 重油 + 室燃炉 + 所有规模，共计 2 种。

2)用于控制燃油锅炉二氧化硫产生与排放的治理技术包括湿法除尘法(效率取值 15%)和湿式除尘脱硫(钙法/镁法/其他脱硫剂)(效率取值 70%)两种。用于控制燃油锅炉烟尘产生与排放的治理技术为湿法除尘法/湿式除尘脱硫(效率取值 87%)。

3)燃用渣油、原油的锅炉可以参照燃用重油锅炉的产、排污系数计算；燃用汽油、煤油、(轻)柴油的锅炉可以参照燃用轻油锅炉的产、排污系数计算(见表 3－4)。

表 3-4　工业锅炉(热力生产和供应行业)产、排污系数表——燃油工业锅炉

产品名称	原料名称	工艺名称	规模等级	污染物指标	单位	产污系数	末端治理技术名称	排污系数
蒸汽/热水/其他	轻油	室燃炉	所有规模	工业废气量	标立方米/吨-原料	17804.03	直排	17804.03
							有末端治理	18694.23
				二氧化硫	千克/吨-原料	19S[1]	直排	19S
							湿法除尘法	16.15S
							湿式除尘脱硫(钙法/镁法/其他脱硫剂)	5.7S
				烟尘	千克/吨-原料	0.26	直排	0.26
							湿法除尘法/湿式除尘脱硫	0.034
				氮氧化物	千克/吨-原料	3.67	直排	3.67
蒸汽/热水/其他	重油	室燃炉	所有规模	工业废气量	标立方米/吨-原料	15366.93	直排	15366.93
							有末端治理	16135.28
				二氧化硫	千克/吨-原料	19S	直排	19S
							湿法除尘法	16.15S
							湿式除尘脱硫(钙法/镁法/其他脱硫剂)	5.7S
				烟尘	千克/吨-原料	3.28	直排	3.28
							湿法除尘法/湿式除尘脱硫	0.43
				氮氧化物	千克/吨-原料	3.6	直排	3.6

续表 3－4

产品名称	原料名称	工艺名称	规模等级	污染物指标	单位	产污系数	末端治理技术名称	排污系数
蒸汽/热水/其他	轻油	室燃炉（常压）	所有规模	工业废气量	标立方米/吨－原料	26018.03	直排	26018.03
							有末端治理	27318.93
				二氧化硫	千克/吨－原料	19S	直排	19S
							湿法除尘法	16.15S
							湿式除尘脱硫（钙法/镁法/其他脱硫剂）	5.7S
				烟尘	千克/吨－原料	0.26	直排	0.26
							湿法除尘法/湿式除尘脱硫	0.034
				氮氧化物	千克/吨－原料	3.67	直排	3.67
蒸汽/热水/其他	重油	室燃炉（常压）	所有规模	工业废气量	标立方米/吨－原料	15366.93	直排	15366.93
							有末端治理	16135.28
				二氧化硫	千克/吨－原料	19S	直排	19S
							湿法除尘法	16.15S
							湿式除尘脱硫（钙法/镁法/其他脱硫剂）	5.7S
				烟尘	千克/吨－原料	3.28	直排	3.28
蒸汽/热水/其他	重油	室燃炉（常压）	所有规模	烟尘	千克/吨－原料	3.28	湿法除尘法/湿式除尘脱硫	0.43
				氮氧化物	千克/吨－原料	3.6	直排	3.6

注：①产、排污系数表中二氧化硫的产、排污系数是以含硫量（S%）的形式表示的，其中含硫量（S%）是指燃油收到基硫分含量，以质量分数的形式表示。例如燃料中含硫量（S%）为0.1%，则S＝0.1。

3.2.1.3　燃气锅炉废气排放系数

燃气锅炉产、排污系数表查表说明：

1)燃气锅炉是指以各种燃料气体为燃料的锅炉，锅炉用燃料气体分为天然气、液化石油气和煤气，燃气锅炉的燃烧方式均为室燃炉。其产品、原料、工艺、规模等级组合分为蒸汽/热水/其他+天然气+室燃炉+所有规模、蒸汽/热水/其他+液化石油气+室燃炉+所有规模和蒸汽/热水/其他+煤气+室燃炉+所有规模，共计3种。

2)以高炉煤气、炼焦煤气、混合煤气、城市煤气为燃料的锅炉可以参照煤气锅炉的产、排污系数计算；矿井气、油田伴生气、炼厂气的锅炉可以参照天然气锅炉的产、排污系数计算(见表3-5)。

3.2.2　废水排放系数

工业废水量和化学需氧量产、排污系数表查表(表3-6)说明：

①工业废水量和化学需氧量的产、排污系数(如表3-7所示)主要考虑了锅炉运行中所产生的锅炉排污水和软化处理废水，分为锅内水处理(锅炉排污水)和锅外水处理(锅炉排污水+软化处理废水)，燃料类型分为：燃煤、燃油、燃气和燃生物质四种类型。

②常压锅炉产、排污系数表使用说明如表3-8所示。常压锅炉按燃料分为型煤、混煤、轻油、重油、天然气、液化石油气和煤气锅炉，其燃烧方式分为层燃炉和室燃炉，其产品、原料、工艺、规模等级组合共计7种。

3.2.3　废渣排放系数

工业固体废物产污系数表(表3-9)查表说明：

工业固体废物包括粉煤灰和炉渣，仅考虑燃煤锅炉，按燃煤锅炉的四种燃烧方式：层燃炉、室燃炉、抛煤机炉和循环流化床炉分别给出了工业固体废物(粉煤灰)、工业固体废物(炉渣)的产污系数。

表 3-5　工业锅炉（热力生产和供应行业）产、排污系数表——燃气工业锅炉

产品名称	原料名称	工艺名称	规模等级	污染物指标	单位	产污系数	末端治理技术名称	排污系数
蒸汽/热水/其他	天然气	室燃炉	所有规模	工业废气量	标立方米/万立方米-原料	136259.17	直排	136259.17
				二氧化硫	千克/万立方米-原料	0.02S①	直排	0.02S
				氮氧化物	千克/万立方米-原料	18.71	直排	18.71
蒸汽/热水/其他	液化石油气	室燃炉	所有规模	工业废气量	标立方米/万立方米-原料	375170.58	直排	375170.58
				二氧化硫	千克/万立方米-原料	0.02S	直排	0.02S
				氮氧化物	千克/万立方米-原料	59.61	直排	59.61
蒸汽/热水/其他	煤气	室燃炉	所有规模	工业废气量	标立方米/万立方米-原料	58943.09	直排	58943.09
				二氧化硫	千克/万立方米-原料	0.02S	直排	0.02S
				氮氧化物	千克/万立方米-原料	8.6	直排	8.6
蒸汽/热水/其他	天然气	室燃炉（常压）	所有规模	工业废气量	标立方米/万立方米-原料	139854.28	直排	139854.28
				二氧化硫	千克/万立方米-原料	0.02S	直排	0.02S
				氮氧化物	千克/万立方米-原料	18.71	直排	18.71
蒸汽/热水/其他	液化石油气	室燃炉（常压）	所有规模	工业废气量	标立方米/万立方米-原料	333805.58	直排	333805.58
				二氧化硫	千克/万立方米-原料	0.02S	直排	0.02S
				氮氧化物	千克/万立方米-原料	59.61	直排	59.61
蒸汽/热水/其他	煤气	室燃炉（常压）	所有规模	工业废气量	标立方米/万立方米-原料	46638.53	直排	46638.53
				二氧化硫	千克/万立方米-原料	0.02S	直排	0.02S
				氮氧化物	千克/万立方米-原料	8.6	直排	8.6

注：①产、排污系数表中二氧化硫的产、排污系数是以含硫量(S)的形式表示的，其中含硫量(S)是指燃气收到基硫分含量，单位为毫克/立方米。例如燃料中含硫量(S)为200 mg/m^3，则S=200。

②本表中，常压锅炉产、排污系数中的含硫量和含灰量的含义与上述相应燃煤、燃油、燃气锅炉产、排污系数中的含硫量和含灰量同义。

表 3－6 工业锅炉(热力生产和供应行业)产、排污系数表——工业废水量和化学需氧量

产品名称	原料名称	工艺名称	规模等级	污染物指标	单位	产污系数	末端治理技术名称	排污系数
蒸汽/热水/其他	燃煤	全部类型锅炉（锅内水处理[①]）	所有规模	工业废水量	吨/吨－原料	0.44（锅炉排污水）	物理＋化学法＋综合利用	0
							物理＋化学法	0.44
				化学需氧量[③]	克/吨－原料	70	物理＋化学法＋综合利用	0
							物理＋化学法	20
蒸汽/热水/其他	燃煤	全部类型锅炉（锅外水处理[②]）	所有规模	工业废水量	吨/吨－原料	0.605（锅炉排污水＋软化处理废水）	物理＋化学法＋综合利用	0
							物理＋化学法	0.605
				化学需氧量	克/吨－原料	90	物理＋化学法＋综合利用	0
							物理＋化学法	30
蒸汽/热水/其他	燃油	全部类型锅炉（锅内水处理）	所有规模	工业废水量	吨/吨－原料	0.968（锅炉排污水）	物理＋化学法＋综合利用	0
							物理＋化学法	0.968
				化学需氧量	克/吨－原料	190	物理＋化学法＋综合利用	0
							物理＋化学法	80
蒸汽/热水/其他	燃油	全部类型锅炉（锅外水处理）	所有规模	工业废水量	吨/吨－原料	0.133（锅炉排污水＋软化处理废水）	物理＋化学法＋综合利用	0
							物理＋化学法	0.133
			所有规模	化学需氧量	克/吨－原料	270	物理＋化学法＋综合利用	0
							物理＋化学法	110
							物理＋化学法	13.56
				化学需氧量	克/万立方米－原料	1080	物理＋化学法＋综合利用	0
							物理＋化学法	430

续表 3－6

产品名称	原料名称	工艺名称	规模等级	污染物指标	单位	产污系数	末端治理技术名称	排污系数
蒸汽/热水/其他	燃气	全部类型锅炉（锅内水处理）	所有规模	工业废水量	吨/万立方米－原料	9.86（锅炉排污水）	物理＋化学法＋综合利用	0
							物理＋化学法	9.86
				化学需氧量	克/万立方米－原料	790	物理＋化学法＋综合利用	0
							物理＋化学法	320
蒸汽/热水/其他	燃气	全部类型锅炉（锅外水处理）	所有规模	工业废水量	吨/万立方米－原料	13.56（锅炉排污水＋软化处理废水）	物理＋化学法＋综合利用	0
							物理＋化学法	13.56
				化学需氧量	克/万立方米－原料	1080	物理＋化学法＋综合利用	0
							物理＋化学法	430
蒸汽/热水/其他	燃生物质燃料	全部类型锅炉（锅内水处理）	所有规模	工业废水量	吨/吨－原料	0.259（锅炉排污水）	物理＋化学法＋综合利用	0
							物理＋化学法	0.259
				化学需氧量	克/吨－原料	20	物理＋化学法＋综合利用	0
							物理＋化学法	10
蒸汽/热水/其他	燃生物质燃料	全部类型锅炉（锅外水处理）	所有规模	工业废水量	吨/吨－原料	0.356（锅炉排污水＋软化处理废水）	物理＋化学法＋综合利用	0
							物理＋化学法	0.356
				化学需氧量	克/吨－原料	30	物理＋化学法＋综合利用	0
							物理＋化学法	10

注：①锅内水处理：是指通过向锅炉内投入一定数量的软水剂，使锅炉给水中的结垢物质转变成泥垢，然后通过锅炉排污将沉渣排出锅炉，从而达到减缓或防止水垢结生的目的。锅内水处理只有锅炉排污水产生。

②锅外水处理：又称为锅外化学水处理，是指对进入锅炉之前的给水预先进行的各种预处理及软化、除碱或除盐等处理（主要是包括沉淀软化和水的离子交换软化），使水质达到各种类型锅炉的要求，是锅炉水质处理的主要方式。在锅外水处理过程中，会产生软化处理废水，同时锅炉运行过程中同样会产生锅炉排污水。因此对于锅外水处理的情况应同时考虑锅炉排污水和软化处理废水。

③只经过物理方法处理的情形按直排计，排污系数等于产污系数。

表3－7　工业废水量和化学需氧量的产、排污系数表

产品名称	原料名称	工艺名称	规模等级
蒸汽/热水/其他	燃煤	全部类型锅炉(锅内水处理)	所有规模
蒸汽/热水/其他	燃煤	全部类型锅炉(锅外水处理)	所有规模
蒸汽/热水/其他	燃油	全部类型锅炉(锅内水处理)	所有规模
蒸汽/热水/其他	燃油	全部类型锅炉(锅外水处理)	所有规模
蒸汽/热水/其他	燃气	全部类型锅炉(锅内水处理)	所有规模
蒸汽/热水/其他	燃气	全部类型锅炉(锅外水处理)	所有规模
蒸汽/热水/其他	燃生物质燃料	全部类型锅炉(锅内水处理)	所有规模
蒸汽/热水/其他	燃生物质燃料	全部类型锅炉(锅外水处理)	所有规模

表3－8　常压锅炉的组合

产品名称	原料名称	工艺名称	规模等级
蒸汽/热水/其他	型煤	层燃炉(常压)	所有规模
蒸汽/热水/其他	混煤	层燃炉(常压)	所有规模
蒸汽/热水/其他	轻油	室燃炉(常压)	所有规模
蒸汽/热水/其他	重油	室燃炉(常压)	所有规模
蒸汽/热水/其他	天然气	室燃炉(常压)	所有规模
蒸汽/热水/其他	液化石油气	室燃炉(常压)	所有规模
蒸汽/热水/其他	煤气	室燃炉(常压)	所有规模

表 3-9　工业锅炉(热力生产和供应行业)产、排污系数表(工业固体废物)

产品名称	原料名称	工艺名称	规模等级	污染物指标	单位	产污系数	末端治理技术名称	排污系数
蒸汽/热水/其他	燃煤	层燃炉	所有规模	工业固体废物(粉煤灰)	千克(干基)/吨-原料	1.01A①	—	—
				工业固体废物(炉渣)	千克(干基)/吨-原料	9.24A	—	—
		室燃炉	所有规模	工业固体废物(粉煤灰)	千克(干基)/吨-原料	8.51A	—	—
				工业固体废物(炉渣)	千克(干基)/吨-原料	1.05A	—	—
		抛煤机炉	所有规模	工业固体废物(粉煤灰)	千克(干基)/吨-原料	2.84A	—	—
				工业固体废物(炉渣)	千克(干基)/吨-原料	7.35A	—	—
		循环流化床炉	所有规模	工业固体废物(粉煤灰)	千克(干基)/吨-原料	4.73A	—	—
				工业固体废物(炉渣)	千克(干基)/吨-原料	5.25A	—	—

注：①工业固体废物产污系数是以燃煤的含灰量(A%)来表示的，以干基计。含灰量(A%)是指燃煤收到基灰分含量，以质量分数的形式表示。例如燃料中灰分含量为15%，则A=15。

3.3　钢铁冶金污染物排放系数

3.3.1　炼铁行业产、排污系数

炼铁行业产、排污系数表(表3-10)使用注意事项：

1)系数表中未涉及产品的产、排污系数

本手册未覆盖的产品包括气基直接还原铁、熔融还原铁、球墨铸铁、铸铁管及附件，其中气基直接还原铁、熔融还原铁目前在我国尚未实现工业化生产；铸铁产品数量极少，由于其生产工艺及产、排污特征与铁合金行业(3240)的高碳锰铁产品相近，可参照高碳锰铁产品进行选取；球墨铸铁、铸铁管及附件这类产品由于生产工艺及产、排污特征与机械行业(3591)的铸铁件相同，可参照铸铁件产品进行选取。

表 3－10　炼铁行业产、排污系数表

产品名称	原料名称	工艺名称	规模等级	污染物指标	单位	产污系数	末端治理技术名称	排污系数
烧结矿	铁矿 石灰 焦粉 煤粉	带式烧结法	≥180 $m^2$①	工业废气量	标立方米/吨－烧结矿	2900②	静电除尘法	2900
						2600③	静电除尘法/过滤式除尘法	2600
				烟尘	千克/吨－烧结矿	8.19②	静电除尘法	0.244
				工业粉尘	千克/吨－烧结矿	16.65③	静电除尘法	0.192
							过滤式除尘法	0.123
				二氧化硫	千克/吨－烧结矿	0.6～7.5②⑤	直排	0.6～7.5
				氮氧化物	千克/吨－烧结矿	0.522②	直排	0.522
烧结矿	铁矿 石灰 焦粉 煤粉	带式烧结法	50～180 $m^2$④	工业废气量	标立方米/吨－烧结矿	3246②	静电除尘法/多管旋风除尘法	3246
						4000③	静电除尘法/过滤式除尘法	4000
				烟尘	千克/吨－烧结矿	12.553②	静电除尘法	0.355
							多管旋风除尘法	0.82
				工业粉尘	千克/吨－烧结矿	19.2③	静电除尘法	0.32
							过滤式除尘法	0.21

注：①烧结机规模等级中的平方米为单台烧结机的烧结面积，单台烧结机日产量≥5600 t，以日产量为准；②专指烧结机头产生的废气污染物指标；③专指烧结机燃料及熔剂破碎系统、配料、混料、机尾、筛分(整粒)、转运等工艺过程产生的废气污染物指标；④单台烧结机日产量为1800～5600 t；⑤二氧化硫的区间取值见“注意事项”中的④。

续表 3-10

产品名称	原料名称	工艺名称	规模等级	污染物指标	单位	产污系数	末端治理技术名称	排污系数
烧结矿	铁矿 石灰 焦粉 煤粉	带式烧结法	50 ~ 180 m^2	二氧化硫	千克/吨-烧结矿	0.65 ~ 7.95①⑦	直排	0.65 ~ 7.953
				氮氧化物	千克/吨-烧结矿	0.584①	直排	0.584
烧结矿	铁矿 石灰 焦粉 煤粉	带式烧结法	< 50 $m^2$②	工业废气量	标立方米/吨-烧结矿	3400①	多管旋风除尘法/静电除尘法	3400
						4200③	多管旋风除尘法/静电除尘法/过滤式除尘法	4200
				烟尘	千克/吨-烧结矿	18.62①	多管旋风除尘法	1.08
							静电除尘法	0.483
				工业粉尘	千克/吨-烧结矿	23.26③	多管旋风除尘法	1.22
							静电除尘法	0.43
							过滤式除尘法	0.308
				二氧化硫	千克/吨-烧结矿	0.7 ~ 8.5①⑦	直排	0.7 ~ 8.5
				氮氧化物	千克/吨-烧结矿	0.612①	直排	0.612
球团矿	铁精矿 石灰 膨润土	竖炉法	≥8 $m^2$④	工业废气量	标立方米/吨-球团矿	2825⑤	多管旋风除尘法/静电除尘法	2825
				烟尘⑥	千克/吨-球团矿	9.45⑤	静电除尘法	0.295
							多管旋风除尘法	0.736

注：①专指烧结机头产生的废气污染物指标；②单台烧结机日产量 < 1800 t；③专指烧结机燃料及熔剂破碎系统、配料、混料、机尾、筛分(整粒)、转运等工艺过程中产生的废气污染物指标；④竖炉的规模等级平方米为竖炉公称面积，单台竖炉日产量≥1200 t；⑤专指竖炉产生的废气污染物指标；⑥烟尘指焙烧烟气及烘干烟气的颗粒物；⑦二氧化硫的区间取值见“注意事项”中的④”。

续表 3-10

产品名称	原料名称	工艺名称	规模等级	污染物指标	单位	产污系数	末端治理技术名称	排污系数
球团矿	铁精矿 石灰 膨润土	竖炉法	≥8 m^2	二氧化硫	千克/吨-球团矿	0.4~7①③	直排	0.4~7
				氮氧化物	千克/吨-球团矿	0.143①	直排	0.143
球团矿	铁精矿 石灰 膨润土	竖炉法	<8 m^2	工业废气量	标立方米/吨-球团矿	3214①	多管旋风除尘法/静电除尘法	3214
				烟尘	千克/吨-球团矿	9.882①	静电除尘法	0.358
							多管旋风除尘法	0.951
				二氧化硫	千克/吨-球团矿	0.42~7.2①③	直排	0.42~7.2
				氮氧化物	千克/吨-球团矿	0.265①	直排	0.265
球团矿	铁精矿 石灰 膨润土	带式 焙烧法	所有 规模	工业废气量	标立方米/吨-球团矿	1900④	静电除尘法	1900
						1300⑤	静电除尘法	1300
				烟尘	千克/吨-球团矿	6.27④	静电除尘法	0.32
				工业粉尘	千克/吨-球团矿	2.65⑤	静电除尘法	0.123
				二氧化硫	千克/吨-球团矿	0.35~7④⑥	直排	0.35~7
				氮氧化物	千克/吨-球团矿	0.5④	直排	0.5
球团矿	铁精矿 石灰 膨润土	链箅机— 回转窑法	所有 规模	工业废气量	标立方米/吨-球团矿	2650⑦	静电除尘法	2650
						230⑧	直排	230

注：①专指竖炉产生的废气污染物指标；②单台竖炉日产量<1200 t；③二氧化硫的区间取值见“注意事项”中的④；④专指带式焙烧机头、烘干产生的废气污染物指标；⑤专指带式焙烧机机尾出料及物料转运等工艺过程产生的废气污染物指标；⑥二氧化硫的区间取值见“注意事项”中的④；⑦专指回转窑头、烘干产生的废气污染物指标；⑧专指回转窑窑尾排料、冷却等工艺过程产生的废气污染物指标。

续表 3－10

产品名称	原料名称	工艺名称	规模等级	污染物指标	单位	产污系数	末端治理技术名称	排污系数
球团矿	铁精矿 石灰 膨润土	链箅机—回转窑法	所有规模	烟尘	千克/吨－球团矿	9.44[①]	静电除尘法	0.263
				工业粉尘	千克/吨－球团矿	0.053[②]	直排	0.053
				二氧化硫	千克/吨－球团矿	0.4～7[①③]	直排	0.4～7
				氮氧化物	千克/吨－球团矿	0.261[①]	直排	0.261
炼钢生铁	烧结矿 球团矿 焦炭 煤粉	高炉法	≥2000 m^3[④]	工业废水量	吨/吨－铁	8.12[⑤]	化学混凝沉淀	8.12
							循环使用	0
						6.5[⑥]	沉淀分离（循环使用）	0
				化学需氧量	克/吨－铁	1355[⑤]	化学混凝沉淀	325
							循环使用	0
				挥发酚	克/吨－铁	33.5[⑤]	化学混凝沉淀	13.4
							循环使用	0
				氰化物	克/吨－铁	10.6[⑤]	化学混凝沉淀	4.2
							循环使用	0
				工业废气量	标立方米/吨－铁	1520[⑦]	单筒旋风除尘法＋煤气回收	21[⑩]
						1360[⑧]	直排	1360
						5200[⑨]	过滤式除尘法	5200

注：①专指回转窑头、烘干产生的废气污染物指标；②专指回转窑窑尾出料等工艺过程产生的废气污染物指标；③二氧化硫的区间取值见“注意事项”中的④；④立方米为高炉炉容，单座高炉日产量≥3800 t；⑤煤气洗涤水产生的废水污染物指标；⑥高炉冲渣水产生的废水污染物指标，所有企业的高炉冲渣水全部循环使用，相关污染物指标排污系数为0（以下类同）；⑦专指高炉产生荒煤气的废气污染物指标；⑧专指热风炉燃烧产生的废气污染物指标；⑨专指原料准备、出铁等过程产生的废气污染物指标；⑩按高炉煤气净化回收后的煤气放散量确定。

续表 3 – 10

产品名称	原料名称	工艺名称	规模等级	污染物指标	单位	产污系数	末端治理技术名称	排污系数
炼钢生铁	烧结矿 球团矿 焦炭 煤粉	高炉法	≥2000 m^3	烟尘	千克/吨 – 铁	25.13①	单筒旋风除尘法 + 煤气回收	0.075
						0.045②	直排	0.045
				工业粉尘	千克/吨 – 铁	12.5③	过滤式除尘法	0.23
				二氧化硫	千克/吨 – 铁	0.109②	直排	0.109
				氮氧化物	千克/吨 – 铁	0.15②	直排	0.15
				工业固体废物（冶炼废渣）	吨/吨 – 铁	0.296		
炼钢生铁	烧结矿 球团矿 焦炭 煤粉	高炉法	350 ~ 2000 $m^3$⑥	工业废水量	吨/吨 – 铁	9.25④	沉淀分离	9.25
							循环使用	0
						8.1⑤	沉淀分离（循环使用）	0
				化学需氧量	克/吨 – 铁	1540④	沉淀分离	554
							循环使用	0
				挥发酚	克/吨 – 铁	39④	沉淀分离	18
							循环使用	0
				氰化物	克/吨 – 铁	12④	沉淀分离	5.4
							循环使用	0

注：①专指高炉产生荒煤气的废气污染物指标；②专指热风炉燃烧产生的废气污染物指标；③专指原料准备、出铁等过程产生的废气污染物指标；④煤气洗涤水产生的废水污染物指标；⑤高炉冲渣水产生的废水污染物指标，所有企业的高炉冲渣水全部循环使用，相关污染物指标排污系数为 0；⑥单座高炉日产量为 1200 ~ 3800 t。

续表 3－10

产品名称	原料名称	工艺名称	规模等级	污染物指标	单位	产污系数	末端治理技术名称	排污系数
炼钢生铁	烧结矿 球团矿 焦炭 煤粉	高炉法	350～2000 m^3	工业废气量	标立方米/吨－铁	1670①	单筒旋风除尘法＋煤气回收	133.6
						1550②	直排	1550
						6200③	过滤式除尘法/静电除尘法	6200
				烟尘	千克/吨－铁	33.7①	单筒旋风除尘法＋煤气回收	0.539
						0.07②	直排	0.07
				工业粉尘	千克/吨－铁	15.3③	过滤式除尘法	0.322
							静电除尘法	0.52
				二氧化硫	千克/吨－铁	0.131②	直排	0.131
				氮氧化物	千克/吨－铁	0.17②	直排	0.17
				工业固体废物（冶炼废渣）	吨/吨－铁	0.35		
炼钢生铁	烧结矿 球团矿 焦炭 煤粉	高炉法	＜350 $m^3$⑥	工业废水量	吨/吨－铁	11.2④	沉淀分离	11.2
							循环使用	0
						9.2⑤	沉淀分离＋循环使用	0

注：①专指高炉产生荒煤气的废气污染物指标；②专指热风炉燃烧产生的废气污染物指标；③专指原料准备、出铁等过程产生的废气污染物指标；④煤气洗涤水产生的废水污染物指标；⑤高炉冲渣水产生的废水污染物指标，所有企业的高炉冲渣水全部循环使用，相关污染物指标排污系数为0；⑥单座高炉日产量＜1200 t。

续表 3-10

产品名称	原料名称	工艺名称	规模等级	污染物指标	单位	产污系数	末端治理技术名称	排污系数
炼钢生铁	烧结矿 球团矿 焦炭 煤粉	高炉法	<350 m^3	化学需氧量	克/吨-铁	1848①	沉淀分离	739.2
							循环使用	0
				挥发酚	克/吨-铁	46①	沉淀分离	24
							循环使用	0
				氰化物	克/吨-铁	14.2①	沉淀分离	6.2
							循环使用	0
				工业废气量	标立方米/吨-铁	1850③	单筒旋风除尘法+煤气回收	370⑥
						1750④	直排	1750
						7700⑤	过滤式除尘法/静电除尘法	7700
				烟尘	千克/吨-铁	35.2③	单筒旋风除尘法+煤气回收	1.06
							单筒旋风除尘法	7.04
						0.17④	直排	0.17
				工业粉尘	千克/吨-铁	17.1⑤	过滤式除尘法	0.502
							静电除尘法	0.765

注：①煤气洗涤水产生的废水污染物指标；②专指高炉产生荒煤气的废气污染物指标；③专指高炉产生荒煤气的废气污染物指标；④专指热风炉燃烧产生的废气污染物指标；⑤专指原料准备、出铁等过程产生的废气污染物指标；⑥按高炉荒煤气净化回收后的煤气放散量确定。

续表 3-10

产品名称	原料名称	工艺名称	规模等级	污染物指标	单位	产污系数	末端治理技术名称	排污系数
炼钢生铁	烧结矿 球团矿 焦炭 煤粉	高炉法	<350 m^3	二氧化硫	千克/吨-铁	0.168①	直排	0.168
				氮氧化物	千克/吨-铁	0.192①	直排	0.192
				工业固体废物（冶炼废渣）	吨/吨-铁	0.415		
铸造生铁	烧结矿 球团矿 焦炭 煤粉	高炉法	<350 $m^3$②	工业废水量	吨/吨-铁	12.1③	沉淀分离	12.1
							循环使用	0
						10.92④	沉淀分离+循环使用	0
				化学需氧量	克/吨-铁	2013③	沉淀分离	805.2
							循环使用	0
				挥发酚	克/吨-铁	51.5③	沉淀分离	24.5
							循环使用	0
				氰化物	克/吨-铁	16.1③	沉淀分离	7.3
							循环使用	0
				工业废气量	标立方米/吨-铁	2200⑤	单筒旋风除尘法+煤气回收	481⑦
						1900①	直排	1900
						8000⑥	过滤式除尘法/静电除尘法	8000

注：①专指热风炉燃烧产生的废气污染物指标；②单座高炉日产量<1200 t；③煤气洗涤水产生的废水污染物指标；④高炉冲渣水产生的废水污染物指标，所有企业的高炉冲渣水全部循环使用，相关污染物指标排污系数为0；⑤专指高炉产生荒煤气的废气污染物指标；⑥专指原料准备、出铁等过程产生的废气污染物指标；⑦按高炉荒煤气净化回收后的煤气放散量确定。

续表 3－10

产品名称	原料名称	工艺名称	规模等级	污染物指标	单位	产污系数	末端治理技术名称	排污系数
铸造生铁	烧结矿 球团矿 焦炭 煤粉	高炉法	$<350\ m^3$	烟尘	千克/吨－铁	38.5①	单筒旋风除尘法＋煤气回收	1.24
							单筒旋风除尘法	7.9
						0.2②	直排	0.2
				工业粉尘	千克/吨－铁	17.6③	过滤式除尘法	0.585
							静电除尘法	0.845
				二氧化硫	千克/吨－铁	0.175②	直排	0.175
				氮氧化物	千克/吨－铁	0.209②	直排	0.209
				工业固体废物（冶炼废渣）	吨/吨－铁	0.498		
含钒生铁⑥	钒钛烧结矿 焦炭 煤粉	高炉法	所有规模	工业废水量	吨/吨－铁	12.3④	沉淀分离	12.3
							循环使用	0
						15.102⑤	沉淀分离（循环使用）	0
				化学需氧量	克/吨－铁	2430④	沉淀分离	829
							循环使用	0
				挥发酚	克/吨－铁	63④	沉淀分离	27
							循环使用	0

注：①专指高炉产生荒煤气的废气污染物指标；②专指热风炉燃烧产生的废气污染物指标；③专指原料准备、出铁等过程产生的废气污染物指标；④煤气洗涤水产生的废水污染物指标；⑤高炉冲渣水产生的废水污染物指标，所有企业的高炉冲渣水全部循环使用，相关污染物指标排污系数为0。⑥含钒生铁仅在攀钢及承钢两个钢铁企业生产。

续表 3－10

产品名称	原料名称	工艺名称	规模等级	污染物指标	单位	产污系数	末端治理技术名称	排污系数
含钒生铁	钒钛 烧结矿 焦炭 煤粉	高炉法	所有规模	氰化物	克/吨－铁	17.6①	沉淀分离	8.3
							循环使用	0
				工业废气量	标立方米/吨－铁	2300②	单筒旋风除尘法＋煤气回收	162⑤
						2100③	直排	2100
						6700④	过滤式除尘法/静电除尘法	6700
				烟尘	千克/吨－铁	43.5②	单筒旋风除尘法＋煤气回收	0.435
						0.202③	直排	0.202
				工业粉尘	千克/吨－铁	15.5④	过滤式除尘法	0.37
							静电除尘法	0.535
				二氧化硫	千克/吨－铁	0.189③	直排	0.189
				氮氧化物	千克/吨－铁	0.232③	直排	0.232
				工业固体废物（冶炼废渣）	吨/吨－铁	0.7		
直接还原铁	铁矿 石灰 煤	回转窑法	所有规模	工业废气量	标立方米/吨－铁	4235⑥	过滤式除尘法	4235
				烟尘	千克/吨－铁	42⑥	过滤式除尘法	0.5
				二氧化硫	千克/吨－铁	2.211⑥	直排	2.211
				氮氧化物	千克/吨－铁	0.127⑥	直排	0.127

注：①煤气洗涤水产生的废水污染物指标；②专指高炉产生荒煤气的废气污染物指标；③专指热风炉燃烧产生的废气污染物指标；④专指原料准备、出铁等过程产生的废气污染物指标；⑤按高炉荒煤气净化回收后的煤气放散量确定；⑥专指回转窑产生废气污染物指标。

续表 3－10

产品名称	原料名称	工艺名称	规模等级	污染物指标	单位	产污系数	末端治理技术名称	排污系数
直接还原铁	铁矿 石灰 煤	隧道窑法	所有规模	工业废气量	标立方米/吨－铁	7049①	过滤式除尘法	7049
						14204②	直排	14204
				烟尘	千克/吨－铁	1①	直排	1
				工业粉尘	千克/吨－铁	16.5②	过滤式除尘法	1.12
				二氧化硫	千克/吨－铁	2.1①	直排	2.1
				氮氧化物	千克/吨－铁	0.204①	直排	0.204

注：①专指隧道窑产生废气污染物指标；②专指筛分、破碎、磁选等原料准备系统产生的废气污染物指标。

未覆盖的生产工艺有“土法烧结”和“倒焰窑直接还原铁”工艺，这两种工艺被国家明令禁止，生产处于地下状态。产、排污系数选用时，“土法烧结”的产污系数可类比于“烧结矿小类”的产污系数，由于无末端治理技术，所以其排污系数等于产污系数；“倒焰窑直接还原铁”的产污系数可类比于“隧道窑直接还原铁”，由于无末端治理技术，所以其排污系数等于产污系数。

2)工况未达到75%负荷的企业污染物产、排量核算

当普查员在普查中遇到普查企业运行工况小于75%的情况时，按照主体设备的实际年产量重新确定其规模划分，选取对应规模的产、排污系数进行核算。

3)生产非单一产品企业污染物产、排量核算

炼铁行业产品结构较为复杂，设备生产能力不同，普查时应以四同组合为主线，对应原料、生产工艺和设备规模进行统计，尤其是对拥有多套生产设备的钢铁企业，应该按照生产设备统计污染物的产生量和排放量。

4)其他需要说明的问题

生产烧结矿产生废气中二氧化硫的产生量和排放量均采用区间表示。由于废气中二氧化硫的产生量主要取决于原料中铁矿含硫量高低。区间取值规定如表3－11所示，当铁矿含硫量不是表格中给定值时，二氧化硫产、排污系数按插值法进行计算。例如：当普查企业铁矿石含硫量为0.2%时，则二氧化硫产、排污系数＝低值×3＋(低值×6－低值×3)×(0.2%－0.1%)/(0.25%－0.1%)。

表3－11　烧结二氧化硫产、排污系数区间选取表

进口铁矿(含硫量<0.01%)	国内低硫铁矿(含硫量0.1%)	国内中硫铁矿(含硫量0.25%)	国内高硫铁矿(含硫量≥0.5%)
低值	低值×3	低值×6	高值

竖炉生产球团矿时，产生废气中二氧化硫的产生量和排放量均采用区间表示，区间取规定如表3－12所示。由于废气中二氧化硫的产生量取决于原料中铁矿的含硫量高低，当铁矿含硫量不是表格中给定值时，二氧化硫产、排污系数按插值法进行计算。

表3－12　竖炉球团二氧化硫产、排污系数区间选取表

竖炉球团	国内极低硫铁矿(含硫量<0.05%)	国内低硫铁矿(含硫量0.1%)	国内中硫铁矿(含硫量0.25%)	国内高硫铁矿(含硫量≥0.5%)
	低值	低值×3.5	低值×8.5	高值

带式焙烧机和链箅机—回转窑生产球团矿时，当燃料为煤粉时，二氧化硫的产、排污系数在“竖炉球团二氧化硫产、排污系数区间选取”的基础上再增加0.4千克/吨－球团矿。

炼铁企业主要产生煤气洗涤水和高炉冲渣水两种类型的废水。其中，所有企业的高炉冲渣水全部循环使用，因此其相关废水指标排污系数均为0。大多数企业的煤气洗涤水进行循环使用，其相关废水指标排污系数为0；但也有少部分企业处理后直接排放，其相关废水指标排污系数即为表格中数值。

烧结矿工业粉尘排污系数选择规定：机尾采用静电除尘法，其余工艺过程采用静电除尘法，按“静电除尘法”和“过滤式除尘法”的平均值核算排污系数；机尾采用多管旋风除尘法，其余工艺过程采用过滤式除尘法，按“多管旋风除尘法”和“过滤式除尘法”的平均值核算排污系数；其他情况按“静电除尘法”选取。

对炼铁行业进行无组织排放评估后，其无组织排放环节及无组织排放系数如表3－13所示。

表3－13　炼铁行业无组织排放主要污染物排放系数

行业	无组织排放环节	无组织排放系数/($kg \cdot t^{-1}$－产品)
		工业粉尘
炼铁	烧结	0.25～2.0
	高炉配矿及输送	0.06～1.5
	出铁	0.12～1.5

无组织排放系数区间选取说明：

烧结：大规模生产线取低值，中规模生产线取低值的3倍，小规模生产线取高值。

高炉配矿及输送：大规模生产线取低值；中规模生产线取低值的3倍；小规模生产线取高值。

出铁：大规模生产线取低值；中规模生产线取低值的3倍；小规模生产线取高值。

3.3.2　炼钢行业产、排污系数

炼钢行业产、排污系数表(表3－14)使用注意事项：

1)系数表中未涉及产品的产、排污系数

本手册未覆盖的产品包括液态钢水和感应炉钢。液态钢水在市场上极少，其产、排污系数可参照同类钢种及工艺进行选取，选用时须去掉连铸废水及其污染因子指标；模铸钢、感应炉钢主要存在于机械行业，其产、排污系数可参照机械行业(3591)的铸钢件进行选取。

表 3-14　炼钢行业产、排污系数表

产品名称	原料名称	工艺名称	规模等级	污染物指标	单位	产污系数	末端治理技术名称	排污系数
碳钢	生铁水 石灰 铁合金	转炉法	≥150 t①	工业废水量	吨/吨-钢	3.5②	化学混凝沉淀	3.5
							循环使用	0
						3.5③	化学混凝沉淀	3.5
							循环使用	0
				化学需氧量	克/吨-钢	363③	化学混凝沉淀	100
							循环使用	0
				石油类	克/吨-钢	38.5③	化学混凝沉淀	11
							循环使用	0
				工业废气量	标立方米/吨-钢	300④	LT 干法除尘/湿法除尘法+煤气回收	220⑥
						4123⑤	直排	4123
				工业粉尘	千克/吨-钢	18.5④	LT 干法除尘	0.027
							湿法除尘法	0.025
						9.3⑤	过滤式除尘法	0.134
				工业固体废物（冶炼废渣）	吨/吨-钢	0.105		
碳钢	生铁水 石灰 铁合金	转炉法	50~150 t⑦	工业废水量	吨/吨-钢	4.283②	化学混凝沉淀	4.283
							循环使用	0

注：①转炉规模等级中的吨为单台转炉的炉容，单台转炉日产量≥5000 t；②专指洗涤煤气产生的废水污染物指标；③专指连铸机产生的废水污染物指标；④专指转炉一次烟气废气污染物指标；⑤专指铁水预处理、上料系统、转炉二次烟气、精炼炉等工艺过程产生的废气污染物指标；⑥按转炉煤气回收后的放散量确定；⑦单台转炉日产量为1500~5000 t；⑧如果转炉一次烟气采用 LT 干法除尘处理，则直排煤气洗涤水产生，其相应污染物指标均为0。

续表 3-14

产品名称	原料名称	工艺名称	规模等级	污染物指标	单位	产污系数	末端治理技术名称	排污系数
碳钢	生铁水 石灰 铁合金	转炉法	50～150 t	工业废水量	吨/吨-钢	6.733[①]	化学混凝沉淀/过滤	6.733
							循环使用	0
				化学需氧量	克/吨-钢	475[①]	化学混凝沉淀	165.6
							过滤	70
							循环使用	0
				石油类	克/吨-钢	55[①]	化学混凝沉淀	20.2
							过滤	8.5
							循环使用	0
				工业废气量	标立方米/吨-钢	350[②]	未燃法+湿法除尘法+煤气回收	300[④]
						650[②]	燃烧法+湿法除尘法	650
						5233[③]	过滤式除尘法	5233
				工业粉尘	千克/吨-钢	22.7[②]	湿法除尘法	0.042
						11.5[③]	过滤式除尘法	0.225
				工业固体废物（冶炼废渣）	吨/吨-钢	0.135		
碳钢	生铁水 石灰 铁合金	转炉法	<50 t[⑤]	工业废水量	吨/吨-钢	8.5[⑥]	化学混凝沉淀	8.5
							循环使用	0

注：①专指连铸机产生的废水污染物指标；②专指转炉一次烟气废气污染物指标；③专指铁水预处理、上料系统、转炉二次烟气、精炼炉等工艺过程产生的废气污染物指标；④按转炉煤气回收后的放散量确定；⑤单台转炉日产量<1500 t；⑥专指洗涤煤气产生的废水污染物指标。

续表 3－14

产品名称	原料名称	工艺名称	规模等级	污染物指标	单位	产污系数	末端治理技术名称	排污系数
碳钢	生铁水 石灰 铁合金	转炉法	<50 t	工业废水量	吨/吨－钢	8.5①	化学混凝沉淀	8.5
							循环使用	0
				化学需氧量	克/吨－钢	660①	化学混凝沉淀	230
							循环使用	0
				石油类	克/吨－钢	105①	化学混凝沉淀	35
							循环使用	0
				工业废气量	标立方米/吨－钢	698②	湿法除尘法	698
						5800③	过滤式除尘法	5800
				工业粉尘	千克/吨－钢	27.2②	湿法除尘法	0.0875
						13.3③	过滤式除尘法	0.385
				工业固体废物（冶炼废渣）	吨/吨－钢	0.175		
合金钢	生铁水 废钢 铁合金 石灰	电炉法	≥50 t④	工业废水量	吨/吨－钢	5.143①	化学混凝沉淀	5.143
							循环使用	0
				化学需氧量	克/吨－钢	484.3①	化学混凝沉淀	140
							循环使用	0

注：①专指连铸机产生的废水污染物指标；②专指转炉一次烟气废气污染物指标；③专指铁水预处理、上料系统、转炉二次烟气、精炼炉等工艺过程产生的废气污染物指标；④电炉规模等级中的吨为单台电炉的炉容，单台电炉日产量≥750 t。

续表 3-14

产品名称	原料名称	工艺名称	规模等级	污染物指标	单位	产污系数	末端治理技术名称	排污系数
合金钢	生铁水 废钢 铁合金 石灰	电炉法	≥50 t	石油类	克/吨-钢	60①	化学混凝沉淀	20
							循环使用	0
				工业废气量	标立方米/吨-钢	1050②	过滤式除尘法	1050
						6000~18000③④	过滤式除尘法	6000~18000
				工业粉尘	千克/吨-钢	17.2②	过滤式除尘法	0.361⑤
						6.53③		
				工业固体废物（冶炼废渣）	吨/吨-钢	0.15		
合金钢	生铁水 废钢 铁合金 石灰	电炉法	<50 t⑥	工业废水量	吨/吨-钢	8.12①	化学混凝沉淀	8.12
							循环使用	0
				化学需氧量	克/吨-钢	650①	化学混凝沉淀	212.5
							循环使用	0
				石油类	克/吨-钢	105①	化学混凝沉淀	36.5
							循环使用	0
				工业废气量	标立方米/吨-钢	1200②	过滤式除尘法	1200
						9000~23000③	过滤式除尘法	9000~23000
				工业粉尘	千克/吨-钢	19.5②	过滤式除尘法	0.82⑤
						8.42③		

注：①专指连铸机产生的废水污染物指标；②专指电炉一次烟气废气污染物指标；③专指上料系统、二次烟气、精炼炉等工艺过程产生的废气污染物指标；④当电炉烟气采用“炉排罩＋全密闭罩”时取低值；采用“导流板＋屋顶罩”时取高值；采用“炉排罩＋屋顶罩”或“炉排罩＋半密闭罩”时取中值；⑤电炉及其工艺过程的废气进入同一除尘系统处理，因此仅对应一个排污系数；⑥单台电炉日产量＜750 t。

续表 3－14

产品名称	原料名称	工艺名称	规模等级	污染物指标	单位	产污系数	末端治理技术名称	排污系数
合金钢	生铁水/废钢铁合金/石灰	电炉法	<50 t	固体废物（冶炼废渣）	吨/吨－钢	0.19		
合金钢	废钢铁合金石灰	电炉法	≥50 t⑥	工业废水量	吨/吨－钢	3.57①	化学混凝沉淀	3.57
							循环使用	0
				化学需氧量	克/吨－钢	385①	化学混凝沉淀	86
							循环使用	0
				石油类	克/吨－钢	33①	化学混凝沉淀	11
							循环使用	0
				工业废气量	标立方米/吨－钢	1210②	过滤式除尘法	1210
						6000～18000③④	过滤式除尘法	6000～18000
				工业粉尘	千克/吨－钢	12.3②	过滤式除尘法	0.386⑤
						5.42③		
				工业固体废物（冶炼废渣）	吨/吨－钢	0.14		
合金钢	废钢铁合金石灰	电炉法	<50 t⑦	工业废水量	吨/吨－钢	7.023①	化学混凝沉淀	7.023
							循环使用	0
				化学需氧量	克/吨－钢	495①	化学混凝沉淀	142.8
							循环使用	0

注：①专指连铸机产生的废水污染物指标；②专指电炉一次烟气废气污染物指标；③专指上料系统、二次烟气、精炼炉等工艺过程产生的废气污染物指标；④当电炉烟气采用“炉排罩＋全密闭罩”时取低值；采用“导流板＋屋顶罩”时取高值；采用“炉排罩＋屋顶罩”或“炉排罩＋半密闭罩”时取中值；⑤电炉及其工艺过程的废气进入同一除尘系统处理，因此仅对应一个排污系数；⑥单台电炉日产量≥750 t；⑦单台电炉日产量<750 t。

续表 3－14

产品名称	原料名称	工艺名称	规模等级	污染物指标	单位	产污系数	末端治理技术名称	排污系数
合金钢	废钢 铁合金 石灰	电炉法	<50 t	石油类	克/吨－钢	780①	化学混凝沉淀	25
							循环使用	0
				工业废气量	标立方米/吨－钢	1450②	直排	1450
						12000～28000③④	直排	12000～28000
				工业粉尘	千克/吨－钢	15.5②	过滤式除尘法	0.853⑤
						7.25③		
				工业固体废物（冶炼废渣）	吨/吨－钢	0.167		
不锈钢	废钢 铬铁合金 造渣剂	电炉法	所有规模	工业废水量	吨/吨－钢	5.694①	化学混凝沉淀	5.694
							循环使用	0
				化学需氧量	克/吨－钢	495①	化学混凝沉淀	150
							循环使用	0
				石油类	克/吨－钢	62①	化学混凝沉淀	21
							循环使用	0
				工业废气量	标立方米/吨－钢	1550⑥	过滤式除尘法	1550
						19450⑦	过滤式除尘法	19450

注：①专指连铸机产生的废水污染物指标；②专指电炉一次烟气废气污染物指标；③专指上料系统、二次烟气、精炼炉等工艺过程产生的废气污染物指标；④当电炉烟气采用“炉排罩＋全密闭罩”时取低值；采用“导流板＋屋顶罩”时取高值；采用“炉排罩＋屋顶罩”或“炉排罩＋半密闭罩”时取中值；⑤电炉及其工艺过程的废气进入同一除尘系统处理，因此仅对应一个排污系数；⑥专指电炉和精炼炉产生的废气污染物指标；⑦专指上料系统、二次烟气等工艺过程产生的废气污染物指标。

续表 3－14

产品名称	原料名称	工艺名称	规模等级	污染物指标	单位	产污系数	末端治理技术名称	排污系数
不锈钢	废钢 铬铁合金 造渣剂	电炉法	所有规模	工业粉尘	千克/吨－钢	17.622①	过滤式除尘法	0.582③
						8.3②		
				工业固体废物（冶炼废渣）	吨/吨－钢	0.137		
不锈钢	生铁水 铬铁合金 造渣剂	转炉法	所有规模	工业废水量	吨/吨－钢	6④	化学混凝沉淀	6
							循环使用	0
						4.3⑤	直排	4.3
							循环使用	0
				化学需氧量	克/吨－钢	435④	化学混凝沉淀	104
							循环使用	0
				石油类	克/吨－钢	50.4④	化学混凝沉淀	11
							循环使用	0
				工业废气量	标立方米/吨－钢	1500⑥	LT 干法除尘/湿法除尘法	1500
						6400⑦	过滤式除尘法	6400
				工业粉尘	千克/吨－钢	23.4⑥	LT 干法除尘	0.027
							湿法除尘法	0.025
						9.53⑦	过滤式除尘法	0.244
				工业固体废物（冶炼废渣）	吨/吨－钢	0.142		

注：①专指电炉和精炼炉产生的废气污染物指标；②专指上料系统、二次烟气等工艺过程产生的废气污染物指标；③电炉、精炼炉及其工艺过程的废气进入同一除尘系统处理，因此仅对应一个排污系数；④专指连铸机产生的废水污染物指标；⑤专指洗涤煤气产生的废水污染物指标；⑥转炉一次烟气的废气污染物指标；⑦专指铁水预处理、上料系统、转炉二次烟气、精炼炉等工艺过程产生的废气污染物指标。

续表 3-14

产品名称	原料名称	工艺名称	规模等级	污染物指标	单位	产污系数	末端治理技术名称	排污系数
重熔钢	钢锭	电渣法	所有规模	工业废气量	标立方米/吨-钢	5920①	过滤式除尘法	5920
				工业粉尘	千克/吨-钢	14.5①	过滤式除尘法	0.32
重熔钢	钢锭	真空自耗法	所有规模	工业废气量	标立方米/吨-钢	1254②	吸附法	1254
				工业粉尘	千克/吨-钢	0.75②	吸附法	0.097

注：①专指电渣炉产生烟气的废气污染物指标；②专指真空自耗炉产生烟气的废气污染物指标。

对于采用转炉法生产的低合金钢、合金钢，其产、排污系数按碳钢选取；对于采用电炉法生产的碳钢、低合金钢，其产、排污系数按合金钢选取；对于模铸钢坯，其产、排污系数按同钢种连铸坯产品进行选取，但需去掉连铸废水相关污染物指标。

2）工况未达到75%负荷的企业污染物产、排量核算

当普查员在普查中遇到普查企业运行工况小于75%的情况时，按照主体设备的实际年产量重新确定其规模划分，选取对应规模的产、排污系数进行核算。

3）生产非单一产品企业污染物产、排量核算

炼钢行业产品结构较为复杂，设备生产能力不同，普查时应对应原料、生产工艺和主体设备规模进行统计，尤其是对拥有多套生产设备的钢铁企业，应该按照主体生产设备规模分别统计污染物的产生量和排放量。主体生产设备规定如下：转炉法为转炉，电炉法为电炉，电渣法为电渣炉。

4）其他需要说明的问题

①对于本手册未列出的连铸废水末端治理技术，取值规定如下：当采用过滤法时，其排污系数按化学混凝沉淀法的40%选取；当采用化学混凝气浮法时，其排污系数按化学混凝沉淀法的70%选取；当采用沉淀分离法时，其排污系数按化学混凝沉淀法的200%选取。

②在废气的指标中，“工艺过程”的工业废气量采用区间表示。当电炉烟气采用“炉排罩＋全密闭罩”时取低值；采用“导流板＋屋顶罩”时取高值；采用“炉排罩＋屋顶罩”或“炉排罩＋半密闭罩”时取中值。

③当废水全部循环使用时，其相应废水污染物指标均为0。部分企业处理后部分外排，此时废水量及相关污染因子按表格中数值×废水外排率（废水外排率＝外排水量/处理后总水量）计算。

④转炉一次烟气的末端治理技术有LT干法除尘和湿法除尘两种，当采用湿法除尘时，便有煤气洗涤水产生。

⑤本手册中的主要固体废物为冶炼废渣，该冶炼废渣不仅包括电炉/转炉产生的钢渣，而且包括精炼炉产生的钢渣。

⑥对炼钢行业进行无组织排放评估后，其无组织排放环节及无组织排放系数如表3－15所示。

无组织排放系数区间选取说明：

铁水倒罐：大规模取低值，中规模取低值的3倍，小规模取高值。

转炉冶炼及操作：大规模取低值，中规模取低值的3倍，小规模取高值。

电炉冶炼及操作：大中规模取低值，小规模取高值。

连铸：大中规模取低值，小规模取高值。

表 3－15　炼钢行业无组织排放主要污染物排放系数

行业	无组织排放环节	无组织排放系数/($kg\cdot t^{-1}$－产品)
		工业粉尘
炼钢	铁水倒罐	0.1～1.0
	转炉冶炼及操作	0.15～1.0
	电炉冶炼及操作	0.3～2.0
	连铸	0.1～0.2

3.3.3　钢压延加工行业产、排污系数

钢压延加工行业产、排污系数表(表 3－16)使用注意事项:

1)系数表中未涉及产品的产、排污系数

本手册未覆盖的产品包括电工板带、钢制管件、铁路道岔、轨枕、鱼尾板和镀锌钢管。钢制管件、铁路道岔、轨枕和鱼尾板的生产工艺较多，当采用锻造法时，按机械行业的锻件(3592)进行类比选取；当采用铸造法时，按机械行业的铸钢件(3591)进行类比选取；需进行机加工时，按机械行业的零部件加工(3583)进行类比选取；需进行表面抛丸及涂镀处理时，按机械行业的金属表面处理(3460)进行类比选取。电工板按合金钢板进行选取。镀锌钢管生产如有酸洗工序，酸洗工序相关污染物产、排污系数按冷拔线棒材选取；采用热镀锌时，加热炉产生的废气相关污染物指标按镀层板卷选取；当采用电镀锌时，其产、排污系数按金属表面处理行业(3460)电镀法进行类比。

本手册未覆盖的生产工艺主要有：电镀镀层板、炉焊钢管和电弧焊钢管。对于电镀镀层板，其产、排污系数按金属表面处理行业(3460)电镀法进行类比；对于炉焊钢管，其加热炉产生的废气相关污染物指标按热轧中小型钢的75%选取；对于电焊钢管，其电焊过程产生的烟气基本呈无组织排放状态，本手册未将其列入产、排污系数核算范围内，如有退火工序，其退火炉废气相关污染物指标按焊接钢管选取。

2)工况未达到75%负荷的企业污染物产、排量核算

当普查员在普查中遇到普查企业运行工况小于75%的情况时，仍旧按照本手册中相组合的产、排污系数进行核算。

3)生产非单一产品企业污染物产、排量核算

钢压延加工行业产品结构较为复杂，普查时应对对应产品及工艺进行分类统计，计算污染物的产生量和排放量。

表 3－16　钢压延加工业产、排污系数表

产品名称	原料名称	工艺名称	规模等级	污染物指标	单位	产污系数	末端治理技术名称	排污系数
中厚板	连铸板坯	热轧法	所有规模	工业废水量	吨/吨－钢	15.25①	化学混凝沉淀	15.25
							循环使用	0
				化学需氧量	克/吨－钢	1330.6①	化学混凝沉淀	370
							循环使用	0
				石油类	克/吨－钢	112①	化学混凝沉淀	30.4
							循环使用	0
				工业废气量	标立方米/吨－钢	500～1000②③	直排	500～1000
				烟尘	千克/吨－钢	0.036②	直排	0.036
				二氧化硫	千克/吨－钢	0.003～0.525②③	直排	0.003～0.525
				氮氧化物	千克/吨－钢	0.075～0.3②③	直排	0.075～0.3
热轧带钢	连铸板坯	热轧法	所有规模	工业废水量	吨/吨－钢	19①	化学混凝沉淀	19
							循环使用	0
				化学需氧量	克/吨－钢	1500①	化学混凝沉淀	410
							循环使用	0

注：①专指直接冷却水产生的废水污染物指标，对于未列出的末端治理技术各污染物指标的排污系数取值参照“注意事项”中的“4)①”；②专指加热炉燃烧产生的废气污染物指标；③工业废气量、二氧化硫、氮氧化物的区间取值见“注意事项”中的“4)②”。

续表 3－16

产品名称	原料名称	工艺名称	规模等级	污染物指标	单位	产污系数	末端治理技术名称	排污系数
热轧带钢	连铸板坯	热轧法	所有规模	石油类	克/吨－钢	119.6①	化学混凝沉淀	35
							过滤	16
							循环使用	0
				工业废气量	标立方米/吨－钢	480～960②③	直排	480～960
				烟尘	千克/吨－钢	0.034②	直排	0.034
				二氧化硫	千克/吨－钢	0.002～0.504②③	直排	0.002～0.504
				氮氧化物	千克/吨－钢	0.072～0.288②③	直排	0.072～0.288
热轧大型材	连铸方坯	热轧法	所有规模	工业废水量	吨/吨－钢	15.5①	化学混凝沉淀	15.5
							循环使用	0
				化学需氧量	克/吨－钢	1438.4①	化学混凝沉淀	428.4
							循环使用	0
				石油类	克/吨－钢	124.3①	化学混凝沉淀	31.2
							循环使用	0
				工业废气量	标立方米/吨－钢	425～8500②③	直排	425～8500
				烟尘	千克/吨－钢	0.03②	直排	0.03
				二氧化硫	千克/吨－钢	0.002～0.446②③	直排	0.002～0.446
				氮氧化物	千克/吨－钢	0.064～0.255②③	直排	0.064～0.255

注：①专指直接冷却水产生的废水污染物指标，对于未列出的末端治理技术各污染物指标的排污系数取值参照“注意事项”中的“4）①”；②专指加热炉燃烧产生的废气污染物指标；③工业废气量、二氧化硫、氮氧化物的区间取值见“注意事项”中的“4）②”。

续表 3-16

产品名称	原料名称	工艺名称	规模等级	污染物指标	单位	产污系数	末端治理技术名称	排污系数
热轧中小型材	连铸方坯	热轧法	所有规模	工业废水量	吨/吨-钢	10.7①	化学混凝沉淀	10.7
							循环使用	0
				化学需氧量	克/吨-钢	1169①	沉淀分离	507.4
							化学混凝沉淀	260.7
							循环使用	0
				石油类	克/吨-钢	107.4①	沉淀分离	50.7
							化学混凝沉淀	26.2
							循环使用	0
				工业废气量	标立方米/吨-钢	360~720②③	直排	360~720
				烟尘	千克/吨-钢	0.026②	直排	0.026
				二氧化硫	千克/吨-钢	0.002~0.378②③	直排	0.002~0.378
				氮氧化物	千克/吨-钢	0.054~0.216②③	直排	0.054~0.216
热轧棒材	连铸方坯	热轧法	所有规模	工业废水量	吨/吨-钢	17.6①	化学混凝沉淀	17.6
							循环使用	0
				化学需氧量	克/吨-钢	1610①	化学混凝沉淀	420.7
							循环使用	0

注：①专指直接冷却水产生的废水污染物指标，对于未列出的末端治理技术各污染物指标的排污系数取值参照“注意事项”中的“4）①”；②专指加热炉燃烧产生的废气污染物指标；③工业废气量、二氧化硫、氮氧化物的区间取值见“注意事项”中的“4）②”。

续表 3－16

产品名称	原料名称	工艺名称	规模等级	污染物指标	单位	产污系数	末端治理技术名称	排污系数
热轧棒材	连铸方坯	热轧法	所有规模	石油类	克/吨－钢	161①	化学混凝沉淀	40.5
							循环使用	0
				工业废气量	标立方米/吨－钢	400～800②③	直排	400～800
				烟尘	千克/吨－钢	0.0288②	直排	0.028
				二氧化硫	千克/吨－钢	0.0024～0.42②③	直排	0.0024～0.42
				氮氧化物	千克/吨－钢	0.06～0.24②③	直排	0.06～0.24
热轧钢筋	连铸方坯	热轧法	所有规模	工业废水量	吨/吨－钢	9.5①	化学混凝沉淀	9.5
							循环使用	0
				化学需氧量	克/吨－钢	1400①	化学混凝沉淀	405
							循环使用	0
				石油类	克/吨－钢	130①	化学混凝沉淀	39
							循环使用	0
				工业废气量	标立方米/吨－钢	350～700②③	直排	350～700
				烟尘	千克/吨－钢	0.026②	直排	0.026
				二氧化硫	千克/吨－钢	0.002～0.368②③	直排	0.002～0.368
				氮氧化物	千克/吨－钢	0.053～0.21②③	直排	0.053～0.21

注：①专指直接冷却水产生的废水污染物指标，对于未列出的末端治理技术各污染物指标的排污系数取值参照“注意事项”中的“4)①”；②专指加热炉燃烧产生的废气污染物指标；③工业废气量、二氧化硫、氮氧化物的区间取值见“注意事项”中的“4)②”。

续表 3-16

产品名称	原料名称	工艺名称	规模等级	污染物指标	单位	产污系数	末端治理技术名称	排污系数
热轧高线材	连铸方坯	热轧法	所有规模	工业废水量	吨/吨-钢	13.3①	化学混凝沉淀	13.3
							循环使用	0
				化学需氧量	克/吨-钢	1162.5①	化学混凝沉淀	378.7
							循环使用	0
				石油类	克/吨-钢	121.2①	化学混凝沉淀	33.6
							循环使用	0
				工业废气量	标立方米/吨-钢	350~700②③	直排	350~700
				烟尘	千克/吨-钢	0.026②	直排	0.026
				二氧化硫	千克/吨-钢	0.002~0.316②③	直排	0.002~0.316
				氮氧化物	千克/吨-钢	0.053~0.21②③	直排	0.053~0.21
热轧无缝管	连铸管坯	热轧法	所有规模	工业废水量	吨/吨-钢	20①	化学混凝沉淀	20
							循环使用	0
				化学需氧量	克/吨-钢	1675①	化学混凝沉淀	454.1
							循环使用	0
				石油类	克/吨-钢	177.5①	化学混凝沉淀	45.2
							循环使用	0

注：①专指直接冷却水产生的废水污染物指标，对于未列出的末端治理技术各污染物指标的排污系数取值参照“注意事项”中的“4)①”；②专指加热炉燃烧产生的废气污染物指标；③工业废气量、二氧化硫、氮氧化物的区间取值见“注意事项”中的“4)②”。

续表 3－16

产品名称	原料名称	工艺名称	规模等级	污染物指标	单位	产污系数	末端治理技术名称	排污系数
热轧无缝管	连铸管坯	热轧法	所有规模	工业废气量	标立方米/吨－钢	550～1100①②	直排	550～1100
				烟尘	千克/吨－钢	0.04①	直排	0.04
				二氧化硫	千克/吨－钢	0.003～0.578①②	直排	0.003～0.578
				氮氧化物	千克/吨－钢	0.083～0.33①②	直排	0.083～0.33
酸洗板卷	热轧板卷	酸洗法	所有规模	工业废水量	吨/吨－钢	0.5③	化学混凝沉淀	0.5
							循环使用	0
				化学需氧量	克/吨－钢	344③	中和法＋化学沉淀法	34.4
							循环使用	0
				HW34 危险废物（废酸）	吨/吨－钢	0.02		
冷硬板卷	热轧板卷	冷轧法	所有规模	工业废水量	吨/吨－钢	0.007④	化学混凝沉淀/超滤法	0.007
							循环使用	0
				化学需氧量	克/吨－钢	381.9④	超滤法	0.5
							化学混凝沉淀	1.5
							循环使用	0
				石油类	克/吨－钢	0.864⑤	超滤法	0.032
							化学混凝沉淀	0.097
							循环使用	0

注：①专指加热炉燃烧产生的废气污染物指标；②工业废气量、二氧化硫、氮氧化物的区间取值见“注意事项”中的“4）②”；③专指酸洗废水产生的废水污染物指标；④专指乳化液废水产生的废水污染物指标；⑤专指用动植物油调制的乳化液产生废水污染物指标。

续表 3－16

产品名称	原料名称	工艺名称	规模等级	污染物指标	单位	产污系数	末端治理技术名称	排污系数
冷硬板卷	热轧板卷	冷轧法	所有规模	石油类	克/吨－钢	54.4①	超滤法	0.1
							化学混凝沉淀	0.6
							循环使用	0
退火板卷	冷硬板卷	罩式退火法	所有规模	工业废水量	吨/吨－钢	0.001②	化学混凝沉淀	0.001
							循环使用	0
				化学需氧量	克/吨－钢	112.1②	化学混凝沉淀	1
							循环使用	0
				石油类	克/吨－钢	0.733③	化学混凝沉淀	0.033
							循环使用	0
						10.466①	化学混凝沉淀	0.133
							循环使用	0
				工业废气量	标立方米/吨－钢	160～333④⑤	直排	160～333
				烟尘	千克/吨－钢	0.012④	直排	0.012
				二氧化硫	千克/吨－钢	0.001～0.175④⑤	直排	0.001～0.175
				氮氧化物	千克/吨－钢	0.025～0.1④⑤	直排	0.025～0.1

注：①指用矿物油调制的乳化液产生废水污染物指标；②专指乳化液废水产生的废水污染物指标；③专指用动植物油调制的乳化液产生废水污染物指标；④专指退火炉燃烧产生的废气污染物指标；⑤工业废气量、二氧化硫、氮氧化物的区间取值见“注意事项”中的“4)②”。

续表 3－16

产品名称	原料名称	工艺名称	规模等级	污染物指标	单位	产污系数	末端治理技术名称	排污系数
镀层板卷	冷硬板卷	热镀法	所有规模	工业废水量	吨/吨－钢	1.525①	中和法＋化学混凝沉淀	1.525
							循环使用	0
						0.15②	化学沉淀法	0.15
							循环使用	0
				化学需氧量	克/吨－钢	205①	化学混凝沉淀	12.5
							循环使用	0
				石油类	克/吨－钢	20①	中和法＋化学混凝沉淀	4
							循环使用	0
				六价铬	克/吨－钢	1②	化学沉淀	0.002
							循环使用	0
				工业废气量	标立方米/吨－钢	160～333③④	直排	160～333
				烟尘	千克/吨－钢	0.012③	直排	0.012
				二氧化硫	千克/吨－钢	0.001～0.175③④	直排	0.001～0.175
				氮氧化物	千克/吨－钢	0.025～0.1③④	直排	0.025～0.1
				HW23 危险废物（锌渣）	吨/吨－钢	0.003	综合利用	
涂层板	镀锌板卷	辊涂法	所有规模	工业废水量	吨/吨－钢	0.091①	中和法＋化学混凝沉淀	0.091
							循环使用	0

注：①专指清洗脱脂废水产生的废水污染物指标；②专指含铬废水产生的废水污染物指标；③专指退火炉燃烧产生的废气污染物指标；④工业废气量、二氧化硫、氮氧化物的区间取值见“注意事项”中的“4)②”。

续表 3－16

产品名称	原料名称	工艺名称	规模等级	污染物指标	单位	产污系数	末端治理技术名称	排污系数
涂层板	镀锌板卷	辊涂法	所有规模	化学需氧量	克/吨－钢	72.6①	中和法＋化学混凝沉淀	4.5
							循环使用	0
				石油类	千克/吨－钢	2.4①	中和法＋化学混凝沉淀	0.5
							循环使用	0
				工业废气量	标立方米/吨－钢	2143②	直排	2143
				烟尘	千克/吨－钢	0.123②	直排	0.123
				二氧化硫	千克/吨－钢	0.154②	直排	0.154
				氮氧化物	千克/吨－钢	0.595②	直排	0.595
				HW12 危险废物（涂渣）	吨/吨－钢	0.0004		
冷轧无缝管	热轧材	冷轧法	所有规模	工业废水量	吨/吨－钢	3.038③	中和法＋化学混凝沉淀	3.038
							循环使用	0
				化学需氧量	克/吨－钢	1190③	中和法＋化学混凝沉淀	170
							循环使用	0
				工业废气量	标立方米/吨－钢	160～333④⑤	直排	160～333
				烟尘	千克/吨－钢	0.012④	直排	0.012
				二氧化硫	千克/吨－钢	0.001～0.175④⑤	直排	0.001～0.175
				氮氧化物	千克/吨－钢	0.025～0.1④⑤	直排	0.025～0.1
				HW34 危险废物（废酸）	吨/吨－钢	0.02		

注：①专指清洗废水产生的废水污染物指标，如果不采用酸洗工艺，则不产生酸洗废水及相关污染物以及废酸；②专指焚烧炉燃烧产生的废气污染物指标；③专指酸洗废水产生的废水污染物指标；④专指退火炉燃烧产生的废气污染物指标；⑤工业废气量、二氧化硫、氮氧化物的区间取值见“注意事项”中的“4)②”。

续表 3-16

产品名称	原料名称	工艺名称	规模等级	污染物指标	单位	产污系数	末端治理技术名称	排污系数
冷拔线棒材	热轧合金棒	冷拔法	所有规模	工业废水量	吨/吨-钢	2.562①	中和法+化学混凝沉淀	2.562
							循环使用	0
				化学需氧量	克/吨-钢	633①	中和法+化学混凝沉淀	130
							循环使用	0
				工业废气量	标立方米/吨-钢	500~1000②③	直排	500~1000
				烟尘	千克/吨-钢	0.036②	直排	0.036
				二氧化硫	千克/吨-钢	0.003~0.525②③	直排	0.003~0.525
				氮氧化物	千克/吨-钢	0.075~0.3②③	直排	0.075~0.3
				HW34 危险废物（废酸）	吨/吨-钢	0.02		
冷弯型材	带钢	辊压法	所有规模	工业废水量	吨/吨-钢	0.003④	化学混凝沉淀法	0.003
							循环使用	0
				化学需氧量	克/吨-钢	84.9④	化学混凝沉淀法	0.3
							循环使用	0
				石油类	克/吨-钢	0.495⑤	化学混凝沉淀法	0.066
							循环使用	0
						28.1⑥	化学混凝沉淀法	0.1
							循环使用	0

注：①专指酸洗废水产生的废水污染物指标，如果不采用酸洗工艺，则不产生酸洗废水及相关污染物以及废酸；②专指退火炉燃烧产生的废气污染物指标；③工业废气量、二氧化硫、氮氧化物的区间取值见“注意事项”中的“4)②”；④专指乳化液废水产生的废水污染物指标；⑤专指用动植物油调制的乳化液产生的废水污染物指标；⑥专指用矿物油调制的乳化液产生的废水污染物指标。

续表 3－16

产品名称	原料名称	工艺名称	规模等级	污染物指标	单位	产污系数	末端治理技术名称	排污系数
焊接钢管	带钢	高频焊法	所有规模	工业废水量	吨/吨－钢	11.699①	沉淀分离法	11.699
							循环使用	0
				工业废气量	标立方米/吨－钢	160～333②③	直排	160～333
				烟尘	千克/吨－钢	0.012②	直排	0.012
				二氧化硫	千克/吨－钢	0.001～0.175②③	直排	0.001～0.175
				氮氧化物	千克/吨－钢	0.025～0.1②③	直排	0.025～0.1
锻造材	模铸坯	锻造法	大/中/小	工业废气量	标立方米/吨－钢	650～1300④③	直排	650～1300
				烟尘	千克/吨－钢	0.047④	直排	0.047
				二氧化硫	千克/吨－钢	0.003～0.683④③	直排	0.003～0.683
				氮氧化物	千克/吨－钢	0.098～0.39④③	直排	0.098～0.39
叠轧薄板	板坯	叠轧法	所有规模	工业废水量	吨/吨－钢	3.2①	沉淀分离法	3.2
							循环使用	0
				化学需氧量	克/吨－钢	352①	沉淀分离	128
							循环使用	0
				石油类	克/吨－钢	27.5①	沉淀分离	13.4
							循环使用	0

注：①专指直接冷却水产生的废水污染物指标；②专指退火炉燃烧产生的废气污染物指标；③工业废气量、二氧化硫、氮氧化物的区间取值见“注意事项”中的“4)②”；④专指加热炉燃烧产生的废气污染物指标。

续表 3-16

产品名称	原料名称	工艺名称	规模等级	污染物指标	单位	产污系数	末端治理技术名称	排污系数
叠轧薄板	板坯	叠轧法	所有规模	工业废气量	标立方米/吨-钢	640①	直排	640
				烟尘	千克/吨-钢	0.014①	直排	0.014
				二氧化硫	千克/吨-钢	0.275①	直排	0.275
				氮氧化物	千克/吨-钢	0.043①	直排	0.043

注：①专指加热炉燃烧产生的废气污染物指标。

4) 其他需要说明的问题

①热轧材的废水来源为直接冷却水，一般有三种末端治理技术——“化学混凝沉淀法”“过滤”和“沉淀分离”。对于本手册未列出的直接冷却水的末端治理技术，取值规定如下：当采用过滤法时，其排污系数按化学混凝沉淀法的35%选取；当采用化学混凝气浮法时，其排污系数按化学混凝沉淀法的70%选取；当采用沉淀分离法时，其排污系数按化学混凝沉淀法的200%选取。

②本行业共有19个组合，大部分组合中都有加热炉或退火炉，其废气指标中的工业废气量、二氧化硫和氮氧化物均采用区间表示。

a. 对于普通钢材、低合金钢材，加热炉或热处理炉（非蓄热式）污染物区间的选取规定如表3－17所示。

表3－17　加热炉及退火炉废气污染物指标区间选取表

燃料名称	工业废气量	二氧化硫	氮氧化物
高炉煤气	高值	低值×28	低值
焦炉煤气	低值	低值×42	低值
高焦混合煤气	中值	低值×42	低值
发生炉煤气	中值	高值	低值
天然气	低值	低值	低值
柴油	低值	低值×70	高值
重油	低值	低值×140	高值
电加热	无	无	无

b. 对于合金钢材，加热炉污染物指标取为普通钢的1.1倍，如果轧制后需进行退火，气类污染物指标取为普通钢的2倍；对于不锈钢，加热炉污染物指标取为普通钢的1.2倍，如果轧制后需进行固溶处理，气类污染物指标取为普通钢的2倍。

c. 加热炉或热处理炉为蓄热式时，其污染物取值为非蓄热式的80%。

d. 当钢坯采用热装热送方式时，其污染物取值为非蓄热式的80%。

e. 当加热炉及退火炉为蓄热式且钢坯采用热装热送方式时，其污染物取值为非蓄热式的65%。

③当废水全部循环使用时，其相应废水污染物指标均为0；部分企业废水处

理后部分外排，此时废水量及相关污染因子按表格中数值×废水外排率（废水外排率=外排水量/处理后总水量）计算。

④冷硬板卷、退火板卷、冷弯型材这三个组合中石油类的产、排污系数按照乳化液调制原料分为动植物油和矿物油两种，不同原料的石油类指标相差很大，因此分两种类型进行表达。

⑤铁道钢轨归入热轧大型材的产、排污系数核算范围。

⑥乳化液废水一般采用化学混凝沉淀和超滤法进行处理，大型企业采用超滤法较多，处置效果也比化学混凝沉淀法好。当采用过滤法，而手册中未列出时，其排污系数按化学混凝沉淀法的20%选取。

⑦含铬废水一般采用化学沉淀法进行处理。对采用电解—过滤法进行处理的，其排污系数按化学沉淀法的30%进行选取。

⑧带钢及薄板精轧产生的粉尘、钢管轧制时芯棒产生的黑色烟气、火焰切割及清理产生的烟尘和锻打时产生的粉尘基本呈无组织排放状态，本手册未将这些工艺过程列入产、排污系数的核算范围内。

对钢压延加工行业进行无组织排放评估后，其无组织排放环节及无组织排放系数如表3－18所示。

表3－18　钢压延加工行业无组织排放主要污染物排放系数

行业	无组织排放环节	无组织排放系数/（$kg \cdot t^{-1}$－钢）			
		粉尘	烟尘	SO_2	酸雾（油雾）
钢压延加工	火焰清理、切割	—	0.2～1.5	0.002～0.004	—
	铸锻	3	—	—	—
	热轧	0.08～1.0	—	—	—
	酸洗	—	—	—	0.007～0.1
	冷轧	—	—	—	0.01～0.05

无组织排放系数区间选取说明：

火焰清理、切割：有收尘装置时取低值，无收尘装置时取高值。

热轧：板带材取低值的3倍，无缝管取高值，其余钢材取低值。

酸洗：板带材取低值，其他钢材取高值。

冷轧：连续式轧机取低值，可逆式轧机取高值。

3.3.4　钢铁铸件制造业产、排污系数

钢铁铸件制造业产、排污系数表（表3－19）使用注意事项：

表 3－19　钢铁铸件制造业产、排污系数表

产品名称	原料名称	工艺名称	规模等级	污染物指标	单位	产污系数	末端治理技术名称	排污系数
铸钢件	结构材料：废钢 工艺材料：原砂、水玻璃、涂料、石灰石、铁合金等	电弧炉熔化—水玻璃砂造型—浇铸—清理—热处理—浸漆/刷漆	＞10000 t/a	工业废水量	吨/吨－产品	0.65	物理＋化学	0.65
				化学需氧量	克/吨－产品	800	物理＋化学	95
				石油类	克/吨－产品	160	物理＋化学	6
				工业废气量（窑炉）	立方米/吨－产品	3500	旋风除尘＋布袋除尘	3500
				工业废气量（工艺）	立方米/吨－产品	5200	旋风除尘＋布袋除尘	5200
				烟尘	千克/吨－产品	3	旋风除尘＋布袋除尘	0.36
				工业粉尘	千克/吨－产品	35	旋风除尘＋布袋除尘	0.5
				HW36 危险废物（石棉废物）等	千克/吨－产品	2		
			≤10000 t/a	工业废水量	吨/吨－产品	0.7	物理＋化学	0.7
				化学需氧量	克/吨－产品	850	物理＋化学	97
				石油类	克/吨－产品	180	物理＋化学	6.3
				工业废气量（窑炉）	立方米/吨－产品	4000	旋风除尘＋布袋除尘	4000
				工业废气量（工艺）	立方米/吨－产品	6200	旋风除尘＋布袋除尘	6200
				烟尘	千克/吨－产品	3.5	旋风除尘＋布袋除尘	0.445
				工业粉尘	千克/吨－产品	40	旋风除尘＋布袋除尘	0.6
				HW36 危险废物（石棉废物）等	千克/吨－产品	2.5		

续表 3-19

产品名称	原料名称	工艺名称	规模等级	污染物指标	单位	产污系数	末端治理技术名称	排污系数
铸钢件	结构材料：废钢 工艺材料：原砂、水玻璃、涂料、石灰石、铁合金等	电弧炉熔化—酯硬化水玻璃造型—浇铸—清理—热处理—浸漆/刷漆	>10000 t/a	工业废水量	吨/吨-产品	0.65	物理+化学	0.65
				化学需氧量	克/吨-产品	600	物理+化学	90
				石油类	克/吨-产品	140	物理+化学	5.5
				工业废气量(窑炉)	立方米/吨-产品	3500	旋风除尘+布袋除尘	3500
				工业废气量(工艺)	立方米/吨-产品	5200	旋风除尘+布袋除尘	5200
				烟尘	千克/吨-产品	3	旋风除尘+布袋除尘	0.36
				工业粉尘	千克/吨-产品	28	旋风除尘+布袋除尘	0.4
				HW36 危险废物(石棉废物)等	千克/吨-产品	2		
			≤10000 t/a	工业废水量	吨/吨-产品	0.7	物理+化学	0.7
				化学需氧量	克/吨-产品	650	物理+化学	94
				石油类	克/吨-产品	140	物理+化学	6.2
				工业废气量(窑炉)	立方米/吨-产品	4000	旋风除尘+布袋除尘	4000
				工业废气量(工艺)	立方米/吨-产品	6200	旋风除尘+布袋除尘	6200
				烟尘	千克/吨-产品	3.5	旋风除尘+布袋除尘	0.445
				工业粉尘	千克/吨-产品	32	旋风除尘+布袋除尘	0.48
				HW36 危险废物(石棉废物)等	千克/吨-产品	2.5		

续表 3－19

产品名称	原料名称	工艺名称	规模等级	污染物指标	单位	产污系数	末端治理技术名称	排污系数
铸钢件	结构材料：废钢 工艺材料：原砂、树脂砂、涂料、石灰石、铁合金、砂等	感应电炉熔化—树脂砂造型—浇铸—清理—热处理—浸漆/刷漆	所有规模	工业废水量	吨/吨－产品	0.6	物理＋化学	0.6
				化学需氧量	克/吨－产品	900	物理＋化学	88
				石油类	克/吨－产品	130	物理＋化学	5.2
				工业废气量（窑炉）	立方米/吨－产品	800	旋风除尘＋布袋除尘	800
				工业废气量（工艺）	立方米/吨－产品	2200	旋风除尘＋布袋除尘	2200
				烟尘	千克/吨－产品	0.5	旋风除尘＋布袋除尘	0.093
				工业粉尘	千克/吨－产品	15	旋风除尘＋布袋除尘	0.2
				HW36 危险废物（石棉废物）等	千克/吨－产品	2		
		感应电炉熔化—熔模铸造—浇铸—清理—热处理—浸漆/刷漆	所有规模	工业废水量	吨/吨－产品	1.5	物理＋化学	1.5
				化学需氧量	克/吨－产品	1200	物理＋化学	190
				石油类	克/吨－产品	400	物理＋化学	14
				工业废气量（窑炉）	立方米/吨－产品	1000	旋风除尘＋布袋除尘	1000
				工业废气量（工艺）	立方米/吨－产品	4000	旋风除尘＋布袋除尘	4000
				烟尘	千克/吨－产品	0.8	旋风除尘＋布袋除尘	0.115
				工业粉尘	千克/吨－产品	40	旋风除尘＋布袋除尘	0.6
				HW36 危险废物（石棉废物）等	千克/吨－产品	2.5		

续表 3-19

产品名称	原料名称	工艺名称	规模等级	污染物指标	单位	产污系数	末端治理技术名称	排污系数
铸铁件	结构材料：生铁、废钢 工艺材料：焦炭、黏土砂、树脂砂、涂料、石灰石、铁合金、硬化剂等	冲天炉熔化（含冲天炉—感应炉双联）—黏土砂造型—浇铸—清理—热处理—浸漆/刷漆	>15000 t/a	工业废水量	吨/吨-产品	0.7	物理+化学	0.7
				化学需氧量	克/吨-产品	900	物理+化学	100
				石油类	克/吨-产品	160	物理+化学	6.4
				工业废气量(窑炉)	立方米/吨-产品	5500	旋风除尘+布袋除尘	5500
				工业废气量(工艺)	立方米/吨-产品	4000	旋风除尘+布袋除尘	4000
				烟尘	千克/吨-产品	6	旋风除尘+布袋除尘	0.6
				工业粉尘	千克/吨-产品	30	旋风除尘+布袋除尘	0.4
				二氧化硫	千克/吨-产品	1.7(冲天炉) 1.5(双联)	湿法除尘法	0.16
				HW36 危险废物（石棉废物）等	千克/吨-产品	2		
			≤15000 t/a	工业废水量	吨/吨-产品	0.75	物理+化学	0.75
				化学需氧量	克/吨-产品	950	物理+化学	110
				石油类	克/吨-产品	180	物理+化学	7.1
				工业废气量(窑炉)	立方米/吨-产品	6000	旋风除尘+布袋除尘	6000
				工业废气量(工艺)	立方米/吨-产品	4200	旋风除尘+布袋除尘	4200
				烟尘	千克/吨-产品	6.5	旋风除尘+布袋除尘	0.68
				工业粉尘	千克/吨-产品	35	旋风除尘+布袋除尘	0.42
				二氧化硫	千克/吨-产品	1.7(冲天炉) 1.5(双联)	湿法除尘法	0.16
				HW36 危险废物（石棉废物）等	千克/吨-产品	2.5		

续表 3 – 19

产品名称	原料名称	工艺名称	规模等级	污染物指标	单位	产污系数	末端治理技术名称	排污系数
铸铁件	结构材料：生铁、废钢工艺材料：黏土砂、树脂砂、涂料、石灰石、铁合金、硬化剂等	感应炉熔化—黏土砂造型—浇铸—清理—热处理—浸漆/刷漆	>15000 t/a	工业废水量	吨/吨 – 产品	0.7	物理 + 化学	0.7
				化学需氧量	克/吨 – 产品	900	物理 + 化学	102
				石油类	克/吨 – 产品	160	物理 + 化学	6.5
				工业废气量(窑炉)	立方米/吨 – 产品	1000	旋风除尘 + 布袋除尘	1000
				工业废气量(工艺)	立方米/吨 – 产品	3700	旋风除尘 + 布袋除尘	3700
				烟尘	千克/吨 – 产品	0.5	旋风除尘 + 布袋除尘	0.09
				工业粉尘	千克/吨 – 产品	30	旋风除尘 + 布袋除尘	0.35
				HW36 危险废物(石棉废物)等	千克/吨 – 产品	2		
			≤15000 t/a	工业废水量	吨/吨 – 产品	0.75	物理 + 化学	0.75
				化学需氧量	克/吨 – 产品	950	物理 + 化学	108
				石油类	克/吨 – 产品	180	物理 + 化学	7
				工业废气量(窑炉)	立方米/吨 – 产品	1100	旋风除尘 + 布袋除尘	1100
				工业废气量(工艺)	立方米/吨 – 产品	3800	旋风除尘 + 布袋除尘	3800
				烟尘	千克/吨 – 产品	0.6	旋风除尘 + 布袋除尘	0.09
				工业粉尘	千克/吨 – 产品	32	旋风除尘 + 布袋除尘	0.36
				HW36 危险废物(石棉废物)等	千克/吨 – 产品	2.5		

续表 3-19

产品名称	原料名称	工艺名称	规模等级	污染物指标	单位	产污系数	末端治理技术名称	排污系数
铸铁件	结构材料：生铁、废钢 工艺材料：焦炭、黏土砂、树脂砂、涂料、石灰石、铁合金、硬化剂等	冲天炉熔化（含冲天炉—感应炉双联）—离心铸造—浇铸—清理—热处理—浸漆/刷漆	>15000 t/a	工业废水量	吨/吨-产品	0.7	物理+化学	0.7
				化学需氧量	克/吨-产品	800	物理+化学	98
				石油类	克/吨-产品	155	物理+化学	6.8
				工业废气量（窑炉）	立方米/吨-产品	5500	旋风除尘+布袋除尘	5500
				工业废气量（工艺）	立方米/吨-产品	4000	旋风除尘+布袋除尘	4000
				烟尘	千克/吨-产品	6	旋风除尘+布袋除尘	0.6
				工业粉尘	千克/吨-产品	3	旋风除尘+布袋除尘	0.24
				二氧化硫	千克/吨-产品	1.7（冲天炉） 1.5（双联）	湿法除尘法	0.17
				HW36 危险废物（石棉废物）等	千克/吨-产品	2		
			≤15000 t/a	工业废水量	吨/吨-产品	0.75	物理+化学	0.75
				化学需氧量	克/吨-产品	850	物理+化学	110
				石油类	千克/吨-产品	165	物理+化学	6.6
				工业废气量（窑炉）	立方米/吨-产品	6000	旋风除尘+布袋除尘	6000
				工业废气量（工艺）	立方米/吨-产品	4200	旋风除尘+布袋除尘	4200
				烟尘	千克/吨-产品	6.5	旋风除尘+布袋除尘	0.68
				工业粉尘	千克/吨-产品	3.5	旋风除尘+布袋除尘	0.252
				二氧化硫	千克/吨-产品	1.7（冲天炉） 1.5（双联）	湿法除尘法	0.18
				HW36 危险废物（石棉废物）等	千克/吨-产品	2.5		

续表 3－19

产品名称	原料名称	工艺名称	规模等级	污染物指标	单位	产污系数	末端治理技术名称	排污系数
铸铁件	结构材料：生铁、废钢 工艺材料：黏土砂、树脂砂、涂料、石灰石、铁合金、硬化剂等	感应炉熔化—离心铸造—浇铸—清理—热处理—浸漆/刷漆	>15000 t/a	工业废水量	吨/吨－产品	0.7	物理＋化学	0.7
				化学需氧量	克/吨－产品	800	物理＋化学	100
				石油类	克/吨－产品	160	物理＋化学	6.2
				工业废气量（窑炉）	立方米/吨－产品	1000	旋风除尘＋布袋除尘	1000
				工业废气量（工艺）	立方米/吨－产品	3700	旋风除尘＋布袋除尘	3700
				烟尘	千克/吨－产品	0.5	旋风除尘＋布袋除尘	0.09
				工业粉尘	千克/吨－产品	3	旋风除尘＋布袋除尘	0.2
				HW36 危险废物（石棉废物）等	千克/吨－产品	2		
			≤15000 t/a	工业废水量	吨/吨－产品	0.75	物理＋化学	0.75
				化学需氧量	克/吨－产品	850	物理＋化学	108
				石油类	克/吨－产品	170	物理＋化学	7.2
				工业废气量（窑炉）	立方米/吨－产品	1100	旋风除尘＋布袋除尘	1100
				工业废气量（工艺）	立方米/吨－产品	3800	旋风除尘＋布袋除尘	3800
				烟尘	千克/吨－产品	0.6	旋风除尘＋布袋除尘	0.095
				工业粉尘	千克/吨－产品	3.2	旋风除尘＋布袋除尘	0.22
				HW36 危险废物（石棉废物）等	千克/吨－产品	2.5		

续表 3-19

产品名称	原料名称	工艺名称	规模等级	污染物指标	单位	产污系数	末端治理技术名称	排污系数
铸铁件	结构材料：生铁、废钢 工艺材料：树脂砂、涂料、石灰石、铁合金、硬化剂等	冲天炉熔化—树脂砂造型—浇铸—清理—热处理—浸漆/刷漆	所有规模	工业废水量	吨/吨-产品	0.7	物理+化学	0.7
				化学需氧量	克/吨-产品	900	物理+化学	104
				石油类	克/吨-产品	130	物理+化学	6.5
				工业废气量(窑炉)	立方米/吨-产品	5800	旋风除尘+布袋除尘	5800
				工业废气量(工艺)	立方米/吨-产品	3000	旋风除尘+布袋除尘	3000
				烟尘	千克/吨-产品	6.5	旋风除尘+布袋除尘	0.8
				工业粉尘	千克/吨-产品	20	旋风除尘+布袋除尘	0.28
				二氧化硫	千克/吨-产品	1.7	湿法除尘法	0.18
				HW36 危险废物(石棉废物)等	千克/吨-产品	2.5		
铸铝件	结构材料：铝锭、铝合金锭、铝中间合金锭 工艺材料：造型材料、精炼剂、变质剂等	燃气炉/感应炉熔化，黏土砂造型—浇铸—清理—热处理—浸漆/刷漆	所有规模	工业废水量	吨/吨-产品	2.5	物理+化学	2.5
				化学需氧量	克/吨-产品	2250	物理+化学	350
				石油类	克/吨-产品	350	物理+化学	20
				工业废气量(窑炉)	立方米/吨-产品	1250	旋风除尘+布袋除尘	1250
				工业废气量(工艺)	立方米/吨-产品	3800	旋风除尘+布袋除尘	3800
				烟尘	千克/吨-产品	1.6	旋风除尘+布袋除尘	0.17
				工业粉尘	千克/吨-产品	30	旋风除尘+布袋除尘	0.355
				HW36 危险废物(石棉废物)等	千克/吨-产品	10		

续表 3－19

产品名称	原料名称	工艺名称	规模等级	污染物指标	单位	产污系数	末端治理技术名称	排污系数
铸铝件	结构材料：铝锭、铝合金锭、铝中间合金锭 工艺材料：脱模剂（水性、醇性）、精炼剂、变质剂等	燃气炉/感应炉熔化，压铸/低压/金属型工艺—浇铸—清理—热处理—浸漆/刷漆	>5000 t/a	工业废水量	吨/吨－产品	3	物理＋化学	3
				化学需氧量	克/吨－产品	2500	物理＋化学	420
				石油类	克/吨－产品	630	物理＋化学	28
				工业废气量（窑炉）	立方米/吨－产品	1000	旋风除尘＋布袋除尘	1000
				工业废气量（工艺）	立方米/吨－产品	700	旋风除尘＋布袋除尘	700
				烟尘	千克/吨－产品	1.5	旋风除尘＋布袋除尘	0.14
				工业粉尘	千克/吨－产品	3	旋风除尘＋布袋除尘	0.088
				HW36 危险废物（石棉废物）等	千克/吨－产品	10		
			≤5000 t/a	工业废水量	吨/吨－产品	3.5	物理＋化学	3.5
				化学需氧量	克/吨－产品	3000	物理＋化学	500
				石油类	克/吨－产品	780	物理＋化学	33
				工业废气量（窑炉）	立方米/吨－产品	1100	旋风除尘＋布袋除尘	1100
				工业废气量（工艺）	立方米/吨－产品	800	旋风除尘＋布袋除尘	800
				烟尘	千克/吨－产品	2	旋风除尘＋布袋除尘	0.15
				工业粉尘	千克/吨－产品	3.5	旋风除尘＋布袋除尘	0.2
				HW36 危险废物（石棉废物）等	千克/吨－产品	10		

续表 3－19

产品名称	原料名称	工艺名称	规模等级	污染物指标	单位	产污系数	末端治理技术名称	排污系数
铸铝件	结构材料：铝锭、铝合金锭、铝中间合金锭工艺材料：脱模剂（水性、醇性）、精炼剂、变质剂等	燃煤（或焦炭）反射炉熔化，压铸/低压/金属型工艺—浇铸—清理—热处理—浸漆/刷漆	>5000 t/a	工业废水量	吨/吨－产品	3	物理＋化学	3
				化学需氧量	克/吨－产品	2600	物理＋化学	390
				石油类	克/吨－产品	680	物理＋化学	25
				工业废气量（窑炉）	立方米/吨－产品	3500	旋风除尘＋布袋除尘	3500
				工业废气量（工艺）	立方米/吨－产品	700	旋风除尘＋布袋除尘	700
				烟尘	千克/吨－产品	2.55	旋风除尘＋布袋除尘	0.24
				工业粉尘	千克/吨－产品	3	旋风除尘＋布袋除尘	0.088
				HW36 危险废物（石棉废物）等	千克/吨－产品	10		
			≤5000 t/a	工业废水量	吨/吨－产品	3.5	物理＋化学	3.5
				化学需氧量	克/吨－产品	3850	物理＋化学	480
				石油类	克/吨－产品	880	物理＋化学	32
				工业废气量（窑炉）	立方米/吨－产品	3800	旋风除尘＋布袋除尘	3800
				工业废气量（工艺）	立方米/吨－产品	2200	旋风除尘＋布袋除尘	2200
				烟尘	千克/吨－产品	3.4	旋风除尘＋布袋除尘	0.26
				工业粉尘	千克/吨－产品	3.5	旋风除尘＋布袋除尘	0.2
				HW36 危险废物（石棉废物）等	千克/吨－产品	10		

续表 3－19

产品名称	原料名称	工艺名称	规模等级	污染物指标	单位	产污系数	末端治理技术名称	排污系数
铸铝件	结构材料：铝锭、铝合金锭、铝中间合金锭 工艺材料：造型材料、精炼剂、变质剂等	燃煤（或焦炭）反射炉熔化，黏土砂造型—浇铸—清理—热处理—浸漆/刷漆	所有规模	工业废水量	吨/吨－产品	2.5	物理＋化学	2.5
				化学需氧量	克/吨－产品	2270	物理＋化学	340
				石油类	克/吨－产品	360	物理＋化学	21
				工业废气量（窑炉）	立方米/吨－产品	3800	旋风除尘＋布袋除尘	3800
				工业废气量（工艺）	立方米/吨－产品	3800	旋风除尘＋布袋除尘	3800
				烟尘	千克/吨－产品	2.72	旋风除尘＋布袋除尘	0.28
				工业粉尘	千克/吨－产品	30	旋风除尘＋布袋除尘	0.355
				HW36 危险废物（石棉废物）等	千克/吨－产品	10		
	结构材料：铝锭、铝合金锭、铝中间合金锭 工艺材料：造型材料、精炼剂、变质剂等	燃气炉/感应炉熔化，树脂砂造型—浇铸—清理—热处理—浸漆/刷漆	所有规模	工业废水量	吨/吨－产品	2.5	物理＋化学	2.5
				化学需氧量	克/吨－产品	2280	物理＋化学	340
				石油类	克/吨－产品	365	物理＋化学	22
				工业废气量（窑炉）	立方米/吨－产品	1050	旋风除尘＋布袋除尘	1050
				工业废气量（工艺）	立方米/吨－产品	3800	旋风除尘＋布袋除尘	3800
				烟尘	千克/吨－产品	1.6	旋风除尘＋布袋除尘	0.17
				工业粉尘	千克/吨－产品	15	旋风除尘＋布袋除尘	0.355
				HW36 危险废物（石棉废物）等	千克/吨－产品	10		

续表 3 – 19

产品名称	原料名称	工艺名称	规模等级	污染物指标	单位	产污系数	末端治理技术名称	排污系数
铸铝件	结构材料:铝锭、铝合金锭、铝中间合金锭 工艺材料:造型材料、精炼剂、变质剂等	燃煤(或焦炭)反射炉炉熔化,树脂砂造型—浇铸—清理—热处理—浸漆/刷漆	所有规模	工业废水量	吨/吨-产品	2.5	物理+化学	2.5
				化学需氧量	克/吨-产品	2255	物理+化学	345
				石油类	克/吨-产品	355	物理+化学	19
				工业废气量(窑炉)	立方米/吨-产品	3800	旋风除尘+布袋除尘	3800
				工业废气量(工艺)	立方米/吨-产品	3800	旋风除尘+布袋除尘	3800
				烟尘	千克/吨-产品	2.72	旋风除尘+布袋除尘	0.28
				工业粉尘	千克/吨-产品	15	旋风除尘+布袋除尘	0.355
				HW36 危险废物(石棉废物)等	千克/吨-产品	10		

1)生产非单一产品企业污染物产、排量核算，应分别核算各种产品的产、排污量后进行累加。

2)系数表中未涉及工艺的产、排污系数是在金属表面处理已专业化生产的前提下，对于表格中未涉及的工艺采取以下方法：

①当被核查企业的产品自有“阳极氧化工艺(含化学氧化工艺)”时，应先统计核算周期内阳极氧化件产量(按平方米计)，按照“3460 金属表面处理及热处理加工制造业产、排污系数表”给出的阳极氧化工艺查找相应的系数值，计算出阳极氧化件的产、排污量，在此基础上，再与依据本表核算的产品的产、排污量累加，即为该产品的产、排污总量。

②若因含有以上工艺而增加污染物的种类时，可根据实际情况补充完善。

3)其他需要说明的问题

①确定产品后，以“工艺”为主线，查找与该工艺及企业规模等级相对应的产、排污系数值。

②本表的“产品名称”，一般系指《统计上使用的产品分类目录中》6 位代码的产品；无特别指明，可认为包含了该代码下的所有具体产品。

③本手册只需考虑企业产品的产量，力求简单、清楚，易于使用。制定本手册时已充分考虑全国的平均水平，使用本手册计算得出的产、排污量可能与单个调查企业有一定出入。

④企业没有采用末端治理技术或未正常运转末端处理设备时，产品的产污系数与排污系数相等。

3.3.5 铁合金生产行业产、排污系数

铁合金行业产、排污系数表(表 3 -20)使用注意事项：

1)系数表中未涉及产品的产、排污系数

铁合金行业产品多、生产工艺复杂，一种产品可以由多种工艺生产。本手册已给出了主要铁合金产品按主流工艺生产的产、排污系数。从产能角度考虑，产品覆盖率已达到 95% 以上。对于铌铁、锆铁、钴铁等小类铁合金产品；硅钡合金、硅钙钡合金、硅钡铝合金、硅钙钡铝合金等复合铁合金以及用中频炉法生产的镍铁、钛铁、稀土硅铁、硅铝合金等的产、排污系数，可参照本手册已给出的同类工艺生产线选取，选取方法按类比生产线解释的办法执行。未覆盖产品及工艺产、排污系数类比表见表 3 -21。

表 3-20　铁合金行业产、排污系数表

产品名称	原料名称	工艺名称	规模等级	污染物指标	单位	产污系数	末端治理技术名称	排污系数
硅铁	硅石 焦炭 钢屑	矿热炉法	≥1 万 kV·A	工业废气量	标立方米/吨-硅铁	27053①	直排	27053
				工业粉尘	千克/吨-硅铁	55.59①	单筒旋风除尘法+过滤式除尘法	1.414
				二氧化硫	千克/吨-硅铁	0.125①	直排	0.125
				工业固体废物（冶炼废渣）	吨/吨-硅铁	0.013		
			<1 万 kV·A	工业废水量	吨/吨-硅铁	18②	沉淀分离（循环利用）	0
				化学需氧量	克/吨-硅铁	559.3②	沉淀分离（循环利用）	0
				工业废气量	标立方米/吨-硅铁	29335①	单筒旋风除尘法/单筒旋风除尘法/重力沉降法/过滤式除尘法	29335
				工业粉尘	千克/吨-硅铁	57.703①	单筒旋风除尘法+湿法除尘法	5.342
							单筒旋风除尘法+过滤式除尘法	1.483
							重力沉降法+湿法除尘法	6.121
							过滤式除尘法	1.558
				二氧化硫	千克/吨-硅铁	0.206①	其他烟气脱硫法（湿法洗涤）	0.143
							直排	0.206
				工业固体废物（冶炼废渣）	吨/吨-硅铁	0.014		

注：①矿热炉污染物指标；②湿法除尘废水污染物指标，若干法除尘，则直排生产废水。③矿热炉≥1 万 kV·A 的硅铁生产线若有湿法除尘水，其废水污染物产、排污系数参照矿热炉<1 万 kV·A 的硅铁生产线选取。

续表 3－20

产品名称	原料名称	工艺名称	规模等级	污染物指标	单位	产污系数	末端治理技术名称	排污系数
锰硅合金	锰矿（富锰渣）焦炭 硅石	矿热炉法	≥1 万 kV·A	工业废水量	吨/吨－锰硅	16①	沉淀分离	16
						12②	沉淀分离（循环利用）	0
				化学需氧量	克/吨－锰硅	825①	沉淀分离	508.4
						344.8②	沉淀分离（循环利用）	0
				挥发酚	克/吨－锰硅	2.5①	沉淀分离	1.4
				氰化物	克/吨－锰硅	55①	沉淀分离	38.7
				工业废气量	标立方米/吨－锰硅	1196③	单筒旋风除尘＋过滤式除尘法/湿法除尘法	1196
						24347④		24347
				工业粉尘	千克/吨－锰硅	54.397⑤	单筒旋风除尘＋过滤式除尘法	0.324③
								2.181④
							湿法除尘法	0.486③
								4.177④
				二氧化硫	千克/吨－锰硅	1.245⑤	其他烟气脱硫法（湿法洗涤）	0.697
							直排	1.245
				工业固体废物（冶炼废渣）	吨/吨－锰硅	1.249		

注：①封闭式矿热炉煤气净化回收洗涤水污染物指标，若该部分废水循环利用，其排污系数均取0；②冲渣水污染物指标，若直排冲渣水，此项废水污染物指标不统计；③封闭式矿热炉大气污染物指标；④半封闭式矿热炉大气污染物指标；⑤矿热炉（所有炉型）污染物指标。

说明：硅锰合金生产线存在封闭炉煤气净化回收工艺，煤气净化回收分干法和湿法，普查时应注意炉型和煤气净化回收工艺类别，产、排污系数指标应一一对应。

续表 3－20

产品名称	原料名称	工艺名称	规模等级	污染物指标	单位	产污系数	末端治理技术名称	排污系数
锰硅合金	锰矿（富锰渣）焦炭 硅石	矿热炉法	<1 万 kV·A	工业废水量	吨/吨－锰硅	17①	沉淀分离(循环利用)	0
						13②	沉淀分离	13
				化学需氧量	克/吨－锰硅	859.9①	沉淀分离(循环利用)	0
						494.8②	沉淀分离	357.7
				工业废气量	标立方米/吨－锰硅	26912③	过滤式除尘法/湿法除尘法/单筒旋风除尘法	26912
				工业粉尘	千克/吨－锰硅	62.127③	过滤式除尘法	2.231
							湿法除尘法	4.365
							单筒旋风除尘法	5.269
				二氧化硫	千克/吨－锰硅	1.6③	其他烟气脱硫法(湿法洗涤)	0.972
							直排	1.6
				工业固体废物（冶炼废渣）	吨/吨－锰硅	1.328	综合利用	
硅钙合金	硅石 焦炭 石灰	矿热炉法	所有规模	工业废水量	吨/吨－硅钙	14①	沉淀分离(循环利用)	0
				化学需氧量	克/吨－硅钙	937.3①	沉淀分离(循环利用)	0
				工业废气量	标立方米/吨－硅钙	30723③	单筒旋风除尘＋过滤式除尘法/湿法除尘法	30723
				工业粉尘	千克/吨－硅钙	53.985③	单筒旋风除尘＋过滤式除尘法	2.124
							湿法除尘法	9.283
				二氧化硫	千克/吨－硅钙	0.937③	其他烟气脱硫法(湿法洗涤)	0.615
							直排	0.937
				工业固体废物（冶炼废渣）	吨/吨－硅钙	0.729		

注：①湿法除尘废水污染物指标；②冲渣水污染物指标，若该部分废水循环利用，其排污系数均取0；③矿热炉污染物指标。

续表 3－20

产品名称	原料名称	工艺名称	规模等级	污染物指标	单位	产污系数	末端治理技术名称	排污系数
高碳锰铁	锰矿 焦炭	高炉法	≥150 m^3	工业废水量	吨/吨－高碳锰铁	36①	沉淀分离	36
						12②	沉淀分离（循环利用）	0
				化学需氧量	克/吨－高碳锰铁	1087.9①	沉淀分离	652.7
						365②	沉淀分离（循环利用）	0
				挥发酚	克/吨－高碳锰铁	17①	沉淀分离	11.9
				氰化物	克/吨－高碳锰铁	405.8①	沉淀分离	324.6
				工业废气量	标立方米/吨－高碳锰铁	4650③	单筒旋风除尘法/过滤式除尘法/湿法除尘法	4650
						2305④		2305
				烟尘	千克/吨－高碳锰铁	66.983③	单筒旋风除尘法＋过滤式除尘法	0.33
							过滤式除尘法	0.553
							湿法除尘法	0.652
						0.095④	直排	0.095
				二氧化硫	千克/吨－高碳锰铁	0.811③	其他烟气脱硫法（湿法洗涤）	0.488
							直排	0.811
						0.115④	直排	0.115
				氮氧化物	千克/吨－高碳锰铁	0.228④	直排	0.228
				工业固体废物（冶炼废渣）	吨/吨－高碳锰铁	1.523		

注：①煤气净化洗涤水污染物指标，若该部分废水循环利用，其排污系数均取0，若干法净化，则此项废水污染物指标不统计；②冲渣水污染物指标；③高炉污染物指标；④热风炉污染物指标。

续表 3-20

产品名称	原料名称	工艺名称	规模等级	污染物指标	单位	产污系数	末端治理技术名称	排污系数
高碳锰铁	锰矿 焦炭	高炉法	<150 m^3	工业废水量	吨/吨-高碳锰铁	38①	沉淀分离	38
						13②	沉淀分离(循环利用)	0
				化学需氧量	克/吨-高碳锰铁	1289.3①	沉淀分离	758.3
						654.8②	沉淀分离(循环利用)	0
				挥发酚	克/吨-高碳锰铁	20.5①	沉淀分离	14.3
				氰化物	克/吨-高碳锰铁	435.6①	沉淀分离	348.4
				工业废气量	标立方米/ 吨-高碳锰铁	4758③	过滤式除尘法/湿法除尘法	4758
						2503④		2503
				烟尘	千克/吨-高碳锰铁	72.631③	过滤式除尘法	0.649
							湿法除尘法	0.829
						0.132④	直排	0.132
				二氧化硫	千克/吨-高碳锰铁	1.06③	其他烟气脱硫法(湿法洗涤)	0.611
							直排	1.06
						0.165④	直排	0.165
				氮氧化物	千克/吨-高碳锰铁	0.388④	直排	0.388
				工业固体废物(冶炼废渣)	吨/吨-高碳锰铁	2.073		

注：①煤气净化洗涤水污染物指标；②冲渣水污染物指标；③高炉污染物指标；④热风炉污染物指标。废水污染物产、排污系数选取原则同表 3-19。

续表 3－20

产品名称	原料名称	工艺名称	规模等级	污染物指标	单位	产污系数	末端治理技术名称	排污系数
高碳锰铁	锰矿 焦炭 石灰	矿热炉法	≥1 万 kV·A	工业废水量	吨/吨－高碳锰铁	15①	沉淀分离	15
						14②	沉淀分离(循环利用)	0
				化学需氧量	克/吨－高碳锰铁	1277.8①	沉淀分离	978
						849.1②	沉淀分离(循环利用)	0
				挥发酚	克/吨－高碳锰铁	25①	沉淀分离	20.6
				氰化物	克/吨－高碳锰铁	550①	沉淀分离	385.8
				工业废气量	标立方米/ 吨－高碳锰铁	1280③	单筒旋风除尘＋过滤式除尘法 /湿法除尘法	1280③
						27821④		27821④
				工业粉尘	千克/吨－ 高碳锰铁	62.537⑤	单筒旋风除尘＋过滤式除尘法	0.357③
								2.157④
							湿法除尘法	0.448③
								4.848④
				二氧化硫	千克/吨－ 高碳锰铁	0.46⑤ (0.166～0.95)⑤	其他烟气脱硫法(湿法洗涤)	0.322 (0.116～0.665)
							直排	0.46 (0.166～0.95)
				工业固体废物 (冶炼废渣)	吨/吨－ 高碳锰铁	1.425		

注：①封闭炉煤气净化洗涤水污染物指标，若该部分废水循环利用，其排污系数均取0；②冲渣水污染物指标；③封闭炉大气污染物指标；④半封闭炉大气污染物指标；⑤矿热炉(所有炉型)污染物指标。说明：高碳锰铁生产线存在封闭炉煤气净化回收工艺，煤气净化回收分干法和湿法，普查时应注意炉型和煤气净化回收工艺类别，产、排污系数指标应一一对应。二氧化硫产、排污系数用区间值表示，取值原则为：原材料含硫量小于0.5%、在0.5%～1.5%之间、大于1.5%，产、排污系数分别取下限、加权平均值、上限。

续表 3-20

产品名称	原料名称	工艺名称	规模等级	污染物指标	单位	产污系数	末端治理技术名称	排污系数
高碳锰铁	锰矿 焦炭 石灰	矿热炉法	<1 万 kV·A	工业废气量	标立方米/吨-高碳锰铁	36565①	过滤式除尘法	36565
				工业粉尘	千克/吨-高碳锰铁	74.497①	过滤式除尘法	2.451
				二氧化硫	千克/吨-高碳锰铁	1.237①	直排	1.237
				固体废物（冶炼废渣）	吨/吨-高碳锰铁	1.433	综合利用	
中低碳锰铁	锰矿 硅锰合金 石灰	电硅热法	所有规模	工业废水量	吨/吨-中低碳锰铁	14②	沉淀分离	14
				化学需氧量	克/吨-中低碳锰铁	631.2②	沉淀分离	498.9
				工业废气量	标立方米/吨-中低碳锰铁	15873③	单筒旋风除尘法/湿法除尘法/过滤式除尘法	15873
				工业粉尘	千克/吨-中低碳锰铁	39.373③	单筒旋风除尘法	6.815
							湿法除尘法	4.154
							过滤式除尘法	1.256
				二氧化硫	千克/吨-中低碳锰铁	0.459③	其他烟气脱硫法（湿法洗涤）	0.279
							直排	0.459
				固体废物（冶炼废渣）	吨/吨-中低碳锰铁	1.66		

注：①矿热炉污染物指标；②湿法除尘废水污染物指标，若该部分废水循环利用，其排污系数均取0；③精炼炉污染物指标。

续表 3－20

产品名称	原料名称	工艺名称	规模等级	污染物指标	单位	产污系数	末端治理技术名称	排污系数
中低碳锰铁	锰矿 硅锰合金 石灰	摇炉－电炉法	所有规模	工业废气量	标立方米/吨－中低碳锰铁	11056①	直排	11056
				工业粉尘	千克/吨－中低碳锰铁	34.647①	过滤式除尘法	1.008
				二氧化硫	千克/吨－中低碳锰铁	0.401①	直排	0.401
				工业固体废物（冶炼废渣）	吨/吨－中低碳锰铁	1.175	综合利用	
富锰渣	锰矿 焦炭	高炉法	所有规模	工业废气量	标立方米/吨－富锰渣	4305②	重力沉降法/单筒旋风除尘法/过滤式除尘法	4305
						2877③	直排	2877
				烟尘	千克/吨－富锰渣	78.866②	重力沉降法＋单筒旋风除尘法	3.69
							重力沉降法＋过滤式除尘法	0.247
						1.317③	直排	1.317
				二氧化硫	千克/吨－富锰渣	1.098②	直排	1.098
						1.117③	直排	1.117
		矿热炉法	所有规模	工业废气量	标立方米/吨－富锰渣	32496④	过滤式除尘法	32496
				工业粉尘	千克/吨－富锰渣	82.748④	过滤式除尘法	2.219
				二氧化硫	千克/吨－富锰渣	1.314④	直排	1.314
氮化锰	中低碳锰铁 氮气	真空电阻炉法	所有规模	工业废气量	标立方米/吨－氮化锰	3101⑤	过滤式除尘法	3101
				工业粉尘	千克/吨－氮化锰	3.43⑤	过滤式除尘法	0.17

注：①电炉污染物指标；②高炉污染物指标；③热风炉污染物指标；④矿热炉污染物指标；⑤电阻炉污染物指标。

续表 3-20

产品名称	原料名称	工艺名称	规模等级	污染物指标	单位	产污系数	末端治理技术名称	排污系数
高碳铬铁	铬矿 焦炭 硅石	矿热炉法	≥1 万 kV·A	工业废水量	吨/吨－高碳铬铁	21①	沉淀分离	21
						12②	沉淀分离(循环利用)	0
				化学需氧量	克/吨－高碳铬铁	1387.9①	沉淀分离	741.4
						1046.8②	沉淀分离(循环利用)	0
				挥发酚	克/吨－高碳铬铁	15.3①	沉淀分离	12.2
				六价铬	克/吨－高碳铬铁	99.5①	沉淀分离	86
						57.9②	沉淀分离(循环利用)	0
				氰化物	克/吨－高碳铬铁	642.5①	沉淀分离	511.9
				工业废气量	标立方米/吨－高碳铬铁	1860③	单筒旋风除尘＋过滤式除尘法/湿法除尘法	1860
						25857④		25857
				工业粉尘	千克/吨－高碳铬铁	56.426⑤	单筒旋风除尘＋过滤式除尘法	0.288③
								0.788④
							湿法除尘法	0.442③
								1.548④
				二氧化硫	千克/吨－高碳铬铁	1.273⑤ (0.287～2.319)⑤	其他烟气脱硫法(湿法洗涤)	0.169 (0.23～1.391)
							直排	1.273 (0.287～2.319)
				工业固体废物(冶炼废渣)(含铬废物)	吨/吨－高碳铬铁	1.285		

注：①封闭炉煤气净化洗涤水污染物指标，若该部分废水循环利用，其排污系数均取0；②冲渣水污染物指标；③封闭式矿热炉污染物指标；④半封闭式矿热炉污染物指标；⑤矿热炉(所有炉型)污染物指标。

说明：高碳铬铁生产线存在封闭炉煤气净化回收工艺，煤气净化回收分干法和湿法，普查时应注意炉型和煤气净化回收工艺类别，产、排污系数指标应一一对应。

二氧化硫产、排污系数用区间值表示，取值原则为：原材料含硫量小于0.5%、在0.5%～1.5%之间、大于1.5%，产、排污系数分别取下限、加权平均值、上限。

续表 3 – 20

产品名称	原料名称	工艺名称	规模等级	污染物指标	单位	产污系数	末端治理技术名称	排污系数
高碳铬铁	铬矿 焦炭 硅石	矿热炉法	<1 万 kV·A	工业废气量	标立方米/吨 – 高碳铬铁	30315①	单筒旋风除尘法/过滤式除尘法	30315
				工业粉尘	千克/吨 – 高碳铬铁	62.285①	单筒旋风除尘法 + 过滤式除尘法	1.209
							过滤式除尘法	1.483
				二氧化硫	千克/吨 – 高碳铬铁	1.377① (1.096 ~ 1.81)①	直排	1.377 (1.096 ~ 1.81)
				HW20 危险废物（含铬废物）	吨/吨 – 高碳铬铁	1.709		
中低碳铬铁	铬矿 石灰 硅铬	电硅热法	所有规模	工业废气量	标立方米/吨 – 中低碳铬铁	22880②	过滤式除尘法	22880
				工业粉尘	千克/吨 – 中低碳铬铁	41.198②	过滤式除尘法	0.835
				二氧化硫	千克/吨 – 中低碳铬铁	0.342②	直排	0.342
				HW20 危险废物（含铬废物）	吨/吨 – 中低碳铬铁	1.53		
微碳铬铁	铬矿 石灰 硅铬	电硅热法	所有规模	工业废气量	标立方米/吨 – 微碳铬铁	25967②	过滤式除尘法	25967
				工业粉尘	千克/吨 – 微碳铬铁	37.523②	过滤式除尘法	1.768
				二氧化硫	千克/吨 – 微碳铬铁	0.325②	直排	0.325
				HW20 危险废物（含铬废物）	吨/吨 – 微碳铬铁	1.525		

注：①矿热炉污染物指标；②精炼炉污染物指标。

说明：二氧化硫产、排污系数用区间值表示，取值原则为：原材料含硫量小于0.5%、在0.5% ~1.5%之间、大于1.5%，产、排污系数分别取下限、加权平均值、上限。

续表 3-20

产品名称	原料名称	工艺名称	规模等级	污染物指标	单位	产污系数	末端治理技术名称	排污系数
硅铬铁	硅石 焦炭 碳铬	矿热炉法	所有规模	工业废气量	标立方米/吨-硅铬铁	40253①	过滤式除尘法	40253
				工业粉尘	千克/吨-硅铬铁	40.967①	过滤式除尘法	1.858
				二氧化硫	千克/吨-硅铬铁	1.059①	直排	1.059
				工业固体废物（冶炼废渣）	吨/吨-硅铬铁	0.076	综合利用	
氮化铬	高碳铬铁 氮气	真空电阻炉法	所有规模	工业废气量	标立方米/吨-氮化铬	5785②	过滤式除尘法	5785
				工业粉尘	千克/吨-氮化铬	3.417②	过滤式除尘法	0.298
钨铁	钨精矿 硅铁 焦炭	积块法	所有规模	工业废气量	标立方米/吨-钨铁	21827③	过滤式除尘法	21827
				工业粉尘	千克/吨-钨铁	39.469③	单筒旋风除尘法+过滤式除尘法	1.544
				二氧化硫	千克/吨-钨铁	1.438③	直排	1.438
				工业固体废物（冶炼废渣）	吨/吨-钨铁	0.704		
钼铁	钼精矿 硅铁粉 铝粒	焙烧+铝热法	所有规模	工业废水量	吨/吨-钼铁	234	中和法+沉淀分离	0
				化学需氧量	克/吨-钼铁	1799.4	中和法+沉淀分离	0
				工业废气量	标立方米/吨-吨钼铁	21657④	过滤式除尘法	21657
						2605⑤		2605
						17155⑥		17155
				烟尘	千克/吨-钼铁	33.893④	过滤式除尘法	2.408

注：①矿热炉污染物指标；②电阻炉污染物指标；③精炼电炉污染物指标；④焙烧窑污染物指标；⑤熔炼炉污染物指标；⑥工艺过程污染物指标。

续表 3－20

产品名称	原料名称	工艺名称	规模等级	污染物指标	单位	产污系数	末端治理技术名称	排污系数
钼铁	钼精矿 硅铁粉 铝粒	焙烧＋ 铝热法	所有规模	工业粉尘	千克/吨－钼铁	56.177①	过滤式除尘法	0.443
						6.427②	过滤式除尘法	1.058
				二氧化硫	千克/吨－钼铁	83.356③	烟气脱硫法	13.244
						0.904①	直排	0.904
				氮氧化物	千克/吨－钼铁	3.965③	直排	3.965
				工业固体废物（冶炼废渣）	吨/吨－钼铁	0.396		
钒铁	五氧化二钒 硅铁 铝粒	焙烧＋ 电硅热法	所有规模	工业废水量	吨/吨－钒铁	40	还原中和＋蒸发浓缩	0
				化学需氧量	克/吨－钒铁	1813.8	还原中和＋蒸发浓缩	0
				六价铬	克/吨－钒铁	352.8	还原中和＋蒸发浓缩	0
				工业废气量	标立方米/吨－钒铁	30552③	静电除尘法/过滤式除尘法	30552
						23479④		23479
						18936②		18936
				烟尘	千克/吨－钒铁	51.012③	静电除尘法	2.605

注：①熔炼炉污染物指标；②工艺过程污染物指标；③焙烧窑污染物指标；④精炼炉污染物指标。

续表 3-20

产品名称	原料名称	工艺名称	规模等级	污染物指标	单位	产污系数	末端治理技术名称	排污系数
钒铁	五氧化二钒 硅铁 铝粒	焙烧+ 电硅热法	所有规模	工业粉尘	千克/吨-钒铁	39.723①	过滤式除尘法	1.547
						35.747②	过滤式除尘法	2.079
				二氧化硫	千克/吨-钒铁	25.455③	直排	25.455
				氮氧化物	千克/吨-钒铁	2.204③	直排	2.204
				工业固体废物（冶炼废渣）	吨/吨-钒铁	4.759		
钛铁	钛精矿 硅铁粉 铁矿粉 铝粒	焙烧+ 铝热法	所有规模	工业废气量	标立方米/吨-钛铁	21763③	过滤式除尘法	21763
						3268④		3268
						14944②		14944
				烟尘	千克/吨-钛铁	39.862③	过滤式除尘法	1.583
				工业粉尘	千克/吨-钛铁	41.274④	过滤式除尘法	0.496
						15.191②	过滤式除尘法	1.317
				二氧化硫	千克/吨-钛铁	5.746③	直排	5.746
				氮氧化物	千克/吨-钛铁	2.241③	直排	2.241
				工业固体废物（冶炼废渣）	吨/吨-钛铁	1.131		

注：①精炼炉污染物指标；②工艺过程污染物指标；③焙烧窑污染物指标；④熔炼炉污染物指标。

续表 3 - 20

产品名称	原料名称	工艺名称	规模等级	污染物指标	单位	产污系数	末端治理技术名称	排污系数
磷铁	磷灰石 钢屑 硅石	矿热炉法	所有规模	工业废水量	吨/吨 - 磷铁	23①	沉淀分离	6
				化学需氧量	克/吨 - 磷铁	590.9①	沉淀分离	161.4
				工业废气量	标立方米/吨 - 磷铁	1355②	直排	1355
				工业粉尘	千克/吨 - 磷铁	38.625②	湿法除尘法	0.158
				二氧化硫	千克/吨 - 磷铁	0.673②	其他烟气脱硫法（湿法洗涤）	0.45
				工业固体废物（冶炼废渣）	吨/吨 - 磷铁	1.304		
硼铁	硼酸 铝粒 铁鳞	铝热法	所有规模	工业废气量	标立方米/吨 - 硼铁	7245③	过滤式除尘法	7563
						867④		867
						13917⑤		13917
				烟尘	千克/吨 - 硼铁	31.982③	过滤式除尘法	0.681
				工业粉尘	千克/吨 - 硼铁	47.402④	过滤式除尘法	0.197
						8.611⑤	过滤式除尘法	0.801

注：①湿法除尘水污染物指标，若该部分废水循环利用，其排污系数均取0；②矿热炉污染物指标；③反射炉污染物指标；④熔炼炉污染物指标；⑤工艺过程污染物指标。

续表 3－20

产品名称	原料名称	工艺名称	规模等级	污染物指标	单位	产污系数	末端治理技术名称	排污系数
硼铁	硼酸 铝粒 铁鳞	铝热法	所有规模	二氧化硫	千克/吨－硼铁	1.094①	直排	1.094
				氮氧化物	千克/吨－硼铁	0.521①	直排	0.521
				工业固体废物（冶炼废渣）	吨/吨－硼铁	1.311		
镍铁	镍矿 氧化钙 焦炭	矿热炉法	所有规模	工业废水量	吨/吨－镍铁	17②	沉淀分离	17
				化学需氧量	克/吨－镍铁	1630.3②	沉淀分离	882.6
				工业废气量	标立方米/吨－镍铁	23321③	单筒旋风除尘法＋过滤式除尘法	23321
				工业粉尘	千克/吨－镍铁	75.08③	单筒旋风除尘法＋过滤式除尘法	1.835
				二氧化硫	千克/吨－镍铁	1.377③	直排	1.377
				工业固体废物（冶炼废渣）	吨/吨－镍铁	1.658		
硅铝合金	铝土矿 硅石 焦炭	矿热炉法	所有规模	工业废气量	标立方米/吨－硅铝合金	31869③	直排	31869
				工业粉尘	千克/吨－硅铝合金	42.077③	单筒旋风除尘法＋过滤式除尘法	2.175
				二氧化硫	千克/吨－硅铝合金	0.916③	直排	0.916
				工业固体废物（冶炼废渣）	吨/吨－硅铝合金	0.239		

注：①反射炉污染物指标；②冲渣水污染物指标，若该部分废水循环利用，其排污系数均取0；③矿热炉污染物指标。

续表 3－20

产品名称	原料名称	工艺名称	规模等级	污染物指标	单位	产污系数	末端治理技术名称	排污系数
铝锰合金	废钢 中碳锰铁 铝锭	中频炉法	所有规模	工业废水量	吨/吨－铝锰合金	9①	沉淀分离(循环利用)	0
				化学需氧量	克/吨－铝锰合金	273.8①	沉淀分离(循环利用)	0
				工业废气量	标立方米/吨－铝锰合金	7046②	单筒旋风除尘法＋湿法除尘法/过滤式除尘法	7046
				工业粉尘	千克/吨－铝锰合金	11.631②	单筒旋风除尘法＋湿法除尘法	1.678
							过滤式除尘法	0.779
				工业固体废物（冶炼废渣）	吨/吨－铝锰合金	0.009		
稀土硅镁	硅铁 稀土 金属镁	中频炉法	所有规模	工业废水量	吨/吨－稀土硅镁	7①	沉淀分离(循环利用)	0
				化学需氧量	克/吨－稀土硅镁	215.4①	沉淀分离(循环利用)	0
				工业废气量	标立方米/吨－稀土硅镁	5668②	单筒旋风除尘法/过滤式除尘法/湿法除尘法	5668
				工业粉尘	千克/吨－稀土硅镁	12.808②	单筒旋风除尘法＋过滤式除尘法	0.535
							单筒旋风除尘法＋湿法除尘法	1.785
				工业固体废物（冶炼废渣）	吨/吨－稀土硅镁	0.008		

注：①湿法除尘废水污染物指标；②中频炉污染物指标。

续表 3-20

产品名称	原料名称	工艺名称	规模等级	污染物指标	单位	产污系数	末端治理技术名称	排污系数
稀土硅铁	硅铁 稀土富渣 石灰	电硅热法	所有规模	工业废水量	吨/吨-稀土硅铁	11①	沉淀分离(循环利用)	0
				化学需氧量	克/吨-稀土硅铁	1635.9①	沉淀分离(循环利用)	0
				工业废气量	标立方米/吨-稀土硅铁	18087②	单筒旋风除尘法/过滤式除尘法/湿法除尘法	18087
				工业粉尘	千克/吨-稀土硅铁	46.559②	单筒旋风除尘法+湿法除尘法	5.744
							单筒旋风除尘法+过滤式除尘法	1.312
				工业固体废物(冶炼废渣)	吨/吨-稀土硅铁	1.41		
铁合金粉末	铁合金成品	破碎法	所有规模	工业废水量	吨/吨-铁合金粉末	18①	沉淀分离(循环利用)	0
				化学需氧量	克/吨-铁合金粉末	365.5①	沉淀分离(循环利用)	0
				工业废气量	标立方米/吨-铁合金粉末	18561③	直排	18561
				工业粉尘	千克/吨-铁合金粉末	33.136③	单筒旋风除尘法+湿法除尘法	3.621
工业硅	硅石 碳质还原剂	矿热炉法	所有规模	工业废气量	标立方米/吨-工业硅	74670④	单筒旋风除尘法+过滤式除尘法	74670
				工业粉尘	千克/吨-工业硅	298.6④	单筒旋风除尘法+过滤式除尘法	5.97
				工业固体废物(冶炼废渣)	吨/吨-工业硅	1.23		

注：①湿法除尘废水污染物指标；②电弧炉污染物指标；③工艺过程污染物指标；④矿热炉污染物指标。

续表 3－20

产品名称	原料名称	工艺名称	规模等级	污染物指标	单位	产污系数	末端治理技术名称	排污系数
金属铬	铬矿 纯碱 白云石 铝锭	铝热法	所有规模	工业废水量	吨/吨－金属铬	90	化学沉淀法	90
				六价铬	克/吨－金属铬	4950	化学沉淀法	30
				工业废气量	标立方米/吨－金属铬	254000①	电除尘法	254000
						62200②	过滤式除尘法	62200
				工业粉尘	千克/吨－金属铬	190①	电除尘法	20.5
						112②		3.73
				二氧化硫	千克/吨－金属铬	2.03①	直排	2.03
						0.765②	直排	0.765
				HW21 危险废物（铬渣）	吨/吨－金属铬	2.724		
金属锰	菱锰矿粉 硫酸 二氧化锰	电解法	所有规模	工业废水量	吨/吨－金属锰	3	化学沉淀法＋过滤法	3
				化学需氧量	克/吨－金属锰	540	化学沉淀法＋过滤法	135
				氨氮	克/吨－金属锰	174	化学沉淀法＋过滤法	70.8
				石油类	克/吨－金属锰	3	化学沉淀法＋过滤法	0.96
				六价铬	克/吨－金属锰	2.8	化学沉淀法＋过滤法	0.63
				工业废气量	标立方米/吨－金属锰	2500③	吸收法	2500
				工业粉尘	千克/吨－金属锰	0.46③	吸收法	0.087
				工业固体废物	吨/吨－金属锰	5		

注：①干燥窑＋焙烧窑＋煅烧窑污染物指标；②熔炼炉污染物指标。

表 3-21　未覆盖生产线产、排污系数类比表

产品	原料	工艺	规模	类比组合
镍铁	废镍、钢屑	中频炉	所有规模	中频炉法铝锰合金
钛铁	废纯钛、钢屑	中频炉	所有规模	中频炉法铝锰合金
铌铁	氧化铌、铁矿石、铝粒、石灰	铝热法	所有规模	铝热法硼铁
锆铁	锆精矿、石英、木炭(焦炭)	矿热炉	所有规模	矿热炉法镍铁
钴铁	含钴氧化矿、石灰、焦炭	矿热炉	所有规模	矿热炉法镍铁
稀土硅铁	硅铁、稀土合金	中频炉	所有规模	中频炉法稀土硅镁
硅铝合金	硅铁、铝锭	中频炉	所有规模	中频炉法铝锰合金
硅钡合金	硅石、碳酸钡矿、焦炭、钢屑	矿热炉	所有规模	硅铁(<1 万 kV·A)
硅钙钡合金	硅石、重晶石、焦炭、石灰	矿热炉	所有规模	硅铁(<1 万 kV·A)
硅钡铝合金	硅石、铝矿石、钡矿	矿热炉	所有规模	硅铁(<1 万 kV·A)
硅钙钡铝合金	硅石、铝矿石、生石灰、钡矿	矿热炉	所有规模	硅铁(<1 万 kV·A)

2)工况未达到 75% 负荷的企业污染物产、排量核算

本手册给出的产、排污系数均是针对工况达到 75% 以上负荷的生产线，对于工况未达到 75% 负荷的生产线(或企业)，按该生产线(或企业)的实际生产能力核定生产规模，以核定的实际生产规模类比同一组合下规模对应的生产线，选取产、排污系数。

3)生产非单一产品企业污染物产、排量核算

目前，铁合金产品和生产工艺众多，先进生产工艺和落后生产工艺共存，生产设备及规模大小不一。同一铁合金企业存在生产不同产品和同一产品在不同规模生产线下生产的情况，在大中型企业这一现象较普遍。普查时应以产品结构为重点，根据生产工艺和规模进行统计。尤其是对拥有不同产品生产线和不同生产规模的铁合金企业，应按产品生产线和生产规模分别统计污染物的产生量和排放量。

4)无组织排放的说明

本行业无组织排放现象较严重，已编制了无组织排放评估报告。本手册系数表单只给出了有组织排放污染物的产、排污系数，不包括无组织排放污染物的产、排污系数。

铁合金行业无组织排放的主要污染物是粉尘，其次是二氧化硫。产污环节主要在原料破碎、转运、配料、出铁口以及工业炉窑烟气外溢等环节。铁合金行业无组织排放主要产污环节及产污系数见表 3－22。

表 3－22　铁合金行业无组织排放主要产污环节及产污系数/(kg·t^{-1}－产品)

指标	原料破碎、转运、配料	高炉、矿热炉出铁口	炉窑烟气外溢
粉尘	5.614～21.135	2.078～19.377	4.315～17.484
二氧化硫	—	—	0.256

①若企业购进原料粒度基本符合冶炼要求，无须大量破碎、皮带转运过程，配料有半密闭条件，其粉尘无组织排放系数取下限；企业购进原料需大量破碎，破碎设备无除尘装置，转运、配料密闭条件差，其粉尘无组织排放系数取上限；其他按平均值选取。

②出铁口有侧吸罩，且抽吸条件较好的，粉尘无组织排放系数取下限；出铁口有防尘措施，如挡板、半密闭，或有侧吸罩，但抽风条件较差，粉尘无组织排放系数取平均值；出铁口无任何防尘措施，粉尘无组织排放系数取上限。

③冶炼炉窑烟气外溢粉尘无组织排放：中频炉、矮烟罩矿热炉取下限；精炼炉取平均值；其他矿热炉、熔炼炉取上限。

④普查时，普查员可根据企业具体情况，如除尘设施维护较好、运行率较高，产尘点密闭措施适当等本说明未提及的情况，对产污系数可在30%范围内自行调节。

5）工业炉窑污染物与工艺过程污染物说明

铁合金行业是以工业炉窑为主体生产设备的行业，工艺过程大气污染物大多为无组织排放。本手册所给定的产、排污系数，除已标注“工艺过程”的组合之外，其他大气污染物均为工业炉窑产、排污系数。

6）生产规模等级说明

铁合金产品主要由高炉、矿热炉、精炼炉等工业炉窑生产，矿热炉产品量约占本行业产品总量的80%～90%。本手册仅对高炉和矿热炉生产工艺进行了规模等级划分。高炉生产工艺划分成两种规模等级：“≥150 m^3”和“<150 m^3”；矿热炉生产工艺也划分为两种规模等级：“≥1 万 kV·A”和“<1 万 kV·A”；其他生产工艺不分规模等级。本手册给出的规模等级仅指生产线的规模等级，不代表企业的生产规模等级，普查时应加以区别。

7）存在的特殊情况与处理办法

①铁合金行业冲渣水和湿法除尘水大多循环利用，废水循环利用率大于

95%。本手册给出了部分组合的废水排放系数，在普查中，若企业冲渣水和湿法除尘水循环利用，则与之对应的组合废水及污染因子排放系数均取0；若企业无冲渣水和湿法除尘废水，则此部分废水产、排污指标不统计。

②当前铁合金行业废气治理的主要方法是过滤式除尘法，部分企业用湿法除尘和单筒旋风除尘。本手册中组合的末端治理技术是根据现场调查所得到的，基本代表了目前的行业现状。若普查中，企业用湿法除尘，而本手册对应组合未给出产、排污系数，则按如下办法处理：以生产工艺为主线，矿热炉法生产工艺均参照硅铁(<1 万 kV·A)湿法除尘废水污染物指标选取；电硅热法生产工艺均参照电硅热法中低碳锰铁湿法除尘废水污染物指标选取；高炉法生产工艺均参照高炉法高碳锰铁($<150\ m^3$)湿法除尘废水污染物指标选取。

③锰硅合金、高碳锰铁、高碳铬铁(≥1 万 kV·A)等生产线存在封闭式矿热炉煤气净化回收工艺，煤气净化回收分干法和湿法，矿热炉废气主要是指“荒煤气”，与半封闭式矿热炉废气量相比相差十余倍。不同炉型以及煤气净化方法不同，对应的粉尘排放量也不同。本手册系数表中，对有封闭炉和半封闭炉的生产线，已分别给出了封闭炉和半封闭炉的大气污染物产、排污系数；对干法和湿法两种煤气净化回收工艺，也分别给出了粉尘排放系数。普查时应注意区别矿热炉炉型和煤气净化回收工艺，对于封闭炉，在对应的系数表中全部选用封闭炉指标；对于半封闭炉，在对应的系数表中全部选用半封闭炉指标。并注意与煤气净化回收工艺相对应。未标注炉型的大气污染物指标，适用所有炉型。

④由于不同的原材料含硫率差别较大，使得部分组合 SO_2 排放浓度有较大差异，对这类组合 SO_2 产排放系数采用区间值表达更为合适。手册中当 SO_2 采用区间值表达时，取值原则为：原材料含硫量小于0.5%、在0.5% ~1.5%之间、大于1.5%时，对应的二氧化硫产、排污系数分别取下限、加权平均值、上限。

3.4　有色冶金污染物排放系数

3.4.1　铜冶炼行业产、排污系数

铜冶炼行业产、排污系数表(表3 -23)使用注意事项：

1)系数表中未涉及产品的产、排污系数

①本手册未涉及使用反射炉、小电炉以及沸腾炉等设备进行熔炼的企业。使用这些工艺的铜冶炼企业可参照鼓风炉熔炼组合产、排污系数，并根据其生产原料，使用相应系数表中产、排污系数进行核算。

②对于产品为铜锍的企业，应将铜锍产品量折算为铜金属量，再使用本手册所提供相应产、排污系数计算企业产、排污量。

表 3－23　铜冶炼行业产、排污系数

产品名称	原料名称	工艺名称	规模等级	污染物指标	单位	产污系数	末端治理技术名称	排污系数
精炼铜（阴极铜）	铜精矿[①]	闪速熔炼—吹炼—火法精炼—电解精炼	所有规模	工业废水量	吨/吨－产品	24.65	中和法＋化学沉淀法	24.33
				化学需氧量	克/吨－产品	5456	中和法＋化学沉淀法	1496
				镉	克/吨－产品	125.1	中和法＋化学沉淀法	1.711
				铅	克/吨－产品	80.89	中和法＋化学沉淀法	3.761
				砷	克/吨－产品	1163	中和法＋化学沉淀法	7.059
				工业废气量	标立方米/吨－产品	22820	②	23350
				烟尘	千克/吨－产品	327.8	静电除尘法	9.86
							湿法除尘法	32.78
				工业粉尘	千克/吨－产品	21.56	过滤式除尘法	0.385
							湿法除尘法	2.156
				二氧化硫	千克/吨－产品	2124	静电除尘法＋烟气制酸	18.32
				工业固体废物（冶炼渣）	吨/吨－产品	1.988		
				HW24 危险废物（含砷废物等）	吨/吨－产品	0.022		
		熔池熔炼—吹炼—火法精炼—电解精炼	所有规模	工业废水量	吨/吨－产品	29.56	中和法＋化学沉淀法	29.22
				化学需氧量	克/吨－产品	1259	中和法＋化学沉淀法	773.2
				镉	克/吨－产品	264.3	中和法＋化学沉淀法	0.532

注：①同时使用铜精矿和杂铜为原料应根据铜精矿中含铜量占总原料铜量百分数对 SO_2 和烟尘的产污量进行修正；

②治理技术为：过滤式除尘法、湿法除尘法、静电除尘法、静电除尘法＋烟气制酸，直排。

续表 3－23

产品名称	原料名称	工艺名称	规模等级	污染物指标	单位	产污系数	末端治理技术名称	排污系数
精炼铜（阴极铜）	铜精矿[1]	熔池熔炼[3]—吹炼—火法精炼—电解精炼	所有规模	铅	克/吨－产品	194.7	中和法＋化学沉淀法	1.367
				砷	克/吨－产品	1157	中和法＋化学沉淀法	3.478
				工业废气量	标立方米/吨－产品	20450	②	20410
				烟尘	千克/吨－产品	82.61	静电除尘法	0.993
							湿法除尘法	8.261
				工业粉尘	千克/吨－产品	10.47	过滤式除尘法	1.507
				二氧化硫	千克/吨－产品	1888	静电除尘法＋烟气制酸	18.31
				工业固体废物（冶炼渣）	吨/吨－产品	3.116		
				HW24 危险废物（含砷废物等）	吨/吨－产品	0.035		
		鼓风炉熔炼—吹炼—火法精炼—电解精炼	所有规模	工业废水量	吨/吨－产品	80.2	中和法	75.62
				化学需氧量	克/吨－产品	6272	中和法	4851
				镉	克/吨－产品	372.6	中和法	23.30
				铅	克/吨－产品	601.5	中和法	128.8
				砷	克/吨－产品	1145	中和法	68.25
				工业废气量	标立方米/吨－产品	25930	②	26590

注：①同时使用铜精矿和杂铜为原料，应根据铜精矿中含铜量占总原料铜量百分数对 SO_2 和烟尘的产污量进行修正；

②治理技术为：过滤式除尘法、湿法除尘法、静电除尘法、静电除尘法＋烟气制酸，直排；

③熔池熔炼炉包括：艾萨炉、澳斯麦特炉、白银炉、诺兰达炉、水口山(SKS)炉。

续表 3－23

产品名称	原料名称	工艺名称	规模等级	污染物指标	单位	产污系数	末端治理技术名称	排污系数
精炼铜（阴极铜）	铜精矿[①]	鼓风炉熔炼—吹炼—火法精炼—电解精炼	所有规模	烟尘	千克/吨－产品	146.8	静电除尘法	7.163
							湿法除尘法	14.68
				工业粉尘	千克/吨－产品	14.01	过滤式除尘法	1.917
				二氧化硫	千克/吨－产品	1969	静电除尘法＋烟气制酸	47.95
				工业固体废物（冶炼渣）	吨/吨－产品	3.282		
				HW24 危险废物（含砷废物等）	吨/吨－产品	0.286		
粗铜	铜精矿[①]	鼓风炉熔炼－吹炼	所有规模	工业废水量	吨/吨－产品	77.19	中和法	72.61
				化学需氧量	克/吨－产品	5732	中和法	4696
				镉	克/吨－产品	370.5	直排	370.5
							中和法	23.24
				铅	克/吨－产品	582.1	直排	582.1
							中和法	128.2
				砷	克/吨－产品	1137	直排	1137
							中和法	67.77
				工业废气量	标立方米/吨－产品	20420	②	21080

注：①同时使用铜精矿和杂铜为原料应根据铜精矿中含铜量占总原料铜量百分数对 SO_2 和烟尘的产污量进行修正；

②治理技术为：过滤式除尘法、湿法除尘法、静电除尘法、静电除尘法＋烟气制酸，直排。

续表 3-23

产品名称	原料名称	工艺名称	规模等级	污染物指标	单位	产污系数	末端治理技术名称	排污系数
粗铜	铜精矿[1]	鼓风炉熔炼—吹炼	所有规模	烟尘	千克/吨-产品	146.5	静电除尘法	6.911
							湿法除尘法	14.65
				工业粉尘	千克/吨-产品	14.01	过滤式除尘法	1.917
				二氧化硫	千克/吨-产品	1967	静电除尘法+烟气制酸	45.95
				工业固体废物（冶炼渣）	吨/吨-产品	3.282		
				HW24 危险废物（含砷废物等）	吨/吨-产品	0.286		
粗铜	含铜废料	火法熔炼（鼓风炉、反射炉等）	所有规模	工业废水量	吨/吨-产品	1.41	中和法	1.41
				化学需氧量	克/吨-产品	275.1	中和法	201.1
				镉	克/吨-产品	1.609	直排	1.386
							中和法	0.046
				铅	克/吨-产品	14.73	直排	14.73
							中和法	0.445
				砷	克/吨-产品	6.436	直排	6.436
							中和法	0.364
				工业废气量	标立方米/吨-产品	4025	直排	4025

注：①同时使用铜精矿和杂铜为原料应根据铜精矿中含铜量占总原料铜量百分数对 SO_2 和烟尘的产污量进行修正；
②治理技术为：过滤式除尘法、湿法除尘法、静电除尘法、静电除尘法+烟气制酸，直排。

续表 3－23

产品名称	原料名称	工艺名称	规模等级	污染物指标	单位	产污系数	末端治理技术名称	排污系数
粗铜	含铜废料	火法熔炼（鼓风炉、反射炉等）	所有规模	烟尘	千克/吨－产品	0.252	直排	0.252
				二氧化硫	千克/吨－产品	1.966	直排	1.966
				工业固体废物（冶炼渣）	吨/吨－产品	0.021		
阳极铜	铜精矿[①]	鼓风炉熔炼—吹炼—火法精炼	所有规模	工业废水量	吨/吨－产品	78.6	中和法	72.02
				化学需氧量	克/吨－产品	6007	中和法	4774
				镉	克/吨－产品	372.1	直排	372.1
							中和法	23.28
				铅	克/ 吨－产品	596.8	直排	596.8
							中和法	128.6
				砷	克/吨－产品	1143	直排	1143
							中和法	68.13
				工业废气量	标立方米/吨－产品	24450	②	25100
				烟尘	千克/吨－产品	146.5	静电除尘法	7.163
							湿法除尘法	14.65
				工业粉尘	千克/吨－产品	14.01	过滤式除尘法	1.917

注：①同时使用铜精矿和杂铜为原料应根据铜精矿中含铜量占总原料铜量百分数对 SO_2 和烟尘的产污量进行修正；
②治理技术为：过滤式除尘法、湿法除尘法、静电除尘法、静电除尘法＋烟气制酸，直排。

续表 3－23

产品名称	原料名称	工艺名称	规模等级	污染物指标	单位	产污系数	末端治理技术名称	排污系数
阳极铜	铜精矿[①]	鼓风炉熔炼—吹炼—火法精炼	所有规模	二氧化硫	千克/吨－产品	1969	静电除尘法＋烟气制酸	47.95
				工业固体废物（冶炼渣）	吨/吨－产品	3.282		
				HW24 危险废物（含砷废物等）	吨/吨－产品	0.286		
阳极铜	粗铜、杂铜	火法精炼	所有规模	工业废水量	吨/吨－产品	1.41	中和法	1.41
				化学需氧量	克/吨－产品	275.1	中和法	92.08
				镉	克/吨－产品	1.609	直排	1.609
							中和法	0.045
				铅	克/吨－产品	14.73	直排	14.73
							中和法	0.445
				砷	克/吨－产品	6.436	直排	6.436
							中和法	0.364
				工业废气量	标立方米/吨－产品	4025	②	4025
				烟尘	千克/吨－产品	0.252	直排	0.252
							湿法除尘法	0.025
				二氧化硫	千克/吨－产品	1.966	直排	1.966

注：①同时使用铜精矿和杂铜为原料应根据铜精矿中含铜量占总原料铜量百分数对 SO_2 和烟尘的产污量进行修正；
②治理技术为：过滤式除尘法、湿法除尘法、直排。

续表 3 - 23

产品名称	原料名称	工艺名称	规模等级	污染物指标	单位	产污系数	末端治理技术名称	排污系数
精炼铜（阴极铜）	粗铜、杂铜	火法精炼—电解精炼	所有规模	工业废水量	吨/吨 - 产品	3.01	中和法	3.01
				化学需氧量	克/吨 - 产品	361.5	中和法	155.3
				镉	克/吨 - 产品	2.115	直排	1.821
							中和法	0.06
				铅	克/吨 - 产品	19.36	直排	9.916
							中和法	0.585
				砷	克/吨 - 产品	8.458	直排	7.269
							中和法	0.478
				工业废气量	标立方米/吨 - 产品	5510	②	5510
				烟尘	千克/吨 - 产品	0.252	过滤式除尘法	0.003
							湿法除尘法	0.025
				二氧化硫	千克/吨 - 产品	1.966	直排	1.966
精炼铜（阴极铜）	阳极铜	电解精炼	所有规模	工业废水量	吨/吨 - 产品	1.6	中和法	1.6
				化学需氧量	克/吨 - 产品	86.4	中和法	86.4
				镉	克/吨 - 产品	0.506	直排	0.506
							中和法	0.014

注：①同时使用铜精矿和杂铜为原料应根据铜精矿中含铜量占总原料铜量百分数对 SO_2 和烟尘的产污量进行修正；

②治理技术为：过滤式除尘法、湿法除尘法、静电除尘法、直排。

续表 3－23

产品名称	原料名称	工艺名称	规模等级	污染物指标	单位	产污系数	末端治理技术名称	排污系数
精炼铜（阴极铜）	阳极铜	电解精炼	所有规模	铅	克/吨－产品	4.628	直排	4.628
							中和法	0.14
				砷	克/吨－产品	2.022	直排	2.022
							中和法	0.114
				工业废气量	标立方米/吨－产品	1485	直排	1485
铜锍（冰铜）	铜精矿[①]	鼓风炉熔炼（反射炉）	所有规模	工业废水量	吨/吨－折铜量	41.67	中和法	37.10
				化学需氧量	克/吨－产品（折铜量）	1114	中和法	1046
				镉	克/吨－产品（折铜量）	139.2	中和法	11.67
				铅	克/吨－产品（折铜量）	418.6	中和法	122.5
				砷	克/吨－产品（折铜量）	996.8	中和法	59.36
				工业废气量	标立方米/吨－产品（折铜量）	13170	②	13830
				烟尘	千克/吨－产品（折铜量）	64.78	静电除尘法	0.972
							湿法除尘法	6.478
				工业粉尘	千克/吨－产品（折铜量）	14.01	过滤式除尘法	1.917
				二氧化硫	千克/吨－产品（折铜量）	1158	静电除尘法＋烟气制酸	17.65

注：①同时使用铜精矿和杂铜为原料应根据铜精矿中含铜量占总原料铜量百分数对 SO_2 和烟尘的产污量进行修正；
②治理技术为：过滤式除尘法、湿法除尘法、静电除尘法、静电除尘法＋烟气制酸，直排。

续表 3-23

产品名称	原料名称	工艺名称	规模等级	污染物指标	单位	产污系数	末端治理技术名称	排污系数
铜锍（冰铜）	铜精矿[①]	鼓风炉熔炼（反射炉）	所有规模	工业固体废物（冶炼渣）	吨/吨－产品（折铜量）	3.282		
				HW24 危险废物（含砷废物等）	吨/吨－产品（折铜量）	0.151		
粗铜	含铜废料（含铜锍冶炼渣）	吹炼	所有规模	工业废水量	吨/吨－产品	11.99	直排	11.99
				化学需氧量	克/吨－产品	246.4	直排	246.4
				镉	克/吨－产品	2.536	直排	2.536
				铅	克/吨－产品	15.18	直排	15.18
				砷	克/吨－产品	24.69	直排	24.69
				工业废气量	标立方米/吨－产品	37220	过滤式除尘法＋石灰石膏法脱硫	42620
				烟尘	千克/吨－产品	224.1	过滤式除尘法＋石灰石膏法脱硫	1.864
				二氧化硫	千克/吨－产品	61.48	过滤式除尘法＋石灰石膏法脱硫	21.87
				工业固体废物（冶炼渣）	吨/吨－产品	0.96		
粗铜	含铜污泥（含废液处理系统污泥）	铜熔炼	所有规模	工业废水量	吨/吨－产品	43.09	直排	43.09
				镉	克/吨－产品	52.14	直排	52.14
				铅	克/吨－产品	17.24	直排	17.24
				砷	克/吨－产品	48.34	直排	48.34
				工业废气量	标立方米/吨－产品	346100	②	346100

注：①同时使用铜精矿和杂铜为原料应根据铜精矿中含铜量占总原料铜量百分数对 SO_2 和烟尘的产污量进行修正；②治理技术为：过滤式除尘法、湿法除尘法、直排。

续表 3-23

产品名称	原料名称	工艺名称	规模等级	污染物指标	单位	产污系数	末端治理技术名称	排污系数
粗铜	含铜污泥（含废液处理系统污泥）	铜熔炼	所有规模	烟尘	千克/吨-产品	60.92	湿法除尘法	16.93
				二氧化硫	千克/吨-产品	951.9	湿法除尘法	254.0
				工业固体废物（冶炼渣）	吨/吨-产品	160.5		
精炼铜（阴极铜）	铜矿石或含铜采矿废石	湿法冶炼（堆浸—萃取—电积）	所有规模	工业废水量	吨/吨-产品	2466	循环利用	122.1
				化学需氧量	克/吨-产品	862000	中和法	49020
				镉	克/吨-产品	390.4	中和法	5.154
				铅	克/吨-产品	2217	中和法	48.63
				砷	克/吨-产品	30.40	中和法	3.057
	含铜废料（冶炼渣）	焙烧—浸出—电积	所有规模	工业废水量	吨/吨-产品	1.641	中和法	1.641
				化学需氧量	克/吨-产品	303.3	中和法	85.40
				镉	克/吨-产品	0.067	中和法	0.002
				铅	克/吨-产品	0.64	中和法	0.016
				工业废气量	标立方米/吨-产品	4832	①	4832
				烟尘	千克/吨-产品	197.7	静电除尘法+烟气制酸	0
				二氧化硫	千克/吨-产品	703.1	静电除尘法+烟气制酸	3.354
				工业固体废物（冶炼渣）	吨/吨-产品	0.131		

注：①同时使用铜精矿和杂铜为原料应根据铜精矿中含铜量占总原料铜量百分数对 SO_2 和烟尘的产污量进行修正；
②治理技术为：湿法除尘法、静电除尘法、静电除尘法+烟气制酸，直排。

续表 3－23

产品名称	原料名称	工艺名称	规模等级	污染物指标	单位	产污系数	末端治理技术名称	排污系数
粗铜	铜锍	转炉吹炼	所有规模	工业废水量	吨/吨－产品	35.52	中和法	35.52
				化学需氧量	克/吨－产品	4618	中和法	3650
				镉	克/吨－产品	231.3	中和法	11.57
				铅	克/吨－产品	163.5	中和法	5.723
				砷	克/吨－产品	140.2	中和法	8.412
				工业废气量	标立方米/吨－产品	7253	②	6151
				烟尘	千克/吨－产品	81.72	静电除尘法＋烟气制酸	0
							静电除尘法	1.226
							湿法除尘法	8.172
				二氧化硫	千克/吨－产品	808.6	静电除尘法＋烟气制酸	32.3
				工业固体废物（冶炼渣）	吨/吨－产品	0.632		
				HW24 危险废物（含砷废物等）	吨/吨－产品	0.135		

注：①同时使用铜精矿和杂铜为原料应根据铜精矿中含铜量占总原料铜量百分数对 SO_2 和烟尘的产污量进行修正；

②治理技术为：湿法除尘法、静电除尘法、静电除尘法＋烟气制酸。

2)使用系数表中未涉及末端治理技术的企业排污量计算

对于采用本系数表中未涉及末端处理技术的小冶炼企业，可根据该企业废气污染物产生量及所使用的末端治理技术计算系数(K)，通过以下公式计算其污染物排放量。

$$污染物排放量 = 污染物产生量 \times K \quad (3-2)$$

铜冶炼废气常用末端治理技术计算系数(K)见表3-24。

表3-24 铜冶炼废气常用末端处理设施计算系数

分类	编号	治理技术(设备)名称	效率/%	K
废气治理技术	G-1	旋风+静电除尘法	98.5	0.015
	G-2-1	湿式除尘法(喷淋塔)	90.0	0.10
	G-2-2	湿式除尘法(文丘里)	98.0	0.02
	G-2-1	湿式除尘法(泡沫塔)	97.0	0.03
	G-2-1	湿式除尘法(动力波)	99.5	0.005
	G-3	过滤除尘法(布袋除尘器)	99.0	0.01
	G-4-1	烟气制酸(一转一吸)无尾气吸收	96.0	0.04
	G-4-2	烟气制酸(一转一吸)有尾气吸收	98.5	0.015
	G-5	烟气制酸(二转二吸)	98.5	0.015
	G-6	湿法脱硫(石灰石膏法)	90.0	0.10
	G-7	旋风收尘	65.0	0.35
	G-0	直排	0	1.0

对于实施生产废水“零排放”工程的冶炼企业，废水中各项污染物排放量为0。

3)生产非单一产品企业污染物产、排量核算

如企业同时生产不同金属产品，应按相应金属产品的产、排污系数，分别计算污染物的产生量、排放量，各金属产品生产过程产生、排放的污染物量之和为该企业产生及排放的污染物总量。

4)废气中污染物无组织排放的说明

本手册只给出本行业工业废气量、烟尘、二氧化硫、工业粉尘等污染物的有组织排放的产、排污系数，不包括无组织排放的产、排污系数。

5)其他需要说明的问题

①本表中"工业废气量、烟尘、工业粉尘、二氧化硫"四项污染物产、排污系数属于工业窑炉废气及排放的污染物，其工业炉窑类别为"有色金属熔炼炉"。

②冶炼企业工业废气量为各烟囱(排气筒)所排放废气量之和，因各烟囱(排气筒)所使用末端治理技术不同，所以系数表中未指定末端治理技术。

③对于部分同时使用铜精矿和杂铜为原料的企业，在使用以铜精矿为原料的产、排污系数来计算其 SO_2 和烟尘的产污量时，需要根据铜精矿中含铜量占总原料铜量百分数进行修正。

④企业工业固体废物和危险固体废物产生量与其生产原料成分有关，在个别企业不能提供实际产生量的情况下，可使用产、排污系数表中固体废物和危险废物的产污系数计算固体废物和危险固体废物的产生量。

⑤铜冶炼所产生的危险固体废物主要有含砷废物、含铅废物等，包括酸泥(铅滤饼、砷滤饼)、烟尘(砷烟尘、铅烟尘、白烟尘)、含重金属水处理污泥等。

3.4.2 铅锌冶炼行业产、排污系数

铅锌冶炼行业产、排污系数表(表3-25)使用注意事项：

1)系数表中未涉及产品的产、排污系数

①对于采用艾萨法、卡尔多法等熔池熔炼工艺炼铅的企业，其产、排污系数可以采用水口山炼铅工艺进行计算；

②对于采用土制马弗炉、马槽炉、横罐等落后方式炼锌的企业，其产、排污系数可以参照竖罐炼锌工艺。

2)使用系数表中未涉及末端治理技术的企业排污量计算

对于采用本系数表中未涉及末端处理技术的小冶炼企业，可根据该企业废气污染物产生量及所使用的末端治理技术计算系数(K)，通过以下公式计算各污染物排放量。

$$\text{污染物排放量} = \text{污染物产生量} \times K \tag{3-3}$$

铅锌冶炼废气常用末端治理技术计算系数(K)见表3-26。

表 3－25　铅锌冶炼行业产、排污系数表

产品名称	原料名称	工艺名称	规模等级	污染物指标	单位	产污系数	末端治理技术名称	排污系数
粗铅	铅精矿	烧结机—鼓风炉工艺	≥5万 t/a	工业废水量	吨/吨－产品	14.81	中和法	14.81
				化学需氧量	克/吨－产品	931.9	中和法	501.3①
							中和法	774.2②
				镉	克/吨－产品	166.9	中和法	1.053①
							中和法	3.162②
				铅	克/吨－产品	162.6	中和法	3.541①
							中和法	13.76②
				砷	克/吨－产品	46.46	中和法	1.046①
							中和法	1.774②
				工业废气量	标立方米/吨－产品	51910	③	51910
				烟尘	千克/吨－产品	367.7	过滤式除尘法、静电除尘法	13.43
				工业粉尘	千克/吨－产品	15.39	过滤式除尘法、湿法除尘法	0.289
				二氧化硫	千克/吨－产品	502.4	烟气制酸	60.29
				工业固体废物（冶炼废渣）	吨/吨－产品	1.218		
				HW26 危险废物（含镉废物）HW31 危险废物（含铅废物）	吨/吨－产品	0.136		
粗铅	铅精矿	烧结机—鼓风炉工艺	<5万 t/a	工业废水量	吨/吨－产品	16.14	中和法	16.14
				化学需氧量	克/吨－产品	999.4	中和法	558.8①
							中和法	807.3②

注：①全厂废水统一处理；②只处理制酸废水，其余直接外排；③治理设施包括过滤式除尘法、静电除尘法、湿法除尘法、烟气制酸、直排等。

续表 3－25

产品名称	原料名称	工艺名称	规模等级	污染物指标	单位	产污系数	末端治理技术名称	排污系数
粗铅	铅精矿	烧结机—鼓风炉工艺	<5万t/a	镉	克/吨－产品	165.3	中和法	2.437①
							中和法	6.731②
				铅	克/吨－产品	183.5	中和法	5.321①
							中和法	19.22②
				砷	克/吨－产品	49.14	中和法	2.207①
							中和法	5.862②
				工业废气量	标立方米/吨－产品	50080	③	55340
				烟尘	千克/吨－产品	395.2	过滤式除尘法、静电除尘法	16.92
				工业粉尘	千克/吨－产品	20.55	过滤式除尘法、湿法除尘法	0.446
				二氧化硫	千克/吨－产品	544.8	烟气制酸	81.72
				工业固体废物（冶炼废渣）	吨/吨－产品	1.247		
				HW26危险废物（含镉废物）HW31危险废物（含铅废物）	吨/吨－产品	0.134		
电解铅	铅精矿	烧结机—鼓风炉—电解工艺	≥5万t/a	工业废水量	吨/吨－产品	17.52	中和法	17.52
				化学需氧量	克/吨－产品	1169	中和法	638.5①
							中和法	876.7②
				镉	克/吨－产品	568.8	中和法	1.086①
							中和法	6.154②
				铅	克/吨－产品	203.6	中和法	3.697①
							中和法	54.78②

注：①全厂废水统一处理；②只处理制酸废水，其余直接外排；③治理设施包括过滤式除尘法、静电除尘法、湿法除尘法、烟气制酸、直排等。

续表 3－25

产品名称	原料名称	工艺名称	规模等级	污染物指标	单位	产污系数	末端治理技术名称	排污系数
电解铅	铅精矿	烧结机—鼓风炉—电解工艺	≥5万 t/a	砷	克/吨－产品	47.19	中和法	1.059①
							中和法	2.502②
				工业废气量	标立方米/吨－产品	70550	③	70550
				烟尘	千克/吨－产品	383.7	过滤式除尘法、静电除尘法	14.52
				工业粉尘	千克/吨－产品	15.55	过滤式除尘法、湿法除尘法	0.289
				二氧化硫	千克/吨－产品	502.4	烟气制酸	60.29
				工业固体废物（冶炼废渣）	吨/吨－产品	1.218		
				HW26 危险废物（含镉废物）HW31 危险废物（含铅废物）	吨/吨－产品	0.17		
电解铅	铅精矿	烧结机—鼓风炉—电解工艺	<5万 t/a	工业废水量	吨/吨－产品	18.85	中和法	18.85
				化学需氧量	克/吨－产品	1201	中和法	698.5①
							中和法	883.6②
				镉	克/吨－产品	168.3	中和法	2.47①
							中和法	8.323②
				铅	克/吨－产品	224.5	中和法	5.477①
							中和法	60.24②
				砷	克/吨－产品	49.59	中和法	2.213①
							中和法	5.883②
				工业废气量	标立方米/吨－产品	68720	③	68720
				烟尘	千克/吨－产品	401.4	过滤式除尘法、静电除尘法	18.01
				工业粉尘	千克/吨－产品	20.39	过滤式除尘法、湿法除尘法	0.446

注：①全厂废水统一处理；②只处理制酸废水，其余直接外排；③治理设施包括过滤式除尘法、静电除尘法、湿法除尘法、烟气制酸、直排等。

续表 3 - 25

产品名称	原料名称	工艺名称	规模等级	污染物指标	单位	产污系数	末端治理技术名称	排污系数
电解铅	铅精矿	烧结机—鼓风炉—电解工艺	<5 万 t/a	二氧化硫	千克/吨 - 产品	544.8	烟气制酸	81.72
				工业固体废物（冶炼废渣）	吨/吨 - 产品	1.247		
				HW24 危险废物（含砷废物）HW31 危险废物（含铅废物）	吨/吨 - 产品	0.168		
粗铅	铅精矿	水口山法炼铅	所有规模	工业废水量	吨/吨 - 产品	5.314	中和法	5.314
				化学需氧量	克/吨 - 产品	375.6	中和法	215.8
				镉	克/吨 - 产品	141.1	中和法	0.216
				铅	克/吨 - 产品	186.2	中和法	0.651
				砷	克/吨 - 产品	52.66	中和法	0.411
				工业废气量	标立方米/吨 - 产品	32660	①	32660
				烟尘	千克/吨 - 产品	307	过滤式除尘法、静电除尘法	1.09
				工业粉尘	千克/吨 - 产品	12.95	过滤式除尘法、湿法除尘法	0.106
				二氧化硫	千克/吨 - 产品	530.8	烟气制酸	5.911
				工业固体废物（冶炼废渣）	吨/吨 - 产品	0.597		
				HW24 危险废物（含砷废物）HW31 危险废物（含铅废物）	吨/吨 - 产品	0.087		
电解铅	铅精矿	水口山法炼铅—电解工艺	所有规模	工业废水量	吨/吨 - 产品	8.019	中和法	8.019
				化学需氧量	克/吨 - 产品	445	中和法	262.1
				镉	克/吨 - 产品	144.1	中和法	0.249
				铅	克/吨 - 产品	227.2	中和法	0.807

注：①治理设施包括过滤式除尘法、静电除尘法、湿法除尘法、烟气制酸、直排等。

续表 3－25

产品名称	原料名称	工艺名称	规模等级	污染物指标	单位	产污系数	末端治理技术名称	排污系数
电解铅	铅精矿	水口山法炼铅—电解工艺	所有规模	砷	克/吨－产品	53.39	中和法	0.424
				工业废气量	标立方米/吨－产品	51300	①	51300
				烟尘	千克/吨－产品	343.3	过滤式除尘法、静电除尘法	2.277
				工业粉尘	千克/吨－产品	12.95	过滤式除尘法、湿法除尘法	0.106
				二氧化硫	千克/吨－产品	530.8	烟气制酸	5.911
				工业固体废物（冶炼废渣）	吨/吨－产品	0.597		
				HW24 危险废物（含砷废物）HW31 危险废物（含铅废物）	吨/吨－产品	0.101		
电解铅	铅锌混合精矿	密闭鼓风炉工艺炼铅(ISP工艺)—电解	所有规模	工业废水量	吨/吨－产品	6.02	中和法	6.02
				化学需氧量	克/吨－产品	268.4	中和法	151.9
				镉	克/吨－产品	52.45	中和法	0.403
				铅	克/吨－产品	79.50	中和法	0.789
				砷	克/吨－产品	10.56	中和法	0.116
				工业废气量	标立方米/吨－产品	28040	①	30080
				烟尘	千克/吨－产品	167.9	过滤式除尘法、静电除尘法	1.877
				工业粉尘	千克/吨－产品	14.64	过滤式除尘法、湿法除尘法	0.425
				二氧化硫	千克/吨－产品	558.5	烟气制酸	9.63
				一般固废（冶炼渣）	吨/吨－产品	0.513		
				HW23 危险废物（含锌废物）HW31 危险废物（含铅废物）	吨/吨－产品	0.051		

注：①治理设施包括过滤式除尘法、静电除尘法、湿法除尘法、烟气制酸、直排等。

续表 3－25

产品名称	原料名称	工艺名称	规模等级	污染物指标	单位	产污系数	末端治理技术名称	排污系数
粗铅	铅精矿	烧结锅—鼓风炉炼铅	所有规模	工业废水量	吨/吨－产品	28.37	中和法	28.37
				化学需氧量	克/吨－产品	428	中和法	274.9
				镉	克/吨－产品	17.53	中和法	4.201
				铅	克/吨－产品	142.6	中和法	43.92
				砷	克/吨－产品	27.83	中和法	10.49
				工业废气量	标立方米/吨－产品	57220	①	63380
				烟尘	千克/吨－产品	164.1	过滤式除尘法、湿法除尘法	17.27
				工业粉尘	千克/吨－产品	63.07	过滤式除尘法、湿法除尘法	6.498
				二氧化硫	千克/吨－产品	504.6	直排	504.6
				工业固体废物（冶炼废渣）	吨/吨－产品	1.004		
				HW23 危险废物（含锌废物）HW31 危险废物（含铅废物）	吨/吨－产品	0.102		
粗铅	废铅蓄电池	再生铅冶炼工艺	所有规模	工业废水量	立方米/吨－产品	1.509	中和法	1.509
				化学需氧量	克/吨－产品	132.3	中和法	92.6
				镉	克/吨－产品	0.009	中和法	0.009
				铅	克/吨－产品	0.905	中和法	0.362
				砷	克/吨－产品	0.005	中和法	0.005
				工业废气量	标立方米/吨－产品	7156	湿法除尘法	8587
				烟尘	千克/吨－产品	107.3	湿法除尘法	0.442
				二氧化硫	千克/吨－产品	46.08	石灰石石膏法	5.53
				工业固体废物（冶炼废渣）	吨/吨－产品	0.302		

注：①治理设施包括过滤式除尘法、湿法除尘法、直排等。

续表 3-25

产品名称	原料名称	工艺名称	规模等级	污染物指标	单位	产污系数	末端治理技术名称	排污系数
粗铅	废铅蓄电池	再生铅冶炼工艺	所有规模	HW31 危险废物（含铅废物）	吨/吨－产品	0.173		
粗铅	废铅泥、铅精矿	烧结锅/烧结机—鼓风炉工艺	所有规模	工业废水量	吨/吨－产品	9.286	中和法	9.286
				化学需氧量	克/吨－产品	337.1	中和法	195.9
				镉	克/吨－产品	7.893	中和法	2.229
				铅	克/吨－产品	52	中和法	13.46
				砷	克/吨－产品	3.436	中和法	2.749
				工业废气量	标立方米/吨－产品	16010	①	19200
				烟尘	千克/吨－产品	320	过滤式除尘法、湿法除尘法	1.826
				工业粉尘	千克/吨－产品	23.25	过滤式除尘法、湿法除尘法	3.245
				二氧化硫	千克/吨－产品	204.2	石灰石石膏法	23.92
				工业固体废物（冶炼废渣）	吨/吨－产品	1.505		
				HW31 危险废物（含铅废物）	吨/吨－产品	0.352		
粗铅	渣	鼓风炉—反射炉工艺	所有规模	工业废水量	吨/吨－产品	1.028	中和法	1.028
				化学需氧量	克/吨－产品	29.8	中和法	20.9
				镉	克/吨－产品	0.051	中和法	0.036
				铅	克/吨－产品	0.586	中和法	0.041
				砷	克/吨－产品	0.288	中和法	0.021
				工业废气量	标立方米/吨－产品	17210	①	20640
				烟尘	千克/吨－产品	188.7	过滤式除尘法、湿法除尘法	0.974

注：①治理设施包括过滤式除尘法、湿法除尘法、直排等。

续表 3－25

产品名称	原料名称	工艺名称	规模等级	污染物指标	单位	产污系数	末端治理技术名称	排污系数
粗铅	渣	鼓风炉—反射炉工艺	所有规模	二氧化硫	千克/吨－产品	17.24	石灰石石膏法	4.53
				工业固体废物（冶炼废渣）	吨/吨－产品	0.626		
				HW31 危险废物（含铅废物）	吨/吨－产品	0.045		
电解铅	粗铅	粗铅精炼工艺	所有规模	工业废水量	吨/吨－产品	2.705	中和法	2.705
				化学需氧量	克/吨－产品	269.4	中和法	146.3
				镉	克/吨－产品	2.99	中和法	0.033
				铅	克/吨－产品	41.02	中和法	0.156
				砷	克/吨－产品	0.728	中和法	0.013
				工业废气量	标立方米/吨－产品	18640	过滤式除尘法、湿法除尘法	21950
				烟尘	千克/吨－产品	36.26	过滤式除尘法、湿法除尘法	1.087
				HW22 危险废物（含铜废物）HW31 危险废物（含铅废物）	吨/吨－产品	0.034		
电锌	铅锌混合精矿	密闭鼓风炉工艺炼锌（ISP 工艺）—电解	所有规模	工业废水量	吨/吨－产品	12.04	中和法	12.04
				化学需氧量	克/吨－产品	536.8	中和法	303.8
				镉	克/吨－产品	104.9	中和法	0.807
				铅	克/吨－产品	159	中和法	1.577
				砷	克/吨－产品	21.12	中和法	0.231
				工业废气量	标立方米/吨－产品	56080	①	60160
				烟尘	千克/吨－产品	335.8	过滤式除尘法、静电除尘法	2.816
				工业粉尘	千克/吨－产品	29.28	过滤式除尘法、湿法除尘法	0.849

注：①治理设施包括过滤式除尘法、湿法除尘法、静电除尘法、烟气制酸、直排等。

续表 3－25

产品名称	原料名称	工艺名称	规模等级	污染物指标	单位	产污系数	末端治理技术名称	排污系数
电锌	铅锌混合精矿	密闭鼓风炉工艺炼锌(ISP工艺)—电解	所有规模	二氧化硫	千克/吨－产品	1117	烟气制酸	19.26
				工业固体废物（冶炼废渣）	吨/吨－产品	1.026		
				HW23 危险废物（含锌废物）HW31 危险废物（含铅废物）	吨/吨－产品	0.101		
蒸馏锌	锌精矿	竖罐炼锌	所有规模	工业废水量	吨/吨－产品	18.33	中和法	18.33
				化学需氧量	克/吨－产品	933.1	中和法	598.3
				镉	克/吨－产品	178.6	中和法	2.139
				铅	克/吨－产品	141.8	中和法	9.862
				砷	克/吨－产品	100.4	中和法	4.937
				工业废气量	标立方米/吨－产品	29500	①	35480
				烟尘	千克/吨－产品	307.1	过滤式除尘法、静电除尘法	3.631
				工业粉尘	千克/吨－产品	15.78	过滤式除尘法、湿法除尘法	0.974
				二氧化硫	千克/吨－产品	1439	烟气制酸 二转二吸	20.39
							烟气制酸 一转一吸	53.05
				工业固体废物（冶炼废渣）	吨/吨－产品	1.029		
				HW23 危险废物（含锌废物）HW31 危险废物（含铅废物）	吨/吨－产品	0.147		
电锌	锌精矿	湿法炼锌—电解工艺	≥10万 t/a	工业废水量	吨/吨－产品	17.18	中和法	17.18
				化学需氧量	克/吨－产品	1836	中和法	938
				镉	克/吨－产品	121.5	中和法	1.351

注：①治理设施包括过滤式除尘法、湿法除尘法、静电除尘法、烟气制酸、直排等。

续表 3－25

产品名称	原料名称	工艺名称	规模等级	污染物指标	单位	产污系数	末端治理技术名称	排污系数
电锌	锌精矿	湿法炼锌—电解工艺	≥10万 t/a	铅	克/吨－产品	90.42	中和法	1.62
				砷	克/吨－产品	105.1	中和法	1.358
				工业废气量	标立方米/吨－产品	10060	①	11040
				烟尘	千克/吨－产品	290.6	过滤式除尘法、静电除尘法	0.707
				工业粉尘	千克/吨－产品	5.936	过滤式除尘法、湿法除尘法	0.146
				二氧化硫	千克/吨－产品	1186	烟气制酸 二转二吸	15.12
							烟气制酸 一转一吸	42.98
				工业固体废物（冶炼废渣）	吨/吨－产品	0.601		
				HW23 危险废物（含锌废物）HW31 危险废物（含铅废物）	吨/吨－产品	0.185		
电锌	锌精矿	湿法炼锌—电解工艺	＜10万 t/a	工业废水量	吨/吨－产品	19.29	中和法	19.29
				化学需氧量	克/吨－产品	2128	中和法	937.5
				镉	克/吨－产品	135.1	中和法	2.122
				铅	克/吨－产品	120.4	中和法	3.405
				砷	克/吨－产品	105.1	中和法	1.868
				工业废气量	标立方米/吨－产品	12030	①	14070
				烟尘	千克/吨－产品	294.9	过滤式除尘法、静电除尘法	1.67
				工业粉尘	千克/吨－产品	16.4	过滤式除尘法、湿法除尘法	0.361
				二氧化硫	千克/吨－产品	1201	烟气制酸 二转二吸	18.02
							烟气制酸 一转一吸	47.71

注：①治理设施包括过滤式除尘法、湿法除尘法、静电除尘法、烟气制酸、直排等。

续表 3－25

产品名称	原料名称	工艺名称	规模等级	污染物指标	单位	产污系数	末端治理技术名称	排污系数
电锌	锌精矿	湿法炼锌—电解工艺	<10万 t/a	工业固体废物（冶炼废渣）	吨/吨－产品	0.586		
				HW23 危险废物（含锌废物）HW31 危险废物（含铅废物）	吨/吨－产品	0.23		
粗锌	焙砂	电炉炼锌工艺	所有规模	工业废水量	吨/吨－产品	1.498	中和法	1.498
				化学需氧量	克/吨－产品	199.7	中和法	123.4
				镉	克/吨－产品	0.479	中和法	0.104
				铅	克/吨－产品	0.745	中和法	0.505
				砷	克/吨－产品	0.599	中和法	0.487
				工业废气量	标立方米/吨－产品	5618	①	6，741
				烟尘	千克/吨－产品	115.5	过滤式除尘法、湿法除尘法	4.235
				工业粉尘	千克/吨－产品	13.76	过滤式除尘法、湿法除尘法	0.165
				二氧化硫	千克/吨－产品	3.341	直排	3.341
				工业固体废物（冶炼废渣）	吨/吨－产品	1.142		
				HW23 危险废物（含锌废物）HW24 危险废物（含砷废物）	吨/吨－产品	0.069		
粗锌	锌精矿	电炉炼锌工艺	所有规模	工业废水量	吨/吨－产品	7.952	中和法	7.952
				化学需氧量	克/吨－产品	413.2	中和法	236.4
				镉	克/吨－产品	66.96	中和法	0.73
				铅	克/吨－产品	103.4	中和法	5.199
				砷	克/吨－产品	113.1	中和法	1.243

注：①治理设施包括过滤式除尘法、湿法除尘法、静电除尘法、烟气制酸、直排等。

续表 3-25

产品名称	原料名称	工艺名称	规模等级	污染物指标	单位	产污系数	末端治理技术名称	排污系数
粗锌	锌精矿	电炉炼锌工艺	所有规模	工业废气量	标立方米/吨-产品	12700	①	14530
				烟尘	千克/吨-产品	344.1	过滤式除尘法、静电除尘法	4.235
				工业粉尘	千克/吨-产品	20.58	过滤式除尘法、湿法除尘法	0.329
				二氧化硫	千克/吨-产品	1147	烟气制酸 二转二吸	16.75
							烟气制酸 一转一吸	53.08
				工业固体废物（冶炼废渣）	吨/吨-产品	0.841		
				HW23 危险废物（含锌废物）	吨/吨-产品	0.103		—
氧化锌	焙砂	电炉工艺或维氏炉还原挥发工艺	所有规模	工业废水量	吨/吨-产品	1.605	中和法	1.605
				化学需氧量	克/吨-产品	193	中和法	134.2
				镉	克/吨-产品	0.514	中和法	0.301
				铅	克/吨-产品	0.802	中和法	0.512
				砷	克/吨-产品	0.642	中和法	0.53
				工业废气量	标立方米/吨-产品	6022	①	6978
				烟尘	千克/吨-产品	104.3	过滤式除尘法、湿法除尘法	4.909
				工业粉尘	千克/吨-产品	31.43	过滤式除尘法	0.155
				二氧化硫	千克/吨-产品	0.649	直排	0.649
				工业固体废物（冶炼废渣）	吨/吨-产品	1.116		
				HW23 危险废物（含锌废物）	千克/吨-产品	6.319		
焙砂	锌精矿	焙烧炉工艺	所有规模	工业废水量	吨/吨-产品	3.227①	中和法	3.227

注：①治理设施包括过滤式除尘法、湿法除尘法、静电除尘法、烟气制酸、直排等。

续表 3－25

产品名称	原料名称	工艺名称	规模等级	污染物指标	单位	产污系数	末端治理技术名称	排污系数
焙砂	锌精矿	焙烧炉工艺	所有规模	化学需氧量	克/吨－产品	206.5①	中和法	90.35
							直排	0.207②
				镉	克/吨－产品	51.31①	中和法	0.112
							直排	51.31②
				铅	克/吨－产品	56.24①	中和法	2.356
							直排	56.24②
				砷	克/吨－产品	33.24①	中和法	0.313
							直排	33.24②
				工业废气量	标立方米/吨－产品	3539	烟气制酸	3226③
							过滤式除尘法	3893④
				烟尘	千克/吨－产品	114.3	过滤式除尘法、静电除尘法	0③
							过滤式除尘法	1.715④
				工业粉尘	千克/吨－产品	3.408	过滤式除尘法	0.082
				二氧化硫	千克/吨－产品	621.8	烟气制酸 二转二吸	6.706
							烟气制酸 一转一吸	24.87
				HW23 危险废物（含锌废物）	吨/吨－产品	0.053		
电解锌	次氧化锌	湿法电解工艺	所有规模	工业废水量	吨/吨－产品	1.65	中和法	1.65
				化学需氧量	克/吨－产品	431.5	中和法	253
				镉	克/吨－产品	17.89	中和法	0.105
				铅	克/吨－产品	4.944	中和法	0.332

注：①无制酸工艺情况下，废水相关污染因子的产、排污系数均为0；②有制酸工艺，无废水处理设施；③烟气制酸；④烟气没制酸，只经袋式收尘。

续表 3－25

产品名称	原料名称	工艺名称	规模等级	污染物指标	单位	产污系数	末端治理技术名称	排污系数
电解锌	次氧化锌	湿法电解工艺	所有规模	砷	克/吨－产品	1.102	中和法	0.05
				工业废气量	标立方米/吨－产品	5431	湿法除尘法	5431
				工业固体废物（冶炼废渣）	吨/吨－产品	0.78		
				HW23 危险废物（含锌废物）	吨/吨－产品	0.147		
精锌	粗锌	锌精馏工艺	所有规模	工业废水量	吨/吨－产品	2.237	中和法	2.237
				化学需氧量	克/吨－产品	181.9	中和法	86.6
				镉	克/吨－产品	1.313	中和法	0.048
				铅	克/吨－产品	9.027	中和法	0.619
				砷	克/吨－产品	0.013	中和法	0.004
				工业废气量	标立方米/吨－产品	9748	过滤式除尘法、直排	10280
				烟尘	千克/吨－产品	20.39	过滤式除尘法	1.362
				HW23 危险废物（含锌废物）HW26 危险废物（含镉废物）	吨/吨－产品	0.073		

表3-26　铅锌冶炼废气常用末端处理设施计算系数表

分类	治理技术(设备)名称	效率/%	K
废气治理技术	旋风+静电除尘法	98.5	0.015
	湿式除尘法(喷淋塔)	90.0	0.10
	湿式除尘法(文丘里)	98.0	0.02
	湿式除尘法(泡沫塔)	97.0	0.03
	湿式除尘法(动力波)	99.5	0.005
	过滤除尘法(布袋除尘器)	99.0	0.01
	烟气制酸(一转一吸)无尾气吸收	96.0	0.04
	烟气制酸(一转一吸)有尾气吸收	98.5	0.015
	烟气制酸(二转二吸)	98.5	0.015
	湿法脱硫(石灰石膏法)	90.0	0.10
	旋风收尘	65.0	0.35
	直排	0	1.0

对于实施生产废水“零排放”工程的冶炼企业，废水中各项污染物排放量为0。

3)生产非单一产品企业污染物产、排量核算

如企业同时生产不同金属产品，应按相应金属产品的产、排污系数，分别计算污染物的产生量、排放量，各金属产品生产过程产生、排放的污染物量之和为该企业产生及排放的污染物总量。

4)无组织排放的说明

本手册只给出本行业工业废气量、烟尘、二氧化硫、工业粉尘等污染物的有组织排放的产、排污系数，不包括无组织排放的产、排污系数。

5)其他需要说明的问题

①某些铅冶炼企业既使用铅精矿为原料生产电解铅，同时也购买粗铅进行精炼，此种情况应先调查该企业粗铅产量和系数表中相应条件的产、排污系数来计算生产粗铅的产、排污量，再根据企业电解铅产量，由系数表单中“电解铅+粗铅+粗铅精炼工艺+所有规模”的产、排污系数计算精炼过程的产、排污量，两者

相加得到该企业的总产、排污量。

②对于以锌精矿为原料采用电炉工艺生产精锌的企业，其污染物产排系数为："粗锌 + 锌精矿 + 电炉炼锌工艺 + 所有规模" + "精锌 + 粗锌 + 锌精馏工艺 + 所有规模"。

③企业工业固体废物和危险固体废物产生量与其生产原料成分有关，在个别企业不能提供实际产生量的情况下，可使用产、排污系数表中固体废物和危险废物的产污系数计算固体废物和危险固体废物的产生量。

铅锌冶炼所产生的危险固体废物有：含铅废物（铅冶炼污水处理渣、铅滤饼、铅烟尘、铅银渣、阳极泥、锡渣、碱洗净化渣等）、含锌废物（锌冶炼污水处理渣、电尘、铁矾渣、阳极泥、锌渣、锌冶炼净化渣等）、含砷废物（砷滤饼等）、含铜废物（铜锍、黄渣、铜镉渣等）、含镉废物（镉尘、铜镉渣等）。

④本手册废水污染因子中均未涉及回用问题，如企业对排放废水进行部分回用，应先调查其废水回用率，根据以下公式计算工业废水量，化学需氧量，镉、铅、砷等的排污系数：

$$k_1 = k \times (1 - C) \qquad (3-4)$$

式中：k_1——废水部分回用后企业排污系数；

k——手册中相应的排污系数；

C——废水回用率，%。

3.4.3 钴镍冶炼行业产、排污系数

钴镍冶炼行业产、排污系数表（表 3 - 27）使用注意事项：

1）系数表中未涉及产品的产、排污系数

①对于氧化钴、四氧化三钴产品，其工业废气污染物烟尘产生系数为 54 千克/吨产品，排放系数根据"冶炼企业常用末端治理技术计算系数表"计算；工业废水污染物产排系数参考"钴盐"的产、排污系数。

②对于以钴精矿为原料生产的电钴，其污染物产排系数为："钴盐" + "电钴"的产排系数。

③硫酸镍产品参考电镍产品的产、排污系数。

2）使用系数表中未涉及末端治理技术的企业排污量计算

对于采用其他末端处理技术的小冶炼企业，可根据该企业污染物产生量及所使用的末端治理技术，通过公式（2 - 1）计算污染物排放量。冶炼企业常用末端治理技术计算系数见表 3 - 28。

$$\text{污染物排放量} = \text{污染物产生量} \times \text{末端治理技术计算系数} \qquad (3-5)$$

表 3-27 镍钴冶炼行业产、排污系数表

产品名称	原料名称	工艺名称	规模等级	污染物指标	单位	产污系数	末端治理技术名称	排污系数
高镍锍含镍量	镍精矿	电炉工艺	≥20000 t/a	工业废水量	吨/吨-产品	13.377	中和法	13.377
				化学耗氧量	克/吨-产品	1785	中和法	820.4
				镉	克/吨-产品	1.573	中和法	0.085
				铅	克/吨-产品	3.613	中和法	0.723
				砷	克/吨-产品	22.53	中和法	0.234
				工业废气量	标立方米/吨-产品	92570	①	94560
				烟尘	千克/吨-产品	977.2	①	5.103
				二氧化硫[2]（硫镍比3.4）	千克/吨-产品	5706	烟气制酸	760.0
				二氧化硫[2]（硫镍比2.4）	千克/吨-产品	1935	烟气制酸	257.4
				二氧化硫[2]（硫镍比8.3）	千克/吨-产品	12440	烟气制酸	1655
				工业固体废物（冶炼废渣）	吨/吨-产品	14.77		
				HW24 危险废物（含砷废物）	吨/吨-产品	0.25		
高镍锍含镍量	镍精矿	电炉工艺	<20000 t/a	工业废水量	吨/吨-产品	15.84	中和法	15.84
				化学需氧量	克/吨-产品	1909	中和法	855.4
				镉	克/吨-产品	1.679	中和法	0.158
				砷	克/吨-产品	31.90	中和法	0.412
				工业废气量	标立方米/吨-产品	106900	电收尘	128300

注：①治理技术为：过滤式除尘法、湿法除尘法、静电除尘法、静电除尘法+烟气制酸，直排；②调查企业的二氧化硫产污系数取与表中硫镍比相接近的数值。

续表 3-27

产品名称	原料名称	工艺名称	规模等级	污染物指标	单位	产污系数	末端治理技术名称	排污系数
高镍锍含镍量	镍精矿	电炉工艺	<20000 t/a	烟尘	千克/吨-产品	530.0	电收尘	6.891
				工业粉尘	千克/吨-产品	142.9	多管旋风+湿法除尘	6.86
				二氧化硫②（硫镍比3.4）	千克/吨-产品	5706	烟气制酸	1469
				二氧化硫②（硫镍比2.4）	千克/吨-产品	1935	烟气制酸	498.3
				二氧化硫②（硫镍比8.3）	千克/吨-产品	12440	烟气制酸	3203
				工业固体废物（冶炼废渣）	吨/吨-产品	18.69		
				HW24 危险废物（含砷废物）	吨/吨-产品	0.27		
高镍锍含镍量	镍精矿	闪速炉工艺	所有规模	工业废水量	吨/吨-产品	8.376	中和法	8.376
				化学需氧量	克/吨-产品	764.7	中和法	352.2
				镉	克/吨-产品	1.295	中和法	0.035
				铅	克/吨-产品	2.572	中和法	0.337
				砷	克/吨-产品	11.53	中和法	0.124
				工业废气量	标立方米/吨-产品	43470	过滤式除尘、电收尘	49200
				烟尘	千克/吨-产品	799.1	电收尘	1.224
				工业粉尘	千克/吨-产品	126.2	布袋收尘	2.639
				二氧化硫②（硫镍比3.0）	千克/吨-产品	4957	烟气制酸	147.3
				二氧化硫②（硫镍比2.4）	千克/吨-产品	1935	烟气制酸	57.5
				二氧化硫②（硫镍比8.3）	千克/吨-产品	12440	烟气制酸	369.5
				工业固体废物（冶炼废渣）	吨/吨-产品	12.95		
				HW24 危险废物（含砷废物）	吨/吨-产品	0.108		

续表 3－27

产品名称	原料名称	工艺名称	规模等级	污染物指标	单位	产污系数	末端治理技术名称	排污系数
高镍锍含镍量	镍精矿	鼓风炉工艺	所有规模	工业废气量	标立方米/吨－产品	188200	多管旋风收尘	225900
				烟尘	千克/吨－产品	1327	多管旋风收尘	433.2
				二氧化硫[②]（硫镍比 8.3）	千克/吨－产品	12440		12280
				二氧化硫[②]（硫镍比 2.4）	千克/吨－产品	1935		1935
				二氧化硫[②]（硫镍比 3.0）	千克/吨－产品	4957		4957
				工业固体废物（冶炼废渣）	吨/吨－产品	20.12		
电镍	高镍锍	反射炉电解工艺	所有规模	工业废水量	吨/吨－产品	6.265	中和法	6.265
				化学需氧量	克/吨－产品	8898	中和法	1142
				镉	克/吨－产品	2.243	中和法	0.063
				铅	克/吨－产品	2.862	中和法	0.349
				砷	克/吨－产品	1.63	中和法	0.189
				工业废气量	标立方米/吨－产品	5670	布袋收尘、电收尘	5670
				烟尘	千克/吨－产品	23.82	布袋收尘、电收尘	1.58
				二氧化硫	千克/吨－产品	24.25	烟气制酸	22.23
				工业固体废物（冶炼废渣）	吨/吨－产品	1		
电镍	高镍锍	浸出—电解工艺	所有规模	废水量	立方米/吨－产品	11.77	中和法	11.77
				化学需氧量	克/吨－产品	1270	中和法	975.0
				镉	克/吨－产品	1.916	中和法	0.633
				砷	克/吨－产品	36.40	中和法	0.199
				工业固体废物（冶炼废渣）	吨/吨－产品	1.595		

续表 3-27

产品名称	原料名称	工艺名称	规模等级	污染物指标	单位	产污系数	末端治理技术名称	排污系数
电钴	含钴渣或钴盐	浸出—萃取—电解工艺	所有规模	工业废水量	吨/吨-产品	180.4	中和法	180.4
				化学需氧量	克/吨-产品	106400	中和法	10690
							沉淀分离	76230
				镉	克/吨-钴	8.374	中和法	1.224
				铅	克/吨-产品	19.42	中和法	3.671
				砷	克/吨-产品	7.695	中和法	1.224
				工业固体废物（冶炼废渣）	吨/吨-产品	1.819		
钴盐（草酸钴、碳酸钴、氯化钴等）含钴量	钴矿	浸出—萃取—除杂工艺	所有规模	工业废水量	吨/吨-产品	101.4	中和法	101.4
				化学需氧量	克/吨-产品	403700	中和法	194500
				镉	克/吨-产品	82.36	中和法	3.089
				铅	克/吨-产品	11.73	中和法	6.439
				砷	克/吨-产品	1.149	中和法	0.639
				工业固体废物（冶炼废渣）	吨/吨-产品			

表 3-28　镍冶炼企业常用末端治理技术计算系数表

分类	治理技术(设备)名称	效率/%	计算系数
废气治理技术	旋风+静电除尘法	98.5	0.015
	湿式除尘法(喷淋塔)	90.0	0.10
	湿式除尘法(文丘里)	98.0	0.02
	湿式除尘法(泡沫塔)	97.0	0.03
	湿式除尘法(动力波)	99.5	0.005
	过滤除尘法(布袋除尘器)	99.0	0.01
	旋风收尘	65.0	0.35
	直排	0	1.0
废水治理技术	沉淀分离	0	1.0
	实施工业废水“零”排放工程	100.0	0
	直排	0	1.0

3)生产非单一产品企业污染物产、排量核算

如企业同时生产不同金属产品，应按相应金属产品的产、排污系数，分别计算污染物的产生量、排放量，各金属产品生产过程产生、排放的污染物量之和为该企业产生及排放的污染物总量。

4)无组织排放的说明

本手册只给出本行业工业废气量、烟尘、二氧化硫、工业粉尘等污染物的有组织排放的产、排污系数，不包括无组织排放的产、排污系数。

5)其他需要说明的问题

①本表中“工业废气量、工业粉尘、烟尘、二氧化硫”四项污染物均属于工业窑炉废气，其工业炉窑类别为有色金属熔炼炉。

②钴盐产品的固体废物产生量采用以下公式计算：

$$W_{渣} = W_{矿}(1 - A/0.95) \tag{3-6}$$

其中：$W_{渣}$——固体废物产生的渣量，吨；

$W_{矿}$——企业所用原料量，吨；

A——原料中钴矿的品位。

③本手册中高冰镍产品、钴盐产品的产、排污系数是以产品中镍、钴的单位金属含量为单位，调查中应该注意调查高冰镍产品中的含镍量。

④表中所列各种末端治理设施所对应的污染物排放系数，为该治理设施正常工作状态下的排污系数，对于不正常工作的治理设施，应按无治理设施的系数计

算(或根据其目前处理效率计算)。没有治理设施的排污系数等同于产污系数。

⑤企业工业固体废物和危险固体废物产生量与其生产原料成分有关，普查时应采用实际调查值填入相关调查表；在个别企业不能提供实际产生量的情况下，可使用产、排污系数表中固体废物和危险废物的产污系数计算固体废物和危险固体废物的产生量。

镍冶炼所产生的危险固体废物主要有含砷废物、含铅废物等，包括酸泥(铅滤饼、砷滤饼)，烟尘(砷烟尘、铅烟尘)，含重金属水处理污泥等。

⑥本手册废水污染因子中均未涉及回用问题，如企业对排放废水进行部分回用，应先调查其废水回用率，再根据以下公式计算工业废水量、化学需氧量以及镉、铅、砷等的排污系数。

$$k_1 = k \times (1 - C) \tag{3-7}$$

式中：k_1——废水部分回用后企业排污系数；

k——手册中相应的排污系数；

C——废水回用率，%。

3.4.4 锡冶炼行业产、排污系数

锡冶炼行业产、排污系数表(表3-29)使用注意事项：

1)系数表中未涉及产品的产、排污系数

本手册已基本涵盖各种原料、冶炼工艺及生产规模的锡冶炼产品，对可能遇到的使用罕见或特殊冶炼工艺的生产线，可以按照原料品位属于锡精矿或锡中矿，分别采用相应生产规模的还原熔炼—硫化挥发法工艺的产、排污系数。

当被调查的冶炼生产线没有采用末端治理技术代码表中给出的治理方法，但有其他污染物处理方法(末端治理技术代码表以外的方法)时，应首先调查是否有当地环保部门的验收监测报告，如果有，可以以验收监测报告为准。如果没有，对于采用其他物理法废水处理技术的，其排污系数为产污系数的40%；采用其他化学法废水处理技术的，其排污系数为产污系数的60%；采用其他烟尘、粉尘处理技术的，其排污系数为产污系数的60%；采用其他二氧化硫处理技术的，其排污系数为产污系数的60%。

2)其他需要说明的问题

①对于目前少数地方尚存在个别小型锡冶炼企业继续使用短道窑和鼓风炉等属于国家明令淘汰的落后设备进行生产的情况，计算采用短窑工艺的产、排污系数时，应对其大气污染物中工业废气量、烟尘、工业粉尘乘以系数2；计算采用鼓风炉工艺的产、排污系数时，应对其大气污染物中工业废气量、烟尘、工业粉尘乘以系数1.5。

表 3－29 锡冶炼行业产、排污系数表

产品名称	原料名称	工艺名称	规模等级	污染物指标	单位	产污系数	末端治理技术名称	排污系数
精锡	锡精矿	还原熔炼—硫化挥发	≥8 kt/a	工业废水量	吨/吨－产品	8.2	化学沉淀法	1.646①
				汞	毫克/吨－产品	9660	化学沉淀法	15
				镉	克/吨－产品	0.52	化学沉淀法	0.025
				铅	克/吨－产品	6.27	化学沉淀法	0.066
				砷	克/吨－产品	244.4	化学沉淀法	0.2753
				六价铬	克/吨－产品	0.52	化学沉淀法	0.034
				工业废气量	标立方米/吨－产品	38740		38740
				烟尘	千克/吨－产品	243.8	过滤式除尘法	3.145
				工业粉尘	千克/吨－产品	9.9	过滤式除尘法	0.95
				二氧化硫	千克/吨－产品	36.1	石灰石石膏法	3.519
							其他烟气脱硫法（动力波）	1.805
				工业固体废物（冶炼废渣）	吨/吨－产品	1.05		
				HW24 危险废物（含砷废物）	吨/吨－产品	0.000265		

注：①此处工业废水量有 80% 循环利用，20% 外排。其他循环利用率下的工业废水量排污系数等于产污系数 ×（1－循环利用率）。

续表 3 - 29

产品名称	原料名称	工艺名称	规模等级	污染物指标	单位	产污系数	末端治理技术名称	排污系数
精锡	锡精矿	还原熔炼—硫化挥发法	3 ~ 8 kt/a	工业废水量	吨/吨 - 产品	17.55	化学沉淀法	3.527①
							直排	17.55
				汞	毫克/吨 - 产品	10260	化学沉淀法	140
							直排	10260
				镉	克/吨 - 产品	4.86	化学沉淀法	0.340
							直排	4.86
				铅	克/吨 - 产品	5.85	化学沉淀法	0.248
							直排	5.85
				砷	克/吨 - 产品	312.7	化学沉淀法	1.42
							直排	312.7
				六价铬	克/吨 - 产品	4.82	化学沉淀法	0.425
							直排	4.82
				工业废气量	标立方米/吨 - 产品	76200		76200
				烟尘	千克/吨 - 产品	315.8	过滤式除尘法	5.415
							直排	315.8
				工业粉尘	千克/吨 - 产品	10.24	过滤式除尘法	1.065
							直排	10.24
				二氧化硫	千克/吨 - 产品	45.8	石灰石石膏法	6.637
							直排	45.8
				工业固体废物（冶炼废渣）	吨/吨 - 产品	1.270		
				HW24 危险废物（含砷废物）	吨/吨 - 产品	0.000360		

注：①此处工业废水量有 80% 循环利用，20% 外排。其他循环利用率下的工业废水量排污系数等于产污系数 ×（1 - 循环利用率）。

续表 3－29

产品名称	原料名称	工艺名称	规模等级	污染物指标	单位	产污系数	末端治理技术名称	排污系数
精锡	锡精矿	还原熔炼—硫化挥发法	≤3 kt/a	工业废水量	吨/吨－产品	19.25	化学沉淀法	3.860①
							直排	19.25
				汞	毫克/吨－产品	9260	化学沉淀法	1520
							直排	9260
				镉	克/吨－产品	4.86	化学沉淀法	0.972
							直排	4.86
				铅	克/吨－产品	5.85	化学沉淀法	1.17
							直排	5.85
				砷	克/吨－产品	289.4	化学沉淀法	49.82
							直排	289.4
				六价铬	克/吨－产品	2.82	化学沉淀法	0.564
							直排	2.82
				工业废气量	标立方米/吨－产品	105000		115500
				烟尘	千克/吨－产品	555.6	过滤式除尘法	6.815
							直排	555.6
				工业粉尘	千克/吨－产品	11.45	过滤式除尘法	1.16
							直排	11.45
				二氧化硫	千克/吨－产品	75	石灰石石膏法	14.237
							直排	75
				工业固体废物（冶炼废渣）	吨/吨－产品	1.11		
				HW24 危险废物（含砷废物）	吨/吨－产品	0.00031		

注：①此处工业废水量有 85% 循环利用，20% 外排。其他循环利用率下的工业废水量排污系数等于产污系数 ×（1－循环利用率）。

续表 3－29

产品名称	原料名称	工艺名称	规模等级	污染物指标	单位	产污系数	末端治理技术名称	排污系数
精锡	锡精矿	两段熔炼法	所有规模	工业废水量	吨/吨－产品	7.26	化学沉淀法	1.46①
							直排	7.26
				汞	毫克/吨－产品	4860	化学沉淀法	51.1
							直排	4860
				镉	克/吨－产品	5.85	化学沉淀法	0.135
							直排	5.85
				铅	克/吨－产品	4.82	化学沉淀法	0.355
							直排	4.82
				砷	克/吨－产品	305.7	化学沉淀法	0.68
							直排	305.7
				六价铬	克/吨－产品	1.27	化学沉淀法	0.32
							直排	1.27
				工业废气量	标立方米/吨－产品	73200		73200
				烟尘	千克/吨－产品	158.6	过滤式除尘法	1.537
							直排	158.6
				工业粉尘	千克/吨－产品	10.6	过滤式除尘法	3.785
							直排	10.6
				二氧化硫	千克/吨－产品	39.2	石灰石石膏法	4.085
							直排	39.2
				工业固体废物（冶炼废渣）	吨/吨－产品	0.96		
				HW24 危险废物（含砷废物）	吨/吨－产品	0.00032		

注：①此处工业废水量有 80% 循环利用，20% 外排。其他循环利用率下的工业废水量排污系数等于产污系数 ×（1－循环利用率）。

续表 3－29

产品名称	原料名称	工艺名称	规模等级	污染物指标	单位	产污系数	末端治理技术名称	排污系数
精锡	锡中矿	硫化挥发—还原熔炼法	所有规模	工业废水量	吨/吨－产品	5.76	化学沉淀法	1.54①
							直排	5.76
				汞	毫克/吨－产品	4460	化学沉淀法	51
							直排	4460
				镉	克/吨－产品	5.62	化学沉淀法	0.127
							直排	5.62
				铅	克/吨－产品	4.72	化学沉淀法	0.505
							直排	4.72
				砷	克/吨－产品	322	化学沉淀法	0.67
							直排	322
				六价铬	克/吨－产品	1.3	化学沉淀法	0.342
							直排	1.3
				工业废气量	标立方米/吨－产品	95100		95070
				烟尘	千克/吨－产品	1052.6	过滤式除尘法	9.68
							直排	1052.6
				工业粉尘	千克/吨－产品	14.2	过滤式除尘法	2.225
							直排	14.2
				二氧化硫	千克/吨－产品	134.7	石灰石石膏	13.47
							直排	134.7
				工业固体废物（冶炼废渣）	吨/吨－产品	2.55		
				HW24 危险废物（含砷废物）	吨/吨－产品	0.00035		

注：①此处工业废水量有 80% 循环利用，20% 外排。其他循环利用率下的工业废水量排污系数等于产污系数 ×（1－循环利用率）。

②目前由于企业兼并整合、大型冶炼企业采用更经济的原料加工生产方式等原因，还出现了锡冶炼中的粗炼与精炼分开的情况，此种情况下，对于上下游企业的污染物产、排污系数，可以根据粗炼和精炼原料中污染元素的转换关系，按照粗炼占80%、精炼占20%的比例分别计算污染物的产生量和排放量。

③当手册中没有规定的末端治理技术时，选用的原则是根据污染治理技术的原理，选择接近的排污系数。例如对于烟气中的二氧化硫，绝大多数有色冶金企业使用石灰石石膏脱硫技术，也有少数企业根据自己的资源条件，使用氧化镁、氧化锌作为碱性物料进行脱硫，此时可以使用相同条件下、采用石灰石石膏脱硫治理技术的排污系数。

④当对应生产线的排水经过处理或未经处理后全部回用时，该情况下只计算产污系数，不计算排污系数。当对应的生产线的排水经过处理或未经处理后部分用于其他生产线时，该情况下排污系数按(1 - 用于其他生产线的废水比例) × (排污系数)计算，产污系数计算方法不变。

⑤对于废水中重金属离子主要采用化学沉淀法处理，本手册给出的排污系数是以碱性石灰乳中和处理的结果。若采用硫化钠等硫化物作沉淀剂，其排污系数为一般化学沉淀法的40%。

3.4.5 锑冶炼行业产、排污系数

锑冶炼行业产、排污系数表(表3 - 30)使用注意事项：

1)系数表中未涉及产品的产、排污系数

本手册已基本涵盖各种原料、工艺及规模的锑冶炼产品，对系数表单中未涉及的末端治理技术，应首先调查是否有当地环保部门的验收监测报告，如果有，以验收监测报告为准；如果没有，对于采用其他物理法废水处理技术的，其排污系数为产污系数的40%，采用其他化学法废水处理技术的，其排污系数为产污系数的60%；采用其他烟尘、粉尘处理技术的，其排污系数为产污系数的60%；采用其他二氧化硫处理技术的，其排污系数为产污系数的60%。

2)生产非单一产品企业污染物产、排量核算的处理

锑冶炼行业中选用的原料不同，冶炼后得到的产品不同。以锑精矿为原料最终的产品为金属锑或锑白；以铅锑精矿为原料最终的产品为金属锑和铅锭。对于同一类型的原料，品位不同，产品的产量、污染物的产生和排放量也不一样。由于金属锑是锑冶炼最主要的产品，伴生的铅锭产量仅为金属锑的10%左右，伴生的黄金产量仅为金属锑的0.01%以下，而且污染物是多产品共同产生，因此普查过程中统一根据原料中折合金属锑的量，计算污染物的产生量和排放量。

表 3-30 锑冶炼行业产、排污系数表

产品名称	原料名称	工艺名称	规模等级	污染物指标	单位	产污系数	末端治理技术名称	排污系数
金属锑	锑精矿	挥发熔炼—还原熔炼	≥5 kt/a	工业废水量	吨/吨-原料(折金属锑)	56.5	化学沉淀法	13.32①
				汞	毫克/吨-原料(折金属锑)	216	化学沉淀法	51
				镉	克/吨-原料(折金属锑)	1.452	化学沉淀法	0.377
				铅	克/吨-原料(折金属锑)	3.95	化学沉淀法	0.505
				砷	克/吨-原料(折金属锑)	1.2	化学沉淀法	0.255
				六价铬	克/吨-原料(折金属锑)	0.41	化学沉淀法	0.087
				工业废气量	标立方米/吨-原料(折金属锑)	61100		61100
				烟尘	千克/吨-原料(折金属锑)	224.5	过滤式除尘法	3.28
				工业粉尘	千克/吨-原料(折金属锑)	6.1	过滤式除尘法	0.52
							直排	6.1
				二氧化硫	千克/吨-原料(折金属锑)	1764.7	石灰石-石膏法	55.7
				工业固体废物(冶炼废渣)	吨/吨-原料(折金属锑)	1.15		
				HW24 危险废物(含砷废物)	吨/吨-原料(折金属锑)	0.110		

注：①此处工业废水量的80%循环利用，20%外排。其他循环利用率下的工业废水排污系数=产污系数×(1-实际循环利用率)。

续表 3 - 30

产品名称	原料名称	工艺名称	规模等级	污染物指标	单位	产污系数	末端治理技术名称	排污系数
金属锑	锑精矿	挥发熔炼—还原熔炼	<5 kt/a	工业废水量	吨/吨 - 原料（折金属锑）	63	化学沉淀法	12.7[①]
							直排	63
				汞	毫克/吨 - 原料（折金属锑）	225	化学沉淀法	32
							直排	225
				镉	克/吨 - 原料（折金属锑）	1.47	化学沉淀法	0.36
							直排	1.47
				铅	克/吨 - 原料（折金属锑）	4.1	化学沉淀法	0.612
							直排	4.1
				砷	克/吨 - 原料（折金属锑）	5.4	化学沉淀法	1.45
							直排	5.4
				六价铬	克/吨 - 原料（折金属锑）	0.36	化学沉淀法	0.095
							直排	0.36
				工业废气量	标立方米/吨 - 原料（折金属锑）	65500		65500
				烟尘	千克/吨 - 原料（折金属锑）	325	过滤式除尘法	4.23
				工业粉尘	千克/吨 - 原料（折金属锑）	19.2	过滤式除尘法	10.3
							直排	19.2
				二氧化硫	千克/吨 - 原料（折金属锑）	2103.2	石灰石 - 石膏法	68.6
							直排	2103.2
				工业固体废物（冶炼废渣）	吨/吨 - 原料（折金属锑）	1.15		
				HW24 危险废物（含砷废物）	吨/吨 - 原料（折金属锑）	0.145		

注：①此处工业废水量的 80% 循环利用，20% 外排。其他循环利用率下的工业废水排污系数 = 产污系数 ×（1 - 实际循环利用率）。

续表 3-30

产品名称	原料名称	工艺名称	规模等级	污染物指标	单位	产污系数	末端治理技术名称	排污系数
金属锑+铅锭	铅锑精矿	沸腾炉焙烧—还原熔炼法	所有规模	工业废水量	吨/吨-原料（折金属锑）	128.3	化学沉淀法	25.8①
							直排	128.3
				汞	毫克/吨-原料（折金属锑）	385	化学沉淀法	42
							直排	385
				镉	克/吨-原料（折金属锑）	2.37	化学沉淀法	0.595
							直排	2.37
				铅	克/吨-原料（折金属锑）	6.8	化学沉淀法	1.49
							直排	6.8
				砷	克/吨-原料（折金属锑）	11.9	化学沉淀法	2.85
							直排	11.9
				六价铬	克/吨-原料（折金属锑）	0.535	化学沉淀法	0.135
							直排	0.535
				工业废气量	标立方米/吨-原料（折金属锑）	69770		69770
				烟尘	千克/吨-原料（折金属锑）	638.7	过滤式除尘法	6.44
				工业粉尘	千克/吨-原料（折金属锑）	23.9	过滤式除尘法	2.42
							直排	23.9
				二氧化硫	千克/吨-原料（折金属锑）	2416	石灰石石膏法	78.3
							直排	2416
				工业固体废物（冶炼废渣）	吨/吨-原料（折金属锑）	1.49		
				HW24 危险废物（含砷废物）	吨/吨-原料（折金属锑）	0.120		

注：①此处工业废水量的80%循环利用，20%外排。其他循环利用率下的工业废水排污系数=产污系数×(1-实际循环利用率)。

续表 3-30

产品名称	原料名称	工艺名称	规模等级	污染物指标	单位	产污系数	末端治理技术名称	排污系数
金属锑+有色料副产金	锑金精矿	鼓风炉挥发熔炼—选择性氯化提金法	所有规模	工业废水量	吨/吨-原料（折金属锑）	156	化学沉淀法	31.44[①]
							直排	156
				汞	毫克/吨-原料（折金属锑）	355	化学沉淀法	16
							直排	355
				镉	克/吨-原料（折金属锑）	2.03	化学沉淀法	0.095
							直排	2.03
				铅	克/吨-原料（折金属锑）	4.8	化学沉淀法	0.275
							直排	4.8
				砷	克/吨-原料（折金属锑）	9.15	化学沉淀法	0.372
							直排	9.15
				六价铬	克/吨-原料（折金属锑）	0.545	化学沉淀法	0.028
							直排	0.545
				工业废气量	标立方米/吨-原料（折金属锑）	127000		127000
				烟尘	千克/吨-原料（折金属锑）	230.2	过滤式除尘法	3.45
				工业粉尘	千克/吨-原料（折金属锑）	13.9	过滤式除尘法	1.15
							直排	13.9
				二氧化硫	千克/吨-原料（折金属锑）	1891.5	石灰石石膏法	59.3
							直排	1891.5
				工业固体废物（冶炼废渣）	吨/吨-原料（折金属锑）	1.6		
				HW24 危险废物（含砷废物）	吨/吨-原料（折金属锑）	0.112		

注：①此处工业废水量的 80% 循环利用，20% 外排。其他循环利用率下的工业废水排污系数 = 产污系数 ×（1 - 实际循环利用率）。

续表 3-30

产品名称	原料名称	工艺名称	规模等级	污染物指标	单位	产污系数	末端治理技术名称	排污系数
锑白	锑精矿	熔化—氧化挥发法	所有规模	工业废水量	吨/吨-原料（折金属锑）	28.3	化学沉淀法	5.72[①]
							直排	28.3
				汞	毫克/吨-原料（折金属锑）	770	化学沉淀法	27.1
							直排	770
				镉	克/吨-原料（折金属锑）	4.32	化学沉淀法	0.645
							直排	4.32
				铅	克/吨-原料（折金属锑）	10.36	化学沉淀法	0.976
							直排	10.36
				砷	克/吨-原料（折金属锑）	22.375	化学沉淀法	2.615
							直排	22.375
				六价铬	克/吨-原料（折金属锑）	0.942	化学沉淀法	0.156
							直排	0.942
				工业废气量	标立方米/吨-原料（折金属锑）	76300		76300
				烟尘	千克/吨-原料（折金属锑）	260	过滤式除尘法	3.77
				工业粉尘	千克/吨-原料（折金属锑）	6.685	过滤式除尘法	0.72
							直排	6.685
				二氧化硫	千克/吨-原料（折金属锑）	1355	石灰石石膏法	57.7
							直排	1355
				工业固体废物（冶炼废渣）	吨/吨-原料（折金属锑）	1.54		
				HW24 危险废物（含砷废物）	吨/吨-原料（折金属锑）	0.1025		

注：①此处工业废水量的 80% 循环利用，20% 外排。其他循环利用率下的工业废水排污系数 = 产污系数 ×（1 - 实际循环利用率）。

2)其他需要说明的问题

①锑冶炼采用的冶金窑炉的类型较多，企业在挥发熔炼过程中可能采用鼓风炉、回转窑、多膛炉、闪速炉、平炉或直井炉，还原熔炼时可能采用电炉或反射炉，无论是哪种炉型，均属于工业窑炉中的有色金属熔炼炉，其产、排污系数根据在冶金炉内物料转化和污染物迁移转化的规律，参照选用“挥发熔炼—还原熔炼法”工艺的组合。

②本手册只需考虑企业原料的折金属量，力求简单、清楚，易于使用。制定本手册时已充分考虑全国的平均水平，使用本手册计算得出的产、排污量可能与单个调查企业有一定出入，但总体符合全行业水平。

③当对应生产线的生产排水经过处理或未经处理后全部回用时，该情况下只计算产污系数，不计算排污系数。当对应的生产线的排水经过处理或未经处理后部分用于其他生产线时，该情况下排污系数按(1 - 用于其他生产线的废水比例)×(排污系数)计算，产污系数计算方法不变。

④废水中重金属离子主要采用化学沉淀法处理，本手册给出的排污系数是以碱性石灰乳中和处理的结果。若采用硫化钠等硫化物作为沉淀剂，其排污系数按照一般化学沉淀法的40%计算。

3.4.6 铝冶炼行业产、排污系数

铝冶炼行业产、排污系数表(表3 - 31)使用注意事项：

1)普查时应以产品、原料、生产工艺和规模等级为主线进行统计，对拥有多个不同生产线的企业应分别统计污染物的产生和排放量，而后汇总求和作为该企业总的污染物产生、排放量。

2)表中所列大气污染物主要指铝冶炼行业工业窑炉产生的大气污染物，其中：氧化铝企业对应的是熟料窑、气态悬浮焙烧炉烟气；电解铝企业对应的是电解槽烟气。

3)其他说明

①氧化铝行业选取二氧化硫产、排污系数时，应根据熟料窑、焙烧炉使用的燃料种类来确定。熟料窑使用的燃料是煤，低硫煤指含硫率 < 1%的煤，中硫煤指含硫率在1% ~2%的煤，高硫煤指含硫率在2%以上的煤。氢氧化铝焙烧炉使用的燃料有天然气、重油、发生炉煤气等，二氧化硫产、排污系数选取时注意与其对应。

②氧化铝企业近年来积极进行工艺技术改造，采取各种治理措施，执行“清污分流、一水多用”后，做到了工业用水和排水封闭循环不外排，此时工业废水可按照“零排放”计算；如果废水未经处理就直接排放，那么排污量就等于产污量；若处理后水没有100%回用，则排污量 = 产污量 - 实际回用量。

表 3-31　铝冶炼行业产、排污系数表

产品名称	原料名称	工艺名称	规模等级	污染物指标	单位	产污系数			末端治理技术名称	排污系数		
氧化铝	铝土矿	联合法	所有规模	工业废水量	吨/吨-产品	4			循环利用	0①		
				化学需氧量	克/吨-产品	800			物理+化学	0①		
				石油类	克/吨-产品	40			物理+化学	0①		
				工业废气量	标立方米/吨-产品	6200			静电除尘法	6800		
				工业粉尘	千克/吨-产品	235			静电除尘法	1.36		
				二氧化硫	千克/吨-产品	熟料窑	低硫煤②	0.125	直排	熟料窑	低硫煤②	0.125
							中硫煤②	0.375	直排		中硫煤②	0.375
							高硫煤②	0.75	直排		高硫煤②	0.75
						氢氧化铝焙烧炉	天然气②	0.137	直排	氢氧化铝焙烧炉	天然气②	0.137
							重油②	3.5	直排		重油②	3.5
							低硫煤煤气或脱硫煤气②	0.81	直排		低硫煤煤气或脱硫煤气②	0.81
							中硫煤煤气②	1.97	直排		中硫煤煤气②	1.97
							高硫煤煤气②	4.4	直排		高硫煤煤气②	4.4
				工业固体废物（尾矿）	吨/吨-产品	0.85						

注：①废水全部循环利用不外排。②表示该设备使用的燃料类型。

续表 3-31

产品名称	原料名称	工艺名称	规模等级	污染物指标	单位	产污系数			末端治理技术名称	排污系数		
氧化铝	铝土矿	联合法	所有规模	工业废水量	吨/吨-产品	4.5			循环利用	0①		
				化学需氧量	克/吨-产品	1125			物理+化学	0①		
				石油类	克/吨-产品	67.5			物理+化学	0①		
				工业废气量	标立方米/吨-产品	20000			静电除尘法	22000		
				工业粉尘	千克/吨-产品	500			静电除尘法	2.2		
				二氧化硫	千克/吨-产品	熟料窑	低硫煤②	0.35	直排	熟料窑	低硫煤②	0.35
							中硫煤②	1.05	直排		中硫煤②	1.05
							高硫煤②	2.1	直排		高硫煤②	2.1
						氢氧化铝焙烧炉	天然气②	0.137	直排	氢氧化铝焙烧炉	天然气②	0.137
							重油②	3.5	直排		重油②	3.5
							低硫煤煤气或脱硫煤气②	0.81	直排		低硫煤煤气或脱硫煤气②	0.81
							中硫煤煤气②	1.97	直排		中硫煤煤气②	1.97
							高硫煤煤气②	4.4	直排		高硫煤煤气②	4.4
				工业固体废物（尾矿）	吨/吨-产品	1.5						

续表 3－31

产品名称	原料名称	工艺名称	规模等级	污染物指标	单位	产污系数			末端治理技术名称	排污系数		
氧化铝	铝土矿	联合法	所有规模	工业废水量	吨/吨－产品	0.5			循环利用	0①		
				化学需氧量	克/吨－产品	50			物理＋化学	0①		
				石油类	克/吨－产品	2.5			物理＋化学	0①		
				工业废气量	标立方米/吨－产品	2200			静电除尘法	2400		
				工业粉尘	千克/吨－产品	51			静电除尘法	0.135		
				二氧化硫	千克/吨－产品	氢氧化铝焙烧炉	低硫煤②	0.137	直排	氢氧化铝焙烧炉	天然气②	0.137
							中硫煤②	3.5	直排		重油②	3.5
							低硫煤煤气或脱硫煤气②	0.81	直排		低硫煤煤气或脱硫煤气②	0.81
							中硫煤煤气②	1.97	直排		中硫煤煤气②	1.97
							高硫煤煤气②	4.4	直排		高硫煤煤气②	4.4
				工业固体废物（尾矿）	吨/吨－产品	1.6						

续表 3－31

产品名称	原料名称	工艺名称	规模等级	污染物指标	单位	产污系数	末端治理技术名称	排污系数
原铝（电解铝）	氧化铝 氟化盐	熔盐电解法	≥160 kA	工业废水量	吨/吨－产品	7	循环利用	1.05
				化学需氧量	克/吨－产品	700	物理＋化学	73.5
				氨氮	克/吨－产品	70	物理＋化学	5.25
				石油类	克/吨－产品	70	物理＋化学	5.25
				挥发酚	克/吨－产品	3.5	物理＋化学	0.42
				工业废气量	标立方米/吨－产品	100000	氧化铝干法吸附＋过滤式除尘	115000
				工业粉尘	千克/吨－产品	100	氧化铝干法吸附＋过滤式除尘	2
				二氧化硫	千克/吨－产品	7.5	氧化铝干法吸附＋过滤式除尘	6
				氟化物	克/吨－产品	23000	氧化铝干法吸附＋过滤式除尘	345
				HW32 危险废物（无机氟化物废物）	吨/吨－产品	0.026		
			<160 kA	工业废水量	吨/吨－产品	8	循环利用	1.6
				化学需氧量	克/吨－产品	800	物理＋化学	112
				氨氮	克/吨－产品	80	物理＋化学	8
				石油类	克/吨－产品	80	物理＋化学	8
				挥发酚	克/吨－产品	4	物理＋化学	0.64

续表 3－31

产品名称	原料名称	工艺名称	规模等级	污染物指标	单位	产污系数	末端治理技术名称	排污系数
原铝（电解铝）	氧化铝 氟化盐	熔盐电解法	<160 kA	工业废气量	标立方米/吨－产品	130000	氧化铝干法吸附＋过滤式除尘	160000
				工业粉尘	千克/吨－产品	100	氧化铝干法吸附＋过滤式除尘	2.5
				二氧化硫	千克/吨－产品	8	氧化铝干法吸附＋过滤式除尘	6.4
				氟化物	克/吨－产品	19500	氧化铝干法吸附＋过滤式除尘	345
				HW32 危险废物（无机氟化物废物））	吨/吨－产品	0.035		

③电解铝企业的工业废水产污量为电解铝生产系统(含配套碳素厂)排入污水处理站的总废水量，但不包括配套电厂、煤气站的生产废水量，该类水量、水质与产、排污量应参照电力、燃气生产和供应行业的产、排污系数手册计算；对于无循环水系统和污水处理站的电解铝生产企业，排污量就等于产污量。

④表中所列电解铝企业的氟化物排污量反映的是有末端处理设施的、有组织排放的电解槽烟气中氟化物的排放量，对于通过天窗无组织排放的氟化物量未作统计。

⑤对于投产年限3年以上的电解铝企业，才会有电解槽大修渣产生，因此对投产3年以下的该类企业此项可不做统计。

3.4.7 镁冶炼行业产、排污系数

镁冶炼行业产、排污系数表(表3－32)使用注意事项：

①普查时应以产品、原料、生产工艺和规模等级为主线进行统计。

②镁冶炼企业主要按规模划分为3类，即≥1万t/a，0.5万～1万t/a和<0.5万t/a的“金属镁—白云石—皮江法”生产企业。

③表中所列大气污染物主要指镁冶炼行业工业窑炉产生的大气污染物，对应的是镁冶炼企业的煅烧炉、还原炉和精炼炉烟气。

④其他说明：

a.表中工艺废水主要指有镁锭表面处理工序的镁冶炼企业，不定期向外排放的酸洗废水，若被调查企业无该道生产工序，则废水量为零。

b.无末端治理技术的企业，排污系数即为产污系数。

c.表中所列各种末端治理设施所对应的污染物排放系数，为该治理设施正常工作状态下的排污系数，对于不正常工作的治理设施，应按无治理设施的系数计算(或根据其目前处理效率计算)。

3.4.8 金冶炼行业产、排污系数

金冶炼行业产、排污系数表(表3－33)使用注意事项：

1)系数表中未涉及产品的产、排污系数

本手册已基本涵盖各种原料、冶炼工艺及规模的金产品，表单中列出的各种情况基本涵盖了国内金冶炼企业目前实际存在的各种产品及各种原料、规模、生产工艺等生产条件。其中生产工艺氰化法中包含了氰化浸出锌粉置换法和氰化炭浆法。对国家明令禁止的混汞法浸出炼金工艺，其产、排污系数可以参照氰化法工艺、年产5吨以下企业，但废水中汞因子的产污和排污系数均要乘以10。

表 3－32　镁冶炼行业产、排污系数表

产品名称	原料名称	工艺名称	规模等级	污染物指标	单位	产污系数	末端治理技术名称	排污系数
金属镁	白云石	皮江法	≥1万 t/a	工业废水量	吨/吨－产品	1	中和法	1
				化学需氧量	克/吨－产品	100	中和法	50
				石油类	克/吨－产品	5	中和法	2.5
				六价铬	克/吨－产品	5	中和法	0.5
				工业废气量	标立方米/吨－产品	75000	湿法收尘、旋风收尘	85000
				工业粉尘	千克/吨－产品	45		8.5
				二氧化硫	千克/吨－产品	187.5		51
				工业固体废物（冶炼渣）	吨/吨－产品	6		
			0.5万（含）~1万 t/a	工业废水量	吨/吨－产品	1	中和法	1
				化学需氧量	克/吨－产品	100	中和法	50
				石油类	克/吨－产品	5	中和法	2.5
				六价铬	克/吨－产品	5	中和法	0.5
				工业废气量	标立方米/吨－产品	160000	湿法收尘、旋风收尘	165000
				工业粉尘	千克/吨－产品	72		15
				二氧化硫	千克/吨－产品	285		120
				工业固体废物（冶炼渣）	吨/吨－产品	6		

续表 3-32

产品名称	原料名称	工艺名称	规模等级	污染物指标	单位	产污系数	末端治理技术名称	排污系数
金属镁	白云石	皮江法	<0.5万t/a	工业废水量	吨/吨-产品	1	中和法	1
				化学需氧量	克/吨-产品	100	中和法	50
				石油类	克/吨-产品	5	中和法	2.5
				六价铬	克/吨-产品	5	中和法	0.5
				工业废气量	标立方米/吨-产品	215000	湿法收尘、旋风收尘	225000
				工业粉尘	千克/吨-产品	120		40
				二氧化硫	千克/吨-产品	270		170
				工业固体废物（冶炼渣）	吨/吨-产品	6		

表 3－33　金冶炼行业产、排污系数表

产品名称	原料名称	工艺名称	规模等级	污染物指标	单位	产污系数	末端治理技术名称	排污系数
金矿料产金	金精矿	氰化法	≥5 t/a	工业废水量	吨/吨－产品	7395	化学沉淀法	1485①
				汞	毫克/千克－产品	1110	化学沉淀法	91
				镉	克/千克－产品	6.68	化学沉淀法	0.475
				铅	克/千克－产品	60.8	化学沉淀法	1.102
				砷	克/千克－产品	2.84	化学沉淀法	0.286
				六价铬	克/千克－产品	4.225	化学沉淀法	0.41
				氰化物	克/千克－产品	3.136	化学沉淀法	0.087
				工业废气量	标立方米/吨－产品	4740000		4740000
				烟尘	千克/千克－产品	51.95	过滤除尘法	0.493
							直排	51.95
				工业粉尘	千克/千克－产品	38.5	过滤除尘法	0.437
							直排	38.5
				二氧化硫	千克/千克－产品	40.15	石灰石石膏法	3.987
							直排	40.15
				工业固体废物（冶炼废渣）	吨/千克－产品	13.35		
				HW33 危险废物（无机氰化物废物）	克/千克－产品	12.9		

注：①此处工业废水量的 80% 循环利用，20% 外排。其他循环利用率下的工业废水排污系数 = 产污系数 ×（1 − 实际循环利用率）。

续表 3 – 33

产品名称	原料名称	工艺名称	规模等级	污染物指标	单位	产污系数	末端治理技术名称	排污系数
金矿料产金	金精矿	氰化法	<5 t/a	工业废水量	吨/吨 – 产品	8520	化学沉淀法	1712①
							直排	8520
				汞	毫克/千克 – 产品	1123	化学沉淀法	137
							直排	1123
				镉	克/千克 – 产品	6.7	化学沉淀法	0.525
							直排	6.7
				铅	克/千克 – 产品	62.43	化学沉淀法	0.953
							直排	62.43
				砷	克/千克 – 产品	2.96	化学沉淀法	0.311
							直排	2.96
				六价铬	克/千克 – 产品	5.665	化学沉淀法	0.583
							直排	5.665
				氰化物	克/千克 – 产品	3.589	化学沉淀法	0.154
							直排	3.589
				工业废气量	标立方米/吨 – 产品	4925000		4925000
				烟尘	千克/千克 – 产品	61.85	过滤除尘法	0.587
							直排	61.85
				工业粉尘	千克/千克 – 产品	42.73	过滤除尘法	0.525
							直排	42.73
				二氧化硫	千克/千克 – 产品	43.17	石灰石石膏法	4.405
							直排	43.17
				工业固体废物（冶炼废渣）	吨/千克 – 产品	14.57		
				HW33 危险废物（无机氰化物废物）	克/千克 – 产品	13.65		

注：①此处工业废水量的 80% 循环利用，20% 外排。其他循环利用率下的工业废水排污系数 = 产污系数 ×（1 – 实际循环利用率）。

续表 3－33

产品名称	原料名称	工艺名称	规模等级	污染物指标	单位	产污系数	末端治理技术名称	排污系数
金矿料产金	金精矿	预氧化焙烧—氰化法	所有规模	工业废水量	吨/吨－产品	4930	化学沉淀法	1006①
							直排	4930
				汞	毫克/千克－产品	855	化学沉淀法	138
							直排	855
				镉	克/千克－产品	8.68	化学沉淀法	0.816
							直排	8.68
				铅	克/千克－产品	61.25	化学沉淀法	0.931
							直排	61.25
				砷	克/千克－产品	2.82	化学沉淀法	0.294
							直排	2.82
				六价铬	克/千克－产品	5.685	化学沉淀法	0.582
							直排	5.685
				氰化物	克/千克－产品	2.846	化学沉淀法	0.064
							直排	2.846
				工业废气量	标立方米/吨－产品	5580000		5580000
				烟尘	千克/千克－产品	618	过滤式除尘法	0.527
							直排	618
				工业粉尘	千克/千克－产品	48.85	过滤式除尘法	0.493
							直排	48.85
				二氧化硫	千克/千克－产品	74.52	石灰石石膏法	4.741
							直排	74.52
				工业固体废物（冶炼废渣）	吨/千克－产品	11.48		
				HW33 危险废物（无机氰化物废物）	克/千克－产品	14.2		

注：①此处工业废水量的 80% 循环利用，20% 外排。其他循环利用率下的工业废水排污系数 = 产污系数 ×（1 － 实际循环利用率）。

续表 3－33

产品名称	原料名称	工艺名称	规模等级	污染物指标	单位	产污系数	末端治理技术名称	排污系数
有色料副产金	阳极泥	阳极泥处理法	所有规模	工业废水量	吨/吨－产品	297	化学沉淀法	60.5[①]
							直排	297
				汞	毫克/千克－产品	377	化学沉淀法	45
							直排	377
				镉	克/千克－产品	3.52	化学沉淀法	0.019
							直排	3.52
				铅	克/千克－产品	21.352	化学沉淀法	0.149
							直排	21.352
				砷	克/千克－产品	13.915	化学沉淀法	0.119
							直排	13.915
				六价铬	克/千克－产品	1.65	化学沉淀法	0.125
							直排	1.65
				氰化物	克/千克－产品	0.688	化学沉淀法	0.138
							直排	0.688
				工业废气量	标立方米/吨－产品	2281000		2281000
				烟尘	千克/千克－产品	7.299	过滤式除尘法	0.157
							直排	7.299
				工业粉尘	千克/千克－产品	6.51	过滤式除尘法	0.098
							直排	6.51
				二氧化硫	千克/千克－产品	5.37	石灰石石膏法	0.913
							直排	5.37
				工业固体废物（冶炼废渣）	吨/千克－产品	0.208		
				HW24 危险废物（含砷废物）	克/千克－产品	23.767		

注：①此处工业废水量的 80% 循环利用，20% 外排。其他循环利用率下的工业废水排污系数＝产污系数×（1－实际循环利用率）。

当被调查的冶炼生产线没有末端治理技术代码表列出的治理方法，但有其他治理方法(末端治理技术代码表以外的方法)时，要首先调查是否有当地环保部门的验收监测报告，如果有，排污系数可以以验收监测报告为准。如果没有，对于采用其他物理法废水处理技术的，排污系数为产污系数的40%，采用其他化学法废水处理技术的，其排污系数为产污系数的60%；采用其他烟尘、粉尘处理技术的，其排污系数为产污系数的60%；采用其他二氧化硫处理技术的，其排污系数为产污系数的60%。

2)其他需要说明的问题

①对于一些产金地区存在的不经过金矿石选矿，直接对原生金矿进行堆浸，然后对载金碳进行冶炼的金冶炼企业，其大气和废水污染物产、排污系数可以利用相同规模的“金矿料产金+金精矿+氰化法”的产、排污系数，但是对于HW33危险废物(无机氰化物废物)，由于金矿选矿的金元素富集比为20~30，因此直接氰化浸出法的HW33危险废物(无机氰化物废物)产生系数应在表单所列数据的基础上乘以20~30，其中原矿品位在4 g/t以上的乘以20，原矿品位在4 g/t以下的乘以30。

②对于废水中的重金属离子，主要采用化学沉淀法处理，本手册给出的排污系数是以碱性石灰乳中和处理的结果。若采用硫化钠等硫化物作沉淀剂，其排污系数为石灰乳法的40%。

③金矿料产金的冶炼是在黄金冶炼企业进行的，副产金的冶炼是在有色金属铜、铅、锌等冶炼企业进行的，应对一个企业生产多种产品时的产污量和排污量的一部分进行累加。

3.4.9　钨钼冶炼行业产、排污系数

钨钼冶炼行业产、排污系数表(表3-34)使用注意事项：

1)系数表中未涉及产品的产、排污系数

本手册已基本涵盖各种原料、冶炼方法及规模的钨钼冶炼产品，对污染源普查中可能遇到的使用罕见或特殊冶炼方法的生产线，可以按照钨钼金属盐产品和其他钨钼产品的分类，对含钨金属盐产品参照仲钨酸铵产品的产、排污系数；对于含钼金属盐产品参照钼酸铵产品的产、排污系数；对于含钨钼的金属氧化物、金属粉和粉末冶金产品，分别参照三氧化钨和氧化钼的产、排污系数。

2)生产非单一产品企业污染物产、排量核算

当同一企业既有钨钼冶炼行业的产品，又有其他冶炼行业的产品时，本手册的产、排污系数只针对钨钼冶炼行业的生产线使用，其他行业的产、排污系数参见该行业的产、排污系数使用手册。当其废水集中处理时，该末端治理技术仍适用于本手册。

表3-34 钨钼冶炼产、排污系数表

产品名称	原料名称	工艺名称	规模等级	污染物指标	单位	产污系数	末端治理技术名称	排污系数
仲钨酸铵	钨精矿	碱压煮—离子交换法	≥8 kt/a	工业废水量	吨/吨-原料(折金属钨)	31.4	化学沉淀法	6.31①
				汞	毫克/吨-原料(折金属钨)	256	化学沉淀法	28.7
				镉	克/吨-原料(折金属钨)	1.383	化学沉淀法	0.156
				铅	克/吨-原料(折金属钨)	43.52	化学沉淀法	4.825
				砷	克/吨-原料(折金属钨)	37.9	化学沉淀法	4.174
				六价铬	克/吨-原料(折金属钨)	0.669	化学沉淀法	0.078
				工业废气量	标立方米/吨-原料(折金属钨)	5370		5370
				烟尘	千克/吨-原料(折金属钨)	6.225	过滤式除尘法	0.0326
				工业粉尘	千克/吨-原料(折金属钨)	8.45	过滤式除尘法	0.0432
							直排	8.45
				二氧化硫	千克/吨-原料(折金属钨)	4.24	石灰石石膏法	0.921
							直排	4.24
				工业固体废物(冶炼废渣)	吨/吨-原料(折金属钨)	0.48		
				HW24危险废物(含砷废物)	吨/吨-原料(折金属钨)	0.00192		

注：①废水循环利用率为80%，循环利用率不同时，排污系数=产污系数×(1-实际循环利用率)。

续表 3－34

产品名称	原料名称	工艺名称	规模等级	污染物指标	单位	产污系数	末端治理技术名称	排污系数
仲钨酸铵	钨精矿	碱压煮—离子交换法	<8 kt/a	工业废水量	吨/吨－原料（折金属钨）	33.36	化学沉淀法	6.672[①]
							直排	33.36
				汞	毫克/吨－原料（折金属钨）	267	化学沉淀法	34.8
							直排	267
				镉	克/吨－原料（折金属钨）	1.388	化学沉淀法	0.153
							直排	1.388
				铅	克/吨－原料（折金属钨）	41.7	化学沉淀法	6.28
							直排	41.7
				砷	克/吨－原料（折金属钨）	35.15	化学沉淀法	5.63
							直排	35.15
				六价铬	克/吨－原料（折金属钨）	0.682	化学沉淀法	0.0562
							直排	0.682
				工业废气量	标立方米/吨－原料（折金属钨）	6750		6750
				烟尘	千克/吨－原料（折金属钨）	6.845	过滤式除尘法	0.0352
							直排	6.845
				工业粉尘	千克/吨－原料（折金属钨）	9.68	过滤式除尘法	0.0487
							直排	9.68
				二氧化硫	千克/吨－原料（折金属钨）	4.52	石灰石石膏法	0.938
							直排	4.52
				工业固体废物（冶炼废渣）	吨/吨－原料（折金属钨）	0.521		
				HW24 危险废物（含砷废物）	吨/吨－原料（折金属钨）	0.00218		

注：①废水循环利用率为 80%，循环利用率不同时，排污系数＝产污系数×（1－实际循环利用率）。

续表 3-34

产品名称	原料名称	工艺名称	规模等级	污染物指标	单位	产污系数	末端治理技术名称	排污系数
硬质合金	钨精矿	酸解/萃取/煅烧法	所有规模	工业废水量	吨/吨-原料（折金属钨）	33.36	化学沉淀法	6.742①
							直排	33.36
				汞	毫克/吨-原料（折金属钨）	251	化学沉淀法	31.4
							直排	251
				镉	克/吨-原料（折金属钨）	1.39	化学沉淀法	0.157
							直排	1.39
				铅	克/吨-原料（折金属钨）	40.63	化学沉淀法	6.187
							直排	40.63
				砷	克/吨-原料（折金属钨）	36.24	化学沉淀法	4.155
							直排	36.24
				六价铬	克/吨-原料（折金属钨）	0.682	化学沉淀法	0.081
							直排	0.682
				工业废气量	标立方米/吨-原料（折金属钨）	8750		8750
				烟尘	千克/吨-原料（折金属钨）	6.845	过滤式除尘法	0.0426
							直排	6.845
				工业粉尘	千克/吨-原料（折金属钨）	22.55	过滤式除尘法	0.119
							直排	22.55
				二氧化硫	千克/吨-原料（折金属钨）	6.52	石灰石石膏法	1.33
							直排	6.52
				工业固体废物（冶炼废渣）	吨/吨-原料（折金属钨）	0.521		
				HW24 危险废物（含砷废物）	吨/吨-原料（折金属钨）	0.002176		

注：①废水循环利用率为80%，循环利用率不同时，排污系数=产污系数×（1-实际循环利用率）。

续表 3-34

产品名称	原料名称	工艺名称	规模等级	污染物指标	单位	产污系数	末端治理技术名称	排污系数
硬质合金	钨精矿	酸解/萃取/压制/烧结法	所有规模	工业废水量	吨/吨-原料（折金属钨）	43.6	化学沉淀法	8.74①
							直排	43.6
				汞	毫克/吨-原料（折金属钨）	246	化学沉淀法	27.5
							直排	385
				镉	克/吨-原料（折金属钨）	1.358	化学沉淀法	0.156
							直排	1.358
				铅	克/吨-原料（折金属钨）	37.56	化学沉淀法	5.98
							直排	37.56
				砷	克/吨-原料（折金属钨）	33.56	化学沉淀法	6.47
							直排	43.56
				六价铬	克/吨-原料（折金属钨）	0.687	化学沉淀法	0.0796
							直排	0.682
				工业废气量	标立方米/吨-原料（折金属钨）	12800		12800
				烟尘	千克/吨-原料（折金属钨）	9.025	过滤式除尘法	0.0486
							直排	9.025
				工业粉尘	千克/吨-原料（折金属钨）	23.75	过滤式除尘法	0.128
							直排	23.75
				二氧化硫	千克/吨-原料（折金属钨）	3.83	石灰石石膏法	0.727
							直排	3.83
				工业固体废物（冶炼废渣）	吨/吨-原料（折金属钨）	0.52		
				HW24 危险废物（含砷废物）	吨/吨-原料（折金属钨）	0.00215		

注：①废水循环利用率为80%，循环利用率不同时，排污系数=产污系数×(1-实际循环利用率)。

续表 3－34

产品名称	原料名称	工艺名称	规模等级	污染物指标	单位	产污系数	末端治理技术名称	排污系数
钨粉＋碳化钨	仲钨酸铵	煅烧还原法	所有规模	工业废水量	吨/吨－原料	52.9	化学沉淀法	10.61①
							直排	52.9
				汞	毫克/吨－原料	66	化学沉淀法	7
							直排	66
				镉	克/吨－原料	1.282	化学沉淀法	0.097
							直排	1.282
				铅	克/吨－原料	1.21	化学沉淀法	0.155
							直排	1.21
				砷	克/吨－原料	1.72	化学沉淀法	0.18
							直排	1.72
				六价铬	克/吨－原料	0.126	化学沉淀法	0.015
							直排	0.126
				工业废气量	标立方米/吨－原料	8350		8350
				烟尘	千克/吨－原料	2.515	过滤式除尘法	0.0132
							直排	2.515
				工业粉尘	千克/吨－原料	3.11	过滤式除尘法	0.00161
							直排	3.11
				二氧化硫	千克/吨－原料	4.45	石灰石石膏法	0.941
							直排	4.45
				工业固体废物（冶炼废渣）	吨/吨－原料	0.78		

注：①废水循环利用率为 80%，循环利用率不同时，排污系数＝产污系数×(1－实际循环利用率)。

续表 3-34

产品名称	原料名称	工艺名称	规模等级	污染物指标	单位	产污系数	末端治理技术名称	排污系数
氧化钼	钼精矿	回转窑氧化焙烧法	所有规模	工业废水量	吨/吨-原料（折金属钨）	46.53	化学沉淀法	9.32①
							直排	46.53
				汞	毫克/吨-原料（折金属钨）	382	化学沉淀法	40
							直排	382
				镉	克/吨-原料（折金属钨）	0.861	化学沉淀法	0.105
							直排	0.861
				铅	克/吨-原料（折金属钨）	2.16	化学沉淀法	0.251
							直排	2.16
				砷	克/吨-原料（折金属钨）	1.55	化学沉淀法	0.163
							直排	1.55
				六价铬	克/吨-原料（折金属钨）	1.327	化学沉淀法	0.135
							直排	1.327
				工业废气量	标立方米/吨-原料（折金属钨）	26800		26800
				烟尘	千克/吨-原料（折金属钨）	36.5	过滤式除尘法	0.187
							直排	36.5
				工业粉尘	千克/吨-原料（折金属钨）	42.2	过滤式除尘法	0.216
							直排	42.2
				二氧化硫	千克/吨-原料（折金属钨）	196	石灰石石膏法	33.72
							直排	196
				工业固体废物（冶炼废渣）	吨/吨-原料（折金属钨）	0.45		

注：①废水循环利用率为80%，循环利用率不同时，排污系数=产污系数×（1-实际循环利用率）。

续表 3-34

产品名称	原料名称	工艺名称	规模等级	污染物指标	单位	产污系数	末端治理技术名称	排污系数
氧化钼+钼铁	钼精矿	反射炉氧化焙烧法	所有规模	工业废水量	吨/吨-原料（折金属钨）	28.6	化学沉淀法	5.77①
							直排	28.6
				汞	毫克/吨-原料（折金属钨）	710	化学沉淀法	73
							直排	710
				镉	克/吨-原料（折金属钨）	0.65	化学沉淀法	0.067
							直排	0.65
				铅	克/吨-原料（折金属钨）	2.12	化学沉淀法	0.216
							直排	2.12
				砷	克/吨-原料（折金属钨）	1.254	化学沉淀法	0.128
							直排	1.254
				六价铬	克/吨-原料（折金属钨）	1.37	化学沉淀法	0.145
							直排	1.37
				工业废气量	标立方米/吨-原料（折金属钨）	23600		23600
				烟尘	千克/吨-原料（折金属钨）	33.32	过滤式除尘法	0.172
							直排	33.32
				工业粉尘	千克/吨-原料（折金属钨）	40.6	过滤式除尘法	0.210
							直排	40.6
				二氧化硫	千克/吨-原料（折金属钨）	186.5	石灰石石膏法	37.8
							直排	186.5
				工业固体废物（冶炼废渣）	吨/吨-原料（折金属钨）	0.455		

注：①废水循环利用率为 80%，循环利用率不同时，排污系数 = 产污系数 ×（1 - 实际循环利用率）。

续表 3-34

产品名称	原料名称	工艺名称	规模等级	污染物指标	单位	产污系数	末端治理技术名称	排污系数
钼酸铵	钼精矿	碱压煮—离子交换法	所有规模	工业废水量	吨/吨-原料（折金属钨）	33.16	化学沉淀法	6.712[①]
							直排	33.16
				汞	毫克/吨-原料（折金属钨）	843	化学沉淀法	91
							直排	843
				镉	克/吨-原料（折金属钨）	1.26	化学沉淀法	0.122
							直排	1.26
				铅	克/吨-原料（折金属钨）	82.26	化学沉淀法	6.861
							直排	82.26
				砷	克/吨-原料（折金属钨）	33.5	化学沉淀法	3.712
							直排	33.5
				六价铬	克/吨-原料（折金属钨）	1.272	化学沉淀法	0.136
							直排	1.272
				工业废气量	标立方米/吨-原料（折金属钨）	6350		6350
				烟尘	千克/吨-原料（折金属钨）	1.239	过滤式除尘法	0.472
							直排	1.239
				工业粉尘	千克/吨-原料（折金属钨）	2.45	过滤式除尘法	0.0132
							直排	2.45
				二氧化硫	千克/吨-原料（折金属钨）	2.17	石灰石石膏法	0.438
							直排	2.17
				工业固体废物（冶炼废渣）	吨/吨-原料（折金属钨）	0.277		

注：①废水循环利用率为80%，循环利用率不同时，排污系数=产污系数×(1-实际循环利用率)。

3)其他需要说明的问题

①钨钼冶炼企业的产品较多，分为钨系列和钼系列，属于钨冶金产品系列的有仲钨酸铵、三氧化钨、钨粉、碳化钨、硬质合金共5种；属于钼冶金产品系列的有氧化钼、氧化钼加钼铁、钼酸铵共计3种，合计8种。

冶炼精钨钼的原料相应分为钨系列和钼系列，属于钨系列的有钨精矿和作为原料的仲钨酸铵2种；属于钼系列的有钼精矿1种。由于国内黑钨矿资源将近枯竭，少量黑钨精矿也是与白钨精矿混合使用，因此将钨冶炼的原料黑钨精矿和白钨精矿统一合并为钨精矿。

部分钨钼企业产品种类多种多样，本手册力求简单、清楚、易于使用，以消耗的原料量折合成金属钨和金属钼的量来计算产、排污系数，其中生产钨粉和碳化钨以仲钨酸铵为原料，不能混淆。

制定本手册时已充分考虑全国的平均水平，使用本手册计算得出的产、排污量可能与单个调查企业有一定出入，但总体符合全行业水平。

②钨钼冶炼行业原料复杂、产品众多，设备及技术水平参差不齐，一些规模较大的企业已经投资废水处理设施。一批规模很小的企业没有兴建正规的废水处理设施，或没有废水处理设施，排污系数按照直排选取。

③当对应生产线的排水经过处理或未经处理后全部回用或用于其他生产线时，只计算产污系数，不计算排污系数。当对应的生产线的排水经过处理或未经处理后部分用于其他生产线(循环冷却水)时，该情况下产污系数不变，排污系数=(1-该企业循环用水比例)×(产污系数)。

④对于废水中重金属离子，主要采用化学沉淀法处理，本手册给出的排污系数是以碱性石灰乳中和处理的结果。若采用硫化钠等硫化物作沉淀剂，其排污系数为石灰乳中和法的40%。

3.5 铅锌冶炼行业重金属产、排污系数

本节涉及粗铅、电解铅、粗锌、电解锌、精锌、焙砂等的产污系数和排污系数，可用于全国铅锌采选、冶炼行业工业污染源重金属污染物产生量和排放量的核算。涉及的污染物包括：工业废水中的汞、锌，工业废气中的铅、镉、汞、锌、砷等。

1)系数表(表3-36)中未涉及工艺的产、排污系数

①对于采用富氧顶吹—鼓风炉还原工艺炼铅的企业，其产、排污系数可以参照采用富氧底吹—鼓风炉炼铅工艺进行计算；

②对于采用基夫赛特工艺炼铅的企业，其产、排污系数可以参照富氧底吹—液态高铅渣直接还原工艺进行计算；

③对于采用土制马弗炉、马槽炉、横罐等落后方式炼锌的企业，其产、排污系数可以参照竖罐炼锌工艺进行计算；

④对于采用富氧浸出湿法工艺炼锌的企业，其产、排污系数可以参照大规模湿法炼锌工艺进行计算，其废气中的重金属排放量可以不予计算；

⑤对于以铅精矿搭配废铅渣为原料，采用烧结机—鼓风炉炼铅工艺（或烧结锅—鼓风炉炼铅工艺）的企业，其产、排污系数可以参照以铅精矿为原料的小规模的烧结机—鼓风炉炼铅工艺（或烧结锅—鼓风炉炼铅工艺）进行核算。

2）使用系数表中未涉及末端治理技术的企业排污量计算

对于采用其他末端处理技术的小冶炼企业，可根据该企业污染物产生量及所使用的末端治理技术，通过以下公式计算污染物排放量。冶炼企业常用末端治理技术计算系数见表3－35。

$$污染物排放量 = 污染物产生量 \times 末端治理技术计算系数 \quad (3-8)$$

表3－35　冶炼企业常用末端治理技术计算系数表

分类	编号	治理技术（设备）名称	效率/%	计算系数
废气	G－1	静电除尘法	99.0	0.01
治理技术	G－2－1	湿式除尘法（喷淋塔）	90.0	0.10
	G－2－2	湿式除尘法（文丘里）	98.0	0.02
	G－2－3	湿式除尘法（泡沫塔）	97.0	0.03
	G－2－4	湿式除尘法（动力波）	99.5	0.005
	G－3	过滤除尘法（布袋除尘器）	99.0	0.01
	G－4	旋风收尘	65.0	0.35
	G－5	直排	0	1.0
废水治理技术	W－1	沉淀分离	0	1.0
	W－2	实施工业废水“零”排放工程	100.0	0
	W－3	直排	0	1.0

3）生产非单一产品企业污染物产、排量核算

如企业同时生产不同金属产品，应按相应金属产品的产、排污系数分别计算

污染物的产生量、排放量，各金属产品生产过程产生、排放的污染物量之和为该企业产生及排放的污染物总量。

4)无组织排放的说明

本手册只给出本行业废气中的铅、锌、砷、镉、汞等污染物的有组织排放的产、排污系数，不包括无组织排放的产、排污系数。

5)其他需要说明的问题

①某些铅冶炼企业既使用铅精矿为原料生产电解铅，同时也购买粗铅进行精炼，此时应先调查该类型企业自身粗铅产量，根据系数表单中相应四同组合的产、排污系数计算生产粗铅的产、排污量，再由企业电解铅产量，根据系数表单中粗铅精炼工艺产、排污系数计算精炼过程的产、排污量，两者相加得到该企业的总产、排污量。

②对于以锌精矿为原料采用电炉工艺生产精锌的企业，其污染物产排系数为：四同组合“粗锌 + 锌精矿 + 电炉炼锌工艺 + 各种规模” + “精锌 + 粗锌 + 锌精馏工艺 + 各种规模”。

③对于实施生产废水“零排放”工程的冶炼企业，废水中各项污染物排放量为0；对于无末端治理设施的企业，其产污系数就为排污系数。

④对于采用“一转一吸”制酸工艺的企业，如制酸尾气又经碱吸收，则其排污系数采用“二转二吸”制酸工艺的排污系数。

⑤本手册废水污染因子中均未涉及到回用问题，如企业对排放废水进行部分回用，应先调查其回用率，再根据以下公式计算工业废水量，化学需氧量，镉、铅、砷等的排污系数。

$$k_1 = k \times (1 - C) \tag{3-9}$$

式中：k_1——回用后企业排污系数；

k——手册中相应的排污系数；

C——废水回用率，%。

铅锌冶炼企业重金属产、排污系数见表3-36。

表 3-36　铅锌冶炼行业重金属产、排污系数

产品名称	原料名称	工艺名称	规模等级	污染物	污染物指标	单位	产污系数	末端治理技术名称	排污系数
粗铅	铅精矿	富氧底吹—鼓风炉炼铅工艺	各种规模	废气	铅	克/吨-粗铅	5627	过滤式除尘法、静电除尘法	52.86
					锌	克/吨-粗铅	1016	过滤式除尘法、静电除尘法	14.34
					镉	克/吨-粗铅	111.9	过滤式除尘法、静电除尘法	1.419
					砷	克/吨-粗铅	295.8	过滤式除尘法、静电除尘法	3.947
					汞	克/吨-粗铅	2103	过滤式除尘法、静电除尘法	0.147
				废水	汞	克/吨-粗铅	0.355	中和法	0.007
					锌	克/吨-粗铅	78.54	中和法	0.785
电解铅	铅精矿	富氧底吹—鼓风炉炼铅工艺—电解精炼	各种规模	废气	铅	克/吨-粗铅	6010	过滤式除尘法、静电除尘法	57.73
					锌	克/吨-电解铅	1127	过滤式除尘法、静电除尘法	16.43
					镉	克/吨-电解铅	123.9	过滤式除尘法、静电除尘法	1.680
					砷	克/吨-电解铅	3201	过滤式除尘法、静电除尘法	4.570
					汞	克/吨-电解铅	2.107	过滤式除尘法、静电除尘法	0.151
				废水	汞	克/吨-电解铅	0.365	中和法	0.007
					锌	克/吨-电解铅	80.73	中和法	0.807

续表 3－36

产品名称	原料名称	工艺名称	规模等级	污染物	污染物指标	单位	产污系数	末端治理技术名称	排污系数
电解铅	铅精矿	富氧底吹—液态高铅渣直接还原工艺	各种规模	废气	铅	克/吨－电解铅	5948	过滤式除尘法	34.79
								过滤式除尘法＋环境集烟脱硫	22.18
					锌	克/吨－电解铅	1057	过滤式除尘法	11.46
								过滤式除尘法＋环境集烟脱硫	8.544
					镉	克/吨－电解铅	104.6	过滤式除尘法	1.386
								过滤式除尘法＋环境集烟脱硫	0.937
					砷	克/吨－电解铅	219.0	过滤式除尘法	2.288
								过滤式除尘法＋环境集烟脱硫	1.878
					汞	克/吨－电解铅	1.651	过滤式除尘法	0.137
								过滤式除尘法＋环境集烟脱硫	0.113
				废水	汞	克/吨－电解铅	0.189	中和法	0.003
					锌	克/吨－电解铅	51.56	中和法	0.258

续表 3-36

产品名称	原料名称	工艺名称	规模等级	污染物	污染物指标	单位	产污系数	末端治理技术名称	排污系数
粗铅	铅精矿	烧结机—鼓风炉工艺	≥5 万 t/a	废气	铅	克/吨-粗铅	7647	过滤式除尘法、静电除尘法	198.8
					锌	克/吨-粗铅	1426	过滤式除尘法、静电除尘法	41.52
					镉	克/吨-粗铅	141.5	过滤式除尘法、静电除尘法	2.372
					砷	克/吨-粗铅	349.3	过滤式除尘法、静电除尘法	7.268
					汞	克/吨-粗铅	3.719	过滤式除尘法、静电除尘法	0.557
				废水	汞	克/吨-粗铅	1.850	中和法	0.037
					锌	克/吨-粗铅	139.9	中和法	2.80
粗铅	铅精矿	烧结机—鼓风炉工艺	<5 万 t/a	废气	铅	克/吨-粗铅	9421	过滤式除尘法、静电除尘法	254.2
					锌	克/吨-粗铅	1709	过滤式除尘法、静电除尘法	57.11
					镉	克/吨-粗铅	150.5	过滤式除尘法、静电除尘法	3.374
					砷	克/吨-粗铅	353.1	过滤式除尘法、静电除尘法	8.065
					汞	克/吨-粗铅	4.259	过滤式除尘法、静电除尘法	0.758
				废水	汞	克/吨-粗铅	2.732	中和法	0.054
					锌	克/吨-粗铅	194.8	中和法	3.896

续表 3－36

产品名称	原料名称	工艺名称	规模等级	污染物	污染物指标	单位	产污系数	末端治理技术名称	排污系数
电解铅	铅精矿	烧结机—鼓风炉工艺—电解精炼	≥5 万 t/a	废气	铅	克/吨－电解铅	8228	过滤式除尘法、静电除尘法	217.2
					锌	克/吨－电解铅	1491	过滤式除尘法、静电除尘法	44.70
					镉	克/吨－电解铅	153.8	过滤式除尘法、静电除尘法	2.803
					砷	克/吨－电解铅	355.7	过滤式除尘法、静电除尘法	7.580
					汞	克/吨－电解铅	3.750	过滤式除尘法、静电除尘法	0.569
				废水	汞	克/吨－电解铅	2.043	中和法	0.041
					锌	克/吨－电解铅	154.5	中和法	3.091
电解铅	铅精矿	烧结机—鼓风炉工艺—电解精炼	<5 万 t/a	废气	铅	克/吨－电解铅	9750	过滤式除尘法、静电除尘法	265.5
					锌	克/吨－电解铅	1838	过滤式除尘法、静电除尘法	61.86
					镉	克/吨－电解铅	162.5	过滤式除尘法、静电除尘法	3.77
					砷	克/吨－电解铅	382.8	过滤式除尘法、静电除尘法	8.897
					汞	克/吨－电解铅	4.334	过滤式除尘法、静电除尘法	0.782
				废水	汞	克/吨－电解铅	2.911	中和法	0.058
					锌	克/吨－电解铅	207.5	中和法	4.150

续表 3－36

产品名称	原料名称	工艺名称	规模等级	污染物	污染物指标	单位	产污系数	末端治理技术名称	排污系数
电解铅	铅锌混合精矿	密闭鼓风炉工艺炼铅（ISP 工艺）	各种规模	废气	铅	克/吨－电解铅	8942	过滤式除尘法、静电除尘法	118.2
					锌	克/吨－电解铅	2984	过滤式除尘法、静电除尘法	52.59
					镉	克/吨－电解铅	276.3	过滤式除尘法、静电除尘法	3.614
					砷	克/吨－电解铅	180.3	过滤式除尘法、静电除尘法	6.510
					汞	克/吨－电解铅	3.337	过滤式除尘法、静电除尘法	0.456
				废水	汞	克/吨－电解铅	1.301	中和法	0.029
					锌	克/吨－电解铅	147.8	中和法	1.478
粗铅	铅精矿	烧结锅—鼓风炉炼铅	各种规模	废气	铅	克/吨－粗铅	13094	过滤式除尘法	654.7
					锌	克/吨－粗铅	1916	过滤式除尘法	96.63
					镉	克/吨－粗铅	196.7	过滤式除尘法	18.69
					砷	克/吨－粗铅	408.8	过滤式除尘法	29.95
					汞	克/吨－粗铅	4.883	过滤式除尘法	1.925
				废水	汞	克/吨－粗铅	1.762	中和法	0.176
					锌	克/吨－粗铅	81.31	中和法	8.131

续表 3－36

产品名称	原料名称	工艺名称	规模等级	污染物	污染物指标	单位	产污系数	末端治理技术名称	排污系数
粗铅	废铅蓄电池	栅板铅膏混合熔炼—精炼工艺	各种规模	废气	铅	克/吨－粗铅	6418	过滤式除尘法	63.76
								过滤式除尘法＋尾气脱硫	17.56
				废水	汞	克/吨－粗铅			
					锌	克/吨－粗铅			
电解铅	废铅蓄电池	栅板铅膏混合熔炼－精炼工艺	各种规模	废气	铅	克/吨－电解铅	6600	过滤式除尘法	66.00
								过滤式除尘法＋尾气脱硫	19.80
				废水	汞	克/吨－电解铅			
					锌	克/吨－电解铅			
电解铅	废铅蓄电池	铅膏炼前脱硫—还原熔炼—精炼工艺	各种规模	废气	铅	克/吨－电解铅	5106	过滤式除尘法	35.97
								过滤式除尘法＋尾气脱硫	10.79
								微孔覆膜高效过滤式除尘法＋尾气脱硫	0.897
				废水	汞	克/吨－电解铅			
					锌	克/吨－电解铅			
粗铅	废铅泥、铅渣	鼓风炉工艺	各种规模	废气	铅	克/吨－粗铅	5310	过滤式除尘法、湿法收尘	179.4
					锌	克/吨－粗铅	407.0	过滤式除尘法、湿法收尘	13.24
					镉	克/吨－粗铅	38.73	过滤式除尘法、湿法收尘	3.481
					砷	克/吨－粗铅	33.83	过滤式除尘法、湿法收尘	5.883
					汞	克/吨－粗铅	0.588	过滤式除尘法、湿法收尘	0.392
				废水	汞	克/吨－粗铅	0.693	中和法	0.076
					锌	克/吨－粗铅	50.35	中和法	5.445

续表 3－36

产品名称	原料名称	工艺名称	规模等级	污染物	污染物指标	单位	产污系数	末端治理技术名称	排污系数
电解铅	粗铅	粗铅精炼工艺	各种规模	废气	铅	克/吨－电解铅	581.7	过滤式除尘法	18.43
					锌	克/吨－电解铅	64.75	过滤式除尘法	3.180
					镉	克/吨－电解铅	12.33	过滤式除尘法	0.431
					砷	克/吨－电解铅	6.415	过滤式除尘法	0.312
					汞	克/吨－电解铅	0.031	过滤式除尘法	0.012
				废水	汞	克/吨－电解铅	0.107	中和法	0.002
					锌	克/吨－电解铅	8.113	中和法	0.122
精锌	铅锌混合精矿	密闭鼓风炉工艺炼锌（ISP工艺）	各种规模	废气	铅	克/吨－精锌	8942	过滤式除尘法、静电除尘法	118.2
					锌	克/吨－精锌	2984	过滤式除尘法、静电除尘法	52.59
					镉	克/吨－精锌	276.3	过滤式除尘法、静电除尘法	3.614
					砷	克/吨－精锌	180.3	过滤式除尘法、静电除尘法	6.510
					汞	克/吨－精锌	3.337	过滤式除尘法、静电除尘法	0.456
				废水	汞	克/吨－精锌	1.301	中和法	0.029
					锌	克/吨－精锌	147.8	中和法	1.478

续表 3－36

产品名称	原料名称	工艺名称	规模等级	污染物	污染物指标	单位	产污系数	末端治理技术名称	排污系数
精锌	铅精矿	竖罐炼锌	各种规模	废气	铅	克/吨－精锌	490.9	过滤式除尘法、静电除尘法	5.670
					锌	克/吨－精锌	4401	过滤式除尘法、静电除尘法	48.12
					镉	克/吨－精锌	519.6	过滤式除尘法、静电除尘法	5.667
					砷	克/吨－精锌	139.6	过滤式除尘法、静电除尘法	3.800
					汞	克/吨－精锌	3.159	过滤式除尘法、静电除尘法	0.383
				废水	汞	克/吨－精锌	5.123	中和法	0.102
					锌	克/吨－精锌	273.2	中和法	2.732
电解锌	锌精矿	湿法炼锌工艺	≥10万 t/a	废气	铅	克/吨－电解锌	146.0	过滤式除尘法、静电除尘法	2.427
					锌	克/吨－电解锌	726.3	过滤式除尘法、静电除尘法	8.380
					镉	克/吨－电解锌	104.2	过滤式除尘法、静电除尘法	1.108
					砷	克/吨－电解锌	32.93	过滤式除尘法、静电除尘法	0.955
					汞	克/吨－电解锌	3.846	过滤式除尘法、静电除尘法	0.203
				废水	汞	克/吨－电解锌	1.948	中和法	0.038
					锌	克/吨－电解锌	207.8	中和法	2.078

续表 3－36

产品名称	原料名称	工艺名称	规模等级	污染物	污染物指标	单位	产污系数	末端治理技术名称	排污系数
电解锌	锌精矿	湿法炼锌工艺	<10 万 t/a	废气	铅	克/吨－电解锌	196.9	过滤式除尘法、静电除尘法	4.499
					锌	克/吨－电解锌	900.2	过滤式除尘法、静电除尘法	14.75
					镉	克/吨－电解锌	123.1	过滤式除尘法、静电除尘法	2.067
					砷	克/吨－电解锌	42.74	过滤式除尘法、静电除尘法	1.906
					汞	克/吨－电解锌	5.286	过滤式除尘法、静电除尘法	0.556
				废水	汞	克/吨－电解锌	1.003	中和法	0.1003
					锌	克/吨－电解锌	395	中和法	3.950
粗锌	锌精矿	电炉炼锌工艺	各种规模	废气	铅	克/吨－粗锌	242.9	过滤式除尘法、静电除尘法	5.535
					锌	克/吨－粗锌	1463	过滤式除尘法、静电除尘法	32.90
					镉	克/吨－粗锌	124.6	过滤式除尘法、静电除尘法	2.821
					砷	克/吨－粗锌	54.56	过滤式除尘法、静电除尘法	2.760
					汞	克/吨－粗锌	6.490	过滤式除尘法、静电除尘法	0.645
				废水	汞	克/吨－粗锌	1.679	中和法	0.1679
					锌	克/吨－粗锌	426.8	中和法	4.268

续表 3－36

产品名称	原料名称	工艺名称	规模等级	污染物	污染物指标	单位	产污系数	末端治理技术名称	排污系数
精锌	粗锌	锌精馏工艺	各种规模	废气	铅	克/吨－精锌	6.467	过滤式除尘法	0.148
					锌	克/吨－精锌	214.4	过滤式除尘法	4.900
					镉	克/吨－精锌	16.63	过滤式除尘法	0.380
					砷	克/吨－精锌	0.370	过滤式除尘法	0.042
					汞	克/吨－精锌	0.037	过滤式除尘法	0.004
				废水	汞	克/吨－精锌	0.053	中和法	0.005
					锌	克/吨－精锌	34.32	中和法	0.343
氧化锌（次氧化锌）	锌焙砂（含锌烟尘）	电炉工艺或维氏炉还原挥发工艺或回转窑	各种规模	废气	铅	克/吨－氧化锌	356.3	过滤式除尘法	5.052
					锌	克/吨－氧化锌	2551	过滤式除尘法	36.60
					镉	克/吨－氧化锌	93.04	过滤式除尘法	1.400
					砷	克/吨－氧化锌	12.62	过滤式除尘法	3.867
					汞	克/吨－氧化锌	2.003	过滤式除尘法	0.284
				废水	汞	克/吨－氧化锌	0.031	中和法	0.001
					锌	克/吨－氧化锌	433.25	中和法	4.33

续表 3－36

产品名称	原料名称	工艺名称	规模等级	污染物	污染物指标	单位	产污系数	末端治理技术名称	排污系数
焙砂	锌精矿	焙烧炉工艺	各种规模	废气	铅	克/吨－焙砂	6.980	静电除尘法、制酸	0.160
								过滤式除尘法	0.585
					锌	克/吨－焙砂	102.4	静电除尘法、制酸	2.352
								过滤式除尘法	7.056
					镉	克/吨－焙砂	2.404	静电除尘法、制酸	0.055
								过滤式除尘法	0.165
					砷	克/吨－焙砂	2.358	静电除尘法、制酸	0.135
								过滤式除尘法	0.783
					汞	克/吨－焙砂	1.364	静电除尘法、制酸	0.157
								过滤式除尘法	0.647
				废水	汞	克/吨－焙砂	0.036	中和法	0.004
					锌	克/吨－焙砂	164.3	中和法	1.643
电解锌	次氧化锌（氧化锌）	湿法炼锌工艺	各种规模	废气	铅	克/吨－电解锌	1.901	过滤式除尘法	0.144
					锌	克/吨－电解锌	49.42	过滤式除尘法	1.153
					镉	克/吨－电解锌	0.076	过滤式除尘法	0.009
					砷	克/吨－电解锌	0.061	过滤式除尘法	0.004
					汞	克/吨－电解锌		过滤式除尘法	
				废水	汞	克/吨－电解锌	0.024	中和法	0.002
					锌	克/吨－电解锌	178.2	中和法	1.782

第四章　冶金过程“三废”治理技术

4.1　废气治理技术

4.1.1　烟尘治理技术

治理烟尘的方法很多并各具特点，需依据烟气特点、烟尘特性、除尘要求等进行选择，从烟气中将颗粒物分离并捕集，实现该过程的设备装置称为除尘器。本节重点介绍常用的烟尘治理技术及主要设备。

4.1.1.1　机械除尘

(1)重力沉降除尘

利用粉尘与气体的密度不同，使粉尘靠自身的重力从气流中自然沉降，达到分离或捕集含尘气流中粒子的目的。为使粉尘从气流中自然沉降，一般在输送气体的管道中安排一扩大部分，在此扩大部分气体流动速度降低，一定粒径的粒子即可从气流中沉降下来。重力除尘法适用于净化密度大、粒径粗的粉尘，去除粒径大于50 μm的粉尘，除尘效率约为50%，但对粒径小于5 μm的粉尘，除尘效率几乎为零。

(2)惯性力除尘

利用粉尘与气体在运动中的惯性力不同，使粉尘从气流中分离出来。实际应用中一般使含尘气流冲击在挡板上，气流方向发生急剧改变，气流中的粉尘惯性较大，不能随气流急剧转弯，便从气流中分离出来。惯性除尘法的分离效率较低，只能捕集粒径为20 μm以上的粉尘。

(3)旋风除尘

利用含尘气体的流动速度，使气流在除尘装置内旋转运动，在离心力的作用下使粒子从气流中分离出来。旋风除尘器是工业中应用比较广泛的除尘设备，旋风除尘效率较高，对粒径大于5 μm的颗粒具有较好的去除效率。

4.1.1.2　湿式除尘

利用液体(一般为水)洗涤含尘气体，形成的液膜、液滴或气泡捕获气体中的尘粒，尘粒随液体排出，使气体得到净化。液膜、液滴或气泡主要是通过惯性碰撞和细小尘粒的扩散作用以及液滴、液膜使尘粒增湿后的凝聚及对尘粒的黏附作用，达到捕获烟气中粉尘的目的。湿式除尘器除尘效率高，特别是高能量的湿式洗涤除尘器，在清除粒径0.1 μm以下的粉尘粒子时，仍能保持很高的除尘效率。

湿式除尘法也存在一些明显的缺点，其用水量大且废气中的污染物全部转移到液相中，洗涤后的液体必须进行处理，对沉渣也要进行适当的处置以防造成二次污染。另外，在对具有腐蚀性气态污染物的废气进行除尘时，洗涤后的液体将具有一定程度的腐蚀性，这就对除尘设备及其管道提出了更高的要求。湿式除尘器不适用于净化含有憎水性和水硬性粉尘的气体。在寒冷地区应用湿式除尘器容易结冰，因此，要采取防冻措施。

4.1.1.3　过滤除尘

过滤式除尘法是使含尘气体通过多孔滤料，将气体中的尘粒截留下来，气体得到净化。过滤除尘分为两类，即布袋除尘和颗粒除尘。布袋除尘采用纤维材料完成分离，颗粒除尘采用硅质无机材料完成分离，因此颗粒除尘可处理高温烟气。纤维滤料对含尘气体的过滤，按滤尘方式有内部过滤和外部过滤之分。内部过滤将松散多孔的滤料填充在设备的框架内作为过滤层，尘粒在滤层内部被捕集；外部过滤则是将尘粒捕集在滤料的外表面。过滤式除尘器是通过滤料空隙对粒子的筛分作用、粒子随气流运动中的惯性碰撞作用、细小粒子的扩散作用以及静电引力和重力沉降等机制的综合作用结果，达到除尘的目的。

4.1.1.4　电除尘

电除尘是利用高压电场产生的静电力将固体粒子或液体粒子与气流分离。在放电极与集尘极之间施以很高的直流电压时，放电产生的电晕生成大量电子由阴极向集尘极迁移，在迁移过程中与固体粒子或液体粒子碰撞并附着其上，使尘粒带负电荷。荷电粒子在电场库仑力的作用下向集尘极运动，在集尘极表面粒子放电荷后沉积，当粉尘积到一定厚度时，用机械振打等方法将其清除。电除尘器是一种高效除尘器，除尘效率可达99%以上，对细微粉尘捕集性能优异，捕集的最小粒径可达0.05 μm。

4.1.2　排烟脱硫技术

目前，SO_2是大气污染物中数量大、分布广、影响最严重的气态污染物之一。控制其污染的主要途径为使用低硫燃料和烟气脱硫。对于低浓度 SO_2烟气脱硫技术，大致可分为湿法脱硫和干法脱硫两类。

湿法脱硫是采用液体吸收剂洗涤 SO_2烟气以除去 SO_2，常用的方法有石灰/石灰石吸收法、钠碱吸收法、氨吸收法、催化氧化法和催化还原法等。湿法所用设备比较简单，操作容易，脱硫效率高。但脱硫后烟气温度低，不利于烟气的扩散。

干法脱硫是使用固体吸收剂、吸附剂或催化剂除去废气中的 SO_2，常用的方法有活性炭吸附法、分子筛吸附法、氧化法和金属氧化物吸收法等。干法的最大优点是治理中无废水、废酸排出，减少了二次污染，缺点是脱硫效率低，设备庞大。

4.1.2.1　湿法脱硫

(1)石灰/石灰石法

石灰/石灰石法净化技术最早由英国皇家化学工业公司提出，是脱硫诸多方法中历史最长、应用最广且又最具代表性的方法。其最大的特点是原料来源广泛、价格低廉。

反应机理：用石灰石或石灰浆液吸收烟气中的二氧化硫。分为吸收和氧化两个工序，先吸收生成亚硫酸钙，再氧化为硫酸钙。

吸收过程在吸收塔内进行，主要反应如下：

石灰浆液吸收剂：

$$Ca(OH)_2 + SO_2 \longrightarrow CaSO_3 \cdot 1/2H_2O + 1/2H_2O \tag{4-1}$$

石灰石浆液吸收剂：

$$CaCO_3 + SO_2 + 1/2H_2O = CaSO_3 \cdot 1/2H_2O + CO_2 \tag{4-2}$$

$$CaSO_3 \cdot 1/2H_2O + SO_2 + 1/2H_2O = Ca(HSO_3)_2 \tag{4-3}$$

由于烟道气中含有氧，会发生如下副反应：

$$2CaSO_3 \cdot 1/2H_2O + O_2 + 3H_2O = 2CaSO_4 \cdot 2H_2O \tag{4-4}$$

氧化过程在氧化塔内进行，主要反应如下：

$$2CaSO_3 \cdot 1/2H_2O + O_2 + 3H_2O = 2CaSO_4 \cdot 2H_2O \tag{4-5}$$

$$Ca(HSO_3)_2 + 1/2O_2 + H_2O = CaSO_4 \cdot 2H_2O + SO_2 \tag{4-6}$$

石灰－石膏法适用于燃煤、烧重油锅炉的排气以及其他各种排气，对负荷变化有灵活的适应性，运转简便稳定，并且可以获得高脱硫效果。出口 SO_2浓度可以控制在 50 mL/m^3 以下，甚至可以控制在 10 mL/m^3 左右。石灰－石膏法的建设费便宜很多，同时整个气体系统由于压降小，动力费用较低。此外，回收的副产物石膏纯度很高，完全可以用于做水泥、石膏板等建筑材料。

(2)钠碱法

钠碱法用 NaOH 或 Na_2CO_3水溶液吸收废气中的 SO_2，不用石灰(石灰石)再生，直接处理吸收液得到副产品。与石灰/石灰石法相比，该法具有吸收速度快，不存在堵塞、结垢问题等优点。

钠碱法的吸收采用 NaOH 或 Na_2CO_3作为起始吸收剂，在与 SO_2气体的接触过程中，发生如下的化学反应：

$$2Na_2CO_3 + SO_2 + H_2O = 2NaHCO_3 + Na_2SO_3 \tag{4-7}$$

$$2NaHCO_3 + SO_2 = Na_2SO_3 + H_2O + CO_2\uparrow \tag{4-8}$$

$$2NaOH + SO_2 = Na_2SO_3 + H_2O \tag{4-9}$$

反应生成的 Na_2SO_3具有吸收 SO_2的能力

$$Na_2SO_3 + SO_2 + H_2O = 2NaHSO_3 \tag{4-10}$$

吸收过程的主要副反应为氧化反应，将$(NH_4)_2SO_3$氧化为$(NH_4)_2SO_4$。

钠碱法的工艺过程主要分为四个步骤，即吸收、中和、浓缩结晶及干燥。含有 SO_2的烟气依次通过一级、二级吸收塔吸收后排放，溶碱槽内加入碳酸钠、水，搅拌配置成溶液，并加入碳酸铵质量的0.025%～0.05%的对苯二胺作阻氧剂。之后将配好的碳酸铵溶液加入到二级吸收塔，循环吸收生成亚硫酸钠－亚硫酸氢钠溶液，当吸收液pH降至5.6以下时，将一部分吸收液送至一级吸收塔继续循环吸收，并向二级吸收塔补充碳酸钠溶液。一级吸收塔得到的高浓度亚硫酸氢钠溶液送入中和槽，用碳酸钠溶液中和至pH为6.5～7.0，加热搅拌排尽CO_2气体。加入少量硫化钠使重金属离子从溶液中沉淀出来，并加入少量活性炭脱色。最后，加入氢氧化钠将溶液pH调至12以上，使亚硫酸氢钠全部转化为亚硫酸钠。过滤去除杂质得到亚硫酸钠清液，送入浓缩结晶釜在真空条件下进行浓缩结晶，然后离心分离，母液循环使用，将含水2%～3%的亚硫酸钠结晶在干燥器内用热空气干燥后包装，其中热空气的温度为200～250℃。钠碱法脱硫工艺流程如图4－1所示。

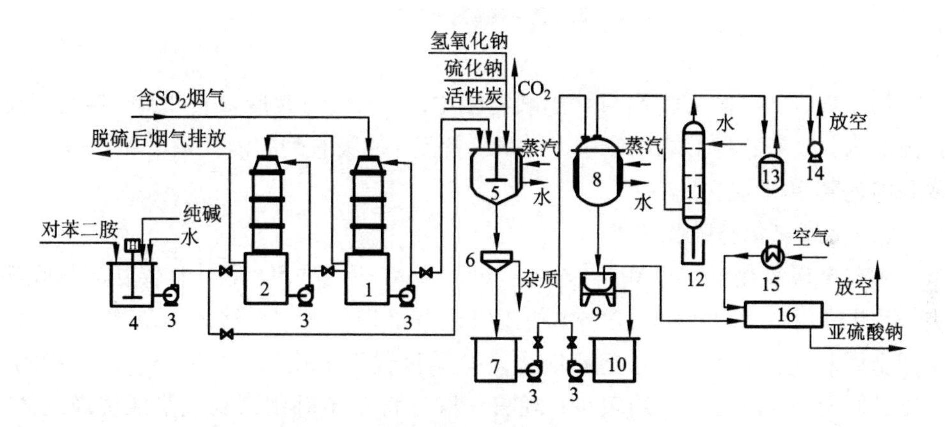

图4－1　亚硫酸钠法脱硫工艺流程图

1—一级吸收塔；2—二级吸收塔；3—泵；4—溶碱槽；5—中和槽；6—过滤器；7—中和液地槽；8—浓缩结晶釜；9—离心过滤机；10—母液地槽；11—冷凝器；12—水封槽；13—真空缓冲罐；14—真空泵；15—空气电加热器；16—烘干机

(3)氨吸收法

氨吸收法是用氨水洗涤含SO_2的废气，形成$(NH_4)_2SO_3-NH_4HSO_3-H_2O$的吸收液体系，该溶液中的$(NH_4)_2SO_3$对$SO_2$具有很好地吸收能力，是氨法中的主要吸收剂。氨法脱硫技术包括脱硫吸收、中间产物处理、副产品制造三个过程。目前比较成熟的脱硫方法有氨－酸法、氨－亚硫酸铵法和氨－硫铵法等。其中，氨－硫酸铵法经过静电或布袋除尘后的净化烟气首先进入热交换器，降温后依次进入两段吸收塔，使洗涤液和烟气得以充分混合接触。脱硫后的烟气经过塔内的除雾器之后，再进入换热器升温，达到排放标准后经烟囱排出。脱硫后含有硫酸铵的洗涤液结晶，作为副产品回收，其工艺流程如图4－2所示。

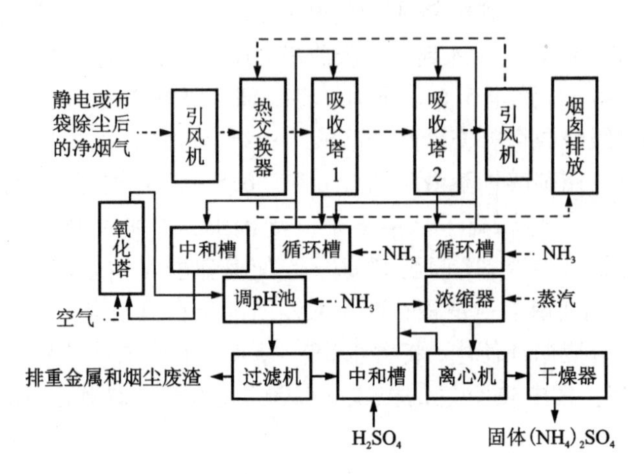

图4－2　氨－硫酸铵法工艺流程图

用氨作为SO_2的吸收剂与其他碱类相比，主要优点是脱硫费用低，氨可以留在成品内，以氮肥的形式供使用。但氨易挥发，使吸收剂的消耗量增加，SO_2吸收率只能达到90%左右。

(4)金属氧化物吸收法

一些金属氧化物，如MgO、ZnO、MnO、CuO等，对SO_2都具有较好的吸收能力，因此可用金属氧化物对含SO_2的废气进行治理。采用干法或湿法均可。干法是用金属氧化物固体颗粒或将相应金属盐类负载于多孔载体后对SO_2进行吸附，但因其脱硫效率较低，应用较少；湿法一般是将金属氧化物制成浆液洗涤气体，因其吸收效率较高，吸收液也较易于再生，因此应用较多。下面主要介绍氧化镁法、氧化锌法和氧化锰法。

1)氧化镁法

氧化镁法是以氧化镁作为吸收剂吸收烟气中的SO_2，其中工业上以氧化镁浆洗—再生法应用较多，其脱硫效率可达90%以上。

将氧化镁制成浆液，用此浆液对SO_2进行吸收，可生成含结晶水的亚硫酸镁和硫酸镁。然后将此反应物从吸收液中分离出来并进行干燥，最后将干燥后的亚硫酸镁和硫酸镁进行煅烧分解，再生成氧化镁。因此该方法的主要过程为吸收、分离干燥和分解三个部分。

吸收中发生如下化学反应：

$$MgO + H_2O = Mg(OH)_2 \tag{4-11}$$

$$Mg(OH)_2 + SO_2 + 5H_2O = MgSO_3 \cdot 6H_2O \tag{4-12}$$

$$MgSO_3 \cdot 6H_2O + SO_2 = Mg(HSO_3)_2 + 5H_2O \tag{4-13}$$

$$Mg(HSO_3)_2 + Mg(OH)_2 + 10H_2O = 2MgSO_3 \cdot 6H_2O \qquad (4-14)$$

主要副反应为氧化反应：

$$Mg(HSO_3)_2 + \frac{1}{2}O_2 + 6H_2O = MgSO_4 \cdot 7H_2O + SO_2 \qquad (4-15)$$

$$MgSO_3 + \frac{1}{2}O_2 + 7H_2O = MgSO_4 \cdot 7H_2O \qquad (4-16)$$

$$SO_3 + Mg(OH)_2 + 6H_2O = MgSO_4 \cdot 7H_2O \qquad (4-17)$$

由以上反应可知，吸收液中的主要成分为 $MgSO_3$、$Mg(HSO_3)_2$和 $MgSO_4$。

分离干燥是指将吸收液中的亚硫酸镁与硫酸镁分离出来并进行干燥，主要目的是通过加热除去这些盐中的结晶水。

$$MgSO_3 \cdot 6H_2O \xlongequal{\triangle} MgSO_3 + 6H_2O\uparrow \qquad (4-18)$$

$$MgSO_4 \cdot 7H_2O \xlongequal{\triangle} MgSO_4 + 7H_2O\uparrow \qquad (4-19)$$

分解是指将干燥后的 $MgSO_3$、$MgSO_4$煅烧，再生氧化镁，副产 SO_2。在煅烧中，为了还原硫酸盐，要添加焦炭或煤，发生如下反应：

$$C + 1/2O_2 = CO \qquad (4-20)$$

$$CO + MgSO_4 = CO_2 + MgO + SO_2\uparrow \qquad (4-21)$$

$$MgSO_3 = MgO + SO_2\uparrow \qquad (4-22)$$

煅烧过程在 900℃ 以上进行，同时加入少量焦炭。煅烧出来的 MgO 水合为 $Mg(OH)_2$后循环使用。整个系统中需要补充 10% ~20% 的 MgO。

氧化镁法可处理大量的烟气，脱硫率高，无结垢问题，可长期连续运转。煅烧气含 $SO_2$10% ~13%，可用于制酸或硫磺。

2)氧化锌法

氧化锌法是用氧化锌料浆吸收烟气中 SO_2的方法，适用于治理锌冶炼烟气制酸系统中所排出的含 SO_2的尾气。由于氧化锌浆液可用锌精矿沸腾焙烧炉的旋风除尘器烟尘配制，而所得的 SO_2产物又可送去制酸，因而很好地解决了吸收剂的料源及吸收产物的处理问题，同时使氧化锌得以再生或产出硫酸锌、金属锌等产品。

吸收的化学反应如下：

$$ZnO + SO_2 + 2.5H_2O = ZnSO_3 \cdot 2.5H_2O \qquad (4-23)$$

$$ZnO + 2SO_2 + H_2O = Zn(HSO_3)_2 \qquad (4-24)$$

$$ZnSO_3 + SO_2 + H_2O = Zn(HSO_3)_2 \qquad (4-25)$$

$$Zn(HSO_3)_2 + ZnO + 4H_2O = 2ZnSO_3 \cdot 2.5H_2O \qquad (4-26)$$

再生氧化锌并副产高浓度 SO_2：

$$2ZnSO_3 \cdot 2.5H_2O = 2ZnO + 2SO_2 + 2.5H_2O \qquad (4-27)$$

由于受氧化锌吸收剂来源的限制，该脱硫技术主要应用于铅锌冶炼厂低浓度

SO_2烟气或硫酸尾气的脱硫。但是，如果采用氧化锌吸收 $ZnSO_3$ 热分解流程，该技术也可用于其他 SO_2烟气的脱硫，因为热分解过程再生出的 ZnO 可用于循环脱硫，热分解产出的高浓度 SO_2可制酸或液态 SO_2。

氧化锌脱硫技术应用在铅锌冶炼厂脱硫时，由于吸收剂供应与吸收产物的处理可与生产工艺结合起来，原有的许多生产设备都可作为脱硫产物进一步处理的设备使用，因此与其他脱硫方法相比，其投资比较少，体现了因条件制宜的特点。

另外，由于该方法使用的吸收剂虽是具有工业回收价值的氧化锌物料，但吸收 SO_2后的产物(亚硫酸锌等)只是分子结构发生了变化，锌和 SO_2都作为资源进入最终的产品得以回收利用。因此，与其他脱硫方法相比，吸收剂和副产品进一步加工所需的费用可忽略不计(其他脱硫方法中，吸收剂费用占了运行费用的60%以上)，增加的脱硫费用只是吸收工序中的动力、维修、工资等。所以，氧化锌脱硫技术在铅、锌冶炼厂的运行费用也很低。

3)氧化锰法

氧化锰法是采用氧化锰浆液吸收烟气中 SO_2，同氧化锌等方法一样，该法对 SO_2烟气的治理不具有普遍应用的价值，只在有丰富的吸收剂来源和存在适宜的配套生产工艺的情况下，才具有应用价值。因此当某些生产企业由于其生产规模及工艺的特殊性和所处地域等条件的限制，没有条件采用比较成熟的方法(如氨法、钙法等)时，则依据自身条件实行此类方法，其作用也就不能忽视。我国某铝厂就是利用本地区来源丰富、使用价值不大的低品位软锰矿作为吸收剂，处理炼铜烟气中的 SO_2，并通过电解的方法生产出有价值的金属锰。

软锰矿的主要成分为 MnO_2，将其粉碎制成 MnO_2浆液吸收 SO_2。该吸收反应易于进行，但反应过程机理复杂，其总反应方程式为：

$$2MnO_2 + 3SO_2 = MnSO_4 + MnS_2O_6 \qquad (4-28)$$

反应生成硫酸锰和连二硫酸锰。

连二硫酸锰不稳定，长期放置或在受热条件下，易分解：

$$MnS_2O_6 = MnSO_4 + SO_2\uparrow \qquad (4-28)$$

在有 SO_2存在的条件下(SO_2不参与反应)，MnS_2O_6可与 MnO_2反应生成 $MnSO_4$：

$$MnS_2O_6 + MnO_2 = 2MnSO_4 \qquad (4-29)$$

$MnSO_4$溶液则可通过电解生产金属锰。

4.1.2.2 干法脱硫

干法脱硫技术是在无液相介入的完全干燥的状态下进行的，反应产物也为干粉状，不存在腐蚀、结垢等问题。干法脱硫主要有活性炭吸附法、高能电子活化氧化法(包括电子束照射法、脉冲电晕等离子体法)、荷电干粉喷射脱硫、超高压脉冲活化分解法和流化床氧化铜法等。

(1)活性炭吸附法

采用固体吸附剂吸附 SO_2 是干法处理含硫废气的一种主要方法。目前应用最多的吸附剂是活性炭，在工业上已有较成熟的应用。活性炭吸附法是利用活性炭吸附烟气中的 SO_2，使烟气得到净化，然后通过活性炭的再生，获取相应产品。活性炭对烟气中的 SO_2 进行吸附，既有物理吸附，也存在着化学反应，特别是当烟气中存在氧和水蒸气时，化学反应尤为明显。这是因为在此条件下，活性炭表面对 SO_2 与 O_2 的反应具有催化作用，反应生成 SO_3，SO_3 易溶于水生成硫酸，因此使吸附量较纯物理吸附增大许多。

影响活性炭吸附的主要因素包括：

①温度：在用活性炭吸附 SO_2 时，物理吸附及化学吸附的吸附量均受温度的影响，随温度的提高，吸附量下降。但因工艺条件不同，实际吸附温度不同，按不同特性方法可分为低温、中温和高温吸附。

②氧和水分：氧和水分的存在导致化学吸附的进行，使总吸附量大为增加。而水蒸气的浓度也影响到活性炭表面上生成的稀硫酸的浓度。

③活性炭的浸渍：用一些金属盐溶液浸渍活性炭可提高活性炭的吸附能力。这是因为此类金属氧化物在活性炭表面可作为吸附 SO_2 并促使其氧化的助催化剂。可用的金属盐有铜、铁、镍、钴、锰、铬、铈等的盐类。

④吸附时间：吸附增量随吸附时间的增加而减少。生成的硫酸量达到30%以前，吸附进行得很快，吸附量与吸附时间的延长几乎成正比；大于30%以后，吸附速度减慢。

(2)高能电子活化氧化法

高能电子活化氧化法主要利用高能电子使烟气中的 SO_2、NO_x、H_2O、O_2 等分子被激活、电离甚至裂解，产生大量的离子和自由基等活性物质。利用自由基的强氧化性使 SO_2、NO 被氧化，在注入氨的情况下，生成硫酸铵或者硝酸铵。根据高能电子的来源，可分为电子束照射法(EBA)和脉冲电晕等离子体法(PPCP)。

(3)荷电干粉喷射法

荷电干粉喷射脱硫法(CDSI)是美国 ALANCO 环境公司开发的新技术，其核心是吸收剂石灰干粉以高速通过高压静电电晕充电区，使干粉带上相同的负电荷后被喷射到烟气流中。荷电干粉同性相斥，因此不会黏结，在烟气中形成均匀的悬浊状态，粒子表面充分暴露，增加了与 SO_2 的反应机会，同时荷电粒子增强了活性，缩短了反应所需时间，提高了脱硫率，在 Ca/S 为 1.5 时，效率可以达到 60% ~70%。

4.1.2.3　半干法脱硫

半干法的工艺特点是反应在气、固、液三相中进行，利用烟气显热蒸发吸收液中的水分，使最终产物为干粉状。若与袋式除尘器配合使用，能提高脱硫效率。脱硫废渣一般抛弃处理，但德国将此渣成功用于建材生产，使该法前景更加乐观。其主要应用概括如下：

(1)烟气循环流化床脱硫技术

烟气循环流化床脱硫(CFB - FGD)技术是20世纪80年代德国鲁奇(Lurgi)公司开发的一种新的脱硫工艺，以循环流化床原理为基础，通过吸收剂的多次再循环，延长了吸收剂与烟气的接触时间，从而大大提高了吸收剂的利用率和脱硫效率，在很低的钙硫比(Ca/S = 1.1 ~ 1.2)下，接近或达到湿法工艺的脱硫效率。在国外，此项技术的主要供应商有德国的Lurgi公司、Wulff公司和美国的Smith公司等。目前，最大单塔处理能力可达1200000 m^3/h烟气量。

(2)增湿循环脱硫技术

该技术是ABB公司开发的新技术，其借鉴了喷雾干燥法的原理，又克服了此种工艺使用制浆系统和喷浆而产生的种种弊端(如黏壁、结垢等)，使开发出的增湿循环脱硫技术既有干法的简单、价廉等优点，又有湿法的高效率。该技术是将消石灰粉与除尘器收集的循环灰在混合增湿器内混合，并加水增湿至5%的含水量，然后导入烟道反应器内发生脱硫反应。含5%水分的循环灰有较好的流动性，省去了复杂的制浆系统，克服了喷雾过程的黏壁问题。

浙江菲达公司向ABB公司购置了该项技术，正在浙江衢州化工厂280 t/h锅炉上实施。煤含硫0.96%，设计用电石渣作脱硫剂，Ca/S为1.3，脱硫效率80%。

除了以上半干法工艺外，美国的ADVACATE烟道喷射脱硫工艺、丹麦FLS - miljo a/s公司的FLS - GSA气体悬浊脱硫工艺等也都属于半干法，在欧美均有工业应用。

4.1.3 排烟脱硝技术

氮氧化物(NO)的种类很多，造成大气污染的氮氧化物通常是指NO和NO_2。但最近的研究发现，N_2O (笑气)成为一种新的污染物质，其对臭氧层的破坏作用比氟利昂更甚。脱除烟气中的氮氧化物，称为烟气脱氮，有时也称烟气脱硝。NO_x的净化回收方法较多，按机理不同可分为催化还原法、液体吸收法、固体吸附法等离子体烟气脱硝法和生物法等。

4.1.3.1 催化还原法

利用不同的还原剂，在一定温度和催化剂的作用下，将NO_x还原为无害的氮气和水，从而使NO_x得以净化。可依据还原剂是否与气体中的氧气发生反应分为非选择性催化还原和选择性催化还原两类。

(1)非选择性催化还原法

含NO_x的气体与还原剂发生反应，其中的二氧化氮还原为氮气，还原剂与气体中的氧发生反应生成水和二氧化碳。还原剂有氨气、氢、甲烷、一氧化碳和低碳化氢化合物。在工业上可选用合成氨释放气、焦炉气、天然气、炼油厂尾气和气化石脑油等作为还原剂。一般将这些气体统称为燃料气。

1）化学反应

NH_3还原法：工厂排放的NO_x一般采用该法。其反应式如下：

$$NH_3 + NO_x \longrightarrow N_2 + H_2O \quad (4-30)$$

近年来已有报道，在烟气中添加适量的NH_3，用$V_2O_5-TiO_2$作催化剂，能100%还原NO_x。但这种方法需消耗昂贵的NH_3，存在运行费用高和设施复杂等问题，而且NH_3泄漏会造成二次污染。

CO 还原法：这一方法在“三效催化剂”中广为应用。其反应式如下：

$$4CO + 2NO_2 = N_2 + 4CO_2 \quad (4-31)$$

$$2CO + O_2 = 2CO_2 \quad (4-32)$$

$$2CO + 2NO = N_2 + 2CO_2 \quad (4-33)$$

该法的主要催化剂是铂(Pt)、铑(Rh)、钯(Pd)等贵重金属，这些催化剂存在资源稀少、价格昂贵、抗SO_2和 Pb 中毒性能差等问题。虽然目前人们正积极开展非贵金属催化剂的研究，用廉价金属取代或者减少贵重金属的消耗量，但实际应用的为数不多。

H_2还原法：该法是先分解NO_x，然后用H_2作还原剂与O_2结合，将其从催化剂表面除去。其反应式如下：

$$H_2 + NO_2 = H_2O + NO \quad (4-34)$$

$$2H_2 + O_2 = 2H_2O \quad (4-35)$$

$$2H_2 + 2NO = 2H_2O + N_2 \quad (4-36)$$

CH_4还原法：该法是利用CH_4把NO_x逐步还原，反应式如下：

$$CH_4 + 4NO_2 = CO_2 + 2H_2O + 4NO \quad (4-37)$$

$$CH_4 + 2O_2 = CO_2 + 2H_2O \quad (4-38)$$

$$CH_4 + 4NO = CO_2 + 2H_2O + 2N_2 \quad (4-39)$$

2）催化剂

贵金属铂、钯可作为非选择性催化还原的催化剂，通常以0.1%～1%的贵金属负载于氧化铝载体上。催化剂的还原活性随金属含量的增加而增加，以0.4%为宜。另外也可将铂或钯镀在镍合金上，制成波纹网，再卷成柱状蜂窝体。

铂和钯的比较：低于500℃时，铂的活性优于钯，高于500℃时，钯的活性优于铂。钯催化剂的起燃温度低，价格又相对便宜，但对硫较敏感，高温易于氧化，因而它多用于硝酸尾气的净化，而对烟气含硫化物气体的净化，则需预脱硫。

非贵金属催化剂：如25% CuO 和$CuCrO_2$，活性比铂催化剂低，但廉价。

载体：常用氧化铝－氧化硅和氧化铝－氧化镁型。形状分球状、柱状、蜂窝状，在氧化铝表面镀上一层ThO_2或ZrO_2可提高载体的耐热、耐酸性。

(2)选择性催化还原法

选择性催化还原法通常利用氨为选择性催化还原剂，氨在铂催化剂上只是将尾气中的氮氧化物还原，基本不与氧反应。用选择性催化还原法处理氮氧化物，主要发生以下反应：

$$4NH_3 + 6NO \xlongequal{} 5N_2 + 6H_2O \tag{4-40}$$

$$8NH_3 + 6NO_2 \xlongequal{} 7N_2 + 12H_2O \tag{4-41}$$

虽然是选择性催化还原，但在一定条件下还会出现以下副反应：

$$4NH_3 + 3O_2 \xlongequal{} 2N_2 + 6H_2O + 1267.1\ \text{kJ} \tag{4-42}$$

$$2NH_3 \xlongequal{} N_2 + 3H_2 - 91.94\ \text{kJ} \tag{4-43}$$

$$4NH_3 + 5O_2 \xlongequal{} 4NO + 6H_2O + 907.3\ \text{kJ} \tag{4-44}$$

反应温度在270℃以下，反应的最终产物为氮和水；第一个副反应在350℃以下发生，而后两个副反应都要在450℃以上才会明显增强。所以反应温度控制在220～260℃为宜，而不同的催化剂在其不同的活性阶段，最适宜的温度也不同。

选择性催化还原的催化剂，可以用贵金属，也可以用非贵金属。以氨为还原剂还原氮氧化物的过程较易进行，非贵金属中的铜、铁、钒、铬、锰等可起有效的催化作用。铜铬催化剂在350℃以下时，随反应温度的升高，净化效率增加；超过350℃，则副反应增加，净化效率反而下降。铂催化剂的反应温度以225～255℃为宜，过低会生成NH_4NO_3和NH_4NO_2。尾气中的粉尘、SO_2、玻璃熔炉和水泥窑排出的碱性气体，均可使催化剂中毒，应进行前处理。

4.1.3.2 液体吸收法

液体吸收法是用水或酸、碱、盐的水溶液吸收废气中的氮氧化物，使废气得以净化的方法。按吸收剂的种类可分为水吸收法、酸吸收法、碱吸收法、氧化-吸收法、吸收-还原法及液相配合法等。由于吸收剂种类较多、来源广、适应性强，可因地制宜、综合利用，因此吸收法为中小型企业广泛使用。

1)稀硝酸吸收法

利用NO和NO_2在硝酸中的溶解度比在水中大的原理，可用稀硝酸对含NO_x废气进行吸收。由于吸收为物理过程，所以低温高压将有利于吸收。

工艺流程为：从硝酸吸收塔出来的含氮氧化物尾气由尾气吸收塔下部进入，与吸收液(漂白稀硝酸，浓度为15%～30%)逆流接触，进行物理吸收。经过净化的尾气回收能量后排空。吸收了NO_x后的硝酸经加热器加热后进入漂白塔，利用二次空气进行漂白，再经冷却塔降温到20℃，循环使用。吹出的NO_x则进入硝酸吸收塔进行吸收。

2)氨-碱溶液两级吸收法

净化原理：首先氨在气相中和NO_x、水蒸气反应，然后再与碱液进行吸收反应。反应式如下：

$$2NH_3 + NO + NO_2 + H_2O \xlongequal{} 2NH_4NO_2 \tag{4-45}$$

$$2NH_3 + 2NO_2 + H_2O \xlongequal{} NH_4NO_3 + NH_4NO_2 \tag{4-46}$$

$$NH_4NO_2 \xlongequal{} N_2 + 2H_2O \tag{4-47}$$

$$2NaOH + 2NO + O_2 \xlongequal{} NaNO_3 + NaNO_2 + H_2O \tag{4-48}$$

$$2NaOH + NO + NO_2 \xlongequal{} 2NaNO_2 + H_2O \tag{4-49}$$

碱液吸收 NO_x 的速率可用下式表示：

$$\ln(1-\eta) = \ln\frac{c_2}{c_1} = -ka\frac{V}{Q} = -ka\tau \tag{4-50}$$

式中：c_1、c_2——尾气中 NO_x 进塔、出塔浓度，$kmol/m^3$；

η——吸收速率；

k——传质系数，$kmol/(m^2 \cdot s)$；

Q——处理气量，m^3/s；

V——自由空间容积，m^3；

a——填料比表面积，m^2/m^3；

τ——接触时间，s。

影响吸收效率的因素有：

①NO_x浓度：吸收效率随着入口 NO_x浓度的升高而提高；

②喷淋密度：增大喷淋密度有利于吸收反应，一般常用 8～10 $m^3/(m^2 \cdot h)$；

③空塔速度：空塔速度既不宜太大，亦不可过小，斜孔板塔一般取 2.2 m/s；

④氧化度：氧化度即 NO_2和 NO_x体积之比，氧化度为 50% 时，吸收效率最高；

⑤氨气量：通入的氨气量以 50～200 L/h 为宜。

吸收液的选择应考虑到价格、来源、操作难易（不易堵塞）及吸收效率等因素，工业上应用较多的吸收液是 NaOH 和 Na_2CO_3，尤其是 Na_2CO_3应用更广。尽管 Na_2CO_3的吸收效果比 NaOH 的吸收效果差，但 Na_2CO_3 价廉易得。若选 NaOH 做吸收液，则应将其浓度控制在 30% 以下，以免溶液中 NaOH 未消耗完就出现 Na_2CO_3结晶，引起管道和设备堵塞。

3）碱－亚硫酸铵吸收法

净化原理：利用处理硫酸尾气得到的$(NH_4)_2SO_3-NH_4HSO_3$还原硝酸尾气中的 NO_x，主要化学反应是：

第一级碱液吸收：

$$2NaOH + NO + NO_2 \xlongequal{} 2NaNO_2 + H_2O \tag{4-51}$$

或

$$Na_2CO_3 + NO + NO_2 \xlongequal{} 2NaNO_2 + CO_2 \tag{4-52}$$

第二级亚硫酸铵吸收：

$$4(NH_4)_2SO_3 + 2NO_2 \xlongequal{} 4(NH_4)_2SO_4 + N_2\uparrow \tag{4-53}$$

$$4NH_4HSO_3 + 2NO_2 \xlongequal{} 4NH_4HSO_4 + N_2\uparrow \tag{4-54}$$

$$4(NH_4)_2SO_3 + NO + NO_2 + 3H_2O = 2N(OH)(NH_4SO_3)_2 + 4NH_4OH \tag{4-55}$$

$$4NH_4HSO_3 + NO + NO_2 = 2N(OH)(NH_4SO_3)_2 + H_2O \tag{4-56}$$

$$2NH_4OH + NO + NO_2 = 2NH_4NO_2 + H_2O \tag{4-57}$$

影响吸收效率的因素有：

①氧化度：随着氧化度的增高，吸收效率增大。当氧化度超过50%后，氧化度再增大，吸收效率增加不多。

②吸收液浓度及成分：吸收液$(NH_4)_2SO_3$的浓度及其中NH_4HSO_3的含量，对吸收效率均有一定的影响。$(NH_4)_2SO_3$浓度太低，吸收效果差；浓度太高，又易出现结晶及管道设备的腐蚀。因此，$(NH_4)_2SO_3$的浓度应控制在180～200 g/L。NH_4HSO_3虽然会降低吸收效率，但却可以抑制NH_4NO_2的生成。一般控制$NH_4HSO_3/(NH_4)_2SO_3 < 0.1$或游离$NH_3$浓度<4 g/L。

③液气比和塔板上液层高度。

4）硫代硫酸钠法

含NO_x的废气进入吸收塔，与吸收液逆流接触，发生还原反应，净化后直接排空。硫代硫酸钠在碱性溶液中是较强的还原剂，可将NO_2还原为N_2，适于净化氧化度较高的含NO_x的尾气。主要化学反应为：

$$4NaOH + 2Na_2S_2O_3 + 4NO_2 = 2N_2\uparrow + 4Na_2SO_4 + 2H_2O \tag{4-58}$$

影响吸收效率的因素有：

①氧化度：氧化度增高，吸收效率增大。氧化度>50%后，净化效率变化不大。

②吸收液浓度及成分：对于氧化度为50%的废气，吸收液的浓度对吸收效率影响不大。

③液气比和空塔速度：液气比越大，空塔速度越低，净化效率就越高。

④初始NO_x浓度：初始NO_x浓度对净化效率影响不大。

5）硝酸氧化－碱液吸收法

第一级用浓硝酸将NO氧化成NO_2，使尾气中NO_x的氧化度大于或等于50%，第二级再利用碱液吸收。主要化学反应是：

氧化反应 $$NO + 2HNO_3 = 3NO_2 + H_2O \tag{4-59}$$

吸收反应 $$Na_2CO_3 + 2NO + O_2 = NaNO_3 + NaNO_2 + CO_2 \tag{4-60}$$

$$Na_2CO_3 + NO + NO_2 = 2NaNO_2 + CO_2 \tag{4-61}$$

影响吸收效率的因素有：

①硝酸浓度：只有在硝酸浓度超过与NO_x平衡浓度时，才能使NO转化为NO_2。硝酸浓度越高，氧化效率也就越高。

②硝酸中N_2O_4的含量：N_2O_4的含量升高时，NO的氧化效率下降。通常将

N_2O_4 的含量控制在小于 0.2 g/L。

③NO_x的初始氧化度：随着 NO_x的初始氧化度的增大，NO 的氧化率下降。

④NO_x的初始浓度：NO_x的氧化效率随着 NO_x初始浓度的升高而降低。

⑤氧化温度：由于硝酸氧化 NO 的反应为吸热反应，所以升高温度有利于氧化反应的进行。但温度必须低于 40℃，否则 NO_x的氧化度又会下降。

⑥空塔速度：氧化塔内空塔速度增大，缩短了接触时间，使氧化反应不完全，NO 氧化率则下降。

6）配合液吸收法

该法主要是利用液相配合剂直接与 NO 发生配合反应，因此非常适用于主要含 NO 的尾气。该法目前还处在试验研究阶段，尚未有工业设备，有些问题如 NO 的回收等仍需进一步研究。目前研究的配合剂有 $FeSO_4$、Fe(Ⅱ)－EDTA 及 Fe(Ⅱ)－EDTA－Na_2SO_3等。

7）尿素还原法

尿素还原法有两种，一种是将尿素与待焙烧的催化剂颗粒直接混合，进行焙烧。该法适用于任何一种含硝酸盐催化剂焙烧尾气的处理。另一种是混捏法，即在生产催化剂的过程中，将尿素与催化剂的其他组分一起加入，然后混捏、成型、焙烧。尿素还原法的原理是尿素分子的酰胺结构与亚硝酸反应，产生无毒的 N_2、CO_2和水蒸气。

在催化剂制备过程中，用尿素还原法治理含 NO_x废气的方法简单易行，脱 NO_x效率高，工艺过程不产生二次污染。治理不需要增加设备，也不必改变工艺操作。因此该法是催化剂生成中脱除焙烧尾气 NO_x的一种经济有效的方法，可在同类型催化剂生产中应用。

4.1.3.3　固体吸附法

固体吸附法是一种采用吸附剂吸附氮氧化物以防其污染的方法。吸附法既能较彻底地消除氮氧化物的污染，又能回收有用物质；但其吸附容量较小，吸附剂用量较大，设备庞大，再生周期短。通常按照吸附剂种类进行分类，目前常用的吸附剂有分子筛、活性炭、硅胶、泥煤等。离子交换树脂及其他吸附剂尚处于研究探索阶段。

（1）分子筛吸附法

利用分子筛作为吸附剂来净化氮氧化物是吸附法中最有前途的一种方法，国外已有工业装置用于处理硝酸尾气，可将氮氧化物浓度由 1500～3000 mL/m^3 降低到 50 mL/m^3，回收的硝酸量可达工厂生产量的 2.5%。用作吸附剂的分子筛有氢型丝光沸石、氢型皂沸石、脱铝丝光沸石、BX 型分子筛等。在此介绍氢型丝光沸石吸附法。

丝光沸石是一种蕴藏量较多、硅铝比很高、热稳定性及耐酸性强的天然铝硅酸盐，其化学组成为 $Na_2Al_2Si_{10}O_{24} \cdot 7H_2O$。用 H^+ 代替 Na^+ 可得到氢型丝光沸石。其分子筛成笼形孔洞骨架的晶体，脱水后空间十分丰富，具有很高的比表面积（500~1000 m^2/g），同时内晶表面高度极化，微孔分布单一均匀并有普通分子般大小。由 12 个圆环组成的直筒形主孔道截面呈椭圆形，平均孔径 6.8×10^{-10} m。吸附主要在主孔道内进行。反应方程式如下：

$$3NO_2 + H_2O = 2HNO_3 + NO \quad (4-62)$$

$$2NO + O_2 = 2NO_2 \quad (4-63)$$

由于水分子直径为 2.76×10^{-10} m 且极性强，比氮氧化物更容易被沸石吸附，因此使用水蒸气可将沸石内表面上吸附的氮氧化物置换解析出来，即脱附。脱附后的丝光沸石经干燥后得以再生。

一般采用两个或三个吸附器交替进行吸附和再生。含氮氧化物的尾气先进行冷却和除雾，再经计量后进入吸附器。当净化气体中的 NO_x 达到一定浓度时，分子筛再生，将含 NO_x 的尾气通入另一吸附器，吸附后的气体排空。吸附器床层用冷却水间接冷却，以维持吸附温度。再生时，按升温、解吸、干燥、冷却四个步骤进行。

（2）活性炭吸附法

活性炭对低浓度 NO_x 有很高的吸附能力，其吸附量超过分子筛和硅胶。但活性炭在 300℃以上有自燃的可能，给吸附和再生造成较大困难。

活性炭不仅能吸附 NO_2，还能促进 NO 氧化成 NO_2，特定品种的活性炭还可使 NO_x 还原成 N_2，即：

$$2NO + C = N_2 + CO_2 \quad (4-64)$$

$$2NO_2 + 2C = N_2 + 2CO_2 \quad (4-65)$$

活性炭定期用碱液再生处理：

$$2NO_2 + 2NaOH = NaNO_3 + NaNO_2 + H_2O \quad (4-66)$$

近年来，法国氮素公司发明了 COFAZ 法，其原理是含 NO_x 的尾气与经过水或稀硝酸喷淋的活性炭相接触，NO 氧化成 NO_2，再与水反应，即：$3NO_2 + H_2O = 2HNO_3 + NO$。该法系统简单、体积小、费用低，且能回收 NO_x，是一种较好的方法。主要影响因素有：

①含氧量：NO_x 尾气中含氧量越大，则净化效率越高。

②水分：水分有利于活性炭对 NO_x 的吸附，当湿度大于 50% 时，影响更为显著。

③吸附温度：低温有利于吸附。

④接触时间和空塔速度：接触时间长，吸附效率高；空塔速度大，吸附效率低。

4.1.3.4　等离子体烟气脱硝

(1)电子束法 NO_x 治理技术

电子束(electron beam, EB) 法的原理是利用电子加速器产生的高能电子束，直接照射待处理的气体，通过高能电子与气体中的氧分子及水分子碰撞，使之离解、电离，形成非平衡等离子体，其中所产生的大量活性粒子(如 OH 和 HO_2等)与污染物进行反应，使之氧化去除。初步的研究表明，该技术在烟气脱硝方面的有效性和经济性优于常规技术。但是电子束照射法仍存在能量利用率低的问题。此外，电子束法所采用的电子枪价格昂贵，电子枪及靶窗的寿命短。设备结构复杂，占地面积大，X 射线的屏蔽与防护问题也不容易解决。上述原因限制了电子束法的实际应用和推广。

(2)脉冲电晕放电 NO_x 治理技术

脉冲电晕的技术特点：采用窄脉冲高压电源供能，脉冲电压的上升前沿极陡(上升时间为几十至几百纳秒)，脉宽也窄(几微秒以内)，在极短的时间内电子被加速而成为高能电子，其他质量较大的离子由于惯性大，在脉冲瞬间来不及被加速而基本保持静止。因此，放电所提供的能量大多用于产生高能电子，能量效率较高。

由于脉冲电晕技术中所用设备简单，可以由常见的静电除尘设备适当改造而成，在烟气净化方面可集脱硫、脱硝和除尘为一体，从而大大节省了投资和占地面积。因此，自该技术出现以来，已经在烟气脱硫、脱硝方面进行了较为广泛的研究。国外对电子束法和脉冲电晕法烟气脱硫脱硝技术研究表明，能耗过大将是限制它们实际应用的主要不利因素。另外，脉冲电晕技术还存在制造大功率脉冲电源技术复杂、成本很高、火花开关寿命较短、需定期更换等不足之处。

目前，电子束法和脉冲电晕法烟气脱硫脱硝技术在实际过程中往往加入氨气作吸收剂，而且氨气直接加入到烟气中，烟气中 CO_2将吸收部分氨气(氨的炭化)。烟气中 CO_2浓度是 SO_2和 NO_x浓度的几百倍，这样将迫使氨气量加大，运行成本增加。同时，在实际应用过程中，氨气不能完全反应，造成氨气泄漏。

4.1.3.5　生物法

生物法是利用微生物的生命活动将 NO_x转化为无害的无机物及微生物的细胞质。该法难以在气相中进行，气态的污染物必须先从气相转移到液相或固相。可被生物降解的污染物经传质过程转移到滤塔填料表面的生物膜中，并经扩散进入其中的微生物组织，作为微生物代谢所需的营养物质，在液相或固相被微生物吸附净化。

4.1.4　含汞烟气治理技术

含汞废气主要来源有下面几个方面：在含汞矿物的矿山开采生产及其在冶炼厂的冶炼过程中，汞呈蒸气状态进入大气污染周围环境；汞的有机和无机化合物，如氯化汞、硫酸汞、甘汞、雷汞等生产、运输和使用中，均有不同程度的汞蒸气污染；在一些特殊行业汞的污染状况尤为严重：如水银法氯碱厂生产高质量的烧碱时，解汞器产生的含汞氢气，槽关、槽尾产生的含汞废气，一些用汞盐做触媒的有机化工厂的生产过程，生产水银温度计、气压计、汞灯、电子管等过程，镏金作业中的制钟厂、造纸厂也都会产生明显的含汞废气；此外，含汞的油、煤的燃烧及其他工业炉窑也会有不同浓度含汞废气的产生。

含汞蒸气的净化方法有冷凝法、吸收法、吸附法、电子射线法及联合法等。如果含汞废气中汞浓度较高，则宜先用冷凝法进行预处理，由于冷凝后气相中仍有相当数量的汞，还需用其他方法如吸收法、吸附法等加以净化。

4.1.4.1　**吸收法**

液体吸收法即采用不同性能的液体作为汞的吸收剂，对空气中的汞蒸气进行吸收以达到净化的目的。常用的吸收剂有高锰酸钾、漂白粉、次氯酸钠和热硫酸等。

1)高锰酸钾溶液吸收法

利用高锰酸钾的强氧化性来氧化空气中的汞蒸气以达到净化的目的。当高锰酸钾与汞蒸气接触时，能迅速将其氧化为氧化汞，同时产生二氧化锰。产生的二氧化锰又与汞蒸气接触生成汞锰配合物，从而净化空气中的含汞废气，其反应如下：

$$2KMnO_4 + 3Hg + H_2O = 2KOH + 2MnO_2 + 3HgO \quad (4-67)$$

$$MnO_2 + 2Hg = Hg_2MnO_2 \quad (4-68)$$

该溶液吸收所用设备依具体的条件可分别采用填料塔、喷淋塔、斜孔板塔、多层泡沫塔及文丘里－复挡分离器等。该方法的特点是流程短、设备简单，但要随时补加吸收液。该法适用于含汞氢气和仪表电器厂的含汞废气的处理。可以在低温条件下通过电解回收汞。

某化工厂水银法氯碱车间含汞氢气的高锰酸钾除汞流程如图4－3所示。

2)次氯酸钠溶液吸收法

吸收剂为次氯酸钠和氯化钠的混合水溶液。次氯酸钠也是一种强氧化剂，其对汞的作用类似高锰酸钾。而氯化钠则是一种配合剂，Hg^{2+}与大量的Cl^-结合成氯汞配离子$[HgCl_4]^{2-}$，具体的化学反应为：

$$Hg + ClO^- + 3Cl^- + H_2O = [HgCl_4]^{2-} + 2OH^- \quad (4-69)$$

$[HgCl_4]^{2-}$的生成避免了汞以其他形式沉淀下来。例如，汞原子可以对Hg^{2+}实现自身氧化还原，并生成氯化亚汞沉淀(Cl^-浓度不高时)。

次氯酸钠水溶液的氧化能力和次氯酸钠的含量及溶液的酸碱度(pH)有关，NaClO的水解度随pH而变化。pH＝7.5时，HClO占50%；pH＝10时，HClO占0.3%。pH较低时，HClO含量高，氧化能力强；但HClO极易分解而产生氯气，

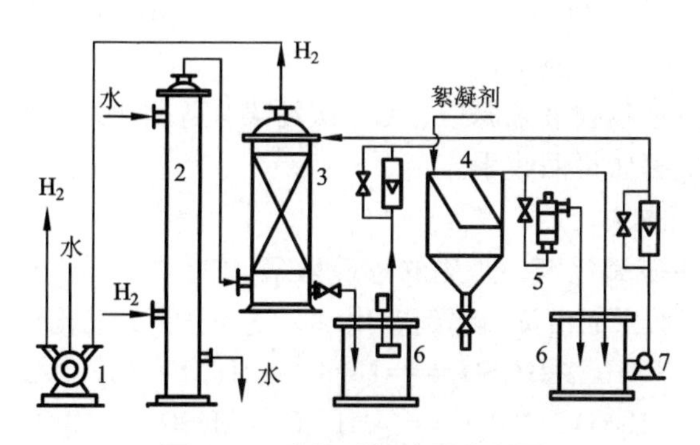

图 4－3　高锰酸钾除汞流程图

1—水环泵；2—冷凝塔；3—吸收塔；4—斜管沉降器；
5—增浓器；6—贮液槽；7—离心式水泵

影响氢气质量。从氧化能力和有效氯稳定兼备考虑，确定循环吸收液的 pH 为 9～10。在吸收液添加至精盐水中返回电解槽时，由于汞阴极的还原作用，可将汞回收下来。

$$[HgCl_4]^{2-} + 2e \longrightarrow Hg + 4Cl^- \qquad (4-70)$$

次氯酸钠溶液吸收法的工艺流程如图 4－4 所示。

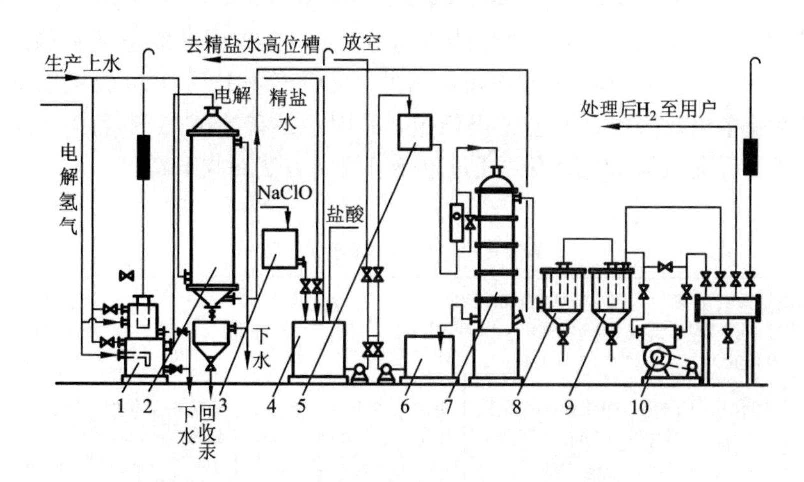

图 4－4　次氯酸钠溶液吸收法除汞的工艺流程图

1—水封槽；2—氢气冷却器；3—次氯酸钠高位槽；4—吸收液配制槽；5—吸收液高位槽；
6—吸收液循环槽；7—吸收塔；8—除雾器；9—碱洗罐；10—罗茨真空泵

英国 P. B. 化学公司用次氯酸钠溶液吸收含汞氢气或其他含汞气体。有效氯含量 0.02～0.25 g/L，pH 9～10.5，可使氢气中汞降到 20 pg/m^3 以下。吸收液中含 NaCl 40 ~ 140 g/L。当 NaCl 不低于 40 g/L 时，pH 以 9 为宜；NaCl 不低于 140 g/L时，pH 以 10.5 为佳。

该方法的特点是吸收液来源广、无二次污染，适用于水银法氯碱厂中含汞蒸气的净化。通过电解法可回收汞。

3）热浓硫酸吸收法

硫酸也是一种强氧化剂，而热的浓硫酸氧化能力更强。热浓硫酸与汞接触时，将汞氧化成硫酸汞而沉淀，起到净化汞蒸气的效果，其化学反应如下：

$$Hg + 2H_2SO_4 = HgSO_4 + 2H_2O + SO_2^{2-} \quad (4-71)$$

$$3HgSO_4 + 2H_2O = 2H_2SO_4 + HgSO_4 \cdot 2HgO \quad (4-72)$$

该方法最早由芬兰的奥托昆普公司提出，并于 1970 年在科科拉电锌厂投入使用，用于净化生产烟气中的汞。该工艺较复杂，不易控制。

4）硫酸 - 软锰矿溶液吸收法

吸收液为含软锰矿（颗粒为 150 μm，其中含 MnO_2 68% 左右）100 g/L、硫酸 3 g/L左右的悬浮液。吸收液与含汞废气接触时，净化汞的反应如下：

$$2Hg + MnO_2 = Hg_2MnO_2 \quad (4-73)$$

$$Hg_2MnO_2 + 4H_2SO_4 + MnO_2 = 2HgSO_4 + 2MnSO_4 + 4H_2O \quad (4-74)$$

$$Hg + HgSO_4 = Hg_2SO_4 \quad (4-75)$$

$$MnO_2 + Hg_2SO_4 + 2H_2SO_4 = 2HgSO_4 + MnSO_4 + 2H_2O \quad (4-76)$$

该方法是利用 Mn 的变价氧化能力与 SO_4^{2-} 联合作用夺取空气中的汞，从上述反应可见，除了 MnO_2对汞起净化作用外，反应产物 Hg_2SO_4也能氧化汞。该方法的特点是净化效果好，工艺过程稳定，适用于汞矿冶炼尾气及含汞蒸气的净化。副产品可提取 $HgSO_4$溶液并通过电热蒸馏的方法回收 Hg。

表 4-1 几种脱汞方法比较

硫酸高锰酸钾溶液 ($3\%\ H_2SO_4 + 1\%\ KMnO_4$) 100 mL			硫酸软锰矿溶液 (10% 软锰矿 + $3\%\ H_2SO_4$) 100 mL			漂白粉溶液 (0.5% 漂白粉) 100 mL			多硫化钠溶液 (10% Na_2S_x) 100 mL		
净化前 /(mg·m^{-3}	净化后 /(mg·m^{-3})	净化效率 /%	净化前 /(mg·m^{-3}	净化后 /(mg·m^{-3}	净化效率 /%	净化前 /(mg·m^{-3}	净化后 /(mg·m^{-3}	净化效率 /%	净化前 /(mg·m^{-3}	净化后 /(mg·m^{-3}	净化效率 /%
40.1	0.4	99	43.2	0.43	99	45.3	0.4	99	42.5	1.25	97.07
83	0.8	99	58.7	0.58	99	76.4	0.7	99	67.3	2.8	95.84
128	1.28	99	103	1.03	99	88.4	0.8	99	102	7.2	92.94
75	0.7	99	107	1.05	99	106.3	1.06	99	108	6.8	93.7

5)碘配合法

通过碘化钾溶液与含汞的 SO_2 烟气充分接触，吸收烟气中的 Hg，其化学反应为：

$$Hg + I_2 + 2KI = K_2HgI_4 \quad (4-77)$$

我国某冶炼厂采用碘化钾溶液配合吸收除汞，由吸收与电解两道工序组成，工艺流程如图 4－5 所示。

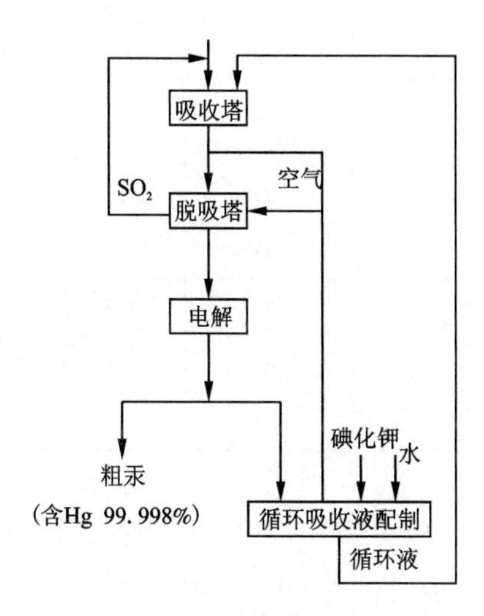

图 4－5　碘化钾配合吸收汞工艺流程

随着吸收过程的进行，液相中汞离子的浓度不断升高，到达一定值后，引出一部分吸收液送去脱吸塔，脱出的 SO_2 送去制酸，脱吸后的吸收液送入电解槽电解，在阴极上析出汞，阳极上析出固体碘，碘又被液相中 H_2SO_3 还原为碘离子，重新进入溶液，送去配制碘化钾吸收液，汞成为产物粗汞回收。其主要的总反应式为：

$$HgI_4^{2-} \longrightarrow Hg + I_2 + 2I^- \quad (4-78)$$

$$I_2 + H_2SO_3 + H_2O \longrightarrow 2HI + H_2SO_4 \quad (4-79)$$

该法的特点是投资较大、运行费用高，但回收的汞具有一定的经济效益。适合于含汞矿物的焙烧和冶炼过程的烟气中含汞废气的治理净化。通过电解也可回收汞。

总之，液体吸收法的种类较多，应用很广泛。除上述方法外，还有硫酸铵－文氏管法、多硫化钠吸收法、过硫酸铵溶液吸收法。

4.1.4.2　**固体吸附法**

固体吸附法，即采用不同性能的固体吸附剂，吸附环境气体中的汞蒸气，达到净化的目的。为了提高吸附效率，经常需要先将吸附剂进行不同性质的预处理，比如在某种固体吸附剂表面先吸附一层易于与汞发生化学反应的物质(充氯、镀银等)，然后再吸附含汞废气，使其净化效果更佳。现常用的固体吸附剂有活性炭、软锰矿、焦炭、分子筛、树脂及活性氧化铝、陶瓷和玻璃丝等。

表 4－2　几种吸附方法比较

吸附剂名称	试样体积/mL	试样质量/g	汞浓度/($mg \cdot L^{-1}$)	防护时间/min
$CuSO_4 \cdot 5H_2O$ 和 KI 溶液浸渍的活性炭	30	20.6	0.099	9863
Cl_2处理的活性炭	30	15.8	0.099	6369
I_2处理的活性炭	30	15. 7	0.099	5421
多硫化钠溶液浸渍的活性炭	30	16.8	0.099	3310
软锰矿	30	51.9	0.099	460
$Na_2S \cdot 9H_2O$ 溶液浸渍的活性炭	30	16.8	0.099	22

表 4－2 表明，$CuSO_4 \cdot 5H_2O$ 和 KI 处理的活性炭除汞性能最好，但成本高。Cl_2处理的活性炭除汞性能仅次于 $CuSO_4 \cdot 5H_2O$ 和 KI 处理的活性炭，成本较低，处理也方便。I_2处理的活性炭，成本较高，而且 I_2是固体颗粒，当大批处理时很难均匀附在活性炭上。$Na_2S \cdot 9H_2O$ 处理的活性炭效果最差。因此，国内在处理低浓度含汞废气(如仪表工业中的含汞空气)和高浓度含汞废气的二级净化中，多采用 Cl_2处理活性炭。但在汞冶炼或其他高浓度或大气量含汞废气治理中，考虑到经济因素，也有用多硫化钠处理的焦炭作吸附剂。

1)充氯活性炭吸附法

当含汞废气通过预先用氯气处理过的活性炭表面时，汞与吸附在活性炭表面的 Cl_2反应生成 $HgCl_2$，生成的 $HgCl_2$附着停留在活性炭表面，达到净化汞的效果。

净化器前设置空气过滤器相当重要。因为未经脱除的废气中的粉尘很容易将活性炭的孔隙堵塞，从而降低活性炭的比表面积，降低净化效率。堵塞严重时，甚至部分含汞废气未经活性炭层而走“短路”，严重影响净化效果。安装过滤器可以避免“短路”现象。过滤器内充填粗孔泡沫塑料较好。过滤器可设于净化器之前，也可直接在活性炭层的进风侧表面铺上一层粗孔泡沫塑料。粗孔泡沫塑料失效后可冲洗过再用。

实践证明，第一次用 Cl_2处理的活性炭失效(即吸附饱和)后，可再通 Cl_2处理吸附一次。第二次的吸附量为第一次的 50% 左右。

活性炭第二次失效后可以再生，再生的方法是放入水中加热2~3次，以溶去炭表面的$HgCl_2$，并清洗几次，经干燥、重新充氯处理后，即可再用。

充氯处理是将体积浓度为0.1%左右的氯气以恒定流量通过活性炭层，吸附于活性炭上。氯浓度太高，会使炭层温度升高。一次充氯不宜太多，一般为炭质量的8%~10%，否则活性炭吸附饱和后，未被吸附的Cl_2随气流排出，腐蚀设备，污染大气。

充氯活性炭吸附法的净化效率一般在99.99%以上。废气含汞即使超过标准数百倍，经充氯活性炭吸附处理后仍可低于国家标准。这种方法运行、管理都比较简单。当吸附效率下降，排气中汞含量超标时，可通氯处理继续使用一次。因此，该法在国内应用较广，以处理低浓度含汞废气最合适。

但是，失效后的活性炭变成了含汞废渣，再生麻烦，且再生过程有可能造成二次污染，不少企业只得将失效后的活性炭送汞冶炼厂炼汞。

2)多硫化钠-焦炭吸附法

为净化炼汞尾气或其他有色冶金生产中的高浓度含汞烟气，研究试验了焦炭吸附净化法。焦炭具有较大的活性表面，能对废气中的汞进行吸附和过滤。为提高除汞效率，在焦炭上喷洒多硫化钠溶液。由于焦炭的多孔性，能贮存多量药剂，并借毛细管作用，将其缓慢放出。因此，一次喷洒后能维持较长的有效时间。此外，废气中SO_2与凝结水生成H_2SO_3，然后与多硫化钠发生下列化学反应：

$$SO_2 + H_2O = H_2SO_3 \tag{4-80}$$

$$H_2SO_3 = 2H^+ + SO_3^{2-} \tag{4-81}$$

$$2H^+ + Na_2S_x = H_2S + Na_2S_{(x-1)} \tag{4-82}$$

$$S + Hg = HgS \tag{4-83}$$

$$2H_2S + 2Hg + O_2 = 2HgS + 2H_2O \tag{4-84}$$

该法需每4~5天向焦炭表面喷洒多硫化钠一次，其除汞效率为72%~92%。此外，还有吸附剂表面浸渍金属的吸附法、HgS催化吸附法。

3)载银吸附剂吸附

载银吸附剂吸附处理含汞废气，是利用不易氧化的金属银与汞有很强的亲和力，生成汞齐合金的原理，使废气中的汞得以脱除。

载银吸附剂所用的载体有活性炭、熔融氧化铝(刚玉)、玻璃纤维等，经过还原性银盐溶液，由于银粒的巨大表面积及与汞极强的亲和力，在与汞蒸气接触时，迅速而定量地形成银汞齐。当吸附剂被加热再生时，汞则以元素汞的形式从吸附剂表面脱附出来，成为汞蒸气，用冷凝法回收汞，与此同时，吸附剂得以再生。该法工艺简单、运行稳定、费用低、无二次污染。

4.1.4.3　气相反应法

气相反应法是用某种气体与含汞废气发生气体化学反应，以达到消除汞的一类方法。最常用的是碘升华法。

在生产和使用汞的工程中，常有流散汞和汞蒸气冷凝后附着于地面、墙面、顶棚及设备等物体上。夜晚温度降低后加剧了汞在环境中固体表面的吸着，而白天温度升高时，被吸着的汞再度蒸发，增大了生产环境中的含汞浓度，加重了对人体健康的危害。采用碘升华法则能很好地解决该问题。将结晶碘在汞作业室内加热蒸发或使其自然升华，形成的碘蒸气与室内的汞蒸气反应生成 HgI，产生的碘蒸气还与吸附于地面、墙面等处的汞相互作用，生成不易挥发的碘化汞，然后用水冲刷即可消除残余的汞。常用的方法有以下几种：

1)加热熏碘法

按 1 m^2 地面 0.5 g 结晶碘用量，将碘盛于烧杯中，用酒精灯加热产生碘蒸气，以消除汞污染，此法一般在发生污染事故时使用。

2)升华法

按 10 m^2 地面 0.02 m^2 的蒸发面积，将碘在纸盒内平铺开，任其自然升华，从而达到除汞的目的，此法一般在下班后使用。

3)微量升华法

当房间内汞蒸气较低时，可以按房间内碘蒸气浓度不超过 0.2 mg/m^3 的微量，使微量碘自然连续升华，以消除室内的汞蒸气。

4.1.4.4 冷却法

冷却法是依据汞蒸发速度与温度成正比的原理，通过降温，使空气中的汞蒸气饱和度降低，而减少空气中含汞废气的一种方法。依据外界压力与物质蒸气压成反比的关系又具体可以分为常压冷凝法和加压冷凝法。但即使是采用加压冷凝法，一般对含汞废气的净化也很难达到国家对汞排放的标准，因此，冷凝法常作为吸收法或吸附法的预处理方法。

4.1.4.5 脉冲电晕法

有文献报道采用脉冲电晕法可脱除垃圾焚烧炉烟气中的汞蒸气。脱汞原理：在窄脉冲电晕放电场中，含汞烟气经过时，在电场中高能电子的作用下，烟气中 O_2 被激活，生成大量的 O、O_3 等自由基粒子，它们具有强氧化性，能将汞氧化为氧化汞。同时，烟气中 HCl 也被激活，分离为 H^+ 及 Cl^-，与 Hg 迅速反应生成 $HgCl_2$。

$$Hg + O \longrightarrow HgO \tag{4-85}$$

$$Hg + O_3 \longrightarrow HgO + O_2 \tag{4-86}$$

$$Hg + 2Cl^- \longrightarrow HgCl_2 \tag{4-87}$$

含有 HgO 及 HCl 的烟气经水洗涤后，汞可被 100% 脱除。

4.1.4.6 联合净化法

一些高浓度含汞尾气，例如汞冶炼、含汞废渣火法处理等过程的尾气，往往需要采用二级以上的净化过程，才能达标，称之为联合法。常见的有冷凝－吸附法、冲击洗涤－焦炭层吸附法、液体吸收－充氯活性炭吸附法等。联合净化方法多样，组合起来更为灵活和实用。

4.1.5 含氟废气治理技术

工业生产排放的氟化物，以氟化氢的数量最多，毒性也最大，四氟化硅的毒性与氟化氢相近。在工业生产中，凡使用冰晶石、含氟磷矿石、萤石的工业都有氟及氟化物排出。

据美国统计，在排出氟化物的各工业部门中，电解铝占15.6%，钢铁及其他冶金部门占43%，磷加工占17.8%，砖瓦制造占18.1%，玻璃制造占2.64%。

含氟废气的治理，目前主要有三类方法，即稀释法、吸收法(湿法)、吸附法(干法)。其中稀释法是向含氟气体的厂房送入新鲜空气或将含氟废气向高空排放进行自然稀释，这种方法虽然投资和运行费用低廉，但不是一种根本的治理手段。

4.1.5.1 制氟硅酸

基本原理：SiF_4易溶于水，生成氟硅酸(H_2SiF_6)。温度越低，氟化氢和四氟化硅的溶解度越大，含氟废气吸附效果越好，因此水吸收方法宜在低温下进行。H_2SiF_6浓度高到一定程度时，用水净化含氟废气的效果急剧降低，所以控制水溶液中H_2SiF_6的浓度非常关键。

从1960年起，美国、英国、奥地利、法国等国家的一些公司，就积极地研究制取无磷的浓氟硅酸(25%～60%)方法。主要生产国家是美国和日本。这两个国家拥有年产0.6万～2.5万t氟硅酸的企业。日本一些公司用两种方法生产含20%～25% H_2SiF_6和0.05% P_2O_5的氟硅酸。一种方法是磷酸蒸浓的蒸气，用热的浓氟硅酸(40%～50%)洗去磷酸溅沫之后，再用氟硅酸吸收。第二种方法是将被磷污染的氟硅酸溶液(用水吸收磷酸蒸浓的蒸气得到)，在磷酸存在下进行蒸馏，得到的含氟蒸汽用氟硅酸吸收。

近年来，我国普钙厂含氟废气多采用封闭循环水吸收工艺。含氟气体经过几级吸收后，氟吸收率可达98%以上。吸收器出来的尾气经旋风除沫，进入洗涤塔，在此用污水循环泵将吸收液循环，用以进一步吸收。尾气净化后，再经除沫器，最后由风机送入尾气烟囱排空。

由洗涤塔出来的含氟污水，一部分经循环泵进行自身循环，另一部分用泵送至旋风除沫器。在除沫器内进行气液接触吸收，稀氟硅酸液体自行流至吸收器内，再吸引氟尾气中的四氟化硅生成氟硅酸。新鲜水从洗涤塔上部补入，反应式如下：

$$3SiF_4 + 4H_2O \longequal 2H_2SiF_6 + SiO_2 \cdot 2H_2O \downarrow \qquad (4-88)$$

4.1.5.2 制氟化铝

用含氟废气制氟化铝有湿法和干法两种。

(1)湿法

日本、罗马尼亚和英国的一些公司用氢氧化铝分解氟硅酸法来生产氟化铝，装置能力为年产1000~2000 t氟化铝。美国Alcoa公司用年产1.5万t的装置，采用本公司的工艺用氟硅酸生产氟化铝。我国铜官山化工总厂和江西某厂引进大型磷铵生产设备均采用国外氟化铝法的技术。贵州省化工研究所研制了用氟硅酸分解高岭土(Al_2O_3)制取氟化铝和冰晶石的新工艺。该法将氟硅酸预热到90℃，加入反应槽，再加入高岭土，反应25~35 min后过滤，滤液为氟化铝溶液，用泵送至结晶槽，用蒸气加热，并控制温度在75~100℃，结晶4~6 h，进行过滤，滤饼为三水氟化铝，再经干燥、脱水后即得无水氟化铝。反应式为：

$$3H_2SiF_6 + Al_2O_3 = Al_2(SiF_6)_3 + 3H_2O \tag{4-89}$$

$$Al_2(SiF_6)_3 + 3H_2O = 2AlF_3 + SiO_2\downarrow + 12HF \tag{4-90}$$

$$6HF + Al_2O_3 = 2AlF_3 + 3H_2O \tag{4-91}$$

(2)干法

法国Pechincy公司的专利提出用活性氧化铝吸附工业废气中的氟化氢可制得氟化铝。该法提出在立式吸附塔中装填粒度为3~12 mm和比表面积150~250 m^2/g的活性氧化铝，在323~373℃的操作温度下，气体由塔的下部进入，吸附剂层自下而上移动，进行吸附脱氟化氢。我国电解行业以铝电解生产的原料工业氧化铝作吸附剂，其中$\gamma-Al_2O_3$占40%~50%。其具有微细孔多、比表面积大、吸附能力强的特点。烟气中的氟化氢与$\gamma-Al_2O_3$产生表面吸附反应，生成氟和铝的化合物。该法主要适用于预焙窑烟气净化。氧化铝对HF的吸附主要是化学吸附，同时伴有物理吸附，吸附的结果是在氧化铝表面生成表面化合物。

$$Al_2O_3 + 6HF = 2AlF_3 + 3H_2O \tag{4-92}$$

载氟氧化铝经袋式除尘器捕集分离后，送至电解槽使用。干法净化效率高，流程简单，没有水的二次污染，但要注意选择除尘设备及材质。

4.1.5.3 制氟硅酸钠

用含氟废气生产氟硅酸钠是我国应用最广的一种方法。该法是用水吸收含氟废气制得氟硅酸，然后加入氟化钠制得氟硅酸钠。

该工艺技术可靠，占地面积小，劳动强度低，除氟效率可达94%以上。但目前市场需求量少，产品销路不好。

4.1.5.4 制氟化钠

氟化钠是无机氟化物中重要的盐类，应用较广泛。利用含氟废气为原料制氟化钠有干法和湿法。

干法是将氟硅酸钠煅烧分解，该法制得的氟化钠产品质量分数只有

85% ~89%。如用小苏打和氟硅酸钠一起煅烧，可得到改性的氟化钠。干法产品质量及回收率较低，且成本高，设备也较复杂。湿法又分为氨法、烧碱法、纯碱法。氨法流程灵活性大，易改产其他几种氟盐，产品中氟化钠质量分数不低于99.5%，但因二氧化硅和氟化铵难分离，一次回收率低。烧碱法获得的产品较纯，但成本较高。纯碱法只能得到含70% ~75%的氟化钠产品，质量不能满足工业生产要求。

该法将纯碱与氟硅酸钠配料后，缓慢加入预热到70℃的水(或母液)中，生成氟化钠和二氧化硅。反应中产生二氧化碳，故为不可逆反应。反应后的悬浮料浆排入重力分离器，经沉降、溢流、洗涤后分离出氟化钠。用离心机脱除其母液，经烘干后即为产品。化学反应为：

$$2Na_2CO_3 + Na_2SiF_6 = 6NaF + SiO_2 + 2CO_2\uparrow \qquad (4-93)$$

为使反应完全，应严格控制以下条件：

①反应温度：84 ~95℃；

②反应压力：0.147 MPa；

③搅拌速率：4 r/min；

④反应时间：160 ~180 min(包括加料时间)。

在以上工艺条件下，一次回收率达95% ~96%，产品纯度为氟化钠 >98%，质量达到冶金部颁一级品标准。

此法具有设备简单、流程短、回收率高、能耗小、成本低、劳动条件好、残液排放少等优点，是一种简便易行、经济合理的回收利用含氟废气的方法。

4.1.5.5　制冰晶石

目前国内外由含氟废气制冰晶石的方法，主要是用氨或碳酸钠分解氟硅酸钠或氟硅酸制冰晶石的方法。

(1)氨法吸收制取冰晶石

用氨水作吸收液，吸收氟化氢和四氟化硅生成氟硅酸铵：

$$HF + NH_3\cdot H_2O = NH_4F + H_2O \qquad (4-94)$$

$$2NH_4F + SiF_4 + nH_2O = (NH_4)_2SiF_6 + nH_2O \qquad (4-95)$$

氟硅酸铵与氨水反应生成氟化铵：

$$(NH_4)_2SiF_6 + 4NH_3\cdot H_2O + nH_2O = 6NH_4F + SiO_2\cdot nH_2O \qquad (4-96)$$

用水吸收得到氟硅酸，再与氨水反应也可获得氟化铵溶液：

$$H_2SiF_6 + 6NH_3\cdot H_2O + nH_2O = 6NH_4F + SiO_2\cdot nH_2O \qquad (4-97)$$

氟化铵溶液脱硅后与硫酸铝反应，生成铵冰晶石：

$$12NH_4F + Al_2(SO_4)_3 = 2(NH_4)_3AlF_6 + 3(NH_4)_2SO_4 \qquad (4-98)$$

再与硫酸钠进行反应，得冰晶石和硫酸铵：

$$2(NH_4)_3AlF_6 + 3Na_2SO_4 = 2Na_3AlF_6 + 3(NH_4)_2SO_4 \qquad (4-99)$$

日本中央硝子、小野工业、三井东亚工业和昭和电工等公司由氟硅酸钠生产的冰晶石年产约35万t。其方法是用氨分解氟硅酸钠，然后由制得的溶液用铝酸钠溶液沉淀冰晶石，氨返回工艺过程。

实际上用氨分解氟硅酸钠，并使得到的氟化铵溶液与铝酸钠溶液(氟化铝溶液与氯化钠溶液的混合液)反应，由氟硅酸生产冰晶石的各种方法，意义都不太大。南斯拉夫、匈牙利和波兰用氟硅酸生产冰晶石，美国Alcoa公司年产3000 t冰晶石的装置在运转。

(2)碳酸钠吸收制取冰晶石

由电解槽密闭罩收集的烟气用5%的纯碱溶液吸收，反应方程式为：

$$HF + Na_2CO_3 = NaF + NaHCO_3 \quad (4-100)$$

同时烟气中的二氧化碳与碳酸钠反应生成碳酸氢钠：

$$Na_2CO_3 + CO_2 + H_2O = 2NaHCO_3 \quad (4-101)$$

将含有氟化钠和碳酸氢钠的吸收液循环到一定浓度后与制备好的铝酸钠反应可生成冰晶石。

$$6NaF + NaAlO_2 + 4NaHCO_3 = Na_3AlF_6 + 4Na_2CO_3 + H_2O \quad (4-102)$$

如果是铝联合企业，铝酸钠可由氧化铝厂供应，否则要自行制备铝酸钠。所需原料是氢氧化钠和氢氧化铝，先将氢氧化钠溶液加热到90℃，边搅拌边加入氢氧化铝，可制得铝酸钠溶液，反应方程式为：

$$NaOH + Al(OH)_3 = NaAlO_2 + 2H_2O \quad (4-103)$$

4.1.5.6 电解铝厂氟化物处理

电解铝厂的主要污染物是氟化物，可以采用湿法和干法净化回收法加以处理。

(1)湿法净化技术

该法利用气态氟化物极易被水和碱溶液吸收的特点，一般采用碳酸钠或氢氧化钠作为吸收剂，将氟化氢转化为氟化钠，再加入氯化钠转化为冰晶石。还可采用赤泥堆场回收的含碱废液作洗涤液净化烟气，氟化氢回收率为95%。循环液经过滤分离出含氧化铝、氟化盐和碳粉的滤渣，送回氧化铝厂的熟料窑综合利用。湿法净化法的设备常采用一些湿式洗涤器，如喷淋塔、移动床洗涤器和喷雾筛。湿法净化经一段时间后，循环液中硫酸钠的含量会逐渐增大，影响净化效果，当温度低时也会有晶体析出，可能会堵塞管道。常用的两种方法为：水吸收法和碱吸收法。

(2)干法净化技术

1)氧化铝法吸附

该法主要适用于预焙窑烟气净化。以电解生产原料氧化铝作为吸附剂。氧化铝对HF的吸附主要是化学吸附，同时伴有物理吸附，吸附的结果是在氧化铝表面生成表面化合物。

$$Al_2O_3 + 6HF \longrightarrow 2AlF_3 + 3H_2O \tag{4-104}$$

载氟氧化铝经袋式除尘器捕集分离后，送至电解槽使用。干法净化率高，不需专门制备和处理吸附剂，不存在二次污染和设备的腐蚀问题。

2)金属氟化物吸附

该法是用金属氟化物为吸附剂吸附废气中的氟，氟化钠是合适的吸附剂。吸附可在吸附塔中进行。

3)石灰石吸附

该法用石灰石为吸附剂吸附废气中的氟化氢，吸附过程可在固定床或流动床中进行。

4.1.6 含铅烟气治理技术

含铅烟气的来源很多。铅、锌、银及其他含铅金属矿山的开采、选矿过程，炼制铅锭、铅条、铅管和铸造铅字、铅制品及铅合金制品的焊接和熔割过程，使用铅化合物的塑料厂、橡胶厂、化工厂、含铅玻璃厂，电厂的锅炉、各种燃煤和燃油的工业炉窑及各种内燃机的燃油使用过程中，均可以产生不同程度而且排量可观的含铅废气和尾气。此外，在含铅油漆涂料的陶瓷厂、搪瓷厂及使用含铅油漆的机器、设备、家具和建筑中也产生程度不同的含铅污染。

在冶炼工业生产加工过程中形成的含铅烟气或废气主要是含铅粒子形成的气溶胶，它多是由熔融物质在蒸发后形成的气态物质的冷凝物，在形成过程中常伴有氧化反应。铅烟的粒子很小，粒径一般在0.01～1 μm。

4.1.6.1 醋酸吸收法

铅加热到400～500℃时即产生大量的铅蒸气(俗称铅烟)而逸入空气中。在不同温度下，铅蒸气可以与氧反应生成 PbO 和 PbO_2。熔铅烟中铅主要以 PbO 的形式存在，尤其是当熔铅温度较高时更是如此。该物质不溶于水，难溶于稀的碱性溶液，但易溶于酸生成铅盐，若采用醋酸水溶液作吸收剂，其反应式如下：

$$2Pb + O_2 \longrightarrow 2PbO \tag{4-105}$$

$$Pb + 2HAc \longrightarrow PbAc_2 + H_2 \tag{4-106}$$

$$PbO + 2HAc \longrightarrow PbAc_2 + H_2O \tag{4-107}$$

该方法若配合物理除尘效果更好，一般第一级用袋式滤尘器去除较大颗粒，第二级用化学吸收。这种方法具有装置简单、操作方便、净化率高的优点，生成的醋酸铅可用于生产颜料、催化剂和药剂等。但醋酸有较强的腐蚀性，因此对设备的防腐要求较高，其工艺流程如图4－6所示。

4.1.6.2 碱吸收法

以1% NaOH 水溶液作吸收剂，其化学吸收反应为：

$$2Pb + O_2 \longrightarrow 2PbO \tag{4-108}$$

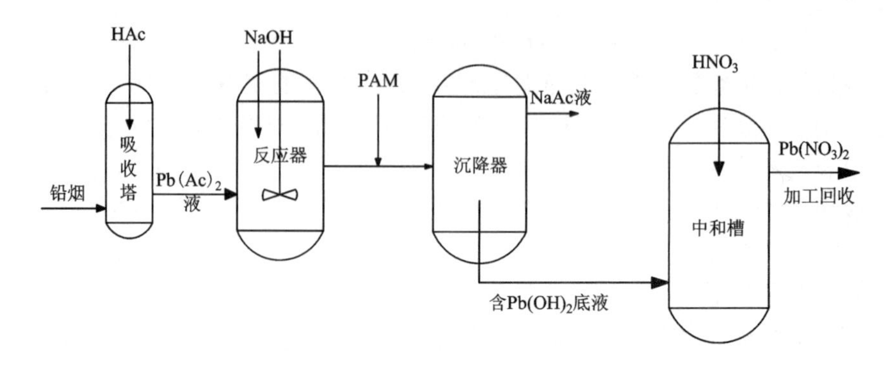

图 4-6 醋酸吸收法工艺流程图

$$PbO + 2NaOH = Na_2PbO_2 + H_2O \qquad (4-109)$$

生产工艺可控制气流量为 800～1000 m^3/h，喉口气速为 15～20 m/h，吸收温度为 30～40℃，其净化效率为 85%～99%。该净化方法及工艺在同一净化器内同时进行除尘和吸收，净化率高、设备简单、操作方便。此外，可同时除油，因此特别适用于印刷行业和化铅锅排出的烟气。其缺点是气相接触时间较短，当烟气中铅含量小于 0.5 mg/m^3时，净化效率较低（$<80\%$），吸收液挥发较大，需不断补充，并存在二次污染问题。

4.1.6.3 掩盖法

主要针对铅的二次熔化工艺中铅大量向空气中蒸发污染环境而采取的一种物理隔挡方法。具体做法是在熔融的铅液液面上撒上一层覆盖粉来防止铅的蒸发。所用的覆盖剂有碳酸钙粉、氯盐、石墨粉及 SRQF 覆盖剂等。

新型覆盖剂 SRQF 主要以多种硅酸盐（K_2O、Na_2O、MgO、CaO、Al_2O_3、SiO_2等）经特殊处理而成，无味，耐 1000℃以上高温，对人体无害。SRQF 覆盖剂分三层覆盖：底层为淡红色粉末层，厚 5 cm，起与铅液隔挡的作用；中层为灰色细粒层，厚 8 cm，对铅蒸气起吸收和抑制作用；上层为褐黄色小块，厚约 10 cm，对铅蒸气起吸附和抑制作用。

某钢丝绳厂在钢丝铅浴热处理工艺流程中，为防治生产车间的含铅废气污染，采用了新型 SRQF 覆盖剂来抑制铅锅表面铅蒸气对生产车间环境的污染。SRQF 覆盖剂与传统木炭覆盖剂相比具有方法简单、投资低、防治铅污染效果明显的优点。

此外，还可以用电除尘、布袋过滤和气动脉冲除尘等方法对含铅烟气进行处理。

4.2　废水处理技术

废水处理是将废水中所含有的各种污染物与水分离或加以分解，从而达到净化的目的。常规工业废水处理方法大体分为物理、化学、物理化学和生物处理方法。常规处理方法体系如图4－7所示。

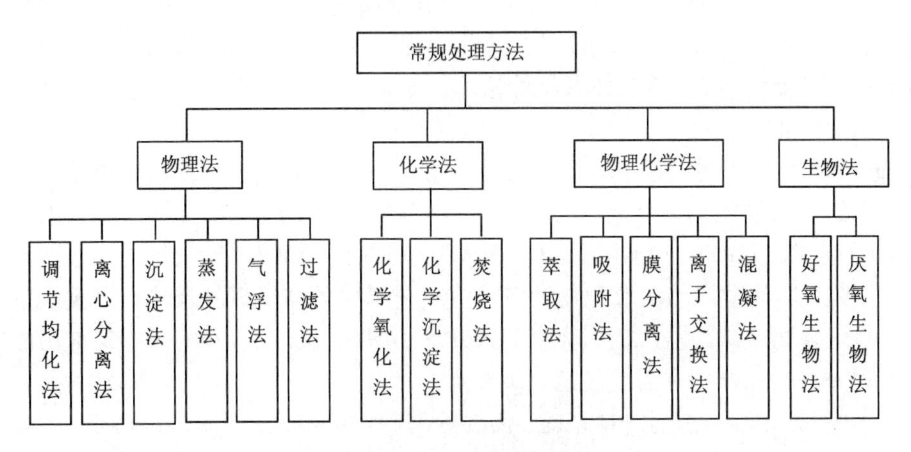

图4－7　废水常规处理方法

按处理程序，废水处理一般可分为以下三级：

一级处理，即预处理。应用物理处理法中的各种处理单元，从废水中去除呈悬浮状态的固体污染物，使废水得到初步净化。一般经过一级处理后，悬浮固体的去除率为70%～80%，生化需氧量(BOD)的去除率为25%～40%。

二级处理，又称生化处理。通过微生物的代谢作用，使废水中呈溶液、胶体以及微细悬浮状态的有机污染物转化为稳定无害的物质。一般能去除90%左右可降解的有机污染物和90%～95%的固体悬浮物。二级处理能大大改善水质，大部分可以达到排放标准。但某些重金属毒物或难以被微生物降解的有机物不易去除，同时，在处理过程中，常使处理水出现磷、氮富营养化的现象，有时还可能含有病原微生物等。

三级处理，又称深度处理。采用化学或物理化学方法，进一步去除二级处理未能去除的污染物，其中包括微生物难以降解的有机物、磷、氮和可溶性无机毒物，使水质达到用水要求。三级处理耗资较大，管理也较复杂，但能充分利用水资源。

4.2.1　重金属废水传统处理技术

目前国内外处理重金属废水主要采用的方法有化学沉淀法、氧化还原法、离子交换法、电解法、膜分离法、吸附法及生物处理法等。重金属废水处理方法虽然很多，但主要可以归为三类：化学法、物理化学法和生物法。

4.2.1.1 化学法

化学法是通过加入化学物质，使其与废水中的污染物质发生化学反应来分离、去除和回收废水中呈溶解或胶体状态的污染物或将其转化为无害物质的废水处理方法。化学法废水处理技术通常有混凝法、氧化还原法、化学沉淀法等。化学沉淀法的原理是通过化学反应使废水中重金属离子转变为不溶于水的沉淀物，通过过滤和沉淀等方法分离沉淀物，包括中和沉淀法、中和凝聚沉淀法、硫化物沉淀法、钡盐沉淀法、铁氧体共沉淀法。

(1)中和沉淀法

中和沉淀法是指在含重金属的废水中投入碱性中和剂，使重金属离子生成不溶于水的金属氢氧化物沉淀。常用中和剂有碱石灰(CaO)、消石灰[$Ca(OH)_2$]、飞灰(石灰粉，CaO)、白云石(CaO · MgO)、苛性钠(NaOH)等。除了碱金属和碱土金属外，其他金属的氢氧化物大多难溶。金属离子与氢氧基反应，生成难溶的金属氢氧化物或碳酸盐沉淀，从而予以分离。中和沉淀法操作简单，是常用的废水处理方法。在操作中需要注意以下几点：

①中和沉淀后，废水 pH 高时，需要处理后才可排放，以防二次污染；

②废水中有 Zn、Pb、Sn、Al 等两性金属时，pH 偏高，可能有再溶解倾向，因此要严格控制 pH，实行分段沉淀；

③废水中有些阴离子，如卤素、氰根、腐殖质等有可能与重金属形成配合物，因此在中和之前需经过预处理；

④有些颗粒小，不易沉淀，则需加入絮凝剂辅助沉淀生成。

(2)硫化物沉淀法

硫化物沉淀法主要是指在废水中投加硫化剂，使重金属离子与 S^{2-} 形成硫化物沉淀而去除，常用的硫化剂包括硫化钠、硫氢化钠、硫化氢等。与中和沉淀法相比，硫化物沉淀法的优点是重金属硫化物溶解度比其氢氧化物的溶解度低。而且反应的 pH 为 7 ~9，处理后的废水一般不用处理即可以排放，并且沉渣含水率低。但是该方法同样也存在缺点：硫化物沉淀细小，容易形成胶体；而且它本身有毒，价格较贵；处理过程中若硫化剂过量，在酸性废水中可能产生硫化氢气体，造成二次污染，尽管利用资源丰富的硫铁矿(FeS_2)制成的硫化剂 FeS 可以避免硫化物沉淀过程中产生 H_2S，排水可不再处理，价格也便宜，但目前工艺尚不成熟；处理之后的水需要进行再处理，且流程较长、操作繁琐、处理费用高，限制了硫化物沉淀法的应用。

(3)钡盐沉淀法

投加钡盐能使含铬废水中的铬形成铬酸钡沉淀，此法称为钡盐沉淀法，常用钡盐为 $BaCO_3$ 和 $BaCl_2$。两种钡盐相比，加入 $BaCO_3$ 是固液反应，速度慢，而且要使反应彻底，碳酸钡需过量，因此会导致铬酸钡渣中 $BaCO_3$ 量大大增加，不利于沉渣利用，但处理水中不含氯离子，因而可回用。加入 $BaCl_2$ 则是液液反应，速度快，而且 $BaCl_2$ 无需过量，有利于沉渣利用，不过处理水含过高的氯离子，不能回用。但不管加入何种钡盐，澄清液中均含有浓度较高的钡离子，经处理后才能排放。

(4)铁氧体共沉淀法

铁氧体共沉淀法是日本电气公司研究出来的一种从废水中除去重金属的工艺技术，该技术是根据生产铁氧体的原理发展起来的。其操作方法为向含铬废水中加入过量的 $FeSO_4$，使 Cr(Ⅵ)还原成 Cr^{3+}，Fe^{2+} 氧化成 Fe^{3+}，调节 pH 至 8 左右，使铁离子和铬离子形成氢氧化物沉淀，废水中的其他金属离子形成铁氧体晶粒并一起沉淀析出，再通过适当的固液分离，达到去除重金属离子的目的，从而使废水得到净化。铁氧体法处理含铬废水就是利用 $FeSO_4$ 作为还原剂，在一定酸度下将废水中的 Cr(Ⅵ)还原为 Cr^{3+}，然后加入氢氧化钠，调解反应体系的酸度，使 Fe^{3+}、Cr^{3+}、Fe^{2+} 形成共沉淀，再迅速加热，通入大量的压缩空气，使过量的 Fe^{2+} 继续被氧化为 Fe^{3+}。铁氧体法形成的污泥稳定性高，易于固液分离和脱水。铁氧体法具有设备简单、投资少、操作简便、不产生二次污染等优点。但在形成铁氧体过程中需要加热(约 70℃)，能耗较高，处理后盐度高，不能处理含汞和配合物的废水。

(5)氧化还原法

在废水中加入氧化剂或还原剂，通过氧化、还原反应使废水中重金属离子向更易生成沉淀或毒性较小的价态转换最后沉淀去除。常用的还原剂有铁屑、铜屑、硫酸亚铁、硼氢化钠等，常用的氧化剂有液氯、空气、臭氧等。日本同冶矿业公司发明的铁粉法用于去除含铬废水，不仅能还原 Cr(Ⅵ)，而且可利用铁活性较高来固化重金属离子，以金属形式析出，利于重金属回收。目前已用于中小型电镀厂排放的工艺废水的治理。缺点是占地面积大，废渣量大，须妥善处理。

4.2.1.2　**物理化学法**

物理化学法处理重金属废水主要是利用物理化学的原理和化工单元操作来实现废水中重金属的去除，近年来使用较多的方法有离子交换法、膜分离法。其中，根据膜的种类和物质透过时的推动力可将膜分离法分为电渗析、反渗透和超滤等多种方法。

(1)离子交换法

离子交换法通过离子交换树脂和溶于水中的各种离子的交换过程实现，其实质是不溶性离子化合物(离子交换剂)上的可交换离子与溶液中的其他同性离子的交换反应，是一种特殊的吸附过程，通常是可逆性化学吸附。推动离子交换的动力是离子间浓度差和交换剂上功能基对离子的亲和力。多数情况下离子是先被吸附，再被交换，具有吸附、交换双重作用。

离子交换过程一般可以分为五个步骤，如以 H 型树脂(RH)交换水中 Na^+ 为例：

①水中的交换离子 Na^+ 向树脂颗粒表面扩张并通过树脂颗粒表面的水膜。

②已通过水膜的交换离子 Na^+ 继续在树脂颗粒空隙内扩散，直至达到某一交换基团位置。

③交换离子 Na^+ 与结合树脂内的交换基团接触，和可交换离子 H^+ 发生交换反应。

④被换下来的 H^+ 在树脂颗粒空隙内向树脂颗粒表面扩散。

⑤被换下来的 H^+ 扩散到树脂颗粒表面并通过边界水膜进入水中。

离子交换法目前主要用于处理硫酸铜镀铜废水、氰化镀铜锡合金废水等，该方法可以回收铜、氰化物等，且处理后的水质比化学沉淀法高出很多，废水可循环利用。但是该方法对水质、树脂的要求都比较高，树脂易污染，需要定期进行处理或更换，操作成本较高，工业上并没有大量使用。

(2)电解法

电解质溶液在电流作用下，在两电极上分别产生氧化反应和还原反应的过程称为电解。电解法处理废水的实质就是直接或者间接地利用电解作用，把水中污染物去除，或是把有毒有害的物质变为无毒无害的物质。废水处理中的电化学法主要包括电化学氧化法、电化学还原法、电气浮法、电解凝聚法等几种。其中电化学还原法实际上就是对重金属废水进行电解时，电解槽的阴极可以给出电子，使废水中的重金属离子还原出来。这些重金属或沉淀在电极表面，或沉淀到反应槽底部，从而去除。这种方法适用于重金属浓度较高的废水，能够回收金属，但是能耗大，并且处理水量较小。

(3)膜分离法

膜分离法为用一张特殊制造的具有选择透过性的薄膜，在外力的推动下对双组分或者是多组分的溶质和溶剂进行分离、提纯、浓缩的方法。膜分离法的主要特点是无相变，能量转化效率高、能耗低，装置规模根据处理量的要求可大可小，而且设备简单、操作方便安全、启动快、运行可靠性高、不会造成二次污染、投资少、用途广等。膜分离法主要包括电渗析法、液膜法、纳滤法、反渗透膜法、胶束增强超滤法和水溶性聚合物配合超滤法等，但是以电渗析、反渗透、超滤、纳滤等最为常用。

1)电渗析法

物理化学中把物种通过薄膜的现象称为“渗析”。电渗析法即在直流电场作用下，利用阴阳离子交换膜对溶液阴阳离子的选择透过性使水溶液中重金属离子有规律地分散和富集，最终与水分离。此法在处理重金属废水时，阳离子膜只允许阳离子通过，当阴离子接近阳膜时，受到阳膜上的阴离子排斥而不能通过阳膜；同样阴离子膜只允许阴离子通过，阴膜上的阳离子也会阻挡阳离子通过。

电渗析法处理废水的最大特点在于不消耗化学药品、设备简单、易于操作；但是在运行过程中易因为浓差极化而导致结垢，离子交换膜需要经常清洗。目前电渗析法的研究方向之一是通过选用新型的离子交换膜如混合离子交换膜，运用一定的前处理手段，使离子更容易迁移和透过离子交换膜，从而降低处理费用。

2)反渗透

反渗透法是一种借助外界压力使水分子反向渗透，以浓缩溶液或废水的一种方法。当半透膜隔开溶液与纯溶剂，加在原溶液上使其恰好能阻止纯溶液的额外压力称之为渗透压，通常溶液愈浓，溶液的渗透压越大。如果加在溶液上的压力超过了渗透压，反而使溶液中的溶剂向纯溶剂方向流动，这个过程叫做反渗透。

反渗透膜处理重金属废水，不仅使渗透液达到排放标准，而且浓缩液可直接回用或进一步回收处理，这个过程是废水中重金属离子回用的一个值得探究的方向。但是由于传统反渗透膜法成本较高，装置投资较大，限制了其在废水处理方面的应用，国内外正在研究开发超低压反渗透膜，采用超低压反渗透膜不仅可以克服传统反渗透膜所面临的经济方面的压力，而且还能获得高的重金属离子截留率，此工艺尚处于实验室研究阶段。

3)超滤

超滤是一个以压力差为推动力的膜分离过程，是一种筛孔分离过程。被处理废水在压差的推动下，达到分离与浓缩的目的。

超滤技术的优点是操作简便，成本低廉，不需增加任何化学试剂，尤其是超滤技术的实验条件温和。

在膜分离技术中，除了常见的离子交换法、电渗析法、反渗透、超滤，还有微滤、纳滤等多种方法，其共同点都是以压力差作为推动力的膜分离过程。在分离的过程中，都不会发生相变，装置简单，便于操作并且容易实现自动化操作。但是无论是哪一种膜分离技术也都面临膜的选择问题，实际操作过程中，膜易老化，需要定期进行更新，并且对于废水的预处理要求特别严格，严重限制了这种技术的推广使用。

4.2.1.3　生物法

生物法是利用微生物或植物体的生理特性来处理重金属废水，具有效率高、成本低、二次污染少、有利于生态环境的改善等优点，近年来在含重金属废水处理领域引起了人们普遍的关注。目前，生物法处理重金属废水主要通过生物吸附、生物转化、生物絮凝等生物化学过程。

(1)生物吸附

生物吸附法最早开始于 1949 年，Ruehhoft 提出用活性污泥去除废水中

Pu－239的去除率可达到96%，并认为Pu的去除是由于微生物的繁殖形成具有较大面积的凝胶网，而使微生物具有吸附能力。生物吸附技术应用于治理重金属污染方面具有明显的优势，具体表现在：①在低浓度条件下，生物吸附剂可以选择性地吸附其中的重金属，受水溶液中钙镁离子的干扰较小；②处理效率高，运行费用低，无二次污染；③pH和温度适应范围宽；④可有效地回收一些贵重金属，因此具有广阔的应用前景和较好的环境效益、社会效益。但目前的研究仅局限于游离细菌、藻类及固定化细胞对重金属废水的处理，处理废水的浓度范围一般在1～100 mg/L，而且工业化仍然存在许多急待解决的问题。

(2)生物转化

当重金属超过一定浓度时，对微生物具有毒害作用，但是某些微生物(金属耐受菌)可以通过生物解毒作用对重金属毒性产生抗性。重金属生物解毒是指微生物把抑制其正常生长繁殖的有毒重金属通过运输、结合与转化等方式使细胞内重金属减少，并对重金属毒性产生抗性的生理代谢过程。

(3)生物絮凝法

生物絮凝法是利用微生物或微生物产生的代谢物，进行絮凝沉淀的一种除污方法。微生物絮凝剂是一类由微生物产生并分泌到细胞外，具有絮凝活性的代谢物。用微生物絮凝法处理废水安全方便无毒、不产生二次污染、它克服了无机高分子和合成有机高分子絮凝剂本身的缺陷，最终可实现无污染排放，且具有微生物絮凝剂絮凝范围广、絮凝活性高、生长快、絮凝作用条件粗放，大多不受离子强度、pH及温度的影响，易于实现工业化等特点。此外，微生物可以通过遗传工程、驯化或构造出具有特殊功能的菌株，因此，微生物絮凝法具有广阔的应用前景。

(4)生物沉淀法

生物沉淀法是利用微生物新陈代谢产物使重金属离子沉淀固定。用硫酸盐还原菌(SRB)处理重金属废水是利用SRB在厌氧条件下产生的H_2S和废水中的重金属离子反应，生成金属硫化物沉淀以去除重金属离子。大多数重金属硫化物溶度积常数很小，因而重金属的去除率高。该技术在含铅、铜、锌、镍、汞、镉、铬(Ⅵ)等的废水处理研究方面取得了较好的效果。利用以SRB菌为主的厌氧微生物菌群能有效去除废水中重金属，投资及运行费用低、产泥少、操作简单。但高浓度重金属的废水(重金属离子浓度＞2000 mg/L)对微生物毒性大，应用此法有一定局限性。

4.2.2 重金属废水处理新技术

4.2.2.1 重金属废水生物制剂法深度处理与回用技术

重金属废水生物制剂法深度净化新工艺流程如图4－8所示。酸性高浓度重金属废水是冶炼企业最常见的工业废水，水量大、成分复杂。针对多金属复杂废水传统中和沉淀法稳定达标难、出水硬度高、回用难等问题，基于细菌代谢产物与功能基团嫁接技术，开发了深度净化铅、镉、汞、砷、锌等多金属离子的复合配位体水处理剂(生物制剂)，发明了重金属废水生物制剂深度净化与回用一体化工艺。通过超强配合、强化水解和絮凝分离三个工艺单元实现重金属离子和钙离子同时高效净化。净化后出水重金属离子浓度达到《地表水环境质量标准》(GB 3838—2002)中的Ⅲ类标准限值，出水水质稳定达到国家《铅、锌工业污染物排放标准》(GB 25466—2010)。废水回用率由传统石灰中和法的50%左右提高到95%以上。该技术具有抗冲击负荷强、无二次污染的特点，且投资及运行成本低、操作简便，可广泛应用于有色冶炼等各种含重金属离子的工业废水处理。

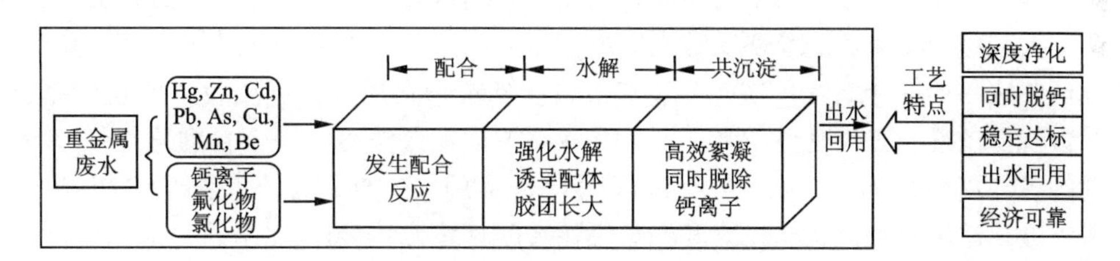

图4-8　重金属废水生物制剂法深度净化新工艺

围绕废水回用的目标，有色行业重金属废水的处理技术进一步得以集成与推广。中金岭南韶关冶炼厂以废水全量回用为目标，采用重金属废水生物制剂法处理技术与膜法及高效蒸法的方法相结合，成功实现了冶炼废水的“零排放”。豫光金铅集团将中南大学开发的生物制剂处理重金属废水新技术与废水膜法工艺联合应用，使净化水满足低质回用或深度回用要求，废水回用率得到进一步提高，全年减少水资源消耗53万 m^3，日排水量由3500 m^3降至900 m^3。生物制剂法处理重金属废水的技术已成功应用于亚洲最大的铅锌选矿厂——中金岭南凡口铅锌矿，我国最大的锌生产基地——株洲冶炼集团、最大的铅冶炼基地——河南豫光金铅股份有限公司、最大的铜冶炼企业——江西铜业集团、福建紫金铜业集团、中金岭南有色金属股份公司、西部矿业集团、湖南水口山有色金属公司以及郴州金贵银业股份公司、郴州宇腾有色金属股份公司等大型涉重金属企业30多家；并参与应急处理广西龙江镉污染、贺江铊污染等重大环境事件。实现年减排与回用重金属废水4000多万 m^3，直接减排铅、镉、汞、砷、锌等重金属200多吨。2009年被列入《国家先进污染防治示范技术名录》，是我国有色行业污染治理的重点推广技术。

4.2.2.2　重金属废水高密度泥浆法处理技术

石灰中和法被广泛应用于冶炼重金属废水的处理，具有工艺流程短、设备简单、成本低等优点；但是生成的金属沉淀物沉降速度慢、结垢严重，同时产生大量的硫酸钙沉淀，其处理与处置困难。常见的沉淀法有石灰乳沉淀法、石灰－铁（铝）盐法等。

北京矿冶研究总院在引进的基础上研究出高浓度泥浆法（HDS）处理废水的技术，是常规低浓度石灰法（LDS）的革新和发展。与常规低密度石灰法（LDS）相比，高浓度泥浆法（HDS）具有以下特点：①高浓度泥浆法使石灰得到充分的利用，处理同体积量废水可减少石灰消耗5%～10%；②在原有废水处理设施基础上，将常规低浓度石灰法改为高浓度泥浆法，可提高水处理能力1～3倍，且技术改造简单，改造投资小；③高浓度泥浆法产生的污泥固含量高，通常污泥固含量可达20%～30%，同常规低浓度石灰法产生固含量约1%的污泥相比，污泥体积量大幅度减小，可节省大量的污泥处理处置费用或输送费用；④高浓度泥浆法能够大大减缓设备和管道结垢，常规低浓度石灰法通常一个月停产清垢一次，高浓度泥浆法一般一年清垢一次，可节省大量设备维护费用并提高了设备的运转率；⑤常规低浓度石灰法通常采用手动操作，高浓度泥浆法可实现全自动化操作，药剂的投加更加合理、准确，可有效降低运行费用。另外，高浓度泥浆法与电石渣－铁盐法配合使用，在高浓度泥浆法除去酸性废水中80%以上重金属离子后，加入电石渣乳液和铁盐可进一步除去废水中的砷、氟、重金属离子，处理后的污水用过滤器过滤除去其中的悬浮物。北京矿冶研究总院已完成了多项HDS工艺工业试验、工程设计及项目实施，如江西铜业集团公司德兴铜矿废水处理站采用HDS工艺改造、铜化集团新桥铁矿废水处理站改造、新建葫芦岛锌厂污酸废水处理工程、德兴铜矿废水处理站改造等，废水处理系统净化水稳定达到《铅、锌工业污染物排放标准》（GB 25466—2010）的排放指标。

针对铅锌冶炼行业水资源调配控制、水重复利用、废水深度处理等需要，北京矿冶研究总院与中金岭南有色金属股份有限公司韶关冶炼厂共同成功研发出了成套的大型铅锌冶炼企业节水技术——酸性废水高浓度泥浆法处理技术和重金属废水膜法组合工艺深度处理技术，有效解决了我国在酸性重金属废水处理过程中污泥处理难、易结垢、操作维护不便、运行费用高、水回用率低等一系列共性问题。

高浓度泥浆法－膜法组合工艺的主要特点：①利用回流污泥粗颗粒化、晶体化能够增加底泥浓度、提高处理效率和防止管道设备结垢的机理，在国内首次进行了“高浓度泥浆法（HDS）”技术处理铅锌冶炼工业废水的研究和工程示范，开发出了相关的配套设备，同常规石灰法比较，可提高水处理能力1～2倍，缩小排泥体积10～20倍；②通过膜材料筛选和工艺集成优化，研发出了物化－膜法组合工艺深度处理铅锌冶炼废水技术，出水水质达到工业用新水要求；③采用“源头控制—过程调控—末端治理”相结合的方式，研究出大型铅锌冶炼企业“分质供水、水质安全保障和污水深度处理回用”综合节水集成技术，大幅提高了工业水重复利用率，显著地削减了污染物的排放量。

4.2.2.3　重金属电絮凝法处理技术

絮凝是水处理过程最重要的物理化学过程之一，其中电絮凝是一种对环境二次污染较小的废水处理技术。以铝、铁等金属为阳极，在直流电的作用下，阳极被溶蚀，产生 Al^{3+}、Fe^{3+} 等离子，再经氧化过程，成为各种羟基配合物、多核羟基配合物以至氢氧化物，使废水中的胶态杂质、悬浮杂质凝聚沉淀而分离。电絮凝过程一般不需要添加化学药剂，设备体积小、占地面积少、操作简单灵活、污泥量少、后续处理简单。目前，对电镀及金属冶炼行业等产生重金属含量过高的废水可采用电絮凝法处理。电解处理过程中消耗电和极板，极板易于结垢，增加能耗；处理过程中会产生氧气和氢气，溶液 pH 升高；极板需要定期更换，极板使用率较低；产生的渣主要为氢氧化铁、氢氧化亚铁和重金属的沉淀。

电絮凝设备依据电解及电凝聚原理，对废水中污染物有氧化、还原、中和、凝聚、气浮分离等多种物理化学作用。重有色金属冶炼废水中不但含有多种重金属离子，而且还含有大量的硫酸根离子。废水进入电絮凝装置前加入硫酸亚铁，硫酸亚铁是一种絮凝剂，在碱性条件下可以和其他重金属发生共沉淀，有利于其他重金属的去除。电凝聚设备保持一定的电压、电流值，在铁极板表面产生 Fe^{2+}，进入电凝聚设备的水被电解，生成初生态氧和氢，初生态的氧有极强的氧化作用，可去除废水中的有机物，降低废水的 COD，氢气可使污泥上浮。电凝聚设备阴极可以还原部分 Pb^{2+}、Cu^{2+}、Zn^{2+}；另外，Pb^{2+}、Cu^{2+}、Zn^{2+} 与水中 OH^- 生成氢氧化物析出沉淀。废水进入电凝聚设备前加入 $FeSO_4 \cdot 7H_2O$ 除起到还原剂作用外，还起到无机低分子絮凝剂的作用，水解过程的中间产物与不同离子结合形成羟基多核配合物或无机高分子化合物，然后沉降或悬浮。铁阳极电解过程中，Fe^{3+} 参与 $FeSO_4 \cdot 7H_2O$ 水解过程羟基多核配合物的生成，成为活性聚凝体，对污染物有吸附凝聚作用。电解过程中，电压达到一定值时，使水电解，生成初生态氧和氢，除对水中正、负离子起氧化和还原作用外，小气泡还能吸附废水中的小絮凝物，起到气浮作用。为克服电絮凝法的不足，电凝聚设备内设置有一套自动化高效除垢装置。在处理废水过程中，除垢装置连续运转，随时清除附着在极板上的污垢，保证极板表面清洁无垢，消除了极板极化(钝化)现象；同时搅动废水，保证了电解反应高效率进行。

4.2.3　烟气洗涤污酸处理技术

烟气制酸产生的污酸废水中砷的浓度高、危害大，污酸废水中的砷以亚砷酸为主也最难处理，因此国内污酸废水的处理工艺主要以除砷为目的。目前国内处理污酸废水的方法主要有中和法、硫化 - 中和法、中和 - 铁盐共沉淀法。对含砷浓度极高的废水，采用硫化钠脱砷，再与厂内其他废水混合后一并中和处理，对含砷浓度较低的废水一般采用石灰 - 铁盐共沉淀法。

目前有色冶炼烟气洗涤污酸废水的净化处理多采用化学沉淀法，仅仅是基本实现达标排放。化学沉淀法除了产生大量中和渣以外，还存在重金属排放总量大、出水中钙及碱度升高、废水回用困难等问题，因此急需研发污酸废水的资源化处理利用技术。双极膜电渗析技术作为一种新型的膜分离技术，可以实现资源利用的最大化并消除环境污染，在污酸废水回收有价金属领域表现出较大的应用潜力。

4.2.3.1 中和沉淀法

在污酸废水中投加碱中和剂，使污酸废水中重金属离子形成溶解度较小的氢氧化物或碳酸盐沉淀而去除，特点是在去除重金属离子的同时能中和污酸废水及其混合液。通常采用碱石灰（CaO）、消石灰[$Ca(OH)_2$]、飞灰（石灰粉，CaO）、白云石（CaO · MgO）等中和剂，价格低廉，可去除汞以外的重金属离子，工艺简单，处理成本低。目前污酸废水中和工艺主要有两段中和法和三段逆流石灰法，投加石灰乳反应时控制好酸度，可使产生的 $CaSO_4$ 质量达到用户要求，作为石膏出售。污酸废水中的氟以氢氟酸形态溶于水中，氢氟酸与石灰乳反应后以氟化钙的形式沉淀下来，从而除去了氟。

表 4－3 金属氢氧化物溶度积

金属氢氧化物	K_{sp}	pK_{sp}	金属氢氧化物	K_s	pK_s
$Cd(OH)_2$	2.5×10^{-44}	13.66	$Cu(OH)_2$	2.2×10^{-20}	19.30
$Fe(OH)_3$	4×10^{-38}	37.50	$Fe(OH)_2$	1.0×10^{-15}	15
$Pb(OH)_4$	3.2×10^{-66}	65.49	$Pb(OH)_2$	1.2×10^{-15}	14.93
$Hg(OH)_2$	3.0×10^{-26}	25.30	$Mn(OH)_2$	1.1×10^{-13}	12.96
$Sn(OH)_2$	1.4×10^{-28}	27.85	$Zn(OH)_2$	1.2×10^{-17}	16.92
$Ni(OH)_2$	2.0×10^{-15}	14.70	$Sb(OH)_3$	4×10^{-42}	41.4

氢氧化物沉淀法处理含重金属废水是调整、控制 pH 的方法，由于影响因素较多，理论计算得到的值只能作为参考，处理单一重金属废水的 pH 要求见表 4－4。

表 4－4 处理单一重金属废水要求 pH

金属离子	Cd^{2+}	Co^{2+}	Cu^{2+}	Fe^{2+}	Fe^{3+}	Zn^{2+}	Pb^{2+}
pH	11～12	9～12	7～12	9～13	>4	9～10	8.5～11

单一的石灰中和法不能将污酸废水中砷和汞脱除到国家排放标准，尤其是污

酸废水中存在多种重金属离子的情况下，中和沉淀法更难以使多种重金属同时脱除到稳定达标，因此一般采用中和法与硫化法或铁盐沉淀法联用。

4.2.3.2　硫化－中和法

硫化法是利用可溶性硫化物与重金属反应，生成难溶硫化物，将其从污酸废水中除去。硫化渣中砷、镉等含量大大提高，在去除污酸废水中有毒重金属的同时实现了重金属的资源化。硫化剂包括硫化钠、硫氢化钠、硫化亚铁等，李亚林等研究利用硫化亚铁在酸性条件下生成硫化氢气体和二价的铁离子，硫化氢气体在酸性条件下与水中的砷及重金属离子生成硫化物沉淀，Fe^{2+} 在调节 pH 过程中形成氢氧化物絮体进一步吸附和絮凝水中的硫化物沉淀，有利于硫化物的沉降分离。污酸废水中的砷酸能与石灰乳反应生成砷酸钙沉淀。

表 4－5　金属硫化物溶度积

金属硫化物	K_{sp}	pK_{sp}	金属硫化物	K_s	pK_{sp}
CdS	8.0×10^{-27}	26.10	Cu_2S	2.5×10^{-48}	47.60
HgS	4.0×10^{-53}	52.40	CuS	6.3×10^{-36}	35.20
Hg_2S	1.0×10^{-45}	45.00	ZnS	2.93×10^{-25}	23.80
FeS	6.3×10^{-18}	17.50	PbS	8.0×10^{-28}	27.00
CoS	7.9×10^{-21}	20.40	MnS	2.5×10^{-13}	12.60

硫化－中和法脱除重金属离子的机理如下所示：

$$Me^{n+} + S^{2-} = MeS_{n/2}\downarrow \tag{4-110}$$

$$3Na_2S + As_2O_3 + 3H_2O = As_2S_3\downarrow + 6NaOH \tag{4-111}$$

$$2H_3AsO_3 + Ca(OH)_2 = Ca(AsO_2)_2\downarrow + 4H_2O \tag{4-112}$$

4.2.3.3　铁盐－中和法

利用石灰中和污酸废水并调节体系 pH，利用砷与铁生成较稳定的砷酸铁化合物，氢氧化铁与砷酸铁共同沉淀这一性质将砷除去。铁的氢氧化物具有强大的吸附和絮凝能力的特性，达到去除污酸废水中砷、镉等有害重金属的目的。提高 pH 将污酸废水的重金属离子以氢氧化物的形式脱除。

$$Fe^{3+} + AsO_3^{3-} = FeAsO_3\downarrow \tag{4-113}$$

$$Fe^{3+} + AsO_4^{3-} = FeAsO_4\downarrow \tag{4-114}$$

铁离子与砷除生成砷酸铁外，氢氧化铁还可作为载体与砷酸根离子和砷酸铁共同沉淀。

$$m_1Fe(OH)_3 + n_1H_3AsO_4 \longrightarrow [m_1Fe(OH)_3]\cdot n_1AsO_4^{3-}\downarrow + 3n_1H^+ \tag{4-115}$$

$$m_2Fe(OH)_3 + n_2FeAsO_4 \longrightarrow [m_2Fe(OH)_3] \cdot n_2FeAsO_4 \downarrow \quad (4-116)$$

$FeAsO_4$较稳定，但当 pH >10 时会返溶，所以一般 pH 控制为 6 ~9。返溶反应式如下：

$$FeAsO_4 + 3OH^- \longrightarrow Fe(OH)_3 + AsO_4^{3-} \quad (4-117)$$

4.2.3.4 铁盐 - 氧化 - 中和法

利用 $FeAsO_4$ 比 $FeAsO_3$ 更稳定的性质，通常当废水中的砷含量较高，超过 200 mg/L，甚至达到 1000 mg/L 以上，且砷在废水中又以三价为主时，采用氧化法将三价砷氧化成五价砷，常用的氧化药剂有漂白粉、次氯酸钠和鼓入空气氧化等方法，再利用铁盐生成砷酸铁共沉淀法除砷。氧化反应分别使 Fe^{2+} 氧化成 Fe^{3+}，As^{3+} 氧化成 As^{5+}，然后生成铁盐共沉淀。

$$4Fe(OH)_2 + O_2 + 2H_2O = 4Fe(OH)_3 \quad (4-118)$$

$$2AsO_3^{3-} + O_2 = 2AsO_4^{3-} \quad (4-119)$$

$$4Fe(OH)_2 + O_2 + 2H_2O = 4Fe(OH)_3 \quad (4-120)$$

$$2Fe(OH)_3 + 3As_2O_3 = 2Fe(AsO_2)_3 \downarrow + 3H_2O \quad (4-121)$$

$$Fe(OH)_3 + H_3AsO_4 = FeAsO_4 + 3H_2O \quad (4-122)$$

$$Fe(OH)_3 + H_3AsO_3 = FeAsO_3 + 3H_2O \quad (4-123)$$

4.2.3.5 我国冶炼企业污酸废水处理工艺

①贵溪铜冶炼厂污酸废水处理工艺

贵冶硫酸车间对含砷酸性污水处理采用了硫化—中和—硫酸亚铁—氧化—中和工艺，主要采用硫化法工艺，污酸废水加入硫化钠脱砷后再采用硫酸亚铁盐进一步除砷工艺，在中和工序一次中和槽中加 $FeSO_4$，加电石泥浆调整 pH 为 7 ~9 后进入氧化槽，在氧化槽内鼓空气将 Fe^{2+} 氧化为 Fe^{3+}，As^{3+} 氧化为 As^{5+}，然后进入二次中和槽，在二次中和槽中添加电石泥调整 pH 为 9 ~11，完成污酸废水处理。处理后净化水中 As 能基本达到国家排放标准，但镉离子难以稳定达到国家排放标准。

②铜陵有色金属(集团)公司第一冶炼厂

污酸废水采用中和曝气加铁盐除砷工艺。中和曝气池内投加石灰乳调节 pH 为 8.0 ~8.5，再根据废水中砷化物含量投加硫酸亚铁除砷剂，曝气至废水呈棕褐色，并微调 pH 在 8.5 左右，然后用泵将废水打入戈尔过滤器进行过滤，滤液(清水)返回系统或排放。

③云南铜业股份有限公司

硫酸净化工序排放的高砷污酸废水和提炼金、银产出的酸性废水和选矿废水以及处理烟尘产出的酸性废水采用硫化—中和—铁盐共沉淀工艺处理。

④金隆铜业公司

金隆铜业公司污酸废水处理采用了中和—硫化—氧化工艺，将硫化法的砷去除率提高到95%以上，剩下的5%仍采用铁盐—石灰法处理。

⑤烟台鹏晖铜业有限公司

污酸废水采用硫化钠—电石渣—铁盐化学沉淀工艺处理，污酸废水中的杂质与加入的硫化钠发生反应生成难溶盐从而被除去。

⑥金昌冶炼厂

污酸废水首先用Larox压滤机压滤后通过SO_2脱气塔，经两级石灰乳中和除去其中大部分H_2SO_4、HF等杂质生成石膏浆，然后石膏滤液采用“石膏—分步硫化—石灰铁盐共沉淀”的工艺流程。向石膏滤液加入Na_2S溶液，与其中的铜、砷生成硫化物沉淀，由于铜、砷硫化物溶度积不同，因此通过控制一、二级反应的pH和氧化还原电极电位，使其中的铜、砷先后沉淀，其他的重金属离子，如锌、镉等也沉淀分离。

⑦大冶有色金属有限公司冶炼厂

大冶有色金属有限公司冶炼厂采用三段石灰-铁盐法工艺处理污酸废水。一次中和除去硫酸和SO_2以及固体$PbSO_4$，加入硫酸亚铁鼓入空气氧化除砷，通过两段加入硫酸亚铁和石灰乳中和，除去重金属离子和砷、氟等有害杂质。但存在工艺流程长，渣浆泵叶轮磨蚀、管道堵塞、砷渣无出路、处理费用高等问题。

⑧葫芦岛有色金属集团有限公司

污酸废水处理工艺流程为先石灰中和后硫化处理的三级中和流程，第一级为石膏的生成及回收，第二级为重金属离子的去除，第三级为砷、氟的进一步去除。改造采用了北京矿冶研究总院的高浓度泥浆法(HDS)两级中和、铁盐除砷处理工艺。该工艺的特点一是处理同体积的酸性废水可减少10%的石灰消耗，可大大减缓设备、管道的结垢；二是产生的污泥固含量高，质量分数可达20%~30%。

⑨河南豫光金铅集团

污酸废水处理采用“铁盐沉淀—鼓风氧化—石灰中和”的工艺。污酸废水脱除二氧化硫后进行两级石灰乳中和生成石膏浆，石膏浆经浓密机沉降后，底液经压滤机脱水，浓密机上清液和压滤机滤液汇入石膏滤液槽与硫化钠反应生成硫化物沉淀，硫化物沉淀经浓密机沉降后，底流经陶瓷过滤机过滤，滤液和浓密机上清液自流到污水处理工序进一步处理。来自污酸废水处理工序和各车间的污水混合后再进行一级石灰乳中和、硫酸亚铁除砷、二级石灰乳中和处理。

⑩株洲冶炼集团

株洲冶炼集团污酸废水采用硫化-石灰石中和工艺处理，铅锌冶炼的污水进入硫化槽，在硫化槽内添加硫化钠，使污酸废水中的砷、汞等金属离子形成硫化物沉淀，硫化后液进入硫化沉降槽收集硫化渣，回收其中的重金属，硫化槽上清通过泵打入中和槽，通过投加石灰石调节污酸废水的pH为5~7，污酸废水经过处理后由于各重金属离子浓度不能稳定达到国家排放标准，所以处理后的污酸废水排入总废水站进一步处理。

4.2.3.6 有色冶炼烟气洗涤污酸废水治理与资源化利用新技术

基于循环经济及资源回收的理念，在实现污酸废水铜砷、铜锌分离的基础之上，结合污酸废水的特点，采用双极膜电渗析法回收污酸废水中的酸，通过回收酸的过程来调节污酸废水的pH，为后续污酸废水中锌的回收提供条件，以实现废水中的重金属硫化物选择性沉淀，从而达到减少重金属排放量，回收有价资源以及减少渣量，消除二次污染的目的。

针对我国污酸废水产生量大、处理困难、污染严重的问题，经过多年的研究，中南大学开发出有色冶炼烟气洗涤污酸废水治理与资源化利用新技术：①含汞污酸生物制剂处理新技术。废水处理后出水中重金属离子浓度优于《铅、锌工业污染物排放标准》(GB 25466—2010)，Ca^{2+}浓度可控脱除低于50 mg/L，净化水回用率大于95%，解决了传统石灰中和法难以稳定达标及回用的技术瓶颈。②污酸废水梯级硫化－电渗析处理技术。目前冶炼烟气洗涤污酸废水的处理工艺存在处理效果不稳定、渣量大、工艺流程繁琐、二次污染、资源浪费等问题。此外，国内有色冶炼企业污酸处理过程中设备设施简陋、自动化水平低，缺乏配套的集成装备，针对上述问题，基于气液强化反应梯级硫化技术和双极膜电渗析技术，研发了污酸废水梯级硫化－电渗析处理集成技术与装备。采用模块化组合方式，由电渗析—生物物化—双膜工艺组成，以实现废水中酸与重金属的分离，重金属的回收及净化水的全面回用，解决了传统设备与工艺采用中和沉淀法处理成本高、渣量大、存在二次污染、净化水无法回用的难题。

新技术创新点：①突破了气液相多金属离子废水梯级硫化的关键技术，实现了铜、砷、锌的高效分离与富集，无中和渣二次污染，渣含金属均超过60%，有害元素砷有效开路，实现了有价资源的回收和二次污染的控制，且成本与传统工艺相比可降低30%。②基于流体力学湍动研究，通过计算机模拟仿真设计研发了高效气液反应器，提高了反应效率，反应时间10 min，硫元素利用接近理论值，废水处理直接达到国家排放标准。③针对溶度积相近元素（如铜、砷）分离难题，提出并开发了硫化渣回流置换深度分离新工艺，铜砷分离率由原有的80%提高至99%以上，锌的分离效率达95%。④针对传统硫化法沉淀颗粒细小、难以分离的难点，发明了重金属非生物颗粒污泥颗粒强化固液分离新方法，促进了重金属硫化物颗粒的长大与分离，沉降速率达3.5 cm/s，污泥含水率降低了4%，污泥体积压缩至原来的1/5。⑤首次将双极膜电渗析技术应用于有色冶炼烟气洗涤污酸废水的处理过程，突破了电渗析直接应用于高酸复杂重金属废水膜材料优选的关键技术，实现了稀硫酸的高效分离与回收，酸的回收率达90%以上。

新技术突破了气液强化多金属离子废水梯级硫化富集分离的关键技术，通过对膜材料的选择和设备集成实现选择性电渗析技术直接应用于高酸复杂重金属废水中酸的分离和浓缩，通过新技术能够实现污酸废水中有价元素的富集、有害元素的分离，酸分离浓缩后回收及净化水全面回用。与国内外同类技术比较，具有如下优势：①气液强化，反应高效。通过研发的气液强化高效反应器，对于污酸废水中高浓度的重金属离子，能够在 10 min 内实现重金属离子的高效富集分离，抗冲击负荷强，净化高效。②过程可控，实现有价元素的富集和有害元素的分离。通过对反应过程 pH 和投加硫化剂量的控制，可以很好地实现污酸中铜、锌、铅、镉的分类富集分离，富集的渣中有价元素含量在 50% 以上，便于资源化。有害元素砷富集的砷渣中含量 50% 以上，实现单独开路。③酸高效分离浓缩，污酸无需中和，渣量小。通过对双极膜进行优化组合集成，采用选择性电渗析技术，实现污酸中酸与重金属的分离，同时对酸进行浓缩回用。污酸处理无须中和，产生的渣量不到传统工艺的 5% 。④工艺控制简单，便于全自动化控制。新技术参数控制简单，参数控制条件宽松。可通过压力控制、pH 控制、流量控制、在线自动检测等手段集成，实现污酸处理全过程自动化控制，大大降低劳动强度。⑤处理技术经济成本低。与传统的硫化技术相比，新技术工艺过程硫元素充分循环利用，降低了硫化剂的消耗，且无二次污染。无需中和，大幅减少了中和剂的成本。新技术综合处理成本比传统技术低 30% 以上。

4.2.4　有机废水处理技术

目前，含有高浓度有机污染物、氨氮化合物、悬浮物的各种工业废水净化处理问题越来越受到社会各界和各级环保部门的关注。钢铁企业生产过程中产生含油废水、焦化废水。目前主要使用的方法有高级氧化法、Fenton 试剂和生化联合处理法、超声波技术、电化学催化降解、液膜技术等，由于这些技术与传统的处理方法相比，成本低、效率高、容易操作、无二次污染。因此在工业污水的处理中得到了广泛的应用。

4.2.4.1　高级氧化法

高级氧化法的作用机理是通过不同途径产生 HO · 自由基的过程。羟基自由基 HO · 一旦形成，会诱发一系列的自由基链反应，攻击水体中的各种污染物，直致降解为二氧化碳、水和其他矿物盐。高级氧化法具有以下特点：

①产生大量非常活泼的羟基自由基 HO ·，其氧化能力(2.80 V)仅次于氟(2.87 V)，其作为反应的中间产物，可诱发后面的链反应；

②HO · 无选择地直接与废水中的污染物反应，将其降解为二氧化碳、水和无害盐，不会产生二次污染；

③由于它是一种物理 - 化学处理过程，很容易加以控制，以满足处理需要，甚至可以降解 10^{-9} 级的污染物；

④既可单独使用，又可与其他处理方法相匹配，如作为生化法的前后处理，可降低处理成本。

4.2.4.2 Fenton 试剂和生化联合法

Fenton 试剂和生化联合法处理有机废水中 Fenton 试剂是以亚铁离子为催化剂，催化分解 H_2O_2 产生强氧化剂 HO·进攻有机物分子内键，达到将有机物完全无机化或裂解为小分子的目的。采用 Fenton 试剂和生化法联合处理的有机废水一般分为四类：

①难生物降解废水；

②含有少量难生物降解有机物可生化废水；

③抑制性废水；

④污染物的生物降解中间产物具有抑制性。

Fenton 试剂和生化法联合处理有机废水的工艺流程见图 4－9。

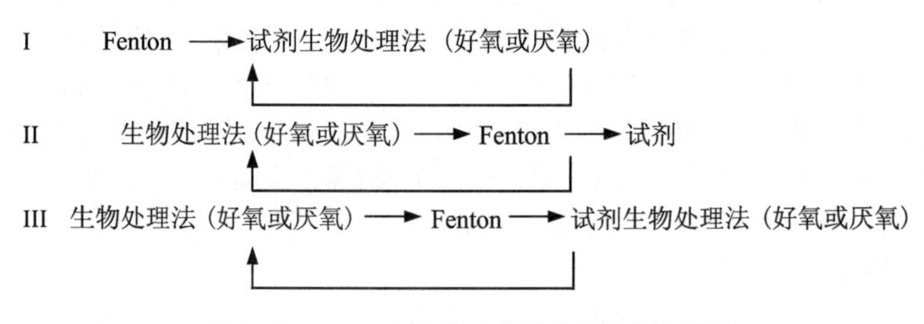

图 4－9　Fenton 试剂和生化联合法工艺流程图

4.2.4.3 超声降解法

超声波降解水体中的有机污染物，尤其是生物难降解的有机污染物，是一项新型水处理技术。超声波是指频率在 15 kHz 以上的声波，其在溶液中以一种球面波的形式传播。一般认为，频率在 15 kHz ~ 1 MHz 的超声波降解水中的有机物是由空化效应引起的物理化学过程。超声空化是指液体中的微小气泡核在超声波作用下被激化，表现为泡核的振荡、生长、收缩及崩溃等一系列动力学过程，该过程是集中声场能量并迅速释放的绝热过程。在空化气泡崩溃的极短时间内，空化气泡及其周围极小空间范围内出现热点，产生高达 1900 ~ 5200K 的高温和超过 50662 kPa 的高压，这些极端条件可以直接或间接地使水中有机物降解。

4.2.4.4 电化学法

电化学法降解有机物的基本原理是使这些有机污染物在电极上发生氧化还原转变。有机物的直接电催化转化分两类进行。一是电化学转换，即把有毒物质转变为无毒物质，或把非生物相容的有机物转化为生物相容的物质（如芳香物开环氧化为脂肪酸），以便进一步实施生物处理；二是电化学燃烧，即直接将有机物深度氧化为 CO_2。

4.2.4.5　液膜分离技术

液膜分离技术是一种新型的膜分离技术，它具有膜分离技术的一些特点，但又不像固膜那样，需要高压操作及存在膜污染老化而引起的膜清洗、维修和更换的麻烦及费用昂贵等问题。它具有膜薄(1 ~ 10 fm)、比表面积大、分离效率高、分离速度快、过程简单、成本低、用途广等优点。液膜分离技术用于废水处理，对不同被分离物选用不同的溶剂、表面活性剂、载体及液膜种类，可有针对性地去除或回收废水。

4.3　固体废物的处理与利用

对于冶金固体废物，首先是要实现固体废物排放减量化；对于必须排放的固体废物应妥善处理，使其安全化、稳定化、无害化，并尽可能减少其容积和数量；对于目前条件下不能再利用的固体废物，要进行无害化处理，最后合理地还原于自然环境中。为此，对固体废物应采取物理的、化学的和生物的方法进行处理，在处理和处置的过程中，应防止二次污染。

世界范围内取得共识的基本对策是：避免产生(clean)、综合利用(cycle)、妥善处理(control)的所谓“3C 原则”。依据上述原则，固体废物从产生到处置的过程可以分为五个连续或不连续的环节。

①废物的产生。这一环节应大力提倡清洁生产技术，通过改变原材料、改进生产工艺或更换产品，力求减少或避免废物的产生。

②系统内部的回收利用。对生产过程中产生的废物应推行系统内的回收利用，尽量减少废物外排。

③系统外的综合利用。对于从生产过程中排出的废物，通过系统外的废物交换、物质转化、再加工等措施，实现其综合利用。

④无害化/稳定化处理。对于那些不可避免且难以实现利用的废物，则通过无害化/稳定化处理，破坏或消除有害成分。为了便于后续管理，还应对废物进行压缩、脱水等减容减量处理。

⑤最终处置与监控。最终处置作为固体废物的归宿，必须保证其安全、可靠，并应长期对其监控，确保不对环境和人类造成危害。

目前固体废物的综合利用、资源化是一项十分重要的课题。对冶金工业来说尤为重要，因为自然界存在的金属矿，绝大多数为金属复合矿，当生产某种金属产品时，只利用了资源的一部分，另一部分则往往以废渣形式排出。含金属渣是冶金过程的必然产物，它富聚了炉料经冶炼提取某主要产品后剩余的多种有价元素，这些元素对冶金产品可能是有害的，但对另一种产品则是重要原料，可作为提炼其他有价金属的原料，提炼后的废渣还可用来生产铸石、水泥等建筑材料，进行大宗利用。

4.3.1 冶金固体废物的处理与处置

冶炼废物的处理，是指通过物理、化学和生物手段，将废物中对人体或环境有害的物质分解为无害成分或转化为毒性较小的适于运输、贮存、资源化利用和最终处置的一种过程。常规处理技术主要包括以下几种：

①化学处理：主要用于处理无机废物，如酸、碱、重金属废液、氰化物、乳化油等，处理方法有：焚烧、溶剂浸出、化学中和、氧化还原。

②物理处理：包括重选、磁选、浮选、拣选、摩擦和弹跳分选等各种相分离技术以及固化技术。其中固化工艺用以处理其他过程产生的残渣物，如飞灰及不适于焚烧处理或无机处理的废物，特别适用于处理重金属废渣、工业粉尘、有机污泥以及多氯联苯等污染物。

③物理化学法：物理化学法在冶金废渣处理中主要是高温熔炼，对于一些可以回收有价成分的冶金渣可以通过高温熔炼来进行处理，如挥发窑处理铅渣，烟化炉处理锌浸出渣，闪速炉处理铜渣，转炉处理钢渣等。

④生物处理：如适用于有机废物的堆肥法和厌氧发酵法；提炼铜、铀等金属的细菌冶金法；适用于有机废液的活性污泥法。

冶金废物的处置是通过焚烧、填埋或其他改变废物的物理、化学、生物特性等方法，达到减少已产生的固体废物数量、缩小固体废物体积、减少或者消除危险成分，并将其置于与环境相对隔绝的场所、避免其中的有害物质危害人体健康或污染环境的过程。

4.3.2 高炉渣的处理及综合利用

高炉渣是冶炼生铁时从高炉中排出的废物。炼铁的原料主要是铁矿石、焦炭和助熔剂、烧结矿和球团矿等。在高炉冶炼过程中，各种物料通过热交换和氧交换发生复杂的化学反应。当炉内温度达到1300～1500℃时，炉料熔融，矿石中的脉石、焦炭中的灰分和助熔剂等非挥发性组分形成以硅酸盐和铝酸盐为主，浮在铁水上面的熔渣，成为高炉渣。高炉渣的产生量与矿石品位的高低、焦炭中灰分的多少及石灰石、白云石的质量等因素有关，也和冶炼工艺有关。通常每炼1 t生铁可产生300～900 kg渣。

高炉渣的矿物组成与生产原料和冷却方式有关，高炉渣的主要成分为CaO、SiO_2、Al_2O_3、MgO和Fe_2O_3等氧化物，还常常含有一些硫化物如CaS、MnS和FeS等，有时还含有TiO_2、P_2O_5等杂质氧化物。

氧化钙(CaO)是矿渣的主要化学成分之一，含量为25%～50%。矿渣中CaO含量越高，活性越大，但当超过51%时，矿渣的活性反而降低。

氧化铝(Al_2O_3)也是决定矿渣活性的主要成分，一般为5%～33%。矿渣中氧化铝含量越高，矿渣的活性也越大。当矿渣中的氧化铝和氧化钙含量都较大时，矿渣活性最好。

氧化硅(SiO_2)在矿渣中的含量为30%～50%，一般来说，SiO_2含量较高时，矿渣的活性较差。

氧化镁(MgO)在矿渣中一般含量为5%～12%，在MgO含量不超过20%的情况下，MgO含量越大，矿渣的活性也越好。

氧化锰(MnO)在矿渣中的含量很少，是有害的化学组成，会使矿渣的活性降低，一般要求含量不超过4%。

硫化物在矿渣中常以CaS形式出现，一般按照下式水解。水解产物中$Ca(OH)_2$对矿渣的活性有激发作用。

$$2CaS + 2H_2O \longrightarrow Ca(OH)_2 + Ca(SH)_2 \tag{4-124}$$

矿渣中除上述主要成分外，还可能含有少量的FeO、Fe_2O_3、TiO_2等，这些氧化物对矿渣活性的作用与其存在形式和含量有关，同时，这些氧化物之间还可能相互作用。部分企业高炉渣的化学成分见表4－6。

表4－6　部分企业高炉渣的化学成分/%

厂名	CaO	SiO_2	Al_2O_3	MgO	Fe_2O_3	MnO	TiO_2	S
首都钢铁公司	41.35	32.62	9.92	8.89	4.21	0.29	0.84	0.70
邯郸钢铁公司	45.54	37.83	11.02	3.52	3.47	0.29	0.30	0.88
唐山钢铁公司	38.13	33.84	11.68	10.61	2.20	0.26	0.21	1.12
本溪钢铁公司	40.53	37.50	8.08	9.56	1.00	0.16	0.15	0.66
鞍山钢铁公司	42.55	40.55	7.63	6.16	1.37	0.08	—	0.87
马鞍山钢铁公司	37.97	33.92	11.11	8.03	2.15	0.23	1.10	0.93
临汾钢铁公司	36.78	35.01	14.44	9.72	0.88	0.30	—	0.53

4.3.2.1　高炉渣的分类

由于炼铁原料品种和成分的变化以及操作等工艺因素的影响，高炉渣的组成和性质也不相同。高炉渣的分类主要有两种方法。

1)按照冶炼生铁的品种分类

①铸造生铁矿渣：冶炼铸造生铁时排出的矿渣；

②炼钢生铁矿渣：冶炼供炼钢用生铁时排出的矿渣；

③特种生铁矿渣：用含有其他金属的铁矿石熔炼生铁时排出的矿渣。

2)按照矿渣的碱度区分

高炉渣的化学成分中碱性氧化物之和与酸性氧化物之和的比值称为高炉渣的碱度或碱性率(以M_0表示)，即

$$M_0 = \frac{w(CaO) + w(MgO)}{w(SiO_2) + w(Al_2O_3)} \tag{4-125}$$

按照高炉渣的碱性率(M_0)可把矿渣分为如下三类：

①碱性矿渣，碱性率 $M_0 > 1$ 的矿渣；

②中性矿渣，碱性率 $M_0 = 1$ 的矿渣；

③酸性矿渣，碱性率 $M_0 < 1$ 的矿渣。

这是高炉渣最常用的一种分类方法。碱性率比较直观地反映了矿渣中碱性氧化物和酸性氧化物含量的关系。

4.3.2.2 高炉渣的处理

高炉渣的处理工艺大致可分为急冷、慢冷和半急冷处理。

1)急冷处理

急冷处理一般为水淬，即在红热的炉渣上进行喷水处理，使其迅速冷却和破裂，从而使炉渣岩相改变，得到所需岩相的炉渣。水淬工艺又分为拉萨法、水泡渣法和水冲法。

拉萨法是一种水冲法，它是将高温高炉渣在处理掉上面那些干壳后，将熔渣倾倒入铸铁溜槽中，溜槽内的冲渣水喷头喷水，使熔渣在急冷中粒化，落入粗粒分离池，粗粒经脱水处理，微小颗粒经沉淀处理后再送入脱水池脱水。

水泡渣法更为简单，是将熔渣以一定流量倒入铸铁溜槽，使其流入水淬池内形成水渣，然后用龙门吊捞斗从池中捞出、堆积脱水。

水冲渣法和拉萨法基本相同，只不过比较简单，先是用水冲淬渣，然后在池中用捞斗捞出堆积脱水。

拉萨法其实也是一种水冲渣法，但是其工艺先进，产品质量好，所需设施或设备6个、粗粒池1座、中间池1座、脱水池1座、沉淀池1座、冷却水塔2座、还有供水池和水泵、渣泵等。水泡法和水冲法，也需6种设施或设备，分别为水淬池、脱水池、沉淀池、冷却塔、供水池和龙门吊，泵类较少。

拉萨法水淬质量好，设备先进完善，水冲水泡法相当于因陋就简，但其高炉水渣也可达到矿渣水泥原料标准，且投资较省。

2)慢冷处理

慢冷处理有热泼法和提式法。

热泼法是把热熔渣运至热泼场上浇泼。每层厚度为100~200 mm，泼完一层后经空气冷却约30 min后再继续浇泼。达到一定厚度后用挖掘机开采成矿渣碎石。

提式法是把热熔渣运到渣场倾翻堆置，冷却后开采成矿渣碎石。

随着高炉渣水淬率的提高，慢冷矿渣一般只剩下不水淬的渣壳。因此，热泼法已极少见。

3）半急冷处理法

将热熔矿渣经机械和水共同作用而冷却形成一种坚硬多孔的矿渣，也称膨胀矿渣或膨胀矿渣珠。它是一种人造混凝土轻骨料，在国内曾进行过生产和应用。该工艺也是将熔渣倒入铸铁溜槽，水冲后渣膨胀，底为带叶片的滚筒，叶片以一定的角度把它抛出，在空中快速冷却后渣粒成球状，落入膨胀池成为膨珠。

膨珠外观呈球形或椭圆形，灰白色，有一定的光泽。岩相以玻璃体为主，还含有黄长石核晶等，质地坚硬，可用作轻骨料等，也可代替水渣成为水泥混合材。

用膨珠作骨料的混凝土上水管线，其轻微的放射性可达到杀菌消毒的作用。高炉渣的处理工艺由高炉渣利用方式决定，在我国高炉渣主要是用作水泥的掺合料，因此大多数厂家均采用水淬急冷处理。

4）干渣的处置

将高炉渣干渣，用推土机等机械法压碎，然后除铁，送往破碎机破碎，后用多层振动筛筛分，分成50 mm以上、10～50 mm、10 mm以下三级粒度块，或根据用户需要分选。干渣外观不规则，灰黑色，可代替石料作混凝土骨料和道碴等。

4.3.2.3　高炉渣的利用途径

（1）高炉渣应用于水泥工业

水泥生产技术发展给矿渣在水泥工业中的应用创造了有利条件。对矿渣的形成、组成、结构及其性能的研究，也是水泥工业发展中的一个重要方面。在水泥工业中评定高炉渣质量的方法主要有三种：化学分析法、强度试验法、岩相法。

（2）高炉渣应用于玻璃工业

许多国家很早就将高炉渣大量应用于硅酸盐工业中，并取得了良好的效果。玻璃工业中采用高炉渣必须具备以下几个基本条件：必须含有玻璃所必需的氧化物，不含或少含某些有害的杂质或化合物；量大，价格低廉；化学组成相对稳定；原料预处理较为简单。根据上述条件，可看出高炉渣是一种较为理想的原料。高炉渣经过简单的处理后，除完全具备上述条件外，它内部还含有90%的玻璃相，对于玻璃的熔制十分有利。

在玻璃的配合料中引入精制高炉渣具有许多优点：能减少传统的原料消耗；能加速玻璃的熔制过程，从而减少能源的消耗；改善玻璃的质量，明显减少玻璃的缺陷；可提高玻璃熔炉的生产效率；降低产品的成本；有利于保护环境，减少废渣污染。

精选高炉渣在各种类型玻璃生产配合料中所引用的比例大致如下：在平板玻璃的配合料中可引入6%左右；在无色玻璃和器皿玻璃中引入3%左右；在琥珀色玻璃中可引入8%～15%；在玻璃纤维的配合料中可引入15%～20%；在乳浊玻璃和黑色的玻璃生产中，可引入40%左右；在矿渣微晶玻璃生产中可引入60%以上。

综上所述，一些国家已将高炉渣作为二次原料应用于玻璃工业，成绩显著，既节省了能源，降低了产品的成本，又提高了玻璃的产量和质量。我国是钢铁产量大国，每年的炉渣排放量很大，但利用率却很低，可以借鉴国外的成功经验，对高炉渣进行高效综合利用。

(3)粒化高炉渣制砖

矿渣砖(即高炉矿渣砖)一般是以水淬粒状渣为主要原料，掺入少量激发剂(石灰和石膏)，加水湿润搅拌，经轮碾、压制成型，然后蒸养而成的一种建筑用砖，标号在100号以上。若用块状的高炉渣和钢渣生产砖时，需要破碎加工成小于15 mm的颗粒状，以提高轮碾效率。为具有足够数量的胶结料，往往要掺入部分高炉水渣或粉煤灰。

一般常采用的配料比为：对于矿渣砖，矿渣88% ~92%，生石灰8% ~12%；对于钢渣砖，钢渣50% ~60%，掺和料30% ~40%，生石灰5%，石膏5%。

生产工艺如下：

1)搅拌

原材料称量以后输送到搅拌机进行搅拌。如果生石灰团存在于砖坯中，不但影响砖的强度，而且石灰在消化膨胀过程中常常使砖爆裂。因此，混合料必须要充分搅拌。轮碾是砖生产的重要工序之一。质量好的砖坯料必须有一定的细度和良好的颗粒级配。轮碾后砖坯料的细度应控制在0.085 mm，孔筛的通过量要大于25%。

2)砖坯制作

由于钢铁渣颗粒坚硬，胶结性欠佳，所以需要较大的成型压力才能保证砖坯密实。通常采用GZ280 ~4型杠杆式压砖机或PZ120 ~16型圆盘式压砖机。

3)蒸汽养护

蒸汽养护是砖成型后，在90 ~ 100℃常压下蒸汽养护。养护制度采用50 ~60℃干热4 ~6 h，升温3 h，恒温8 ~10 h，降温2 ~3 h即可。

(4)高炉渣作肥料

高炉渣制作肥料仅含少量磷酸盐，主要成分是硅酸钙和游离石灰(土壤调节剂)，水解时，酸性土的H^+与水反应，而诸如二价离子Ca^{2+}、Mg^{2+}等主要肥料成分变成土壤腐殖土、黏土交换复合物的一部分。

由于这种效应，德国开发出几种肥料，为使渣在土内更好地反应，渣必须磨成细粉。但研究表明，有一种分解性高炉渣对土的作用与磨细粉相似。这种新开发的肥料含水量约10%，以湿产品使用。由于颗粒粗和含水分，这种物质可用施肥机撒布，没有扬尘或扬尘量很小。

(5)作微晶玻璃原料

矿渣微晶玻璃板是用硅砂、方解石、长石与矿渣等天然矿物原料加入核化剂与着色剂等化工原料，经过熔制、成型、切割与抛光后形成的一种高档装饰或工业用板材。国内外有的称之为微晶大理石、结晶化玻璃、硅晶石板或玻璃陶瓷。该产品能人工调制，可呈现宝石的色彩、玉石的灵气、大理石的柔润，而且在耐磨性、清洁维护性、安全性(放射性与光污染)、耐风压、耐热震性、不燃性等方面均优于天然石材的理化性能。由于该产品性能卓越、成本低廉、加工容易、附加值高，所以具有很高的实用价值和商业价值。

压延微晶玻璃板幅面大、质量稳定、产量大，成本仅为烧结微晶玻璃的五分之一左右，能满足市场上的大批量订货要求。随着人民生活水平的提高，这类高档装饰材料进入千家万户是必然的发展趋势。因此，成本低于中高档石材的压延或压制微晶玻璃一定能够在装饰材料领域占据大量的市场。在工业耐磨、耐腐蚀等领域中应用微晶玻璃代替传统的铸石，具有更广阔的前景。

矿渣微晶玻璃的生产工艺流程包括：原料制备与配料→熔制→成型→热处理→切割→打磨→检测→包装。

生产具有特定性能的矿渣微晶玻璃是一个非常复杂的物理化学和工艺过程，主要取决于以下因素：玻璃的化学成分，也就是要求基玻璃具有足够的微晶化能力，以保证其经过热处理之后得到的微晶玻璃结构具有高度分散性，并获得所期望的主晶相，核化剂的种类和数量，热处理制度。

结合当前我国的生产工艺技术水平，要实现矿渣微晶玻璃的工业化生产需解决以下技术问题：熔制温度不高于1500℃；晶化上限温度不高于1200℃；成型温度不高于1300℃；基玻璃易于压延、压制成型；基玻璃在熔化和热处理过程中不分层，在热处理温度以下不结晶不乳浊化；基玻璃的黏度特性应尽量接近工业化生产玻璃的黏度特性；矿渣微晶玻璃在核化温度区间的黏度对数不应低于0.9~0.95 Pa·s。基玻璃通过晶化炉时，在升温速率为2~5 ℃/min条件下应具有晶化活性，保证析出主要晶相为硅灰石、钙长石和辉石。

(6)高炉渣在环保领域的应用

1)高炉渣吸附法处理煤气水封水

焦炭尤其是媒质中温焦是一种比表面积大、吸附能力强的吸附剂，经蒸汽吹脱活化后吸附能力进一步提高，可有效吸附硫化物、氰化物、酚、氨、氮等污染物，以物理吸附为主；高炉渣主要含有焦炭、Fe、Mg、Ca等物质，通过物理吸附可以去除以上各种污染物，Fe、Mg、Ca等物质又可与硫化物结合，通过物理化学吸附和交换吸附进行深度处理硫化物。吸附法处理废水，用活性炭作吸附剂效果较好，但成本较高。用焦炭-高炉渣作吸附剂能有效去除以上污染物，此外高炉渣还可以对硫化物进行选择吸附。经处理后的煤气水封水可以达到国家排放标准和复用水质要求。与其他方法相比具有投资少、处理成本低、去除污染物效果好、工艺简单、不受酸碱度影响、能除硫化氢臭味等优点。

2）NKK 开发的粒状高炉渣回收利用新方法

美国刊物《钢铁生产者》报道日本长野工业株式会社（NKK）成功开发了粒状高炉渣回收利用新方法，使用粒状高炉渣作为原料，覆盖并绝缘海床上产生的胶态沉淀物。NKK 福山厂已生产 5.4 万 t 粒状高炉渣并将其覆盖在日本海海岸附近的海床上。使用全球定位系统，这些高炉渣覆盖了 4 万 m^2 的海床，厚度达 15 cm 以上。这种方法通过抑制海水中正磷酸盐和氮氧化物的产生，保护了海床附近的居住环境。覆盖在海床上的粒状高炉渣可绝缘海床上产生的胶状沉淀物，而且这种方法还可通过将海床环境保持在 pH 为 8.5 的弱碱性环境，从而有助于阻止硫化氢的产生。另外由于粒状高炉渣含有水中植物生长所必需的营养物质硅酸盐，从而增加了硅藻的繁殖，并且防止了赤潮现象的发生。

在日本，高炉渣的需求随建设项目的减少而减少。然而日本年产 1700 万 t 高炉渣中的 70% 以上一直作为水泥生产的原材料加以回收利用。NKK 每年产生的粒状高炉渣达 340 万 t，该公司为解决高炉渣的回收利用问题，经过了广泛的调研，开发出炼铁和炼钢过程中产生的副产品炉渣回收利用的各种方法。据 NKK 称，以前粒状高炉渣在国内的需求为 150 万 t，目前需要进行上述处理的海床总面积估计为 1000 km^2，因此该公司正计划将上述新方法在全国范围内推广使用，以改善水域的环境问题。

3）从高炉渣中提取钛白等有用物质

世界钛资源 90% 以上是用于生产钛白，它是一种很重要的化工原料，广泛用于涂料、油墨、造纸、塑料、化学纤维、橡胶、搪瓷、电焊条、电子陶瓷等行业。尤其在涂料工业上，其用量占全部无机合成颜料的 50% 以上，占全部白色颜料的 80% 以上。目前，从高炉渣中提取钛白主要有以下方法：

①稀盐酸处理高炉渣：采用 10% ~14% 的盐酸浸取高炉渣，用该浓度浸取不仅可以达到高的浸出率，而且浸出液为溶液状态，从而有利于硅胶钛白粉、结晶氯化铝、氯化镁、石膏、生铁的提取。该法的工艺过程如下：a. 将高炉渣粉碎至 75 ~100 μm，磁选法选出铁粉；b. 将除铁后的炉渣粉用 10% ~14% 的盐酸按固液比 1∶(8 ~10)、常温下浸取 0.5 ~1.0 h 进行过滤，未溶渣加到下一批料中浸取；c. 将浸取滤液在常温下静置 48 h，使滤液中的硅胶凝聚然后压滤，滤饼用 10% ~14% 盐酸洗，再用自来水洗涤，直至流出液 pH >6，再滤干。取出滤饼，在低于 100℃ 条件下烘干，得产品硅胶。d. 将从湿硅胶中压出的母液和洗液合并后加热至沸腾，水解 2 h，使其中的 $TiCl_4$ 水解生成偏钛酸沉淀，静置 24 h 后过滤，收集母液，滤饼经洗涤至流出液用赤血盐检查无铁离子反应，经干燥、煅烧得钛白粉。e. 将水解钛后的母液蒸发浓缩至原体积的 1/6 ~1/4，蒸发蒸汽经冷凝回收；浓缩液中加入与其中钙离子生成硫酸钙化学反应剂量相等的浓硫酸，硫酸钙沉淀析出，经过滤、洗涤、干燥，得到产品石膏。f. 在除钙后的母液中通入 HCl 气体至溶

液饱和，此时析出白色 $AlCl_3 \cdot nH_2O$ 结晶，静置 24 h 后过滤，滤饼用浓盐酸洗涤去杂，烘干得结晶氯化铝产品；g. 将除氯化铝后的母液加热蒸发浓缩，得到结晶氯化镁，蒸发的蒸汽冷凝回收，母液进一步提取其他元素或循环使用。高炉渣用本法处理，其酸浸分解率大于 80%，各元素在单步过程中的回收率分别为：SiO_2 70%、TiO_2 60%、CaO 70%、Al_2O_3 60%、MgO 50%。各元素在循环操作生产过程中总回收率可达 80% 以上。该方法成本低、方法简单、环境污染小、浸出率和各元素的回收率也高。

②硫酸法工艺综合处理炼铁高炉渣：主要工艺为球磨、硫酸分解和浸取、水解、洗涤过滤、煅烧等。该方法主要产品为钛白，副产品为碳酸镁和氢氧化铝，可根据市场情况进一步加工成产品，所产废渣主要成分为硫酸钙，可用于生产水泥，洗涤水和废酸大部分可在系统内循环使用，少部分通过处理达国家标准后排放。

4）高炉渣在混凝土中的应用

我国用高炉渣代替碎石配制混凝土已有 40 年的历史。这种用矿渣黄沙水泥配制的混凝土称为矿渣混凝土，强度小于 36 MPa，应用于基础、柱、梁、板以及防水耐热等工程，其物理力学性能均能满足国家混凝土工程规范的要求。首钢在开发和应用矿渣混凝土技术上取得很大进展。由矿渣混凝土—湿碾渣混凝土—全矿渣混凝土墙板、全矿渣轻质保温墙板发展到泵送全矿渣多功能的新型混凝土，使矿渣混凝土这门科学进入一个新的阶段。

首钢在国内首先在工程上使用湿碾矿渣混凝土，且在其配比中没有掺用氯化钙。根据混凝土设计标号的要求，分别用水泥或石灰与水渣进行湿碾而形成胶结材，再与破碎成一定规格的矿渣或碎石进行搅拌成为湿碾矿渣混凝土。试验结果证明，其抗压、抗拉、抗折、弹性模量、抗疲劳、抗渗、抗冻、抗碳化等性能指标均满足规范要求，并得到推广应用。首钢开发了全矿渣混凝土技术，把全矿渣混凝土制成大型墙板。这种混凝土以矿渣作为粗骨料，用 5 mm 以下矿渣屑做细骨料，加入少量的水渣和粉煤灰，制成强度为 20 MPa 的全矿渣混凝土墙板。从矿渣骨料的生产、混凝土的预制到墙体的吊装构成了机械化施工体系，开创了全矿渣混凝土的新领域。泵送新型全矿渣混凝土则解决了泵送问题，为现场浇灌混凝土机械化施工创造了条件，并改善了混凝土性能，多方面优化了矿渣混凝土，使其变废为宝，成为多功能优良的新型混凝土。另外，鞍钢在全矿渣流态混凝土和全矿渣特种混凝土的配制和应用方面也取得了很大进展。

4.3.3　钢渣的处理及综合利用

按炼钢方法的不同，钢渣可以分为转炉钢渣和电炉钢渣，其中电炉钢渣又可以分为氧化渣和还原渣，转炉钢渣分为初期渣和末期渣（包括精炼渣和出钢渣）。钢渣主要来源于铁水与废钢中所含元素氧化后形成的氧化物，金属炉料带入的杂质，加入的造渣剂如石灰石、萤石、硅石等以及氧化剂、脱硫产物和被侵蚀的炉衬材料等。按熔渣的性质分为碱性渣和酸性渣，钢渣主要是碱性渣，这是由炼钢工艺所决定的。钢渣的组成和产量随原料、炼钢方法和工艺、生产阶段、钢种、炉次的不同而变化。钢渣成分、组成的变化及波动对其综合利用不利。

转炉钢渣是现代炼钢的主要方法，包括氧气顶吹、顶底复吹等方法。国内生产1 t转炉钢将产生130～240 kg钢渣，原则上炉容越大、工艺技术越先进，吨钢产渣量越少。由于转炉炼钢周期短(为30～40 min)，所以大多一次出渣。转炉钢渣的矿物组成取决于其化学成分。钢渣碱度$R=\frac{w(CaO)}{w(SiO_2)+w(P_2O_5)}=0.78\sim1.8$时，主要矿物是CMS(镁橄榄石)、$C_3MS_2$(镁蔷薇辉石)；$R=1.8\sim2.5$，主要是$C_2S$(硅酸二钙)和RO相(二价金属氧化物固熔体)；$R>2.5$，主要是$C_3S$(硅酸三钙)、$C_2S$和RO相。

电炉炼钢以废钢为原料，主要生产特殊钢。电炉炼钢周期也较长，约为2 h，分氧化期和还原期，并分期出渣，称之为氧化渣和还原渣。氧化渣中CaO含量低，FeO含量高，还原渣则相反。电炉钢渣矿物组成与平炉钢渣相似。电炉炼钢生产1 t钢约产生150～200 kg钢渣，氧化渣和还原渣分别占55%和45%。

4.3.3.1 钢渣的处理

(1)热泼法

刚刚出炼钢炉的热熔钢渣倒入渣罐后，用车辆运到钢渣热泼车间，利用吊车将渣罐的液态渣分层泼倒在渣床或渣坑内，喷淋适当的水，使高温炉渣急冷碎裂并加速冷却，然后用装载机、电铲等设备进行挖掘装车，再运至弃渣场。需要加工利用的则运至钢渣处理车间进行破碎、筛分、磁选等工艺处理。

(2)盘泼水冷法

在钢渣车间设置高架泼渣盘，利用吊车将渣罐内液态钢渣泼在渣盘内，渣层一般为30～120 mm厚，然后喷以适量的水，促使急冷碎裂。再将碎渣翻倒在渣车上，驱车至池边喷水降温，之后将渣卸至水池内进一步降温冷却。渣粒度一般为5～100 mm，最后用抓斗抓出装车，送到钢渣处理车间，进行磁选、破碎、筛分、精加工。

(3)钢渣水淬法

热态熔渣在流出下降过程中，被压力水分割、击碎，再加上熔渣遇水急冷收缩产生应力集中而破裂，使熔渣粒化。由于液态钢渣黏度大，其水淬难度也大。为防止爆炸，有的采用渣罐打孔、在水渣沟水淬的方法，并通过渣罐孔径限制最大流渣量。

(4)风淬法

渣罐接取熔渣后，运到风淬装置处，倾翻渣罐，熔渣经过中间罐流出，被一种特殊喷嘴喷出的空气吹散，破碎成微粒，在罩式锅炉内回收高温空气和微粒渣中所散发的热量并捕集渣粒。经过风淬而成微粒的转炉渣，可作建筑材料；锅炉产生的中温蒸汽可用于干燥氧化铁皮。

(5)钢渣粉化处理法

该工艺也称热闷法，是将刚刚凝固还处于高温的钢渣倒入大型闷罐中并喷水，水在高温下产生蒸汽。由于钢渣中含有未化合的游离钙，遇水生成氢氧化钙并产生膨胀，因而促使钢渣开裂并粉化。钢渣粉化至小于 0.3 mm 的比率达 50%、80%。此种处理法可提高钢渣的稳定性，并可减少钢渣破碎加工量，同时减少设备磨损。

4.3.3.2　钢渣的利用

钢渣通常用于冶金原料，代替石灰石、白云石、铁矿石等作为冶炼熔剂，不仅有过量的氧化钙和铁等，而且有较好的冶金参数，是比较理想的原料。世界上许多国家已经积累了多年的使用经验，这是合理利用钢渣的一条重要途径。

(1)钢渣的厂内消化

1)钢渣用作烧结矿熔剂

钢渣用作烧结矿熔剂在国内外都有比较成熟的经验，是钢渣的价值最高的一项综合利用。转炉钢渣一般含 40% ~50% 的氧化钙，1 t 钢渣相当于 0.7 ~0.75 t 石灰石。烧结矿中可配入 5% ~10% 的粒度小于 10 mm 的钢渣代替石灰石等熔剂。其优点是不仅可回收利用渣中钢粒、氧化铁、氧化钙、氧化镁、氧化锰、稀有元素等有益成分，而且可作为烧结矿的“增强剂”，显著提高烧结矿的质量和产量。

2)钢渣用作高炉或化铁炉熔剂

钢渣用作高炉或化铁炉熔剂既可利用渣中的有益成分、节省熔剂(石灰石、白云石、萤石)，又可改善钢渣的流动性、提高铁的产量。此用途主要是利用了 CaO 代替石灰石，同时回收了渣中的粒铁和 MgO、MnO 等。目前高炉利用高碱度烧结矿或熔剂性烧结矿，基本上不加石灰石，所以钢渣直接返回高炉代替石灰石受到限制。

3)钢渣用作转炉炼钢熔剂

钢渣用作转炉炼钢熔剂可以使炼钢成渣早，减少初期渣对炉衬的侵蚀，有利于提高炉龄，降低耐火材料消耗。此外，可以富集和提取渣中稀有元素。

(2)钢渣在水泥工业中的应用

钢渣水泥是以钢渣为主要原料，与其他少量激发剂组成，激发剂常用的有石膏、强碱组分、水泥熟料等。为叙述方便，可把不含熟料的钢渣水泥称为无熟料钢渣水泥，把含有少量熟料的称为少熟料钢渣水泥。

我国从 20 世纪 60 年代开始进行钢渣水泥的试验研究、生产、标准制定和推广应用，80 年代发展速度明显，在工业建筑、民用建筑、道路工程、机场道面、大型水库等大体积混凝土工程中普遍应用。

钢渣中含有与硅酸盐水泥熟料相同的硅酸二钙（C_2S）和硅酸三钙（C_3S），含量在50%以上，且是在1500℃以上温度下生成，因此成为过烧熟料。由于钢渣中C_2S的含量较高，因此水泥的后期强度持续增长。如水泥的 7 天抗压强度为 35 MPa，28 天为51.3 MPa，360 天为62.4 MPa，10 年为110 MPa。钢渣中含有硅酸盐水泥中所没有的橄榄石（CRS）、蔷薇辉石（C_3RS_2），因此钢渣水泥具有良好的耐磨性、耐腐蚀性、抗冻融性及水化热低、收缩率少等一系列特性。

当然，钢渣本身物化性能波动范围大以及杂质多，也影响到钢渣水泥的质量及其发展。从炼钢及其排渣工艺上解决钢渣的质量问题，可以达到为水泥工业提供优质钢渣的目的。因此，在我国已有钢渣水泥系列品种，并有相应的国家标准和国家行业标准。该标准在进行钢渣化学成分全分析、粒径分布、水分、砂石料对比、钢渣配料比例、磨制和煅烧工艺等一系列测试的基础上，根据试验数据，对用于水泥原料的钢渣产品的技术要求、试验方法、检验规则以及运输、贮存要求等做了明确的规定。钢渣水泥分为以下几种类型：

1）无熟料钢渣水泥

自 2000 年 4 月 1 日起，我国水泥工业已全面执行水泥强度检验新标准。占我国水泥总产量 30% 的 325 水泥被淘汰，原 425 水泥成为新标准中最低等级 325 级水泥。建筑行业从成本角度出发，在制备砌筑砂浆中，不必使用新标准中的 325 级水泥，而可选用砌筑水泥。采用经破碎、磁选保持入磨粒度小于等于 6 mm 的钢渣，配合粒化高炉矿渣及烧石膏，可生产 GB 275 ~ 325（老标准）的水泥；如再掺入 1% 明矾或硫酸铝则可生产 GB 325 ~ 425 的水泥，其成本将大大低于新标准中的 325 级水泥。

2）少熟料钢渣水泥

将破碎磁选过的钢渣、粒化高炉矿渣、少部分硅酸盐水泥熟料、烧石膏相配合，粉磨至细度小于等于 7%，可生产老标准 325 ~ 425 的少熟料钢渣水泥。由于水泥中掺加了 20% 左右的硅酸盐水泥熟料，在熟料中 C_2S、C_3A 等矿物质激发下，钢渣中的硅酸盐矿物等发生解体，生成水化硅酸钙、水化铝酸钙等水硬性物质；在石膏作用下，钢渣及高炉渣中的铝酸盐矿物与其反应生成钙矾石，钙矾石的骨架作用使水泥强度得到提高。这种水泥以熟料掺加量衡量，处于矿渣硫酸盐水泥与矿渣硅酸盐水泥中间的“空白区”，类似低热微膨胀水泥。因此，该水泥不仅水化热低，而且具有微膨胀性能，同时具有良好的抗渗、抗侵蚀能力，宜用于地下及水中工程。

3）复合硅酸盐水泥

由于粒化高炉矿渣价格已与硅酸盐熟料水泥相当，为降低水泥生产成本，许多地区采用5%～10%的钢渣代替高炉矿渣，经实践证明不但切实可行，而且成本降低。目前，复合硅酸盐水泥主要有钢渣、矿渣、石灰石复合硅酸盐水泥和钢渣、矿渣、粉煤灰复合硅酸盐水泥两种。钢渣、矿渣、石灰石复合硅酸盐水泥水化过程与传统矿渣水泥有相似之处，但也有所不同。首先，在被磨物料中以钢渣的硬度最高，易磨性好的材料（如石灰石）因硬度低往往被先磨细，增加了水泥的微粉（小于30 μm）量，微粉均匀填充在水泥空隙中，降低了整个胶凝系统的总孔隙率，增加了水泥的胶结密实性；石灰石微粉颗粒表面异常光滑，水分较难附着其上而达到物理减水作用，提高了水泥的工作性能。同时，石灰石的引入不仅促进了熟料中硅酸盐矿物 C_3S 的水化速率，而且与铝酸盐矿物 C_3A、铁酸盐矿物反应生成类似于与钙矾石有相类似性质的单碳铝酸盐、三碳铝酸盐和单碳铁酸盐、三碳铁酸盐。上述几种复盐的存在改变了水泥水化产物的形状和数量，加强水化产物分子间黏结力，促使水泥内部结构致密化，从而提高了水泥强度。其次，矿渣水泥中引入适量的石灰石和钢渣后，由于钢渣被不断地磨细，钢渣微粉与矿渣、石灰石微粉均匀地形成水化反应致密体，促进后期强度大幅度增长，水化产物中稳定的沸石类矿物，提高了水泥的机械强度。再次，钢渣、矿渣、石灰石复合水泥整体强度较高，还归结于上述材料发挥早、后期强度方面独具的优势互补效应。钢渣、矿渣、粉煤灰复合硅酸盐水泥具有水化热小、干缩率低、抗裂性能好、抑制碱与骨料反应能力强等特点，适用于富水、湿热养护、潮湿环境和地下工程的混凝土施工，后期强度增长规律与传统矿渣水泥相似，呈持续增长态势且发挥良好。

4）钢渣矿渣水泥

山东建材工业学院和青岛市崂山建材厂合作，研究开发了 N－S 钢渣矿渣水泥，产品达到了老标准的325、425 矿渣硅酸盐技术标准。该水泥的硬化机理是通过硫碱激发钢渣的活性，由于钢渣碱度比粒化高炉渣高，它又是矿渣的碱性激发剂，与硅酸盐水泥熟料一起激发矿渣的活性，从而达到提高水泥强度的目的。这种水泥具有以下特点：①抗磨性好。矿渣硅酸盐磨耗率为0.96%，N－S 钢渣矿渣水泥为0.88%。②后期强度增进率大。半年龄期抗压强度比 28d 增加一个标号，抗折强度增长比例更高。③抗冻性能好。④抗渗性能好。N－S 钢渣矿渣水泥抗渗性能比 PS 水泥高出 60%以上。⑤水化热低，抗硫酸盐浸蚀能力强。⑥成本低。

（3）钢渣作路基材料

利用钢渣生产钢渣粉煤灰砖技术及钢渣粉煤灰人行道砖和路侧缘石技术。钢渣粉煤灰砖技术是将钢渣磨细后与粉煤灰混合，经过加压成型、自然养护，可以生产 10 MPa、15 MPa 的免蒸免烧砖。这种砖具有碳化增强和高抗冻性能，是一种优质墙体材料。将钢渣磨细后与粉煤灰混合，经过加压成型、蒸压养护可以生产 100 MPa 高强彩色人行道砖和路侧缘石，该产品质量超过国标中人行道砖优等品的品质要求。

随着钢铁工业和公路建设的发展，钢渣的利用率不断提高。据联合国对欧洲及美国20多个国家的钢渣利用情况调查表明，这些国家中有50%用于道路工程，其中美国最高，达90%以上，俄罗斯为83.7%，日本为70%，德国为30%。

钢渣作为路基填料时，施工中应注意以下问题：①需选用完全风化后的钢渣（至少出炉后半年以上），这是因为新出炉钢渣经过风化、崩解后，才能成为级配良好的A级填料；②应清除粒径大于150 mm的不能风化钢渣，以利于路基压实；③碾压机具应全部采用自重12 t以上的振动碾。基床底层分层填筑厚度为50 cm，碾遍数为3遍；基床表层分层填筑厚度为30 cm，碾压遍数为4遍。定点抽样检查碾压质量；④因钢渣容重较大，为避免路堤过重引起原地基过大的变形，应控制路堤坝填筑高度；⑤应防止高矿化度地下水的浸泡，否则会形成硫酸盐侵蚀和盐类结晶侵蚀，不利于建筑物的保护。

沥青路面基层对石料的基本要求包括：①满足车辆及施工机械复杂力系作用的力学性能；②气候稳定性和化学稳定性良好；③稳定的施工性能。这也是钢渣能否作为沥青路面材料的主要依据。

(4)钢渣在农业上的应用

钢渣的主要化学成分有CaO、SiO_2、Al_2O_3、FeO、Fe_2O_3、MgO、P_2O_5等，其组成各钢厂有所不同，但其中大多数组分是植物所必需的或对植物生长有促进作用。其中碱性转炉法产生的碱性渣含CaO的量为40%以上，含有效硅16%左右，含可溶性磷酸盐5%～10%。所有钢渣中的矿物组成经过一定的生产工艺就可制成硅酸盐复合肥。

1)作磷肥和土壤改良剂

磷的枸溶性是通过枸溶率即有效P_2O_5与全P_2O_5的百分比来表示的。钢渣磷肥的枸溶率与其化学成分密切相关。为保证较高的枸溶性，钢渣中要有足够的CaO和适量的SiO_2，通常要求初期渣的碱度保持在1.4以上。当钢渣的P_2O_5含量超过4%时，可以磨细作为磷肥使用，相当于等量磷的效果。我国马鞍山钢铁厂制定了钢渣磷肥的暂行标准。生产实践表明，钢渣磷肥可以用于酸性土壤和缺磷碱性土壤，也适用于水田和旱田耕作，具有良好的增产效果。碱性转炉法的碱性渣含游离石灰40%以上，并含有相当比例的可溶性磷酸盐。石灰石是土壤改良的主要中和处理剂，所以用碱性转炉法产生的碱性渣制成的硅酸钙复合肥能减少植物镉的吸收，可以作为镉污染土壤改良剂，使镉呈氢氧化镉沉淀，其使用量一般为100～200 kg/ha。

吸附性硫酸盐、磷酸盐对土壤氧化物表面的重金属汞、镉、铅等有特殊的亲和力，所以可用硫酸盐、磷酸盐沉淀的形式来降低和消除土壤中的汞、镉、铅等污染。而通过碱性渣作为主料的复混肥料的定向配置完全可以实现土壤污染净化的目的。太钢钢渣经过处理制成的钢渣肥，在陕西省石灰性土壤上施用，改善了土壤的营养状况，使玉米植株体内的锌、锰、硅的含量有所增加，促进了玉米的生长发育，使玉米增产。

2）做硅肥和硅钙镁肥

硅肥已被国际土壤学界确认为继氮、磷、钾之后的第四大元素肥料，钢渣肥含有效硅10%以上，还含有铁、锰、铝、硼、镁等多种微量元素，硅肥的重要作用有：参与细胞壁组成，增强机械强度和稳固性；影响植物光合作用和蒸腾作用；减轻铁、锰等离子的毒害作用。需硅量大的农作物主要有禾本作物如水稻、毛竹、大麦、小麦、燕麦、甘蔗、黄瓜、西瓜、西红柿等。有报道称，用钢渣作肥料可以明显地提高水稻产量，且产量随钢渣用量的增加和粒度变细而增加。

（5）钢渣用于环保领域

近年来，钢渣的环境利用价值日益受到重视，开发钢渣在废水治理和絮凝剂方面的应用，是一条经济而有效的方法，具有广阔的应用前景。

1）制取絮凝剂

利用 H_2SO_4-HCl 混酸溶解轧钢废钢渣的溶出液为原料制得一种新型无机高分子絮凝剂聚合氯硫酸铁，简称PFCS。轧钢废钢渣的溶出液中含有大量的 Fe^{2+}，Fe^{2+} 的氧化采用氧气作氧化剂，硝酸作催化剂。反应机理为在硫酸溶液中，硝酸分解产生 NO_2，可直接部分氧化产生 NO，并同时形成一种黑褐色配合物 $[Fe(NO)SO_4]$，此配合物能迅速地同氧气作用生成 $Fe(OH)SO_4$。

2）用于废水治理领域

以钢渣在含磷废水处理中的应用为例。为了降低水体的富营养化，可以以钢渣作为除磷材料。钢渣用来作水处理剂，在废水处理中可起到吸附、沉淀等作用。这种水处理剂货源丰富、成本低廉，具有广泛的应用前景。采用钢渣处理含砷废水效果较好。当废水含砷量为10～200 mg/L时，按砷/钢渣质量比为1/2000投加钢渣，砷去除率可达98%以上。粉碎后的钢渣有较大的比表面积，并含有与砷酸盐亲和力较强的钙和铁，对废水中的砷酸有吸附和化学沉淀作用。由于五价砷的溶解度更小，所以钢渣对五价砷的去除能力更强。所用钢渣为炼钢废渣，成本低、易于推广应用，但若废水中含砷量较高时，会给操作带来不便。

国外很多钢渣的处理利用技术，我国基本上都进行过研究、试验和生产，我国有些钢渣处理利用技术已处于领先地位，如钢渣水淬、钢渣用于烧结、钢渣用于水泥的研究、生产、应用等。但是，在稳定生产、稳定质量、需求供给等方面，与美、德、法、日等国尚有一定差距，美、日等国在钢渣利用率方面均在80%以上。

为了促进我国钢渣处理及利用技术的发展，充分利用钢渣中的有益成分，提高钢渣的利用价值，有关人员针对存在的问题提出了如下一些建议：①渣山开发以选铁为主，综合回收和利用。破碎生产线仍需完善，以提高其生产效益，尤其在配套设备的设计方面应完善和系列化。②钢渣作烧结熔剂，利用价值高，还需要加大推广力度。③进一步消化移植从国外引进的钢渣破碎单体设备。我国自己研制生产的磁选设备适用于钢渣选铁，应进一步使其系列化。④应根据实际生产条件，选用减少强度的碎石机。⑤我国钢渣水淬工艺已经正常生产多年，应在转炉钢渣水淬工艺方面进一步开展研究。⑥电炉氧化渣处理及利用工作进展不大，应开展电炉氧化渣的水淬工艺及其利用技术的研究。⑦为提高钢渣在农业上的使用效果，应充分利用我国的高磷矿生产钢渣磷肥，开发高磷铁水冶炼生产工艺研究。⑧进一步开发炉外脱磷技术研究，以提高脱磷的处理和利用率，最大限度地将钢渣返回冶金生产中应用。

4.3.4 钢铁冶金粉尘的处理及综合利用

4.3.4.1 含铁尘泥的物理化学性质

(1)来源与性质

含铁尘泥是钢铁冶炼轧制过程中产生的一种含铁量较高的细粒状固体物质。按照钢铁冶炼的生产工艺，含铁尘泥主要产生于烧结、炼铁、炼钢和轧钢等工艺，包括以下几种：烧结原料在运转、烧结过程中，除尘器收集下来的粉尘，统称为烧结尘泥；在高炉煤气净化过程中，重力除尘器收集下来的粉尘称为瓦斯灰；文氏管洗涤下来的粉尘称为瓦斯泥；高炉出铁场收集的粉尘，称高炉出铁场粉尘；炼钢平炉烟气净化收集的粉尘称平炉尘；转炉湿式除尘收集的粉尘称转炉污泥；在钢坯轧制过程中产生的铁鳞称轧钢铁皮；在轧钢废水循环利用中沉淀池回收的污泥称为轧钢二次污泥。

含铁尘泥的主要成分是铁和铁的氧化物，其次是SiO_2、Al_2O_3、CaO、MgO、C。含铁尘泥中磁性的铁含量较高，其次是非磁性的铁，硫化铁和硅酸铁的铁含量很少。含铁尘泥中的主要矿物是磁铁矿，其次是赤铁矿，脉石矿物有长石、石英、白云石、炭黑等。

(2)含铁尘泥的特征

组成含铁尘泥的矿物粒度细，铁矿物与脉石矿物间相互嵌布、黏连，其单体解离度较高。其中，瓦斯灰的矿物粒度一般为40～120 μm，炭黑粒度在5 μm以下，脉石矿物表面常有细小颗粒的铁矿物嵌布及炭粉黏连，铁矿物的单体解离度约为88%。瓦斯泥的矿物粒度一般为15～90 μm，大的超过120 μm，小的低于3 μm，铁矿物的单体解离度约为92%，与其他矿物的连生体为主，脉石矿物表面常有细粒的铁矿物嵌布并粘有炭黑粉末。转炉泥的粒度一般为2～20 μm，铁矿物的单体解离度大于95%。

4.3.4.2　含铁尘泥的利用途径

(1)返回钢铁生产工艺

含铁尘泥的产生量大、含铁量高，最合理的利用途径就是返回钢铁生产工艺。根据返回生产工艺位置不同，可将含铁尘泥的利用分为烧结法、炼铁法和炼钢法。

1)烧结法

把各种含铁尘泥(含油、含高锌的除外)作为原料的一部分配入烧结混合料中，是我国当前利用含铁尘泥最主要的方法。其利用量占尘泥利用总量的85%以上。其优点是投入少、见效快；瓦斯灰、瓦斯泥等品质较低的尘泥也能作为烧结原料。含铁尘泥作为烧结配料的一部分，使其团矿化，可入高炉再利用。烧结法又分为直接烧结法和小球烧结法。

直接烧结法是将干、湿尘泥直接与烧结原料混合进行烧结，可作为高炉原料。许多国家均采用此法处理、利用颗粒较粗的高炉瓦斯灰、瓦斯泥、烧结尘泥以及轧钢铁鳞等。对于含水较高的尘泥，与石灰窑炉气净化下来的干石灰粉尘混合，可使水分下降3%～4%，再与烧结矿配料一起利用，每吨烧结矿中尘泥的利用量可达140～180 kg，平均每利用1 t含铁尘泥可节约铁矿石和精矿石740 kg，石灰石150 kg，锰矿石33 kg，烧结燃料37 kg。烧结工艺配加含铁尘泥，要求尘泥的化学成分稳定，混合均匀松散，水分10%，粒度小于10 mm。各种尘泥若单独计量配入混合料，对烧结厂的生产组织工作有一定困难；若将各种含铁尘泥混合使用，则因为各种尘泥的化学成分、粒度、含水量、产生量差别较大，且贮存困难，混合后的尘泥成品很难达到烧结原料的质量标准。因此，这种方法只能属于粗放利用。

直接烧结法是利用比较粗的尘泥与矿石团矿而成，但尘泥的细度过细会使烧结性能变差。为此，宝钢采用了日本引进的小球烧结法，其工艺是将各种含铁尘泥运到同一料场，湿污泥自然干燥后，将干湿污泥加皂土混炼、造球、成品做烧结配料；小球粒度2～8 mm，水分10%，强度0.2 MPa。

2)炼铁法

①金属化球团法

使用将含铁尘泥造块生产金属化球团，再返回高炉是国外处理含铁尘泥较普遍的一种方法。这种方法的优点是尘泥能全面利用，同时可去除尘泥中的有色金属铅、锌等。氧化锌去除率在90%以上。炼铁工艺要求入高炉的原料必须是块状，有一定的机械强度且金属化率高。金属化球团法的典型工艺是含铁尘泥经浓缩、过滤、干燥后，再粉碎、磨细，加入添加剂造球、干燥，由回转窑焙烧制成金属化球团块。其技术指标是金属化率65%～95%，全铁品位68%～90%，脱锌率60%～90%，粒度14～70 mm，强度100～210 kg/球，还原温度1050～1150℃。

采用金属化球团法，既能脱锌，又能保证一定的机械强度，且用于高炉生产，可降低高炉焦化，提高铁的回收量。但是，含铁尘泥生产金属化球团所需的设备复杂、投入大，目前国内应用较少。

②冷黏球团法

冷黏球团不用加热工序，将含铁尘泥与黏结剂混合，在造球机上制成10～20 mm的小球，经养生而固结，一般养生固结时间为室内2～3 d，室外7～8 d。成品球抗压强度达1000 N/球以上，可达到高炉的强度要求。

③氧化球团法

日本的户佃厂采用此工艺将含铁尘泥同其他粉矿和难以烧结的铁砂混合制成球团，经回转窑焙烧后，冷却制成产品送往高炉。

3)炼钢法

将含铁尘泥造块返回炼钢工艺，用作炼钢的冷却剂是含铁尘泥利用的又一途径。国内外许多企业已使用这种方法。由于尘泥中含有一定量的CaO、FeO，用于炼钢工艺可起到一定的造渣剂、助熔剂的作用。炼钢工艺的特点对尘泥块的强度要求相对较低，用于炼钢的尘泥一般是含铁较高的转炉尘泥、电炉粉尘、轧钢铁皮等。用于炼钢的尘泥块多选用冷固结、加黏结剂及热压等工艺方法来制成。

①冷固结工艺

冷固结工艺有两种，一种是瑞典发明的加水泥法，一种是美国研究的用SiO_2和CaO作为黏结剂的方法。加水泥法是将尘泥干燥磨细后，加入8%～10%的水泥造球，自然养护7～8 d，成品球的抗压强度达100～150 kg/球。加SiO_2和CaO的方法是在混合料中加入1%～2%的SiO_2、4%～6%的CaO造成生球，然后在高压釜中通高压蒸汽养护，球团矿的平均强度为306 kg/球。

②冷压团工艺

采用黏结剂压团，对粉尘颗粒要求不高，团块一般在常温或低温下固结，所用黏结剂除了水泥外，还有沥青、腐植酸钠(钾、铵)、磺化木质素、水玻璃、玉米淀粉以及它们的混合物等。其工艺是将转炉尘泥和黏结剂强制混合，然后将物料放置在消化场进一步消化，完全消化好的污泥送入压球机压球。球团送到固结罐中固结，经过低温固结制成成品，经筛分后送到转炉做造渣剂。既回收了其中的铁，又降低了石灰、萤石的消耗量。其技术指标为抗压强度70 kg/球，熔点1250～1350℃，游离水小于1%。

③热压团工艺

将粉尘经过若干台热交换器，在炉中利用部分原料中碳的氧化来加热，然后压球，冷却后筛分制得成品球团。美国共和钢铁公司利用此工艺建成了年处理尘泥23万t、生产成品球团20万t的生产厂。加拿大一家钢铁公司进行可热压球团造团试验，工艺特点是将干燥后的尘泥在流态床中喷油点火，着火后靠粉尘中所含可燃物的燃料供给所需热量，热料从流态床直接进入辊式压机，用这种方法生产的团块抗压强度为272 kg/球，Fe 51% ~56%，C 2.8%。

④做造渣剂

电炉粉尘可做炼钢的增碳造渣剂，轧钢铁鳞可做转炉炼钢化渣剂。电炉粉尘替代生铁做电炉炼钢的增碳造渣剂，增碳准确率达94%以上，并有一定的脱磷效果。同时在节电、缩短冶炼时间、延长炉龄等方面也具有明显的效果。其工艺为粉尘+碳素—配料—混合—轮碾—成型—烘干—成品。增碳造渣剂的物理性能：抗压强度20 ~25 MPa，熔点1350℃，水分少于3%。此工艺在首钢得到了较好的应用。

(2)含铁尘泥的其他利用

含铁尘泥用于烧结是其主要的应用途径，但这只是作为初级原料使用。所以要根据实际需要，开发出一些高附加值的产品，使含铁尘泥的利用水平进一步提高。如用转炉尘泥生产氧化铁和磁性材料等；电炉尘泥富集后提锌；轧钢铁鳞制备高纯度铁；利用平炉尘泥生产三氯化铁；利用高炉瓦斯泥制农用锌肥等。

4.3.5　有色冶金高温熔炼炉渣的处理及综合利用

有色冶金固体废物的处理是通过物理化学和生物手段将废物中对人体或环境有害的物质分解为无害成分或转化为毒性较小的物质进行运输、资源化利用和最终处置的过程，如废物解毒、有害成分的分离和浓缩、废物的稳定化等。固体废物的处置是通过焚烧、填埋或其他改变废物的物理、化学、生物特性等方法减少已产生的固体废物数量、缩小固体废物体积、减少或者消除其危险成分，并将其置于与环境相对隔绝的场所，避免其中的有害物质危害人体健康或污染环境。

有色冶金固体废物处理与处置技术主要包括化学处理法、物理处理法、生物处理法、稳定化/固化方法、焚烧法、填埋法及综合处理法。

(1)化学处理法

化学处理法主要用于处理无机废物，如酸、碱、重金属、氰化物等，冶金过程固体废物处理方法有焚烧、溶剂浸出、化学中和、氧化还原等。

(2)物理处理法

物理处理法通常有重选、磁选、浮选、拣选、分选等各种相分离及固化技术。固化工艺用以处理残渣物，如飞灰及不适于焚烧处理或无机处理的废物，特别适用于处理金属废渣、工业粉尘等。

(3)生物处理法

生物处理法适用于有机废物的堆肥和厌氧发酵，冶金工业提炼铜等金属的细菌冶金，有机废液的活性污泥法。

(4)稳定化/固化技术

固体废物的稳定化/固化占有举足轻重的地位，经其他无害化、减量化处理的废物都要全部或部分地经过稳定化/固化处理才能进行最终处置或利用。目前已经应用和正在开发的稳定化/固化技术有水泥固化、石灰固化、熔融固化、热塑性固化、自胶结固化、化学药剂稳定化等。其中，水泥固化工艺简单、成本低，为最常用的危险废物固化方法。工业发达国家从20世纪50年代初期开始研究水泥固化处理放射性废物，后来研究出沥青固化、玻璃固化等。目前固化主要是采用无机胶结剂处理重金属废物，属于以水泥和石灰为基材的工艺方法。日本固体废物处理处置领域强调减量化，除传统的水泥固化仍在应用外，其他技术均考虑了减量化的因素，在焚烧基础上开始研究熔融固化技术，并针对传统固化工艺增容比大的特点研究开发了化学药剂稳定化技术。国内的稳定化/固化技术研究起步于放射性废物处理，在水泥和沥青固化方面积累了许多经验，广泛应用于危险废物处理。但传统的固化技术由于固化基材添加量大，使废物增容比较大，给后续处理带来诸多技术和经费等方面的问题。因此，今后的研究重点为开发新型化学药剂稳定化技术和设备，筛选和研制高效稳定化药剂，在对废物进行无害化处理的同时实现最小量化。

(5)焚烧法

一般有毒、高能量的有机废物采用焚烧处理。固体废渣经过焚烧处理可蒸发表面水分，燃烧后进行热分解并聚集成高热量和释放挥发组分，最终烧尽形成灰渣。焚烧法具有显著的减容、稳定和无害化效果，但也有明显的缺点，不仅一次性投资大，还存在操作运行费用高、热值低、产生会造成二次污染的多种有害物质与有害气体等问题。

(6)填埋处理技术

将固体废渣填入大坑或洼地中利于地貌的恢复和维持生态平衡，根据不同有害废物的特点宜采用不同的填埋方法。一般工业固体废物填埋场的修复可参照城市生活垃圾卫生填埋场的建设标准。填埋物对含湿量、固体含量、渗透性、长期稳定性等有一定要求，毒性较大的废物要经过妥善的预处理后才可送填埋场，具有特殊毒性及放射性的废物严禁填埋，两种或两种以上废物混合时应不会发生反应、燃烧、爆炸或放出有害气体。填埋废渣经过微生物作用之后会产生废气，主要有CH_4、CO_2、H_2S等，这些废气必须进行安全排放或收集、净化处理和利用。排气设施可采用耐腐蚀性强的多孔玻璃钢管，根据地形垂直埋设于废渣层内，管周填碎石，碎石用铁丝网或塑料网围住，围网外径为1~1.5 mm，垂直向上的排气管设施随废渣层的填高而接长，导排气管收集废气的有效半径约为45 m。填埋场的封场应填满之后覆盖一层200~300 mm厚的黏土，再覆盖400~500 mm厚的自然土并均匀压实，最终覆土之上加营养土250 mm，总覆土厚度在1 m以上，封场顶面坡度不大于33%，填埋场两侧的山坡需修建截洪沟排除山坡雨水汇流，使场外径流不得进入填埋场内，截洪沟的设防能力按25年一遇的洪水量考虑。填埋法建设和运行费用比较低、操作简单，但由于技术上的不完善所造成的环境问题仍很多，如废渣中的有机组分在填埋场厌氧环境中产生甲烷造成大气污染并易引起甲烷爆炸事故，废渣受雨水淋滤或地下水的侵蚀造成大量污染物进入地下水或地表水，渗滤液的成分复杂，有害物质浓度高。

(7)综合利用方法

综合利用方法是实现固体废物资源化、减量化的重要手段之一。在废物进入环境之前对其进行回收利用，可减轻后续处理处置的负荷。如工业废物采用人工和气流、磁力等分选法进行回收利用；粉煤灰、煤渣等制作成水泥、烧结砖、蒸养砖、混凝土、墙体材料等建材。

4.3.5.1 铅渣及铅银渣处理与综合利用

炼铅炉渣中含有0.5% ~5%的铅和4% ~20%的锌，既对环境构成污染，也是金属资源的浪费，其中的锌、铟可以氧化物烟尘的形式回收后送湿法炼锌厂，铅进入浸出渣返回炼铅，高温熔渣含有大量的显热，可以蒸气的形式部分回收。炼铅炉渣可用回转窑、电炉和烟化炉等火法冶金设备进行处理。

(1)回转窑烟化

回转窑烟化法即Waeltz法，主要用于处理低锌氧化矿、采矿废石及湿法炼锌厂的浸出渣和铅鼓风炉的高锌炉渣。将物料与焦粉混合，在回转窑中加热，使铅、锌、铟、锗等有价金属还原挥发，呈氧化物形态回收。

回转窑处理铅水淬渣以渣含锌大于8%为宜，低于8%时则锌的回收率小于80%，且产出的氧化锌质量差。水淬渣与焦粉比例一般为100:(35 ~45)，窑内焦粉燃烧所需空气靠排风机造成的炉内负压吸入以及窑头导入压缩空气和高压风供给，喷吹炉料强化反应以延长反应带使锌铅充分挥发。炉料中焦粉燃烧发热不够时，需补充煤气或重油供热。窑内气氛为氧化性气氛，常控制烟气中含CO 20%左右、O_2大于5%。回转窑内可分为预热段、反应段和冷却段，表4-7为回转窑各段温度实例。

表4-7 回转窑内各段温度及其长度

温度段	预热段	反应段	冷却段
长度/m	8 ~9	21 ~23	1 ~2
温度/℃	650 ~800	1100 ~1250	950

注：冷却段为窑渣温度，其余为烟气温度。

回转窑产物有氧化锌、窑渣和烟气。氧化锌分烟道氧化锌(38.2% Zn、13.5% Pb)和滤袋氧化锌(70% Zn、8% Pb)，其产出率取决于铅水淬渣含锌量，一般为渣量的10% ~16%。烟道氧化锌与滤袋氧化锌的比率约为1:3。窑渣产出率为炉料量的65% ~70%，其典型成分为1.45% Zn、0.3% ~0.5% Pb、22.8% Fe、26.6% SiO_2、12.6% CaO、3.3% MgO、7.8% Al_2O_3、15% ~20% C。回转窑的最大缺点是窑壁黏结、窑龄短、耐火材料消耗大、处理冷料燃料消耗大、成本高。随着烟化炉在炉渣烟化中的广泛应用，现很少使用回转窑处理炼铅炉渣。

(2)电热烟化

电热烟化法是在电炉内往熔渣中加入焦炭使ZnO还原成金属挥发，随后锌蒸气冷凝成金属锌，部分铜进入铜锍中回收。此法1942年最先在美国Herculaneum炼铅厂采用。日本神冈铅冶炼厂曾用电热蒸馏法回收鼓风炉渣(3% Pb、16.2% Zn)，其生产流程见图4-10。

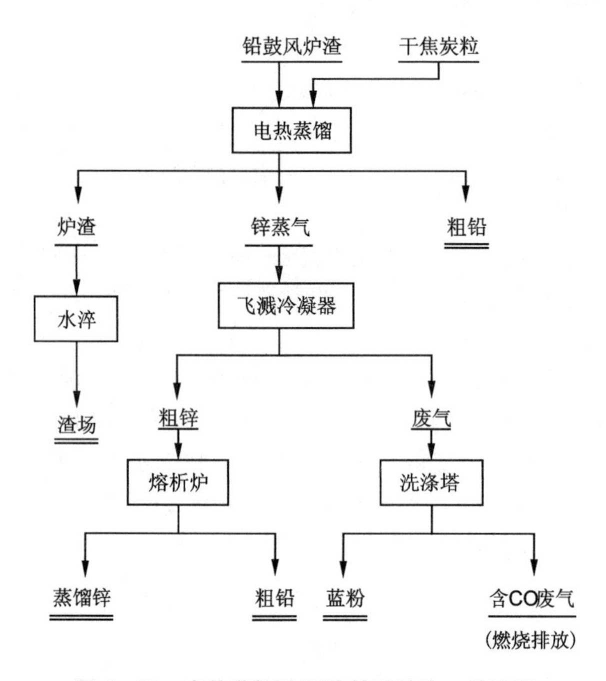

图4-10 电热蒸馏法回收鼓风炉渣工艺流程

铅鼓风炉渣以液态加入1650 kV·A电炉内加焦炭还原蒸馏，蒸馏气体含锌50%，进入飞溅冷凝器中冷凝产出液态金属锌。电热蒸馏炉是矩形电炉，通常有6根电极，炉底、炉壁为炭砖，炉壁下部设水套，飞溅冷凝器内设石墨转子。冷凝得到的粗锌(91.6% Zn、6.2% Pb)送熔析炉降温分离铅后得到蒸馏锌(98.7% Zn、1.1% Pb)。熔析分离产出的粗铅与还原炉产出的粗铅送去电解精炼，电炉蒸馏后产出的炉渣含锌降至5%，铅降至0.3%。

(3)烟化炉烟化

将含有粉煤的空气以一定的压力通过特殊的风口鼓入烟化炉液体炉渣中，使化合态或游离态 ZnO 和 PbO 还原成铅锌蒸气，遇风口吸入的空气再度氧化成 ZnO 和 PbO，在收尘设备中以烟尘形态被收集。这种方法具有金属回收率高、生产能力大、可用廉价的煤作为发热剂和还原剂，且耗量低、过程易于控制、余热利用率高等优点，目前广泛应用于炼铅炉渣的处理。

回转窑烟化、电热烟化及烟化炉烟化等处理方法存在许多问题，如银和铅进入窑渣难以回收，稀散金属分散不利于回收；铁导致渣量大且资源无法回收；回转窑挥发存在能耗高、烟尘无组织排放严重、银全部损失、弃渣未无害化等严重不足，这就迫切需要采用铅锌渣有价金属和铁资源清洁高效回收技术。

(4)澳斯麦特顶吹熔池熔炼处理铅锌冶炼渣新技术

借鉴澳斯麦特技术研发出了浸没熔池熔炼处理铅锌渣新技术。澳斯麦特顶吹熔池熔炼处理铅锌冶炼渣新技术烟化回收稀贵金属，回收率高；熔池炼铁回收铁资源，已开发了澳斯麦特；终渣稳定化可防止污染环境。而且新技术具有原料适应性强、备料简单，燃料和还原剂多样，可严格控制反应气氛，环保控制技术世界领先，占地面积小，冶炼效率高等优点。该技术在韩国温山长期稳定运行。

(5)高铁含铅工业固体废物清洁处理与资源利用技术

我国有色金属资源基地内有色金属冶炼每年产生大量高铁、含铅工业固体废物。针对现行高铁、含铅工业固体废物处理存在金属回收率低、SO_2及铅尘污染严重、资源很难得到回收利用等缺点，中南大学对有色冶炼高铁、含铅固体废物清洁处理与资源回收关键技术进行了研发与攻关。开发了典型高铁、含铅工业固体废物同时强化还原造锍熔炼技术、固体废物资源全量利用技术和熔炼过程炉渣、铁锍成分控制技术；研发了低碳、高效强化熔池熔炼炉关键装置，形成具备行业推广前景的有色冶炼高铁、含铅工业固体废物清洁处理与资源利用技术体系，并建立了4 万 t/a的高铁、含铅固体废物综合利用与资源利用示范工程。

(6)铅银渣资源化技术

铅银渣综合回收方式分为直接法和间接法。直接法是以铅银渣作为主要原料，选择适宜的工艺对铅银渣中的有价金属进行回收。间接法是将铅银渣以配料的方式加入铅精矿，在铅冶炼工艺过程中进行回收。

①直接法

浮选法：铅银渣综合回收方式不同，渣中有价金属回收的侧重点也不同。日本三菱金属公司的秋田电锌厂采用浮选方式，处理的铅银渣含银 239 g/t，浮选产出的银精矿含银 4150 g/t，尾矿 53 g/t，银的浮选回收率为 78.8%。内蒙古赤峰元宝山厂采用浮选的方式，铅银渣含银 189 g/t，通过浮选产出银精矿，银的浮选回收率约为 60%。白银西北铅锌冶炼厂对铅银渣的综合回收进行了研究，对铅银渣中银和铅进行浮选，银的浮选回收率约为 58%，银精矿品位 3324 g/t，铅的回收率较低。通过浮选对铅银渣进行综合回收，侧重点是银的回收。

回转窑挥发：内蒙古赤峰松山区安凯有限公司对赤峰中色库博红烨锌冶炼有限公司湿法炼锌工艺产生的铅银渣采取回转窑挥发处理方法，即采用“铅银渣+石灰+焦粉—回转窑挥发—布袋收尘—尾气脱硫”工艺回收铅银渣中的有价金属。在配料过程中加入部分石灰，以减少二氧化硫进入烟气。通过回转窑的还原挥发，锌、铅、银、铟等以烟尘的形式在布袋收尘器中回收；窑渣送水泥厂作为生产水泥的原料；烟气中的 SO_2 通过双碱法脱硫进入石膏。锌、铅、铟的回收率为80%～90%，银的回收率为35%左右。此外，华锡集团来宾冶炼厂、温州冶炼厂也是采用回转窑挥发工艺回收铅银渣中的有价金属。回转窑挥发工艺侧重点是锌、铅、铟的回收，缺点是回转窑要用昂贵的焦炭，并且耐火材料消耗大。

②间接法

QSL 炼铅工艺：利用 QSL 炼铅工艺处理铅银渣，国外有很多成功经验。韩国高丽锌公司 Onsan 冶炼厂在铅精矿中配入约47%的二次物料及粉煤，通过配料、混合、制粒后得到的混合粒料入炉。二次物料包括铅银渣、锌浸出渣、精炼浮渣、厂外来渣、废蓄电池糊等。在还原区，锌只有30%～40%挥发，终渣含铅小于5%、锌小于15%，送澳斯麦特炉烟化处理，炉渣中的铅、锌分别降到1%和3%～5%。通过 QSL 炼铅工艺，铅和银以粗铅的形式回收，银进入粗铅；产生的炉渣进一步处理，锌、铅等易挥发元素在布袋收尘器中回收；烟气 SO_2 浓度12%～14%，用于制酸。德国 Stolberg 冶炼厂 QSL 炼铅工艺二次物料在铅精矿中的配比达51%，其中铅银渣27%、废蓄电池糊21%、其他含铅料3%，QSL 炉渣含铅3%～5%，水淬后堆存。

基夫赛特炼铅法：基夫赛特炼铅法由苏联开发，各种不同品位的铅精矿、铅银渣、浸出渣、含铅烟尘等都可以作为原料入炉冶炼，能以较低的成本回收原料中的有价金属，并可以满足日益严格的环境保护要求。加拿大 Cominc 公司 Trail 铅厂采用基夫赛特法，在铅精矿中配入浸出渣，浸出渣量占45%～50%。浸出渣与铅精矿配料、干燥和细磨后，喷入基夫赛特炉的反应塔中，铅和银以粗铅的形式回收，银进入粗铅。渣含锌16%～18%，经烟化炉处理后含锌1%～2.5%，烟气经布袋收尘，以氧化锌、氧化铅的形式回收锌及铅，冶炼烟气 SO_2 浓度为14%～18%，用于制酸。

氧气底吹：云南祥云飞龙有限公司采用氧气底吹方法直接熔炼铅精矿、铅银渣，铅银渣配比30%，主要设备是只有氧化段而无还原段的反应器、密闭鼓风炉、烟化炉。铅精矿、铅银渣、熔剂及烟尘经过配料混合、制粒后得到的混合粒料入炉熔炼，产生一次铅、高铅渣和烟气，烟气经余热锅炉、电收尘后送去制酸。高铅渣经密闭鼓风炉还原熔炼，产生二次铅、鼓风炉渣和烟气，烟气经布袋收尘后排放。鼓风炉渣经烟化炉处理后，Zn、Pb、In、Ag 等有价金属进入烟气，经布袋收尘器回收。

(7)铅锌渣综合回收工艺

目前，国内外在铅冶炼过程中搭配铅银渣回收有价金属的工艺主要有：QSL炼铅工艺、基夫赛特炼铅法、水口山法。以上工艺都具有银回收率高，铅银渣加工成本低，可回收冶炼烟气余热提高产值，利用丰富、价廉的粉煤，产生的固化渣无污染、可销售，渣中的硫能回收，减少烟气治理成本的优点。受熔炼炉能力及工艺的限制，氧气底吹熔炼只能搭配处理部分铅银渣，剩余部分需要其他途径处理。目前铅银渣直接处理有回转窑挥发工艺、浮选工艺、烟化炉挥发工艺及澳斯麦特工艺，但都存在一些不足，如回转窑挥发工艺利用昂贵的焦炭，耐火材料消耗大，银回收率低，成本高；浮选工艺只能回收银，且回收率只有60%；澳斯麦特工艺专利不转让。

赤峰中色库博红烨锌业公司提出了一种铅银渣的综合处理工艺。铅银渣经制粒后，经过化渣炉化成熔渣后，加入到铅冶炼系统液态渣直接粉煤还原炉，通过液态渣直接粉煤还原工艺及烟化炉还原挥发回收有价金属。由于铅银渣量较大，而富氧底吹熔炼系统是利用原焙烧制酸系统余热锅炉、电收尘及制酸系统，受能力的制约，只能处理部分铅银渣，因此剩余铅银渣利用烟化炉系统处理。确定的工艺流程如图4－11所示。

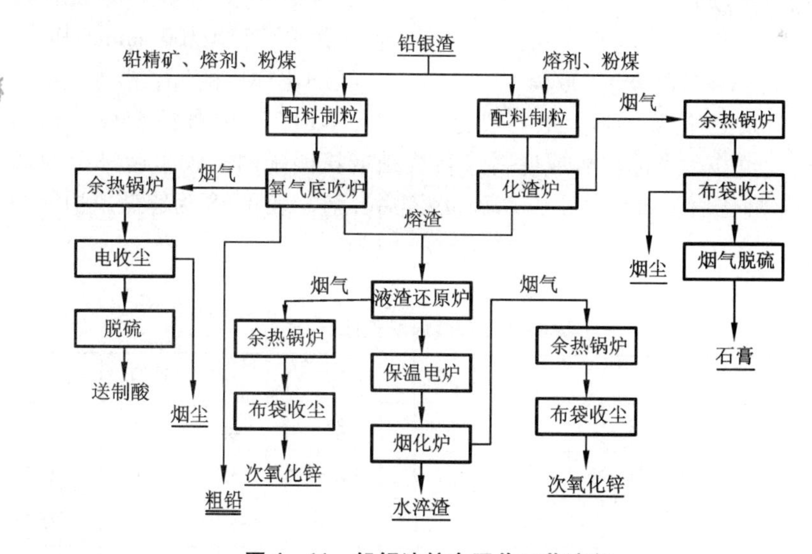

图4－11　铅银渣综合回收工艺流程

4.3.5.2　锌鼓风炉渣处理与综合利用

锌鼓风炉渣：原料中的脉石成分和铁的化合物在熔炼过程中互相化合形成的一种熔炼产物，主要组成为$FeO-CaO-SiO_2$三元系。

对锌鼓风炉渣的要求：①炉渣成分必须符合熔炼时熔剂消耗最少的原则。因为熔剂的种类和消耗量决定了所采用炉渣类型的经济性，熔剂消耗少，则炉渣产量低，进入炉渣中锌的损失少；②炉料中锌约有60%在炉渣中还原挥发，这就要求炉渣中CaO含量比正常铅鼓风炉渣高许多，因此炉渣熔点高，在风口区可获得更高的温度，CaO高还可提高渣中的ZnO活度，有利于炉渣中的锌更好地还原挥发；③炉渣渣型应保持稳定，选择流动性能好的炉渣。

将渣组分按CaO、FeO、Al_2O_3和SiO_2的不同含量转入到$FeO-CaO-SiO_2-Al_2O_3$渣体系中，可得出三种观察到的渣型：黄长石、方铁矿、及硅酸二钙渣。炉渣的性质与上述组分和渣型有密切关系，并对熔炼过程有极大影响。如上所述，选择锌鼓风炉渣型时应从技术及经济两方面来考虑。在实际生产中，则是根据进厂原料性质和成分特点以及锌鼓风炉的操作要求，选择技术上和经济上最合理的渣成分。

近年来鼓风炉渣成分有了很大变化，CaO/SiO_2比值普遍下降，该比例有的已降至0.6～0.7，而FeO含量则提高了许多，甚至50%以上，这就减少了渣量，熔炼时渣中锌损失降到3.5%。

鼓风炉炼锌一般是周期性放渣，渣和铅放入前床中，使其分层，然后从前床上部放出渣。炉渣可以水淬，也可以选用烟化炉或贫化炉处理，回收其中的锌、铅、锗等有价金属。

烟化炉的作业是间断性的，一个正常吹炼周期约160 min，其中加料20～40 min，吹炼100 min，放渣15～20 min。经烟化挥发的锌、铅等金属，在布袋收尘器中收集下来。烟尘主要成分为ZnO、PbO，其中含锌55%～65%，铅6%～10%，可作为产品出售或返料进行烧结或压团配料。收尘后排出的烟气进入空气中。烟化后炉渣含锌小于2%，水淬后弃渣。表4-8为锌鼓风炉渣的主要成分。

表4-8 锌鼓风炉渣成分/%

厂家	Pb	Zn	CaO	SiO_2	FeO	S	Al_2O_3	CaO/SiO_2
Chanderiya	1.2	8.10	14.16	20	35	—	—	0.71
Avonmouth	2.25	10.91	13.46	17.91	34.34	2.35	7.04	0.76
播磨厂	1.5	8.0	14.2	19.10	38.6	—	—	0.74
Vesme	1.0	7.0	18.0	20.0	40.0	—	—	0.96
Duisburg	0.97	7.4	12.5	13.8	40.5	—	—	0.90
Cockle Creek	0.83	7.87	17.52	18.95	39.27	2.25	7.47	0.92
八户厂	1.0	7.0	17.5	12.3	36.0	—	—	1.42

4.3.5.3　高温炼铜熔炼炉渣处理与综合利用

铜渣中含有大量可利用的资源(表 4－9)。现代炼铜工艺侧重于提高生产效率，渣中残余铜含量增加，回收这部分铜资源是现阶段处理铜冶炼渣的主要目的。当然，渣中大部分贵金属与铜共生，回收铜的同时也能回收大部分的贵金属。渣中主要矿物为含铁矿物(表 4－10)，铁品位一般超过 40%，远大于铁矿石 29.1% 的平均工业品位。铁主要分布在橄榄石相和磁性氧化铁矿物中，可以用磁选的方法得到铁精矿。显然，针对铜渣的特点，开展有价组分分离的基础理论研究，开发出能实现有价组分再资源化的分离技术，为含铜炉渣再资源产业化提供技术依据，对国民经济和科技发展具有重要的现实意义。

表 4－9　铜渣的化学成分/%

铜冶炼方法	SiO_2	FeO	Fe_3O_4	CaO	MgO	Al_2O_3	S	Cu
密闭鼓风炉	31 ~ 39	33 ~ 42	3 ~ 10	6 ~ 19	0.8 ~ 7	4 ~ 12	0.2 ~ 0.45	0.35 ~ 2.4
转炉	16 ~ 28	48 ~ 65	12 ~ 29	1 ~ 2	0 ~ 2	5 ~ 10	1.5 ~ 7	1.1 ~ 2.9
诺兰达法	22 ~ 25	42 ~ 52	19 ~ 29	0.5 ~ 1	1 ~ 1.5	0.5	5.2 ~ 7.9	3.4
瓦纽科夫法	22 ~ 25	48 ~ 52	8	1.1 ~ 2.4	—	2 ~ 6	0.55 ~ 0.65	2.53
三菱法	30 ~ 35	51 ~ 58	—	5 ~ 8	—	2 ~ 6	0.55 ~ 0.65	2.14
艾萨法	31 ~ 34	40 ~ 45	7.5	2.3	2	0.2	2.8	1
因科闪速熔炼	33	48 ~ 52	10.8	1.73	1.61	4.72	1.1	0.9
闪速熔炼	28 ~ 38	38 ~ 54	12 ~ 15	5 ~ 15	1 ~ 3	2 ~ 12	0.46 ~ 0.79	0.17 ~ 0.33
特尼恩特转炉	26.5	48 ~ 55	20	9.3	7	0.8	0.8	4.6

表 4－10　各种铜炉渣的矿物组成/%

渣样	铜锍	磁铁矿	金属铜	闪锌矿	赤铁矿	金属铁	铁橄榄石	无定形硅酸盐	长石
1#	5.2	26.8	0.9	0.8	2.5	0.5	47.3	11.7	2.5
2#	1.6	5.5	0.16	0.5	0.5	0.5	78.8	6.9	4.5

国内外铜冶炼技术飞速发展，闪速熔炼、熔池熔炼等多种冶炼技术并存。我国火法炼铜强化熔炼技术的发展，起步于20世纪70年代初期，以白银炼铜法的研发和应用为标志，其后，引进与自主创新相结合，极大地加快了技术进步。目前，我国已全面淘汰鼓风炉、反射炉和电炉等传统炼铜工艺，铜冶炼工业在工艺技术、装备、能耗、污染物排放和资源综合利用等方面，全面进入世界先进水平。目前应用的主要熔炼技术为奥图泰闪速熔炼，占50%；浸没式顶吹，占25%；其余为富氧底吹和侧吹。冶炼厂转炉、闪速熔炼等含铜较高的炉渣（尤其是含砷等有害元素较高的炉渣）返回处理困难，这些物料往往需要开路处理。炼铜炉渣主要成分是铁硅酸盐和磁性氧化铁，铁橄榄石（$2FeO \cdot SiO_2$）、磁铁矿（Fe_3O_4）及一些脉石组成的无定形玻璃体。

机械夹带和物理化学溶解是金属在渣中的两种损失形态。一般而言，铜在渣中的损失随炉渣的氧势、锍品位、渣中 Fe/SiO_2 的增大而增大。熔炼渣中的铜主要以铜锍或单纯的辉铜矿（Cu_2S）状态存在，几乎不含金属铜，多见铜的硫化物呈细小珠滴形态不连续分布在铁橄榄石和玻璃相间。而吹炼渣中存在少量金属铜，在含铜高的炉渣中 Cu_2S 含量也随之增大。机械夹带损失的有价金属皆因冶炼过程中大量生成 Fe_3O_4，致使炉渣黏度提高，渣锍比重差别减小，使渣锍无法有效分离。铜矿物多被磁性氧化铁所包裹，呈滴状结构，铜铁矿物形成斑状结构，于铁橄榄石基体中与数种铜矿物相嵌共生，钴、镍在渣中主要以氧化物形式存在。但由于其含量低，X射线衍射无法确认其是否存在单独的矿物。扫描电镜能谱或X射线波谱分析可检测到钴、镍主要分布在磁性铁化合物和铁的硅酸盐中，以亚铁硅酸盐或硅酸盐形式存在。炉渣中晶粒的大小、自形程度、相互关系及元素在各相中的分配还与炉渣的冷却方式有关。缓冷过程中，炉渣熔体的初析微晶可通过溶解—沉淀形式范性成长，结晶良好。

（1）铜渣的火法贫化

返回重熔和还原造锍是铜渣火法贫化的主要方式。炉渣返回重熔是回收铜的传统方法，产生的铜锍返主流程。针对炉渣的钴、镍回收，采取在主流程之外的单独还原造锍。炉渣贫化方法很多，选择哪种方法取决于现场条件，如资金、场地、副产品、杂质等。显然，熔炼工艺是确定炉渣贫化工艺技术的主要因素，因为炉渣的特性取决于熔炼技术。

含铜炉渣的火法贫化一般都基于贫化过程中的以下反应式：

$$3Fe_3O_4 + FeS \longrightarrow 10FeO + SO_2\uparrow \quad (4-126)$$

$$(Fe,Co,Ni)O \cdot Fe_2O_3 + C \longrightarrow CoO + NiO + 3FeO + CO\uparrow \quad (4-127)$$

$$2(Co,Ni)O \cdot SiO_2 + 2FeS \longrightarrow 2FeO \cdot SiO_2 + 2(Co,Ni)S \quad (4-128)$$

为了降低渣中 Fe_3O_4 的含量，采用还原方法使 Fe_3O_4 分解为 FeO，并与加入的石英熔剂造渣从而改善铜锍的沉降性能。随着技术的进步，一些新的贫化方式也不断出现。

1)反射炉贫化炼铜渣

反射炉是过去长时间使用的炉渣贫化法，炉顶采用氧/燃料喷嘴的反射筒形反应器来贫化炉渣。将含铜和磁性氧化铁矿物高的炉渣分批装入反应器内。第一步是通过风口喷粉煤、油或天然气进入熔池，还原磁性氧化铁矿物，使渣中磁性氧化铁矿物含量降低到10%。这一步与火法精炼铜的还原阶段相似，降低了炉渣的黏度。第二步停止喷吹，让熔融渣中铜锍和渣分离。这种方法用于日本的小名浜冶炼厂和智利的卡列托勒斯炼铜厂。

2)电炉法

用电炉贫化可以提高熔体温度，使渣中铜的含量降到很低，有利于还原熔融渣中的氧化铜、回收熔渣中细颗粒的铜粒子。电炉贫化不仅可处理各种成分的炉渣，而且可以处理各种返料。熔体中电能在电极间的流动产生搅拌作用，促使渣中铜粒子凝聚长大。

3)真空贫化法

炉渣真空贫化技术使诺兰达富氧熔池炉渣1/2～2/3的渣层含铜量从5%降到0.5%以下。真空贫化的优点在于：迅速消除或减少Fe_3O_4的含量，降低渣的熔点、黏度和密度，提高渣—锍间的界面张力，促进渣—锍的分离。真空有利于迅速脱除渣中的SO_2气泡，由于气泡的迅速长大、上浮，对熔渣起着强烈的搅拌作用，增大了锍滴碰撞合并的几率。存在的主要问题是成本较高，操作比较复杂。

4)渣桶法

用渣桶作为额外的沉淀池，这是通用的降低废渣含铜的一种最简便的方法。此法关键是用一个大的渣桶保持桶内炉渣的温度，回收桶底富集的部分渣或渣皮再处理。渣桶法主要利用渣的潜热来实现铜滴的沉降和晶体的粗化。

5)熔盐提取法

熔盐提取法是基于铜在渣中与铜锍中的分配系数的差异，利用液态的铜锍作为提取相，使其与含铜炉渣充分接触，从而有效提取溶解和夹杂在渣中的铜。S. Vaisburd等对这种方法进行了深入的研究，并将其用于处理哈萨克斯坦的瓦纽科夫法产生的炉渣。另外，火法贫化研究还有直流电极还原、电泳富集等方式。

(2)炉渣选矿法

依据有价金属赋存相表面亲水、亲油性质及磁学性质的差别，通过磁选和浮选分离富集。渣的黏度大，阻碍铜相晶粒的迁移聚集，晶粒细小，铜相中硫化铜的含量下降，铜浮选难度大。弱磁性的铁橄榄石所占比例越大，磁选时精矿降硅就越困难。缓冷过程中，炉渣熔体的初析微晶可通过溶解—沉淀形式成长，形成结晶良好的自形晶或半自形晶，聚集并长大成相对集中的独立相。

1)浮选法

从富氧熔炼渣(如闪速炉渣)和转炉渣中浮选回收铜在炼铜工业上已得到广泛应用。浮选法除了铜收率高、能耗低(与电炉贫化比较)外,与炉渣返回熔炼对比,可以将 Fe_3O_4 及一些杂质从流程中除去,吹炼过程中石英用量将大为减少。铜浮选回收率一般在90%以上,所得精矿含铜大于20%,尾渣含铜0.3%~0.5%。

2)磁选法

渣中强磁成分有铁(合金)和磁铁矿。钴、镍在铁磁矿物中相对集中,铜为非磁相,因而磨细结晶良好的炉渣可作为预富集的一种手段。由于有用金属矿物在渣中分布复杂,常有连生交代现象,且弱磁性铁橄榄石在渣中占的比例较大,因而磁选效果不佳。目前,世界上有多家铜冶炼厂用选矿方法对转炉渣中的铜金属进行回收,由此也产生了大量的选矿尾矿。贵溪冶炼厂选矿车间以转炉渣作为原料进行选别作业,回收其中的铜金属,渣尾矿中除 SiO_2 的含量超标外,完全符合铁精矿要求。

(3)湿法浸出

湿法过程可以克服火法贫化过程的高能耗以及产生废气污染的缺点,其分离的良好选择性更适合于处理低品位炼铜炉渣。湿法浸出工艺包括以下几种。

1)湿法直接浸出

炼铜炉渣中的Cu、Ni、Co、Zn等金属的矿物(硫化物、金属及结合态氧化物)在加压条件下可经氧气氧化而溶于(稀硫酸为例)介质中,浸出过程的反应可简述如下:

$$Me + H_2SO_4 + 1/2O_2 \longrightarrow MeSO_4 + H_2O \quad (4-129)$$

$$MeS + 1/2O_2 + H_2SO_4 \longrightarrow MeSO_4 + S\downarrow + H_2O \quad (4-130)$$

$$(MeO) + H_2SO_4 \longrightarrow MeSO_4 + H_2O \quad (4-131)$$

$$2FeSO_4 + H_2SO_4 + 1/2O_2 \longrightarrow Fe_2(SO_4)_3 + H_2O \quad (4-132)$$

$$Fe_2(SO_4)_3 + 3H_2O \longrightarrow Fe_2O_3\downarrow + H_2SO_4 \quad (4-133)$$

式中,(MeO)为结合状态氧化物,Me为Cu、Ni、Co、Zn等金属。反应式(4-121)在高于硫的熔点(120℃)浸出时,有如下反应:

$$S + 3/2O_2 + H_2O \longrightarrow H_2SO_4 \quad (4-134)$$

随着铁的溶解,损失在渣中的铜及占据部分Fe晶格的钴、镍等将被释放出来,上述过程的酸耗较低。Anand采用0.70 mol/L硫酸,在氧压0.59 MPa及130℃的较温和条件下单段浸出转炉渣,铜浸出率达92%,而镍钴浸出率大于95%,且经缓冷的炉渣能更好浸出。

另外,也有文献报道用HCl、HNO_3 及KCN直接进行湿法浸出,但由于这些试剂费用较高、腐蚀性大、有毒等,因此在工业上用于铜渣提取金属的前景不明。浸出液在滤清之后,滤液用含提取剂的溶出液处理。目前工业应用较好的是汉高公司生产的 LIX 系列和英国 Avecia 公司生产的 Acorge M 系列萃取剂。

2)间接浸出

适当的预处理可以使铜渣中的有价金属赋存相改性，使之更易于回收及分离，如氯化焙烧和硫酸化焙烧。焙烧产物直接水浸，金属回收率主要取决于预处理效果；用酸性 $FeCl_3$ 浸出经还原焙烧的闪速炉渣及转炉渣，镍钴浸出率可提高到 95% 和 80%。

3)细菌浸出

细菌浸出由于能够浸溶硫化铜，并具有一系列优点，故发展很快。但细菌浸出的最大缺点是反应速度慢，浸出周期长。最近的研究有加入某些金属(如 Co、Ag)催化加快细菌氧化反应的速率，其机理在于上述金属阳离子取代了矿物表面硫化矿晶格中原有的 Cu^{2+}、Fe^{3+} 等金属离子，增加了硫化矿的导电性，所以加快了硫化矿的电化学氧化反应速率。

(4)用于水泥工业建筑行业

炼铜炉渣水淬后是一种黑色、致密、坚硬、耐磨的玻璃相。密度 3.3 ~4.5 g/cm^3，孔隙率 50% 左右，细度模数 3.37 ~4.52，属粗砂型渣，可用于水泥工业和建筑工业。

(5)铜渣的选择性析出处理

东北大学隋智通等提出的炉渣的选择性析出处理理论，利用炉渣的高温热能，依据后续处理的要求，通过合理控制温度、添加剂、流体的运动行为改变渣的组成和结构，从而实现渣中有价组分的回收和资源化，已成功地应用于含钛高炉渣、硼铁矿等复杂矿物的处理，取得了良好的社会效益和经济效益。向含铜熔渣加入还原剂首先降低渣的黏度，促进铜的沉降，待铜沉降到一定程度后，使渣迅速氧化，提高磁性氧化铁的含量，缓冷粗化晶粒，磁选分离含铁组分，实现铜渣二次资源的综合利用。实验中铜渣中残余铜的含量从 5% 降低到 0.5% 以下，渣中 Fe_3O_4 含量从 26.8% 提高到 50% 以上。图像分析表明磁性氧化铁相粒度大幅增加，晶体自形良好。

铜渣综合利用的途径及其性能见表 4 - 11。

铜渣综合利用大致可分为两类：一是利用铜渣的物理性质，二是利用铜渣中某些组分。随着环境保护要求的提高和矿产资源的日益枯竭，铜渣有很好的综合利用前景，选矿及贫化、浮选过程没有采矿成本，可充分回收铜及其中的 Au、Ag 等贵金属资源，尾矿含铁 40% 左右，经磁选富集可获得铁精矿。炼铜炉渣的综合利用存在的主要问题是炉渣的理论研究工作不够深入，尤其是热力学和动力学方面的研究还很少。目前，炼铜炉渣的综合利用虽然得到了较广泛的研究，但是形成工业生产规模的方法还不多。综合利用铜渣对经济、社会和环境效益都非常重要，如选择性处理铜渣就是一种很有前途的方式。

表 4-11 铜渣综合利用途径及性能

用　途	性　　能
代替砂配制混凝土和砂浆	铜渣混凝土力学性能之间的关系和普通混凝土力学性能之间的关系基本一致，铜渣碎石混凝土比铜渣卵石混凝土力学性能为优，力学性能也随铜渣混凝土标号增加而成比例提高
修筑铁路、公路路基	利用炼铜炉渣作铁路、公路路基，必须掺配一定的胶结材料，如石灰、石灰渣或电石渣等，不能单独使用
在水泥生产中的应用	以炼铜渣为主要原料，掺入少量激发剂（石膏和水泥熟料）和其他材料细磨而成。具有后期强度高、水化热低、收缩率小、抗冻性能好等特点，符合GB 164—82257的275号和325号标准
生产铜渣磨料作防腐除锈剂	铜渣磨料为最佳除锈材料，可代替黄砂石，降低成本。应用于船舶、桥梁、石油化工、水电等部门，这种磨料在国内外市场上有广阔的应用前景
其他利用途径	生产矿渣棉，采矿业中作充填料，应用于砖、小型砌块、空心砌块和隔热板的制作

(6)铜冶炼高砷物料中砷的脱除与固化—稳定化技术

砷是伴生于铜精矿中且对铜冶炼过程及环境保护极其有害的元素之一。我国铜精矿行业标准（YS/T 318—2007）将铜精矿分为5级，1至5级铜精矿As含量分别限定为不大于0.1%、0.2%、0.2%、0.3%、0.4%。国家强制性标准《重金属精矿产品有害元素限额规范》规定，铜精矿中As含量不得大于0.5%。

近年来，由于优质铜资源减少，国内生产及国外进口铜精矿中砷含量均呈现上升趋势，根据有关铜冶炼厂报道数据估计，目前我国铜冶炼厂所用铜精矿，平均砷含量为0.25%。2013年，我国精炼铜产量达到663万t，其中矿产精炼铜产量约400万t。据此推算，我国随铜精矿进入铜冶炼系统的砷量达4.0万t/a。

砷在铜精矿中主要以硫化物的形式存在，如硫砷铜矿、砷黝铜矿、黝铜矿、含砷黄铁矿、砷黄铁矿、雄黄和雌黄等。在铜火法冶炼中，砷分散分布于烟尘、炉渣、铜锍或粗铜中，其行为与原料成分、冶炼工艺及技术条件等相关，十分复杂，但其最终出口主要有以下几处（以奥图泰闪速富氧熔炼为例）：熔炼炉渣（电炉渣），占进入系统总砷量的30%，如果直接外销，这部分砷将开路，如果对电炉渣进一步选矿处理，这部分砷将大部分（约80%）随渣精矿返回熔炼系统；吹炼白烟尘，占进入系统总砷量的10%，在火法炼铜各类烟尘中，白烟尘含砷最高，达15%左右，且含有其他有价金属，因此大部分企业都将其单独或外销处理以便从系统中开路部分砷；熔炼和吹炼SO_2烟气净化污酸，所含砷量占进入系统总砷量的40%左右，一般企业将其硫化沉淀，得到硫化砷渣，再进一步湿法处理生产白砷产品或返回配料或外销；粗铜，所含砷占进入系统砷总量的20%左右，在电解精炼溶液净化中，砷大部分进入黑铜板或黑铜粉返回系统。随着铜精矿砷含量的升高，产生了两方面的问题：一是系统中砷开路不足，形成累积导致硫酸及电解铜生产受到不利影响，一般是将含砷较高的物料，如白烟尘、黑铜粉和硫化砷渣等，从系统中开路出来，单独处理。国内外都有成熟的技术和工业实践，如美国肯尼科特公司 Garfield 炼铜厂、智利国家铜公司(Codelco)下属含砷烟尘处理厂、我国云南铜业公司等；二是砷的安全环保处置问题，目前在我国还未能很好地解决。

(7)铜冶炼高砷物料中砷的脱除与稳定化

在火法炼铜中，砷从废气、废水途径的排放，通过采用严格的环保控制措施，均能实现达标，目前至少技术上已无问题。存在的问题是随着优质铜资源的减少，复杂、低品位铜矿的开发，随铜精矿带入冶炼厂的砷量日益增大，而安全稳定的砷开路出口仅有电炉贫化后的水淬熔炼渣，或熔炼及吹炼渣选矿尾矿，对多数炼铜厂而言，会造成砷开路不足而在系统中累积，影响生产、环保和卫生。在铜资源日趋紧张的情况下，炉渣选矿已成为从铜冶炼渣中回收铜的主流技术，在我国得到普遍应用。在炉渣选矿的情况下，炉渣中的砷约80%进入渣精矿返回熔炼，选矿尾矿中仅能开路进入系统总砷量的约6%(30% ×20%)，这将使砷在系统内循环累积的问题更为凸显。因此，先从硫化砷渣、高砷烟尘或黑铜粉等火法炼铜高砷物料中将砷脱除开路，然后将铜等有价金属回收返回系统，已成为发展趋势，目前在国内外很多原料含砷较高的炼铜厂，正是通过这一技术措施解决砷累积的问题。仍存在的问题在于，砷属剧毒、致癌和“过剩”元素，冶炼回收的砷远远超过其应用所需，因此大部分的砷只能固化后堆存，而这一问题在我国目前仍未很好地解决。

据美国地质调查局(USGS)报道，2011 年全球主要砷生产国的白砷(砒霜，As_2O_3)产量为 5.2 万 t，其中，我国是最大生产国，达 2.5 万 t。据估算，我国随有色金属精矿或矿石进入冶炼系统的砷量，每年至少达到 10 万 t，而随炉渣带走的量，估计只有约 3 万 t，其余除少量随含砷废水净化渣带走外，大部分富集于各类高砷物料中，或在系统中循环累积，或转化成白砷产品，甚至还有部分流向中小企业，造成严重的安全与环境隐患，这也正是近年来我国砷污染事故频发的原因之一。

从铜冶炼高砷物料中脱除的砷，全部转化成白砷或金属砷产品，没有销路和经济效益，使其固化—稳定化后堆存是主要的方向。针对这一问题，国内外开展了大量研究，国外研究主要集中在加拿大、日本和智利等国的学术与产业界。国内近年来也有一些研究和实践。曾研究过使含砷物料与高温熔融炉渣混合，将砷固化在炉渣玻璃体中而实现稳定化，结果表明，在此高温过程中，砷化合物会大量挥发，由此也证明玻璃包封方案不可行。水泥包封固化是一种可行的方案，但其固砷产物量太大，成本过高，并未得到广泛采用。硫化砷、砷酸钙在堆存中与空气和水接触的条件下，均会发生分解而不能稳定固化砷。这一方法沉砷渣含砷低、含水高，只适用于含砷浓度相对较低的废水处理，而不适合于作为高砷物料中脱除砷的固化方案。

在水热或常温条件下，通过对结晶过饱和度的控制，均可使溶液中的As(Ⅴ)和Fe(Ⅲ)以臭葱石的形式沉淀。目前，智利国家铜公司已建成一家处理高砷铜烟尘的工厂，采用加拿大McGill大学Demopolos教授研发的分步控制过饱和度的方法，使砷从含Fe(Ⅲ)的浸出液中以臭葱石的形式沉淀堆存，然后再从沉砷后液中采用萃取法回收铜、锌等有价金属，目前年处理高砷烟尘5万~7万t。最近的研究也表明，不同条件下沉淀的臭葱石，其稳定性相差甚大，这是值得进一步深入研究的问题。

我国是世界上最大的矿铜冶炼生产国。目前，仅有部分砷转化为白砷产品。铜冶炼高砷物料中砷的脱除与固化—稳定化，虽然有一些研究，但在工业应用上还未起步，应引起重视并尽快付诸行动，以为砷的减排和污染防治奠定坚实基础。

4.3.5.4 赤泥的处理与综合利用

赤泥是制铝工业从铝土矿中提炼氧化铝后残留的一种红色、粉泥状、高含水量的强碱性固体废料，密度0.7~1.0 t/m^3，比表面积0.5~0.8 m^2/g。一般每生产1 t氧化铝大约产出1.0~1.3 t赤泥。赤泥的化学成分取决于铝土矿的成分、生产氧化铝的方法和生产过程中添加剂的物质成分以及新生成的化合物成分等。典型的赤泥化学成分分析(质量百数)如表4-12所示。

表4-12 赤泥化学成分/%

序号	成分	烧结法					混联法		
		山东	贵州	山西	中州	平均	郑州	山西	平均
1	SiO_2	22.00	25.90	21.43	21.36	22.67	20.50	20.63	20.56
2	TiO_2	3.20	4.40	2.90	2.64	3.29	7.30	2.89	5.09
3	Al_2O_3	6.40	8.50	8.22	8.76	7.97	7.00	9.20	8.10
4	Fe_2O_3	9.02	5.00	8.12	8.56	7.68	8.10	8.10	8.10
5	烧碱	11.70	11.10	8.00	16.26	11.77	8.30	8.06	8.18
6	CaO	41.90	38.40	46.80	36.01	40.78	44.10	45.63	44.86
7	Na_2O	2.80	3.10	2.60	3.21	2.93	2.40	3.15	2.77
8	K_2O	0.30	0.20	0.20	0.77	0.38	0.50	0.20	0.35
9	MgO	1.70	1.50	2.03	1.86	1.77	2.00	2.05	2.02
合计		99.02	98.10	100.00	99.43	99.24	100.00	99.91	100.00

赤泥矿物成分可采用偏光显微镜、扫描电镜、差热分析、X 衍射、化学全分析、红外吸收光谱和穆斯堡尔谱法等七种方法进行鉴定，其结果是赤泥的主要矿物为文石和方解石，含量为 60% ~65%，其次是蛋白石、三水铝石、针铁矿，含量最少的是钛矿物、菱铁矿、天然碱、水玻璃、铝酸钠和火碱。其矿物组成复杂且不符合天然土的矿物组合。在这些矿物中，文石、方解石和菱铁矿既是骨架又有一定的胶结作用，而针铁矿、三水铝石、蛋白石、水玻璃起胶结作用和填充作用。

赤泥利用途径主要有：①从其中回收有价金属，如 Ga、Fe、Ti、U、Th 等；②利用赤泥生产建筑材料，如各类水泥、墙体材料、保温材料、陶瓷釉面砖、微晶玻璃等；③赤泥还可用于制备吸附剂、混凝剂、筑路、用作肥料及土壤改良剂等。

赤泥利用一直是世界铝工业面临的一项巨大挑战，目前只有约 10% 被综合利用，绝大部分仍然是送往堆场存放。自 1888 年铝的工业化生产以来，全球铝工业排放的赤泥已超过 45 亿 t。现在每年的排放量在 1.7 亿 t 以上。因此，寻找赤泥的有效综合利用技术是一项亟待解决的艰巨任务。中国氧化铝工业针对赤泥堆存及综合利用已开发出数项关键技术。

(1)赤泥无害化堆存技术

赤泥堆存最大的污染控制目标是减轻赤泥附水的碱渗透和污染。目前最为有效的赤泥安全堆存的控制技术是赤泥进行压滤后形成干滤饼再予堆存的技术。赤泥干滤饼含附液量低于 30%，成干块状，堆存时不会产生大量的附液积聚，因此安全性较高；由于附液大量进入滤液被返回氧化铝厂，不仅降低了赤泥堆存碱污染的风险，而且还降低了氧化铝和碱消耗。此外，赤泥堆场底部及周边的防渗技术、烧结法赤泥混合筑坝、赤泥坝边坡加固绿化、赤泥库内回水聚集回收等技术已经推广应用。采用具有防渗功能的防渗薄膜填衬在堆场底部，可起到附液防渗作用。该技术已在所有氧化铝企业得到应用。

借助于我国压滤机技术的发展，采用压滤机将送往堆场的赤泥浆过滤成赤泥滤饼，实现了干法堆存，而过滤的滤液返回氧化铝厂循环利用。该技术降低了赤泥滤饼中的附液含量，减少了赤泥附液的危害，保证了赤泥堆场的安全性，同时又较多地回收了附液用于氧化铝生产。该技术已在较多的氧化铝企业得到应用。

(2)赤泥堆场的防渗处理技术

采用具有防渗功能的防渗薄膜填衬在堆场底部，可起到附液防渗作用。该技术已在所有氧化铝企业得到应用。

(3)赤泥选铁技术

铁是赤泥的主要成分，一般含量为 10% ~45%，但直接作为炼铁原料时含量很低，因此有些国家先将赤泥预焙烧后送入沸腾炉内，在温度 700 ~800℃还原，使赤泥中的 Fe_2O_3转变为 Fe_3O_4。还原物在经过冷却、粉碎后用湿式或干式磁选机分选，得到含铁63% ~81%的磁性产品，铁回收率为83% ~93%，是一种高品位的炼铁精料。美国矿物局研究了赤泥焙烧还原—磁选—浸出工艺流程。该流程将赤泥、石灰石、碳酸钠与煤混合，磨碎后在800 ~1000℃进行还原烧结，烧结块粉碎后用水溶出，铝有89%被溶出，过滤后滤液返回拜耳法系统回收铝，熔渣进行高强度磁选机分选，磁性部分在1480℃进行还原熔炼产生生铁。非磁性部分用硫酸溶解其中的钛，过滤后的钛氧硫酸盐经水解、煅烧制得 TiO_2。该工艺经实验室、半工业试验，可制得含铁93% ~94%的生铁。该工艺的主要问题是铁的磁选效率低。我国采用高梯度磁选技术将赤泥中的赤铁矿分离，得到低品位的铁精矿，可掺合用于炼铁生产，从而减少了赤泥的实际排放量。该技术已应用于某些采用高铁铝土矿的氧化铝企业。

(4) 赤泥高效资源化利用技术

赤泥的利用是一项世界性技术难题。赤泥高效资源化利用技术的主要途径见表4-13。相应针对赤泥中的主要成分，选择具有可大批量处理、经济可行的技术路线，开发出适应的关键技术，并进行工业应用。

表4-13　赤泥高效资源化利用的主要途径

赤泥中利用的成分	赤泥的用途
碱性化合物	生产含碱(钠)建筑或结构材料； 中和处理酸性废气、废水或废料； 生产碱性添加剂(用于酸性土壤、配料组分)
氧化铁	还原提取金属铁；选出铁精矿
有价金属	提取钛、钪、镓等稀土稀有金属
低价废弃物	生产建筑材料、筑炉材料、硅肥、填料等

拜耳法赤泥选铁、生产建筑胶凝材料(图4-12、图4-13)是目前赤泥利用研究的重要方向。

(5)从赤泥中回收铝、钛、钒、锰等多种金属

利用苏打灰烧结和苛性碱浸出，可以从赤泥中回收90%以上的氧化铝，而沸腾炉还原的赤泥，经分离出非磁性产品后，加入碳酸钠或碳酸钙进行烧结，在pH为10的条件下，浸出形成的铝酸盐，再经加水稀释浸出，使铝酸盐水解析出，铝被分离后剩下的渣在80℃条件下用50%的硫酸处理，获得硫酸钛溶液，经过水解而得到 TiO_2；分离钛后的残渣再经过酸处理、煅烧、水解等作业，可以从中回收钒、铬、锰等金属氧化物。赤泥还可以直接浸出生产冰晶石(Na_3AlF_6)。

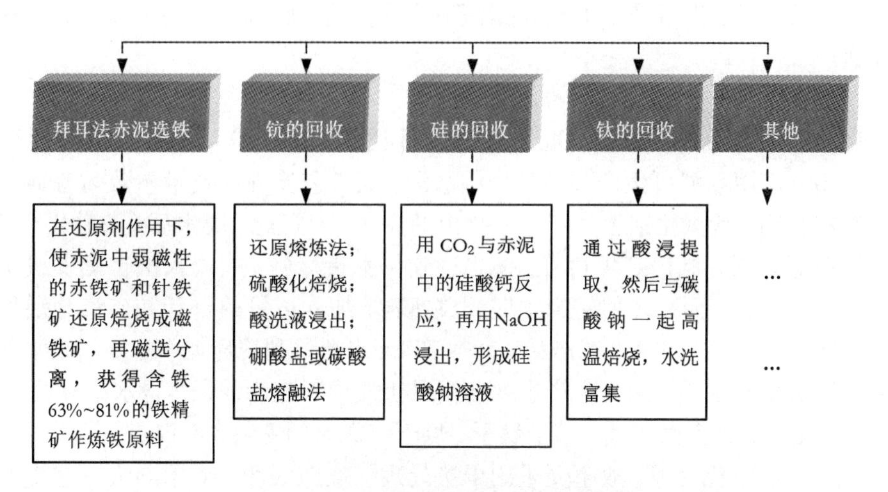

图4-12　拜耳法赤泥选铁及资源回收

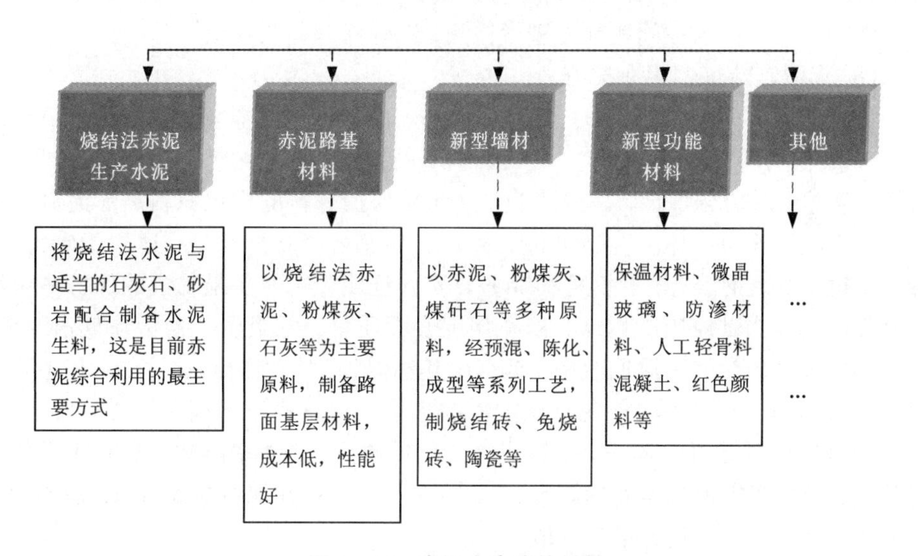

图4-13　赤泥生产建筑材料

(6)从赤泥中回收稀有金属

从赤泥中回收稀有金属的主要方法有还原熔炼法、硫酸化焙烧法、非酸洗液浸出法、碳酸钠溶液浸出法等。国外从赤泥中提取稀土稀有元素的主要工艺采用酸浸—提取工艺，酸浸包括盐酸浸出、硫酸浸出、硝酸浸出等。由于硝酸具有较强的腐蚀性，且随后的提取工艺介质不能与之相衔接，因此，大多采用盐酸、硫酸浸出。苏联等国将赤泥在电炉里熔炼，得到生铁和渣。再用30%的硫酸在温度

80 ~ 90℃条件下，将渣浸出 1 h，浸出溶液再用萃取剂萃取锆、钪、铀、钍和稀土类元素。

(7)赤泥生产水泥

烧结赤泥作为水泥原料，配以适当的硅质材料和石灰石，赤泥的配比可达25% ~ 30%。用赤泥可生产多种型号的水泥，其工艺流程和技术参数与普通的水泥厂基本相同：从氧化铝生产工艺中排出的赤泥，经过滤、脱水后，与砂岩、石灰石和铁粉等共同磨制得到生料浆，使之达到技术指标后，用流入法在蒸发机中除去大部分的水分，而后在回转窑中煅烧成熟料，加入适量的石膏和矿渣等活性物质，磨至一定细度，即得水泥产品。每生产 1 t 水泥可利用赤泥 400 kg。该水泥熟料采用湿法生产工艺，因为生产水泥所用黏土质原料是赤泥，其含水率高达 60%左右，细度高、比表面积大，难于烘干，烘干赤泥后的熟料，不仅飞扬损失多，而且废气也不易净化处理，故不便采用干法处理。实践表明，采用湿法工艺生产的普通硅酸盐水泥质量达标，具有早强、抗硫酸盐、水化热低、抗冻及耐磨等优越性能，在工业建筑、机场跑道、桥梁等处的使用效果良好。需要注意的是对所用的赤泥的毒性和放射性问题须先进行检测，以确保产品的安全。

(8)赤泥制造炼钢用保护渣

烧结赤泥含有 SiO_2、Al_2O_3、CaO 等组分，为 CaO 硅酸盐渣，而且含有 Na_2O、K_2O、MgO 等溶剂组分，具有熔体一系列物化特性。作为保护渣生产较好的原料，资源丰富，组成成分稳定，是钢铁工业浇注用保护材料的理想原料。赤泥制成的保护渣按其用途可大体分为普通渣、特种渣和速溶渣几种类型，适用于碳素钢、低合金钢、不锈钢、纯铁等钢种和锭型。实践证明，这种赤泥制成的保护渣可以显著降低钢锭头部及边缘增碳，提高钢锭表面质量，可明显改善钢坯低倍组织，提高钢坯成材质量和金属回收率，具有比其他保护材料强的同化性能，其主要技术指标可达到或超过国内外现有保护渣的水平。该生产工艺简单，产品质量好，可以明显提高钢锭(坯)质量，钢锭成材金属回收率可以提高 4%，具有明显的经济效益，当生产规模为年处理能力 15000 t 时，可处理赤泥量 9000 t/a，是处理赤泥的有效途径之一，具有推广价值。

(9)利用赤泥生产砖

利用赤泥为主要原料可生产多种砖，如免蒸烧砖、粉煤灰砖、装饰砖、陶瓷釉面砖等。以烧结法赤泥制釉面砖为例，所采用的原料组分少，以赤泥作为基本原料，仅辅以黏土质和硅质材料，其工艺过程为：原料→预加工→配料→料浆制备(加稀释液)→喷雾干燥→压型→干燥→施釉→煅烧→成品。此外北京矿冶研究总院针对拜耳法赤泥成分、特性，进行了赤泥制作釉面砖的实验研究，用该法赤泥可以烧成合格的釉面砖，赤泥掺加量达到 40%，釉面砖质量达到了 GB 4100—1983 中的国家指标及国际要求。

(10)利用赤泥生产硅钙肥料和塑料填充剂

赤泥中除含有较高的硅钙成分外，还含有农作物生长必需的多种元素，利用赤泥生产的碱性复合硅钙肥料，可以促使农作物生长，增强农作物的抗病能力，降低土壤酸性，提高农作物产量，改善粮食品质，在酸性、中性、微碱性土壤中均可用作基肥，特别对南方酸性土壤更为合适。此外，用赤泥作塑料填充剂，能改善PVC(主要为聚氯乙烯)的加工性能，提高PVC的抗冲击强度、尺寸稳定性、黏合性、绝缘性、耐磨性和阻燃性，这种塑料还有良好的抗老化性能，是普通PVC制品寿命的4~5倍，生产成本低2%左右。根据山东淄博市罗村塑料厂试制和生产的赤泥聚乙烯塑料证明，烧结法产生的赤泥对PVC树脂有良好的相容性，是一种优质塑料填充剂，可以取代轻质碳酸钙且起部分稳定剂的作用。

(11)用赤泥生产流态自硬砂硬化剂

山东铝厂与原一机部铸锻研究所合作利用赤泥成功铸造出流态自硬砂硬化剂，这种赤泥硬化剂造型强度较其他硬化剂大，一般8 h的强度达8 kg。赤泥在硬化剂自硬砂中配入量为4%~6%。

(12)用赤泥做矿山采空区充填剂

在矿区采用泵送赤泥胶结充填采矿区获得成功。通过铝土矿地下开采试验证明，赤泥胶结填充技术可靠，可提高矿山回收率，减少采矿坑木消耗，从而降低开采成本，控制开采地压，保护地表建筑、村庄、铁路等。

(13)赤泥在建材工业中的其他用途

赤泥在建材工业中的其他用途有制备赤泥陶粒，生产玻璃、防渗材料、铺路等。目前已有部分投入生产运营，有的赤泥中尚含有U、Th、Se、La、Y、Ta、Nb等放射性元素和稀有金属，如长期身处这类建材中，将直接危害人体健康，故使用前需要对所用的赤泥的毒性和放射性进行检测，以确保产品的安全。

(14)赤泥除去水中的重金属离子

国外曾进行拜耳法赤泥处理含有Cu^{2+}、Zn^{2+}、Cd^{2+}、Pb^{2+}废液的探索试验，不经焙烧的赤泥直接处理废液就可使其达到排放标准，焙烧后的赤泥处理废水其效果更加显著。赤泥还表现出较好的重金属吸附能力。用赤泥与硬石膏的混合物加水制成在水溶液中稳定性好的集料，这种集料对重金属离子吸附性能较强。将拜耳法赤泥用H_2O_2处理去除表面有机物，在500℃下活化处理，用于吸附水体中的Pb^{2+}、Cr(Ⅵ)重金属离子。结果表明，活化赤泥对Pb^{2+}、Cr(Ⅵ)有显著的吸附性能，可在较宽的浓度范围内有效地清除水体中的Pb^{2+}和Cr(Ⅵ)。吸附柱实验表明，赤泥吸附剂具有工业应用价值，可直接用1 mol/L的HNO_3处理吸附柱，使被吸附的金属脱吸，吸附剂可以重复使用。

(15)赤泥除去废水中的PO_4^{3-}、F^-、As^{3+}等离子

采用赤泥可除去电厂废水中的氟。赤泥有良好的除氟能力，可在一定程度上

代替某些铝盐或钙盐净水剂。配以絮凝剂聚合硫酸铁，能使排放废水的氟含量降到 10 mg/L 以下。该方法简单、成本低、不产生二次污染。日本曾用20%盐酸处理过的赤泥除去溶液中的 PO_4^{3-}，取得了较好的结果。在 10 min 内，含有 50 mg/L PO_4^{3-} 的溶液脱磷率达到 50%，120 min 脱磷率达 72%。其吸附效果与当时被认为是最好的脱磷剂相当。将赤泥用作砷离子的吸附剂，该方法比用 $Fe(OH)_3$共沉淀法更简单。在含 100 mg/L 砷的 100 mL 废水中加入 100 mg 赤泥，在 pH 5 ~6 时振动 24 h 可除去 99.5% 的砷，使用过的赤泥经 100 mL 0.01 mol/L NaOH 振荡 24 h后可再生。

(16)赤泥用作某些废水的澄清剂

筛选粒径为 0.1 mm 的赤泥为原料，加入硫酸，升温，通入氧气并搅拌，然后在 90℃的恒温水浴中反应 2 h，冷却、过滤，即得 $Fe_2(SO_4)_3$和 $Al_2(SO_4)_3$溶液，该溶液与在一定酸度条件下聚合的硅酸混合，陈化 2 h，即得聚铝铁复合絮凝剂，其兼有聚铁絮凝剂和聚铝絮凝剂的优点，具有工艺简单、投资少、净水效果好的特点，但由于赤泥本身含有大量的化学物质，赤泥在对废水有害物质的吸附过程中，势必对水的浊度和毒性有一定的影响。

(17)赤泥对水体中有机物污染的环境修复作用

有机污染物特别是有机氯污染已成为日益严峻的环境问题。由于含氯有机物肥料的焚烧成本高(需 900℃以上高温)，且焚烧产物会形成碳酰氯、二苯呋喃等二次污染物，因此不能用焚烧法处理。在催化剂的作用下，用氢脱氯反应可将其转化为无毒或低毒性化合物。常用的催化剂是过渡金属硫化物，大规模使用时成本高。赤泥中含有大量的铁氧化物和氢氧化物，硫化处理后可将其转化为硫化物。

(18)赤泥在治理废气中的应用

拜耳法赤泥中含有赤铁矿、针铁矿、一水硬铝石、含水硅铝酸钠、方解石等物相，经热处理后可形成多孔结构，比表面积可达 40 ~70 m^2/g，因此，在硫化氢废气污染治理过程中，可利用其较佳的吸附性能，和硫酸烧渣、平炉尘等一道为主要原料制备廉价的氧化系脱硫剂。对赤泥作烟气脱硫剂的研究表明，脱硫效率可达 80%，如果在赤泥中添加碳酸钠，可提高赤泥吸附二氧化硫的能力。此外赤泥还可以处理硫化氢、氮氧化物等污染气体。

(19)赤泥对土壤污染的修复作用

赤泥对土壤重金属污染有一定的环境修复作用，经过赤泥的修复，土壤中微生物含量提高、土壤孔隙大、农作物种子和叶中的重金属含量降低。赤泥修复作用机理主要是赤泥对土壤中的 Cu^{2+}、Ni^{2+}、Zn^{2+}、Cd^{2+}、Pb^{2+}有较好的固着性能，使其从可交换状态转变为键合氧化物状态，从而使土壤中重金属离子的活动性和反应性降低，有利于微生物活动和植物生长，降低土壤间隙水、农作物种子、叶子中的重金属含量，因此可利用赤泥生产环境修复材料来修复土壤(如图4－14)。

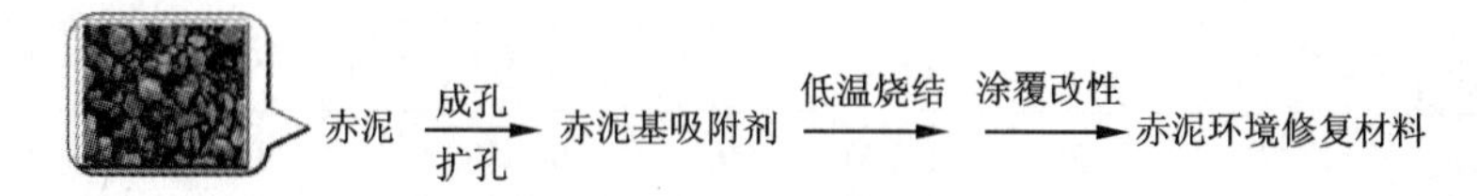

图4－14　赤泥生产环境修复材料

4.3.5.5　锑鼓风炉挥发熔炼水淬渣的处理

在锑的火法冶炼中，鼓风炉挥发熔炼产生的渣量比较大，必须进行妥善处理。有色冶炼的渣型主要是 FeO、CaO、SiO_2以及少量 Al_2O_3。表4－14是鼓风炉水淬渣和高炉水淬渣主要成分。两种渣的化学成分相同，仅含量有差别。两者合理搭配，即可配制成水泥。

表4－14　冶炼渣的成分比较

渣的成分	Fe_2O_3	SiO_2	CaO	Al_2O_3
鼓风炉挥发熔炼水淬渣/%	28～35	32～40	12～16.0	3.0～7
高炉水淬渣/%	1.0～2	20	37～42	5.0～7

水泥配料比为鼓风炉水淬渣28%～30%、高炉渣35%～37%、立窑煅烧熟料28%～30%、石膏5%～6%。用鼓风炉水淬渣制水泥，不仅可以消除渣害，而且可以降低水泥生产成本。其缺点是水淬渣硬度大，磨料比较困难，耗电量较高。

4.3.5.6　锑精炼碱渣的处理

为了脱除粗锑中的杂质砷，采用加入 Na_2CO_3的方法使之与砷发生下列反应：

$$2As + 2.5O_2 + 3Na_2CO_3 = 2Na_3AsO_4 + 3CO_2 \qquad (4-135)$$

$$2As + 1.5O_2 + 2Na_2CO_3 = 2Na_2AsO_3 + 3CO_2 \qquad (4-136)$$

生成碱性渣使锑、砷分离。这种碱渣含锑20%～40%，含砷3%～5%，总碱度(以 Na_2CO_3计)20%～30%，并含有少量 SiO_2、CaO、Al_2O_3和 S。渣中锑和砷的存在形态与含量如表4－15所示。碱渣中的砷几乎全是水溶性的，一旦渗入地下或流入江河湖泊，将对环境造成严重危害。

处理砷碱渣的基本原理是利用锑酸钠、亚锑酸钠基本不溶于水，而砷酸钠、亚砷酸钠溶于水的特性，采用水浸使锑、砷分离。生产中应用的方法有钙渣法和砷酸钠混合盐法。

表 4-15　锑精炼碱渣中锑和砷的存在形态与含量

元素	Sb				As			
存在形态	Na_2SbO_3	Na_2SbO_4	Sb	合计	Na_3AsO_4	Na_2AsO_3	As	合计
含量/%	83.27	0.22	16.51	100	97.88	1.89	0.23	100

(1)钙渣法

钙渣法首先将碱渣进行水浸，使可溶性砷进入溶液，砷浸出率可达 90.1% 以上。金属锑及不溶性锑酸盐则留在渣中，这种渣含锑 50% ~63%，含砷低于 1%，经脱水干燥后返回鼓风炉处理。所得浸出液，加消石灰苛化，生成砷酸钙沉淀即钙渣，其反应如下：

$$2Na_3AsO_4 + 3Ca(OH)_2 = Ca_3(AsO_4)_2 + 6NaOH \qquad (4-137)$$

砷的沉淀率 98% 以上。所得钙渣含砷 4% ~9%，含锑低于 1%。因砷是剧毒物质，既不能丢弃，也不能利用。只能暂时库存待处理。余下的烧碱溶液，经蒸发浓缩得固碱，可供造纸用。如含砷较高，则需进一步处理。此法的优点是碱渣中砷、锑可以分离，锑可回收利用，但砷的危害并未能根本解决，因此难以推广。

(2)砷酸钠混合盐法

砷酸钠混合盐法是先将碱渣进行水浸，可溶性的砷酸钠、亚砷酸钠溶解于水，使锑与砷分离。所不同的是在分离锑之后的浸出液不加消石灰苛化，而是直接蒸发浓缩，产出结晶砷酸钠混合盐或经烘干变成无水砷酸钠混合盐。其成分见表 4-16。这种砷酸钠混合盐，经玻璃厂生产证实，可以代替白砷(As_2O_3)作澄清剂，生产优质玻璃。基本达到了回收锑、消除砷害的目的，是处理碱渣较为合理的方法。但近年来，玻璃工业普遍使用焦锑酸钠为澄清剂，这种砷酸钠混合盐的销路会因此受到影响。

表 4-16　砷酸钠混合盐成分/%

编号	灼烧损失	Na_3AsO_4	Na_2CO_3	Na_2SO_4	Sb	Fe	Se	总和
1	11.94	46.16	46.01	7.46	0.28	0.08	0.018	100.00
2	12.42	45.32	46.00	7.79	0.24	0.06	0.018	99.43
3	13.79	47.26	44.59	7.30	0.26	0.06	0.018	99.49
4	13.8	47.95	44.13	7.36	0.26	0.05	0.019	99.77
5	14.1	47.95	44.24	7.18	0.26	0.06	0.018	99.71

综上所述，目前炼锑厂所产出的砷碱渣的治理，并未能从根本上解决，有待进一步探索新的治理方法。

4.3.5.7　火法炼锡渣处理与资源化

华锡集团来宾冶炼厂烟化炉主要处理锡冶炼富渣(包括反射炉富渣和电炉富渣)。近年来，随着锡产品产量的不断提高，产出的富渣量也大大增加，仅2001年富渣产量就达2138万t，富渣含锡品位也不断提高，最高可达25%左右，给烟化炉硫化挥发生产带来一定的困难。针对这些情况，经近几年的实践探索和生产试验，取得了一定的成效，在单炉富渣加入量与冷热渣比例、单炉黄铁矿加入量与加入方法、温度和给煤量控制、单炉吹炼时间与弃渣品位等方面得到不断优化，使烟化炉在保证较合理的弃渣品位的前提下，缩短了单炉吹炼时间，提高了烟化炉的处理能力，减少了锡冶炼中间品的积压，对提高锡冶炼回收率、降低生产成本起到了重要作用。

来宾冶炼厂烟化炉处理的含锡物料主要有反射炉富渣、电炉渣和保温炉富渣，绝大部分为反射炉、保温炉产出的热熔渣，少部分是反射炉、保温炉渣包结壳渣(即冷富渣)和电炉渣，经破碎成粒度为20～50 mm后搭配进烟化炉吹炼，各种富渣化学成分见表4－17。

表4－17　各种富渣化学成分/%

	Sn	As	Sb	SiO_2	CaO	Fe	Al_2O_3	年产量/t	比例/%
1反射炉	16.24	0.33	3.18	21.14	8.97	29.84	6.63	7691.4	34.05
2反射炉	15.82	0.38	3.28	21.91	8.86	29.95	6.56	8208.2	36.34
1保温炉	8.46	0.35	5.61	25.41	10.29	26.82	9.87	5485.17	24.28
2保温炉	12.50	0.38	1.87	23.41	20.23	24.41	9.18	549.18	2.43
1电炉	3.52	0.43	0.91	34.59	20.12	3.40	24.41	165.15	0.73
2电炉	2.83	0.51	0.96	37.46	19.32	4.15	27.85	488.78	2.17

主要工艺流程为含锡热熔富渣直接加入烟化炉，渣包结壳渣和黄铁矿破碎后由振动给料器分批投入，烟化炉烟气经余热锅炉、表面冷却器、布袋收尘器后排空，产出的烟尘通过制粒进电炉、反射炉熔炼，水淬渣做生产水泥的原料。

4.3.5.8　镍火法冶金渣的处理与资源化

镍的冶金方法分为火法和湿法两大类，我国镍的生产主要采用硫化镍矿的火法冶炼，生产工艺有电炉熔炼、闪速炉熔炼和鼓风炉熔炼3种，其中闪速熔炼工艺比较先进，我国甘肃的金川集团采用的就是这种生产方法，其特点是将焙烧和熔炼工序结合在一起，反应迅速、能耗低、污染小。

(1) 镍渣的化学成分及矿物组成

镍渣的化学成分与高炉矿渣类似，但在含量上有较大的差异，并且随镍冶炼方法和矿石来源的不同而不同，其中 SiO_2 含量为 30% ~50%，Fe_2O_3 含量为 30% ~60%，MgO 1% ~15%，CaO 1.5% ~5%，Al_2O_3 2.5% ~6%，并含有少量的 Cu、Ni、S 等。形成的熔融相以 $FeO_2 \cdot SiO_2$ 为主，与普通的高炉矿渣、磷渣、钢渣和粉煤灰等的玻璃相组成不同。

表 4－18 是我国不同冶炼企业镍渣的化学成分。

表 4－18　不同冶炼企业镍渣的化学成分/%

产地	SiO_2	Al_2O_3	Fe_2O_3	CaO	MgO	K_2O	Na_2O	MnO
新疆喀拉通	36.98	2.71	53.88	4.02	1.24	0.48	0.46	0.13
吉林镍业	48.31	5.93	27.45	2.88	15.15	—	—	—
金川集团	31.28	4.74	57.76	1.73	2.66	0.46	0.04	—
广东禅城矿业	33.98	2.32	54.82	1.59	5.07	—	—	—

镍渣中的主要矿物相有辉石（含镁）、橄榄石等，水淬的镍渣中还含有大量的玻璃相，其含量与渣排出时的温度、水淬速度等有关。

对金川镍闪速熔炼渣的物相研究表明：在水淬镍渣中主要存在 3 种组织：①呈柱状分布的铁镁橄榄石 $(Fe, Mg)_2SiO_4$ 结晶相及铁橄榄石 Fe_2SiO_4 结晶相；②结晶相之间不规则状的硅氧化物填充相；③星散状分布于上述 2 种组织之间的铜镍铁硫化物。

(2) 镍渣的综合利用

镍渣中含有较多的 Cu 和 Co，可以做提取 Cu、Co 等的原料，同时由于镍渣具有潜在的水硬性，因而可以应用于建材行业，还可以作矿井的充填料。

1) 从镍渣中提取有价元素

对于 Ni、Cu、Co 等含量较高的镍渣，应尽可能从中提取出这些有价元素。常用的提取方法是酸浸工艺（如图 4－15 所示）。利用酸浸工艺可以一次提取镍渣中的 Ni、Cu、Co 等，然后分次提纯和分离，最终得到成品硫酸镍、硫酸铜和硫酸钴，整个工艺流程较简单，所用设备也较少。

酸浸工艺存在提取所产生废水的治理和废渣的再处置问题。尤其是提取工艺排放的大量酸性废水，其中含有大量的废酸和重金属离子，必须加以治理，一般

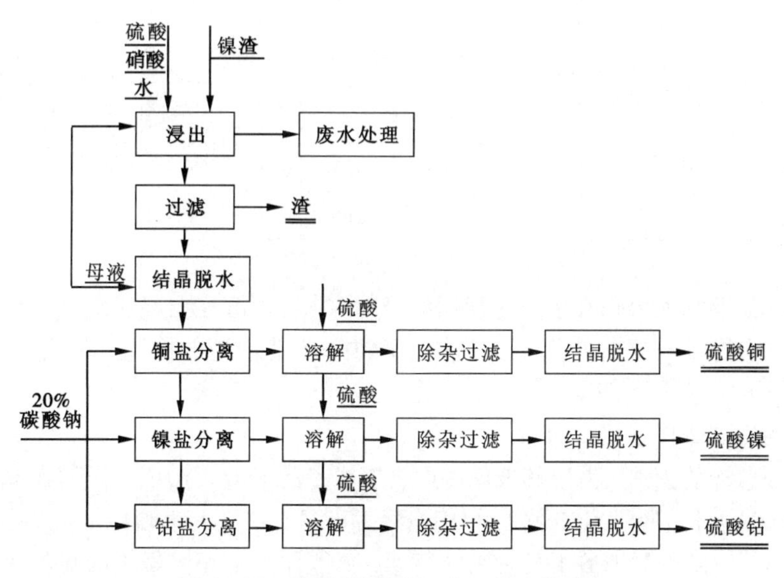

图 4－15　镍渣酸浸提镍、铜、钴工艺流程

可以将其再循环利用或用石灰中和后排放。提取工艺排放的废渣也呈酸性，必须用石灰中和后进行存放或再利用，如果附近存在粉煤灰或其他碱性废渣，可以以废治废，如将粉煤灰与提取后的废渣及石灰混合堆放一定时间，用于建材行业作集料或水泥混合料。

2）利用镍渣生产建材及制品

①利用镍渣生产水泥

由于镍渣的主要化学成分是 SiO_2、Fe_2O_3，因而可以代替铁粉和部分黏土作为生产水泥熟料的原料。尽管有的镍渣 MgO 含量很高，但由于掺量较低，一般不会造成熟料中 MgO 含量过高，而且镍渣中的 MgO 主要以橄榄石存在，或存在于玻璃相中，在熟料煅烧过程中不会生成方镁石，因而对水泥的安定性不会有不利影响。镍渣中由于存在多种少量的其他离子，如 Cu、Co 等，对降低熟料的液相最低共熔点温度和液相黏度起着积极作用，能改善生料的易烧性，因而对熟料矿物的形成非常有利。赵素霞等利用镍渣代替铁粉配料，在立窑上煅烧熟料，取得非常好的效果，立窑的煅烧状况得到明显改善，而且提高了窑的台时产量，熟料的质量也得到了明显提高，f－CaO 含量降到 2.0% 以下，并且熟料的密度达到（1450 ±50） g/L。使用镍渣配料前后水泥熟料的物理性能对比见表 4－19。

表 4－19　镍渣配料前后水泥熟料的物理性能对比

熟料	C_3S /%	f－CaO /%	安定性合格率 /%	凝结时间/min		抗折强度/MPa		抗压强度/MPa	
				初凝	终凝	3 d	28 d	3 d	28 d
未掺镍渣	54.68	2.16	83.5	100	151	5.8	8.7	31.2	54.3
掺镍渣	57.13	1.73	98.4	117	166	6.3	9.1	34.7	58.9

吉林亚泰水泥公司在生产中使用湿排粉煤灰、镍渣完全取代黏土和铁矿石配料，同样取得了较好的效果。在熟料生产中，工业废渣的掺配比例高达 25% 左右，取得了较好的经济效益和社会效益。

②利用镍渣作水泥混合料

水淬急冷的镍渣，由于其玻璃相中含有少量的 CaO、Al_2O_3，因而在碱性介质中，如硅酸盐水泥的水化产物 $Ca(OH)_2$激发下具有潜在的水硬性，可以作为水泥的混合材，而慢冷的镍渣不具有水硬活性，只能作为水泥混凝土的集料使用。对与镍渣化学成分和结构非常类似的诺兰达炉渣的研究表明，镍渣玻璃相中的 FeO 也是一种活性组分，在碱的作用下会生成 $Fe(OH)_2$和 $Fe(OH)_3$凝胶，填充在其他水化产物中起到填充和骨架的作用。如果将镍渣与其他活性混合材复合掺加生产复合水泥，效果会优于单独使用镍渣。如利用镍渣和高炉矿渣生产复合硅酸盐水泥，镍渣在其中的掺量可以达到 15% ~50%，矿渣掺量为 10% ~20%，石膏为 8% ~10%，其余为硅酸盐水泥熟料。共同粉磨至比表面积为 400 ~500 m^2/kg，可以生产符合《通用硅酸盐水泥》(GB 175—2007) 中规定的 325、425 和 525 号复合硅酸盐水泥。

费文斌等利用钢渣、矿渣、镍渣等多种工业废渣，掺入少量熟料、石膏和激发剂，进行生产少熟料水泥的研究，结果表明，镍渣具有非常好的活性，与矿渣非常接近，略优于钢渣，按标准《用作水泥混合材料的工业废渣活性试验方法》(GB 12957—2005) 测定的 28 d 抗压强度比超过了 90%，属于活性混合材。在复合外加剂的掺量为 5% ~8%、熟料的掺量为 10%、其余掺矿渣和镍渣时，生产的少熟料水泥符合标准《矿渣、火山灰、粉煤灰硅酸盐水泥》(GB 1344—1999) 中 325 号和 425 号水泥的技术要求。镍渣矿渣复合硅酸盐水泥配比及性能见表 4－20。

利用钢渣、镍渣等多种工业废渣混合粉磨可以生产水泥和混凝土的掺合料。将镍渣、钢渣等工业废渣和激发剂混合，粉磨至比表面积为 300 ~800 m^2/kg（其中使用的激发剂为石膏、含三氧化铝的碱性硅酸盐或萘碳酸钠、甲醛）掺入硅酸盐水泥中，可提高水泥的强度，掺量在 30% ~80%；掺入混凝土拌合物中，可等量取代水泥量的10% ~50%(质量比)，不仅可以提高混凝土的强度，还改善了混凝土的工作性能，使混凝土拌合物塌落度值增大达10 cm以上。

表4-20 镍渣矿渣复合硅酸盐水泥配比及性能

序号	熟料/%	镍渣/%	矿渣/%	石膏/%	比表面积/($m^2 \cdot kg^{-1}$)	抗折强度/MPa		抗压强度/MPa	
						7 d	28 d	7 d	28 d
1	36.4	45.5	9	9.1	400	5.6	6.0	20.0	34.0
2	70.1	35	13	7.9	450	5.5	6.1	25.7	45.0
3	61.9	13	18	7.1	500	5.8	7.3	30.1	56.2

利用镍渣生产建筑砌块，镍渣既可以作为生产建筑砌块的胶凝组分，也可以利用破碎分级后的镍渣作为集料。以碱激发磨细镍渣作为胶结材料。用破碎后的镍渣作为集料，可以生产出强度等级达MU20的建筑砌块，而且镍渣占整个配料组成的94%。生产时使用掺量为4% ~7%的水玻璃作为碱性激发剂，用破碎后的镍渣作为集料，并掺加占镍渣粉质量18%的矿物校正剂，在90℃下湿热养护8 h，即制得建筑砌块。如果使用河砂作为集料，抗压强度可达18.9 MPa，但使用破碎后的镍渣作为集料效果优于河砂。增加激发剂的掺量有助于砌块强度的提高。

3)利用镍渣作井下充填材料

利用炉渣和废石进行采空区充填，技术成熟可靠，而且可以节约充填成本，同时利用了工业废弃渣。研究表明，水淬镍渣只有在碱性激发下才具有水硬活性，而且镍渣的细度对制备的充填胶结料的强度影响比较大，特别是小于74 μm的细颗粒镍渣，对强度具有正效应，利于强度的提高。激发镍渣活性的碱性物质通常是$Ca(OH)_2$，$Ca(OH)_2$是由硅酸盐水泥在水化过程中形成或由外加石灰提供。也可以采用其他物质来激发镍渣的活性，但以硅酸盐水泥的激发效果最佳，优于石灰和石膏。石灰与水泥共同激发效果也不错，如以$CaCl_2$作为早强剂，则能够在很低的掺量下取得较好的激发效果。可以用镍渣和硅酸盐水泥熟料及部分炉渣、沸石制备井下充填专用水泥。使用镍渣作为矿井的填充材料，合理的利用方式是将部分镍渣粉磨至比表面积大于300 m^2/kg，以磨细的镍渣粉和硅酸盐水泥共同组成胶凝材料，而以破碎的镍渣作为充填的粗骨料，这样可以最大量地利用镍渣。可以使用部分粉煤灰、矿粉或外加剂改善充填料浆的泌水性和流动性。

4)镍渣进一步资源化应用方向

①镍渣墙体建材

除利用镍渣生产水泥和矿物掺合料外，还可以利用镍渣和水泥生产路面砖、各种墙体材料。但由于镍渣的容重比较大，对生产轻质建材不利。通过与粉煤灰或其他轻质材料复合使用可以降低容重，从而用于生产普通墙体材料和轻质建材。

由于镍渣中含铁高达50%以上，对于配制防辐射、防微波墙体材料或防护混凝土非常有利，可以用于核工业或有防辐射、防微波要求的混凝土。

②生产新型建材

利用镍渣中玻璃相含量较高的特点，添加其他组分后可以用于生产黑色玻璃或黑色陶瓷作装饰材料。在镍渣中添加一些校正成分，高温熔化后可以制成各种铸石制品，如板材、管材等。在具有丰富铝矾土资源的地方，利用镍渣中铁含量高的特点，可以生产特种水泥——铁铝酸盐水泥。

4.3.5.9 镁还原渣的综合利用

热法炼镁，每吨产品将产生6.5 t固体废渣，导致生产过程及清渣运输过程中粉尘污染严重，且堆积占地，造成二次污染。镁渣自身具有很高的水化活性，可生成水化硅酸钙凝胶。因此，不仅可以利用镁渣作为胶凝材料，也可用于制备矿化剂、墙体材料、脱硫剂等产品，代替部分矿渣生产水泥，研究生产农业肥料等。国家新标准《镁渣硅酸盐水泥》(GB/T 23933—2009)的正式颁布，有利于镁渣的综合利用。镁冶炼还原渣生产镁渣硅酸盐水泥，新的镁渣用于钢铁冶金造渣，利用镁渣制作免烧砖，或制造镁渣蓄热材料和镁渣环保陶瓷材料等技术均是镁冶炼还原渣综合利用的主要方向。

(1)利用镁渣制作新型墙体材料

国内已有研究报道将镁渣直接与磨细的矿渣按照一定比例混合，添加复合激发剂，配制胶结料。利用镁渣生产墙体材料的工艺简单、成本低廉、节省能源，并且胶结材料具有良好的胶凝性能，制成的墙体材料密度小、强度高、耐久性好，产品质量符合相关标准。大部分企业只是单一地应用镁渣材料制砖，其实还可以在镁渣中掺入一定量的轻骨料，制作轻质保温的隔热墙体材料或制成屋面材料。

(2)利用金属镁渣制作矿化剂

镁渣是近年来开发的新型矿化剂，经过1200℃左右高温煅烧后的镁渣，具有一定的化学活性，能够降低晶体的成核势能，诱导晶体，加速矿物的转化及形成，减少了从生料到熟料的热耗。因此，可以试烧不同镁渣配比下的生料，研究熟料抗拉、抗压强度较高的配方。有研究表明：生料中加入10%左右的镁渣，煅烧时可以起到良好的矿化效果。镁渣与萤石价格悬殊，利用镁渣代替部分萤石做矿化剂可以降低生产成本，显著提高经济效益。

(3)利用镁渣生产建筑水泥

镁渣可以替代部分矿渣生产混合水泥，生产出的水泥质量较稳定。但是随着镁渣掺入量的增加，水泥早期强度有降低的趋势，凝结时间延长。因此当镁渣用作水泥生产的混合材时，应该满足国家标准的相关技术要求。

生产砌筑水泥：砌筑水泥是由一种或一种以上的活性混合材料或具有水硬性的工业废料为主要原料，加入适量的硅酸盐水泥熟料和石膏，经磨细制成的水硬性胶凝材料。这种水泥强度较低，不能用于钢筋混凝土或结构混凝土，主要用于工业与民用建筑的砌筑和抹面砂浆、垫层混凝土等。研究表明：镁渣的活性高于矿渣，易磨性比矿渣和熟料要好，利用炼镁废渣生产砌筑水泥，可以明显地提高水泥的活性，增加产量，降低水泥的生产能耗。

生产复合硅酸盐水泥：水泥中混合料总掺加量按质量百分比应大于 20%，不超过 50%。利用镁渣生产复合硅酸盐水泥的原理是在水泥生料中加入炼镁废渣，煅烧成硅酸盐水泥熟料后，再加入适量镁渣等掺料，磨细制得复合水泥（MgO 质量分数约为 4%）。需要注意的是利用镁渣生产复合硅酸盐水泥，掺量范围应满足水泥中方镁石含量的限制要求。

（4）利用镁渣做脱硫剂

由于循环流化床锅炉脱硫技术主要是利用氧化钙进行脱硫，而镁渣中氧化钙的质量分数在 50% 左右，所以对镁渣进行脱硫性能的研究是有意义的。有研究表明：脱硫剂按 25.5% 计，Ca/S 摩尔比为 3，则在相当条件下（粒径小于 0.105 mm，900℃，O_2 为 5%，SO_2 为 0.2%，N_2 作为平衡气），脱硫效率可达 76.5%。分析结果得出的脱硫效果主要与镁渣的粒径、孔隙率、脱硫温度等因素有关。粒径越小，孔隙率越高的镁渣，在适当的空气过量系数和温度下，镁渣的脱硫效率越高。

（5）利用金属镁渣和粉煤灰为主要原料生产加气混凝土

镁渣属钙质材料，粉煤灰属硅质材料，均属于工业固体废渣，性能互补，在水热合成和激发的条件下，其活性可以激发出来，用以生产硅酸盐混凝土，在水化过程中可以抵消部分体积不稳定引起的变形。因此加气混凝土生产工艺和还原渣综合治理结合是镁生产厂家处理工业废渣、改善环境的理想方案之一。加气混凝土生产所用原材料为粉煤灰、还原渣、硫酸钙、铝粉和气泡稳定剂等，经大量实验分析，CaO/SiO_2 质量比、硫酸钙的掺量是主要方面，配合比范围为粉煤灰 60% ~71%、还原渣 25% ~35%、硫酸钙 2% ~5%、铝粉 0.04% ~0.06%、气泡稳定剂 0.01% ~0.2%。

（6）镁渣应用于混凝土膨胀剂

镁渣颗粒粗以及 f－CaO 和 MgO 含量高是产生膨胀性危害和膨胀滞后性的主要原因。实际生产应用中可以通过磨细粒状渣、掺加其他活性掺合料、充分陈化、添加引气剂、加快出罐冷却速度等方法来减轻镁渣膨胀带来的危害。采用镁渣及其激发剂配制混凝土膨胀剂，单独使用镁渣制备混凝土膨胀剂，水中养护 7 d 的限制膨胀率达不到 JC 476—2001 标准 0.025% 的要求，添加激发剂后可以显著提高镁渣的早期膨胀性能，并且各龄期的限制膨胀率及强度均符合混凝土膨胀剂的标准要求。

(7)利用镁渣研制环保陶瓷滤料

将镁渣直接磨细与一定比例的磨细成孔剂及天然抗物烧结助剂混合，然后经过成球、干燥，并在隧道窑或梭式窑中于1050～1150℃烧成，得到环保陶瓷滤料。此方法的镁渣利用效率高，且所烧成的陶瓷滤料抗压强度达20 MPa，气孔率为37%，耐酸性为99.4%，耐碱性为99.9%，是一种具有广泛应用价值的高品质滤料。

(8)镁渣作为路用材料

镁矿渣掺加5%石灰或2%水泥稳定土，完全可以用作高级或者次高级路面的基层，镁矿渣经过球磨机或其他工艺磨碎后，其路用效果会更好，细度以小于0.9 mm为宜。镁渣可作为良好的路用材料是因为镁矿渣中钙镁的含量很高，且具有比较高的活性，在基层中与土反应，生成不溶性含水硅酸钙与含水铝酸钙，呈凝胶状态或纤维状结晶体，使混合料颗粒之间的联结和黏结力加强，随着龄期的增长，这些水化物日益增多，使镁矿渣混合料基层获得越来越大的抵抗荷载作用的能力。

(9)镁渣综合利用新技术

2014年，山西金星镁业有限公司设计建设了一条还原渣干法快冷处理生产线。产品经分级处理分别达到镁渣硅酸盐水泥配方及钙镁复合肥工艺要求。处理量达10万t，实现了还原渣的综合利用。

4.3.6 有色冶金高温熔炼粉尘的处理及综合利用

4.3.6.1 铜烟尘处理与资源化

随着环保要求的不断提高和处理工艺的不断改善，铜烟尘的综合利用方法逐渐从传统火法处理工艺向湿法处理工艺发展，全湿法工艺、湿法-火法联合工艺和选冶联合工艺等方法得到了广泛的应用。

(1)火法处理铜烟尘

20世纪60年代初，主要采用全火法流程回收铜烟尘中的锌、铅，其他有价元素未得到有效回收利用。传统全火法处理铜烟尘的工艺主要有反射炉熔炼、电弧炉熔炼、鼓风炉熔炼及直接回炉熔炼等，其中采用较多的是鼓风炉熔炼，主要流程为铜烟尘先经鼓风炉还原熔炼得出铅铋合金，铅铋合金经处理后浇铸成阳极进行电解，析出的铅经碱性精炼后铸成电铅锭；铋残存于阳极泥中，再熔化并除铜，加碱熔铸则得到粗铋和含铜残渣。粗铋经碱法除锑、加锌除银、氯化除铅锌，最终精炼后得到精铋。银锌渣用来回收银，氯化锌渣生产氯化锌，氯化铅渣回收铅。该工艺优点在于处理量大、成本较低、铅和铋回收率高(回收率分别可达90%和80%)，缺点是操作环境差、会产生二次污染，且没有对烟尘中其他有价元素进行有效回收。

（2）全湿法工艺处理铜烟尘

全湿法工艺处理铜烟尘的基本流程为“浸出—置换沉铜—氧化中和除铁—浓缩结晶”生产硫酸锌，浸出渣则用于生产三盐基硫酸铅。

酸浸－碳酸铵转化法的全湿法工艺回收铜烟尘中的有价元素。将铜烟尘酸浸之后，浸出液采用置换沉铜—氧化除铁—浓缩结晶生产硫酸锌有效地回收浸出液中的铜、锌，并采用P204做萃取剂回收浸出液中的铟。铅以硫酸铅形式存在于浸出渣中，渣中同时还含有铋，故先对浸出渣进行铅、铋分离，再采用碳酸铵转化—硝酸溶解—硫酸沉铅的转化法生产三盐基硫酸铅。首先将浸出渣水洗去酸后，在常温常压下加碳酸铵使硫酸铅转化为碳酸铅，其后加硝酸将碳酸铅溶解，固液分离后，浸出液再次使用硫酸沉铅生产三盐基硫酸铅，铅的回收率可达到75%以上，浸出渣中的铋得到有效富集和回收。

水浸－氯化浸出的全湿法工艺回收铜烟尘中的铜、铅、银、锌。将烟尘进行水浸后，浸出液采用置换沉铜—中和除杂—浓缩结晶生产硫酸锌的工艺回收铜、锌，浸出渣用 $CaCl_2$－NaCl 溶液加热常压浸出，将渣中的铅浸出生产三盐基硫酸铅。经氯化浸出后，铅以氯化铅形式结晶析出，银以海绵银形式被置换回收。结晶析出的氯化铅水洗去残留 Cl^- 后，加入硫酸，在80℃下充分搅拌使氯化铅转化为硫酸铅，再将硫酸铅水洗至中性，缓慢加入 NaOH 溶液生产三盐基硫酸铅。

全湿法工艺处理铜烟尘工艺具有污染小、操作环境好、有价元素的综合回收率高、技术成熟等优点，但也存在流程长、操作条件复杂等缺点。

（3）湿法－火法联合工艺处理铜烟尘

采用联合法处理铜烟尘时，铜、锌的回收工艺与全湿法回收铜、锌的工艺基本相同，两种方法的主要区别在于浸出渣的处理工艺，联合法使用火法处理浸出渣。按浸出方式的不同，联合法处理铜烟尘可分为水浸、酸浸、氯盐浸出等方法，其中使用最多的是水浸和酸浸。

（4）水浸－火法工艺

铜烟尘中的主金属铜、锌、铅主要以硫酸盐形式存在，铋以氧化物形式存在，由于铜、锌硫酸盐易溶于水，铅、铋化合物难溶于水，因此，采用水浸处理铜烟尘可使铜、锌与铅、铋有效分离。浸出液经处理后回收铜、锌、铟、镉等有价元素，浸出渣则使用反射炉或鼓风炉熔炼回收铅、铋等有价元素。

采用水浸－火法的工艺从含 Cu 12.73%、Pb 13.18%、Zn 8.98%、In 0.046%、Ag 238 g/t 的铜烟尘中回收铜、铅、锌、铟、银。铜烟尘经水浸后，首先对浸出液进行氧化除铁，随后加石灰控制 pH 分离与回收铜、锌，得到纯度达96%以上的硫酸铜和纯度达98%以上的硫酸锌。In 和 Pb、Ag 在铜烟尘的水浸过程中被富集到渣中，其后采用酸浸将 In 与 Pb、Ag 分离，浸出液用 P204 做萃取剂，并经反萃、置换后获得纯度达80%以上的海绵铟。银、铅渣采用硫脲浸出法分离银、铅，银的回收率在95%以上，浸出银后的含铅渣用反射炉熔炼回收铅。

以含Cu 2.26%、Pb 30.30%、Zn 10.79%的铜烟尘为原料回收铜、铅、锌。烟尘在L/S为5的条件下加水进行常温搅拌浸出40 min，铜、锌的浸出率可达85%以上，浸出液进行铜、锌分离后生产海绵铜和硫酸锌。浸出渣中铅含量升高到57.5%，经鼓风炉熔炼回收粗铅，铅回收率可达75%以上。该工艺流程短，设备简单，废液可循环使用，二次污染小，铜、铅、锌三种金属的回收率高。水浸－火法处理铜烟尘因浸出过程中不加酸，对设备的腐蚀较小，且浸出液中游离酸较少，更利于对溶液中铜与锌的回收。

(5)酸浸－火法处理铜烟尘

酸浸法处理铜烟尘，流程与水浸法基本相同，但更有利于铜、锌等有价元素的浸出。日本佐贺关冶炼厂采用“硫酸浸出—加铁盐除砷—控制pH除锌—砷酸铁沉淀硫酸浸出—浸出液加氢氧化钠脱砷—滤液中和回收其他金属”的工艺处理铜烟尘，铅铋渣经鼓风炉熔炼回收铅和铋，锌以氢氧化锌形式回收并作为锌冶炼厂原料使用，砷形成稳定硫化物进行回收，其余残渣返回铜冶炼厂处理。

酸浸－鼓风炉熔炼的工艺处理铜烟尘回收其中的铜、锌、镉、铟、铅、铋。铜烟尘酸浸液用P204萃取回收铟，铟的回收率可达95%。萃余液加铁置换回收铜，得到品位为55%的海绵铜，其后将溶液氧化除铁，加锌粉置换回收溶液中的镉，经浓缩结晶回收其中的锌。酸浸渣采用鼓风炉熔炼—铅铋合金电解—高铋阳极泥熔炼的工艺回收铅、铋。湿法－火法联合工艺处理铜烟尘虽然部分解决了砷和铅的污染问题，但仍然存在工艺流程长、操作条件复杂和环境污染大的缺点。

(6)选冶联合法处理铜烟尘

近年来，选冶联合工艺在铜烟尘的综合利用上也得到了应用。铜烟尘经浸出和固液分离后，浸出液经置换法回收铜、沉淀法除砷铁后，溶液进行蒸发、浓缩生产硫酸锌，浸出渣通过浮选或重选产出铅精矿及铜精矿，进一步简化了工艺流程。

含有1.45% Cu、35.50% Pb、10.20% Zn、0.86% Cd、2.06% Bi、1.03% As、0.038% In、2.40% Fe和12.90% S的铜烟尘在120～130℃、硫酸浓度74～98 g/L、L/S为3～5的条件下加压酸浸2～3 h，烟尘中80%的砷进入溶液，铜的浸出率小于10%，实现了铜和砷的有效分离。将浸出液中的砷、铁除去后，采用常规湿法冶金的方法回收锌、镉、铟，分别产出硫酸锌、海绵镉和海绵铟，溶解的砷和铁以砷酸铁的形式沉淀入渣。浸出渣中的铋采用H_2SO_4－NaCl溶液浸出，铋浸出率为93%，浸出液用铁粉置换得到海绵铋。浸出铋后的浸出渣采用浮选方法回收铜和铅，分别得到铜精矿和铅精矿。

铜烟尘先用水浸，然后通过固液分离、浸出液置换沉铜、调节pH除铁、砷，除铁、砷后的浸出液浓缩结晶生产七水硫酸锌，浸出渣采用重选分离出铜精矿、次精矿、中矿和尾矿，铜大部分富集于精矿和次精矿中，铜的回收率达98%，可直接返回铜熔炼工序，渣中砷则富集于尾矿。该工艺铜的总回收率可达98.15%，且实现了杂质开路，大大减轻了后续工艺除杂的压力。选冶联合工艺的分离成本低、污染小，具有良好的应用价值，同时可以实现砷在尾矿中的富集，便于集中处理。

与传统火法回收工艺相比，全湿法工艺、湿法－火法联合工艺和选冶联合工艺由于污染小、金属回收率高、劳动条件好等优点，将在铜烟尘的综合利用过程中具有明显的应用前景。同时，在选择铜烟尘处理工艺时，应从原料成分和性质出发，选择合适的处理工艺，以降低生产成本，使效益最大化。

针对成分如表4－21所示的含锡炼铜烟尘，采用浸出—置换—沉淀的全湿法工艺综合回收其中的铅、锡、铋、铜、锌和银，分别产出铅渣、海绵铜、海绵铋、锌渣和锡渣，银富集在铋渣中，砷以稳定性比较好的砷酸铁的形式进入渣中。原则工艺流程如图4－16所示。

表4－21　铜烟尘多元素分析结果/%

成分	Pb	Bi	Zn	As	Cu	Sn	Sb	Fe	Ag/(g·t^{-1})
含量	32.5	13.48	7.36	6.58	2.24	1.68	0.05	0.2	102.8

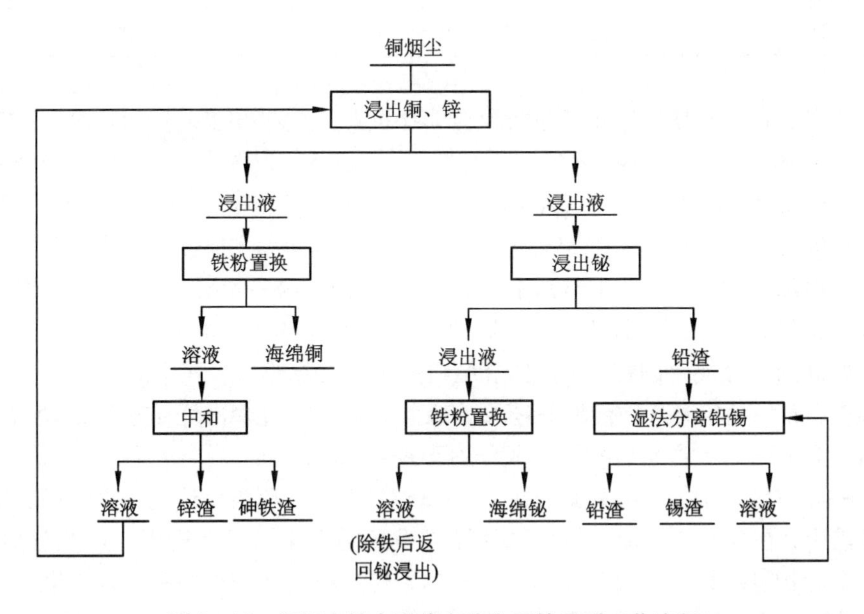

图4－16　铜烟尘综合回收有价金属的原则工艺流程

各产物的主要成分为：铅渣（>70% Pb）、海绵铋（>45% Bi、>500 g/t Ag）、海绵铜（>30% Cu）、锡渣（>20% Sn）、锌渣（>30% Zn）。各有价金属的回收率为铅>90%、铋>96%、铜>90%、锌>90%、银>98%、锡>95%。可见，铜烟尘中的铅、锡、铋、铜、锌、银等有价金属都得到了较好的回收，砷得到了无害化处理。

4.3.6.2 铅烧结烟尘处理与资源化

国内炼铅企业通常将铅烟尘返回与原料混合后继续冶炼，以回收利用烟尘。由于近年炼铅原矿的铅品位下滑，导致烟尘中锌、镉、铜等重金属增多，返回冶炼会降低精矿品位且严重影响炉况。近年来对烟尘的综合利用开展了大量研究，如用硫酸浸出法将烟尘中的铅富集到浸出渣中，而其他大量金属进入溶液中，再用氯化钠溶液浸出铅；用浓硫酸焙烧—水浸法提取烟尘中的大量金属，用氨浸法由烟尘制取 ZnO 等。

铅精矿中的铊是以 Tl_2S_3、Tl_2S 和 TlCl 的形态存在，在铅精矿高温（800～900℃）烧结焙烧过程中，有 75%～80% 的铊挥发进入烧结烟尘中，烟尘的化学成分见表 4－22。

表 4－22 烟尘的化学成分/%

成分		Tl	Pb	Zn	Cd	As	S	Se	Te
含量	例 1	0.05～0.2	65～70	1.0～1.5	1.0～2.7	2.0～4.0	6.0～7.0	0.1～0.25	0.02～0.08
	例 2	0.018	57.97	1.72	0.65	1.37	11.17	0.08	

水口山矿务局第三冶炼厂从烧结烟尘中回收铊的生产工艺流程见图 4－17。

按上述流程生产铊，铊的回收率可达到 55.51%，铊锭成分如下：Tl 99.99%、P 0.0018%、Cu 0.0006%、Zn 0.0012%、FeO 0.0004%、Cd 0.0004%。

株洲冶炼厂烧结烟尘中富集铊的方法是将烟尘和锯木屑按 3∶1 混匀，然后在精矿仓内加水润湿，使烟尘与锯木屑的混合料含水 5%～8%，然后送去配料。配料比为：料尘∶石英石∶石灰∶水淬渣∶返粉＝2∶0.02∶0.02∶0.30∶7。

配好的料经混合制粒，送至铅烧结机上进行烧结焙烧，其中的铊挥发进入布袋尘中，而烧结块则送往鼓风炉还原熔炼回收铅。经过多次烧结富集处理后，铊被富集 8～40 倍。富集后的烟尘成分列于表 4－23。

将这种富集尘拌以浓硫酸，在 250～350℃下进行硫酸化焙烧，然后将热焙砂用水浸出，在浸出液中加入氯化钠使铊以难溶的氯化物沉淀析出。过滤分离后，再将沉淀物进行第二次硫酸化焙烧和浸出，其溶液加碳酸钠中和，通硫化氢除杂后，用锌片置换铊后产出铊绵。铊绵经洗净、压团、烘干、熔化铸锭，产出铊锭的品位达到 99.99% 以上。

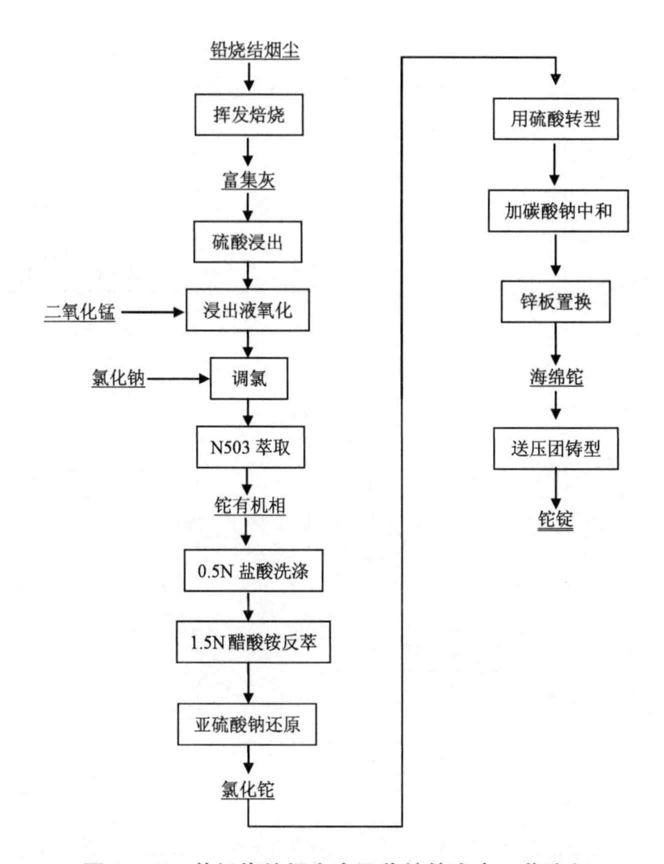

图 4－17　从铅烧结烟尘中回收铊的生产工艺流程

表 4－23　富集后烟尘成分/%

元素	Pb	Tl	Cd	Zn	As	Se	Te	S	Cl
含量	54.21	0.31	1.81	0.45	0.85	0.075	0.10	8.74	5.63

4.3.6.3　铅鼓风炉烟尘处理与资源化

铅鼓风炉熔炼收集的烟尘常富集了稀有元素硒、碲、镉，其化学成分见表 4－24。

如表所列成分，硒与碲的含量不高。为了提高硒、碲的回收率，先将这种贫硒、碲烟尘配以河砂和铁屑，在反射炉内 1200～1300℃的高温下进行挥发富集熔炼，使硒、碲大量挥发，在布袋中收集到富集尘，其成分见表 4－24。从铅鼓风炉烟尘中回收硒、碲、镉的生产工艺流程见图 4－18。

表 4－24　铅鼓风炉烟尘化学成分/%

成分		Pb	Zn	Cu	Cd	As	Se	Te	Tl
含量	例 1	61 ~ 71	0.7 ~ 2	0.1 ~ 0.7	4.7 ~ 6.3	4.6 ~ 14	0.01 ~ 0.07	0.03 ~ 0.19	0.03
	例 2	70 ~ 72	0.65		4.13	4.6	0.04 ~ 0.07	0.1 ~ 0.2	0.028
	硒碲富集尘	29 ~ 50	0.28 ~ 0.5		10.8 ~ 26.8		0.2 ~ 0.51	1.0 ~ 1.4	

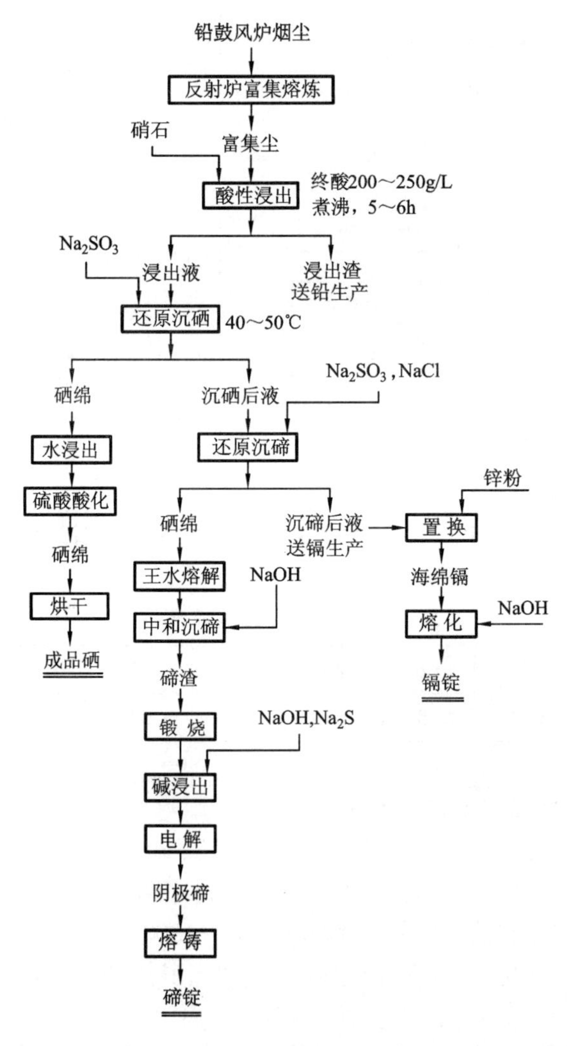

图 4－18　铅鼓风炉烟尘中回收硒、碲、镉的生产工艺流程

采用上述流程可生产品位为99.99%的硒、99.99%的碲。硒的冶炼回收率为47.5%，碲为43.67%。比较表4－24中两种烟尘的成分可以看出，鼓风炉烟尘经反射炉富集熔炼以后，富集尘中的镉含量提到10%以上，同时也富集了镉，原烟尘中90%以上的镉挥发进入富集尘中。在回收硒、碲的生产过程中，经分离硒、碲以后的硫酸镉溶液，即为进一步回收镉的原料。

从鼓风炉烟尘中回收镉，可以利用铅冶炼设备进行富集冶炼。首先将烟尘配以适当的熔剂、返粉和锯木屑，在烧结机上进行烧结焙烧，得到的烧结块再送鼓风炉富集熔炼，镉便挥发进入布袋尘中，这种布袋尘含镉达到8%～10%，然后拌以40%～50%的工业硫酸进行硫酸化焙烧，再用90～130 g/L的硫酸溶液浸出，浸出液经净化除去杂质以后，电积得阴极镉，精炼铸锭以后便得到99.99%以上的精镉。

沈阳冶炼厂铅烟灰含镉4%左右。该厂曾采用如图4－19工艺流程从这种烟

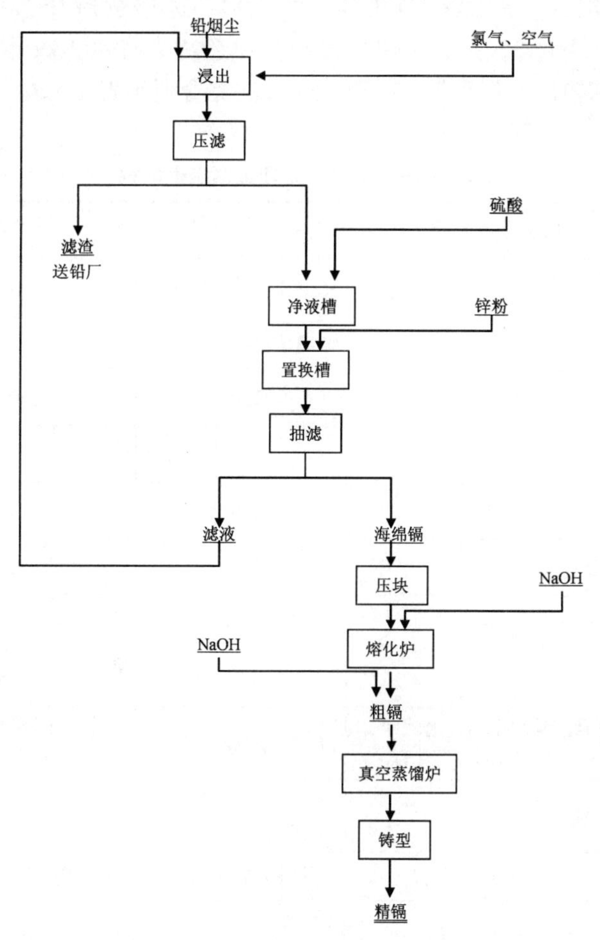

图4－19　烟灰中提取镉工艺流程

灰中提取镉，产出1号精镉，镉的回收率达到50% ~55%。这一流程的特点是采用真空蒸馏炉精炼镉。鼓风炉烟尘成分见表4 -25。

表4 -25 鼓风炉烟尘成分/%

成分		Cu	Zn	Cd	Fe	As
含量	1号	0.79	2.44	3.96	1.43	0.49
	2号	0.125	0.865	3.38	0.387	0.26

日本三日市电热法炼锌厂的精矿是先经流态化焙烧然后进行烧结，其中的镉富集在烧结烟尘中。这种烟尘在回转窑中加硫酸进行酸化焙烧后，经浸出、净化、置换得海绵镉。海绵镉经压团、熔化后，送连续减压蒸馏炉中精炼得99.998% 精镉，月产32.7 t。每月的浸出渣中还富集有400 kg 铟、1 t 银和50 t 铅。国外某些炼铅厂处理铅烟尘提取镉的方法综合列于表4 -26。

表4 -26 炼铅厂处理铅烟尘提取镉

指标	Kellogg 厂(美)	Pirie 港厂(澳)	苏联某厂
烟尘来源	反射炉富集熔炼	鼓风炉熔炼及焙烧	鼓风炉熔炼
烟尘组成/%			
Cd	35 ~40	3.96	3 ~4.5
Pb	35	52	47
Zn	6	18	28
As	3	0.59	2.0 ~5
Sb	3	0.26	0.22
Cl		0.47	1.5 ~2.7
浸出和净液	稀硫酸浸出，净化除 Fe、As、Sb，$K_2Cr_2O_4$ 除 Tl	水浸，渣返铅系统	焙烧，稀硫酸两段浸出，用铁除 Cu，MnO_2除 As、Sb
沉淀镉绵	锌粉	锌屑，用旋转有孔置换器	锌粉
镉的提取	压团，石墨罐中蒸馏	苛性钠覆盖下熔化	溶于稀硫酸，用电积法
镉的精炼	NaOH + $ZnCl_2$再熔	蒸馏，$ZnCl_2$ + NH_4Cl 再熔	阴极 Cd 和 NaOH 再熔

续表 4-26

精镉成分/%			
Cd	99.96	99.97	99.92~99.95
Zn	0.015	0.004	0.004
Cu	0.0002	0.0003	0.001
Pb	0.013	0.02	0.02~0.05
Fe	0.0012	0.0008	0.001~0.002

4.3.6.4　焙烧粗氧化锌粉烟尘的处理与资源化

回转窑处理锌浸出渣和铅炉渣烟化产出的氧化锌粉含有大量的氟、氯，需在浸出前进行焙烧脱去。当用多膛炉焙烧氧化锌粉脱氟、氯时，铊也挥发进入烟气中，然后富集在布袋尘中。这种布袋尘含有0.01%~0.25% Tl、40%~50% Zn、13%~15% Pb及F、Cl等。

从多膛炉入布袋尘提铊的工艺：烟尘用水直接浸出；浸出液用硫酸调整酸度，用高锰酸钾氧化，再用烧碱中和沉淀出铊；铊的沉淀物用硫酸浸出后，用亚硫酸钠还原，再加氯化钠使铊以氯化铊($TlCl_2$)的形态析出。氯化铊沉淀拌硫酸进行焙烧后再用水浸，然后加硫化钠中和除镉，通硫化氢沉出重金属，便可得到较纯的铊溶液，再用锌片置换得海绵铊，将海绵铊压团、熔铸成金属铊。铊的回收率约为40%，产品铊的品位为99.99%以上。

4.3.6.5　锌焙烧烟尘处理与资源化

葫芦岛冶炼厂从锌焙烧高温电收尘收集的高温尘和二次焙烧收集的镉尘中回收镉。水口山矿务局第一、第二、第四冶炼厂也从锌焙烧收集的粉尘中提炼镉，这些原料的成分见表4-27。

表4-27　锌焙烧烟尘主要成分/%

锌焙烧烟尘	Zn	Cd	Pb	Cu	As	Fe	S(s)	S(SO_4^{2-})
双旋灰	47~52	0.8~1.1	6~12	0.4~0.7	0.2~0.8	11~13	1~2	2~4
电尘	35~40	2~4	15~25	0.2~0.3	0.3~1	0.3~1.2	1.2~3	2~4
高温尘	40	5~6	4~5					
镉尘	18~20	18~23						

水口山矿务局第三冶炼厂采用湿法流程处理含镉物料，镉的总回收率达88%左右，电镉品位为99.99%。葫芦岛锌厂则采用湿法与火法联合流程处理含镉物料。全湿法流程的基本过程类似于湿法炼锌厂处理铜镉渣的生产方法，其生产工艺流程图如图4-20所示。

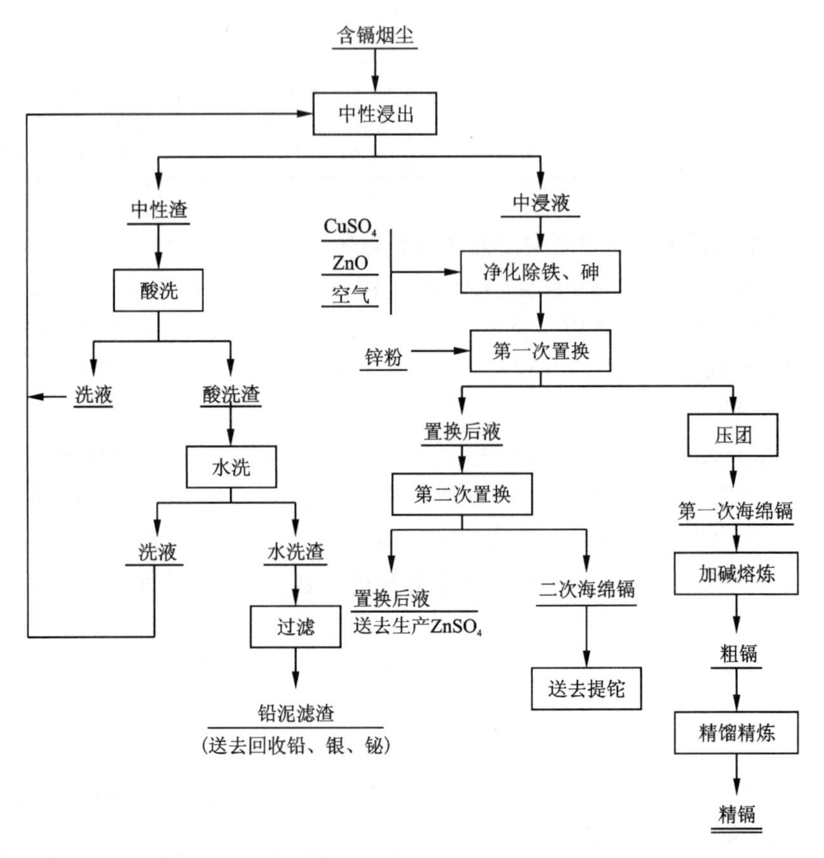

图4-20 含镉烟尘回收镉的湿法-火法联合流程

方法的主要优点是流程简单、金属回收率高、产品质量好、产出精镉纯度保持在99.995%以上，超过全湿法流程。镉的总回收率可达到71.92%。

4.3.6.6 多金属复杂高砷物料脱砷解毒及综合利用技术

砷是铜、铅、锌等有色金属矿石中的主要伴生元素之一。近年来我国铜、铅、锌等重金属产量一直位居世界第一，每年随精矿带入有色工厂的砷量有5万t左右。在冶炼过程中，砷分散到了生产各环节，使得脱砷困难。目前，我国有色行业对多金属复杂高砷物料一直沿用传统的火法和湿法脱砷工艺，脱砷率低，脱砷及实现有价资源的综合利用，已经成为我国有色行业急需解决的共性问题。该技术重点针对多金属复杂高砷物料脱砷难、伴生有价金属综合回收率低等难题，通过攻克高砷多金属复杂料高选择性捕砷剂碱浸脱砷、脱砷液臭葱石沉砷与捕砷剂再生、脱砷后多金属料控制电位浸出高效分离铋和铜、高铅料低温熔炼回收贵金属这些关键技术难题，以期突破含砷物料脱砷及资源综合回收的关键技术。依托郴州金贵银业股份有限公司建立了2000 t/a 高砷多金属复杂物料处理生产示范。

4.3.6.7　重金属废渣回收硫化物精矿清洁工艺

重金属废渣毒性大，污染严重。目前废渣堆存占用大量土地，而且重金属废渣多含铅、镉、砷等重金属，有害成分不断渗出进入地下并向周围扩散，严重污染土壤和水体。另一方面，废渣中含有许多有价金属成分，目前受技术水平的限制不能有效回收，造成金属资源的极大浪费。回收这些有价金属对延缓矿物资源的枯竭具有重要意义。该技术针对重金属废渣的环境污染和资源浪费问题，以重金属的无害化和资源化为目标，开发出重金属废渣深度硫化—表面诱导—絮凝浮选回收有价金属新技术。通过突破重金属废渣硫化过程强化与促进新技术，提高金属的硫化率；控制金属硫化物的晶形与粒度，提高可浮性；通过表面诱导与絮凝强化实现微细粒人造硫化矿的高效浮选，并对浮选残渣进行毒性评价和无害化处理与处置。依托株冶集团建立了500 t/a 的重金属废渣硫化-浮选回收金属硫化矿的中试工程。

4.3.7　湿法冶金浸出渣的处理及综合利用

4.3.7.1　锌浸出渣无害化处理技术

湿法炼锌无论采用哪种工艺，最终都会产出相当数量的浸出渣。这些浸出渣颗粒细小并含有一定量的锌、铅、铜、铟及金、银等伴生有价元素。为了综合利用浸出渣，减少环境污染同时充分有效地利用二次资源，国内外学者做了大量的研究，提出了一系列的方法，归纳起来可分为湿法工艺和火法工艺。

(1)湿法工艺

①热酸浸出黄钾铁矾法

热酸浸出黄钾铁矾法1986年开始应用于工业生产。我国于1985年首先在柳州市有色冶炼总厂应用，1992年西北铅锌厂采用该法生产电锌，其设计规模为年产电锌10万t。热酸浸出黄钾铁矾法是基于浸出渣中铁酸锌和残留的硫化锌等在高温高酸条件下溶解，得到硫酸锌溶液沉矾除铁后返回原浸出流程，其流程包括五个过程，即中性浸出、热酸浸出、预中和、沉矾和矾渣的酸洗，比常规浸出法增加了热酸浸出、沉矾和铁矾渣酸洗等过程，可使锌的浸出率提高到97%，不需要再建浸出渣处理设施。该法沉铁的特点：既能利用高温高酸浸出溶解中性浸出渣中的铁酸锌，又能使溶出的铁以铁矾晶体形态从溶液中沉淀分离出来。渣处理工艺流程短、投资少、能耗低、生产环境好，但渣量大，渣含铁仅30%左右，难以利用，堆存时可溶重金属会污染环境。

②热酸浸出赤铁矿法

热酸浸出赤铁矿法由日本同和矿业公司发明，1972 年由饭岛炼锌厂采用。该法沉铁是在200℃的高压釜中进行，浸出渣中的 Fe^{3+} 生成 Fe_2O_3 沉淀，渣含铁高达58% ~60%，可作炼铁原料，副产品一段石膏作水泥，二段石膏作为回收镓、铟等的原料，因此，该法综合利用最好，不需渣场，从而消除了渣的污染和占地问题。但热酸浸出赤铁矿法浸出和沉铁在高压下进行，所用设备昂贵，操作费用高。

③针铁矿法

热酸浸出针铁矿法沉铁浸出工艺是法国 Vieille – Montagne 公司研究成功并于1970 年开始应用于工业生产。热酸浸出针铁矿法处理浸出渣的流程包括中性浸出、热酸浸出、超热酸浸出、还原、预中和、沉铁等六个过程，可使锌的浸出率提高到97% 以上。针铁矿法的沉铁过程采用空气或氧气作氧化剂，将二价铁离子逐步氧化为三价，然后以 FeOOH 形态沉淀下来。溶液中的砷、锑、氟可大量随铁渣沉淀而开路，因而中浸上清液的质量稳定良好。针铁矿法比黄钾铁矾法的产渣率小，渣含铁较高，且便于处置。

④热酸浸出法后利用石灰和煤灰渣处理锌浸出弃渣

热酸浸出法浸出的弃渣是湿法炼锌中产生的固体废物，渣中含有大量的重金属离子。目前一般是填埋处置。为了防止浸出渣中有害物质的溶出对环境造成污染，浸出渣应先进行无害化处理，然后再做最终处置。无害化处理的方法很多，通过用石灰、煤灰渣处理含锌浸出渣，该方法不仅简单，易于操作，而且处理效果较好，处理后的浸出渣达到国家所规定的控制标准。某单位使用石灰、煤灰渣成功处理锌含量为 21.43%、镉含量为 0.178% 的锌浸出渣，其工艺过程是：备料—混合—成形浸出渣。浸出废渣风干过 150 μm 筛，石灰、煤灰渣分别粉碎后过 380 μm 筛，浸出渣、石灰、煤灰渣以一定的配比投入到原料混合机中，经搅拌混合均匀，然后通过出料装置成形，再将成形的坯体养护，使之形成具有一定强度的固化产品，然后送往处置场进行处置。

⑤富氧直接浸出搭配处理锌浸出渣

常压富氧直接浸出工艺由奥图泰公司开发，该工艺是在氧压浸出基础上发展起来的，避免了氧压浸出高压釜设备制作要求高、操作控制难度大等问题，但同样达到了浸出回收率高的目的。株洲冶炼集团股份有限公司采用引进奥图泰公司硫化锌精矿常压富氧直接浸出技术搭配处理浸出渣，同时综合回收铟，沉铟渣送铟回收工段，硫渣与浮选尾矿压滤后送冶炼系统处理。整个工艺过程中大幅消减了 SO_2 烟气排放量，锌的总回收率达到97%、铟回收率达到 85% 以上；沉铁渣的品位达 40% 左右，提高了资源综合利用率；年能耗明显降低，达到了综合回收有价金属的目的，同时治理环境，解决了锌浸出渣的污染问题。

⑥基于铁酸锌选择性还原的锌浸出渣处理技术

锌冶炼过程中铁酸锌的生成导致后续沉铁工艺复杂，渣量大，造成资源浪费和环境污染。针对这一问题，提出一种在 CO/CO_2 弱还原气氛下，将铁酸锌选择性分解为氧化锌和四氧化三铁的锌浸出渣处理方法，焙烧产物可通过酸浸和磁选实现铁锌分离和回收。这一选择性还原焙烧方法使锌浸出渣量降低了30%，同时实现了锌、铁的资源化，具有较高的经济和环境效益。

(2)火法工艺

①回转窑挥发法

回转窑挥发法是我国处理锌浸出渣所使用的典型方法，该法是将干燥的锌浸出渣配以50%左右的焦粉加入回转窑中，在1100～1300℃高温下实现浸出渣中Zn的还原挥发，然后以氧化锌粉的形式回收，同时在烟尘中可回收Pb、Cd、In、Ge、Ga等有价金属。Zn的挥发率为90%～95%，浸出渣中的Fe、SiO_2和杂质约90%进入窑渣，稀散金属部分富集于氧化锌中利于回收，窑渣无害，易于弃置，也可以加以利用。但该工艺存在窑壁黏结造成窑龄短、耐火材料消耗大、设备投资和维修费用高、工作环境差、能耗高等缺点。

②矮鼓风炉处理浸出渣

我国鸡街冶炼厂采用矮鼓风炉处理湿法炼锌浸出渣。锌浸出渣经过干燥，根据其化学成分，选择合适的渣型，配入一定的还原剂、熔剂和黏合剂，制成具有一定规格和强度的团块后，与一定量的焦炭一起加入矮鼓风炉中在1050～1150℃进行还原熔炼。在熔炼过程中，铁将被还原。为了避免炉底积铁，通过风口鼓风将还原出来的铁再次氧化，使其进入渣中而排出炉外。该厂用矮鼓风炉处理浸出渣的主要技术经济指标为：锌回收率为90%，铅回收率为95%，渣含锌小于2%，每吨氧化锌粉耗焦700 kg、耗粉煤112 t、炉床能率为25 $t/(m^2 \cdot d)$。该法具有操作简单、处理能力大、对原料适应性强等特点，而且投资少，适合中小型企业炼锌使用。

③旋涡炉熔炼法

旋涡炉熔炼是通过沿炉子切线方向送入高速风在炉内产生高速气流，当炉内有燃料燃烧时，则为灼热气流。高速灼热气流与具有巨大反应表面的细小颗粒作用，加速传热和传质，强化工艺过程。由切线风口向送入的高速气流在炉内形成强烈旋转的涡流，炉料在高速旋转气流形成的离心力作用下被抛到炉壁上进行燃烧、熔化和易挥发组分的挥发，依靠碳和必要时添加的辅助燃料的燃烧，炉内温度可达1300～1400℃，炉料中的金属锌、铅、锗、铟等挥发进入炉气，最终以氧化锌形态回收，未挥发的熔体从炉壁上经隔膜口连续落入沉淀池。旋涡炉处理锌浸出渣，浸出渣与焦粉混合料中含碳量必须大于30%，温度高于1300℃，才能确保渣含锌小于2%。旋涡炉熔炼法处理浸锌渣具有金属挥发全面、渣中有价金属含量低、余热能充分有效利用、设备寿命较长、生产过程连续稳定、经济效益好等优点。其缺点是对资源和能源的要求较高、原料制备复杂、生产流程长、产出的烟尘再处理难度大。

④澳斯麦特技术处理锌浸出渣

澳斯麦特技术是近年来发展起来的强化熔池熔炼技术，该熔炼技术在各种有色金属冶炼、钢铁冶炼及冶炼残渣回收处理生产应用方面都曾涉足。利用澳斯麦特技术处理锌浸出渣最成功的工业化应用范例是韩国锌公司温山冶炼厂。该厂于1995年8月采用澳斯麦特技术处理锌渣，产出无害弃渣，而且将各种有价金属回收在产出的氧化烟尘中。澳斯麦特技术具有设备简单、对炉料要求低、占地面积小、各种有价元素回收率高、能耗低等优点，但是对于含砷较高的物料，澳斯麦特炉产出的烟灰含砷较高，会污染环境，而且高砷物料的处理难度也很大，还会影响锌系统的正常生产，并且给氧化锌烟灰中稀散金属的回收带来困难。

⑤烟化炉连续吹炼工艺

烟化炉吹炼处理湿法炼锌过程中产生的浸锌渣的工艺实质是还原挥发过程，与回转窑挥发工艺原理基本相同，不同的是烟化法是在熔融状态下进行，而回转窑挥发工艺是在固态下还原挥发锌。烟化炉挥发工艺过程是将浸锌渣、粉煤或其他还原剂与空气混合后鼓入烟化炉内，粉煤燃烧产生大量的热和一氧化碳，使炉内保持较高的温度和一定的还原气氛，渣中的金属氧化物被还原成金属蒸气挥发，并且在炉子的上部空间再次被炉内的一氧化碳或从三次风口吸入的空气所氧化。炉渣中的锗、铟等金属氧化物以烟尘形式随烟气一起进入收尘系统收集。该工艺的优点是缩短了工艺流程，能耗较低，劳动环境得到改善，加工成本降低。但其缺点是锌渣烟化炉连续吹炼全过程在原料粒度一定、含水稳定、给料均衡的情况下，将微机在线检测变为微机自动控制是可行的，但要实现其稳定运行，还需进一步深入研究。

⑥基夫赛特工艺搭配处理锌浸出渣

基夫赛特法技术特点是作业连续，氧化脱硫和还原在一座炉内连续完成；原料适应性强；烟尘率低(5% ~7%)；烟气中 SO_2浓度高(>30%)，可直接制酸；能耗低；炉子寿命长，炉寿可达3年，维修费用低。其主要缺点是原料准备复杂(如需干燥至含水率为1%以下)，一次性投入较高。根据基夫赛特原料适应性强的特点，将铅精矿与湿法炼锌浸出渣搭配冶炼，不仅可以实现铅冶炼技术及装备的全面升级，而且可望解决回转窑和铅鼓风炉排放的低浓度 SO_2烟气问题，以及与铅锌联合企业循环经济建设中锌精矿直接浸出所产出的渣料(硫渣、高酸浸出渣)的综合处理问题，形成先进的直接铅冶炼湿法炼锌浸出渣处理配套技术。

国内自主开发的富氧低吹－鼓风还原工艺(SKS法)虽然解决了低浓度 SO_2污染问题，但仍然存在能耗高、气型重金属污染问题。与此同时，锌生产系统产出大量含有价金属的铅锌渣料，传统回转窑处理工艺金属回收率低、污染严重，而且大量窑渣堆存，造成资源浪费和重金属污染。该技术围绕重金属固体废物全过程污染控制和资源化高效利用，通过引进和再创新研究原料适应性强的基夫赛特(Kivcet)直接炼铅技术，突破基于搭配浸锌渣为原料的铅闪速熔炼微观场调控下炉结抑制与消除、氧位－硫位控制有价金属定向分离等关键技术，创建搭配铅锌渣料闪速熔炼直接炼铅新工艺，取代传统的“烧结机－鼓风炉”炼铅系统。以株冶集团为依托，建设年产10万t粗铅的直接炼铅生产系统，同时搭配处理10万t/a以上含铅锌渣料，实现铅冶炼高效清洁生产的同时，实现锌生产系统铅锌渣料资源化。

韩国锌业公司温山冶炼厂为建成一座“绿色”工厂，曾对渣处理流程做过多方案的比较和改进。其原则是消除浸出渣的堆场，使未来的不可知责任最小化，而不是公司当前利益的最大化，其目标是研究一种与铅渣烟化炉相同的化学反应过程，实现连续化操作的锌渣处理工艺，渣烟化的连续化过程有利于含硫烟气的后续处理，也有利于操作管理。在澳大利亚进行试验后，于1995年建成两段澳斯麦特炉处理炼锌厂残渣，投产初期遇到了许多机械问题，经过一段时间的设计修改取得了很好的效果，证明两段连续烟化炉处理锌浸出渣或铅锌冶炼过程残渣，产出无污染可利用的废渣是一个比较好的方法。该项目的正常生产逐步消除了该厂生产过程产出的铁矿渣和堆存的铁矾渣。烟化炉放出的渣经水淬后出售给水泥厂，从而真正地实现了“无弃渣锌冶炼厂”的初衷。温山锌冶炼厂澳斯麦特渣处理工艺，设计能力为12万t/a(干基)浸出渣。含水25%的浸出渣与粒煤(5～20 mm)、石英熔剂经配料、混合后加入第一段澳斯麦特熔炼炉。熔炼炉顶部喷枪送入富氧空气、粉煤，二次燃烧空气进行浸没熔炼，产出的含锌氧化物烟尘和二氧化硫烟气经沉降室余热锅炉降温，电收尘机除尘后，尾气含有二氧化硫1%左右，通过氧化锌吸收后排空。沉降室收集的粗尘返回熔炼炉，余热锅炉和电收尘器收集的混合氧化物作为尾气洗涤吸收剂，经洗涤产出的亚硫酸锌矿浆返回炼锌厂回收锌和硫酸。熔炼炉下部排渣口将熔融渣送往第二段澳斯麦特炉进一步贫化，第二段炉设有单独的烟气处理系统，由于第二段炉的烟气不含二氧化硫，所以无尾气吸收装置。烟气经沉降室、热回收降温至200℃，再经布袋收尘器除尘后直接排放，二段炉的氧化锌烟尘送浸出厂。二段炉设有放渣口和底部放出口，废渣由放渣口排出后水淬外售，铜锍由底部放出口间断排放，送铜厂处理。熔炼炉操作温度1270℃，贫化炉操作温度为1300～1320℃。该厂1995年初产遇到的主要问题是：由于喷溅造成上升烟道的堵塞，喷枪下部寿命短，耐火材料过度损坏。经温山冶炼厂不断改进已取得了很好的效果。生产实践数据为：锌回收率86%，铅回收率91%，银回收率88%(其中71.5%进入氧化锌烟尘，其余进入铜锍)。废渣含锌小于3%，含铅小于0.3%，铜、锑以黄渣形式得以回收。

4.3.7.2 硫渣资源化技术

硫渣中硫磺的回收方法主要包括物理法和化学法，物理法包括高压倾析法、浮选法、热过滤法、制粒筛分法、真空蒸馏法等。化学法包括有机试剂溶解和无机试剂溶解等方法。物理法利用硫的熔点、沸点、黏度等物理性质回收硫。

高压倾析法用高压釜加热含硫物料，熔融态的元素硫沉积，排出冷却得含硫量高的硫磺产品，但该法获得的硫磺产品品位不高。热过滤法将物料加热、过滤使硫与其他固体物料分离，该法应用非常广泛，但一般要求含硫量大于85%。浮选法工艺简单、成本低，但硫渣硫磺品位低，一般只能起到富集硫的作用。真空蒸馏法蒸馏效果受温度影响很大，但产品纯度很高，很少有“三废”产生，介质可循环使用，绿色环保，但成本高、设备复杂。制粒筛分法是将含硫物料加热、骤冷，使元素硫形成硫粒筛分回收，工艺上较难掌握，硫磺品位不高。

化学法用溶剂从含硫物料中溶解硫，再提取得硫磺产品。由于硫在四氯乙烯、煤油和二甲苯中的溶解度均随温度升高而快速增加，可通过高温溶解—低温结晶方法提取硫渣中的硫磺，回收率高，产品纯度高，但有机溶剂有毒、易挥发、易爆，脱硫渣中残留有机溶剂。无机溶剂主要采用$(NH_4)_2S$与单质硫形成多硫化物而与其他杂质分离，多硫化物进一步加热分解可生成单质硫沉淀，氨气和硫化氢气体收集循环使用。此法物料范围广，浸出速率快，反应易控制，但由于$(NH_4)_2S$能溶解金属硫化物，使产品纯度不高，且操作环境差。锌精矿常压富氧直浸工艺产生的硫渣除含大量单质硫磺外，还含贵金属Ag等，可从中提取硫磺，还可富集贵重金属。热滤法是一种较经济和实用的硫磺回收方法，但热滤法对原料中单质硫含量有一定要求，需在85%以上。

4.3.7.3 铜镉渣处理与资源化技术

根据分离过程中各金属的物理化学性质及其回收工艺流程的不同，从铜镉渣中提取分离回收金属成分有火法贫化法、湿法分离法及炉渣选矿等方法。火法工艺历史较久，工艺成熟，但能耗高，需要价格较高的冶炼焦及庞杂的回收炉灰和净化气体设备，生产过程中常产生腐蚀性氯气，对设备的要求较高，近年来较少采用；而湿法工艺能耗相对较低，生产易于自动化和机械化，对于品位低、规模小的含镉物料，生产成本低，工艺过程相对简单。浸出—净化—置换—电积联合法生产工艺是国内回收铜镉渣最主要的工艺，此工艺主要包括浸出、压滤、除铁、一次净化、二次净化、电解精炼等工序；另一种是浸出—净化—萃取—反萃工艺，萃取分离不仅能达到高效提纯和分离的目的，同时，萃取剂能够循环重复利用，具有很好的经济效益。

湿法工艺也分为酸法和氨法工艺，两者各有特色。目前我国湿法炼锌工艺大多采用酸法路线，因氨浸工艺路线得到的锌-氨溶液难与现有炼锌系统衔接，所以铜镉渣氨浸工艺未得到广泛采用。目前，国内部分大型锌冶炼厂对铜镉渣等含镉料渣只进行粗分离。如来宾冶炼厂首先将锌、镉进行浸出，浸出后的滤液送镉回收工序生产粗镉，未浸出的铜渣直接售出。铜渣中还含有约3%的镉和20%的锌，对后续铜的回收带来不利影响。还有厂家将铜镉渣送入回转窑进行预处理，镉挥发进入氧化锌烟尘。烟尘浸出时镉又重新溶解，镉在此过程中并未得到回收，只是在系统内循环，重复耗酸和锌粉，使生产成本增加。

近年来，研究人员围绕铜镉渣等含镉料渣中有价金属回收工艺进行了诸多研究，但研究内容大多集中在对常规的浸出—净化—置换工艺进行调整和改进。廖贻鹏等提出了一种从铜镉渣中回收镉的方法，主要流程包括硫酸浸出—净化除铜—氧化除铁—锌粉置换等，最后得到海绵镉、镉锭；曹亮发等公开了一种从海绵镉直接提纯镉的方法，其工艺过程包括铜镉渣酸性浸出及沉钒除杂、锌粉置换的一次海绵镉直接生产镉锭、海绵镉压团熔铸、粗镉蒸馏精炼等工序，省去了一次海绵镉的堆存场地，缩短了镉提炼的工艺流程和生产周期，节省了二次置换所需的锌粉。锌粉的消耗量降低了45%以上。

北京矿冶研究总院的邹小平等对驰宏锌锗有限责任公司的铜镉渣现有酸浸—置换—电积镉工艺加以改进，将原有流程产出的镉绵通过火法工艺经粗炼和真空精炼来生产高纯精镉，实现镉品位由50%～60%提高到80%以上，镉绵经压团熔炼后直接进行连续精馏，取消间断熔炼工序和电积，实现精镉生产的连续化作业；韶关冶炼厂的袁贵有研究了酸浸—铜镉渣中和—锌粉除铜法处理铜镉渣的工艺，经工艺条件优化后，镉回收率达到88%；石启英等研究了湿法炼锌中铜镉渣的酸浸和铜渣的酸洗过程对系统杂质氯的脱除效应，研究发现，用铜渣的酸洗液、锌电解废液及各种过程洗涤水配制成初始酸度为80～100 g/L的前液，蒸汽加热到60℃以上，对湿法炼锌中的一次净化渣即铜镉渣进行浸出，并将终酸控制在10 g/L以上，回收锌和镉，所得的铜渣在50～60℃的条件下，用锌废液对其中的锌和镉进行再浸出，可最大限度地提高铜渣中铜的品位并具备铜渣除氯的条件；商洛冶炼厂对铜镉渣的处理采用锌电解废液或硫酸浸出其中的锌、镉。当浸出达到终点时控制液体的酸度为2～4 g/L，然后加入锰粉将Fe^{2+}氧化成Fe^{3+}，再加入石灰乳中和溶液pH到5.2～5.4，借助铁的水解沉淀除去砷、锑等杂质，澄清压滤液固分离。滤液送入镉回收工序，而固体铜渣用来回收铜。铜渣中还有3%以上的镉和20%左右的锌，为了解决此问题，在不影响提镉的前提下，该厂技术人员采用烟尘代替石灰乳中和溶液，取得了较好的效果；株冶集团针对目前镉生产工艺处理能力日趋饱和、溶液中锌含量高、操作困难、浸出液铁含量高、有害杂质内部循环、锌粉质量差、镉绵杂质含量高、镉电解困难等问题，对现有镉生产工艺进行了改进。改进后的工艺增加了一个铜镉渣过滤工序，从而降低了镉工段处理量，降低了镉生产溶液中的锌含量，使得后续工序的技术条件易于控制。

此外，近年来还有研究人员提出了加压酸浸法、微生物浸矿法、流化床电极等技术方法，以进一步改善铜镉渣处理效果。但加压酸浸法在高温高压下进行，对设备的要求较高，不利于工业化的广泛应用；微生物浸矿法等则难以与现有铜镉渣处理体系衔接；流化床电极法电流效率低、能耗高、铜镉深度分离困难、工程化实现困难等。

总体来看，现有含镉料渣的处理工艺存在流程复杂、处理周期长、所需要的化学原料种类和设备多、中间副产二次物料多、锌粉消耗量大，生产流程中累积的金属锌多，且只能生产出铜、锌、镉等粗级产品等缺点，尤其是现有处理工艺存在镉浸出率、回收率低，镉在处理回收过程中易分散流失等问题，这些是目前含镉物料处理技术急需突破的瓶颈。

4.3.7.4 钨湿法冶炼渣的处理与利用

随着高品质钨精矿数量的日渐减少，钨湿法冶炼原料中采用贫细杂钨原料比例随之上升。钨的贫细杂难选物料多在钨集中精选过程中产生，属于生产高品质钨精矿的中间产品，主要由钨细泥、钨杂料、钨中矿以及各类含钨粉尘等组成，这类贫杂物料中还伴有大量的伴生有价金属(锡、辉钼、氧化铋等)。目前的选矿技术难以对此类物料进行有效的富集和回收，而直接用作钨湿法冶炼的原料。冶炼中除少部分难分解的钨外，伴生的有价金属(锡、辉钼矿、氧化铋等)则大部分进入了冶炼渣中。积极开展钨冶炼渣中有价金属的综合回收和利用，可以有效提高资源的利用率，同时减少冶炼渣造成的环境污染。钨冶炼渣中含WO_3 2.48%(其中白钨1.95%)、Sn 1.75%、Bi 2.41%(其中氧化铋2.09%)、Mo 0.35%，具有综合回收和利用价值。对该渣进行粒度分析表明，其中WO_3主要存在于+37 μm粒级(88%以上)，Sn主要存在于37~76 μm粒级(90%以上)，Bi主要存在于19~76 μm(95%以上)粒级、Mo相对分散，从粒度分析看，可以采用重选法回收WO_3、Sn，采用浮选法回收Bi、Mo。矿物组成与嵌布特征分析金属矿物主要以白钨、黑钨、锡石、黄铁矿、辉铋矿等为主，非金属矿有石英、云母、长石、萤石、电气石等，次生矿物有赤铁矿、褐铁矿、硬锰矿、软锰矿、铋华、泡铋等。黑钨矿为铁黑色，多呈板状单体，解理清楚，与石英共生，部分裂隙解理中有褐色浸出残留物，有的黑钨与白钨连生，可见小颗粒黑钨被白钨包裹，也有星点状黑钨分布在白钨矿中，白钨多与石英连生。锡石呈不规则状，表面新鲜，油脂光泽强烈，无次生变化。辉钼矿呈鳞片状，单体表面新鲜，但其解理面上可见铁锰质充填，少数与云母连生。辉铋矿多呈长柱状单体，集合体为微密柱状，大多表面已次生变化为铋华、泡铋。硬、软锰矿几乎都是单体，铁锰质的胶体与泥化了的高岭土及石英微粒混合成团，约占试料颗粒的5%左右。采用先浮钼，然后调低pH浮硫化矿，之后采用硫化浮选的方法浮选渣中的氧化铋，接着浮选白钨，最后重选回收锡的工艺，从钨冶炼渣中回收了铋、钨和锡，取得了较好的综合回收效果；同时在回收过程中，钨冶炼渣中的高碱性物质消耗完毕，最终渣显中性，减少了对环境的污染。

4.3.8 重金属污泥的处理及综合利用

冶炼废水污泥是指冶炼行业中废水处理后产生的含重金属污泥废弃物，属于危险废物。作为废水的“终态物”，虽然其量比废水要少得多，但是由于废水中的Pb、Hg、Cd、As、Cu、Ni、Cr、Zn等重金属都转移到污泥中。如果对这种危害性极大的污泥不作任何处置，其对生态环境的破坏是不言而喻的，另一方面，如果对污泥中品位极高的重金属物质不加以回收利用，也意味着资源的巨大浪费。因此，必须对重金属污泥进行无害化处置和资源综合利用。

4.3.8.1 冶炼废水重金属污泥的无害化处置

(1)固化剂固化

在危险固体废物诸多处理手段中，固化技术是危险废物处理中的一项重要技术，在区域性集中管理系统中占有重要地位。和其他处理方法相比，它具有固化材料易得、处理效果好、成本低的优势。固化过程是利用添加剂改变废物的工程特性(例如渗透性、可压缩性和强度等)的过程。近年来，美国、日本及欧洲一些国家对有毒固体废物普遍采用固化处置技术，并认为这是一种将危险物转变为非危险物的最终处置方法，所采用的固化材料有水泥、石灰、玻璃和热塑料物质等。其中，水泥固化是国内外最常用的固化技术，在美国被认为是一种很有前途的技术，它被证明对一些重金属的固定非常有效。美国国家环保局也确认它对消除一些特种工厂所产生的污泥有较好的效果。有结果发现，在冶炼废水重金属污泥中加入425号水泥，按混凝土与污泥比为40∶1或50∶1进行固化试验，所得样品的强度(28 d)可达到275号水泥的标准。固化体对Zn、Cu、Ni、Cr有很好的固化效果，进一步研究发现，对冶炼废水污泥进行铁氧体化预固化，然后再与混凝土按1∶30的比例进行固化，对样品及其浸出液进行分析，发现这一方法对Zn、Ni、Cu、Cr的固化和稳定效果更佳，且产物强度可达到325号水泥标准。吴少林等以冶炼废水铬污泥为对象，以水泥为固化剂，硫脲、硅酸钠为添加剂，研究在不同的添加剂用量、配比以及不同pH的水中，铬的浸出规律。实验结果表明，水泥固化效果良好，ξ(水泥)∶ξ(铬泥)为1.5∶1.0即可。加入硫脲、硅酸钠等添加剂，可降低铬的浸出浓度，硫脲的稳定化效果优于硅酸钠，二者存在一定的协同效应，且硅酸钠可显著提高固化块的强度。涂洁等利用HAS土壤固化剂代替水泥来固化冶炼废水污泥，能得到具有良好抗浸出性、耐腐蚀性、抗渗透性、足够机械强度的护坡砖。该固化工艺开辟了冶炼废水污泥资源化利用的新途径。

(2)填埋

从经济、技术、废物现状来看，填埋技术是比较适合中国国情的一项危险废物无害化处置途径，但国内针对冶炼废水污泥这一类危险废物的填埋技术仍处于较低的水平。由于对大多数工业危险废物只是简单地堆放或填埋，因此，对环境的破坏相当严重，特别是对地下水的污染问题十分突出。但技术的障碍是有限期的，在目前和不久的将来，填埋仍然是必要的。特别强调的是危险废物的安全填埋，即在填埋前必须进行预处理使其稳定化，以减少因毒性或可溶性造成的潜在危险。近年来，国家逐步提高了对冶炼废水污泥等危险废物的管理和处置力度。2001 年，国家颁布了《危险废物填埋污染控制标准》(GB 18598—2001)，这为冶炼废水污泥真正实现无害化处置打下了良好的基础。

4.3.8.2 重金属污泥的资源化综合利用

由于资源贫化和环境污染的加剧，冶炼废水污泥作为一种重要的重金属资源加以回收利用，一直是国内外研究的重点。工业化国家在 20 世纪 70—80 年代已普遍重视从冶炼废水污泥中回收重金属的新技术开发。中国在“七五”和“八五”期间也专门设立了关于冶炼废水污泥资源化的攻关课题。作为一种廉价的二次资源，只要采用适当的处理方法，冶炼废水污泥便能变废为宝，带来可观的经济效益和环境效益。随着经济与社会的快速发展，冶炼废水污泥的资源化利用将逐渐成为前景广阔的绿色产业。

(1)回收重金属

1)浸出 - 沉淀法

对冶炼废水污泥进行选择性浸出，使其中的重金属分组溶出，这是回收重金属的关键一步，也是决定后续金属回收率的关键所在。金属的浸出溶解主要有酸浸和氨浸两种工艺。目前国际上偏向于采用选择性相对较好的氨浸。由于沉淀法分离回收浸出液中的重金属工艺简单，因此应用较为广泛。捷克的研究者提出了一种处理镍冶炼废水污泥的多级沉淀工艺，并在实验室进行了研究。该技术包括污泥酸浸、多种沉淀方法净化硫酸盐浸出液，使共存于镍冶炼废水污泥中的杂质，如 Fe、Zn、Cu、Cr、Cd、Al 等被脱除，最后一级沉淀中镍以氢氧化物的形式从净化溶液中分离出来。镍的最终沉淀物达到的纯度足以在冶金工业中直接再利用。毛谙章等研究了硫化物沉淀分离提纯、氯酸钠硫酸体系浸出回收铜的工艺路线，铜的总回收率达到 94.5%。陈凡植等研究采用常温下浸出、铁屑置换、多步沉淀净化来制取硫酸镍和固化处理工艺综合利用冶炼废水污泥，由此得到的海绵状铜粉，品位在 90% 以上，回收率达 95%，还可以得到工业纯的硫酸镍，使镍的回收率大于 80%。

2)浸出 - 溶剂萃取法

冶炼废水污泥的溶剂萃取法，是在浸出液中加入与水互不相容的有机溶剂，或含有萃取剂的有机溶剂，通过传质过程，使污泥中的某些重金属物质进入有机相，从而达到分离富集的目的，也称液 - 液萃取法。20 世纪 70 年代，瑞典国家技术发展委员会支持 Chalmers 大学开发了 Am - MAR“浸出 - 溶剂萃取”工艺回收冶炼废水污泥中的Cu、Zn、Ni等重金属物质，并逐步形成工业规模。中国的祝万鹏等以溶剂萃取工艺为主体，先后进行了一系列从冶炼废水污泥中回收有价金属的实验研究，先是采用氨配合分组浸出—蒸氨—水解硫酸浸出—溶剂萃取—金属盐结晶工艺，对冶炼废水污泥进行有价金属的回收，并得到了含Cu、Zn、Ni、Cr等的各种高纯度金属盐类产品。后来采用N510－煤油－H_2SO_4四级逆流萃取工艺，可使铜的萃取率达99%，而共存的镍和锌损失几乎为零。铜在此工艺过程中以铜盐$CuSO_4 \cdot 5H_2O$或电解高纯铜的形式回收。初步经济分析表明，其产值抵消日常的运行费用，还具有较高的经济效益。整个工艺过程较简单，循环运行，基本不产生二次污染。后来经过工艺改进，该小组又研究了硫酸浸出－P507－煤油－硫酸体系，萃取分离铁、钠皂－P_2O_4－煤油－硫酸体系共萃取铬、铝－反萃取分离铬、铝工艺，回收冶炼废水污泥氨浸渣中的金属。通过优化实验，确定了全流程的最佳工艺参数。结果表明，铁铬渣中的金属铬、铝和铁均可以高纯度盐类形式回收，可作为化学试剂使用，回收率达95%以上。葡萄牙的J. E. Silva等对含有Cu、Cr、Zn、Ni等重金属的冶炼废水污泥，采用硫酸浸出—置换除铜—沉淀除铬－D2EHPA和Cyancx272萃取分离锌、镍－结晶的工艺进行了研究。结果显示，D2EHPA对锌的萃取率要比Cyancx 272高，且存在于有机相中的锌能全部被回收，经过结晶后，能得到纯度相当高的硫酸镍产品。在铜、铬的去除阶段，铜的回收率达到90%，产生的Cr－$CaCO_3$沉淀可用于制作硅酸盐材料。

3）电解法

根据物理化学中的电解基本原理，在国内一些冶炼厂对主要含$Fe(OH)_3$和$Cr(OH)_3$组分的污泥进行了电解法处理，其中武汉冶炼厂的方法值得借鉴：将一定量的水和硫酸加入到污泥中，沸腾后静止30 min，过滤后的滤液移至冷冻槽，然后加入理论量1～2.5倍的硫酸铵，使生成的硫酸铬和硫酸铁转变为铬矾和铁矾，根据铬矾和铁矾在低温（75℃）条件下溶解度的不同而达到铬、铁的分离，最后，可回收90%以上的铬。

4）氢还原分离法

氢还原分离金属物质是一种较成熟的技术。20世纪50年代以来，在工业上用氢气还原生产铜、镍和钴等金属，取得了显著的经济效益和社会效益。张冠东等采用湿法氢还原对冶炼废水污泥氨浸产物中的Cu、Ni、Zn等有价金属进行了综合回收处理，成功地分离出金属铜粉和镍粉。实验结果表明，在弱酸性硫酸铵溶液中，可以获得较好的铜镍分离效果。所得两种金属粉末的纯度可达到99.5%，符合3#铜粉和3#镍粉的产品要求，铜的回收率达到99%，镍的回收率达到98%以上。并且在此基础上，对还原尾液中的锌进行了回收。该法流程简单、投资少，产品纯度高，值得在工业生产中进一步改进推广。

5)煅烧酸溶法

Jitka Jandova 等通过实验研究发现，对含铜污泥进行酸溶、煅烧、再酸溶，最后以铜盐的形式回收，是一种简便可行的方法。在高温煅烧过程中，大部分杂质，如 Fe、Zn、Al、Ni、Si 等转变成溶解缓慢的氧化物，从而使铜在接下来的过程中得以分离，最终以 $Cu_4(SO_4)\cdot 6H_2O$ 的形式回收。这种方法流程简单，不需要添加别的试剂，具有较强的经济性和简便性。但回收得到的铜盐含杂质较多，工艺有待进一步优化。

6)铁氧体综合利用技术

铁氧体技术是根据生产铁氧体的原理发展起来的，应用铁氧体综合利用技术处置冶炼废水重金属污泥，并制成合适的工业产品，是经过许多学者实验研究后得到肯定的一种方法。由于冶炼废水污泥是冶炼废水经亚铁絮凝的产物，故冶炼废水污泥中一般含有大量的铁离子，尤其在含 Cr 冶炼废水污泥中，采用适当的无机合成技术可使其变成复合铁氧体，冶炼废水污泥中的铁离子以及其他多种金属离子被束缚在反尖晶石面心立方结构的四氧化三铁晶格格点上，其晶体结构稳定，达到了消除二次污染的目的。铁氧体化分为干法和湿法两种工艺，贾金平等利用上海电机厂、上海水泵厂产生的冶炼废水污泥为原料，通过湿法工艺合成了铁黑产品，并以铁黑颜料为原料，开发了 C43－31 黑色醇酸漆、Y53－4－2 铁黑油性防锈漆等多项产品。随后又在原来的基础上开发了冶炼废水污泥湿法合成铁氧体后，再干法还原烘干的新工艺，并申请了专利。通过这一工艺可以合成性能优良的磁性探伤粉，而且具有工艺简单、成品率高、无二次污染、处理成本低等优点。

(2)生产改性塑料制品

冶炼废水污泥与废塑料联合生产改性塑料制品是国内一项独创的新技术。采用塑料固化的方法，将冶炼废水污泥作为填充料，与废塑料在适当的温度下混炼，并经压制或注塑、成型等过程，制成改性塑料制品。冶炼废水污泥在 TGZS 300 型高湿物料干燥机中经 400～600℃高温干燥后，重金属基本稳定达到浸出试验国家标准。未经改性的冶炼废水污泥与塑料之间属物理混合，但经表面活性剂(如油酸钠)改性处理后，X 射线衍射分析显示其具有化学作用，提高了污泥的疏水性，接触角达 100°左右，因此可以推断其与塑料有较好的相容性，充填均匀且机械性能有所改善。该工艺生产的塑料制品(包含改性、干化后的冶炼废水污泥)中，重金属的浸出率和塑料制品的机械强度都能达到规定指标。冶炼废水污泥与废塑料联合生产改性塑料制品，既解决了废料的安全处置问题，又充分利用了废物资源，是变废为宝，综合利用，实现废物资源化的重要途径，具有良好的社会和环境效益。

第五章　冶金过程环境保护设备与设施

在冶金过程中，凡为治理污染、保护环境（包括车间环境和厂区环境）所需要的设备装置和设施均属冶金过程环境保护设备与设施，包括工艺生产所需但又主要为环保服务的设施，以及实现环境保护所采取“三废”综合利用的设施。冶金过程环境保护设备与设施分为钢铁冶金和有色冶金环境保护设备与设施。

根据冶金部《钢铁企业环保设施划分范围暂行规定》，钢铁冶金环境保护设备与设施所包含的内容如下：

（1）烧结、球团厂（车间）

原料准备系统的接收、加工和运输的除尘设施；配料、混合系统的排气净化设施；贮料场的抑尘设施；有害气体的净化设施；含尘废水净化处理设施；尘泥综合利用设施和设备噪声治理设施。

（2）炼铁厂（车间）（包括锰铁高炉）

各种原料处理及上料系统（包括煤粉喷吹系统）的除尘设施；出铁场及碾泥室排烟除尘设施（包括厂房和局部除尘）；铸铁机室烟气除尘及其废水处理设施；高炉煤气清洗水的处理设施（包括瓦斯泥的输送、浓缩及脱水等设施）；高炉渣处理利用设施及冲渣的废水、废气处理设施；含铁粉尘处理利用设施；设备噪声治理设施。

（3）炼钢厂（车间）、连铸车间、轧钢车间

转炉、电炉以及炼钢化铁炉烟气除尘设施；转炉和电炉烟气清洗水的处理设施；铸锭、钢模和底盘清理等除尘设施；白云石焙烧、石灰窑烟气净化设施；含铁粉尘、除尘污泥和钢铁渣等处理利用设施；真空系统的废水处理设施；钢坯切割及表面清理除尘设施（包括湿式除尘污水处理设施）；钢坯表面清理烟尘净化设施（包括机械清理和火焰清理）；酸、碱洗系统除雾、除尘设施；热处理系统烟尘治理设施；加热炉烟气（燃煤）除尘设施及炉渣处理设施；轧钢废水处理设施及其泥渣处理设施；废酸、废油处理或回收装置；噪声治理设施。

（4）铁合金厂（车间）

原料处理过程中的除尘设施；铁合金窑炉烟气除尘设施（不包括余热锅炉）；各种废水处理设施（包括湿式除尘废水、冲渣水、工艺废水等处理设施）；铁合金渣和炉窑的金属粉尘等处理利用设施；噪声治理设施。

有色冶金环境保护设备与设施所包含内容参照（YB 9067—1995）冶金工业环境保护设施划分范围进行划分。

5.1 废气处理设备与设施

冶金过程中常见废气由烟尘、粉尘、二氧化硫、氮氧化物、氟化物等组成，其中烟尘、粉尘和二氧化硫的排放量较大。排放至大气中的污染物可分为固态污染物和气态污染物两种形态。

①将固态污染物从含尘气体中分离并捕集的设备称为除尘设备或除尘器。

②处理气态污染物的方法主要是废气净化。气态污染物是在气相中以分子或蒸气状态存在的有害物质，属于均相混合物，如SO_2、Cl_2、HCl、NO_x、Hg、有机物等。废气净化有吸收和吸附两种方法，吸收设备分为非循环过程气体吸收和循环过程气体吸收；吸附设备主要有移动床和流化床。

③烟气处理一体化设备是对固态污染物和气态污染物同时处理的设备。工业生产过程产生的烟气中既含有粉尘又含有SO_2，针对广大中、小企业同时实现除尘脱硫开发了一种投资少、运行费用低、便于维护与管理的除尘脱硫一体化设备。

5.1.1 除尘设备

根据主要的除尘机理，目前常用的除尘装置可分为四大类型：①机械式除尘器，包括重力沉降室、惯性除尘器和旋风除尘器等；②过滤式除尘器，包括袋式除尘器和颗粒层除尘器等；③电除尘器；④湿式除尘器。

5.1.1.1 机械式除尘器

机械式除尘器利用重力、惯性力和离心力除去固体污染物颗粒，如重力沉降除尘器、惯性除尘器、旋风除尘器。

(1)重力沉降

常见的重力除尘设备如图5-1、图5-2所示。

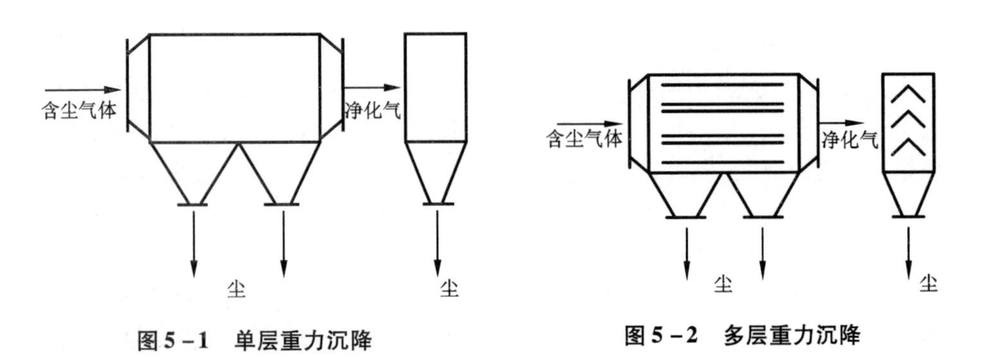

图5-1 单层重力沉降　　图5-2 多层重力沉降

沉降室可捕集垂直上升气流中的粉尘粒子，但在这种沉降室中垂直上升气流的速度一定要小于可除下最小粒径粒子的末端沉降速度。图5-3为常见垂直沉降室的三种结构形式。这三种沉降室都可直接安装在烟囱顶部，多用于小型冲天炉或锅炉除尘。图 5 -3(a)为屋顶式沉降室，捕集下来的粉尘堆积在烟气进入管伞形挡板周围的底板上，定期进行清扫使粉尘返回系统。图 5 -3(b)为扩大烟管式沉降室，在烟囱顶部用大直径(为烟囱直径的 3 ~4 倍)的耐火材料作沉降室，沉降室中相应气流速度为烟囱中气流速度的 1/9 ~ 1/4。当烟囱中气流速度为 1.5 ~2.0 m/s时，该沉降室可除掉 200 ~400 μm 的粉尘颗粒，所捕集的粉尘随时通过侧面沉降管落到灰斗中。图 5 -3(c)是带有锥形导流器的扩大烟管式沉降室。图 5 -3(d)是烟囱底部沉降室。

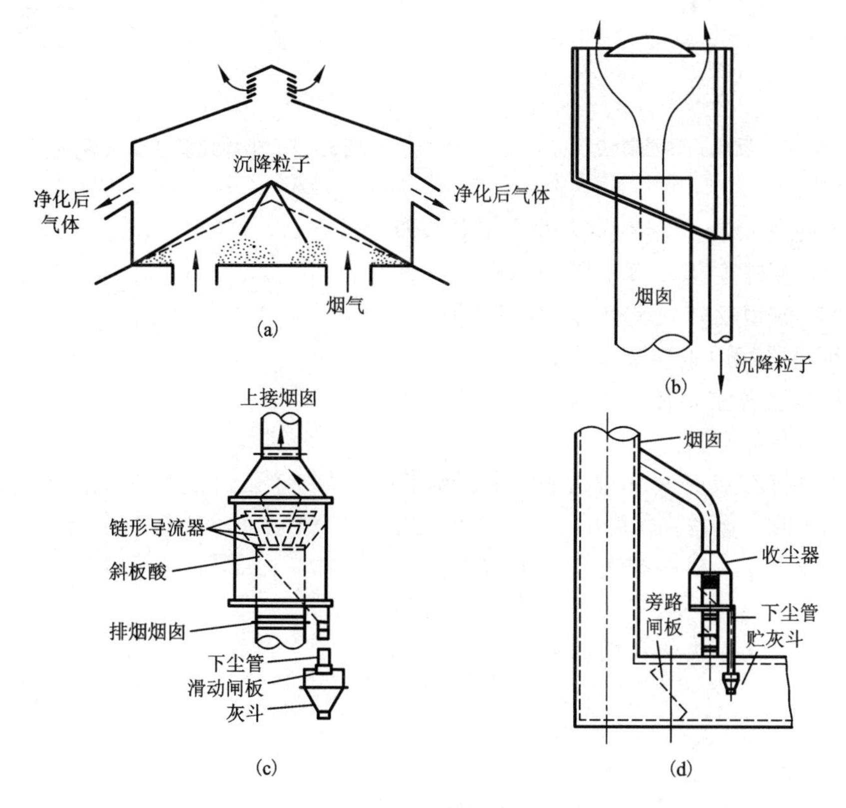

图 5 -3　垂直沉降室

重力沉降室的主要优点是结构简单、价格低廉、耗能少，适用于净化密度大、粒径粗的粉尘，可处理高温烟气，去除大于 50 μm 的粉尘时效率达 50% 以上，但对小于 5 μm 的粉尘净化效率几乎为零，因此只能用于初级除尘。重力沉降室的压力损失为 50 ~130 Pa。

(2)惯性除尘器

惯性除尘器的构造主要有两种形式：①通过改变含尘气流运动方向收集粉尘颗粒的反转式结构；②以冲击挡板来收集粉尘颗粒的碰撞式结构。除尘器的结构见图5－4、图5－5。

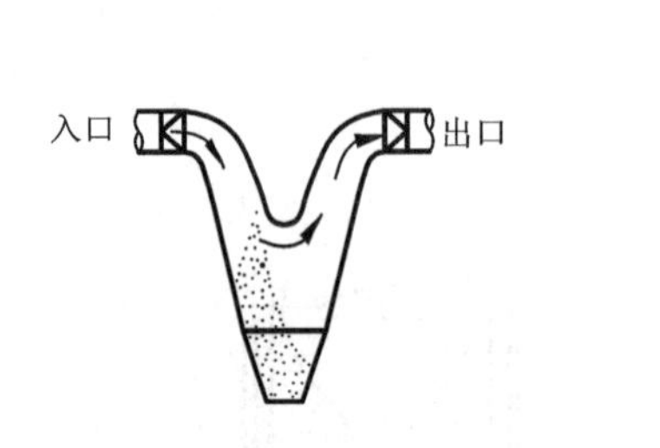

图5－4　反转式惯性除尘器

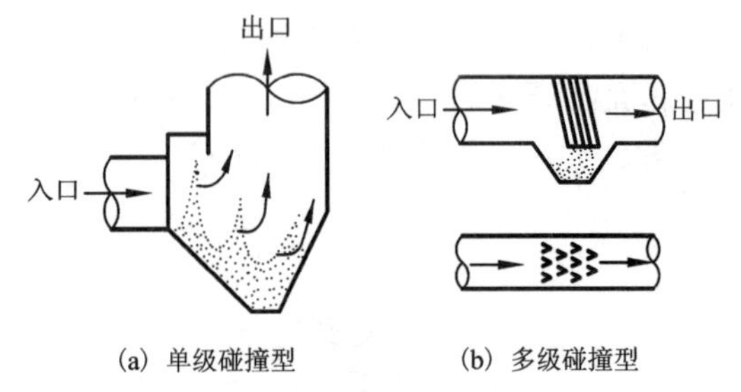

图5－5　碰撞式惯性除尘器

常见的反转式惯性除尘器有三种，即弯管型、百叶窗型和多层隔板塔型。弯管型、百叶窗型反转式惯性除尘器和冲击式惯性除尘器都适于安装在烟道上使用。而塔型除尘装置主要用于烟雾分离，能捕集几微米粒径的雾滴。

惯性除尘器适用于非黏性、非纤维性粉尘的去除。设备机构简单，阻力较小，但分离效率较低，只能捕集20 μm以上的粉尘，惯性除尘器一般多作为高效除尘器的前级除尘，先除去较粗的尘粒或高温状态的粒子。

(3)旋风除尘器

旋风除尘器结构如图5－6所示，主要有离心式旋风除尘器、离心式旋流除尘器和离心式动力除尘器。其工作原理为：含尘气体切向进入，经叶片导流板产生旋流，利用离心力分离烟气中的粉尘颗粒。

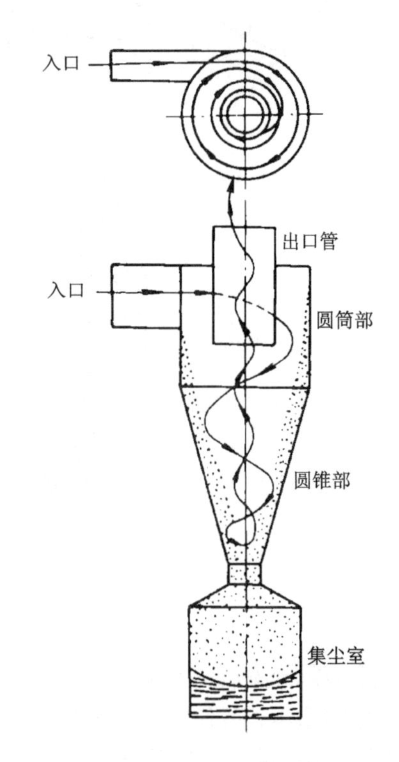

图5－6　旋风除尘器

离心式除尘器设备结构简单、造价低、效率较高，对大于5 μm以上的颗粒具有较好的去除效率，属中效除尘器；可干法清灰，回收有价值的粉尘；除尘器敷设耐磨、耐腐蚀内衬后，可用以净化高腐蚀性烟气。该除尘器适用于去除非黏性及非纤维性粉尘，且可用于较高温度烟气的除尘净化，因此广泛用于烟气除尘、多级除尘及预除尘。但离心力除尘器压力损失一般比重力沉降室和惯性力除尘器高。

5.1.1.2　过滤式除尘器

(1)袋式除尘器

目前我国应用最广泛的过滤集尘装置是袋式除尘器，其基本结构是在除尘器的集尘室内悬挂若干个圆形或椭圆形的滤袋，当含尘气流穿过纤维滤袋时，尘粒被袋壁截留在袋的内壁或外壁而捕集。图5－7为袋式除尘器示意图。

过滤除尘器多用于工业原料的精制、固体粉料的回收、特定空间内的通风和空调系统的空气净化及工业排放尾气或烟气中的粉尘粒子的除去。按清灰方式的不同可分为机械振打袋式除尘器、气流反吹袋式除尘器、气环反吹袋式除尘器和脉冲喷吹袋式除尘器。按所使用的滤料不同，可分为柔性滤料过滤器、半柔性滤料过滤器、刚性滤料过滤器及颗粒滤料过滤器。根据过滤除尘器应用目的不同可分为超净化过滤器、通风和空调的空气过滤净化器及工业气体及烟气除尘净化器。根据粉尘粒子在除尘器中被捕获位置的不同可分为内过滤和外过滤两种形式。近些年来，新发展起来的移动床颗粒层过滤器采用耐高温滤料，可用于净化气量大、含尘浓度高的高温烟气。

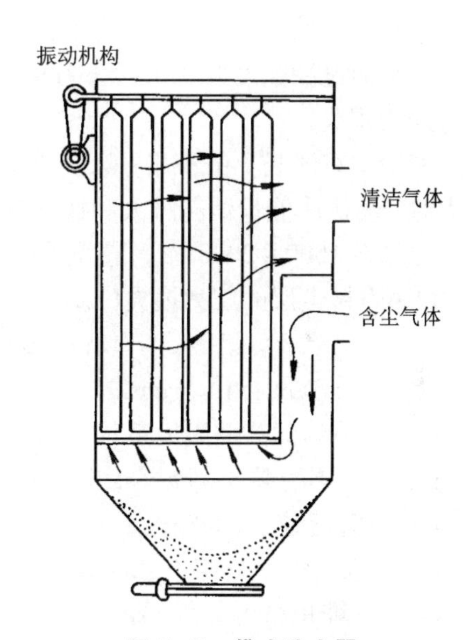

图5－7　袋式除尘器

袋式除尘器的除尘效率在变化，清洁滤袋的滤尘效率较低，随着积尘过程不断进行，效率逐渐增大，清灰前的效率最高。对于0.2～0.4 μm粒径的粉尘，无论哪一种滤尘工况，滤尘效率都最低，由于该粒径范围的尘粒正处于惯性碰撞、扩散和拦截作用捕尘效果最差的状态。

滤布表面附着的粉尘量，常用粉尘负荷表示，即1 m^2滤料表面所能捕集的粉尘量，单位为g/cm^2或kg/m^2。滤尘效率随着粉尘负荷值的增大而增大。

1)过滤速度

袋式除尘器的过滤速度指气体通过滤料的平均速度。若以Q(m^3/h)表示通过滤料的含尘气体流量，$A(m^2)$表示滤料面积，$v_f(m/min)$表示过滤速度，则：

$$v_f = Q/60A \tag{5-1}$$

在工程上，还常用单位过滤面积、单位时间内过滤气体的量(q_f)来表示过滤负荷，其与过滤速度的关系式为：

$$q_f = Q/A \tag{5-2}$$

式中：q_f——滤料过滤的气体量，又称过滤比负荷，$m^3/(m^2 \cdot h)$。

从上式可知：

$$q_f = 60v_f \tag{5-3}$$

过滤速度(v_f)或过滤比负荷(q_f)是表征袋式除尘器处理烟气能力的重要经济技术指标。过滤速度的选择要考虑经济性和对滤尘效率的要求等多方面因素。考虑到袋式除尘器的一次投资建造费和运转操作费，以及较高除尘效率，一般对纺织滤布滤料的过滤速度取0.5～2 m/min，毛毡滤料取1～5 m/min。

2)压力损失

随着粉尘在滤袋上的积累，除尘器的压力损失也相应增加。当滤袋两侧压力差较大时，会造成能量消耗过大和捕尘效率降低。正常工作的袋式除尘器的压力损失应控制在1500～2000 Pa。滤袋的总压力损失(Δp)是由清洁滤袋的压力损失(Δp_0)和黏附粉尘层的压力损失(Δp_d)两部分所组成。即压力损失为：

$$\Delta p = \Delta p_0 + \Delta p_d \tag{5-4}$$

根据 $\Delta p_0 = \xi_0 \mu v_f$；$\Delta p_d = a m_d \mu v_f$，可得 $\Delta p = (\xi_0 + a m_d)\mu v_f$

式中：ξ_0——清洁滤袋的阻力系数，1/m，其值与滤料组成和结构有关；

μ——气体的黏度，Pa·s；

v_f——过滤速度，m/s；

a——粉尘的平均阻力，m/kg；

m_d——堆积粉尘负荷，kg/m^2。

一般情况下，ξ_0大约为10^7(1/m)左右，$a = 10^9 \sim 10^{12}$ m/kg，$m_d = 0.1 \sim 1.2$ kg/m^2。当压力差为2000 Pa时，$m_d \leqslant 0.5$ kg/m^2。

3)袋式除尘器优点

①对净化含微米或亚微米数量级的粉尘粒子的烟气效率较高，一般可达99%或以上；

②可以捕集多种干性粉尘，特别是高比电阻粉尘，采用袋式除尘器净化要比用电除尘器的净化效率高很多；

③含尘气体浓度在相当大的范围内变化对袋式除尘器的除尘效率和阻力影响不大；

④可设计制造出适应不同气量的含尘气体的要求，除尘器的处理烟气量可从几立方米每小时到几百万立方米每小时；

⑤也可做成小型的，安装在散尘设备上或散尘设备附近，也可安装在车上做成移动式袋式过滤器，这种小巧、灵活的袋式除尘器特别适用于分散尘源的除尘；

⑥运行稳定可靠，没有污泥处理和腐蚀等问题，操作、维护简单。

4）袋式除尘器的缺点

①受滤料的耐温和耐腐蚀等性能所影响，目前，通常应用的滤料可耐温250℃左右，如采用特别滤料处理高温含尘烟气，将会增大投资费用；

②不适于净化含黏结和吸湿性强的含尘气体，用布袋除尘器净化烟尘时的温度不能低于露点温度，否则将会产生结露，堵塞布袋滤料的孔隙；

③据统计，用袋式除尘器净化大于17000 m^3/h 含尘烟气量所需的投资要比电除尘器高，而用其净化小于17000 m^3/h 含尘烟气量时，投资费用比电除尘器低。

（2）颗粒层除尘器

颗粒层除尘器是以硅砂、砾石、矿渣和焦炭等粒状颗粒物作为滤料，去除含尘气体中粉尘粒子的一种除尘装置。在除尘过程中，气体中的粉尘粒子在惯性碰撞、拦截、布朗扩散、重力沉降和静电力等多种捕尘机理作用下捕集，如前所述的捕尘机理也适用于颗粒层除尘器捕尘过程。颗粒层除尘器具有很多优点，主要表现在：适于净化高温、易磨损、易腐蚀、易燃易爆的含尘气体；其过滤能力不受灰尘比电阻的影响，除尘效率高，并且可同时除去气体中 SO_2 等多种污染物。颗粒层除尘器的不足之处表现在过滤气速不能太高，在处理相同烟气量时阻力大，过滤面积比布袋除尘器大等。

颗粒层除尘器可按过滤床层的位置、运动状态、清灰方式及床层数目来分类。

按颗粒床层的位置可分为垂直床层和水平床层颗粒层除尘器。垂直床层颗粒层除尘器是将颗粒滤料垂直放置，两侧用滤网或百叶片夹持（以防颗粒滤料飞出）。水平床层颗粒层除尘器是颗粒床水平放置的除尘器。颗粒滤料置于水平的筛网或筛板上，铺设均匀，保证一定的颗粒层厚度。气流一般均由上而下，使床层处于固定状态，有利于提高除尘效率。

按床层的状态可分为固定床、移动床和流化床颗粒层除尘器。固定床颗粒层除尘器在除尘过程中其颗粒床层固定不动。移动床颗粒层除尘器在除尘过程中颗粒床层不断移动。已黏附粉尘的颗粒滤料不断通过床层的移动而排出，而代之以新的颗粒滤料。含尘颗粒滤料经过清灰、再生后，可作为洁净滤料重新返回床层中。移动床颗粒层除尘器又分为间歇式和连续式。流化床颗粒层除尘器在除尘过程中床层呈流化状态。

按清灰方式可分为不再生（或器外再生）、振动加反吹风清灰、耙子加反吹风清灰、沸腾反吹风清灰等颗粒层除尘器。

按床层的数目可分为单层和多层颗粒层除尘器。

5.1.1.3　**电除尘器**

电除尘器是一种高效除尘器，除尘效率可达99%以上，细微粉尘捕集性能优异，最小粒径可达0.05 μm，并可按要求获得从低效到高效的任意除尘效率。电除尘器阻力小、能耗低，可允许的操作温度高，在250～500℃均可操作。电除尘器设备庞大，占地面积大，尤其是设备投资高，因此只有在处理大流量烟气时，才能在经济上、技术上显现其优越性。

(1)电除尘器类型

按集尘电极形式的不同可分为管式电除尘器和板式电除尘器。

最简单的管式电除尘器为单管电除尘器，其结构见图5－8。这种管式电除尘器的集尘极为一圆形金属管，管径为150～300 mm，管长为3～5 m，放电极极线(电晕线)用重锤悬吊在集尘极圆管中心。含尘气体由除尘器下部进入，净化后的气体由顶部排出。单管电除尘器多用于净化气量较小的含尘气体。在工业上，为了净化气量较大的含尘气体，常采用呈六角形蜂窝状和多个同心圆管状排列的多管管式电除尘器。多管管式电除尘器的电晕线分别悬吊在每根单管的中心。

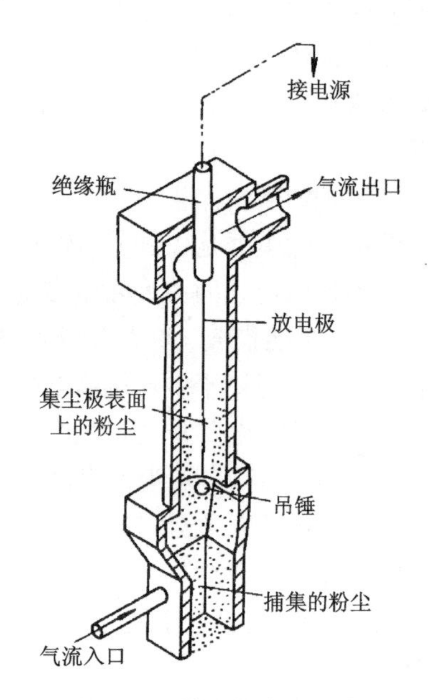

图5－8　管式静电除尘器

板式电除尘器由多块经轧制成不同断面形状的钢板组合成集尘极，在两平行集尘极间均布放电极(电晕线)，其结构见图5－9。板式电除尘器两平行集尘极板间的距离一般为200～400 mm，极板高度为2～15 m，极板总长可根据要求的除尘效率来确定。板式电除尘器可以根据工艺要求和净化程度设计出多种不同规格的电除尘器。

按气流在除尘器中流动方式的不同可分为立式电除尘器和卧式电除尘器：立式电除尘器的含尘气流净化过程在自下而上流动过程中完成，一般来说，管式电除尘器为立式电除尘器。卧式电除尘器含尘气流净化在气流水平运动过程中完成。

卧式电除尘器与立式电除尘器相比有如下特点：

①沿气流方向卧式电除尘器可设计成若干个电场，每个电场可根据捕集粉尘

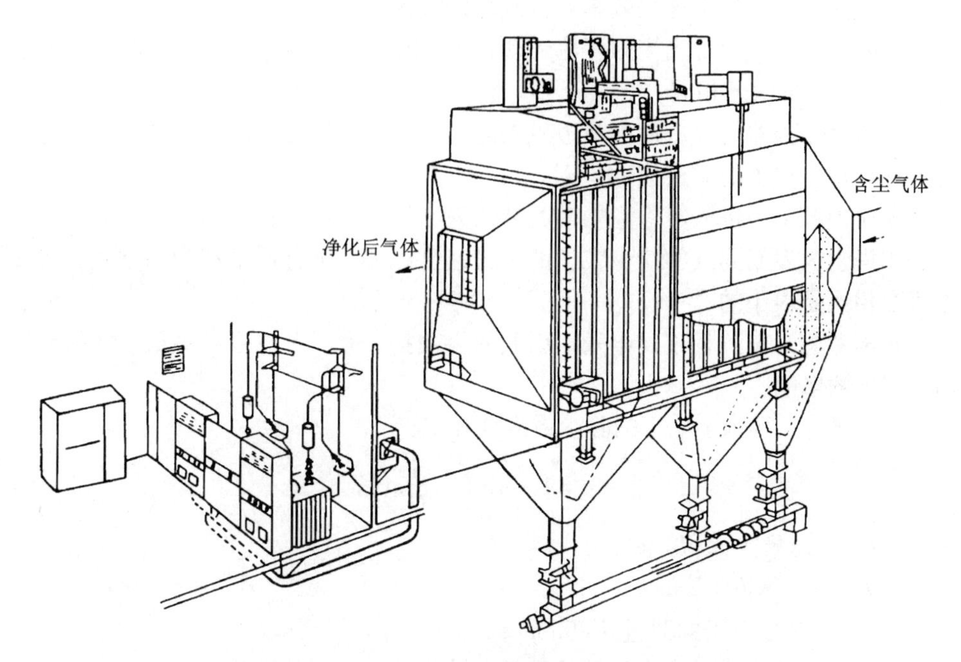

图 5－9　板式电除尘器

要求的不同施加不同的电压，从而提高电除尘器的总除尘效率；

②当需要增大集尘面积、提高除尘效率时，较容易加长电场的长度，而立式电除尘器的电场不宜太高；

③在处理较大烟气量时，卧式电除尘器较容易保证气流沿电场断面均匀分布；

④卧式电除尘器的安装高度比立式电除尘器低，设备的操作和维修较方便；

⑤负压运行的电除尘器，可延长排风机的使用寿命；

⑥卧式电除尘器占地面积比立式电除尘器大，当需要增大集尘面积设备改造时，往往会受到场地的限制。

按集尘极和电晕极在除尘器中空间配置可分单区电除尘器和双区电除尘器。单区电除尘器的集尘极和电晕极都装在同一区域内，粉尘粒子荷电和捕集在同一区域内完成。单区电除尘器是当今应用最为广泛的一种电除尘器。双区电除尘器中粉尘粒子的荷电和集尘在不同区域里完成。在具有放电极的区域里先使粉尘粒子荷电，然后在没有放电极只有收(集)尘极区域里使荷电的粉尘粒子沉集在收尘极上而被捕集。

(2)电除尘器的除尘效率

德意希(Deutsch)在 1922 年推导出的除尘效率计算式，又称德意希捕尘效率方程式。在推导电除尘过程效率方程式时，德意希作了如下基本假定：

①电除尘器中含尘气流为紊流运动状态，由于紊流的混掺作用，粉尘粒子呈均匀分布，含尘浓度相同；

②通过除尘器的气流速度除边界层内不均匀外，其他区域均匀分布，气流运动不影响粉尘粒子的驱进速度；

③粉尘粒子一进入电除尘器内就被认为已经完全荷电；

④集尘极表面附近的粉尘粒子的驱进速度，对于所有粉尘都为一常数，与气流速度相比是很小的；

⑤不考虑清灰过程或反电晕而引起的再飞扬，也不考虑颗粒凝聚、电晕不均匀等因素的影响。

经过推导，得到了如下的除尘效率计算式：

$$\eta = 1 - \exp\left(-\frac{A}{Q}\omega\right) \tag{5-5}$$

式中：A——总集尘面积，m^2；

Q——气体流量，m^3/s；

ω——粉尘粒子的驱进速度，m/s。

上式是电除尘中最为常见的除尘效率计算式。尽管德意希在推导效率计算式过程中作了与实际运行条件有较大出入的假设，但这个公式在历史上和技术上有着极其重要的价值，至今仍用它作为对电除尘性能进行分析评价的理论依据。

5.1.1.4 湿式除尘

湿式除尘是利用洗涤液（一般为水）与含尘气体充分接触，将尘粒洗涤下来而使烟气净化的方法。其工作原理为当引风机启动后除尘器内空气迅速排出，与此同时含尘气体受大气压的作用沿烟道进入除尘器内部，与反向喷淋装置喷出的洗涤水雾充分混合，烟气中的细微尘粒凝结成粗大的聚合体，在导向器的作用下，气流高速冲进水斗的洗涤液中，液面产生大量的泡沫并形成水膜，使含尘烟气与洗涤液有充分时间相互作用，捕捉烟气中的粉尘颗粒。烟气中的二氧化硫具有很强的亲水性，在碱性溶液的吸收中和下，达到除尘脱硫的效果。净化后的烟气经三级气液分离装置除去水雾，由烟囱排入空中。污水可排入锅炉除渣机或排入循环水池，经沉淀、中和再生后循环使用，污泥由除渣机排出或由其他装置清出。目前，对湿式除尘器尚无公认的分类方法，常用的分类方法有如下三种。

（1）按能耗分类

湿式除尘器分为低能耗、中能耗和高能耗三类。压力损失不超过 1.5 kPa 的除尘器属于低能耗湿式除尘器，这类除尘器有重力喷雾塔洗涤除尘器、湿式离心（旋风）洗涤除尘器；压力损失为 1.5 ~ 3.0 kPa 的除尘器属于中能耗湿式除尘器，这类除尘器有动力除尘器和冲击水浴除尘器；压力损失大于 3.0 kPa 的除尘器属于高能耗湿式除尘器，这类除尘器主要是文丘里洗涤除尘器和喷射洗涤除尘器。

(2)按除尘机制分类

根据湿式除尘器中除尘机制的不同，可分为七种类型，见图5－10。

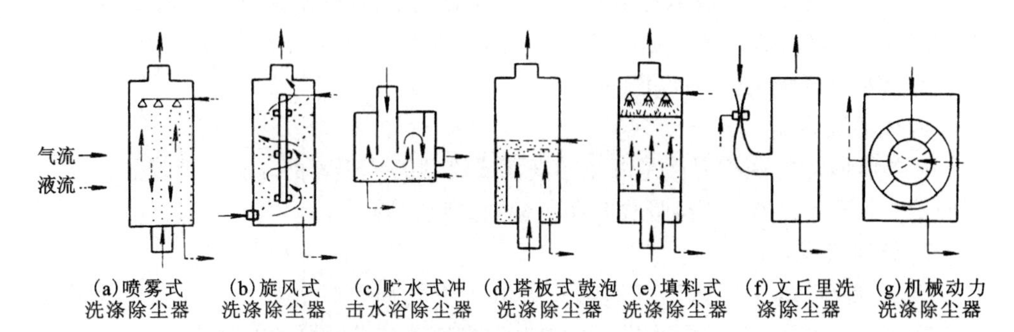

图5－10　常见的七种类型湿式除尘器

(3)按结构形式分类

根据湿式除尘器的结构形式不同，分为压力水式洗涤除尘器、填料塔洗涤除尘器、贮水式冲击水浴除尘器和机械回转式洗涤除尘器。

湿式除尘器除尘效率高，特别是高能量的湿式洗涤除尘器，在清除0.1 μm以下的粉尘粒子时，仍能保持很高的除尘效率。湿式洗涤除尘器对净化高温、高湿、易燃、易爆的气体具有很高的效率和很好的安全性。湿式除尘器在去除烟气中粉尘粒子的同时，还能通过液体的吸收作用将废气中有毒有害的气态污染物去除，这是其他除尘方法无法做到的。

湿式除尘器不适用于净化含有疏水性和水硬性粉尘的气体。在寒冷地区应用湿式除尘器容易结冻，因此要采用防冻措施。

5.1.2　气体净化设备

废气净化有吸收和吸附两种方法。吸收是利用液体吸收剂，如H_2O、NaOH、$Ca(OH)_2$等，通过溶解或化学反应选择性吸收混合气体中的有害物，将有害物与气体分离，吸收设备分为非循环过程气体吸收和循环过程气体吸收。吸附是让废气通过固态床的过滤，使其有限扩散在固态床表面对其进行吸附，其设备主要有移动床和流化床。

5.1.2.1　吸收净化设备

液体吸收过程在塔器内进行。为了强化吸收过程，降低设备的投资和运行费用，吸收设备应满足以下基本要求：

①气液之间应有较大的接触面积和一定的接触时间；

②气液之间扰动强烈、吸收阻力低、吸收效率高；

③气流通过时的压力损失小，操作稳定；

④结构简单、制作维修方便、造价低廉；

⑤应具有相应的抗腐蚀和防堵塞能力。

在吸收过程中，气液两相界面的状况对传质速率和吸收效果有着决定性影响。因此，各种吸收设备根据气液两相界面的形成方式可分为表面吸收器、鼓泡式吸收器和喷洒吸收器三大类。

1）表面吸收器

该类吸收器的两相界面是静止的液面或流动的液膜表面。此类吸收器有表面吸收器、液膜吸收器、填料吸收塔和机械膜式吸收器。

2）鼓泡式吸收器

鼓泡式吸收器中气体以气泡形式分散于吸收剂中，此类吸收器有泡罩吸收塔、湍球塔吸收器、泡沫吸收塔、板式吸收器和带有机械搅动的吸收器。

3）喷洒吸收器

喷洒吸收器中液体以液滴形式分散于气体中，这类吸收器主要有空心喷洒吸收塔、高气速并流喷洒吸收器和机械喷洒吸收器。

在气态污染物净化中，因为气流量大而污染物浓度低，多选用以气相为连续相、湍流程度高、相界面大的吸收设备。最常用设备的是填料塔，其次是板式塔，此外，还有喷洒塔和文丘里吸收器。

①填料吸收塔

填料吸收塔的种类很多，一般按气液流向分为逆向流、同向流和错流式三种。填料吸收塔的典型结构如图5－11所示，主要包括塔体、填料和塔内件三大部分。

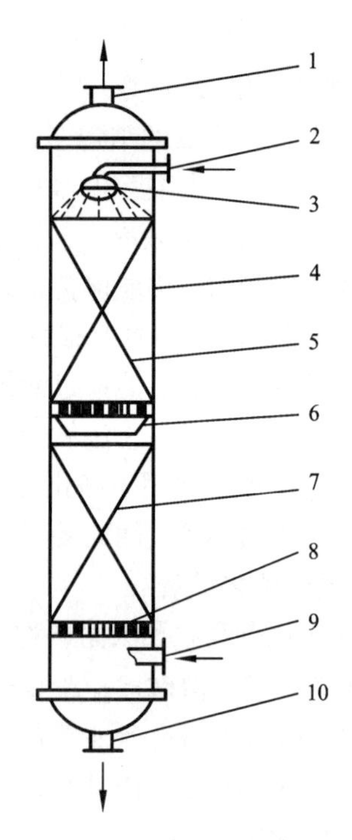

图5－11　填料吸收塔

1—气体出口；2—液体入口；3—液体分布装置；4—塔壳；5—填料；6—液体再分布器；7—填料；8—支撑栅板；9—气体入口；10—液体出口

填料的种类很多，可分为实体填料和网体填料两大类。网体填料有拉西环、鲍尔环、鞍形、波纹填料。塔填料的选择是填料塔设计重要的环节之一，一般要求塔填料具有较大的通量、较低的压降，较高的传质效率，同时操作弹性大、性能稳定，能满足腐蚀性、污堵性、热敏性等特殊要求，填料的强度要高，便于塔的拆装、检修，并且价格低廉。为此填料应具有较大的比表面积，较高的空隙率，强度高，具有耐腐蚀性和耐久性，对气流阻力小且价格便宜等。填料塔按塔截面积计算的空塔流速一般为0.3～1.5 m/s；按塔截面积计算的吸收液流量，即液体喷淋密度为10～20 L/(m^2·h)；气流通过填料层的压降为400～600 Pa/m(填料层高度)；塔径一般不超过800 mm，塔高可根据计算确定。

填料塔有很多优点，如结构简单、无复杂部件，适应性较强，填料可以根据净化需要增减高度，气流阻力小、能耗低、气液接触效果好，因此是目前应用最广泛的吸收净化设备。填料塔的缺点是当烟气中含尘浓度较高时，填料易堵塞，清理检修时填料损耗大。

②湍球塔

湍球塔是一种特殊的填料塔，以一定数量的轻质小球作为气液两相接触的媒体，其结构如图5－12所示。塔内有开孔率较高的筛板，一定数量的轻质小球置于筛板上，吸收液从塔上部的喷头均匀地喷洒在小球表面，污染气体由塔下部的进气口经导流叶片和筛板穿过润湿的球层。当气流速度足够大时，小球在塔内湍动旋转，相互碰撞。气、液、固三相接触，由于小球表面的液膜不断更新，废气与新的吸收液接触，增大了吸收推动力，提高了吸收效率。净化后的气体经过除雾器去湿，由塔顶部的排出管排出塔体。

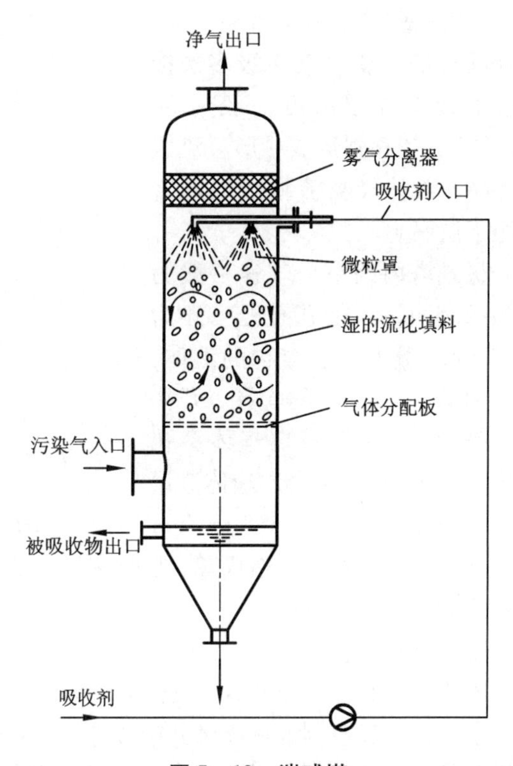

图5－12　湍球塔

湍球塔内的小球应质轻、耐磨、耐腐蚀、耐高温，通常用聚乙烯、聚丙烯等塑料制作。塔直径大于200 mm时，可采用25 mm、30 mm、38 mm的小球，球层的静止高度一般为0.2～0.3 m。湍球塔的空塔速度一般为2～6 m/s，气体通过每段湍球塔产生的阻力为400～1200 Pa，球层的最大膨胀高度为900 mm。在同样的空塔气速条件下，湍球塔的阻力比填料塔小。

湍球塔的优点是气速高、处理能力大、设备体积小、吸收效率高，对含尘气体可同时除尘，不易堵塞。其缺点是随小球运动，有一定程度的返混现象，小球磨损大，需经常更换。

③板式塔

板式塔又称为筛板塔，其结构如图 5－13 所示。塔内设有多层开孔筛板，气体自下而上经筛孔进入筛板上的液层，气液在筛板上交错流动，气体鼓泡进行吸收。气液在每层筛板上接触一次，因此筛板塔可使气液逐级多次接触。筛板上液层厚度一般为 30 mm 左右，依靠圆形或弓形溢流堰来保持，液体经溢流堰沿降液管流至下层筛上。

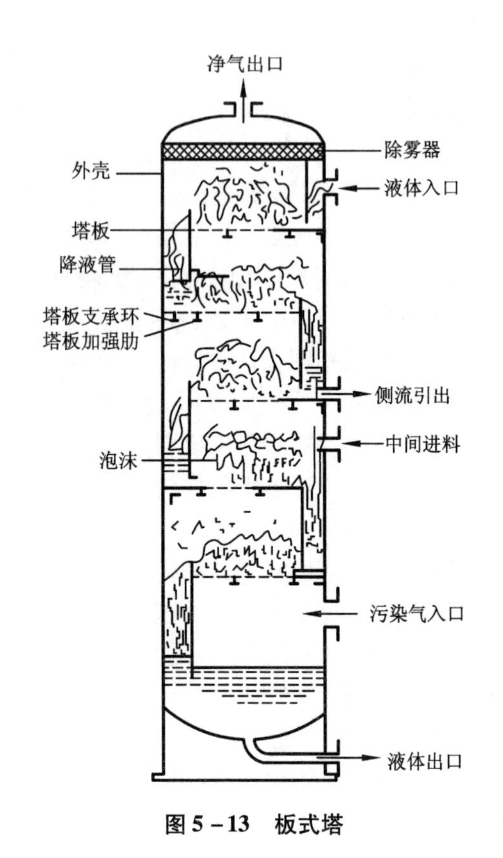

图 5－13　板式塔

板式塔内的空塔气速一般为 1.0～2.5 m/s。筛孔直径一般为 3～8 mm，对于含悬浮物的液体，可采用 13～15 mm 的大孔，开孔率一般为 6%～25%。气体穿孔速度为 4.5～12.8 m/s。液体流量按空塔截面计为 1.5～3.8 $m^3/(m^2 \cdot h)$，每块板的压降为 800～2000 Pa。

筛板塔的优点是构造简单，吸收率高。缺点是筛孔易堵塞，吸收过程必须维持恒定的操作条件。

④喷洒吸收器

喷洒式吸收器有空心式、机械喷洒等种类。

空心喷洒吸收器亦称喷嘴式吸收器，在吸收器内气体自下而上流动，液体通过塔顶的喷嘴均匀地向下或与水平面呈一定角度向下喷洒。当塔体较高时，常将喷嘴或喷洒器分层布置。也可采用旋风式喷洒器。空心喷洒吸收器两相接触面积与喷淋密度成正比，喷淋液可循环利用。

空心喷洒吸收器的优点是结构简单、造价低、压降小，可兼作气体冷却、除尘设备。主要缺点是净化效率低。

机械喷洒吸收器利用机械部件回转产生的离心力，使液体向四周喷洒而与气体接触。带有浸入式转动锥体的吸收器，吸收液通过锥体喷洒和叶轮旋转喷洒。

气流沿盘形槽间曲折孔道流出，与横向喷出的液滴接触。

机械喷洒吸收器特别适合于用少量液体吸收大量气体，其设备尺寸小、效率高、压降低。缺点是结构较复杂，需要较高旋转速度，因而耗能较大，不适合用于处理腐蚀性强的气体和液体。

⑤文丘里吸收器

文丘里吸收器的原理及构造与文丘里洗涤器相同。文丘里吸收器有多种形式，气体引流式文丘里吸收器依靠气体带动吸收液进入喉管，与气体接触进行吸收。靠吸收液引射气体进入喉管的吸收器，可省去风机，但液体循环耗能大，仅适用于气量较小的情况，气量大时，可将几台文丘里管并联使用。

5.1.2.2　吸附法净化设备

吸附净化属于干法工艺，具有工艺流程简单、无腐蚀性、净化效率高、一般无二次污染等优点。在大气污染控制中，吸附过程能够有效地分离出废气中浓度很低的气态污染物，吸附净化后的尾气能够达到排放标准。

在气态污染物的吸附净化过程中，根据吸附剂在吸附器内的运动状态可以分为固定床、移动床和流化床(沸腾床)。

(1)固定床吸附器

固定床内的吸附剂固定不动，仅使气体流经吸附床，根据气体流动方向分为立式和卧式两种，如图 5－14 所示。

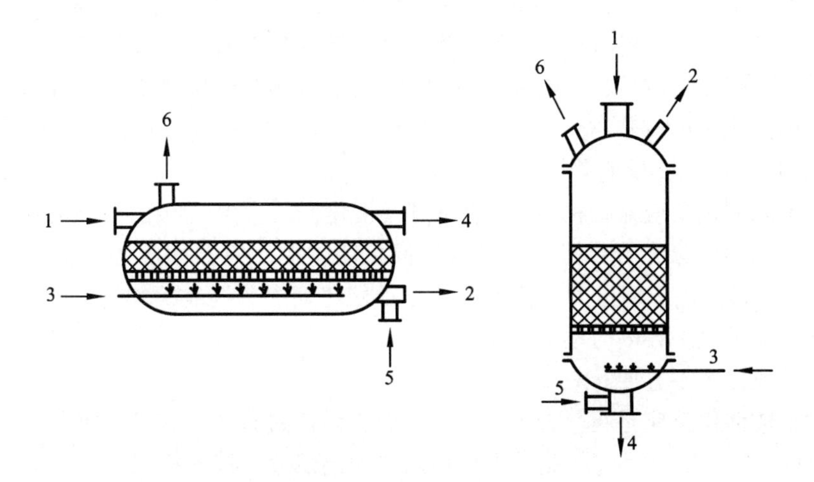

图 5－14　固定床吸附器

1—污染气体入口；2—净化气体出口；3—水蒸气入口；
4—脱附蒸气出口；5—热空气入口；6—热湿空气出口

固定床吸附器，多为圆柱形立式设备，内部有格板或孔板，其上放置吸附剂颗粒。废气流过吸附剂颗粒间的间隙，进行吸附分离，净化后的气体由吸附塔顶排出。一般定期通入需净化的气体，定期再生，用两台或多台固定床轮换进行吸附与再生操作。

固定床吸附操作的优点是设备结构简单、吸附剂磨损小，缺点是间歇操作，操作复杂、劳动强度高。另外，设备庞大、生产强度高。

(2)移动床吸附器

移动床吸附器是固体吸附剂与气体混合物在器内连续逆流运动，相互接触而完成吸附过程。一般是吸附剂自上而下运动，气体自下向上流动。

移动床的优点是处理气量大，吸附剂可循环利用，缺点是动力和热量消耗大，吸附剂磨损严重。

(3)流化床吸附器

流化床吸附器内，吸附剂在多层床中由于气体流速高使其悬浮而呈流化状态。

流化床吸附器的优点是吸附剂与气体接触好，适合于治理连续排放且气量大的污染源。但由于气速高，吸附剂和容器磨损严重，而且排出的气体中常含有吸附剂粉末，需在其后加除尘设备分离。

5.1.2.3 催化转化净化设备

气态污染物净化过程用的催化反应器一般是气－固相催化反应器。与吸附净化装置相似，气－固相催化反应器有固定床和流化床两种。目前气态污染物净化主要采用固定床反应器，一般采用中小型设备，且多为间歇式操作。大型设备多为连续的流化床反应器。

(1)固定床催化反应器

固定床催化反应器结构简单、体积小、催化剂用量少，且在反应器内磨损少，气体与催化剂接触充分，催化转化效率高，气体在反应器内的停留时间容易控制，操作管理方便。但这类反应器的缺点是催化剂层的温度不均匀，当床层较厚时或气体穿过速度较高时动力消耗大，不能采用细粒催化剂以免被气流带走，催化剂更换或再生不方便。

大多数催化反应是吸热或放热过程，而在生产过程中，需要反应器内保持一定的温度，这就要求反应器能适当地输入或输出热量。根据换热要求和方式的不同，固定床催化反应器可分为绝热式和换热式两种。用于气态污染物净化的反应器通常为绝热式反应器，绝热式反应器没有换热设备，应用范围受到一定限制。绝热式反应器又可分为单段式、多段式、列管式及径向反应器。

1)单段式绝热反应器

结构如同固定床吸附器，为圆筒状，内有栅板，其上均匀放置催化剂。结构简单、造价低、适用于反应过热效应比较小，且反应对温度变化不敏感的情况。

2)多段绝热反应器

多段绝热反应器可视为由数个单段式反应器串联而成，段数多少根据需要而定。在各段的催化剂床层中间可设置热交换器，废气由反应器底部进入，依次通过催化剂床层或换热器，反应后的气体从顶部排出。这种反应器在段间设置换热器，可调节温度，具有使气体再分布的作用，可用于中等热效应的反应。

3)列管式反应器

列管式反应器管内装有催化剂，管间有水或其他介质通过以进行热交换，使催化反应过程在一定的温度条件下进行。这种反应器内温度分布较均匀，适合于反应热较大的情况。

4)径向反应器

径向反应器是一种新型的气－固相固定床催化反应器。其中废气由反应器顶部进入，在反应器内沿径向穿过催化剂，与前面介绍的几种轴向流动的反应器相比，气流流程短、阻力小，故动力消耗小，可以使用较小粒度的催化剂，提高气－固有效接触。径向反应器可以看作是单段绝热反应器的一种特殊形式。

(2)流化床催化反应器

其原理类同于流化床吸附器，形式也有很多种，在此仅介绍一种单层床且内部设有换热器的反应器。废气由底部的进气口送入，经过布气板进入流化床的反应区。催化剂在气流的作用下悬浮起来并呈流态化，反应产生的热量由冷却器吸收并向外输出，使冷却水汽化成水蒸气再利用。在反应器上部还设有预热器，使被处理的气体通过预热器吸收反应热，同时将反应后气体冷却。最后反应后气体经过多孔陶瓷过滤器排出。为防止催化剂微粒堵塞过滤器，将压缩空气由顶部吹入进行反吹清灰。

流化床反应器的优点是能够采用较细的催化剂，因而提高了催化剂表面与废气接触面积，相应地提高了反应的转化率。流化床内催化剂床层的温度分布比较均匀。由于操作过程中催化剂在激烈运动中相互碰撞，因此主要缺点是催化剂易磨损和破碎，但催化剂的再生与更换比较方便。

5.1.3　烟气处理一体化设备

5.1.3.1　ZJLB 一体化脱硫除尘

ZJLB 一体化脱硫除尘技术为淋浴洗涤式，其原理是依据烟气和脱硫液特性，利用聚板溢水槽内置匀布式结构产生聚碰和双向切线旋转将废气分细处理，在烟气上升的动力作用下，产生气液碰撞、紊流、雾化、上扬、传质中和、分离捕滴等，使烟气在处理区内进行最充分的气液交换，只要废气量在可控的范围内，不管波动多大，其处理能力不变。其特点如下：

①可将烟气分成几十份处理，处理精细、稳定、可靠；

②利用气带液运动产生聚碰水雾、紊流、传质、交换等，接触时间和空间全面充分；

③具有上扬雾化和凝聚下落的淋浴洗涤双重效果，并对设备进行清洗，防止堵塞；

④采用溢水槽内置均布式结构，结合聚板动力场产生双向切线旋转溢水，防止水槽堵塞，脱硫冲灰水质要求不高，可用废水、清水或乳状水，打破了使用清水作冲灰水的局限性；

⑤脱硫冲灰水可循环使用，不会造成二次污染，以废治废效益更高；

⑥采用了捕沫板结构防止风机带水；

⑦设备使用麻石、优质麻石精磨板制造，阻力小，耐酸、耐碱、耐磨、耐高温，使用寿命长；

⑧设备紧凑、美观，占地面积小；

⑨处理后烟气稳定达到国家有关排放标准；

⑩适用于锅炉、工业炉窑等的废气治理，效果稳定、操作简便、维护简单。

5.1.3.2 旋流板脱硫除尘装置

旋流板脱硫除尘装置将原水膜除尘器溢流槽部分拆掉后，筒体上重新砌筑升高，内装一层导流板、三层旋流板，塔顶装喷淋装置，副塔内装一层脱水装置。脱硫除尘工艺流程见图 5 - 15。该装置除尘效率高达 98%，脱硫效率亦可达 70%；但脱硫效果受喷淋水 pH 的影响很大，pH 高，脱硫效果好。另外，该除尘器设计的液气比要比一般的高 50% 左右。液气比高，对提高除尘脱硫效率有利，但其负面影响是锅炉排烟温度低，烟气带水，引起引风机积灰、振动和使烟道、引风机、烟囱产生腐蚀，并减少了烟囱的浮升力，不利于烟尘扩散。

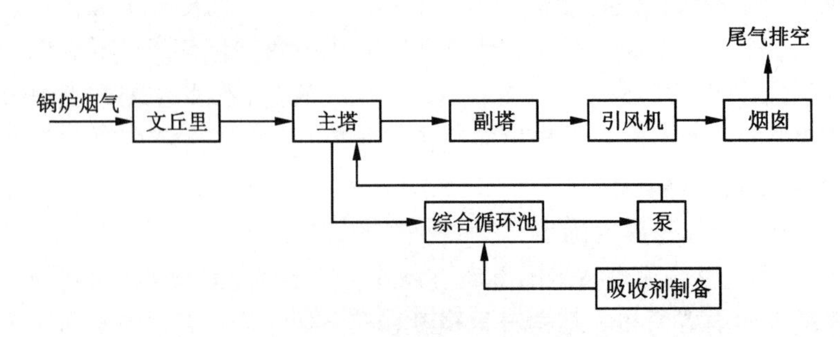

图 5 - 15 脱硫除尘工艺流程

5.1.3.3 等离子脱硫除尘一体化装置

等离子脱硫除尘一体化装置是近几年发展的新技术装置(图 5－16)，烟气中N_2、O_2及水蒸气等经过电子束照射后吸收大部分能量，生成大量的反应活性极强的自由基，如：·OH、·O、HO_2·等，这些自由基与烟气中SO_2反应生成硫酸，硫酸再同氨反应生成硫酸铵。此方法无设备污染及结垢现象，不产生废水废渣，副产品还可以作为肥料使用，无二次污染物产生，脱硫率大于 90%，而且设备简单，适应性强。但是此方法脱硫靠电子束加速器产生高能电子，需大功率的电子枪，对人体有害，故还需要增加防辐射屏蔽，运行和维护要求高。其装置如图 5－16所示。

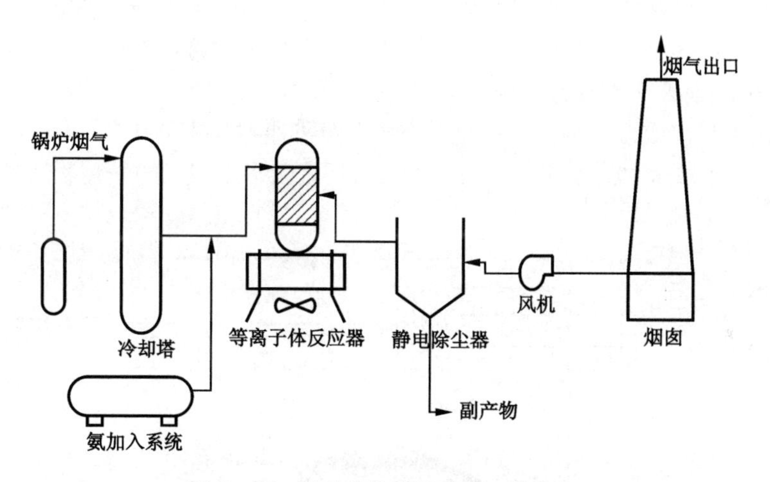

图 5－16 等离子体脱硫除尘工艺流程

此外还有许多其他脱硫除尘的方法和设备在工业生产中也都得到了应用。如：SSX 湿式双旋脱硫除尘装置、湍流塔板烟气脱硫除尘装置、吸附过滤技术、SHG 型脱硫除尘装置等。

5.2 废水处理设备与设施

冶金工业产品多，流程复杂多样，排放出的大量废水是污染环境的主要废水之一。冶金工业废水的主要特点是水量大、种类多、水质成分复杂，可分为冷却水、酸洗废水、除尘废水、煤气及烟气洗涤废水、冲渣废水及由生产工艺中凝结、分离或溢出的废水。冶炼废水主要含有重金属离子、硫酸、油污等对环境有害的物质，这类废水的处理方法主要有化学沉淀法、离子交换法、生化法等。现阶段废水处理方法是先对废水进行预处理，再采用多种方法分别或结合处理。主要有物理法、化学法、物理化学法、生物法及其他处理方法。

1)化学沉淀法

化学沉淀法是使废水中呈溶解状态的重金属离子转变为不溶于水的重金属化合物的方法，如中和沉淀法和硫化物沉淀法等。

2)离子交换法

离子交换法是利用离子交换剂分离废水中有害物质的方法，应用的离子交换剂有离子交换树脂、沸石等。离子交换树脂有凝胶型和大孔型，前者有选择性，后者制造流程复杂、成本高、再生剂耗量大，因而在冶炼废水处理应用上受限制。

3)生物处理技术

根据生物去除重金属离子的机理不同可分为生物絮凝法、生物吸附法、生物化学法及植物修复法。无论是植物还是微生物，一般都具有选择性，只吸取或吸附一种或几种金属，有的在重金属浓度较高时会导致中毒，从而限制其应用。

5.2.1 废水预处理设备与设施

格栅由一组或多组相平行的金属栅条与框架组成(图5－17)。倾斜安装在进水的渠道，或进水泵站集水井的进口处，以拦截污水中粗大的悬浮物质及杂质。

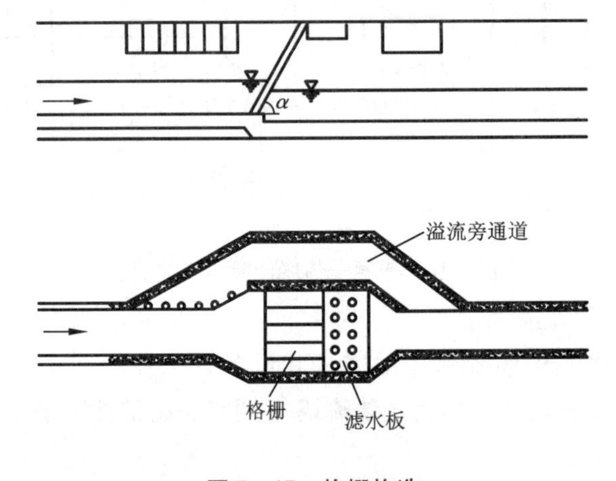

图5－17 格栅构造

格栅所能截留污染物的数量随选用的栅条间距和水的性质不同有很大的区别。一般以不堵塞水泵和水处理站的设备为原则。格栅的清渣方法有人工清渣和机械清渣两种。一般每天的栅渣量大于0.2 m^3时采用机械清除的方法。图5－18为履带式机械格栅示意图。几种机械格栅及其适用范围见表5－1。

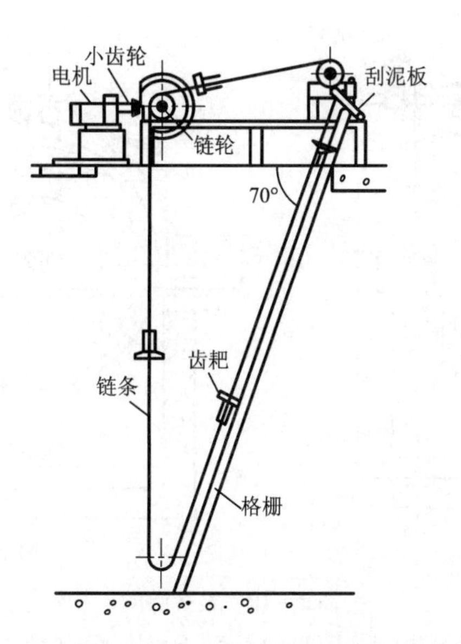

图 5－18　履带式机械格栅

表 5－1　几种机械格栅及其适用范围

类型	适用范围	优点	缺点
链条式机械格栅	深度不大的中小型格栅，主要用于清除长纤维、带状物体	构造简单，制造方便，占地面积少	杂物进入链条时容易卡住；套筒滚子链造价比较高
移动式伸缩臂机械格栅	中等深度的宽大格栅，现有类型耙斗适用于污水除污	不清污时，设备全部在水面上，维修检修方便。可不停水检修。钢丝绳在水面上运行寿命长	需三套电动机，减速机、构造复杂；移动时，耙齿与栅条间隙的对位比较困难
圆周回转式机械格栅	深度较浅的中小型格栅	构造简单，运行可靠，容易检修	配置圆弧形格栅，制造较为困难。占地面积大
钢丝绳牵引式机械格栅	固定式适用于中小型格栅，深度范围较大。移动式适用于宽大格栅	适用范围广泛，无水下固定部件的设备，检修维护方便	钢丝绳干湿交替，易锈蚀，宜用不锈钢丝绳有水下固定部件的设备，水下检修需要停水

筛网的去除效果相当于初沉池的作用。目前，用于废水处理或短小纤维回收的筛网主要有两种形式，分别为振动筛网和水力筛网。鼓式振动筛网如图 5－19 所示。

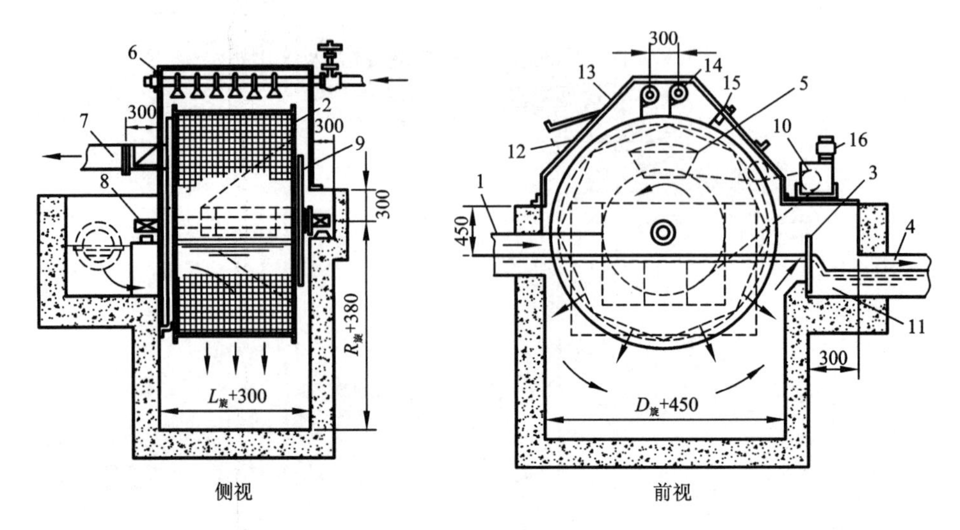

图 5－19　鼓式筛网

1—水管；2—筛网；3—溢水板；4—出水管；5—集渣槽；6—冲洗水管；7—排渣管；8—转鼓轴；9—传动链及驱动齿轮；10—传动齿轮；11—调节转鼓内水位的溢水板；12—视孔；13—保护罩；14—喷头；15—遮板；16—电机

振动筛网的原理是污水由渠道流在振动的筛网上进行水和悬浮物的分离，并利用机械振动，将呈倾斜面振动筛网上截留的纤维等杂质卸到规定的筛网上，进一步滤去附在纤维上的水滴。

水力筛网呈截顶圆锥形，中心轴呈水平状态，锥体呈倾斜方向。废水从圆锥体的小端进入，水流在从小端到大端的流动过程中，纤维状污染物被筛网截留，水则从筛网的细小孔中流入集水装置。由于整个筛网呈圆锥形，被截留的污染物沿筛网的倾斜面卸到固定筛上面，以进一步滤去水滴。这种筛网的旋转依靠进水的水流作为动力，因此在水力筛网的进水端一般不用筛网，而用不透水的材料制成壁面，必要时还可以在壁面上设置固定的导水叶片，但需注意不可以因此而过多地增加运动筛的重量。另外原水进水管的设置位置与出口的管径亦要适宜，以保证进水有一定的流速射向导水叶片，利用水的冲击力和重力作用产生运动筛网的旋转运动。

微滤机（图 5－20）是一种截留细小悬浮物的筛网过滤装置，是个鼓状的金属框架，上面覆盖有不锈钢钢丝编织成的支撑网和工作网。旋转鼓桶进行旋转，水由水槽进入鼓桶由里向外过滤，过滤后的清洗水溢流而出。微滤机具有占地面积小、过滤能力大、操作方便等优点，可以用于自来水水厂原水过滤以去除藻类、水蚤等浮游生物，也可以用于工业水的过滤处理、工业废水中有用物质的回收以及污水的最终处理等。

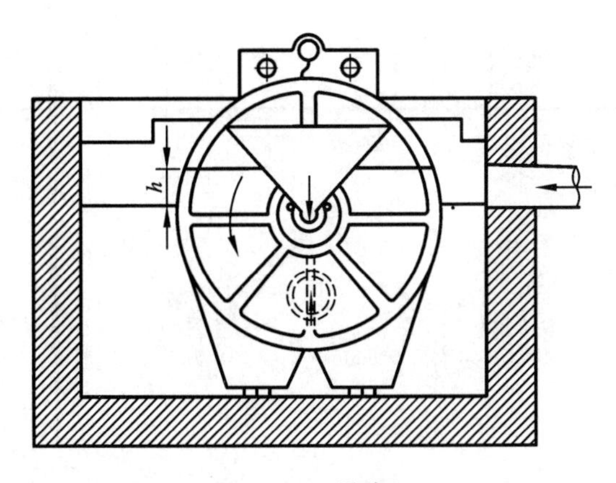

图 5 - 20　微滤机

沉砂池的作用是从污水中去除砂子、煤渣等比重较大的颗粒，以免这些杂质影响后续处理构筑物的正常运行。

沉砂池的工作原理是重力分离，即将进入沉砂池的污水流速控制在只能使比重大的无机颗粒下沉，而有机悬浮颗粒被水流带走。沉砂池可以分为平流式、竖流式、曝气式等几种形式。

平流式沉砂池（如图 5 - 21）是最常用的一种沉砂池，具有构造简单、工作稳定、处理效果好且易于排砂的优点。水流部分实际上是一个加深加宽的明渠，两端设有闸板。池底一般应有 0.01 ~ 0.02 的坡度，并设有 1 ~ 2 个储砂斗。储砂斗的容积按两日以内的沉砂量计算，斗壁与水平面的倾角不应小于 55°，下接排砂管。沉砂可以用闸阀或射流泵、螺旋泵排除。如果采用机械除砂设备，则池底形状可以按设备要求考虑。

沉砂池应按照最大设计流量计算，通常最大流速为 0.3 m/s，最小流速为 0.15 m/s。池子个数或分隔不应少于 2 个。污水量较少时可以考虑一格工作，一格备用。为了控制池内流速，还可以在出口处设置比例流量堰。

竖流式沉砂池是一个圆形池子，污水由中心管进入池内后自下而上流动，砂砾借重力沉入池底，处理效果较差，故适用范围较小。

图 5 - 22 为典型的曝气沉砂池。曝气沉砂池是个长形的渠道，池的一侧通入空气，使污水在池中以螺旋状向前流动，从而产生与主流垂直的横向环流，有机颗粒经常处于悬浮状态，并使得砂砾相互摩擦，去除砂粒表面的有机物，因此沉砂比较洁净。排出的沉砂一般只含有 5% 的有机物。此外，曝气沉砂池的优点是：通过曝气量的调节，可以控制污水的旋转流速，使得除砂效率稳定，流量的变化较小，同时起到对污水的预曝气作用，有利于后续的生化处理。

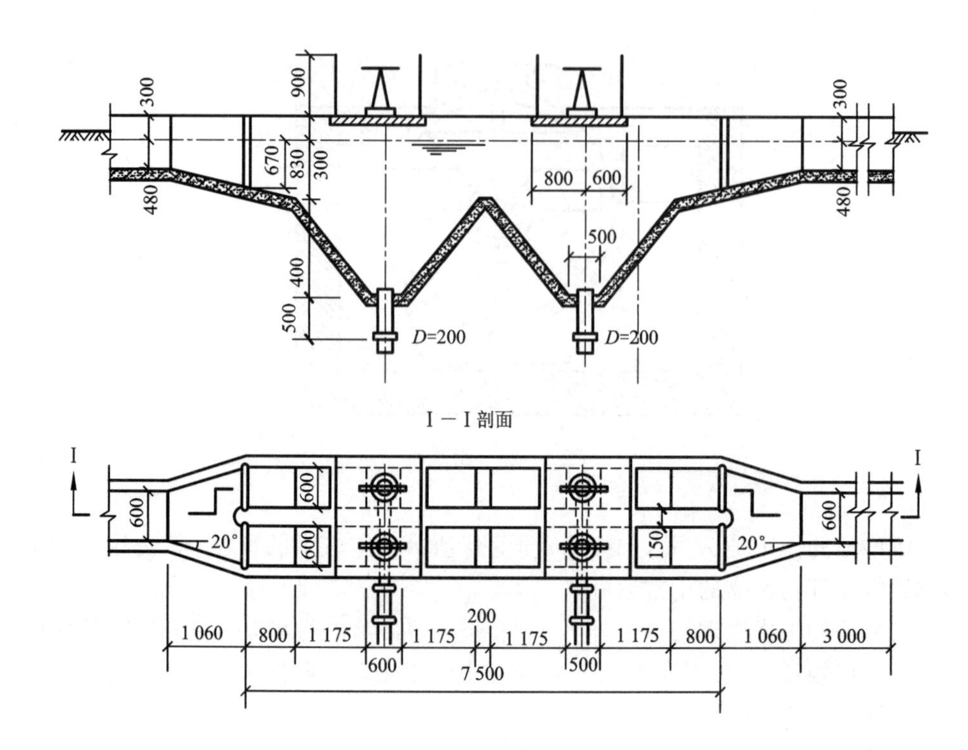

图 5－21　平流式沉砂池

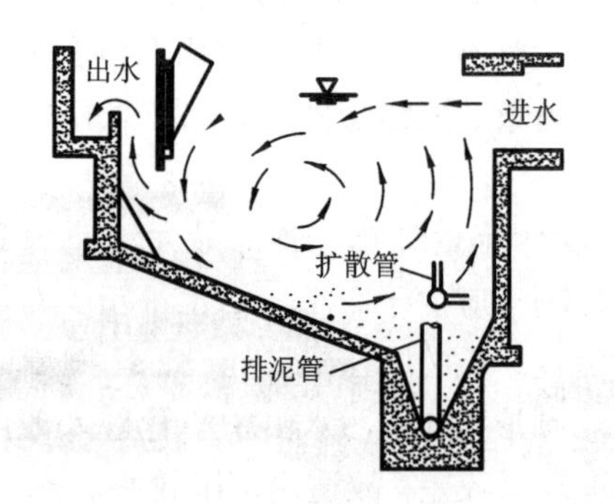

图 5－22　曝气沉砂池

5.2.2　物理法废水处理设备与设施

物理法处理废水是在不进行化学反应的条件下，通过沉淀、气浮、过滤、分离等工艺将废水中的固体悬浮物去除。

5.2.2.1　沉淀池

沉淀池是应用沉淀作用去除水中悬浮物的一种构筑物。沉淀池在废水处理中广为使用。其型式很多，按池内水流方向分为平流式、竖流式和辐流式三种。

(1)平流式沉淀池

平流式沉淀池由进水口、出水口、水流部分和污泥斗四个部分组成。池体平面为矩形，进口设在池长的一端，一般采用淹没进水孔，水由进水渠通过均匀分布的进水孔流入池体，进水孔后设有挡板，使水流均匀地分布在整个池宽的横断面。沉淀池的出口设在池长的另一端，多采用溢流堰，以保证沉淀后的澄清水可沿池宽均匀地流入出水渠。堰前设浮渣槽和挡板以截留水面浮渣。如图 5 - 23 和图 5 - 24 所示。水流部分是池的主体。池宽和池深要保证水流沿池的过水断面布水均匀，依设计流速缓慢而稳定地流过。池的长宽比一般不小于 4，池的有效水深一般不超过 3 m。污泥斗用来积聚沉淀下来的污泥，多设在池前部的池底以下，斗底有排泥管，定期排泥。平流式沉淀池多用混凝土筑造，也可用砖砌结构，或用砖石衬砌的土池。平流式沉淀池构造简单，沉淀效果好，工作性能稳定，使用广泛，但占地面积较大。若加设刮泥机或对比重较大沉渣采用机械排除，可提高沉淀池的工作效率。

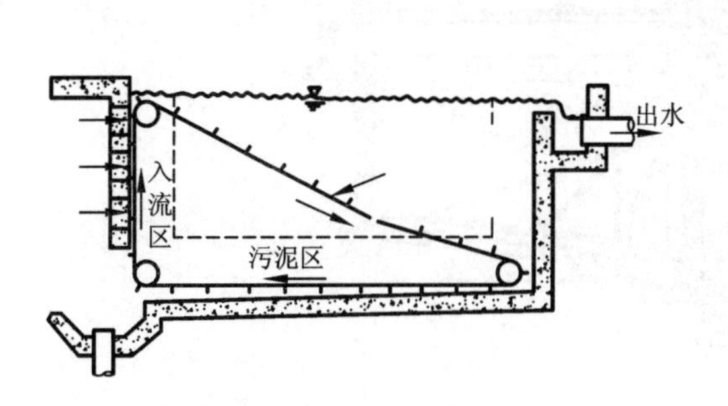

图 5 - 23　平流式沉淀池

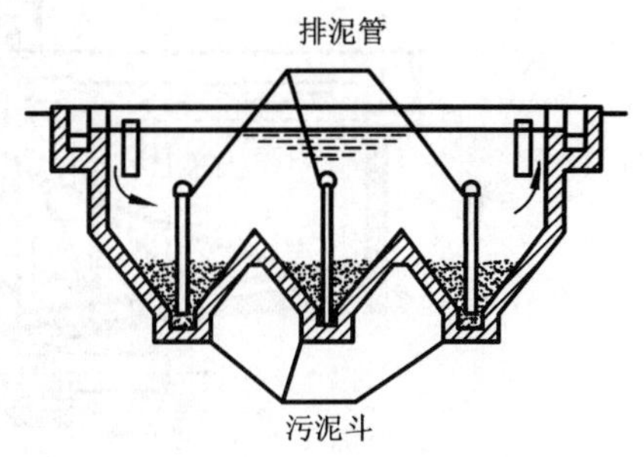

图 5 - 24　多斗底的沉淀池

(2)竖流式沉淀池

竖流式沉淀池见图 5 - 25，池体平面为圆形或方形。废水由设在沉淀池中心的进水管自上而下排入池中，进水的出口下设伞形挡板，使废水在池中均匀分布，然后沿池的整个断面缓慢上升。悬浮物在重力作用下沉降入池底锥形污泥斗中，澄清水从池上端周围的溢流堰中排出。溢流堰前也可设浮渣槽和挡板，保证出水水质。竖流式沉淀池占地面积小，但深度大，池底为锥形，施工较困难。

(3)辐流式沉淀池

辐流式沉淀池的池体平面多为圆形，也有方形。直径较大而深度较小，直径为 20 ~ 100 m，如图 5 - 26 所示，该沉淀池符合图 5 - 27 所示的沉淀轨迹，池中心水深不大于4 m，周边水深不小于1.5 m。废水自池中心进水管入池，沿池半径方向向池周缓慢流动。悬浮物在流动中沉降，并沿池底坡度进入污泥斗，澄清水从池周溢流进入出水渠。

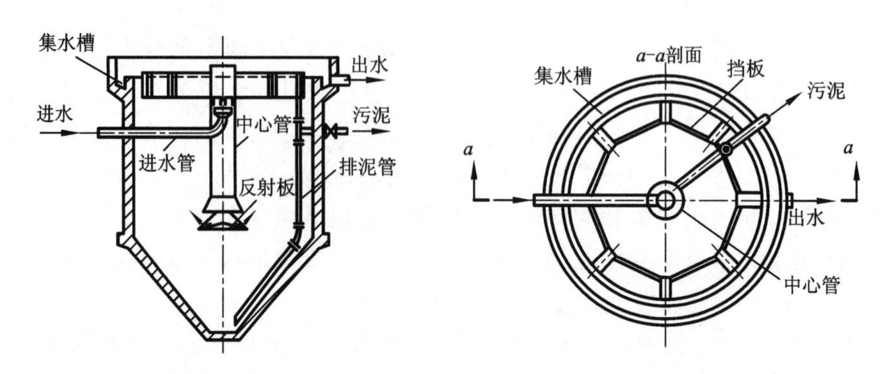

图 5－25　竖流式沉淀池

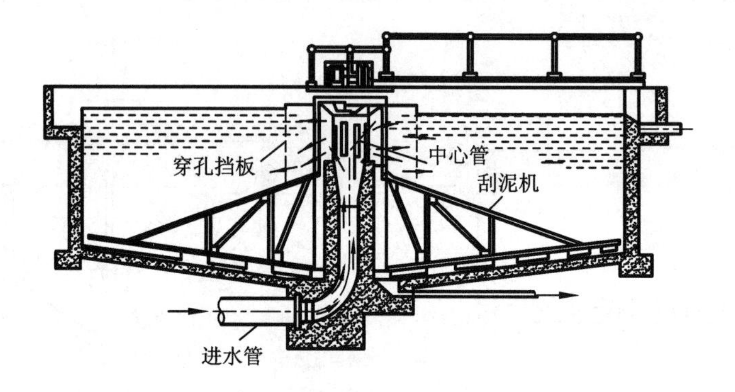

图 5－26　辐流式沉淀池

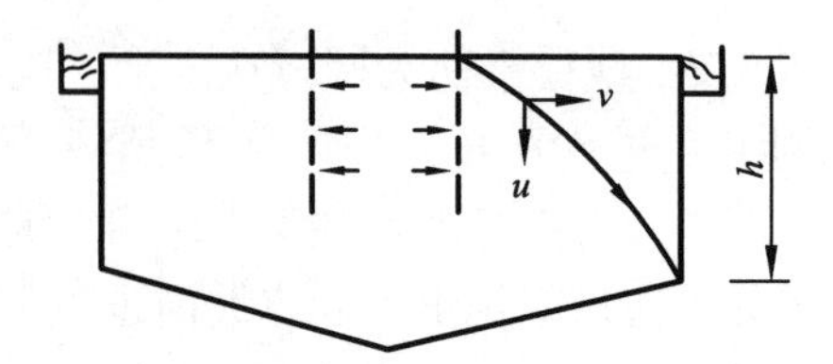

图 5－27　辐流式沉淀池中颗粒沉降轨迹

(4)新型沉淀池

新型斜板或斜管沉淀池(如图5-28所示)，主要是在池中加设斜板或斜管，可以大幅提高沉淀效率、缩短沉淀时间、减小沉淀池体积，但存在斜板、斜管易结垢，长生物膜，产生浮渣，维修工作量大，管材、板材寿命低等缺点。此外，整个系统还包括周边进水沉淀池、回转配水沉淀池以及中途排水沉淀池等。

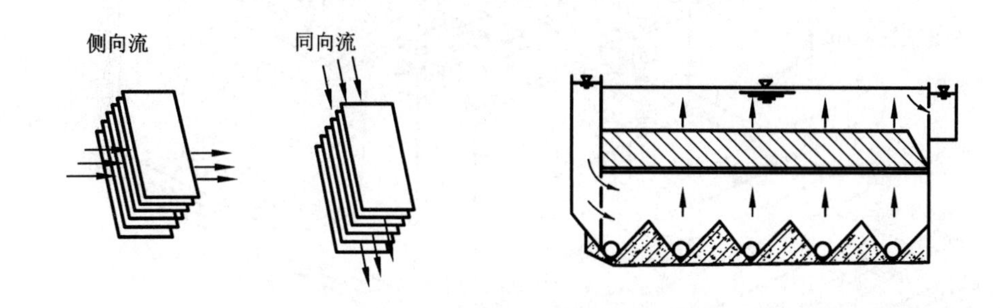

图5-28　斜板斜管沉淀池的水流方向

5.2.2.2　过滤装置

过滤设备主要是利用过滤手段使水中的悬浮物体与液体进行分离的构筑物，过滤是指分离悬浮在气体或液体中的固体物质颗粒的一种单元操作，用一种多孔的材料(过滤介质)使悬浮液(滤浆)中的气体或液体通过(滤液)，截留下来的固体颗粒(滤渣)存留在过滤介质上形成滤饼。过滤设备广泛用于各种冶金废水的处理与化工生产中。

(1)普通快滤池

普通快滤池是用石英砂或白煤、矿石等粒状滤料对自来水进行快速过滤而达到截留水中悬浮固体和部分细菌、微生物等目的的池子。普通快滤池是应用最广的给水过滤设备，其结构如图5-29所示，用以除去水中经过混凝沉淀处理后残余的悬浮物，或水中经过凝聚处理后的悬浮物。快滤池出水的浑浊度可达1度以下。快滤池也可以做成压力罐式，称为压力滤池。压力滤池可插入压力管线，因此可直接供水。为了降低常规滤池的阀门和管廊的造价以及简化操作流程，发展了多种形式的快滤池，如无阀滤池、双阀滤池、虹吸滤池和移动冲洗罩滤池等。

(2)虹吸滤池

虹吸滤池是以虹吸管代替进水和排水阀门的快滤池形式之一。滤池各格出水互相连通，反冲洗水由其他滤水补给。每个滤格均在等滤速变水位条件下运行(图5-30)。

虹吸滤池是快滤池的一种，其特点是利用虹吸原理进水和排走洗砂水，节省

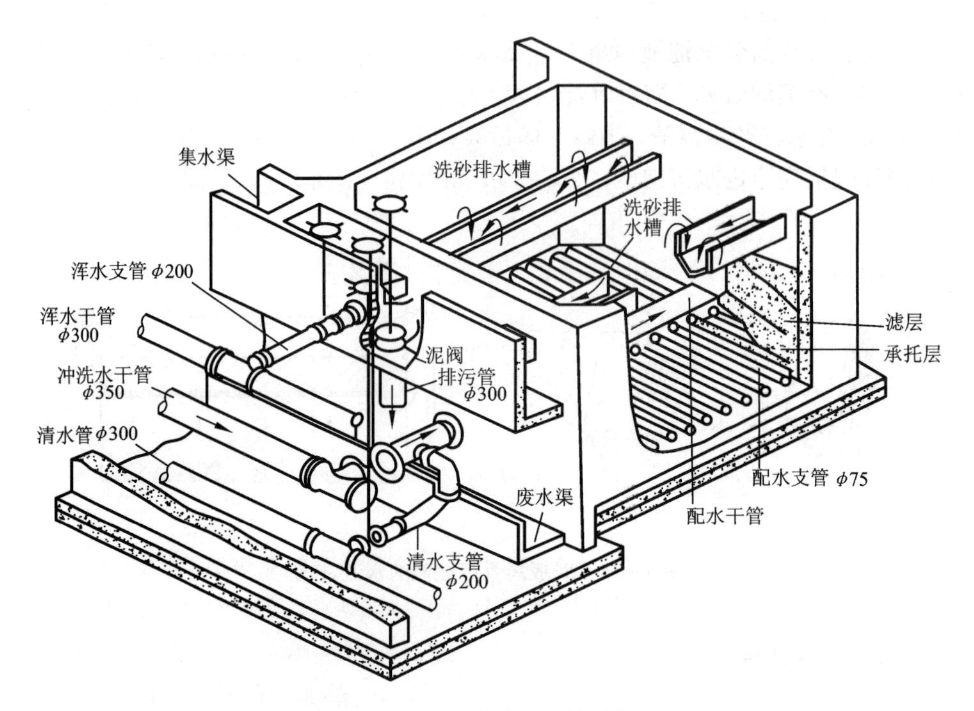

图 5-29 普通快滤池结构透视图

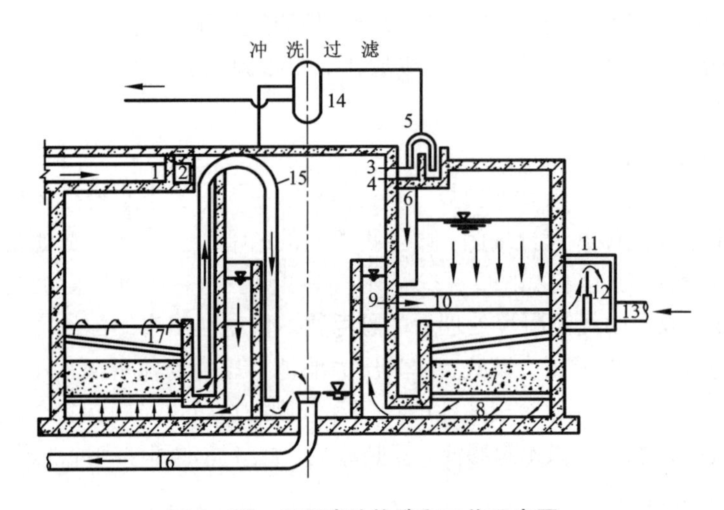

图 5-30 虹吸滤池构造和工作示意图

1—进水槽；2—配水槽；3—进水虹吸管；4—单个滤池进水槽；5—进水堰；6—布水管；7—滤层；8—配水系统；9—集水槽；10—出水管；11—出水井；12—控制堰；13—清水管；14—真空系统；15—冲洗虹吸管；16—冲洗排水管；17—冲洗排水槽

了两个闸门，见图5－31。此外，利用小阻力配水系统和池子本身的水位进行反冲洗，不需另设冲洗水箱或水泵，加之较易利用水力，可自动控制池子的运行，所以已得到较多地应用。

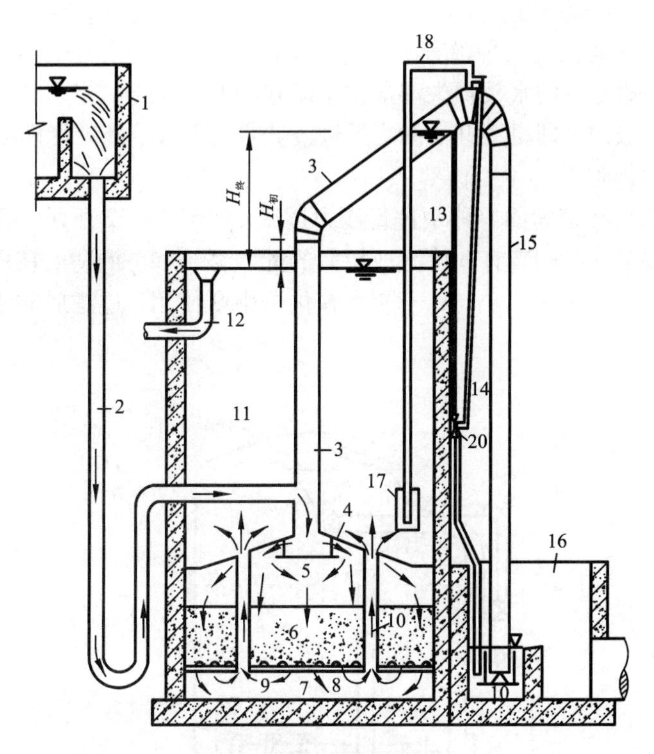

图5－31　虹吸滤池

1—进水配水槽；2—进水管；3—虹吸上升管；4—顶盖；5—配水挡板；6—滤层；7—滤头；8—垫板；9—集水空间；10—联络管；11—冲洗水箱；12—出水管；13—虹吸辅助管；14—抽气管；18—虹吸破坏管；19—锥形挡板

虹吸滤池结构是由6～8个单元滤池组成一个整体。滤池的形状多为矩形，水量少时也可建成圆形。滤池的中心部分相当于普通快滤池的管廊，滤池的进水和冲洗水的排除由虹吸管完成。

虹吸滤池在工艺构造方面有许多优点，同时也存在一定问题，其与普通快滤池相比有以下优缺点。优点：不需要大型的闸阀等控制设备，可以利用滤池本身的出水量、水头进行冲洗，不需要设置洗水塔或水泵；可以在一定范围内自动均衡地调节各单元滤池的滤速，不需滤速控制装置；滤过水位永远高于滤层，可保持正水头过滤，不至于发生负水头现象；操作管理方便，易于实现自动化控制；投资较低。缺点：与普通快滤池相比池深较大(5～6 m)；没有富余的水头调节，有时冲洗效果不理想。适用条件：虹吸滤池适用于中小型给水处理(一般在4000～5000 t/d)；虹吸滤池进水浑浊度的要求与普通滤池一样(<10 mg/L)，这种滤池可以采用砂滤料，也可以采用双层滤料。

(3)重力式无阀滤池

重力式无阀滤池为一种没有阀门的快滤池，在运行过程中，出水水位保持恒定，进水水位随滤层的水头损失增加而不断在吸管内上升，当水位上升到虹吸管管顶并形成虹吸时，即自动开始滤层反冲洗，冲洗废水沿虹吸管排出池外。

(4)压力滤池

压力滤池是在密闭的容器中进行压力过滤，如图5－32所示。压力滤池是一个密闭的钢罐子，里面装有和快滤池相似的配水系统和滤料等，在压力下进行工作。在工业给水处理中，常与离子交换软化器串联使用，过滤后的水往往可以直接送到用水装置。

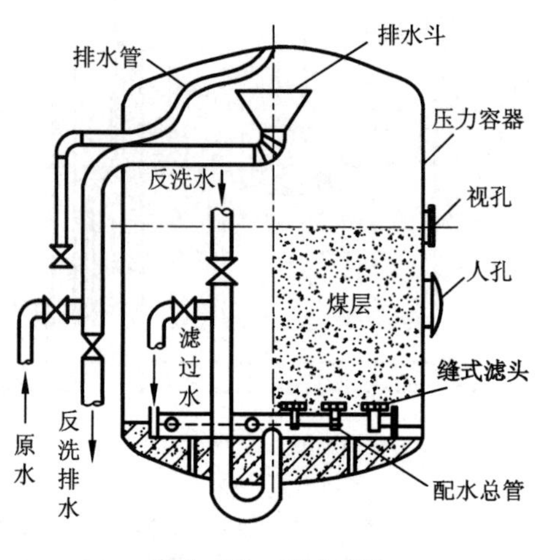

图5－32　压力滤池

5.2.2.3　气浮设备

气浮设备是利用气体的浮力使固体悬浮物从废水中脱除的设备，气浮又称空气浮选，是水处理中常用的浮洗方法。其利用机械剪切力，将混合于水中的空气破碎成细小的气泡，用以进行浮选。按照粉碎气泡的方法可分为水泵吸水管吸气气浮、扩散板曝气气浮、射流气浮及叶轮气浮。气浮设备简单，易于实现，如图5－33所示。

(1)加压溶气气浮

加压溶气气浮是目前常用的浮上法。加压溶气气浮是使空气在加压的条件下溶解于水中，然后通过将压力降至常压而使过饱和的空气以细微的气泡释放出

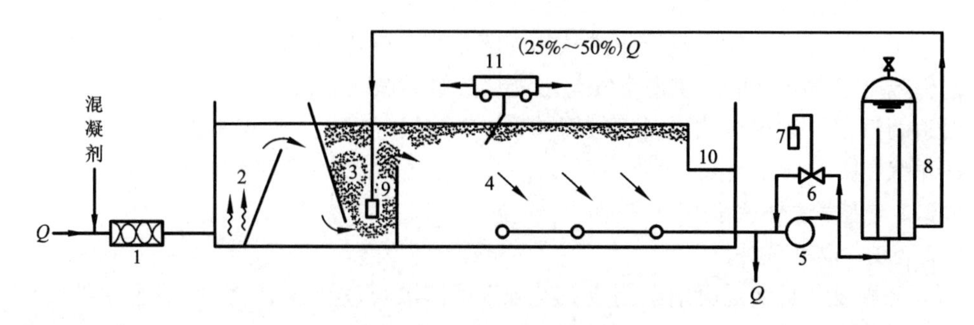

图 5－33　加压溶气气浮流程

1—混合器；2—反应室；3—入流室；4—分离室；5—泵；6—射流器；
7—气体流量计；8—溶气罐；9—释放器；10—浮渣槽；11—刮渣机

来。加压溶气气浮的主要设备有水泵、溶气罐、浮上池，空气注入溶气罐可用空气压缩机或者射流器。

(2)叶轮气浮

叶轮气浮的充气靠叶轮高速旋转时在固定的盖板下形成的负压，从空气管中吸入空气。进入水中的空气与循环水流被叶轮充分搅拌，成为细小的气泡甩出导向叶片外面，经过紊流挡板消能，气泡垂直上升进行气浮。形成的浮渣不断地被缓慢旋转的刮板刮出槽外。

叶轮气浮适用于悬浮物浓度高的废水(图 5－34)。例如用于从洗煤水中回收细煤粉。设备不容易堵塞，叶轮气浮产生的气泡直径约 1 mm，效率比加压溶气气浮效果差，约 80%。

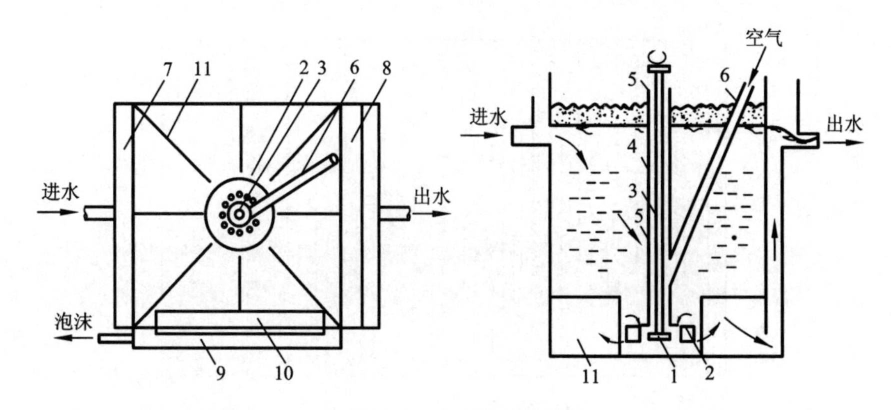

图 5－34　叶轮气浮装置

1—叶轮；2—盖板；3—转轴；4—轴套；5—向心轴承；6—进气管；
7—进水槽；8—出水槽；9—泡沫槽；10—刮沫板；11—整流板

(3)射流气浮

射流气浮是利用射流器将水从其喷嘴中高速喷出，周围空气被卷带一同进入射流器喉管和扩散管，使得空气与水充分接触并减压变成微小气泡在气浮池内上升进行气浮。这种方法设备比较简单，但气泡尺寸较大，以致单位体积气泡总面积不大，影响气浮效果。

5.2.3 化学法处理设备与设施

5.2.3.1 混凝设备

混凝设备是将混凝剂配制成一定浓度的溶液投放至废水中，完成废水的化学处理过程的设备。化学法废水处理的混凝设备有投药设备、混合与搅拌设备、反应设备、澄清池。

(1)投药设备

高位溶液池投加是利用落差，直接将高位水池中的混凝剂溶液投加至废水中。虹吸投加是利用虹吸管进、出口高度差控制投配量。水射流器投加是利用高压水通过定量给药箱投药。水泵投加利用计量耐酸泵和转子流量计进行投药。

(2)混合与搅拌设备

混合与搅拌可为药剂在水中的化学作用创造良好的条件，主要有水泵混合、隔板混合、机械混合及管式静态混合。

(3)反应设备

为保证化学反应能充分进行，通常在强烈搅拌下完成，搅拌方式可分为水力搅拌和机械搅拌。

水力搅拌主要运用的是隔板反应池，有往复式(图 5 - 35)和回转式(图 5 - 36)两种。

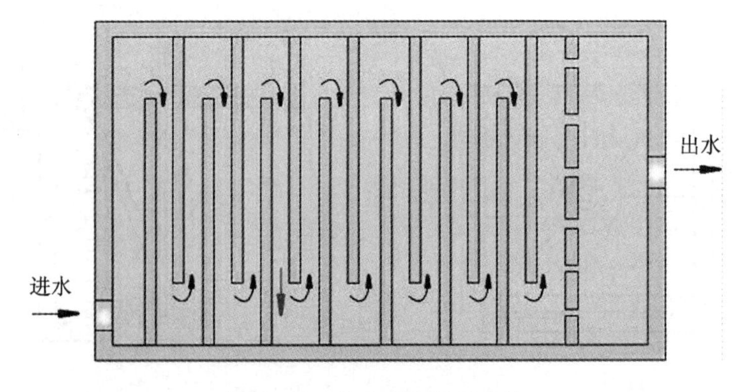

图 5 - 35　往复式隔板反应池

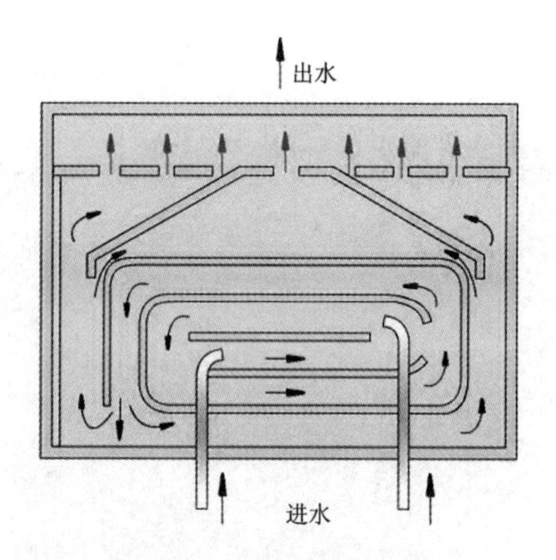

图 5－36　回转式隔板反应池

涡流式反应池(图 5－37)上部为圆筒，下部为圆锥，水从底部进入，形成涡流，过水面积逐步增大使水流上升速度逐渐减小，有利于絮凝。

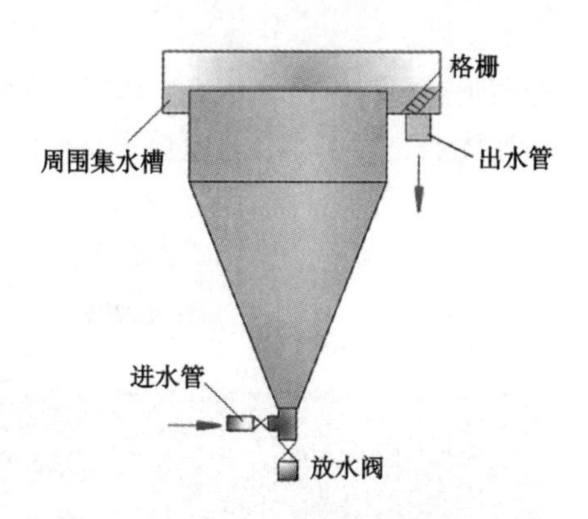

图 5－37　涡流式反应池

(4)澄清池

澄清池要求在池中形成稳定的高浓度泥渣层，并借助重力的作用存在于上升水流中，原水通过泥渣层时发生接触絮凝，使水中悬浮物被截留，清水在上部收集。因此，正确选用上升流速是保持良好的泥渣悬浮层的关键。澄清池分为泥渣悬浮型和泥渣循环型。

悬浮澄清池(图 5－38)的工作原理是原水由两池底进入，靠上升流速的控制使絮凝体悬浮，悬浮层逐渐膨胀超过一定高度时，通过排泥窗口排入泥渣浓缩池，并定期从底部排出。

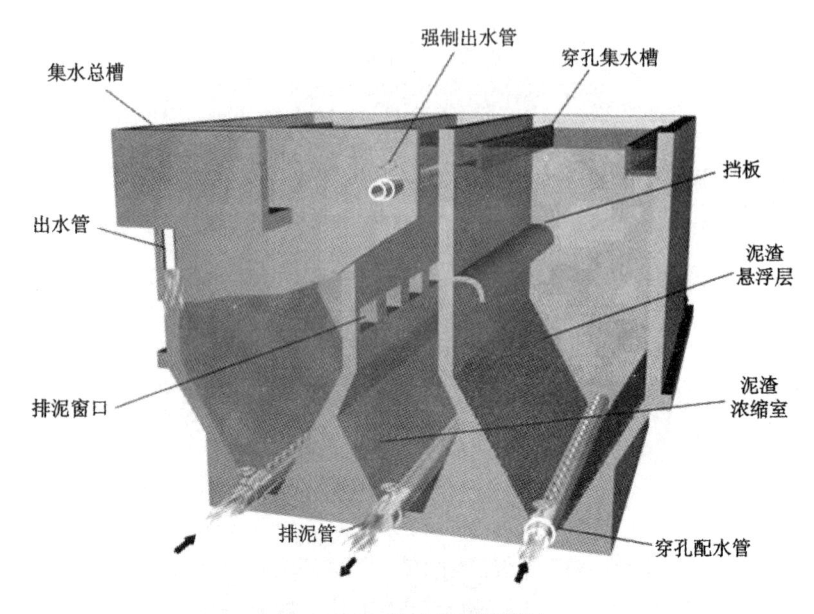

图 5-38　锥底悬浮澄清池

机械加速泥渣循环澄清池(图5-39)集混合、絮凝、反应、沉淀于一体，泥浆回流促进较大絮体形成。其优点是效率高，适应性强，操作运行方便。

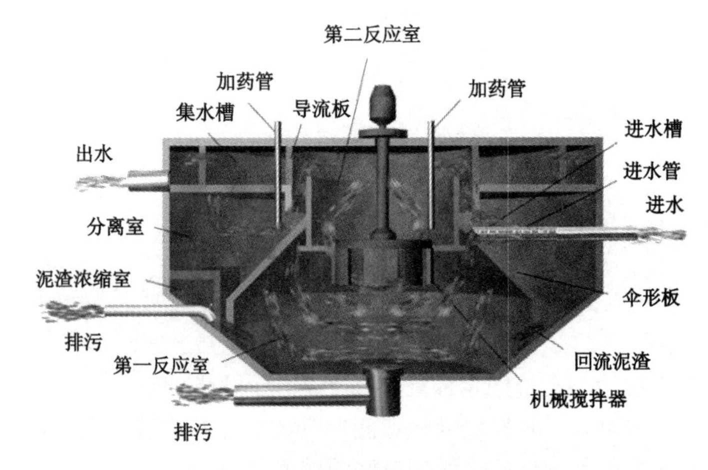

图 5-39　机械加速泥渣循环澄清池

机械加速澄清池设计时应注意原水进水管流速为1 m/s，配水流速为0.4 m/s，进水管接入环形配水槽，并向四周环流配水。水在池中总停留时间控制在1.2~1.5 h，在第一、第二混合室停留 20 ~ 30 min。因回流，第二反应室计算流量为出水量的 3 ~ 5 倍。第一反应室、第二反应室、分离室容积比为 2∶1∶7。控制分离室上升流速为 0.8 ~ 1.1 mm/s；集水槽流速为 0.4 ~ 0.6 m/s，出水管流速为 1 m/s；叶轮直径为第二反应室内径的 0.7 ~ 0.8 倍，叶轮外缘线速度为 0.5 ~ 1.0 m/s。

5.2.3.2　电解槽

电解槽分为单电极回流式和翻腾式两种，见图 5 - 40。

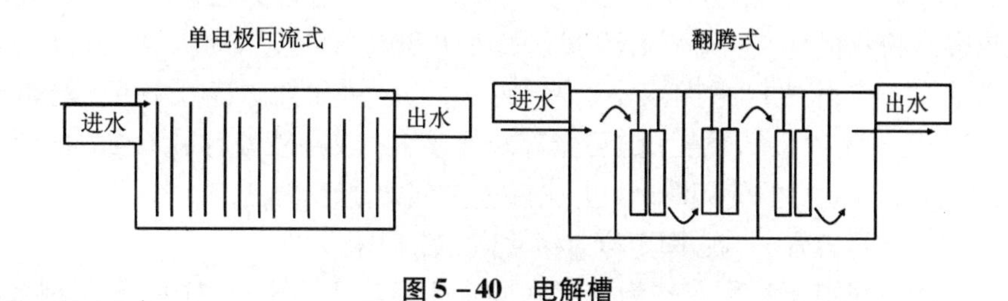

图 5 - 40　电解槽

单电极回流式电解槽的极板与水流方向垂直，水流折流运动，流线长，但施工、检修、更换极板困难。

翻腾式电解槽的极板与水流方向平行，水流上下翻腾，施工、检修、更换极板容易，可避免极板间与槽壁间短路，因此省电，被广泛采用。

极板间距为 30 ~ 40 mm，过大则电压增大，电耗增大；过小则安装不便，易发生短路现象。鼓入空气可降低浓差极化，防止槽内积泥。

5.2.4　物理化学法处理设备与设施

物理化学法是利用物理化学手段进行废水处理，包括吸附、离子交换和膜分离技术、萃取、蒸发和结晶等。

吸附法废水处理常用的吸附剂有活性炭、硅藻土和沸石等。离子交换可分为阳离子交换和阴离子交换。膜分离技术包括电渗析、反渗透和超滤等。萃取是利用溶质在溶液与萃取液中溶解度的差异，将溶质从溶液中分离。蒸发是溶剂汽化而溶质不挥发以实现分离的过程。结晶是利用溶质在溶液中的溶解度使其从溶液中分离的过程。

5.2.4.1　吸附装置

吸附装置可分为压力式、重力式，上向流、下向流，填充床、膨胀床等，在实际使用时，可采用单个串联或分组串联等。

常用装置有其原则结构，下向流固定床吸附装置的结构形式与机械过滤器类似，既可吸附有机物也可过滤去除悬浮颗粒。在底部装填 0.2 ~ 0.3 m 的碎石或石英砂，支持层粒径一般为 20 ~ 40 mm，在石英砂上部有时放置 1 ~ 1.5 m 厚的活性炭等作为过滤吸附层，过滤速度一般控制在 6 ~ 12 m/h。

(1)活性炭吸附装置

活性炭具有微孔结构，比表面积大(1000～2000 m^2/g)，吸附能力强，对水中许多有机污染物有很大的吸附能力。在处理生活饮用水时，可除臭、脱色、去除微量有害物。在纯水制备中，可去除水中的有机物、胶体物质、余氯等。

活性炭根据其形貌可分为：粉末状活性炭和颗粒状活性炭。粉末状活性炭具有吸附能力强、制备容易、价格低廉等特点，但再生困难。颗粒状活性炭价格昂贵，但可再生重复使用，并显著改善劳动条件，操作管理方便，因此在水处理中采用较多。粉状活性炭：适于低浓度有机废水和氨污染废水的除臭、除味。运行较经济有效，实际中可采用双层滤料(炭、砂)，从而加强净化效果(与单层相比)、降低反冲洗次数和强度；也可全部取代砂粒；或在砂滤后采用独立的活性炭滤池，以提高活性炭的使用时间，并去除重金属离子。

活性炭吸附装置分为：固定床、移动床、流动床。

最常用的固定床吸附装置为沉降式固定床吸附塔(图5－41)，吸附剂采用活性炭并固定在装置中作为填充层，吸附剂在操作过程中固定不动，因而称为固定床。

在实际应用过程中，固定床可串联下向流或并联下向流组合使用。串联使用可提高处理效果，并联使用可提高处理能力。

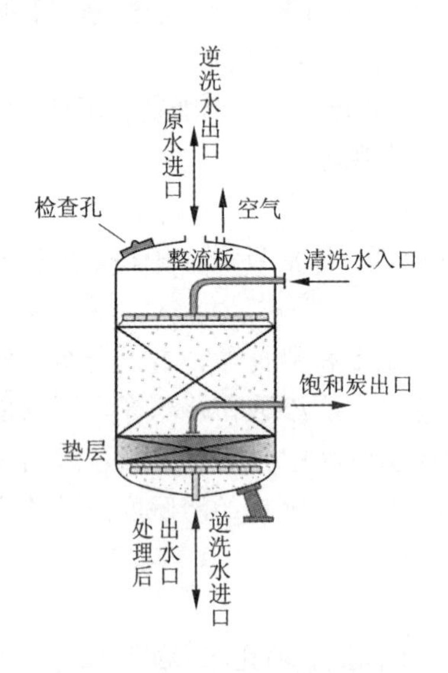

图5－41　沉降式固定床吸附塔

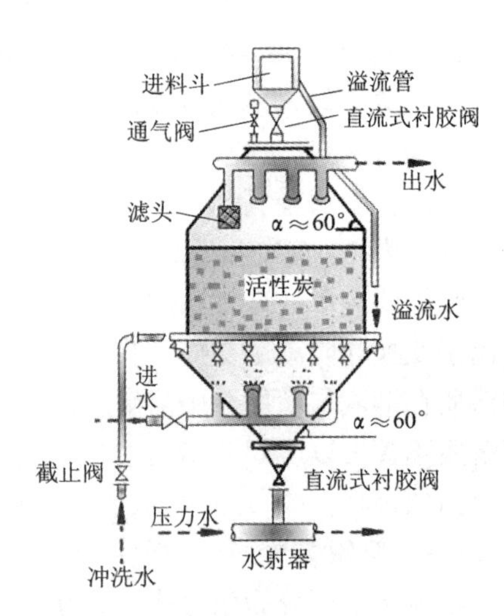

图5－42　移动床活性炭吸附装置

移动床活性炭吸附装置(图5－42)常采用吸附塔。活性炭在工作时间歇移动，进水通过移动床吸附处理一段时间后停止进水，使活性炭向下运动，一次移动的炭量为总炭量的5%～20%，吸附饱和的废炭排出塔外并补充新炭，移动频率与原水量和被吸附物的浓度有关。移动床活性炭吸附装置设备占地少，处理水质稳定；但是装置结构复杂，操作运行难掌握，活性炭吸附能力逐步降低，操作不当时易发生混层，原水量和浓度变化时难以调节。

流动床活性炭吸附装置是以石油、沥青等制作成球形小颗粒活性炭，平均粒径为0.4～0.6 mm，以提高活性炭利用率。但流动层的层高与水温关系很大，温度低时层高增加。因此，设计时必须先确定流动层最高高度，操作不当时，水流过大使活性炭易随处理水流失。

(2)硅藻土吸附装置

硅藻土的主要成分是SiO_2，呈疏松状，孔多，表面积大，吸附能力强。在水处理中，选用硅藻土助滤剂作为过滤介质，选用滤布作为支撑物，形成过滤层滤饼。

(3)沸石吸附装置

分子筛沸石是Na、K、Mg、Ca、Ba等阳离子的结晶水合铝硅酸盐，具有三维开放骨架，以及引人注目的离子交换性能。

5.2.4.2 离子交换装置

离子交换装置由一个内装离子交换剂的竖式封闭圆筒形容器构成，离子交换剂目前多采用人工合成的离子交换树脂，分为强酸阳离子交换树脂、弱酸阳离子交换树脂、强碱阴离子交换树脂、弱碱阴离子交换树脂、螯合树脂、有机吸附树脂。

离子交换树脂具有一定的交换容量，使用一段时间后会失效，需要再生，因此树脂离子交换的可逆性是其再生的基础。

离子交换树脂对各种离子的交换吸附具有一定的选择性，阳离子树脂的选择顺序为：$Fe^{3+} > Al^{3+} > Ca^{2+} > Mg^{2+} > K^{+} > Na^{+}$；阴离子树脂选择顺序为：$SO_4^{2-} > NO^{-} > Cl^{-} > HCO_3^{-} > HSiO_3^{-}$。

离子交换设备分类方法很多，通常按功能和床型进行区分。

(1)固定床离子交换装置

固定床离子交换装置间歇式运行，即固定—膨胀—再生—冲洗，循环进行。根据离子交换与再生流向可分为顺流离子交换器和逆流再生离子交换器。

顺流离子交换器的水流方向与再生液的流向相同，优点是设备结构简单，运行操作方便，工艺过程易控制。缺点是出水质量较差，再生剂消耗大。该设备为标准产品，有HJ、Yin、F、HS等系列。

逆流再生离子交换器的再生液和水流呈逆流方向流动，水流由上而下，再生液由下而上。优点是再生效率高，再生剂耗量小，排出的废酸、碱液少、浓度低，出水水质好，适应水质含盐范围宽，冲洗用水少，制水成本低。缺点是工艺过程难控制，要求床层不乱，因此不能每次再生前从底部进行大量反洗，而只能从再生排废液管进水，反冲洗不彻底。

(2)连续床离子交换装置

连续床离子交换器分为移动床和流动床，克服了固定床间歇式工作的不足。

移动床是一种半连续设备，国内使用过的有几十种，可归纳为：单塔单周期再生床、双塔单周期再生床、双塔连续再生床、双塔多周期再生床、三塔多周期再生床。其中三塔多周期再生床使用效果较理想。

三塔多周期再生床运行中树脂层不断移动，失效树脂不断从底部排出，新树脂从顶部补充。

系统特点是树脂用量小，为固定床的1/3～1/2，但树脂在不断流动中磨损严重、损耗大。移动床能连续供水、出水，出水质量好，但水量、水质变化的适应性较差。移动床水流速度高、设备小、投资省、自动化程度高，但故障多，维护工作量大。

流动床仅由交换塔与树脂再生装置组成，分为压力式和重力式，重力式较常使用，重力式又分为双塔式(交换器、再生清洗塔)和三塔式(交换器、再生塔、清洗塔)。

流动床的特点为：结构简单、操作方便、对原水浊度要求低。但交换、再生和清洗过程中固、液两相对流，较难控制稳定运行，要求树脂颗粒均匀，水流速度不能过大，树脂磨损严重，机械强度要求高。

5.2.4.3 膜分离装置

膜分离技术是利用膜的选择透过性进行分离或浓缩水中的离子或分子的方法。膜分离装置可分为：电渗析、反渗透、超滤、微滤以及扩散渗析。

(1)电渗析设备

电渗析装置(图5－43)是利用直流电场的作用，使阴、阳离子选择性透过交换膜，在隔室中发生离子迁移，达到除盐或浓缩的目的。主要应用于水的除盐、淡化、纯化、浓缩、提纯、合成。

(2)反渗析设备

反渗析装置与正渗透相反，在盐水侧施加外压，使盐水中的水通过半透膜到达纯水侧。

(3)超滤设备

超过滤与反渗透类似，是依靠膜和压力完成分离任务，但与渗透法不同的是超滤利用机械隔滤的原理。超滤膜的孔径最细为2～3 μm，比反渗透膜的孔径大，从而通过的分子或粒子较大，因此所施加的压力比反渗透的小，约为100～700 kPa。

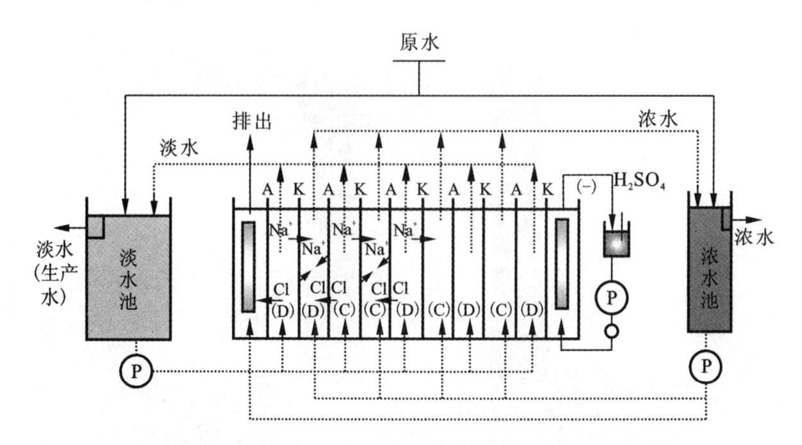

K—阳离子交换膜；A—阴离子交换膜；D—淡水室；C—浓水室

图 5-43　电渗析装置

5.2.4.4　除气设备

吹脱和气提设备属于除气设备，其中吹脱比较简单，尤其是吹脱池，采用自然通风或向水池中鼓入空气，将溶解于水中的气体吹脱。

吹脱塔为了强化除气过程，运行时废水从塔顶喷淋进入，从塔底鼓入空气，废水与空气的逆向运动中通过传质将溶解于其中的气体吹脱。

除气设备主要有气提除气器、热力除气器、钟罩式除气器以及真空除气器。

5.2.4.5　萃取设备

萃取设备是利用溶液中溶质在原溶剂(溶液)和新加入的溶剂(萃取剂)中的溶解度差异，将溶质从溶液中分离的各种设备。

萃取设备可分为逐级接触式萃取设备和微分接触式萃取设备。

(1)逐级接触式萃取设备

逐级接触式萃取设备操作过程逐级进行，每一级为两相提供了良好的接触条件，然后使两相分离(分层)，常用设备为混合澄清槽和筛板萃取塔。

(2)微分接触式萃取设备

微分接触式萃取设备应用于连续操作，要求两相接触良好，一直到接触最后才进行分层。常用的分类为：脉冲筛板塔(图 5-44)、转盘塔、离心萃取机。

5.2.4.6　蒸发设备

蒸发使溶剂汽化而溶质不挥发，在废水处理中主要用来进行浓缩或回收污染物质，如浓缩高浓度有机废水、浓缩回收废酸或碱液等，不作一般废水处理。其本质上与一般传热装置相同，综合考虑了工艺过程、物料等多种因素。

常用的蒸发设备采用间壁传热的方式，分为循环型和单程型两种。

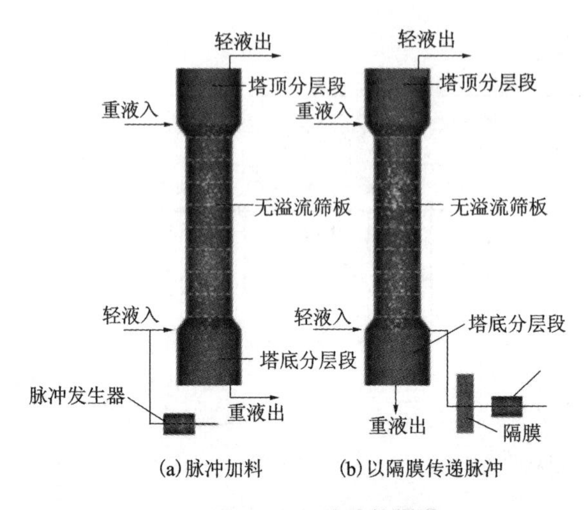

图 5-44 脉冲筛板塔

5.2.4.7 结晶设备

利用溶质在溶液中有一定的饱和度，采用结晶的方法使其从溶液中分离。结晶过程中，溶质分别完成形核与长大。

结晶的方法可分为两类：①使溶剂在加热过程中蒸发，从而使溶液达到过饱和状态，该方法适应于溶解度随温度的降低变化不大的物质。②降低温度(冷冻结晶)达过饱和状态，该方法适用于随温度的降低溶解度迅速降低的物质。

5.2.5 生物法废水处理设备与设施

5.2.5.1 生物转盘

生物转盘是由水槽和部分浸没于污水中的旋转盘体组成的生物处理构筑物。盘体表面上生长的微生物膜反复地接触槽中污水和空气中的氧，使污水获得净化。

生物转盘工艺是生物膜法污水生物处理技术的一种，是污水灌溉和土地处理的人工强化，这种处理法使细菌等微生物、原生动物在生物转盘填料载体上生长繁育，形成膜状生物性污泥——生物膜。污水经沉淀池初级处理后与生物膜接触，生物膜上的微生物摄取污水中的有机污染物作为营养，使污水得到净化。在气动生物转盘中，微生物代谢所需的溶解氧通过设在生物转盘下侧的曝气管供给。转金表面覆有空气罩，从曝气管中释放出的压缩空气驱动空气罩使转金转动，当转金离开污水时，转金表面上形成一层薄薄的水层，水层也从空气中吸收溶解氧。

5.2.5.2 生物滤池

生物滤池是由碎石或塑料制品填料构成的生物处理构筑物。污水与填料表面上生长的微生物膜间隙接触，使污水得到净化。

生物滤池的滤料要求比表面积要大、孔率高、质材强度高、稳定、价廉。池壁为构筑物主体，起支撑作用。池底设置通风系统、排泥系统、支承渗水结构。布水系统一般采用旋转布水器。

5.2.5.3　生物膜

生物膜的构造如图 5－45 所示，是高度亲水的物质，其外侧表面总存在一层附着水层，附着在水层中的有机物由于微生物的氧化作用，浓度远比在流动水层中低。由于传质作用，流动层中的有机物扩散转移到附着水层，然后进入生物膜，并通过微生物的代谢活动被降解，使得流动水层达到净化的目的。

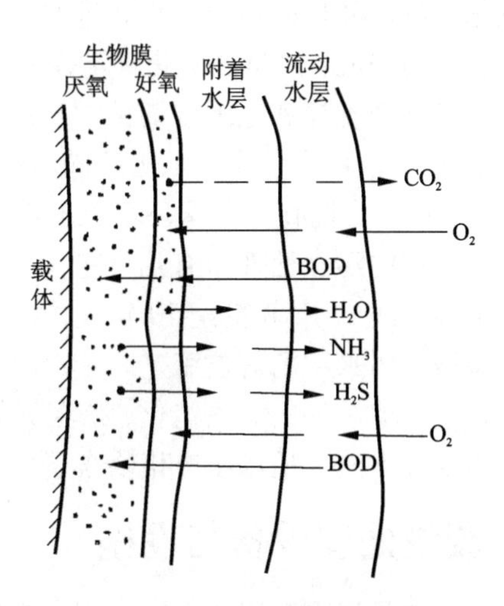

图 5－45　生物膜构造示意图

氧化沟(图 5－46)是活性污泥法的一种变型，其曝气池呈封闭的沟渠型，所以它在水力流态上不同于传统的活性污泥法，它是一种首尾相连的循环流曝气沟渠，污水渗入其中得到净化，最早的氧化沟渠不是由钢筋混凝土建成的，而是加以护坡处理的土沟渠，是间歇进水间歇曝气的，从这一点上来说，氧化沟最早是以序批方式处理污水的技术。

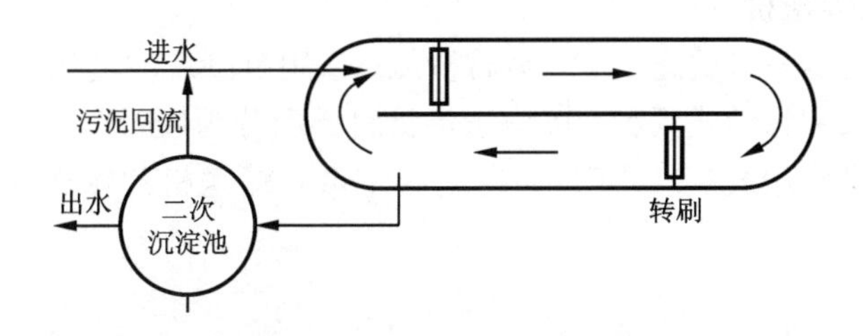

图 5－46　氧化沟典型布置

1954 年荷兰建成了世界上第一座氧化沟污水处理厂，其原型为一个环状跑道式的斜坡池壁的间歇运行反应池，白天用作曝气池，晚上用作沉淀池，其生化需氧量(BOD)去除率可达 97%，由于其结构简单，处理效果好，因而引起了世界各国广泛的兴趣和关注。

氧化沟污水处理的整个过程如进水、曝气、沉淀、污泥稳定和出水等全部集中在氧化沟内完成，最早的氧化沟不需另设初次沉淀池、二次沉淀池和污泥回流设备。后来处理规模和范围逐渐扩大，它通常采用延时曝气，连续进出水，所产生的微生物污泥在污水曝气净化的同时得到稳定，不需设置初沉池和污泥消化池，处理设施大大简化。各国环境保护机构和世界卫生组织（WHO）都非常重视。在美国已建成的污水处理厂有几百座，欧洲已有上千座。在我国，氧化沟技术的研究和工程实践始于20世纪70年代，氧化沟工艺以其经济简便的突出优势已成为中小型城市污水厂的首选工艺。

厌氧消化池污泥的厌氧消化，是在无氧条件下依靠厌氧微生物，使有机物分解的生物处理方法。适用于有机物含量较高的污泥。

5.3 废渣处理设备与设施

冶金废渣是指冶金工业生产过程中产生的各种固体废弃物。主要指炼铁炉中产生的高炉渣、钢渣；有色金属冶炼产生的各种有色金属渣，如铜渣、铅渣、锌渣、镍渣等；从铝土矿提炼氧化铝排出的赤泥以及轧钢过程产生的少量氧化铁渣。固体废渣的任意堆放与填埋将造成环境污染，因此必须进行适当处理。

一方面，固体废物中往往含有多种有价资源，为合理回收利用其中的有价资源，常需要进行破碎、筛分。破碎设备有颚式破碎机、锤式和冲击式破碎机、反击式破碎机、辊式破碎机和球磨机等。筛分设备有格筛、滚筒筛、惯性振动筛和共振筛等。另一方面，固体废物的堆放与填埋也必须实现无害化与减量化处理与处置。因此产生了各种不同的压实设备、填埋机械与焚烧装置。

5.3.1 固体废物输送设备

5.3.1.1 带式输送机

带式输送机是一种输送量大、运转费低、适用范围广的输送设备。按其支架结构分为固定式和移动式两种；按输送带材料类型分为胶带、塑料带和钢带。目前以胶带输送机使用最多。TD75型通用固定带式输送机的输送能力见表5－2，结构示意图见图5－47。

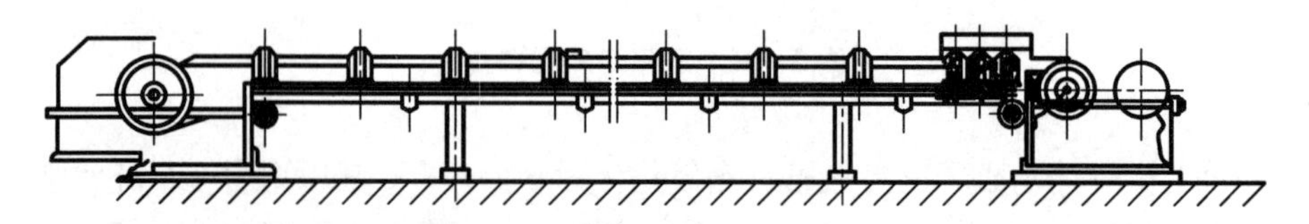

图5－47 带式输送机的结构示意图

表 5－2　带式输送机的输送能力

承载托辊形式	带速/(m·s^{-1})	带宽 B/mm					
		500	650	800	1000	1200	1400
		输送量 Q/(t·h^{-1})					
槽形托辊	0.8	78	131	—	—	—	—
	1.0	97	164	278	435	655	891
	1.25	122	206	348	544	819	1115
	1.6	156	264	445	696	1048	1427
	2.0	191	323	546	853	1284	1743
	2.5	232	391	661	1033	1556	2118
	3.15	—	—	824	1233	1858	2528
	4	—	—	—	—	2202	2996
平形托辊	0.8	41	67	118	—	—	—
	1.0	52	88	147	230	345	469
	1.25	66	110	184	288	432	588
	1.6	84	142	236	368	553	753
	2.0	103	174	299	451	677	922
	2.5	125	211	350	546	821	1117

ZP60 型移动式胶带输送机外形如图 5－48 所示，技术性能见表 5－3。

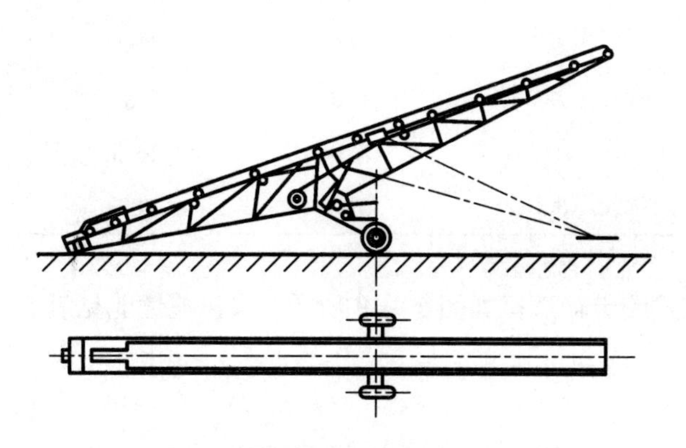

图 5－48　ZP60 型移动式胶带输送机示意图

表 5-3　ZP60 型移动式胶带输送机规格性能

输送机长度/m		10	15	20
输送带宽 B/m		500	500	500
输送带速度/($m \cdot s^{-1}$)		1.5	1.5	1.5
输送能力/($m^3 \cdot h^{-1}$)		104	104	104
最大爬高/m		3700	5300	6960
最大倾角/(°)		19	19	19
拉近行程/mm		300	300	300
走轮直径/mm		800	800	800
输送带层数/层		3	3	3
上胶厚度/mm		3	3	3
下胶厚度/mm		1.5	1.5	1.5
电动机	功率/kW	2.2	4	5.5
	转速/($r \cdot s^{-1}$)	24	24	24
总质量/kg		1280	1660	2420
外形尺寸/mm	B	500	500	500
	a	19	19	19
	L	10000	15000	20000
	L_0	10800	15800	20800
	D	800	800	800
	H	3700	5300	6960
	B_0	1638	2038	2238
	B_1	700	700	700

XD 型携带式胶带输送机如图 5-49 所示，未包覆性能见表 5-4。

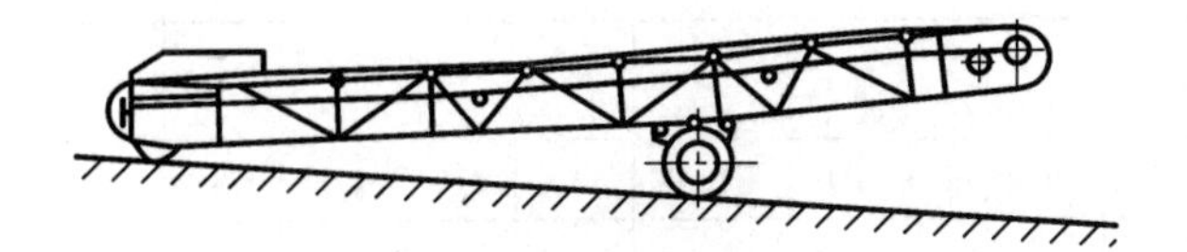

图 5-49 XD 型携带式胶带输送机示意图

表 5-4 XD 型携带式胶带输送机规格性能

输送长度/m	5	7.2	10
输送带宽度/mm	400	400	400
输送带速度/($m \cdot s^{-1}$)	0.8, 1.0, 1.25	0.8, 1.0, 1.25	0.8, 1.0, 1.25
输送能力/($m^3 \cdot h^{-1}$)	20, 24, 30	20, 24, 30	20, 24, 30
输送最大高度/mm	1020	1150	1150
拉紧行程/mm	220	220	220
走轮直径/mm	400	400	400
走轮中心距/mm	800	800	800
胶带层数/层	3	3	3
上胶厚度/mm	3	3	3
下胶厚度/mm	1.5	1.5	1.5
电动滚筒型号	TDY 型 1.1 kW	TDY 型 1.1 kW	TDY 型 1.1 kW
最大长度/mm	5450	7650	10450
最大宽度/mm	920	920	920
总质量/kg	316	450	542

5.3.1.2 螺旋输送机

螺旋输送机利用螺旋旋转而推移物料，适宜于输送各种粉状及小粒状物料。螺旋输送机不宜输送黏性大、易结块的物料，因为这类物料在输送时会黏结在螺旋上，造成物料积塞而使螺旋机无法工作。输送的物料温度不宜超过 200℃。输送机长度为 3 ~ 70 m，每隔 0.5 m 为一档，一般宜在 50 m 以下。

螺旋输送机可以用于水平或倾斜输送，倾斜时其倾角应小于 20°。在布置一台螺旋机时，应尽可能将传动装置放在出料口端，使得运转时螺旋管轴处于受拉状态。

GX 型螺旋输送机的输送能力和单位长度所需功率见表 5-5，外形如图 5-50所示。

表 5－5　GX 型螺旋输送机的输送能力和单位长度所需功率

螺旋直径	物料	水泥				水泥生料				煤粉			
ϕ200	转速/s^{-1}	1	1.1	1.3	1.48	1	1.1	1.3	1.48	1	1.1	1.3	1.48
	输送能力/($t \cdot h^{-1}$)	6.8	7.7	8.6	10.1	6	6.8	7.6	8.9	4.3	4.9	5.5	6.4
	每米需功率 N/kW	0.041	0.047	0.053	0.061	0.038	0.044	0.049	0.057	0.033	0.038	0.012	0.049
ϕ250	转速/s^{-1}	0.9	1	1.1	1.3	0.9	1	1.1	1.3	0.9	1	1.1	1.3
	输送能力/($t \cdot h^{-1}$)	12.1	13.2	15	16.8	10.7	11.7	13.2	14.8	7.8	8.5	9.6	10.7
	每米需功率 N/kW	0.061	0.066	0.075	0.084	0.056	0.061	0.069	0.078	0.047	0.051	0.058	0.065
ϕ300	转速/s^{-1}	0.8	0.9	1	1.1	0.8	0.9	1	1.1	0.8	0.9	1	1.1
	输送能力/($t \cdot h^{-1}$)	18.3	21	22.9	26	13.5	20.2	22.8	25.5	13.4	14.7	16.6	18.6
	每米需功率 N/kW	0.089	0.102	0.111	0.126	0.094	0.102	0.115	0.129	0.077	0.084	0.095	0.107
ϕ400	转速/s^{-1}	0.8	0.9	1	1.1	0.8	0.9	1	1.1	0.8	0.9	1	1.1
	输送能力/($t \cdot h^{-1}$)	43.4	49.8	54.3	61.5	38.2	43.8	47.8	54.1	27.8	31.9	34.7	39.4
	每米需功率 N/kW	0.197	0.226	0.246	0.279	0.18	0.206	0.225	0.255	0.146	0.168	0.183	0.207
ϕ500	转速/s^{-1}	0.7	0.75	0.8	0.9	0.75	0.8	0.9	1	0.75	0.8	0.9	1
	输送能力/($t \cdot h^{-1}$)	72.5	79.5	84.8	97.2	70	74.7	85.5	93.3	50.9	54.3	62.2	68
	每米需功率 N/kW	0.305	0.335	0.357	0.409	0.304	0.324	0.371	0.405	0.242	0.258	0.296	0.323
ϕ600	转速/s^{-1}	0.6	0.7	0.75	0.8	0.7	0.75	0.8	0.9	0.68	0.75	0.8	0.9
	输送能力/($t \cdot h^{-1}$)	110	125	137	147	110	121	129	148	80	88	94	108
	每米需功率 N/kW	0.44	0.501	0.55	0.586	0.452	0.496	0.529	0.606	0.355	0.389	0.415	0.476
ϕ700	转速/s^{-1}	0.5	0.6	0.68	0.75	0.5	0.6	0.7	0.75	0.6	0.7	0.75	0.8
	输送能力/($t \cdot h^{-1}$)	155	175	199	218	137	154	175	192	112	127	140	149
	每米需功率 N/kW	0.596	0.671	0.764	0.839	0.536	0.603	0.687	0.754	0.598	0.68	0.746	0.706

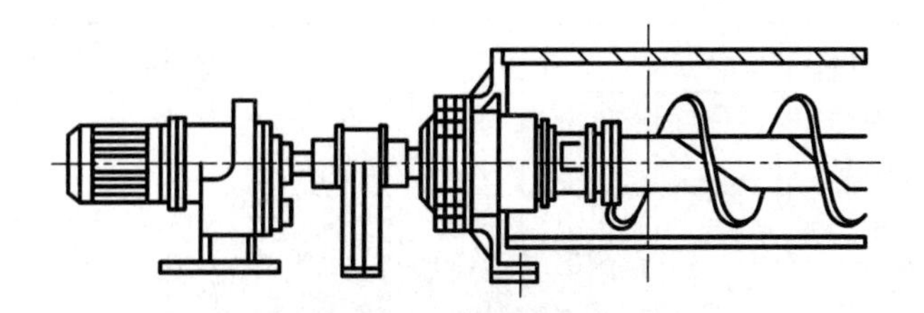

图 5 – 50　GX 型螺旋输送机外形示意图

5.3.1.3　斗式提升机

斗式提升机一般用来垂直输送粉状物料。提升高度一般不宜超过 30 m，当超过 30 m 时，最好采用二段提升。

斗式提升机料斗的牵引构件有环链、板链和胶带等几种。环链的结构和制造比较简单，与料斗的连接也很牢固，输送磨琢性大的物料时链条磨损小；但其自重较重，有效负荷减少。板链自重较轻，结构牢固，适用于提升量大的提升机；但铰接处易受水泥粉、小块物料的磨损，制造也较复杂，胶带的结构简单，磨损比板链小；不能输送磨琢性大的物料。胶带输送的物料温度不宜超过 60℃，采用耐热胶带允许达 150℃，环链和板链输送物料温度可达 250℃。斗式提升机的技术规格性能见表 5 – 6。

表 5 – 6　斗式提升机的技术规格性能

<table>
<tr><th rowspan="2">型号</th><th rowspan="2">料斗制法</th><th rowspan="2">输送能力/(m³·h⁻¹)</th><th colspan="4">料斗</th><th rowspan="2">传动轮转速/s⁻¹</th><th rowspan="2">运行部分质量/(kg·m⁻¹)</th><th rowspan="2">输送物料最大粒度/mm</th></tr>
<tr><th>容积/L</th><th>斗距/mm</th><th>斗宽/mm</th><th>斗速/(m·s⁻¹)</th></tr>
<tr><td rowspan="2">HL300</td><td>S</td><td>28</td><td>5.2</td><td rowspan="2">500</td><td rowspan="2">300</td><td rowspan="2">1.25</td><td rowspan="2">0.6</td><td>24.8</td><td rowspan="2">40</td></tr>
<tr><td>Q</td><td>16</td><td>4.4</td><td>24</td></tr>
<tr><td rowspan="2">HL400</td><td>S</td><td>47.2</td><td>10.5</td><td rowspan="2">600</td><td rowspan="2">400</td><td rowspan="2">1.25</td><td rowspan="2">0.6</td><td>29.2</td><td rowspan="2">50</td></tr>
<tr><td>Q</td><td>30</td><td>10</td><td>28.3</td></tr>
<tr><td rowspan="2">D160</td><td>S</td><td>8.0</td><td>1.1</td><td rowspan="2">300</td><td rowspan="2">160</td><td rowspan="2">1.0</td><td rowspan="2">0.8</td><td>4.72</td><td rowspan="2">25</td></tr>
<tr><td>Q</td><td>3.1</td><td>0.65</td><td>3.8</td></tr>
<tr><td rowspan="2">D250</td><td>S</td><td>21.6</td><td>3.2</td><td rowspan="2">400</td><td rowspan="2">250</td><td rowspan="2">1.25</td><td rowspan="2">0.8</td><td>10.2</td><td rowspan="2">35</td></tr>
<tr><td>Q</td><td>11.8</td><td>2.6</td><td>9.4</td></tr>
<tr><td rowspan="2">D350</td><td>S</td><td>42</td><td>7.8</td><td rowspan="2">500</td><td rowspan="2">350</td><td rowspan="2">1.25</td><td rowspan="2">0.8</td><td>13.9</td><td rowspan="2">45</td></tr>
<tr><td>Q</td><td>25</td><td>7</td><td>12.1</td></tr>
</table>

续表 5－6

<table>
<tr><th rowspan="2">型号</th><th rowspan="2">料斗
制法</th><th rowspan="2">输送
能力/
($m^3 \cdot h^{-1}$)</th><th colspan="4">料斗</th><th rowspan="2">传动轮
转速
/s^{-1}</th><th rowspan="2">运行部
分质量
/($kg \cdot m^{-1}$)</th><th rowspan="2">输送物料
最大粒度
/mm</th></tr>
<tr><th>容积
/L</th><th>斗距
/mm</th><th>斗宽
/mm</th><th>斗速/
($m \cdot s^{-1}$)</th></tr>
<tr><td rowspan="2">D450</td><td>S</td><td>69.5</td><td>15</td><td rowspan="2">640</td><td rowspan="2">450</td><td rowspan="2">1.25</td><td rowspan="2">0.6</td><td>21.3</td><td rowspan="2">55</td></tr>
<tr><td>Q</td><td>48</td><td>14.5</td><td>21.3</td></tr>
<tr><td rowspan="2">PL250</td><td>0.75</td><td>22.3</td><td rowspan="2">3.3</td><td rowspan="2">200</td><td rowspan="2">250</td><td rowspan="2">0.5</td><td rowspan="2">0.3</td><td rowspan="2">36</td><td rowspan="2">55</td></tr>
<tr><td>1</td><td>30</td></tr>
<tr><td rowspan="2">PL350</td><td>0.85</td><td>50</td><td rowspan="2">10.2</td><td rowspan="2">250</td><td rowspan="2">350</td><td rowspan="2">0.4</td><td rowspan="2">0.25</td><td rowspan="2">64</td><td rowspan="2">80</td></tr>
<tr><td>1</td><td>59</td></tr>
<tr><td rowspan="2">PL450</td><td>0.85</td><td>85</td><td rowspan="2">22.4</td><td rowspan="2">320</td><td rowspan="2">450</td><td rowspan="2">0.4</td><td rowspan="2">0.2</td><td rowspan="2">92.5</td><td rowspan="2">110</td></tr>
<tr><td>1</td><td>100</td></tr>
</table>

5.3.1.4 振动输送机

GZS 型惯性振动输送机适宜于水平输送各种粒状、中等块度(150 mm 以下)的物料，但不宜输送黏性、水分大于 6% ~7% 的湿黏性和粉状物料。全机由机槽、底架、主弹簧、导向支承、减振支承、驱动装置、电气控制装置和振幅显示装置等组成。

ZDG 型管式电磁振动输送机用于小块状、颗粒状、粉状物料连续均匀地输送，物料温度不宜高于200℃。输送机为圆管式，密封性好，对于粉状物料和有毒挥发性物料较为适宜。可以多台刚性连接同步输送，可以多点进、出料。全机由输送管、减振器、振动器、连接叉、控制箱等组成。

ZDF 型(又称平衡架式)和 DZF 型(又称座式)电磁振动输送机用于输送小块状、颗粒状、块粉状混合性物料(粉料少于 15%)。DZF 型还适用于输送中低温物料(<200℃)。两种型式电磁振动输送机都可以满足多点进料的工艺要求、控制设备采用可控硅半波整流线路，可便于无级调节输送量。输送槽采用密封槽形，可防止粉料飞扬。

ZDZ 型电磁振动输送机用于输送小块状、颗粒状、粉状物料。全机主要由输送槽、振动器、减振器、连接叉、控制器等组成。该机可按工艺要求多节刚性连接；多点进料、出料输送能力为无级调节。

GZS 型惯性振动输送机，ZDG 型管式电磁振动输送机，ZDF、DZF 型电磁振动输送机及 ZDZ 型电磁振动输送机的规格性能分别见表 5－7、表 5－8、表 5－9、表 5－10。

表 5-7　GZS 型惯性振动输送机规格性能

型号		GZS400-4.7	GZS400-4.7	GZS400-4.7	GZS400-4.7	GZS400-4.7	GZS400-4.7	GZS400-4.7
规格/mm 输送距离/m		400×1700 4.7 4.5	400×5700 5.7 5.5	400×6700 6.7 6.5	400×7700 7.7 7.5	650×5700 5.7 5.5	650×6700 6.7 6.5	650×7700 7.7 7.5
额定输送量 物料输送速度 /(m·s^{-1})		50 0.33				100 0.375		
振动装置	机槽单振幅/mm	5	5	5	5	0	0	0
	频率/Hz	16	16	16	16	16	16	16
	振动角/(°)	30	30	30	30	30	30	30
	激振力调整范围/kg	600~1800 无级可调			1066~3200 无级可调		1330~4000 无级可调	
	电动机 型号	Y90L-4			Y100L$_2$-4			
	电动机 功率/kW	1.5			3			
	电动机 转速/s^{-1}	23			23.6			
整机外形尺寸 /mm×mm×mm		5110×780 ×1326	6085×780 ×1326	7015×780 ×1326	8070×780 ×1326	6040×1040 ×1500	7035×1040 ×1500	8020×1040 ×1500
设备总量/kg		1126	1274	1430	1680	2280	2530	2860

表 5-8　ZDG 型管式电磁振动输送机技术性能

型号规格	生产能力/(t·h^{-1})	给料粒度/mm	频率/Hz	管体直径/mm	输送机长度/m	每节长度/m	配电振器(每节)		
							规格	功率/W	电压/V
ZDG$_3$	10	<60	50	250	2~10	2~2.5	DZ$_3$	200	220
ZDG$_4$	15	<70	50	300	2.5~12	2.5~3	DZ$_4$	450	220
ZDG$_5$	20	<80	50	340	2.5~12	2.5~3	DZ$_5$	650	220

表 5-9　ZDF、DZF 型电磁振动输送机技术性能

型号规格	输送能力/(t·h^{-1})	振动频率/Hz	振幅/mm	表示电流/A	功率/W	控制方式	备注
ZDF-10	10	50	1.5	单节<7	单节 450	半波整流	物料密度按 1.6 g/cm^3 计算
ZDF-20	20	50	1.5	单节<10.5	单节 450		
DZF-420/180	15	50	1.5	单节<10.5	单节 650		

表 5－10 ZDZ 型电磁振动输送机技术性能

型号	槽宽 /mm	生产能力 /(t·h^{-1})	最大给料粒度 /mm	允许物料温度 /℃	每节长度 /m	配电振器			
						规格	功率 /W	电压 /V	频率 /Hz
ZDZ－300	300	10	50	<250	2.5～3.5	ZD_4	450	380	50
ZDZ－400	400	15	60	<250	2.5～3.5	DZ_4	450	380	50
ZDZ－450	450	20	80	<250	2.5～3.5	DZ_5	650	380	50

5.3.1.5 CMB 型脉冲气力输送泵

CMB 型脉冲气力输送泵是一种高浓度、低速度、栓流脉冲气力输送装置。适用于输送各种粉状物料。其工作原理为：脉冲发生器控制的电磁阀产生高压脉动气流，使流态化的粉料形成料栓，在输送管道内全线形成料栓和气栓，靠静压推动料栓向卸料点运动。该机可用于水平、垂直、倾斜的管道运输。

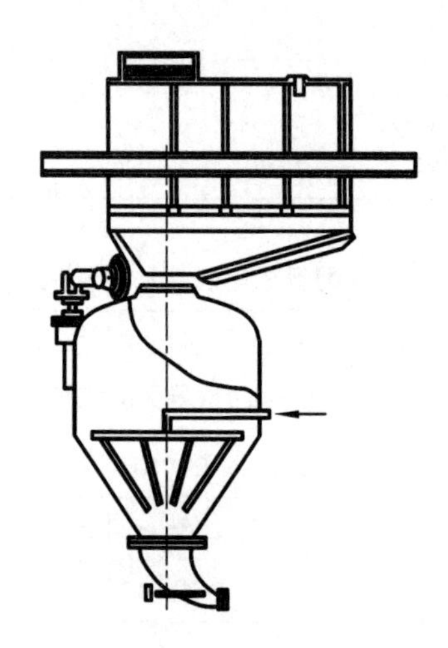

图 5－51 CMB 型脉冲气力输送泵的外形示意图

主要技术参数：

输送能力	32.5 t/h
输送距离	200 m
输送高度	35 m
平均输送速度	5.28～7.94 m/s
泵体有效容积	4.2 m^3

输送管径	100 mm
工作压力	0.4～0.5 MPa
空压机选型风量	10 m^3/min
压力	0.8 MPa
空气耗量	4.06～6 m^3/min（在标准状态下）
生产厂	安徽马鞍山建材机械厂

5.3.1.6　C 系列仓式泵

C 系列仓式泵是一种高压气力输送设备，又称为单仓泵。可用于输送粉状物料，输送管道可水平、垂直、倾斜布置。由中间仓、泵体和控制系统等组成。其规格性能见表 5－11。

表 5－11　C 系列仓式泵规格性能

型号规格		C20	C30	C45	C60	C85
输送能力/（次·h^{-1}）		10	10	10	10	10
仓容积/m^3		2	3	4.5	6	8.5
出口管径/mm		80	125	125	200	200
工作压力/（kg·cm^{-2}）		5	5	5	5	5
输送高度/m		20	20	20	20	20
输送距离/m		200	200	200	200	200
耗气量/（m^3·t^{-1}）		20	20	20	20	20
外形尺寸/mm	长	2930	3260	3350	4650	4660
	宽	1568	1850	2010	2400	2326
	高	4063	5235	5593	6330	6795
设备质量/kg		3010	4130	4660	6430	6620

5.3.2　固体废物脱水设备

5.3.2.1　耙式浓缩机

耙式浓缩机是一种连续作业的、利用重力使固液分离的沉淀浓缩设备。它是一个由钢筋混凝土制作的圆池，池底呈向心锥底，池中有慢速旋转的耙子。灰水从池中心上部进入，池内下部已沉降浓缩的灰浆可借助耙子推力向池底中心移动，并从锥底中心连续流出。澄清水则从池上部周边溢流槽不断排出。

为了避免破坏灰粒的沉降浓缩过程，耙子必须缓慢地旋转，通常耙子最外圈的线速度每分钟不超过 7 ~ 8 m。此速度决定于浓缩物料的性质。物料粒度较粗和容易沉降的，耙的周边线速度为每分钟 6 m 左右；细粒和沉降慢的，耙的周边线速度应在每分钟 3 ~ 4 m 以下。

耙式浓缩机的类型：依耙子的传动方式可以分为中心传动和周边传动两种。一般直径为 12 m 以下的浓缩机为中心传动，直径为 15 m 以上的浓缩机多为周边传动。中心传动采用蜗杆蜗轮减速器机构或行星齿轮系统机构传动。周边传动是在耙臂架一端设驱动小车沿池壁上的轨道移动，直径大于 18 m 的浓缩机的小车则靠车上的齿轮和池壁上轨道旁的固定齿条啮合驱动。

BGN－15 型周边传动式浓缩机外形如图 5－52 所示，技术性能见表 5－12。

表 5－12　BGN－15 型周边传动式浓缩机技术性能

名称	参数	名称		参数
传动方式	周边式	电动机	型号	JO_2-51-6
轨道中心圆直径/mm	15360		功率/kW	5.5
浓缩池内径/mm	15000		转速/s^{-1}	16
浓缩池深度/mm	3600	外形尺寸/mm	长	16545
耙架每转时间/min	8.5、12.7、17.4		宽	15670
耙架圆周速度/($r \cdot min^{-1}$)	2.77 ~ 5.68			
沉淀面积/m^2	176.7		高	7017
生产能力/($t \cdot h^{-1}$)	14	设备质量/kg		9299
型式	两段齿轮式	最大件重/kg		2300
减速器中心距/mm	400	生产厂		沈阳矿山机器厂
速比	40.165			

BGN－18 型周边传动式浓缩机外形如图 5－53 所示，技术性能见表 5－13。

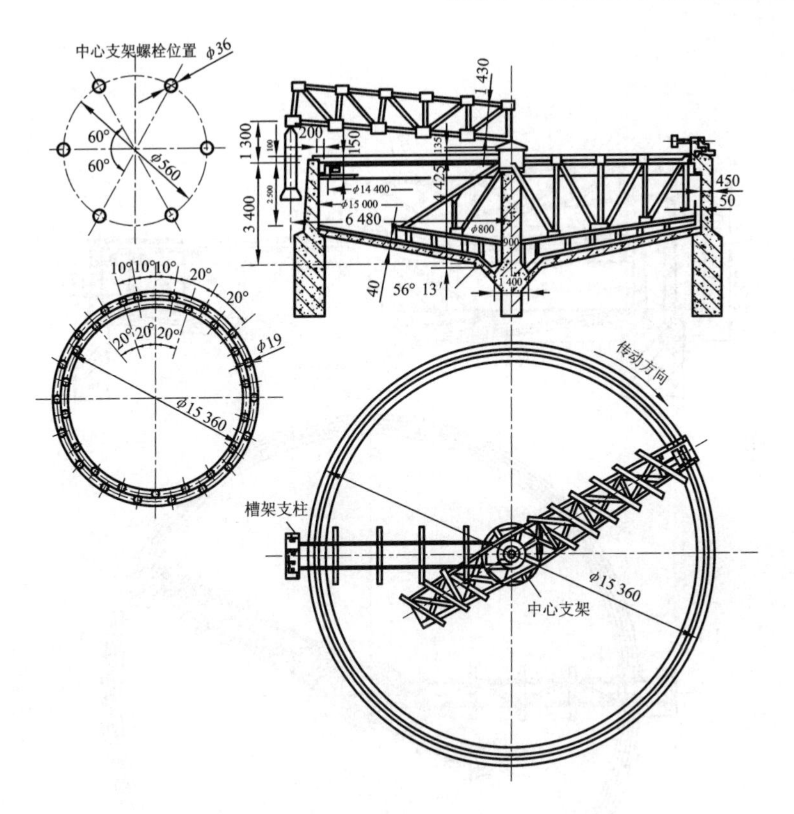

图 5-52 BGN-15 型周边传动式浓缩机外形

表 5-13 BGN-18 型周边传动式浓缩机技术性能

名称	参数	名称		参数
传动方式	周边式	电动机	型号	JO_2-51-6
轨道中心圆直径/mm	18360		功率/kW	5.5
浓缩池内径/mm	18000		转速/s^{-1}	16
浓缩池深度/mm	3708	外形尺寸/mm	长	19742
耙架每转时间/min	9, 10, 15, 20.5		宽	18864
耙架圆周速度/($r\cdot min^{-1}$)	2.75~6.28			
沉淀面积/m^2	254.5		高	7047
生产能力/($t\cdot h^{-1}$)	20	设备质量/kg	10064	
型式	两段齿轮式	最大件重/kg	2600	
减速器中心距/mm	400	生产厂		沈阳矿山机器厂
速比	40.165			

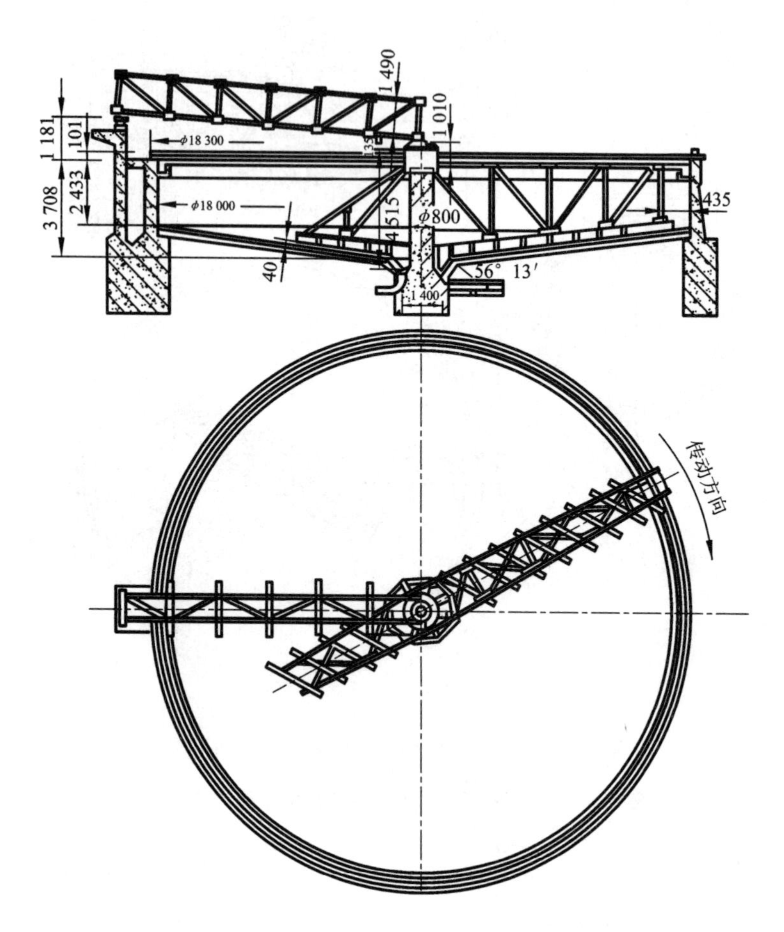

图 5-53　BGN-18 型周边传动式浓缩机外形

5.3.2.2　砂泵

PS 型砂泵是卧式侧面进水离心式砂泵，输送灰浆最大浓度为 60% ~70%。砂泵安装需低于灰浆面 1 ~3 m(由泵的轴中心算起)，以压入式给灰浆进行工作。泵与电动机连接方式为三角胶带间接传动或直联传动。

PNJ 型衬胶泥浆泵是单级悬臂式离心衬胶泥浆泵，输送灰浆浓度不大于 65%。为保护轴的填料函体，轴封处需采用压力清水水封，水封水压应大于泵工作压力 0.2 ~0.3 MPa，水封水量为泵工作流量的 1% ~5%。泵没有吸程，需采用压入式配置进行工作，灌注高度 H 为 1 ~3 m。其传动方式有直联和间接传动两种。

PNL 型泥浆泵是立式单级悬臂离心泵，输送灰浆浓度不大于60% 。需要压力水封，其传动方式为直联。由于没有吸上扬程，该泵在工作时，必须将叶轮浸入水中。

$2\frac{1}{2}$PS 型砂泵（三角形传动）外形如图 5－54 所示，技术性能如表 5－14。

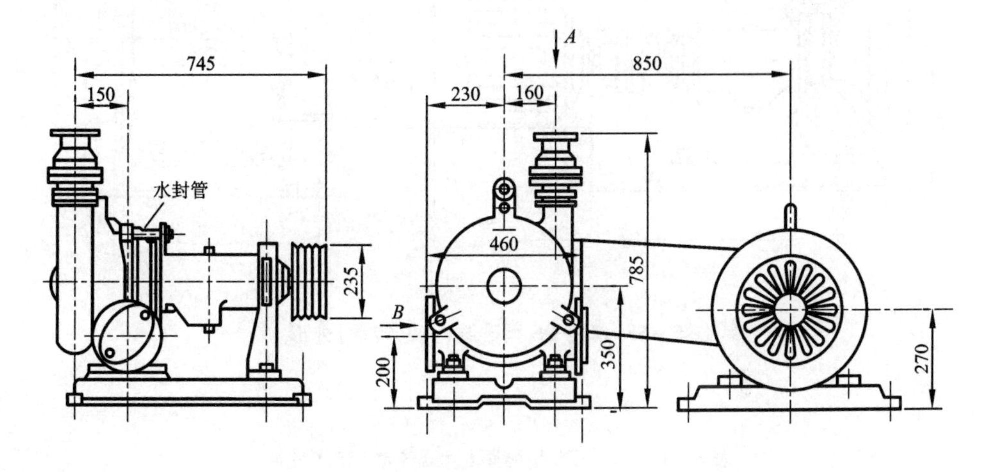

图 5－54　$2\frac{1}{2}$PS 型砂泵（三角形传动）外形

表 5－14　$2\frac{1}{2}$PS 型砂泵（三角形传动）技术性能

<table>
<tr><th colspan="2">名称</th><th colspan="4">参数</th><th colspan="2">名称</th><th colspan="4">参数</th></tr>
<tr><td colspan="2">流量/($m^3 \cdot h^{-1}$)</td><td>30</td><td>50</td><td>60</td><td>70</td><td colspan="2">效率/%</td><td>27</td><td>42</td><td>47</td><td>50</td></tr>
<tr><td colspan="2">扬程/m</td><td>35</td><td>34.5</td><td>34</td><td>33</td><td rowspan="3">外形尺寸/mm</td><td>长</td><td colspan="4">1493.5</td></tr>
<tr><td colspan="2">主轴转速/s^{-1}</td><td colspan="4">30</td><td>宽</td><td colspan="4">845</td></tr>
<tr><td colspan="2">轴功率/kW</td><td>10.6</td><td>11.2</td><td>11.8</td><td>12.5</td><td>高</td><td colspan="4">785</td></tr>
<tr><td rowspan="3">电动机</td><td>型号</td><td colspan="4">JO_2－71－4</td><td colspan="2">设备质量/kg</td><td colspan="4">570</td></tr>
<tr><td>功率/kW</td><td colspan="4">22</td><td colspan="2" rowspan="2">生产厂</td><td colspan="4" rowspan="2">石家庄水泵厂</td></tr>
<tr><td>转速/s^{-1}</td><td colspan="4">24.5</td></tr>
</table>

$2\frac{1}{2}$PS 型砂泵（直联传动）外形如图 5－55 所示，技术性能见表 5－15。

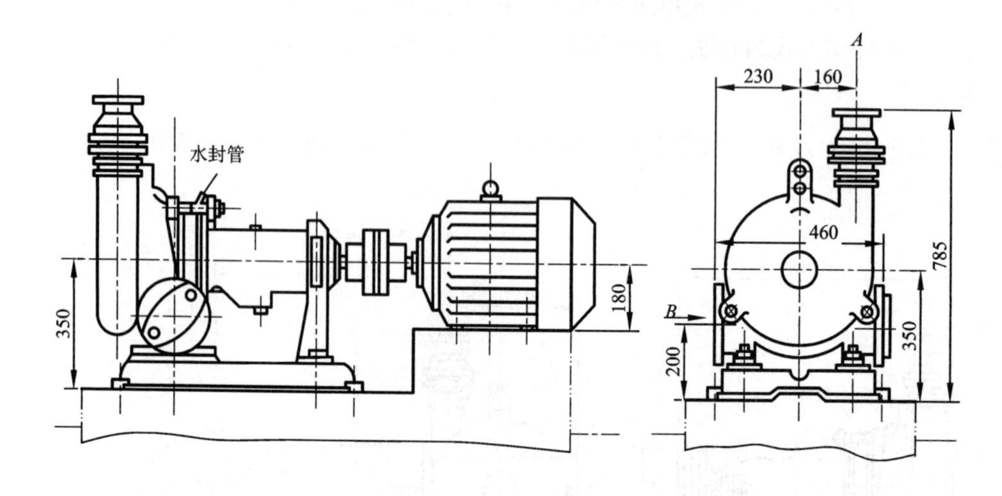

图 5－55 $2\frac{1}{2}$PS 型砂泵(直联传动)外形

表 5－15 $2\frac{1}{2}$PS 型砂泵(直联传动)技术性能

名称		参数				名称		参数			
流量/($m^3 \cdot h^{-1}$)		30	50	60	70	效率/%		30	44.5	48	50
扬程/m		23.5	23	22	21	外形尺寸/mm	长	1476			
主轴转速/s^{-1}		1460					宽	570			
轴功率/kW		6.4	7	7.5	8		高	785			
电动机	型号	JO_2－61－4				设备质量/kg		487			
	功率/kW	13				生产厂		石家庄水泵厂			
	转速/s^{-1}	1460									

2PNJ 型衬胶砂泵(三角带传动)外形如图 5－56 所示，技术性能见表 5－16。

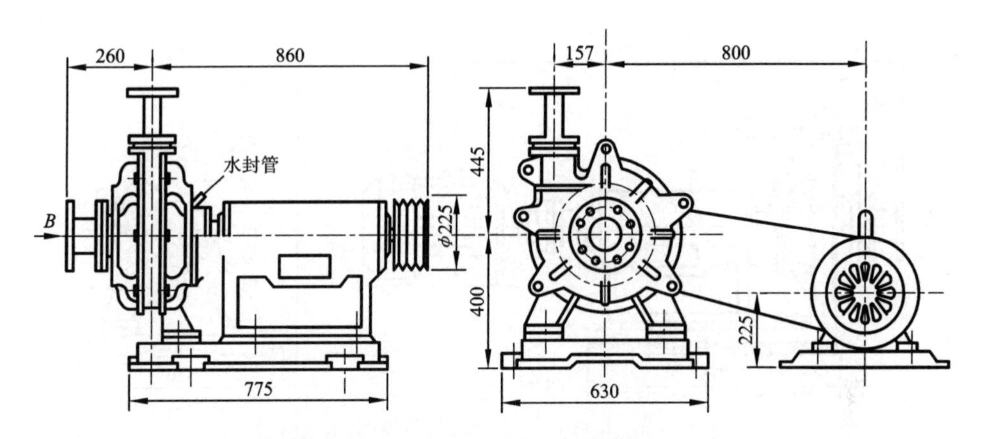

图 5-56　2PNJ 型衬胶砂泵(三角带传动)外形

表 5-16　2PNJ 型衬胶砂泵(三角带传动)技术性能

名称		参数			名称		参数		
叶轮直径		277			效率/%		33	40	44.5
流量/($m^3 \cdot h^{-1}$)		27	40	50					
扬程/m		40	38	36	外形尺寸/mm	长	1476		
主轴转速/s^{-1}		32				宽	1120		
轴功率/kW		9	10.3	11		高	845		
电动机	型号	JO_2-62-4			设备质量/kg		605		
	功率/kW	17			生产厂		石家庄水泵厂		
	转速/s^{-1}	1460							

2PNJ 型衬胶砂泵(直联传动)外形如图 5-57 所示，技术性能见表 5-17。

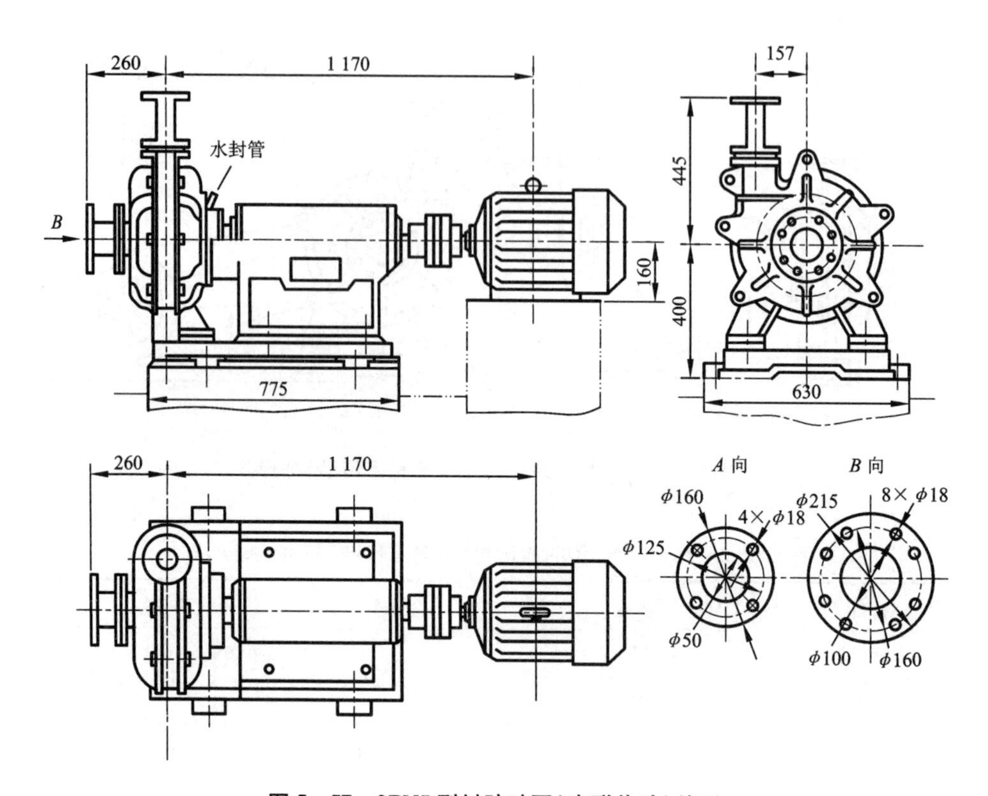

图 5－57　2PNJ 型衬胶砂泵(直联传动)外形

表 5－17　2PNJ 型衬胶砂泵(直联传动)技术性能

<table>
<tr><td colspan="2">名称</td><td colspan="3">参数</td><td colspan="2">名称</td><td colspan="3">参数</td></tr>
<tr><td colspan="2">叶轮直径</td><td colspan="3">277</td><td colspan="2" rowspan="2">效率/%</td><td rowspan="2">35</td><td rowspan="2">43</td><td rowspan="2">45.5</td></tr>
<tr><td colspan="2">流量/($m^3 \cdot h^{-1}$)</td><td>27</td><td>40</td><td>50</td></tr>
<tr><td colspan="2">扬程/m</td><td>22</td><td>21</td><td>19</td><td rowspan="3">外形尺寸/mm</td><td>长</td><td colspan="3">1712</td></tr>
<tr><td colspan="2">主轴转速/s^{-1}</td><td colspan="3">24.5</td><td>宽</td><td colspan="3">630</td></tr>
<tr><td colspan="2">轴功率/kW</td><td>4.6</td><td>5.3</td><td>5.7</td><td>高</td><td colspan="3">845</td></tr>
<tr><td rowspan="3">电动机</td><td>型号</td><td colspan="3">JO_2-52-4</td><td colspan="2">设备质量/kg</td><td colspan="3">527</td></tr>
<tr><td>功率/kW</td><td colspan="3">10</td><td colspan="2" rowspan="2">生产厂</td><td colspan="3" rowspan="2">石家庄水泵厂</td></tr>
<tr><td>转速/s^{-1}</td><td colspan="3">24.2</td></tr>
</table>

2PNL 型立式泥浆泵外形如图 5－58 所示。

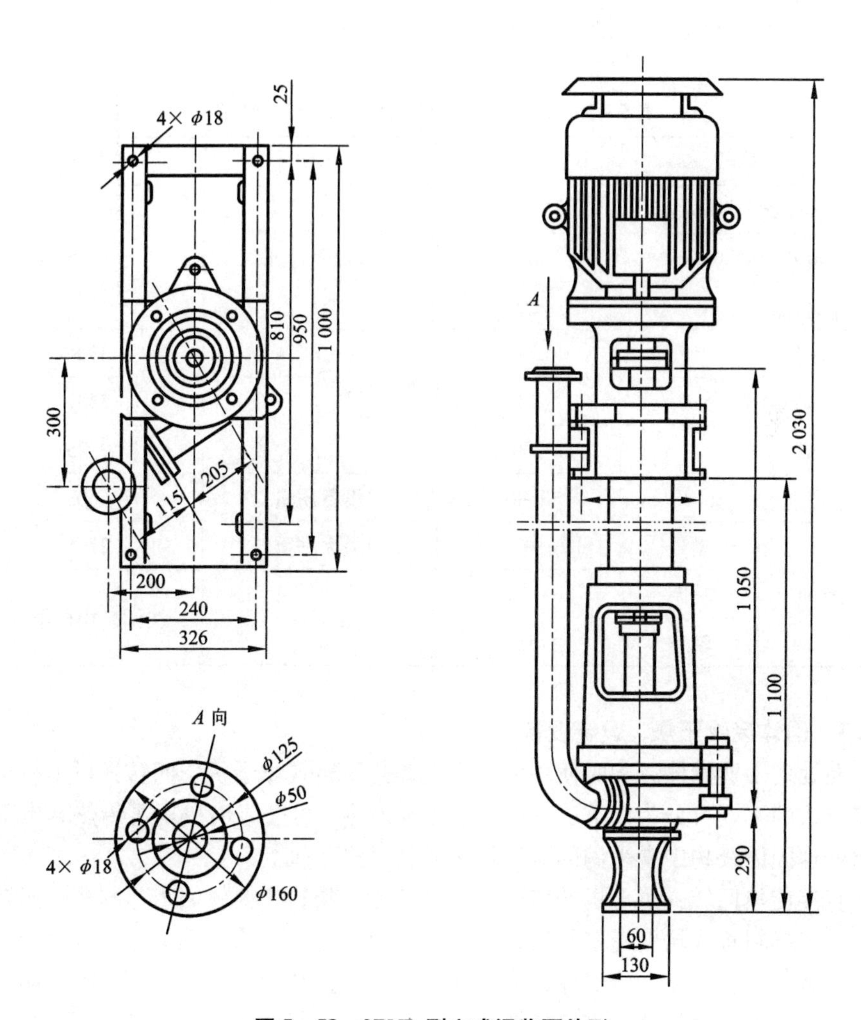

图 5-58　2PNL 型立式泥浆泵外形

5.3.2.3　真空过滤机

真空过滤机的型式很多，常用的有三种：转筒真空过滤机、圆盘真空过滤机和带式过滤机，这三种过滤机都是连续式的，粉煤灰脱水可选用前两种型式。本节只介绍转筒真空过滤机。

真空过滤机系使脱水过程的吸附、吸干、吹松和卸料等操作环节分别在一个回转筒中完成。这种型式过滤机所得滤饼的含水率较低，转筒过滤机又分为外滤式和内滤式两种。外滤式是从转筒的外表面进行过滤，适于颗粒较均匀且粒径较小的灰浆的过滤。内滤式是从转筒内表面进行过滤，适于颗粒大小不均匀、沉降速度较快的灰浆过滤。

20 m^2外滤式真空过滤机技术性能见表5－18。

表5－18　20 m^2外滤式真空过滤机技术性能

<table>
<tr><th colspan="2">名称</th><th>参数</th><th colspan="2">名称</th><th>参数</th></tr>
<tr><td colspan="2">转鼓直径/mm</td><td>2500</td><td colspan="2" rowspan="3">减速器速比</td><td rowspan="3">31.5</td></tr>
<tr><td colspan="2">转鼓长度/mm</td><td>2632</td></tr>
<tr><td colspan="2">过滤面积/m^2</td><td>20</td></tr>
<tr><td colspan="2">筒体转速/s^{-1}</td><td>0.003</td><td rowspan="3">外形尺寸/mm</td><td>长</td><td>4306</td></tr>
<tr><td colspan="2">搅拌次数/次</td><td>23</td><td>宽</td><td>3407</td></tr>
<tr><td colspan="2">真空度/mm</td><td>600</td><td>高</td><td>2925</td></tr>
<tr><td colspan="2">生产能力/($t \cdot h^{-1}$)</td><td>5～6</td><td colspan="2">设备质量</td><td>6608</td></tr>
<tr><td rowspan="3">电动机</td><td>型号</td><td>JO_2-41-6</td><td colspan="2">最大件重</td><td>2766</td></tr>
<tr><td>功率</td><td>3</td><td colspan="2" rowspan="2">生产厂</td><td rowspan="2">沈阳矿山机器厂</td></tr>
<tr><td>转速</td><td>15.8</td></tr>
</table>

5.3.3　固体废物干燥、煅烧设备

在处理工业固体废物时使用的烘干设备是回转式烘干机。回转式烘干机按其传热方式的不同可分为以下三种形式：直接传热、间接传热和复式传热。本节只介绍处理固体废物中常采用的直接传热回转式烘干机。

直接传热回转式烘干机的传热方式是气体与物料在筒体内直接接触，回转筒体内安装扬料板或扬料槽使物料扬起后均匀散布在整个筒体截面上，以增加物料与热气体的接触面积。沿筒体长度方向相邻两块扬料板应相互错开，使物料与热气体有更多的接触机会。直接传热烘干机按物料和气体流动方向的不同，分为顺流式和逆流式两种。顺流式烘干机适用于初水分高的物料（尤其是初水分高的黏性料，如采用逆流式，进料端易粘筒内壁）。逆流式烘干机的传热效率较好，但因干料与高温气体接触，对于有温度限制的物料，不宜选用。此外，由于喂料和喂煤分别在烘干机的两头，车间布置比较困难。

回转式烘干机的规格和性能见表5－19，外形如图5－59所示。

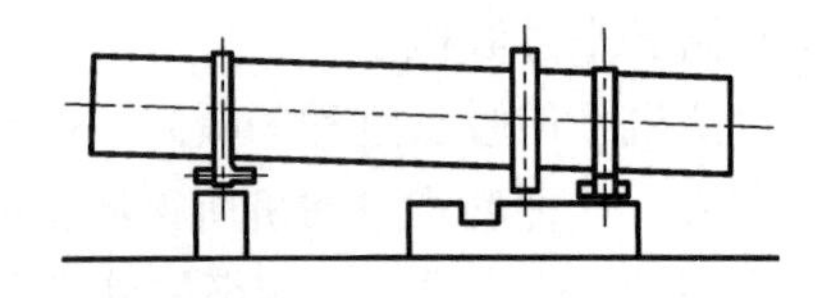

图5－59　回转式烘干机外形

表 5-19　回转式烘干机的规格和性能

规格 /m×m	转速	斜度 /%	电动机		减速机型号	质量	制造厂
			型号	功率/kW			
ϕ1×5	0.04, 0.07	5	JO62-8	4.5	JZQ500-Ⅲ-3F	8.05	承德矿山机械厂
ϕ1×12	0.08	3	JO72-8	10	JZQ650-Ⅲ-2Z	14.35	云南重型机械厂
ϕ1.2×6	0.02, 0.03	5	JO62-8	4.5	JZQ500-Ⅲ-4F	10.33	承德矿山机械厂
ϕ1.2×6	0.06	5		5.5	JZQ500-Ⅲ-2Z	9.67	云南重型机械厂
ϕ1.2×8	0.07, 0.09, 0.14	5.24	JO72-8/6/4	5/6.5/7	伞齿轮减速器	14.5	洛阳矿山机械厂
ϕ1.5×12	0.03, 0.07	5	JO73-6	20	JZQ650-Ⅳ-2K	17.46	洛阳矿山机械厂
ϕ1.5×12	0.05, 1.0	5	$JO_2$61-6	10	JZQ500-Ⅵ-2F	16.46	长沙化工机械厂
ϕ1.5×15	0.03	5	$JO_2$72-6	22	PM650-Ⅳ-2K	20.32	洛阳矿山机械厂
ϕ2.2×12	0.08	5	$JO_2$71-6	17	JZQ650-Ⅲ-1K	27.86	承德矿山机械厂
ϕ2.2×14	0.08	5.24	JO72-6	14	-75	59.00	洛阳矿山机械厂
ϕ2.2×14	0.08	5.24	JO72-6	14	JZQ750-Ⅲ-2K	31.83	云南重型机械厂
ϕ2.2×17	0.08	5.24	JO72-6	14	JZQ750-Ⅲ-2K	36.09	云南重型机械厂
ϕ2.4×18	0.05	4	$JO_2$82-6	30	PM650-Ⅵ-2K	48.27	承德矿山机械厂
ϕ2.4×22	0.08	8.75	JO93-6	55	-115	71.00	洛阳矿山机械厂

5.3.4　固体废物破碎、筛分设备

5.3.4.1　破碎设备

(1)颚式破碎机

颚式破碎机是靠动颚板周期地压向固定颚板，将夹于其中部的物料压碎。两个颚板都是长方形的。颚式破碎机颚板摆动形式可分为简单摆动、复杂摆动和组合摆动等3种。颚式破碎机根据给料口宽度大致可分为以下几种类型：给料口宽度大于600 mm者为大型；300～600 mm者为中型；小于300 mm者为小型。其规格用给料口宽度 B 和长度 L 来表示；例如250×400颚式破碎机，表示给料口宽度为250 mm，长度为400 mm。

颚式破碎机的构造简单，检查和更换零件容易，管理与修理也较方便；如能正确保养与操作，则能运转较长时间。其缺点是摆动性大，易产生很大的惯性力，使零件承受很大的负荷，因此对机器的基础要求较高，而且必须考虑其对厂房结构的影响；入料口的除尘措施较难处理。颚式破碎机的生产能力和所需功率与物料的硬度、入料块度、破碎比要求和操作条件等因素有关，一般波动较大。

颚式破碎机的外形如图5-60所示，其技术性能及外形尺寸分别见表5-20、表5-21。

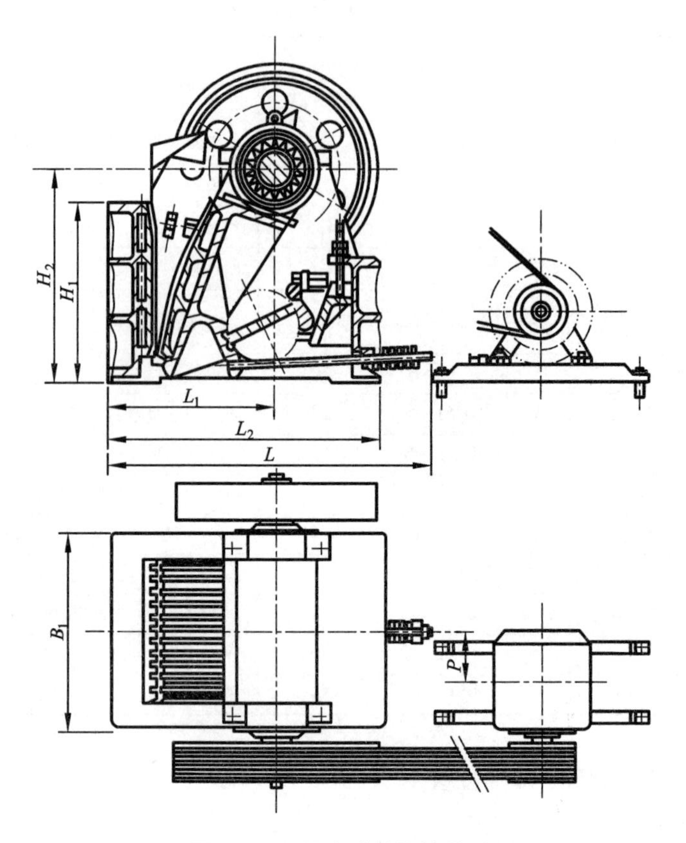

图 5-60 颚式破碎机的外形

表 5-20 颚式破碎机的技术性能

名称		PEF150×250	PEF200×350	PEF250×400	PEF400×600
进料口尺寸/mm		150×250	200×350	250×400	400×600
排料口调整范围/mm		10~40	10~50	20~80	40~160
最大进料粒度/mm		125	160	210	350
偏心轴转速/s^{-1}		5	4.75	5	4.16
生产能力/($t\cdot h^{-1}$)		1~4	2~5	5~20	17~115
电动机	型号	JO3-112M-4	JO3-112M-4	JO3-112M-4	JO3-112M-4
	功率/kW	5.5	7.5	15	30
	转速/s^{-1}	25	16.6		12.5

续表 5－20

名称		PEF150×250	PEF200×350	PEF250×400	PEF400×600
外形尺寸/mm	长	875	1080	1430	1700
	宽	745	1060	1310	1732
	高	935	1090	1340	1655
设备自重/kg		1100	1600	2800	6500
最大件重/kg		—	—	870	1810
生产厂		上海建设机械厂			

表 5－21　颚式破碎机的外形尺寸

型号	L	L_1	L_2	L_3	H	H_1	H_2	H_3
PEF150×250	875	488	743	834	932.5	480	612	187
PEF200×350	1080	550	880	908	1088	600	678	192
PEF250×400	1430	750	1170	1305	1336	735	890	230
PEF400×600	1700	970	1400	1130	1652.5	935	1120	350
型号	B	B_1	B_2	B_3	D	D_1	b	
PEF150×250	745	310	490	490	135	640	114	
PEF200×350	1060	414	614	614	255	820	117	
PEF250×400	1310	470	740	770	250	800	164	
PEF400×600	1732	680	1020	1050	375	1065	300	

（2）辊式破碎机

物料在两个相对旋转的圆辊夹缝中，主要受连续挤压作用、磨剥作用和齿形辊面的劈裂作用。

辊式破碎机按辊面分平辊与齿辊两种。辊式破碎机除有单齿辊破碎机外，一般都为对辊破碎机。平辊破碎机还有两个对辊破碎机串联组成的四辊破碎机或其他多辊破碎机。对辊破碎机按安装方法分为固定轴承、单可动轴承和双可动轴承三种。单可动轴承的构造较简单，可防止非破碎物体落入时造成机器的损坏。对辊破碎机按传动装量分为单式传动和复式传动两种。

辊式破碎机的规格用辊筒直径 D 和长度 L 表示。辊式破碎机的辊筒直径一般为 400～1500 mm，辊筒的长度多采用直径的 0.4～1.0 倍。

辊式破碎机构造简单、紧凑、轻便和可靠，其破碎后的产物粒度较小，过粉碎程度小，可以处理黏性物料。其缺点是平辊破碎机易出片状过大块料，颗粒级配不好；辊式破碎机的破碎比和产量较小，齿辊机的牙齿易磨损和折断，不适于处理坚硬料。

辊式破碎机破碎软质和潮湿物料，或要求产品粒度较细时，可用较快的转速，并可使两辊筒差速对转。破碎硬的干物料，而又要求粒度不要过细时，可采用较低的转速，否则粉尘和碎块太多。ϕ450 × 450 单齿辊式破碎机外形如图 5 – 61 所示，其技术性能见表 5 – 22。

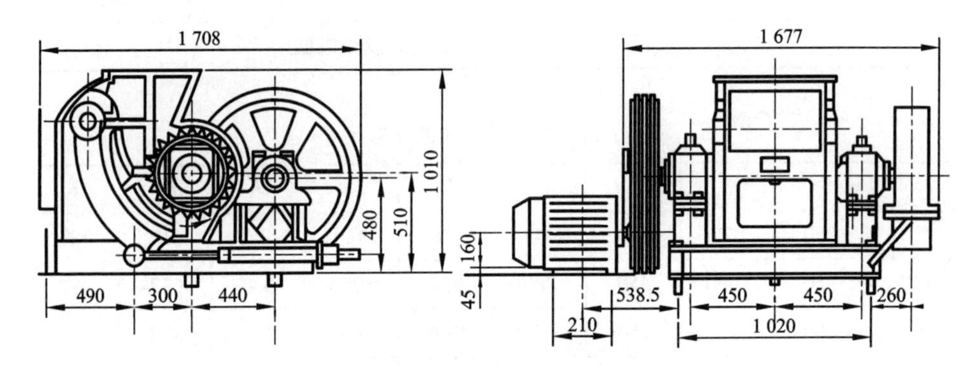

图 5 – 61　ϕ450 × 450 单齿辊式破碎机外形

表 5 – 22　ϕ450 × 450 单齿辊式破碎机技术性能

<table>
<tr><th colspan="2">名称</th><th>参数</th><th colspan="2">名称</th><th>参数</th></tr>
<tr><td colspan="2">齿辊直径/mm</td><td>450</td><td rowspan="3">外形尺寸/mm</td><td>长</td><td>1708</td></tr>
<tr><td colspan="2">齿辊宽度/mm</td><td>450</td><td>宽</td><td>2200</td></tr>
<tr><td colspan="2">齿辊转速/s^{-1}</td><td>1.05</td><td>高</td><td>1010</td></tr>
<tr><td colspan="2">最大进料粒度/mm</td><td>200</td><td colspan="2">设备自重/kg</td><td>2580</td></tr>
<tr><td colspan="2">出料粒度/mm</td><td>0 ~ 25</td><td colspan="2"></td><td></td></tr>
<tr><td colspan="2">生产能力/(t·h^{-1})</td><td>6</td><td colspan="2">最大件重/kg</td><td>607</td></tr>
<tr><td rowspan="3">电动机</td><td>型号</td><td>JO_3 – 160M – 8</td><td colspan="2" rowspan="3">生产厂</td><td rowspan="3">上海重型机械厂</td></tr>
<tr><td>功率/kW</td><td>11</td></tr>
<tr><td>转速/s^{-1}</td><td>12</td></tr>
</table>

ϕ600 × 400 双辊式破碎机外形如图 5 – 62 所示，ϕ600 × 400 双辊式破碎机技术性能见表 5 – 23。

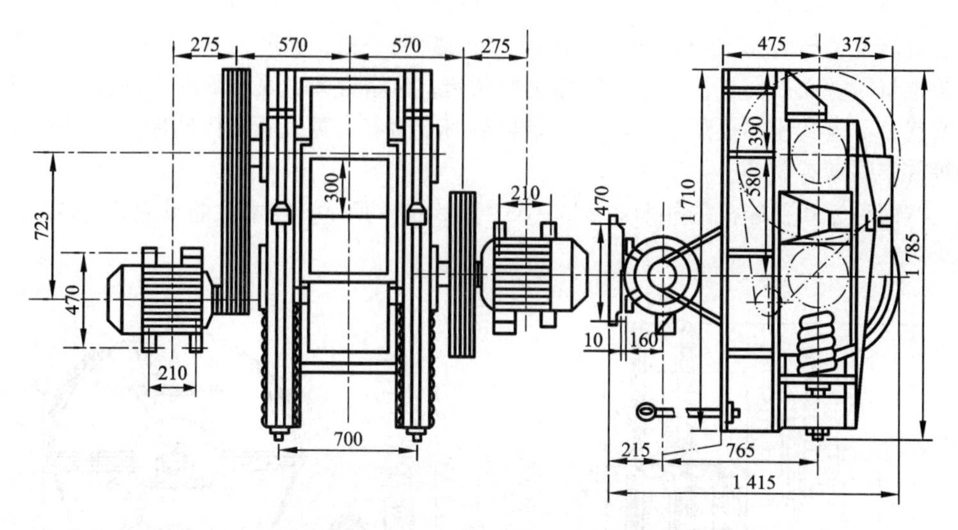

图 5-62　ϕ600×400 双辊式破碎机外形

表 5-23　ϕ600×400 双辊式破碎机技术性能

<table>
<tr><th colspan="2">名称</th><th>参数</th><th colspan="2">名称</th><th>参数</th></tr>
<tr><td colspan="2">辊子直径</td><td>600</td><td rowspan="3">外形尺寸
/mm</td><td>长</td><td>1785</td></tr>
<tr><td colspan="2">辊子长度</td><td>400</td><td>宽</td><td>2365</td></tr>
<tr><td colspan="2">辊子转速</td><td>30</td><td>高</td><td>1415</td></tr>
<tr><td colspan="2">进料粒度</td><td>8 ~ 36</td><td colspan="2" rowspan="2">设备自重/kg</td><td rowspan="2">2550</td></tr>
<tr><td colspan="2">出料粒度</td><td>2 ~ 9</td></tr>
<tr><td colspan="2">生产能力</td><td>4 ~ 9</td><td colspan="2">最大件重/kg</td><td>769</td></tr>
<tr><td rowspan="3">电动机</td><td>型号</td><td>JO_3 - 160M - 8</td><td colspan="2" rowspan="3">生产厂</td><td rowspan="3">上海重型机械厂</td></tr>
<tr><td>功率/kW</td><td>2 × 11</td></tr>
<tr><td>转速/s^{-1}</td><td>12</td></tr>
</table>

(3)笼式粉碎机

笼式粉碎机也是一种利用冲击作用进行物料破碎的破碎机。这种破碎机除了破碎作用外，还带有混合搅拌的作用。笼式粉碎机有单转笼和双转笼两种形式，通常采用的多为双转笼式，转笼由钢棒按同心回焊在多层圆盘上组成。双转笼破碎时，两个转笼由各自的电动机带动作相反方向的回转，钢棒由直径为 35 ~ 45 mm 的圆钢制成。笼式粉碎机的规格也是以转笼的最外圈直径 D 和长度 L 表示。

笼式粉碎机的最大优点是破碎后产物的粒度很细，故称为粉碎机。其主要缺点是转笼钢棒磨损很快，需经常更换，否则断裂一根，易冲击其他钢棒，其他钢棒也将断裂而扳伤机器。由于钢棒更换频繁，维修量大，现已逐渐为其他破碎机所代替。笼式粉碎机的生产能力与转笼转速、直径、宽度、钢棒间距、物料硬度等许多因素有关。

两种笼式粉碎机的外形如图 5 - 63、图 5 - 64 所示，技术性能见表 5 - 24、表 5 - 25。

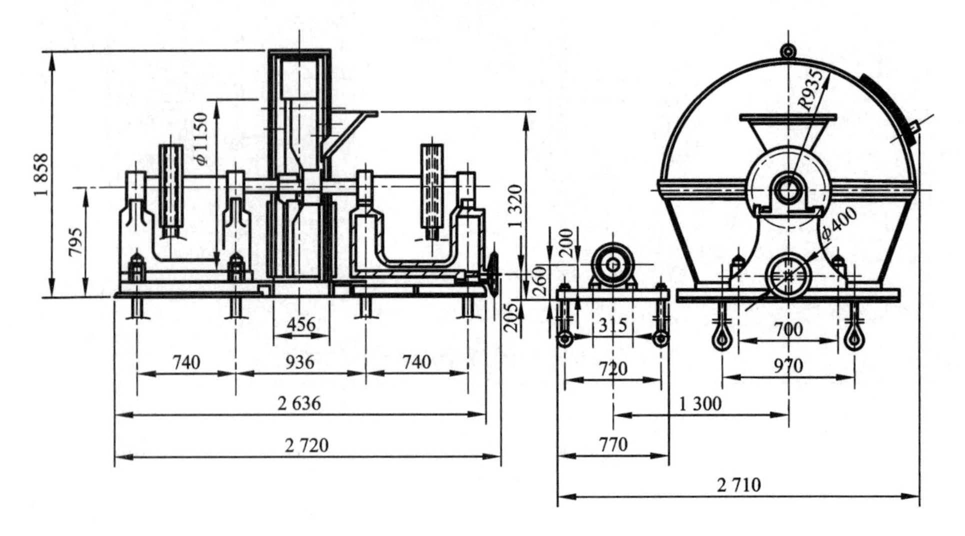

图 5 - 63 笼式粉碎机的外形（φ1150）

表 5 - 24 笼式粉碎机的技术性能（φ1150）

名称	参数	名称		参数
		电动机	型 号	JO63 - 4
			功率/kW	14
笼子直径/mm	1150		转速/s^{-1}	24
笼子长度/mm	215	数量/台		2
笼子转速/ s^{-1}	7.5	外形尺寸/mm	长	2720
最大进料粒度/mm	35		宽	2710
			高	1858
物料含水率/%	<8	设备质量/kg		3785
生产能力/($t\cdot h^{-1}$)	15	资料来源		辽宁工业建筑设计院

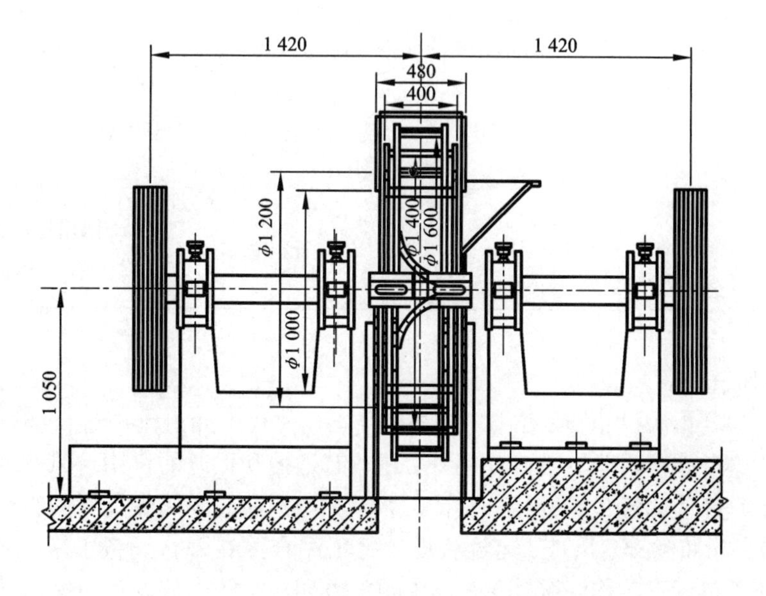

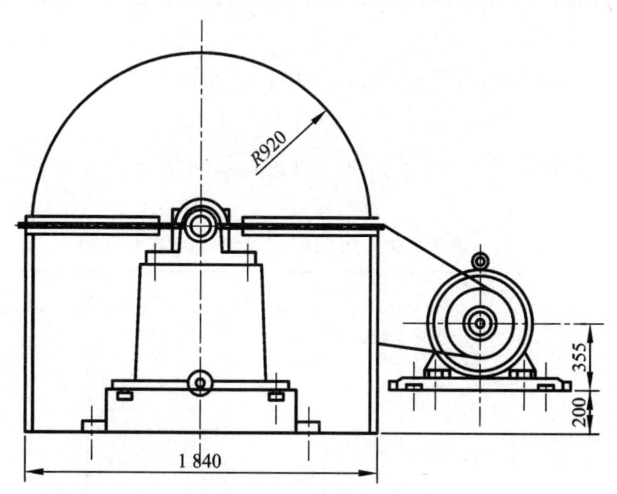

图 5－64　笼式粉碎机的外形(φ1600)

表 5－25　笼式粉碎机的技术性能（ϕ1600）

名称		参数	名称		参数
规格		600	皮带轮直径/mm	大	1024
转速/($r \cdot min^{-1}$)		400		小	364
产量/($t \cdot h^{-1}$)		30	三角皮带规格	型号	C
进料粒度/mm		8～36		长度/mm	5000
出料粒度/mm		2～9	设备自重/kg		6290.5
电动机	型号	JO－82－6	资料来源		四川省重庆市第二砖瓦厂
	功率/kW	28			
	转速/s^{-1}	16.3			

（4）风选锤式粉碎机

风选锤式粉碎机（称风扇式粉碎机）也是一种利用冲击作用进行物料破碎的破碎机。这种破碎机除有破碎作用外，还兼有运输和提升的作用。风选锤式粉碎机实际上是高速的锤式粉碎机和轴流风机、离心风机、旋风分离器的组合体。因此，该设备可将粉碎、风选、运输和提升等工序合并在一台设备里来完成，由于该设备处于负压下工作，物料在全部密闭的管路中输送，故设备向室内扬尘的现象很少。

风选锤式粉碎机的规格也是以包括锤子端部在内的转子直径 D 和转子长度 L 表示，常被用作粉碎煤矸石或页岩等固体废物的粉碎设备。

风选锤式粉碎机外形如图 5－65 所示，其技术性能见表 5－26。

表 5－26　风选锤式粉碎机的技术性能

名称	参数	名称		参数	名称		参数
产量/($t \cdot h^{-1}$)	8～10	轴流风机	叶轮直径/mm	ϕ650	电动机	型号	JO2－92－4
主轴转速/s^{-1}	25		叶片宽度/mm	56		功率/kW	75
捶击转子规格/mm	ϕ760×750		叶片数量/片	6		转速/s^{-1}	24.5
锤头数量/个	3×6＝18	旋风沉降器	规格/mm	ϕ1000×3400	外形尺寸/mm	长	1970
锤头质量/($kg \cdot 个^{-1}$)	4.1		沉降效率/%	98		宽	3065
锤头速度/($m \cdot s^{-1}$)	60		进口风速/($m \cdot s^{-1}$)	不小于 18		高	1615
进料粒度/mm	0～60	离心风机	叶轮直径/mm	ϕ850	设备质量		3220
出料粒度/mm	<2 占 95%		叶片宽度/mm	230			
物料含水率/%	6～10		叶片数量/片	6			
进料高度/m	4～10		风量/($m^3 \cdot h^{-1}$)	7000～7500	资料来源		陕西省第一建筑设计院
			风压/Pa	1800			

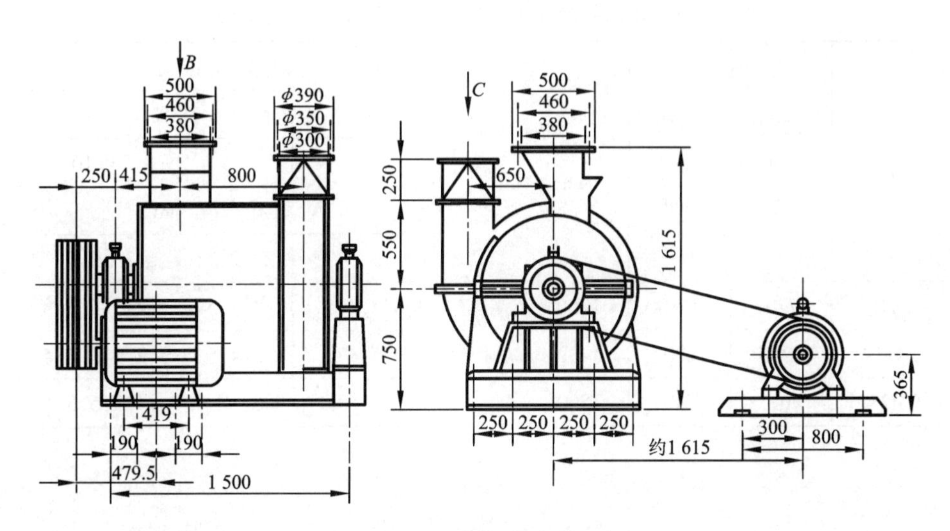

图 5－65　风选锤式粉碎机外形

5.3.4.2　筛分设备

(1)回转筛

回转筛由具有网状的筒形筛面的回转筒、支架和传动装置组成。回转筛由轴承支架传动或托轮支承传动，这种筛子筛分效率低，工作面积仅为整个筛面面积的1/8～1/6，但其转速很低，工作平稳，无振动力及噪音。

圆筒回转筛和多角(六角)回转筛的筛面与水平呈4°～9°的倾角安装。使物料在筒内滑动。截头回锥筛和角锥筛的主轴是水平安装的，物料沿锥面移动。

多角筛技术性能见表5－27、表5－28，其外形及安装图如图5－66所示。

表 5－27　多角回转筛主要使用性能表(粉碎后的煤矸石)

<table>
<tr><td rowspan="5">设备型号</td><td rowspan="5">大端直径/mm</td><td rowspan="5">小端直径/mm</td><td rowspan="5">长度/mm</td><td rowspan="5">筛分物料</td><td colspan="9">产量/(t·h^{-1})</td></tr>
<tr><td colspan="9">物料含水率/%</td></tr>
<tr><td colspan="3">8</td><td colspan="3">9</td><td colspan="3">10</td></tr>
<tr><td colspan="9">筛孔直径/mm</td></tr>
<tr><td>2</td><td>2.5</td><td>3</td><td>2</td><td>2.5</td><td>3</td><td>2</td><td>2.5</td><td>3</td></tr>
<tr><td>S418</td><td>770</td><td>630</td><td>1000</td><td rowspan="3">经粉碎后得矸石</td><td>3.6</td><td>4.7</td><td>6.4</td><td>3</td><td>3.9</td><td>5</td><td>2.4</td><td>3.1</td><td>3.5</td></tr>
<tr><td>S4112</td><td>1000</td><td>780</td><td>1400</td><td>4.7</td><td>6.2</td><td>8.3</td><td>3.9</td><td>5</td><td>6.5</td><td>3.2</td><td>4</td><td>4.6</td></tr>
<tr><td>CM237</td><td>1100</td><td>780</td><td>3500</td><td>7.1</td><td>9.4</td><td>12.7</td><td>6.1</td><td>7.7</td><td>9.9</td><td>5</td><td>6.1</td><td>7.2</td></tr>
</table>

表 5－28　多角回转筛主要使用性能表(粉碎后的页岩)

设备型号	大端直径/mm	小端直径/mm	长度/mm	筛分物料	产量/(t·h⁻¹)								
					物料含水率/%								
					8			9			10		
					筛孔直径/mm								
					2	2.5	3	2	2.5	3	2	2.5	3
S418	770	630	1000	经粉碎后得矸石	3.6	4.3	5.8	2.7	3.5	4.5	2.2	2.8	3.2
S4112	1000	780	1400		4.3	5.6	7.5	3.5	4.5	5.9	2.9	3.6	4.2
CM237	1100	780	3500		6.5	8.5	11.5	5.5	7	9	4.5	5.5	6.5

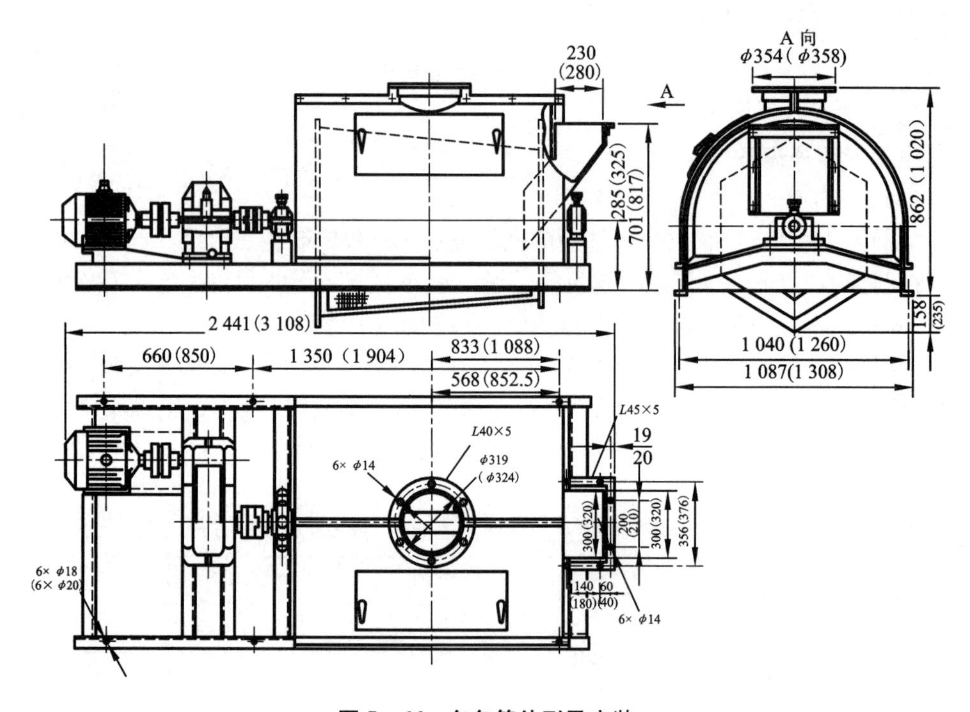

图 5－66　多角筛外形及安装

(2)600 × 1500 型电磁振动筛

600 × 1500 型电磁振动筛是一种直线往复型筛分设备。可用于固体废物处理过程中细粒度物料的分级。该机采用 380 V 可控硅半波整流的供电方式，在运行中可以方便地无级调节振动频率。调整筛面角度，可改变筛分净度和生产能力。具有结构简单、维护方便、不需润滑、耗电少、寿命长、安装简单等特点。

设备技术性能见表 5－29，其外形如图 5－67 所示。

表 5－29　600×1500 型电磁振动筛主要技术性能

筛网规格		频率/（次·min^{-1}）	工作电压/V	工作电流/A	功率/W	设备质量/kg	配套控制箱
材料	网孔						
钢丝网	3×3	3000	380	7.3	750	581	XKZ_5
钢板孔网	3×15						

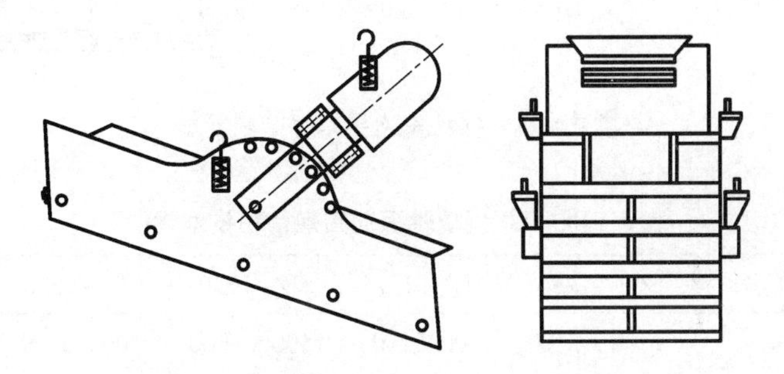

图 5－67　600×1500 型电磁振动筛外形图

（3）ZD 型单轴振动筛

ZD 型单轴振动筛主要用于中、粗粒度固体废物分级筛分。全机由筛箱、底座部分、振动器及电动机等部分组成。电动机经三角皮带带动具有偏心的主轴旋转，从而使筛体获得振动，对物料产生筛分作用。调节筛面倾角可改变生产能力和筛分净度。

设备技术性能见表 5－30。ZD 型为单层筛网，外形见图 5－68。2ZD 型为双层筛网，外形见图 5－69。

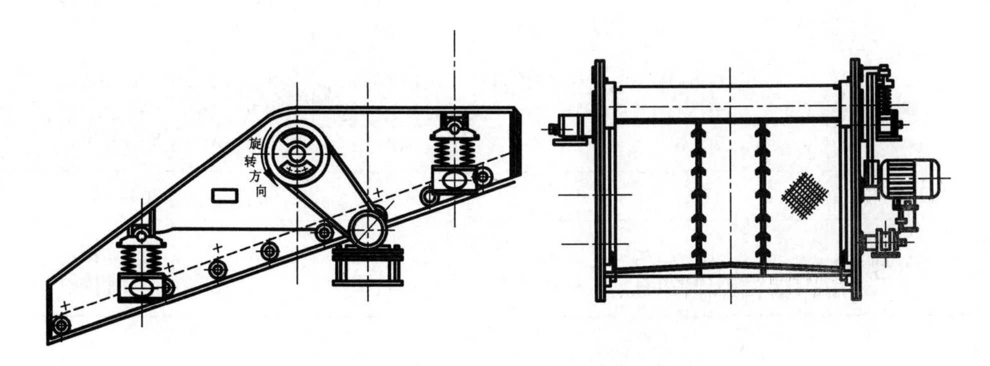

图 5－68　ZD 型为单轴振动筛外形

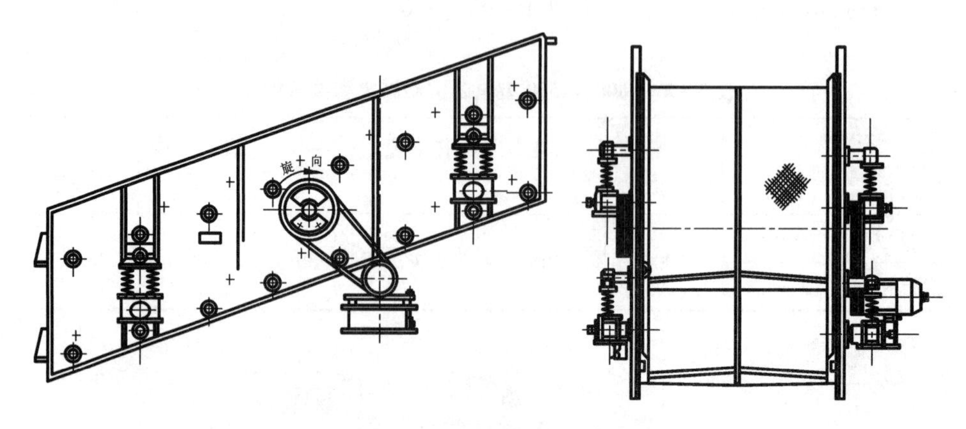

图 5－69　2ZD 型为单轴振动筛外形

表 5－30　ZD 型单轴振动筛规格和技术性能

性能参数		ZD－1224	2ZD－1224	ZD－1530	2ZD－1530	ZD－1540
筛网规格		1200×2400	1200×2400	1500×3000	1500×3000	1500×4000
筛网有效面积/m^2		2.9	2.9	4.5	4.5	6
筛网层数		1	2	1	2	1
振动次数/(次·min^{-1})		850	850	850	850	850
最大入料粒度		100	100	100	100	100
筛面倾角/(°)		15～25	15～25	15～25	15～25	15～25
双振幅/mm		6～7	6～7	6～7	6～7	6～7
电动机	型号	Y112M－4	Y112M－4	Y112M－4	Y112M－4	Y112M－4
	功率/kW	4	4	5.5	5.5	7.5
	转速/s^{-1}	24	24	24	24	24
筛孔尺寸/mm		6,8,10,13,16,20,25,30,40	6,8,10,13,16,20,25,30,40	6,8,10,13,16,20,25,30,40,50	6,8,10,13,16,20,25,30,40,50	6,8,10,13,16,20,25,30,40,50
筛子总重/kg		1130	1545	1650	2260	2070
生产厂		上海冶金矿山机械厂	上海冶金矿山机械厂	上海冶金矿山机械厂	上海冶金矿山机械厂	上海冶金矿山机械厂

(4)ZGS 系列自同步概率筛

概率筛是近年来发展起来的一种新筛机。这种筛机按照概率理论明显有效地完成物料的筛分过程，采用多层筛面、大筛孔，单位面积产量大，筛分物料所需时间短，仅为普通筛机的1/3～1/10。设备体积小、质量轻、耗功低、隔振性好、防尘严密。设备技术性能列于表5－31。

表5－31　ZGS 系列自同步概率筛技术性能

型号	筛下粒度/mm	生产能力/($t \cdot h^{-1}$)	筛分效率/%	双振幅/mm	振动强度	激振力/N	振动方向角/(°)	筛面倾角/(°)			振动部分重/kg	弹簧刚度/($kg \cdot cm^{-1}$)
								第一层	第二层	第三层		
ZGS－300	<30/50	300	90/95	6	2.55	375	30	25	30	32	1400	97×4
ZGS－600	<30/50	600	90/95	6	2.55	484	30	25	30	32	1900	165×4
ZGS－1000	<30/50	1000	80/95	5	2.55	765	30	25	30	32	3000	200×4

5.3.5　固体废物压实设备

固体废物堆场压实机是固体废物填埋处理工艺中不可缺少的设备。YF－20型固体废物压实机具有以下特点：

①具有振动压实的功能，其前激振力可达310 kN，加上自重，对被压实材料的作用力可达500 kN(50 t)以上，因此比普通固体废物压实机具有更强的压实能力和更广泛的使用范围。当压实普通固体废物时，抛弃物用自重静压完成压实。当压实含有废砂、矿渣、建筑固体废物等比重较大固体废物时，用振动压实可达到更佳的压实效果。

②具有多种形状的轮齿供用户选择，如凸块式轮齿、人字形轮齿、一字形轮齿、T字形轮齿。

③该机为前后轮双驱动。驱动性能好，爬坡能力强，可达50%。

④采用全液压传动，各挡行驶梯度可在变速范围内实现无级变速，操作方便可靠。

⑤该机关键部件，如液压泵、液压马达、行星减速器以及振动轴承均选用国际著名厂商德国力士乐公司、美国绍尔－桑斯川特公司和瑞典SFF公司的产品，性能稳定，质量可靠。

⑥可根据需要选用国产或进口柴油机以提高整机可靠性。

YF－20型固体废物振动式压实机技术性能见表5－32。

表 5-32 YF-20 型固体废物振动式压实机技术性能

型号		YF-20
工作质量/kg		21000
前轮分配质量/kg		11000
前轮直径×宽度/(mm×mm)		1600×2130
后轮直径×宽度/(mm×mm)		1560×730
外形尺寸/(mm×mm×mm)		6655×2170×3166
静线压力/($N\cdot cm^{-1}$)	前轮	1090
	后轮	1630
激振力/kN		123~310
理论振幅/mm		1.00~1.65
振动频率/Hz		27
离地间隙/mm		400
行驶速度/($km\cdot h^{-1}$)		0~9
最小转弯半径/mm		<7200
爬坡能力/%		50
推铲最大提升速高度/mm		700
推铲最大挖掘深度/mm		190
推铲尺寸/(mm×mm)		2688×1500
发动机	型号	6135KAZ-7 或 D6114
	功率/kW	173/184
	转速/($r\cdot min^{-1}$)	2100/2200
	扭矩/($N\cdot m^{-1}$)	940/902

5.3.6 固体废物处置设备

固体废物处置设备包括破碎、分选、磁选、机械化堆肥、焚烧、填埋机械和其他固体废物源化设备等。随着我国经济发展的需要，固体废物处理技术和设备也有一定发展和提高。

固体废物处理设备结合国内不同地区固体废物特点，遵循国家倡导的无害、减量、资源化原则，配备的固体废物设备能满足两种处理工艺路线要求。一是筛选出小颗粒有机物质堆肥发酵，肥田、改良土壤，不燃物填埋铺路，铁、铝、玻璃等选出作再生资源。可燃物焚烧利用热能发电，余热供附近居民区。在焚烧的后处理环节中，使未燃尽炭粒参与二次燃烧，通过冷却防爆装置使可燃气体避免发生爆炸的情况；通过特殊的脉冲袋滤器，施以有效药剂，最大限度地将载有二噁英等有毒粉尘截获集合处理；通过脱臭装置使排放气体脱臭的同时，进一步截获气体中的有毒成分；通过造粒机施以添加剂将所集粉尘造粒固化填埋，最大限度地防止有毒物质扩散。另一条工艺路线是筛出小颗粒有机质堆肥发酵制复合肥，不燃物填埋铺路，选出铁、铝、玻璃、塑料等作再生资源。可燃物施以药剂后制成颗粒状衍生燃料 RDF 供小发电厂使用，其焚烧后的处理与第一种工艺相同，但投资较少，能最大限度防止四氯联苯—二噁英和四氯联苯—呋喃等毒物产生，同时减少固体废物的处理费用。

固体废物焚烧设备根据国内固体废物与国外固体废物种类不同，收集方式也不同的特点，采用固体废物前处理对固体废物中的有机物、可燃物、不可燃物逐类进行处理。流化床式焚烧工艺流程见图 5－70。

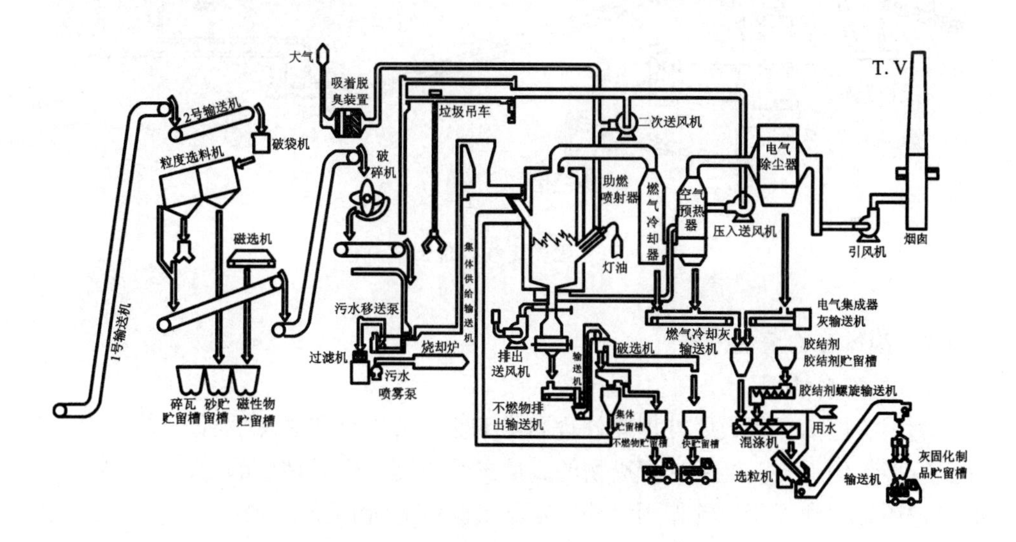

图 5－70　流化床式焚烧炉工艺流程

收集的固体废物，通过前处理分类，对细小的有机物质采用堆肥方式，不可燃物采用填埋处理或者制砖、铺设道路，再选出铁类物质，然后把可燃物经高温、高湿处理，再经精选机精选后制成 RDF 的资源，提供给电厂、染厂等，作为新的资源再利用，如图 5－71 所示。

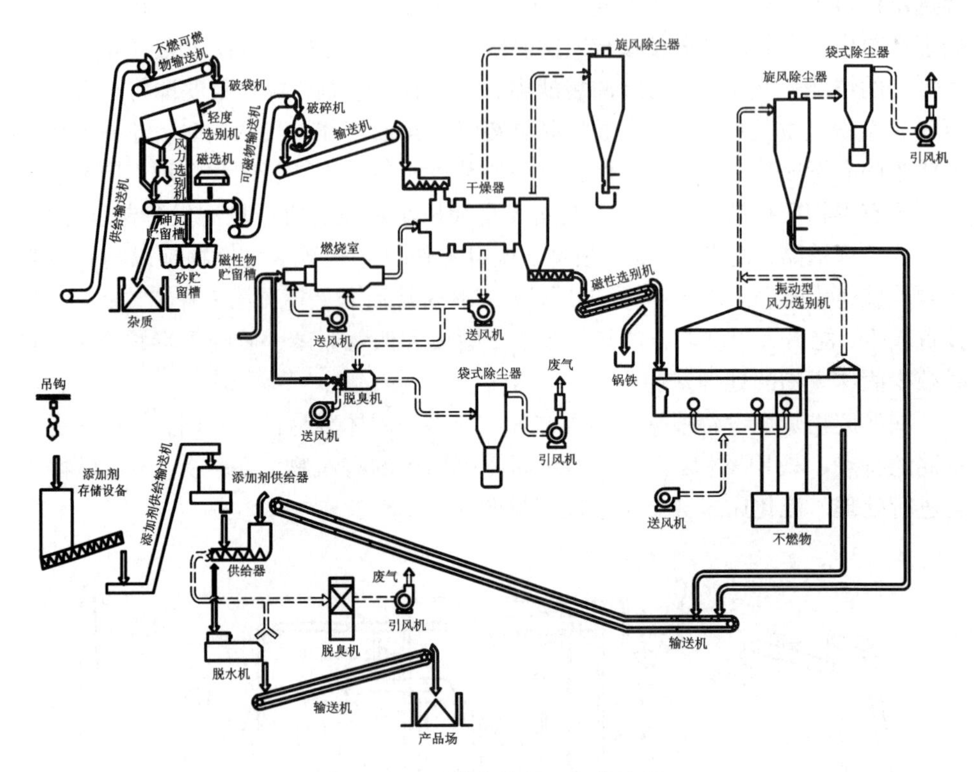

图 5－71　固体废物处理工艺流程

5.3.7　固体废物填埋设备

5.3.7.1　安全填埋

利用填埋场工程最终处理和处置固体工业有害废物和居民生活垃圾在发达国家已有多年的历史。这种处置废物的方法虽然不能算作最理想的方法，但对环境的保护还是起到了积极的作用，至今为止在世界上所有发达国家中，50%以上的废物还在采用这种方法处置，并且从技术工艺上已有更完善的发展，形成了较为先进的技术体系。目前在发展中国家已开始采用这种技术方法来最终处置废物，例如在中国的深圳、广州、杭州、北京、吉林等地已建成和正在兴建多座工业废物和生活垃圾卫生填埋场，预计在21世纪我国大、中城市都会有自己处置废物的填埋场。

填埋场工程的主要功能是封闭废物，达到避免废物对环境污染的效果。若要使填埋场工程真正能起到安全保护环境的作用，避免废物对大气环境、生态环境、水环境（尤其是地下水）和人的生存环境产生的不利影响。则填埋场工程就要通过许多技术工艺环节来保证，其中填埋场的选址与勘察就是首要的和必不可少的技术环节。通过场地选址的优化和使用先进的勘察技术方法，既可使填埋场工程造价经济，又能使填埋场工程的安全得到保证。所以对场址的选择要作充分的论证，进行多方面比较，取得社会的许可，这需要一定的时间和一系列的工作才能实现。选址技术方法流程及填埋场工程主要技术环节如图5－72所示。

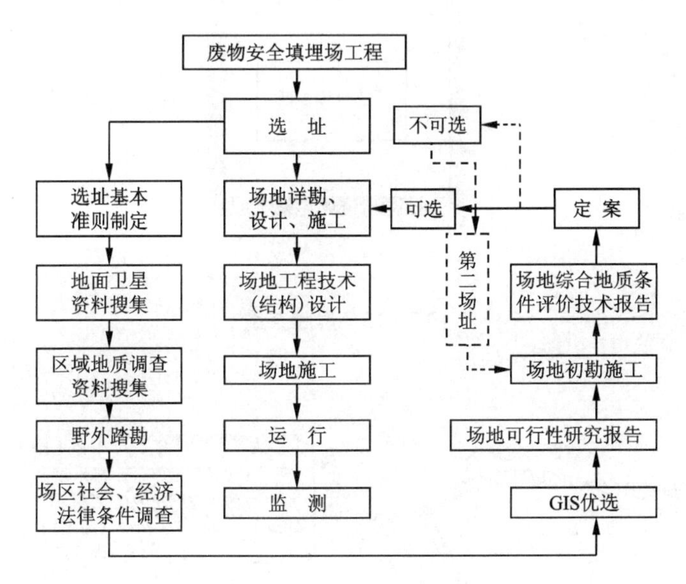

图5－72　填埋场选址

5.3.7.2　填埋场的三道屏障系统

固体废物屏障系统，根据填埋的固体废物(生活垃圾或工业有害废物)性质进行预处理。作固化或惰性化处理，减轻废物的毒性或渗漏水中有害物质浓度。密封屏障系统：密封屏障系统主要由表面密封系统和基础密封系统组成，就是利用人为工程措施将废物封闭，使废物溶滤液尽量少地突破密封屏障向外溢出。密封系统结构由排水层或排气层(生活垃圾填埋场)和黏土密封层或HDPE塑料板密封层组成。其密封效果取决于材料质量。一般要求黏土密封层的渗透系数K小于10^{-8}m/s，如果天然黏土层质量不能满足要求，应进行人工土质改良。

地质屏障系统包括场地的地质基础、外围和区域综合地质技术条件。地质屏障系统的勘察是固体废物安全填埋场关键性的技术环节，由它来决定“废物屏障系统”和“密封屏障系统”的基本结构。如果经查明地质屏障系统性质优良，对废物有足够强的防护能力，则可简化这两道屏障系统的技术措施。所以，地质屏障系统详细的勘察是十分重要的，它制约了填埋场工程的安全和投资程度。

5.3.7.3　废物安全填埋场工程的基本结构

为了保护地下水，应尽量减少填埋场和地下水的水力联系，所以所选场地的

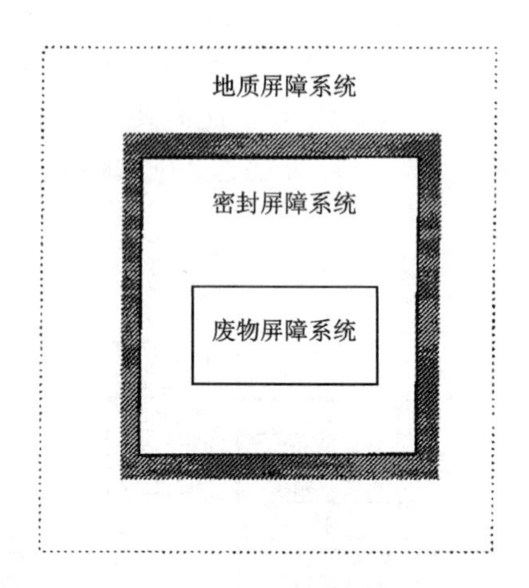

图 5－73　屏障系统

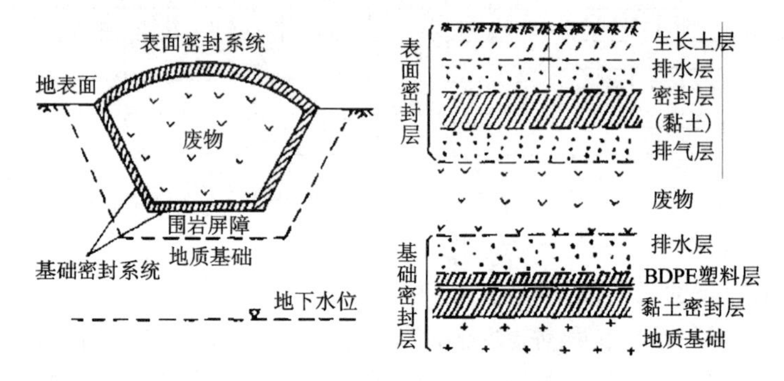

图 5－74　废物安全填埋场工程的基本结构

地下水位必须在填埋场的基础之下。根据国外的经验，应使地下水位在基础以下至少 1 m。但应注意的是，地下水的水位是在不断地变化的。所以必须观测当地的最高丰水位，应以最高丰水位为准，满足位于基础以下至少 1 m 的要求。

5.3.7.4　填埋场基础与地下水位的极限距离

气象因素主要考虑降雨量、降雨强度和风速三个因素。降雨量和降雨强度的增大促进了当地地表水系的发育。降雨量和降雨强度过大不但可能发生洪灾，同时也使填埋场的疏排加大难度，增大了疏排措施的投资。雨水淋滤废物后渗入到地下水中，使填埋场对地下水的污染加强。所以降雨量和降雨强度过大不利于场地的选择。

降雨量对填埋场的影响通过对场地进行的区域综合地质调查工作、场地外围

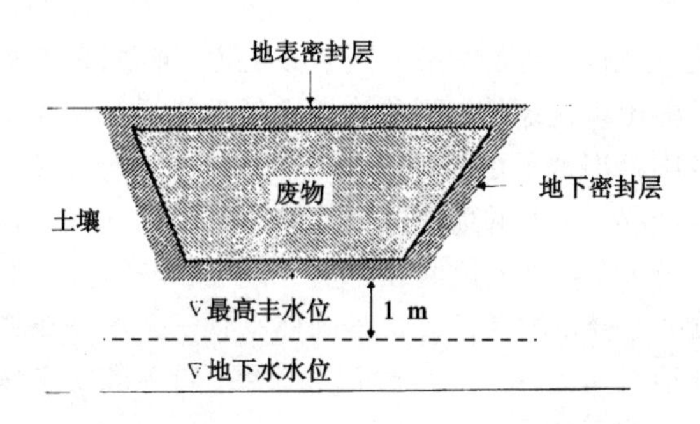

图 5－75　填埋场基础与地下水位的极限距离

的综合物探工作，以及场地基础的钻探工作、野外实验和室内试验工作，已取得有关场地自然地理条件、地质条件、水文地质和工程地质条件，区域社会、经济条件等大量资料和数据。可根据这些资料和数据对场地的防护能力、安全程度、稳定性、环境影响和污染预测做出可靠评价。这就是固体废物安全填埋场详细勘察阶段最终提交的成果和必须要达到的目的。通过一系列的地质勘察工作，已对场地区域、外围和基础的地质结构、地层、岩性和地质构造条件十分清楚。再根据预填埋的废物性质，可对场地的防护能力做出定性评价，同时也可根据专门渗透试验对场地的防护能力做出定量评价。对场地防护能力的评价，实质上是对场地的三道"屏障"性质和性能的评价，尤其应加强"废物屏障系统"和"密封屏障系统"的技术或工程措施。场地安全评价既要作定性评价，也要作定量评价。定性评价是依据场地的综合地质条件，定量评价是依据场地存在的天然密封层的厚度和质量(渗透性指标)进行场地安全寿命的计算。

假如填埋场工程设计要求安全寿命应达到 100 年，但通过勘察资料计算，地质屏障系统安全寿命只能达到 50 年，就应对密封屏障系统采取措施使其再承担 50 年的安全寿命，才能达到填埋场设计的安全标准。场地的安全程度不仅涉及地质屏障系统和密封屏障系统，也取决于工程所使用材料的寿命。例如在排水层中使用的排水管、排水设施，以及密封层中使用的 HDPE 塑料板等材料的寿命。所以场地安全评价应全面考虑场地综合地质条件、工程技术措施、施工质量和对所应用的材料、设备寿命等进行综合评价。场地稳定性评价主要是对场地天然或人工边坡和基础稳定性的评价。场地基础稳定性与区域地质构造和地震烈度有关，而基础的沉降、变形主要与岩、土体的力学性质有关。应根据岩、土体力学性质试验和实验成果正确预计基础沉降量，避免不均匀沉降的出现。根据计算的沉降量对密封层的施工采取预处理措施。因此，场地稳定性也是保证场地安全的重要因素。特别是当填埋场工程与自然保护、水源保护、经济发展规划，以及景观保护等条例有冲突时，要重点做出这方面的环境影响评价。废物安全填埋场的建设最重要的目的就是保护水环境。因此首先要对场地周围地表水系统和地下水系统进行污染预测，预测出当废物溶滤液突破三道“屏障”时是否能达到所允许的极限标准。如果可能出现忧虑值，则要论证它是否能污染被保护的水体。要求在区域综合地质调查中绘出地下水与地表水完整的区域循环系统，在地质环境中是否存在阻止污染物迁移、扩散的地质体或导致污染增强的地质体。场地污染预测准确与否，取决于场地综合地质勘察技术的先进性和取得资料的准确性。

总之，场地质量综合技术条件评价是固体废物安全填埋场详细勘察阶段应提交的结论性成果。能否达到保护环境的预期效果，首先取决于场地综合地质勘察技术原则和所运用的勘察技术方法。

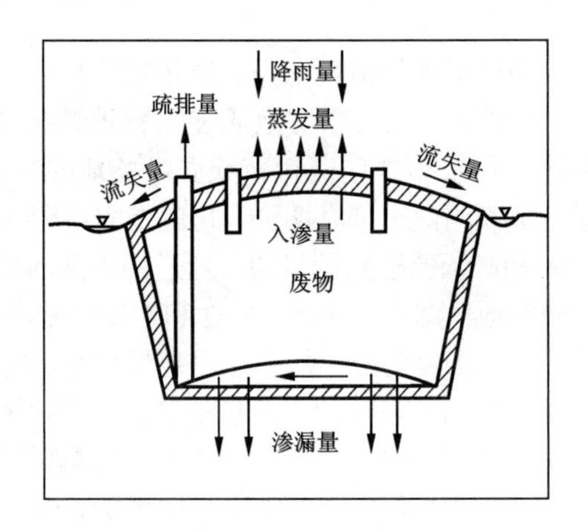

图 5 – 76　填埋场水量示意图

第六章　冶金工业清洁生产

6.1　冶金工业清洁生产

6.1.1　冶金工业清洁生产概论

冶金工业不仅是能源与资源的消耗大户，其生产过程释放的大量颗粒物、SO_x、NO_x、温室气体和废水等也使其成为了环境污染大户。冶金工业中实施清洁生产，是解决该问题的根本方法和途径。

6.1.1.1　冶金工业清洁生产概论

(1)清洁生产的途径

1992年在里约联合国环境开发大会上，正式承认清洁生产是可持续发展的先决条件。《中国21世纪议程》也将清洁生产列入其中，并制定了相应的法律。清洁生产的实现途径包括清洁材料、清洁工艺和清洁产品，要求在提高生产效率的同时，必须兼顾削减或消除危险物及其他有毒化学品的用量，改善劳动条件，减少对操作者的健康威胁，并能生产出安全的与环境兼容的产品。清洁生产的实施途径包括：

1)材料投入，副产品的利用，回收产品的再利用，以及对原材料的就地再利用，特别是在工艺过程中的循环利用；

2)生产工艺或制造技术，改善工艺控制，改造原有设备，将原材料消耗量、废物产生量、能源消耗、健康与安全风险以及生态的损坏减少到最低程度；

3)自然资源使用以及空气、土壤、水体和废物排放的环境评价；根据环境负荷的相对尺度，评价其对生物多样性、人体健康、自然资源的影响。

(2)冶金企业废弃物回收利用模式

废弃物的采集、回收、储存、运输、加工处理、利用途径等各个环节构成了冶金生产废弃物的回收系统，这个系统中具有输入、输出、转化处理、环境制约等要素。系统输入包括生产过程的废弃物，系统输出则是具有价值的再生资源和加工原料，能够成为重新投入冶金生产和其他部门使用的消费品。系统转换是指将废弃物变为再生资源的全过程，其中废弃物的采集回收、拣选分类、加工处理是系统转换的重要环节，直接关系着作为再生资源的数量、质量和价值。同时，废弃物的资源管理、计划管理、信息管理、运作管理也是系统转换中必不可少的内容。社会的发展、冶金工业水平、科技进步与人员素质、资源能源现状对回收系统起着环境制约作用。

6.1.1.2 冶金工业清洁生产技术

(1)冶金协同优化体系

冶金协同优化体系，涉及钢材制造过程、加工组装过程、使用过程、废弃过程、回收利用过程等因果链，形成若干区域性的兼顾社会整体节能、降低社会环境负荷、协同优化的冶金生产体系是一种发展趋势。诸如钢厂与发电厂的结合，钢厂与建筑材料厂的结合，甚至某些地区的钢厂(利用排出的 CO、CH_4、H_2等)与石油加工或某些化工厂的结合。这样，在某些特定条件下，有可能形成包括冶金生产企业在内的工业生态链，甚至形成工业生态区。

(2)冶金流程及工艺的改进

冶金过程正以积极推进最有效技术为基础，不断使冶金生产流程向紧凑化、短流程的方向发展，以使物质收得率最大化、能源效率最佳化和制造时间最短化。从铁矿石+能源→钢材→制品(工程)→废弃→再利用的过程看，分析不同类型钢厂的能源效率和环境负荷显得尤为重要，如短流程钢厂的能耗及吨钢有害气体排放量都远低于高炉长流程钢厂。

在钢铁冶金过程中，频繁地加热和冷却物料引起能量消耗增大。从钢水浇铸成钢锭开始到锻造、轧制成各种钢材，型材经历了台车式退火炉、室状炉、均热炉、连续加热炉、步进式加热炉、辊底式退火炉等多种炉型的反复加热、冷却，以及多次加热及不同目的退火处理，钢经历了多次热循环过程，消耗了大量能源，包括煤气、重油、电能、天然气等的消耗。大量能源的燃烧，消耗了巨大的热能。因此研究钢的热循环工艺势在必行，建设和改造高炉热风炉、大型烧结冷却机、轧钢加热炉等生产装置的余热回收装置，提高余热回收率；开展连铸热装热送等，在不同工序上大面积进行工艺改革，使加热工艺、热处理工艺全面系列化、规范化、科学化，必能为冶金企业节能降耗，提高生产率及改进钢的冶金质量带来巨大经济效益和社会效益。在冶金生产过程中实现清洁生产，注意工艺变革，可以将污染消除在过程内。如南非 Saldanha 钢铁厂率先在钢铁企业实现了工业化的清洁生产，其工艺引起了全世界同行的关注。它将 Corex 熔态还原工艺，Midrex 直接炼铁工艺、电炉炼钢和薄板坯连铸集成，CorexC2000 产生的大量剩余气体经除 CO_2 净化工序后，用作 Midrex 直接还原铁法的还原气体，由 Corex 产出的生铁和 Midrex 的直接还原铁再作为电炉炼钢的原料，时间短、有害元素少，提高了炼钢效率，从而形成了一条完整的绿色钢铁生产工艺；另外，根据我国钢铁企业的经济和生产特点，提出的基于多级流化移动床的熔态还原新工艺，可以彻底解决传统炼钢过程中的污染问题。

6.1.1.3 冶金过程排放物清洁处理

冶金企业从原料、焦化、烧结到炼铁、炼钢、连铸以及轧钢的生产过程中产生大量含有可利用热量的废气、废水、废渣，同时在各工序之间存在着含有可利用能量的中间产品和半成品，企业需要对其进行清洁处理，清洁处理的措施包括：

(1)再能源化

以废气为例，冶金企业排放的废气主要包括烧结废气、高炉煤气、电炉烟气和轧钢加热炉烟气等，余热回收后可用于预热助燃空气、预热煤气和生产蒸汽。

1)烧结废气

在钢铁生产过程中，烧结工序的能耗约占总能耗的10%，仅次于炼铁工序。在烧结工序总能耗中，近50%的热能以烧结机烟气和冷却机废气的显热形式排入大气，既浪费了热能又污染了环境。采用热管蒸汽发生器可回收烧结废气余热。

2)高炉煤气

高炉煤气的回收利用比其他废气的回收利用意义更为重大，因为这涉及冶金企业的气体燃料平衡、减少烧油等重要的能源问题，因此应将其作为废气余热、余能回收利用的重点。对钢铁联合企业来说，目标应当是努力降低高炉煤气的放散率，增加混合煤气量，或采用低热值煤气燃烧技术将其用于轧钢加热炉；对独立铁厂而言，则应尽快建设高炉煤气电站。

3)电炉烟气

电炉炼钢过程中的废气余热回收技术，有可能使电炉炼钢节电100 kW·h/t(钢)以上，并提高电炉的生产效率。在电弧炉的热平衡中，烟气显热一般占电炉热量的20%。一台100 t电弧炉废钢预热器的综合效益为：废钢平均预热温度可达200~250℃；电能消耗减少40~50 kW·h/t；熔炼时间缩短5~8 min；电极消耗下降0.2~0.4 kg/t；电炉热效率达70%(不预热废钢时一般为50%~60%)。

4)轧钢加热炉烟气

轧钢加热炉烟气回收利用可采用以下措施：采用高保温性能、高密封性能的轻型地上烟道和高回收率的多行程优化排列的翅片或插入件强化传热的金属换热器；采用绝热性能良好的热回收管路；采用炉顶间隔墙来改善炉内热交换及降低排烟温度；采用能在高预热温度下以全热风方式工作的高效燃烧装置等。

(2)再资源化

以回收废钢为原料，在电弧炉内熔化。熔化后的钢水在钢包内进行精炼，再经过连铸和轧制成型。最初再生法只能生产低级产品，特别是钢筋，现在它占钢铁市场的份量越来越大。目前美国40%以上的钢是用这种方法冶炼的。美国环境保护局的测试表明，使用废钢代替铁矿石炼钢时，总能耗降低近2/3，空气污染排放物可减少86%。冶金过程中产生许多种排放物，对这些排放物进行适当处理，不仅可防止二次污染，而且可作为资源回收利用。例如：

①废油：回收设备→油水分离器→做燃料；

②粉尘污染：除尘器和脱水后污泥→造球→做烧结原料或转炉原料；

③碎耐火砖：回收→分选和加工→供制造厂做原料；

④废料：回收→再生→利用；

⑤矿渣：高炉渣→重矿渣→修道路或做混凝土骨料；高炉渣→水淬渣→脱水加工→做水泥原料或肥料；转炉渣→重矿渣→破碎、磁选→返回烧结、转炉做原料或修道路。

(3)无害化处理

冶金企业的无害化处理较集中于水处理、烟尘处理以及某些有害刺激性气体的处理上。掌握冶金企业各工序废水的特点，对整体研究企业节水及废水治理、以废治废大有益处。例如利用不同工序的酸性废水和碱性废水调节混合，中和为中性后，不仅可满足环保上对废水 pH 的要求，而且可消除废水复用时对管道的腐蚀，提高废水循环复用的实际可行性。另外，利用有些废水混合后反应产生沉淀物及其吸附性能，降低废水中悬浮物含量及其他有害物质含量，不仅可以提高废水水质，而且可使本不能复用的废水能够复用。然而更为根本的问题是如何少用水、不用水以及水的充分循环利用。作为再能源化和不用水的绝妙结合的例子是干熄焦(CDQ)。北美有的新建焦炉将原来炼焦—化工系统转为炼焦—发电系统也是值得注意的新动向。烟气脱硫对于酸雨等大面积区域生态环境以及居民的健康有着直接的影响。氮氧化合物(NO_x)的防治也应引起人们的重视。

6.1.2 冶金工业清洁生产审核

6.1.2.1 清洁生产审核原则

《清洁生产审核暂行办法》确定了清洁生产审核四原则：

①以企业为主体。清洁生产审核的对象是企业，是围绕企业开展的，离开了企业，所有工作都无法开展。

②自愿审核与强制审核相结合。对污染物排放达到国家和地方规定的排放标准以及总量控制指标的企业，可按照自愿的原则开展清洁生产审核；而对于污染物排放超过国家和地方规定的标准或者总量控制指标的企业，以及使用有毒、有害原料进行生产或者在生产中排放有毒、有害物质的企业，应依法强制实施清洁生产审核。

③企业自主审核与外部协助审核相结合。

④因地制宜、注重实效、逐步开展。不同地区、不同行业的企业在实施清洁生产审核时，应结合本地实际情况，因地制宜开展工作。

6.1.2.2 清洁生产审核的作用和对象

一般来说，清洁生产审核的对象为所有从事生产和服务活动的单位以及从事相关管理活动的部门，清洁生产审核可以起到以下几方面的作用：

①原材料和能源方面的节约和替代。从原材料和能源方面的节约和替代方面入手，解决废弃物产生量大、能源和资源消耗高等问题，是清洁生产审核中的一个重点工作。

②环境保护最佳方案。末端治理和清洁生产都可以取得环境效益，但后者通过对生产全过程的控制，将原料更多地转变成产品，减少生产过程中废弃物的产生而实现环境效益，显然具有一定的经济效益，因此，清洁生产方法是最佳的环境保护方案。

③工艺技术改造的最佳切入点。通常的技术改造以增加产能为单一目的，其结果是产能增加，废弃物产生量也随之增加。通过清洁生产审核找到废弃物产生量大、能源和资源消耗高等问题的瓶颈，从这一最佳切入点出发通过实施必要的技术措施，可以起到经济效益和环境效益最大限度的统一。

④管理缺陷。任何先进的技术都必须在一个相适应的管理平台上才能够发挥其效能，反之，形形色色的管理缺陷就会造成先进的工艺、设备的效能失准，引起物料的过量流失，造成环境污染。

总之，清洁生产审核是一套基于清洁生产理论建立的先进的环境问题诊断方法，如同一套筛孔恰当的筛网，可以帮助组织发现按照一般方法难以发现或者容易忽视的问题。

6.1.2.3　清洁生产审核环节

清洁生产审核分为三个环节，如图6－1所示。在审核时，首先要解决的问题是诸如物料流失量大、原辅材料消耗高、能源消耗高等问题是在哪个生产单元或设备产生的；其二，要应用清洁生产审核原理，分析寻找产生这些问题的根本原因，以这些根本原因为出发点解决问题，可以收到事半功倍的效果；第三，制订方案来解决这些问题，从而达到清洁生产“节能、降耗、减污、增效”的目的。

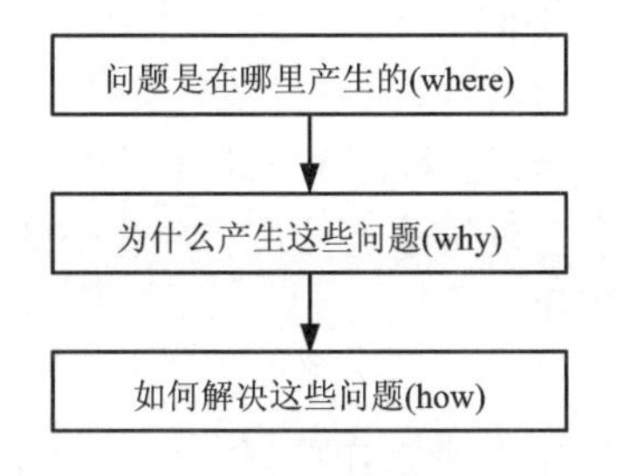

图6－1　清洁生产审核的三个环节

6.1.2.4　影响生产或服务过程的环境影响因素

将任何一个组织进行的生产或服务过程以数学方法抽象，可以得到具有共性的一个影响因素图，如图6－2所示，其意义是，任何一个生产或服务过程的废弃物产生量大、能源和资源消耗高等问题，其原因不外乎是这8个因素之一。对这8个因素进行逐项分析、纠正，就可以解决一系列不利于清洁生产的问题，取得相应的环境效益。

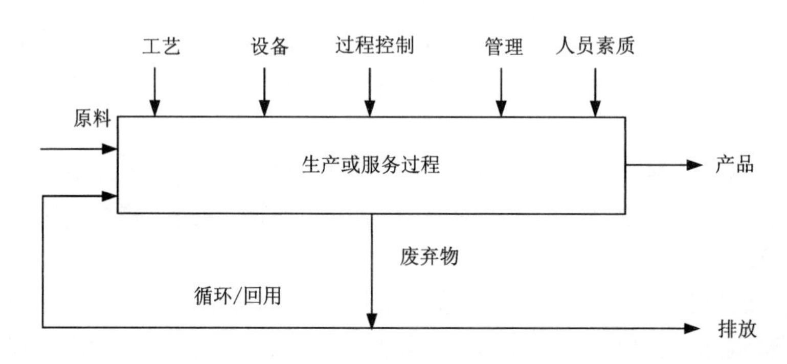

图6－2　影响生产或服务过程的8个因素

6.1.2.5　审核的基本过程原则

开展清洁生产审核，通常基于五条原则：

(1)逐步深入原则

清洁生产审核要逐步深入，即要由粗而细、从大至小。审核开始时，即在筹划和组织阶段，组织机构的成立、宣传教育的对象等都是在组织整个范围的基础上进行的。预评估阶段同样是在整个组织的大范围内进行，相对于后几个阶段而言，这一阶段收集的资料一般地讲是比较粗略的，定性的比较多，有时不一定十分准确，而且主要是现成资料的汇总。从评估阶段开始到方案实施阶段，审核工作都在审核重点范围内进行。这四个阶段工作的范围比前两个阶段要小得多，但二者工作的深度和细致程度不同。这四个阶段要求的资料全面、翔实，并以定量为主，许多数据和方案要靠通过调查研究和创造性的工作之后才能开发出来。最后一个阶段“持续清洁生产”则既有相当一部分工作又返回整个组织的大范围进行，还有一部分工作仍集中在审核重点部位，对这一部位前四个阶段的工作进行进一步的深化、细化和规范化。

(2)分层嵌入原则

分层嵌入原则是指审核中在废物在哪里产生、为什么会产生废弃物、如何消除这些废物这三个层次的每一个层次，都要嵌入原辅材料和能源、技术工艺、设备、过程控制、管理、员工、产品、废物这八条途径。

以预评估为例，有六个步骤。不论是进行现状调研、现场考察、产污排污状况评价，还是确定审核重点、设置清洁生产目标、提出和实施无污染方案，都应该在这三个层次上展开，每一个层次都要从八条途径着手进行工作。进行现状调研时，首要的问题应是弄清楚废物在哪里产生，要回答这一问题，则首先要对组织的原辅材料和能源进行调研，包括其种类、数量和性质，以及收购、运输、储存等多个环节。然后分析研究组织的技术工艺，再其次分析研究组织的设备，接着对组织的过程控制、管理、员工、产品、废物等方面一一进行初步的分析研究。从这八条途径入手，弄清其废物在哪里产生的问题。

第二个层次是问为什么会产生废物。要回答这一问题，仍然要嵌入八条途径。仍以预评估中的现状调研为例，其要点是在大致摸清废物源头之后，按顺序依次分析组织的原辅材料和能源、技术工艺、设备、过程控制、管理、员工、产品、废物等。在这个层次嵌入八条途径的目的是从以上八条途径分析为什么会产生废物。

要注意污染源与污染成因具有异同性，即二者有时一致，有时不一致。例如生产过程中的产污，污染源的部位在生产设备，但其成因可能是原材料的收购或运输过程出了问题。

第三个层次是为减少或消除这些废物。在这一层次分析和研究对策时，仍应从八条途径入手，即仍应嵌入这八条途径，换句话说，解决污染问题的方案，或者说清洁生产方案，仍要从这八条途径入手按顺序寻找。以预评估中的现状调研为例，这一步骤并不明显地要求审核人员寻找或开发清洁生产方案，但一位优秀的清洁生产审核人员在进行这一步骤的这一时刻，显然应该开始考虑针对已初步查明的污染源和污染成因的清洁生产方案，虽然这些方案暂时还是粗略的和不够成熟的。

(3)反复迭代原则

清洁生产审核的过程，是一个反复迭代的过程，即在审核七个阶段相当多的步骤中要反复使用上述分层嵌入原理。

这一方法不仅要应用于现状调研步骤、现场考察步骤，还要应用于评估阶段、方案产生和筛选阶段、可行性分析阶段、方案实施阶段等相当多的步骤中。当然，有的步骤应进行三个层次的完整迭代，有的步骤只进行一个或两个层次的迭代。

在评估阶段分析废物产生原因这一步骤里，一般只进行废物在哪里产生及为什么会产生这些废物这两个层次的迭代。顺序上首先应从原辅材料和能源、技术工艺、设备等八条途径入手找到污染物产生的准确部位，然后同样依次循着这八条途径研究为什么会产生这些废物。在评估阶段的下一个步骤即提出和实施无低费方案里，往往仅在如何减少或消除这些废物的层次上，依次考虑原辅材料和能源的清洁生产方案、技术工艺的清洁生产方案、设备的清洁生产方案、过程控制的清洁生产方案，直至废物的清洁生产方案。

(4)物质守恒原理

物质守恒这一大自然普遍遵循的原理，也是清洁生产中的一条重要原理。预评估阶段在对现有资料进行分析评估、对组织现场进行考察研究、对产污排污状况进行评价时都要遵循物质守恒原理。虽然此时获得的资料不一定很全面、很准确，但大致估算一下组织的各种原辅材料和能源的投入、产品的产量、污染物的种类和数量、未知去向的物质等，在其间建立一种平衡，将有助于弄清楚组织的经营管理水平及其物质和能源的流动去向。

(5)穷尽枚举原理

穷尽枚举原理的重点，一是穷尽，二是枚举。穷尽是一个组织从这八条途径入手，一定能发现自身的清洁生产方案；枚举是一个组织发现的任何一个清洁生产方案，必然是循着这八条途径中的一条或者几条找到的。因此，理论上讲从这八条途径入手可以识别出该组织现阶段所有的清洁生产方案。枚举是不连续地、一个一个地列举出来。因此，穷尽枚举原理意味着在每一个步骤的每一个层次的迭代中，都要将八条途径当作这一步骤的切入点，由此深化和做好该步骤的工作，切不可合并，也不可跳跃。因为如果将八条途径中的若干条合为一条，或从原辅材料和能源直接跳跃到过程控制，则污染源的数量和部位、污染成因及清洁生产方案均可能无法完全找到，即没有穷尽。

虽然不可能在每一个层次的每一个步骤的每一个切入点上都能够识别污染源或找到污染成因，或找到清洁生产方案，但严格地遵循穷尽枚举原理是清洁生产审核成功的重要前提之一。学习和掌握穷尽枚举原理，并结合上述的逐步深入原理、分层嵌入原理、反复迭代原理和物质守恒原理，能够极大程度地提高清洁生产审核人员的工作质量。

6.1.2.6 冶金工业清洁生产审核程序

冶金工业清洁生产审核程序原则上包括审核准备，预审核，审核，实施方案的产生、筛选和确定，编写清洁生产审核报告等。

(1)审核准备

本阶段工作应进行如图6－3所示的四个工作步骤：取得领导支持、组建审核小组、制订工作计划和开展宣传教育。

(2)预审核

预审核阶段工作步骤如图6－4所示，主要包括进行现场调研、考察，评价排污状况，确定审核重点，设置清洁生产月以及提出清洁生产目标。其中，确定审核重点和设置清洁生产目标是本阶段的工作重点。

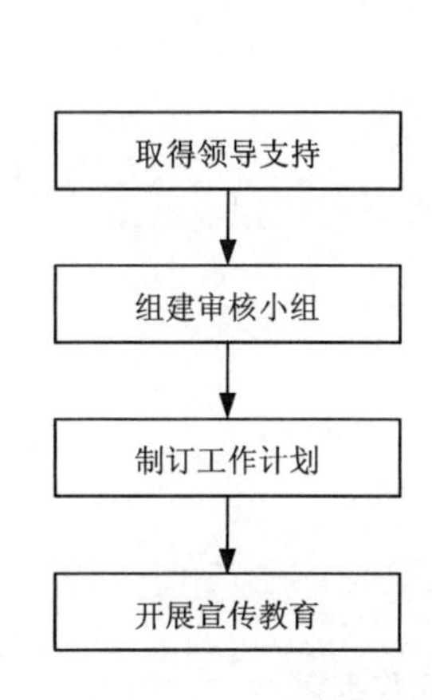

图 6－3　审核准备阶段工作步骤

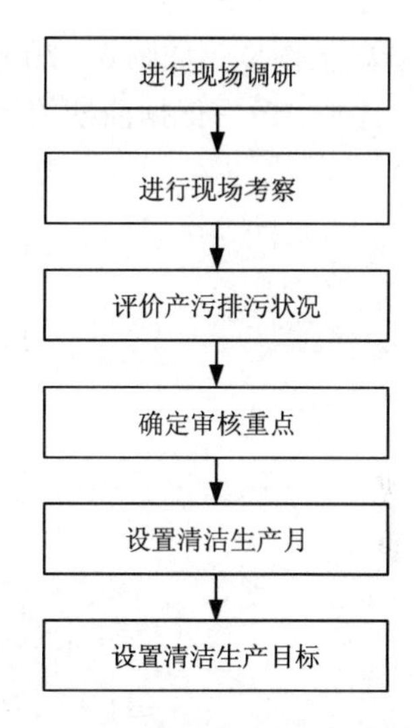

图 6－4　预审核阶段工作步骤

(3)审核

审核阶段工作步骤如图 6－5 所示，包括准备审核重点资料、实测输入输出物流、建立物料平衡以及清洁生产潜力。其中，建立物料平衡是本阶段工作重点。

(4)实施方案的产生和筛选

本阶段工作步骤如图 6－6 所示。首先产生方案，然后对其进行分类汇总，经过初步筛选后确定最终方案并进行编制。

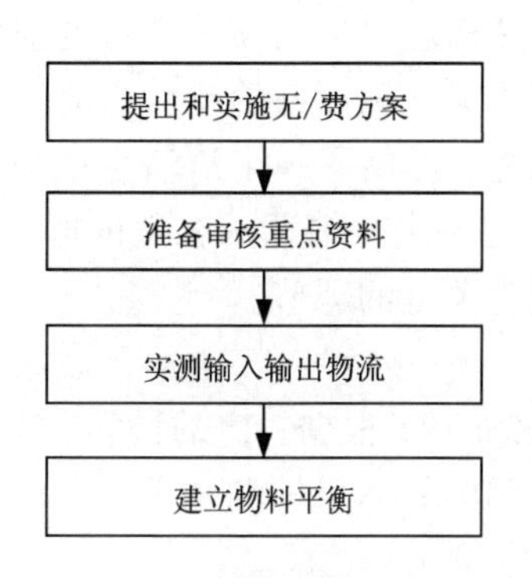

图 6－5　审核阶段工作步骤

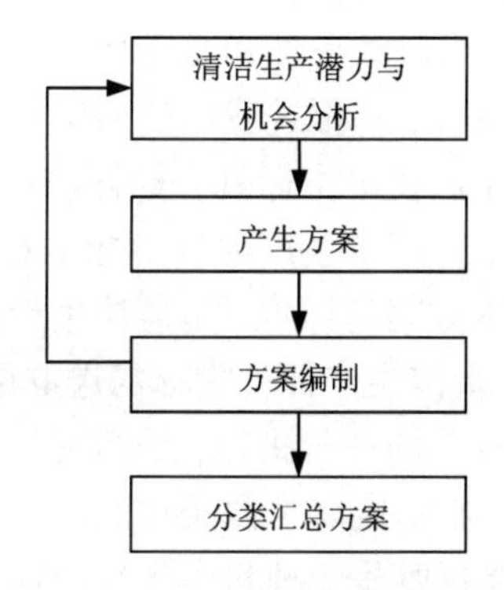

图 6－6　实施方案的产生和筛选阶段工作步骤

(5)实施方案的确定

本阶段工作步骤如图6－7所示，包括：根据清洁目标进行技术评估、环境评估、经济评估，最后依据前期的评估工作确定可以实施的方案。

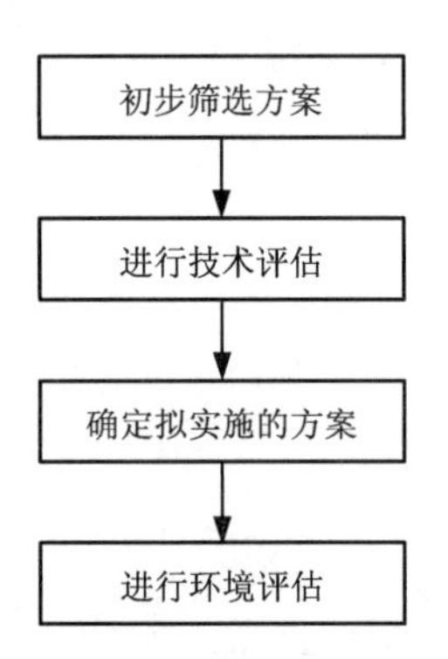

图6－7 实施方案的确定阶段工作步骤

(6)编写清洁生产审核报告

清洁生产审核报告包括企业基本情况、清洁生产审核过程和清洁生产方案分析、效益预测分析和企业整改意见等。

6.1.3 冶金工业清洁生产评价指标体系

清洁生产作为一套系统而完整的可持续发展战略，已经得到国际社会的普遍认可和接受，并在世界各国被广泛推广和应用于污染防治的实践中。企业在实施清洁生产的过程中，正确评价企业自身清洁生产水平和取得的成果，从而了解企业清洁生产潜力，需要对各企业进行科学客观的评价。为此，制订和实施一套具有科学性、行政约束性和激励性，符合我国当今环境管理水平的简单易行的清洁生产评价指标，对推进我国清洁生产具有重要的理论意义和深远的现实意义。

清洁生产评价指标具有标杆(benchmarking)功能，提供了一个清洁生产绩效的比较标准。清洁生产评价指标是对清洁生产技术方案进行筛选的客观依据，清洁生产技术方案的评价，是清洁生产审计活动中最为关键的环节。

6.1.3.1 清洁生产评价指标的选取原则

清洁生产的评价指标，是指国家、地区、部门和企业，根据一定的科学、技术经济条件，在一定时期内规定的清洁生产所必须达到的具体目标和水平。一般来说，评价指标既是管理科学水平的标志，也是进行定量比较的尺度。

清洁生产指标体系的建立应当注意到指标体系的合理性和简洁性。为此，可以从如下几个方面确定指标制定的基本原则：

(1)相对性原则

一项清洁生产技术是与现有的生产技术比较而言的，对它的评价，主要在于与它们所替代的现有技术进行相应的比较。

(2)生命周期评价原则

对一项技术的评价不但要对生产过程和产品的使用阶段进行评价，还应对生命周期各阶段所涉及的各种环境性能做尽量全面的考察和分析。

(3)污染预防的原则

清洁生产指标的范围不需要涵盖所有的环境、社会、经济等指标，主要反映出项目实施过程中所使用的资源量及产生的废物量，包括使用能源、水或其他资源的情况，通过对这些指标的评价，反映出建设项目通过节约和更有效的资源利用，可以达到保护自然资源的目的。

(4)定量化原则

由于指标涉及面比较广，为了使所确定的清洁生产指标既能够反映项目的主要情况，又简便易行，在选取指标时要充分考虑到指标体系的可操作性、层次分明、意义明确和实施的低成本性，要避免面面俱到，琐碎庞杂；因此，应尽量选择容易量化的指标项，为清洁生产指标的评价提供有力的依据。对清洁生产技术的评价应最终落实在产品(包括服务)上，可用万元产值或吨产品作为评价的单位。

6.1.3.2 清洁生产评价指标的选取

清洁生产评价指标可用于寻找减废、减污空间，产品设计工艺开发的基准，展现环境绩效以及进行清洁生产程度评比等。

(1)基本指标

描述产出单位产值或产量的产品(服务)所伴随的主要物质消耗和排放水平，这是目前对生产过程进行环境评价和审核工作中归纳的主要数据，可以在总体上给出物质转化过程的输出输入关系，展示过程的效率。这类指标可分为：

①主要原材料的消耗指标；

②各种形式的能耗，如电、油、煤、天然气、蒸汽等；

③水的消耗指标，包括总用水量、新鲜用水量、回用水用量等；

④各类废水、废气和废渣的产生量和排放量；

⑤三废中各类主要污染物的产生量和排放量。

(2)特殊指标

用以判断基本指标未能顾及的一些特殊方面，它们涉及的数量可能不大，但对某项技术的环境性能有重要的影响或可能造成重大的潜在事故。如：

①有毒有害原料的用量、去处，有毒有害中间产物的产生量；

②易燃易爆物质的用量；

③稀缺资源的使用量，如各种稀有元素贵金属等；

④使用二次资源的种类和数量。

(3)延伸指标

考察超越生产阶段的产品生命周期的一些特征，包括：

①主要原材料和包装材料的环境性能：是否是高能耗、重污染物料，是否来自天然森林的砍伐，是否是受保护的动植物等；

②产品的使用寿命、耐久性；

③产品的可回收性、复用性以及可再循环性；

④产品在环境中的可降解性。

(4)指标的选取

根据上述指标将清洁生产指标分为四大类：原辅材料与资源能源指标、污染物产生指标、产品指标、环境经济效益指标。清洁生产指标体系的结构、含义和计算如表6－1所示。

表6－1　清洁生产指标体系的结构、含义计算表

指标	单项指标	含义与计算	说明
原辅材料与资源能源指标	物耗系数	主要原辅材料年用量之和(t)/产品年产量(M)	物耗系数是在正常的操作下，生产单位产品消耗的构成产品的主要原料和对产品起决定性作用的辅料的量与产品年产量之比。 适合同类产品对比分析
	能耗系数	能源年消耗量(kJ)/产品年产量(M)	能耗系数在正常的操作下，生产单位产品消耗的电力、油耗和煤耗等能源的量。 必须注意各类能源的转换，转换成热值进行计算。 属于通用性指标，可以用作不同行业的对比
	新鲜水耗系数	新鲜水年消耗量(t)/产品年产量(M)	在正常的操作下，生产单位产品整个工艺使用的新鲜水量(不包括回用水)。 指标值越低，说明工艺和产品越清洁。 适合同类产品对比分析
	资源有毒有害系数	有毒有害原辅材料年用量之和(t)/产品年产量(M)	在正常的操作下，生产单位产品所消耗的有毒有害原辅材料用量之和。 可作为不同行业类别的对比
	危害性指标	单位用量×危害因子	单位用量为每单位产品使用的危害性物质的重量；危害性因子为化学物质的危害性，可分为毒性及易燃易爆两类，因此物质的危害性因子可参考其毒性及爆炸危险性而定

续表 6－1

指标	单项指标	含义与计算	说明
污染物产生指标	废水产生系数	废水年产生量(t)/产品年产量(M)	生产单位产品产生的废水量。 可作为不同行业的对比
	废水中某污染物产生系数	废水中某污染物年产生量(t)/产品年产量(M)	生产单位产品产生的废水中某污染物量。 可作为不同行业的对比
	废气产生系数	废气年产生量(m^3)/产品年产量(M)	生产单位产品产生的废气量。 可作为不同行业的对比
	废气中某污染物产生系数	废气中某污染物年产生量(t)/产品年产量(M)	生产单位产品产生的废气中某污染物量。 可作为不同行业的对比
	固体废物产生系数	固体废物年产生量(m^3)/产品年产量(M)	生产单位产品主要固体废物产生量。适合同类产品对比分析
	产污增长系数	三废中污染物年产生总量增长率/年产值增长率	三废中污染物依国家“三废”排放标准中的定义来确定。 适合同类产品对比分析
	有毒有害产生系数	年产生三废中有毒有害污染物的量/产品年产量(M)	三废中有毒有害污染物依国家“三废”排放标准中的定义来确定。适合同类产品对比分析
	环境负荷因子	废弃物(t)/产品(t)	废物产生量为进料与销售商品量之差(t)； 产品产量为可销售之产品(t)
	废物产率指标	废弃物(t)/产出质量(t)	废物产生量为进料与销售商品量之差(t)； 产出质量为产品、副产品和废弃物的总和(t)
产品指标	清洁产品系数	产品有毒有害成分的量/产品总量	单位产品中所含有毒有害成分的量。可作为不同行业对比
	产品技术寿命	产品的功能保持良好的时间	适合同类产品对比分析
环境经济效益指标	清洁生产方案投资偿还期	清洁生产方案投资额(元)/(B－C)	B—清洁生产方案投资年效益 C—方案年运转费用
	环保成本	年环境代价(元)/产品年产量(M)	单位产品所付出的环境代价(能耗、水耗、原材料消耗、废物回收费用、末端处理费用、产品质量下降损失费用、排污费和环保罚款)。 可作为不同行业的对比
	环境系数	年环境代价(元)/年产值(M)	项目创造每元产值所付出的环境代价。 可作为不同行业的对比

1)原辅材料指标

原辅材料指标体现了原材料的获取、加工、使用等各方面对环境的综合影响，因而可从原辅材料毒性、生态影响、可再生性、能源强度以及可回收利用性这五个方面建立指标。

①毒性：原材料所含毒性成分对环境造成的影响程度；

②生态影响：原料取得过程中的生态影响程度；

③可再生性：原材料可再生或可能再生的程度；

④能源强度：能源利用与产出之比；

⑤可回收利用性：原材料的可回收利用程度。

针对各企业的实际情况，从上述五个方面合理选择指标，主要考虑毒性指标。

2)资源指标

在正常的操作情况下，生产单位产品对资源的消耗程度可以部分地反映一个企业的技术工艺管理水平，即反映生产过程的状况。从清洁生产的角度看，资源指标的高低同时也反映企业的生产过程在宏观上多生态系统的影响程度，因为在同等条件下，资源消耗量越高，对环境的影响越大。资源指标可以用单位产品的新鲜耗水量、单位产品的能耗和单位产品的物耗来表达。

①单位产品新鲜耗水量：在正常的操作下，生产单位产品整个工艺使用的新鲜水(不包括回用水)。

②单位产品的能耗。

③单位产品的物耗：在正常的操作下，生产单位产品消耗的构成产品的主要原料和对产品起决定性作用的辅料的量。

3)能源指标

发达国家非常注重能源效率，能源对 GDP 的比值保持在 1 以下，而我国该比值要高很多。尽管我国尽了很大的努力试图满足经济发展的需要，但还是不能满足日益增长的能源需求。目前能源供求矛盾越来越大。

提高能效意味着可以节省更多的能源。经验表明，节约 1 kW · h 时电的成本比重新建立一个新厂或加强基础建设的成本还低。

节能与废物的产生之间的联系不常被人们所认识。然而，如果要实现节约资源、保护环境、提高竞争优势以及可持续发展的总体目标，那么提高能效必将成为整个战略决策中不可分割的一部分。作为一种综合性的预防性环境战略措施，清洁生产已将节能、提高资源效率作为重要目标。

作为能源指标目前常用的指标有：在正常的操作下生产单位产品的电耗、油耗、煤耗和蒸汽消耗等。

4) 污染物产生指标

污染物产生指标是除资源(消耗)指标外的另一类能反映生产过程状况的指标。污染物产生指标代表着生产工艺的先进性和管理水平。考虑到一般的污染问题，污染物产生指标设三类，即废水产生指标、废气产生指标、固体废物产生指标。

①废水产生指标：废水产生指标首先要考虑的是单位产品的废水产生量，因为该项指标最能反映废水产生的总体情况。但是，许多情况下单纯的废水量并不能完全代表产污状况，因为废水中产生的污染物量的差异也是生产过程中状况的一种直接反映。因而对废水产生指标又可细分为两类，即单位产品废水产生量指标和单位产品主要水污染物产生量指标。

②废气产生指标：废气产生指标和废水产生指标类似，也可细分为单位产品废气产生量指标和单位产品主要大气污染物产生量指标。

③固体废物产生指标：对于固体废物产生指标，可简单地定义为"单位产品主要固体废物产生量"。

5) 产品指标

产品指标应涉及销售、使用过程、报废后的处理处置及产品的寿命优化问题等四个方面。

①销售：产品的销售过程中，即从工厂运送到零售商和用户手中的过程对环境造成的影响程度。

②使用：产品在使用期内使用的消耗品和其他产品可能对环境造成的影响程度。

③报废：产品报废后对环境的影响程度。

④寿命优化：在多数情况下的寿命是越长越好，但有时并不尽然。寿命优化就是要使产品的技术寿命(指产品的功能保持良好的时间)、美学寿命(指产品对用户具有吸引力的时间)和初设寿命处于优化状态。

6) 环境经济效益指标

环境经济效益指标是衡量项目方案需要投入的投资所能收到的经济和环境保护效果。因此，在环境经济效益指标中除需计算用于污染预防所需投资的费用外，还要同时核算可能收到的环境与经济实效。因此可从三个方面建立指标：

①清洁生产方案投资偿还期：清洁生产方案投资费用与投资所产生的年净经济效益之比。

②环境成本：单位产品所付出的环境代价。

③环境系数：项目创造每元产值所付出的环境代价。

清洁生产指标可以反映环境领域的数量信息和质量信息(反映人类活动和自然资源的使用)，在应用清洁生产指标时，应将有关指标与这些指标的分析和评价联系起来，同时注重结合各个地方和行业的特定条件来进行分析。

由于推行清洁生产是个持续的过程，而不是一次性的工作，涉及的范围也很广，尤其值得注意的是，随着新技术和新设备的不断发展，企业状况的变化，指标的种类、数量、层次等还将发生变化。因此，在实践中某些原有指标需要更新或不适当时，可根据实际情况对指标进行调整。

6.1.4 冶金工业清洁生产节能减排

近年来，我国冶金工业快速发展，产品产量稳步增长，产业结构日趋合理，经济效益大幅提高，国际竞争力和影响力不断增强，为国民经济的发展做出了重要贡献。同时，冶金行业坚持以科学发展观为指导，更加注重通过不断推进技术进步、推行清洁生产，淘汰落后生产工艺和设备，使生产主要能耗指标持续好转、污染物的排放量得到有效控制，吨产品和万元产值的排放量逐年降低，企业环境状况得到较大改善。

积极推进行业技术进步，提高技术装备水平。通过近几年的技术改造，骨干企业的技术装备水平有了很大提高。占粗铜冶炼能力80%的铜冶炼骨干企业采用的闪速熔炼、艾萨(澳斯麦特)熔炼、诺兰达熔炼等都是当前国际上先进的铜冶炼技术，各项技术经济指标达到世界一流或领先水平；铝冶炼骨干企业普遍采用了200~300 kA大型预焙槽技术，铝锭综合交流电耗逐年下降，有些企业已达到14000~14300 kW·h/t的国际先进水平；通过自主研发具有自主知识产权的氧气底吹—直接还原炼铅工艺和引进艾萨法、卡尔多炉法等技术，使铅冶炼行业技术装备水平也有了很大提高，综合能耗比传统工艺下降一半左右；锌冶炼广泛推广湿法炼锌技术，节能20%左右。

推进再生有色金属的回收利用和产业升级。利用再生有色金属是实现节能减排的有效途径。据有关资料表明，回收利用1 t铜与开采1 t原生铜相比，可少排放150~200 t固体废弃物和少产生近2.6 t二氧化硫。

推进全行业节能减排工作中，我国已经进行了许多有益的探索和实践，并取得了积极效果。如积极推广使用先进技术，节约能源、减少污染物排放；制订完善钢铁、铜、铝、铅锌等产品能耗指标、污染物排放行业标准，提高科学管理水平；加强电解铝污染物减排的国际交流，开展污染物排放监测；协助国家有关部门制订产业政策和准入门槛；开展冶金工业节能减排方面的课题研究等。实践证明，冶金工业在节能减排工作方面是大有潜力、大有作为的，有些方面的作用是不可替代的。

虽然近年来冶金工业清洁生产节能减排方面取得了一定成绩，但是还存在不少问题，如：钢铁工业、粗铜冶炼、铝冶炼、铅锌冶炼等淘汰落后工艺技术的难度比较大、任务重；固体废物的利用，要达到利用率60%的指标要求难度还很大；再生金属生产经营分散，生产技术落后、污染严重，金属回收率低、资源浪费大，亟待产业升级；电解铝、铜冶炼、铅锌冶炼等产能过快增长的问题还未得到有效遏制等，冶金工业清洁生产还大有可为，发展循环经济势在必行。

6.2　冶金工业清洁生产技术

6.2.1　钢铁工业清洁生产技术

6.2.1.1　钢铁工业生产现状

(1)钢铁工业清洁生产问题

钢铁产业是国民经济的重要基础产业，是实现工业化的支撑产业，是技术、资金、资源、能源密集型产业。中国是一个发展中大国，在经济发展的相当长时期内钢铁需求较大，我国钢产量已连续10多年位居世界钢产量第一。2014年中国粗钢产量达到8.227亿t。中国钢铁产能总量大，但总体技术水平和物耗、能耗与国际先进水平相比仍存在较大差距，面临较大环境保护压力。

中国钢铁企业按其生产产品和生产工艺流程可分为钢铁联合企业和特殊钢企业。钢铁联合企业的生产流程主要包括烧结(球团)、焦化、炼铁炼钢、轧钢等生产工序，即长流程生产；特殊钢企业的生产流程主要包括炼钢、轧钢等生产工序，即短流程生产。钢铁联合企业中炼钢生产采用转炉炼钢或转炉炼钢与电炉炼钢，转炉炼钢以铁水为主要原料，电炉炼钢以废钢为主要原料。而特殊企业中炼钢生产采用电炉炼钢，以废钢为原料。

(2)钢铁工业资源与环境问题

1)铁矿石资源问题

中国虽然铁矿石储量很大，但铁矿石品位低，铁元素的储量不突出。现已探明的铁矿石储量中97.5%为贫矿。2014年全年，中国从海外进口了9.325亿t铁矿石，远超2013年的8.203亿t。进口量的不断攀升，也使得中国铁矿石的进口依存度不断提高。2014年中国铁矿石的对外依存度达到78.5%。中国钢铁生产主要集中在华北、华东和东北地区，随着资源和外部条件的变化，水资源、运输条件、能源供应等制约日益显现，生产力布局不够合理的矛盾也日渐突出。

2)能源消耗问题

2014年与2013年相比，中国钢铁工业协会统计的重点钢铁企业吨钢综合能耗、各工序能耗均有所下降，部分钢铁企业的部分指标已达到或接近国际先进水平。各企业之间节能工作发展不平衡，生产条件和结构也不一样，我国钢铁企业还有节能潜力。

2014年，全国重点钢铁企业烧结工序能耗为48.90 kgce/t。烧结工序能耗中，固体燃耗约占80%，电力约占13%，点火燃耗约占6.5%，其他约为0.5%。因此，降低固体燃耗是烧结节能工作的重点，采取热风烧结和烧结余热回收等措施，也可促进烧结工序能耗降低。2014年，全国重点钢铁企业焦化工序能耗为

98.15 kgce/t。焦化工序能耗中扣除煤消耗外，消耗最高的是焦炉煤气或高炉煤气，占能耗的10%左右。煤气消耗量与结焦时间、热工制度的稳定有关，这方面企业之间的差异不大。有CDQ（干熄焦）装置的企业焦化工序能耗要低一些，但企业之间CDQ回收能源水平有较大差距，建设高温、高压的CDQ装置，可多回收能量15%左右。焦炉上升管煤气余热的显热，仅次于CDQ回收的能量（占炼焦工序用能的37%），但目前尚没有完全成熟的焦化企业案例。2014年，全国重点钢铁企业炼铁工序能耗为395.31 kgce/t。高炉炼铁所需能量有78%是来自碳素（用燃料比表示）燃烧，燃料比低是炼铁工序能耗低的前提。钢铁企业节能工作要从源头抓起，首先是实现减量化用能（降低燃料比），其次是提高能源利用效率（提高风温和高炉煤气利用水平），再其次是提高二次能源回收利用水平（有TRT装置，水渣余热回收等）。目前，我国TRT平均发电量在32 kW·h左右，有1/3的能力没有发挥出来，相关企业应努力提高TRT装置的工作能力。2014年重点钢铁企业转炉工序能耗为9.99 kgce/t。转炉工序煤气消耗占能源总量的42%，电力和氧气各占消耗的20%左右，降低这些消耗可实现节能。转炉能源回收中，蒸汽占27%，煤气占83%，提高回收量，转炉工序能耗值可为负值。一般煤气回收大于100 m^3/t、蒸汽回收大于80 kg/t的企业，转炉工序就可以实现负能炼钢。2014年重点钢铁企业电炉工序能耗为59.15 kgce/t。电耗占电炉工序总能耗的60%左右，因此节电是电炉工序节能工作的主要内容。2014年中钢协会员单位钢铁企业电炉使用热铁水比例由上年的576.98 kg/t升高到613.85 kg/t，造成吨钢综合电耗由301.42 kW·h/t，降低到292.17 kW·h/t。电炉企业还采取了一系列节电措施（吹氧、喷碳、余热回收等），使我国电炉工序能耗得到下降。2014年重点钢铁企业轧钢工序能耗为59.22 kgce/t。我国一些大型钢铁企业钢加工深度不断延伸，轧钢工序能耗有所升高。企业之间进行轧钢工序对标，由于轧钢品种和类型不同，工序能耗值差距较大，应根据不同钢材的品种进行具体分析。一般而言，生产简单建筑用钢产品的能耗较低，加工程度越深，能耗越高。

3）钢铁工业环境问题

新环保法的实施，对钢铁业来说，将进入系统集成、集中作战的时代，进一步向纵深化、系统化发展，实现深度优化。最终将集成清洁生产、循环经济、资源综合利用功能，实现钢铁业开发绿色产品、开展绿色制造、打造绿色产业的新型产业目标。

中国钢铁工业在快速发展的同时，不断增强绿色发展理念，加大了环境保护、污染治理及废弃物资源综合利用等方面的力度，节能减排取得显著进步，但是由于总量大等问题，使得钢铁行业的环保问题仍备受关注。中国钢铁工业在环保方面也的确存在一些问题，归纳为以下四点：

①排放总量大，超标排放仍然存在，部分地区已经超过环境承载能力。

②一些企业环保意识、法治思维还处于被动状态。

③环保技术和装备投入参差不齐。有不少企业环保投入不足，存在欠账问题。对照国家新标准，相当部分企业的环保装备水平或过程控制不能达标。

④据粗略估算，包括烧结烟气全面净化，高炉系统全面达标，炼钢系统全面升级，焦化系统全面达标，轧钢系统完善，总计需500亿元以上投资。在产能过剩矛盾突出、全行业整体微利、部分企业连年亏损的复杂情况下，企业再出巨资投入治污技改确有困难。

6.2.1.2 钢铁行业清洁生产指标

2006年7月3日，国家环保总局以国家环境保护行业标准形式正式发布《清洁生产标准钢铁行业》(HJ/T 189—2006)。本标准为推荐性标准，可用于钢铁联合企业和电炉钢厂(短流程)的清洁生产审核和清洁生产潜力与机会的判断，以及清洁生产绩效评定和清洁生产绩效公告制度。

在达到国家和地方污染物排放标准的基础上，本标准根据当前的行业技术，装备水平和管理水平而制订，共分为三级，一级代表国际清洁生产先进水平，二级代表国内清洁生产先进水平，三级代表国内清洁生产基本水平。根据清洁生产的一般要求和我国钢铁行业的生产特点，本标准对钢铁行业清洁生产指标定为生产工艺装备与技术要求、资源能源利用指标、污染物指标、产品指标、废物回收利用指标、环境管理要求共6类，并根据钢铁生产长/短工艺流程分别确定每一类中的具体考核指标。

6.2.1.3 钢铁行业清洁生产潜力

近年来，受资源保障能力下降、环境容量制约、气候和环境恶化等诸多因素的影响，实施合同能源管理、推行清洁发展机制、加强二次能源利用、加强环保技术改造、进军环保产业等成为钢铁企业进一步加大节能减排力度的主要措施，也成为“掘金”节能减排的五大方向。

目前，国内外钢铁界公认的、可以回收利用的二次能源量(不包括副产煤气)约占钢铁企业总用能的15%左右。据统计，新日铁的二次能源利用率达到了92%，宝钢二次能源利用率为77%，我国大多数钢铁企业利用率在50%以下，说明我国钢铁企业二次能源利用的空间和潜力仍很大。

钢铁行业的二次能源除了可以作为某些工序的加热、供热的热源外，发电是最为有效的途径，剩余的还可用于外供。2013年，宝钢股份启动了热轧1880加热炉烟气余热回收利用项目，拟将2号、3号和4号加热炉烟道中的烟气先引入余热锅炉后再予以排放。据估算，若对宝钢厂区类似的13座加热炉全部进行烟气余热回收改造，预计每年可节能近5万t标煤，实现效益5000万元以上。太钢相继建成了焦炉干熄焦发电、高炉煤气联合循环发电、高炉余压发电、饱和蒸汽发电等一批二次能源回收利用装置，占总能耗的42%，其中余热余压发电量占总用电量的20%。太钢还充分利用厂区余热，承担起太原市城区周边居民住宅冬季供暖任务。重钢利用分布式低温余热电站的建造模式，取消厂区蒸汽管网。到2013年底，重钢新区全部利用生产环节的余气、余热、余压发电，自发电量占到全厂区总用电量的70%。山钢集团济钢将现有的循环水、炉窑烟气、冶金渣余热(年折合标煤170万t)予以外供，并无害化消纳处理裕兴化工公司铬渣，初步形成了区域循环经济模式。河北钢铁集团邯钢创新、集成二次能源回收利用先进技术，使其二次能源发电比例、转炉工序能耗、转炉煤气回收量等指标达到了国内领先水平。但是，由于我国钢铁工业工艺、技术、装备的多层次性以及一些企业的工艺布局不尽合理，部分企业尚未采用有效的二次能源利用技术，各企业余热余能等二次能源的回收利用水平参差不齐，二次能源利用还有很大的潜力。在低温余热回收利用方面，部分低温余热资源、显热资源的利用还有很大的不足。由此可见，在二次能源利用方面，钢铁企业还大有作为。

6.2.1.4 钢铁行业清洁生产技术途径

随着时代的发展和科技的进步，钢铁行业通过引进、消化国外先进技术和国内自主开发创新，进行了高新技术改造、淘汰落后工艺、提高装备水平。

(1)传统工艺技术的优化

1)设备大型化

设备大型化在各方面体现的效益是显而易见的。工业国家在20世纪70—80年代已基本上完成这方面的任务，如建成4000 m^3高炉，最大的达到5580 m^3，以及公称容量为400 t的氧气转炉。

中、小型高炉的除尘系统，煤气洗涤水处理系统不够完善，高炉煤气的利用不充分，都给环境造成较重的污染。设备大型化有利于充分采用各种提高效率、降低消耗、延长使用年限的技术，又可以配置有效的防治污染的设施，在整体上实现高效、低耗、低污染的效果。

我国在设备大型化方面还存在巨大的潜力。在炼铁高炉、烧结机、焦炉、炼钢转炉、炼钢电炉、轧钢机等主体设备方面，淘汰落后设备和设备大型化的任务都很艰巨。

2)电炉炼钢短流程工艺

随着社会废钢的积累，钢铁生产出现采用超高功率电炉—炉外精炼—连铸—连轧的工艺流程。这是相对于采用焦炉、烧结、高炉、转炉、轧钢的工艺流程而言的所谓短流程，省却了焦化、烧结、高炉炼铁三个环节，从而减少了能源消耗以及与相关工艺有关的污染。

3)非高炉炼铁

为解决高炉炼铁(含烧结、炼焦)存在的流程长、污染严重、能源利用差等问题，工业国家都在研究开发替代工艺，其中比较成熟的有两项。一是直接还原炼铁。目前已工业化的直接还原铁工艺分为气基直接还原和煤基直接还原两大类。气基是以天然气为还原剂和燃料的竖窑法。煤基是以非炼焦煤为还原剂和燃料的回转窑法。铁矿石以块矿为主，近年也已开发成功粉矿的技术。直接还原炼铁工艺同我国现行炼焦、烧结、炼铁生产工艺相比，产生的烟尘、粉尘和二氧化硫、固体废物量大为降低。直接还原炼铁工艺有其制约的一面，即需要高品位的铁矿(块矿)和天然气(煤基在技术和产品质量等方面有限制)，因此经过几十年的发展，全世界目前产量仍只有4000万t左右。二是熔融还原炼铁。熔融还原炼铁是以非炼焦煤代替焦炭，在有合格块矿条件下，取消烧结、炼焦，在高温熔融状态下进行还原。工业国家虽经多年开发多种还原技术，但目前已实现工业化的只有奥钢联开发的COREX工艺。

(2)原料场清洁生产技术

1)先进的生产技术

①采用鳞状堆积法堆料，减少堆矿粒度的偏析现象，尽可能使输出的原料保持粒度均一性。

②采用平铺截取的混匀工艺，使混匀矿的含铁、含二氧化硅品位波动最小化。

③采用自动取样设施、破碎筛分设施、大块筛除设施和再筛分设施等，以控制输出原料的粉率(大块筛除控制在6%以下，再筛分控制在4%)。

④高炉喷吹煤采用胶带机输入集中贮存，加工后再用胶带机分别输送至用户，不仅提高了作业率，也减少了污染源和污染物，符合污染物集中控制的先进工艺模式。

2)节能技术

①在原料运输系统中增加直供量，减少落地量，减少二次倒运，降低料场设备的作业时间，节省电能和移动设备的能源消耗量。

②料场整粒设施设有多流程操作系统，按物料品种特性、气候条件及货源的不同，采取不同的破碎筛分形式，不仅防止了物料的过分粉碎，也节约了能源。

③胶带机输送设有不停机切换功能，即对某一同种物料，当由A处送B处转运至由A处送C处时，不必全部停机，而按顺序通过切换功能达到由送B处转换为送C处，这样既提高了运输作业率，又节约了能源。

④原料输入系统采用双速胶带输送机，即同一宽度的胶带机，由于采用双速使不同堆密度的物料(如矿石为2.5 t/m^3，煤为0.95 t/m^3)达到同一运量(最大运量为4500 t/h)；采用单速，为达到最大运量，势必增加运行时间，从而消耗较多的能源。

(3)烧结工序清洁生产技术

1)厚料层及铺底料操作

料层厚薄对烧结生产过程有很大影响。料层薄、机速快，固然能提高烧结速度和产量，但在薄料层烧结时，表层质量差的烧结矿数量相对增加，降低了烧结矿的平均强度，使返矿和粉末量增多。同时烧结过程的自动蓄热作用受到削弱，增加了固体燃料消耗，使烧结矿中 FeO 含量增高，还原性变差。

国外烧结厂实行厚料层操作，将料层厚度提高到 500 ~ 600 mm，最高的可达 700 mm 的。料层厚度每提高 10 mm，可节约固体燃料 1.0 ~ 1.5 kg/t；降低烧结矿中 FeO 含量(料层厚度每提高 10 mm，FeO 含量降低 0.3% ~ 0.5%)，改善蓄热条件，提高热能利用率。

另外，在烧结带上面铺一层烧结矿返矿作为底料，可以减轻烧结机及风管磨损，降低抽风系统含尘量，提高烧结矿成品率。

2)低温烧结工艺

在较低的烧结温度下对烧结混合料进行烧结，获得质量优良的烧结矿的工艺叫低温烧结工艺。低温烧结工艺生产出的烧结矿具有还原性高、冷强度高、软化开始温度高、软化区间窄和低温还原粉化率低等优点，因此，这一新工艺的实现无论对烧结生产，还是对高炉冶炼都是一项重大的技术改革。

低温烧结工艺是近几年开发出来的一种新工艺。该工艺可降低固体燃料消耗，高炉使用低温烧结工艺烧结矿，可降低焦比，提高生铁产量。低温烧结工艺具有节能、降耗和增产的优点，而节能和减少焦炭消耗都带来显著的环境和经济效益，是烧结工序清洁生产技术途径之一。

3)小球烧结工艺

小球烧结工艺将原有烧结料混匀工艺中的圆筒混合机结构予以适当改造，提高了粉矿成球率与球的粒度。同时采用固体燃料分加工艺，使部分固体燃料裹在球料外部的措施。其综合效果是，烧结机产能高，烧结矿强度提高，粉矿率降低，烧结矿的还原性能改善，燃料消耗降低。固体燃料一般降低 5 ~ 8 kg/t 矿，最佳的可达 15 kg/t 矿。

(4)焦化工序清洁生产技术

1)焦化燃烧管理控制自动化

在焦炉的操作技术中，做好燃烧管理是提高焦炭质量及焦炉热效率最为重要的技术，不仅能减少能耗，还能够减排废气污染物量。

焦炉燃烧管理控制自动化系统是在装煤量、水分及各炉室的火道温度、产生的煤气温度、焦炭温度、废气成分(CO, O_2)分析等信息基础上判断焦化成熟情况，调整炉组单位投入的热量及调整分配各炉室的燃料气体，固定控制各炉室的焦化成熟时间。燃烧管理控制技术使耗热量减少 2.9 ~ 5.7 kgce/t 焦炭。

另外，通过调整干馏过程的供热量——干馏的上半个过程供热量较多、下半个过程供热量较少，并根据各炉室的干馏情况来改变投入的热量、控制炉温。采用这种加热技术后，使干馏热量减少约 10 kgce/t 焦炭。

2)调整装煤湿度

为获得低灰、低硫的装炉用煤，原料煤通常都要经过洗选。洗精煤一般含水 8% ~12%。装炉煤含水带来以下各项不利后果：一是增加炼焦耗热量；二是高的含水率增加装炉难度，降低装入量，降低焦炉产能；三是煤料带入的水随焦炉煤气离开焦炉，冷凝成含酚氰的污水。因此控制并减少装炉煤的水分十分重要。

降低并稳定装炉煤的水分。根据实践经验，含水 5% ~6% 最有利于装炉操作和取得最佳的堆密度。煤炭调湿技术是利用焦炉上升管煤气中的显热和燃烧废气的余热，将普通装煤中所含的水分由 8% ~10% 调整到不产生粉尘飞散，不影响装煤操作的 6% 左右，以此来减少干馏热量、提高生产效率、改进焦炭质量。

3)焦炉煤气脱硫

焦炉煤气初始含 H_2S 4 ~6 g/m^3、HCN 1 ~2 g/m^3。煤气经净化工艺处理后 H_2S 浓度一般降至 500 mg/m^3 左右，再经精脱硫后可使煤气中 H_2S 浓度进一步降低，最低可达 20 mg/m^3。焦炉煤气进一步脱硫不仅可满足部分煤气用户对煤气质量的要求，而且为减少 SO_2 的排放创造了条件。

4)干熄焦

焦炭成熟推出炭化室时，一般含显热 1600 MJ/t 焦。过去都用水喷淋冷却，不仅使红焦全部显热损失，而且每吨焦还耗水 0.5 m^3，同时产生大量带尘、H_2S 等有害物质排入大气，污染环境。如采用干熄焦工艺，即用惰性气体在密闭容器内熄焦，并与红焦换热予以冷却，受热后的惰性气体经余热锅炉冷却后循环使用。余热锅炉发生的蒸汽可供钢铁厂(焦化厂)用，也可用于发电。干法熄焦可回收红焦显热的 80%，吨焦产生 450 kg 的中压(高压)蒸汽，约合 50 kgce，节约熄焦水 0.5 m^3，同时还可消除喷水熄焦产生的大量含焦尘和酚、氰等有害气体的水雾以及熄焦废水对环境产生的污染。采用干熄焦还有利于减少焦炭中的水分，提高焦炭的质量。

5)降低炉体散热措施

炉体的散热占焦炉耗热量的 10% 以上，为降低炉体的散热，对炉体各部分采用不同的耐火绝热材料加强隔热。

6)采取更为严格的密封、密闭措施

在各煤及焦处理系统、炼焦系统、干熄焦系统采取严格的密封、密闭措施，通过密封罩、帘、抽风除尘以及干熄炉炉顶负压控制等防止污染物外逸污染。

(5)炼铁工序清洁生产技术

1)降低焦比

炼铁能源的消耗，约占整个钢铁生产能源消耗的 70%。降低炼铁的能源消耗，可有效地减少钢铁产品中的能源成本和废气排放量。节能的重点是降低炼铁焦比。焦比的降低还具有间接减少炼焦生产污染的作用。降低焦比的措施，除改进原料－铁矿、燃料－焦炭质量，优化炉料结构外，还可采取一系列技术措施。

2）高炉炉顶余压发电

为了回收高炉煤气的物理能，设置高炉炉顶余压透平设施（以下简称TRT），将煤气的压力能热能转换为电能，是一种回收能源的有效方法。其工艺流程为：从高炉炉顶出来的煤气（0.2 MPa左右），经过重力除尘器和一级、二级文氏管（湿式）/布袋除尘器（干式）除尘以后，从TRT煤气管道经过截止阀、紧急截止阀和流量调节阀进入透平机，利用高炉煤气的余压和热能，带动发电机发电，发电后的煤气进入调压阀组后的煤气管网。发出的电能进入公司电网。

3）炼铁废水零排放技术

我国钢铁企业中炼铁厂生产用水约占钢铁企业用水量的22.5%。炼铁废水零排放技术是按照炼铁生产工艺的不同要求，先正确给定用水水质条件，再根据其废水的不同性质进行合理分流、按单元净化，并采用先进的水质稳定技术和恰当的水处理工艺，统一规划，综合平衡，使各循环系统的排污水串级使用，最终实现废水零排放，彻底解决了炼铁废水对水环境的污染，大大节约了新水用量。

4）高炉煤气干法除尘

干式布袋除尘是近年来发展起来的净化高炉煤气的方法，它具有工艺流程简单、净化效果好、节能、节水、减少环境污染、运行费用低、占地少等优点。高炉煤气使用干法净化已成为世界炼铁工业的发展趋势。高炉煤气干法除尘是以静电除尘器或布袋除尘器代替水洗涤。采用干法除尘，每1000 m^3煤气可节约除尘用水5 m^3。干法除尘能更有效地降低煤气含尘量，并消除了处理含悬浮物（600～3000 mg/L）及酚、氰等有毒有害物质的洗涤水。TRT使用干法除尘的高炉煤气，比使用湿法除尘的煤气可提高除尘率30%。

5）小块焦回收与矿石混装入炉

采用小块焦回收与矿石混装入炉新工艺，将筛下的碎焦经胶带机运至小块焦槽，并在槽下筛分回收10～25 mm小块焦，将其与矿石混装，返回高炉利用，不仅具有良好的冶炼效果，而且还可提高经济效益和环境效益。

6）烧结矿分级入炉技术

采用烧结矿分级入炉技术，烧结矿分3～12 mm和12～50 mm两种粒级，经胶带机运往高炉矿槽。其中小粒级占25%～33%、大粒级占67%～75%，两种粒级比例约为1∶3。这两种粒级的烧结矿分别贮存于相应的矿槽内，并可组成单独的小批量装入炉内。该技术实现了控制边缘煤气流、调节炉况、充分利用煤气化学能和保护炉体冷却设备不过早地损坏。

7）炉前铁水脱硅

宝钢三号高炉在国内首次采用炉前脱硅技术，该技术采用铁沟撒入法工艺，可使铁水含硅量降低0.15%～0.20%。通常，脱硅剂为轧钢氧化铁皮，而宝钢则采用粒度极细的烧结粉尘，既免除了轧钢氧化铁皮制粉工艺，为炼钢节省了所需原料，又回收利用了大量废物，为提高钢水质量创造了条件。

(6)炼钢工序清洁生产技术

1)转炉实现高效吹炼工艺

①转炉炼钢采用铁水预处理“三脱(脱除硫、磷、硅)”工艺，使转炉只承担脱碳、升温和精确控制吹炼终点功能，实现少渣(<30 kg/t 钢)冶炼。

②转炉溅渣护炉技术实现炉衬寿命达到20000次以上。

③转炉煤气回收技术可回收煤气60～100 m^3/t 钢，逐步实现了负能炼钢。目前净化煤气采用的方法有湿式OG法和干式LT法。

④计算机智能控制实现各操作单元优化、精确控制。

综合以上各项技术，可达到降低耐火材料消耗，降低炉衬材质要求，提高转炉作业率，增加产能，减少污染的效果。

2)高效电炉冶炼工艺

①采用高功率电炉(350～450 kV·A/t 钢)和超高功率电炉(650～10000 kV·A/t 钢)冶炼，提高了生产率，降低冶炼电耗50～150 kW·h/t 钢。

②电炉冶炼烟气预热废钢是有效利用冶炼烟气热能、降低电炉冶炼电耗的方法，目前使用废钢预热有以下几种形式：

Consteel 工艺：将装炉废钢用密闭的链板输送机连续送料，利用由电炉导出的冶炼烟气在链板上预热废钢。

Fochs 工艺(竖式炉)：在电炉上部设置废钢预热炉，烟气由下部送入，预热废钢。

双炉壳电炉工艺：一套变压器配置两台炉壳，当一台炉壳在冶炼时，将烟气导入另一台装有废钢的炉壳，预热废钢。

③采用热兑铁水技术，金属料中兑入高炉铁水，可降低由废钢带入的有害元素对钢性能的影响，提高钢种质量，而且热铁水带入的物理热和其他发热元素产生的热量，可减少电炉变压器的容量。

不同工艺预热效果不等，一般可降低冶炼电耗30～80 kW·h/t 钢，还可收到部分除尘的效果。综合以上工艺，冶炼电耗可小于350 kW·h/t 钢。

3)连铸技术

钢的生产过程主要有冶炼(包括精炼)和浇注两大环节。浇注是炼钢和轧钢的中间工序，从转炉/电炉、精炼得到了合格钢水后，还必须将钢水铸造成适合轧制、锻压等加工需要的钢锭或钢坯。以连铸代替模铸，是一项跨跃式的进步。首先可取消钢锭模，其次可省却初轧机，可节约金属(锭模)、耐火材料，减少切头，改善劳动条件，有利于实现连铸坯热送、热装、连轧等综合效益。我国重点钢铁企业的连铸比2000年已达到74%。

(7)轧钢工序清洁生产技术

1)热轧工序清洁生产技术

①连铸坯热装、热送技术：通过周密的计划和生产调度，将上一工序的连铸坯不经冷却，在热态状况下直接送往下一工序的加热炉，或不进加热炉直接轧制，以实现节能。

②双预热蓄热式加热炉：通过增设蓄热室对燃烧废气热量进行回收，并预热高炉煤气和助燃空气，提高热效率。

预热空气(煤气)不仅能节约燃料，而且还能提高燃料的燃烧温度和改善燃烧过程。当出炉废气温度为800℃，空气预热温度为300℃时，燃料的节约率为15%。

③低氮氧化物燃烧技术：加热炉采用低氮氧化物烧嘴，与普通烧嘴相比 NO_x 产生量可减少约40%，从根本上减少了污染物的产生，减少了环境污染。此外，采用该烧嘴还可提高坯料加热质量，延长炉顶寿命。

2)冷轧及带钢表面涂镀层工序清洁生产技术

①酸洗—轧机联合机组：冷轧采用酸洗和轧制两道工序合二为一的生产工艺，既减少了酸洗出口、轧机入口设备和轧前库工厂建设费用，又提高了整个机组的成材率，降低了能耗和辊耗，缩短了生产周期。

②连续退火机组：采用连续退火机组、将带钢冷轧后的脱脂、退火、平整等工序集中在一条作业线上连续完成，与传统的罩式退火炉工序相比，具有生产周期短、占地面积小、产品质量好、成材率高、便于生产管理和劳动定员少等优点。

③连续热镀锌机组：连续热镀锌机组采用机械清洗和电解脱脂相结合的清洗工艺，以保证带钢表面高洁度；采用拉伸弯曲矫直机，改善镀后带钢板形；采用辊涂钝化工艺，提高钝化质量，减少废水量。

④常温钝化技术：采用常温钝化技术，没有加热钝化时的铬酸雾产生，从而也就没有洗涤铬酸雾的含六价铬废水产生。

⑤全氢罩式退火炉：全氢罩式退火是使用100%氢气做保护气体，氢气的传热效率是氮氢混合气体的7倍，小的氢分子可以渗透到退火钢卷带层之间，使带卷各层间传热大大改善，传热效率大幅度提高。与普通罩式炉相比具有生产效率高、改善钢卷表面质量、能源介质消耗低等特点。

⑥废酸再生技术：采用先进的喷雾焙烧酸再生技术，回收盐酸和氧化铁粉，既减少了对环境的污染，又使资源得到重新利用。

⑦在线热处理技术：连续退火机组、热镀锌机组的燃烧系统，采用预热器预热空气温度至400℃后作为助燃空气，以节省燃料；回收的废热采用预热空气温度至100℃送至清洗段作为热风干燥用或加热热水至80℃供清洗段漂洗用。

典型工艺阶段的主要清洁生产技术汇总如表 6－2 所示。

表 6－2　钢铁行业典型工艺阶段及清洁生产技术

序号	主要生产工艺	主要清洁生产技术
1	烧结/球团	小球烧结工艺、烧结厚原料层和铺底料、低温烧结工艺、烧结矿显热回收利用节能技术
2	炼焦	干熄焦、焦炉燃烧管理控制自动化、调节煤炭湿度、加强炉体绝热密封、焦炉煤气脱硫
3	高炉炼铁	高炉富氧喷煤、高炉炉顶余压发电、炉顶无料钟结构、炼铁废水零排放技术、高炉煤气干法除尘、热风炉余热利用、非高炉炼铁法、烧结矿分级入炉、炉前铁水脱硅
4	转炉炼钢	铁水预处理、溅渣炉衬保护技术、转炉煤气净化回收、全连铸
5	电炉炼钢	电炉烟气预热废钢、高功率和超高功率电炉冶炼、电炉热兑铁水技术、全连铸
6	热轧	连铸坯热装轧制及直接轧制、薄板坯连铸连轧、加热炉烟气余热回收、双预热式加热炉、低氮氧化物烧嘴
7	冷轧	酸洗—冷轧联合机组、连续退火机组、连续热镀锌机组、常温钝化技术、辊涂钝化工艺、废酸再生技术

(8)钢铁行业清洁生产技术发展趋势

清洁生产是一个相对的概念，所谓清洁的生产工艺和清洁的产品是与现行的生产工艺和产品相比较而言的。进入 21 世纪，我国钢铁企业除继续努力实现上述清洁生产技术、提高整体工艺技术水平外，还要引入更高、更新的清洁生产技术，不断地实现技术创新。

1)高炉生产过程技术进步

在 21 世纪前 10 年内，传统的高炉生产方法仍将是我国生产液态铁水的最有效途径。针对高炉炼铁，其技术进步的趋势有：

①提高利用系数、减少高炉座数。在过去的十年里，高炉的利用系数 [$t/(m^3 \cdot d)$] 提高很快。首先在我国的 300 m^3 高炉上取得突破，利用系数从 2.0 提高到 3.0 左右。最近，国外大高炉的利用系数也提高到 2.4～3.0 的程度。2013 年我国重点钢铁企业平均高炉利用系数为 2.46 $t/(m^3 \cdot d)$。有计划地将环保设施落后、能耗较高的高炉停产，不仅可降低成本、提高经济效益，而且能够减少资源消耗、减少污染物的排放，符合钢铁企业清洁生产的思想。

②加大喷煤量、降低焦比。目前国内外高炉喷煤的目标是 250 kg/t。1999 年，我国重点企业平均喷煤 114 kg/t，地方企业只有 87.5 kg/t。宝钢 1999 年全厂

年平均喷煤 206.8 kg/t，焦比 293.3 kg/t。富氧鼓风、大喷煤量可降低高炉的焦比，降低焦比又能显著降低炼铁成本；同时，焦炭使用量的减少，相应可减少炼焦过程中排放的污染物量，对保护环境、清洁生产起到有益的作用。

③高炉长寿化。国外很多高炉实际炉龄达 15 年左右。我国高炉寿命低，炉缸寿命平均只有 8 年。若要在高冶炼强度运行时，增加高炉的炉龄，就需在炉体冷却方式、耐火材料选择、喷补技术以及自动监控等方面进行开发和研究。

2）以连铸为中心实现钢液凝固和轧制的局域重合

“以连铸为中心”的方针已在我国钢铁行业中提出多年，我国连铸比连年增加，1998 年已达 68.8%。但我国 95% 的连铸机与世界先进水平尚有一段距离，而且拉速普遍较低。面向新时代“以连铸为中心”的方针蕴含着新的发展：即把钢液凝固和塑性变形过程进行糅合，实现由“连铸—连轧”向“带液芯压下”的过渡。“带液芯压下”技术的典型运用有：薄板坯连铸—连轧。薄板坯连铸连轧技术突出特点在于连铸和连轧的紧密结合。钢水被浇铸成厚 40～80 mm 较薄铸坯，铸速可达到 5～6 m/min，通过少许加热升温、均热后直接进入机架较少的连续式热轧机轧制成薄板。薄板坯连铸连轧工艺的优点是缩短了生产时间、占地面积少、投资较常规流程省、金属收得率高、加热炉能耗较常规流程低、水处理能力仅需常规流程的 50% 左右。由此看出，“带液芯压下”技术的发展符合清洁生产思想。

3）轧钢方面轧制温度概念的更新和变化

近年来，传统的轧制温度控制范围正在发生一些变化，产生了一些异于常规轧制温度条件的新工艺，如低温轧制技术、临界点温度轧制技术、铁素体轧制技术。降低轧制温度是轧钢技术发展的总趋势，这不仅能显著降低能耗，在一定条件下对产品的组织性能产生一些独特的有利作用，从炼钢、轧钢整体优化上考虑也是有利的。

6.2.2 有色金属工业清洁生产技术

我国有色金属铝、铜、铅、锌、镁冶炼工业在规模、工艺技术与装备等方面总体居世界先进水平。氧化铝生产方法有拜耳法、烧结法和拜耳－烧结联合法，其中拜耳法产量占世界氧化铝总产量的 95% 以上。我国氧化铝工业已开发出世界领先水平的中低品位一水硬铝石矿高效节能生产氧化铝的关键技术；电解铝开发应用了大型预焙槽技术，槽型从 160 kA 到 500 kA，甚至已达到 600 kA，主要采用低槽电压、低电流密度、低电耗的生产技术，能耗水平世界领先。铜冶炼技术主要为奥图泰闪速熔炼及浸没式顶吹，产能分别占 50%、25%，其余为富氧底吹和侧吹。铅冶炼主要有水口山法、艾萨法、卡尔多法、基夫赛特法、铅富氧闪速熔炼法等，其中水口山法及发展的“三段炉法”是我国自主研发的一种直接熔炼技术，实现了铅冶炼清洁生产，是我国铅的主流生产技术，产能占总产能的 50% 以上。锌冶炼 80% 采用湿法工艺，包括常规湿法工艺、富氧浸出工艺，产量占世界总量的85%以上。镁冶炼方法有热法和电解法。国外主要采用电解法处理光卤石、国内主要采用热法处理白云石生产金属镁。

6.2.2.1 铝电解清洁生产

(1)电解铝行业资源与环境

1)电解铝行业现状

中国是世界原铝生产和消费第一大国，原铝消费量占全球的40%，对全球原铝增长的贡献率超过60%。在世界主要发达国家原铝消费量增长缓慢甚至负增长的情况下，中国原铝生产和消费的快速增长有力地拉动了整个世界原铝消费的快速增长。我国铝工业在世界铝工业生产格局中占据重要地位，是全球铝工业发展的主要推动力。中国铝业公司一直为我国大型原铝生产商，近几年魏桥集团、中电投、信发集团、东方希望等企业电解铝产业发展迅猛，成为我国重要的原铝生产企业，主要分布在山东、山西、河南、广西等地。

电解铝生产方法分为自焙阳极电解槽技术和预焙阳极电解槽技术。目前，我国已基本淘汰了自焙铝电解技术，成为世界上首先全面淘汰自焙槽技术的国家。预焙电解槽技术生产稳定性好、电流效率高、电耗低、生产环境良好。我国铝电解工业不仅普遍采用了大型预焙槽技术，而且开发应用了一系列先进的节能铝电解技术，铝电解的能耗达到了世界领先水平。国外电解铝厂通常采用少数规格电流容量的电解槽，如180 kA、200 kA、300 kA、350 kA等槽型，而中国采用了更多的槽型，从160 kA到500 kA，甚至已到600 kA，有十多种。技术方面，国外多采用高电流密度、高电流效率、低阳极效应系数的生产运行模式；而我国主要采用低槽电压、低电流密度、低电耗的生产技术路线。铝电解槽预焙化、大型化、节能化和智能化已成为我国铝电解产业技术的主要发展方向。

2)电解铝行业能耗与环境污染现状

电耗成本是铝电解生产成本中最主要的部分，节能已成为世界铝电解工业技术发展的主流。在世界原铝工业的发展路线图中，节能是铝电解新技术开发的核心目标：以低能量输入实现平均电流效率97%；通过技术改造实现能耗13 kW·h/kg，远期以低成本方式实现能耗11 kW·h/kg，而且环境和社会可接受。近年来，中国铝电解平均能耗以较快的速度下降，2012年平均综合交流电耗已降低到13844 kW·h/t。中国电解铝近几年大幅度的节能有力地推动了世界铝电解平均能耗的降低，2011年中国铝电解平均能耗已比世界平均能耗低800 kW·h/t。

电解铝属于重污染行业，氟化物、沥青烟是电解铝生产特征污染物。电解生产过程中，氟化铝、冰晶石、氟化盐等在高温条件下熔融为电解质，氧化铝熔于电解质，在直流电作用下，发生电化学反应，在阴极析出金属铝，电解质中的氟化物与原料和空气中的水分反应生成HF，与碳、硅元素反应生成CF_4、SiF_4等氟化物，从电解槽散发出来。同时由于电解槽加料工作，造成氟化物粉尘扬散。这些气态和固态氟化物最终随电解烟气排放到电解槽外，造成环境污染。电解铝企业一般以数十台至百余台电解槽为一个系列，电解厂房长度一般在几百米至上千米，对厂区周围影响范围较大，特别是在不利气象条件下，可能发生污染事故。电解铝生产过程中的主要环境问题是电解烟气排放对环境空气的影响，其特征污染物是氟化物，预焙槽烟气中气氟和固氟的比例约为1∶1。此外尚含有粉尘和SO_2，氧化铝在卸料及输送过程中也散发粉尘，因此造成环境空气污染，危害车间职工身体健康。在生产工艺条件、管理及污染控制水平不同的情况下，所排放污染物的数量和造成环境污染的程度也是不同的。

(2)铝电解生产技术现状

1)全面淘汰自焙槽技术

截至2005年，我国已基本淘汰了自焙铝电解技术，成为世界上首先全面淘汰自焙槽技术的国家。由此，我国铝电解工业彻底消灭了自焙槽严重的沥青烟污染，明显地降低了铝电解生产的电耗，大大改善了铝电解劳动生产环境和条件，提高了生产率。

2)开发应用了大型预焙电解槽成套技术

1996年郑州轻金属研究院成功完成了280 kA大型预焙铝电解槽工业试验，标志着我国已基本掌握了大型预焙槽核心技术。我国所开发的大型预焙电解槽技术包括大型铝电解槽的物理场仿真模拟技术，大型铝电解槽用阳极、阴极和内衬材料，大型铝电解槽用的重大配套装备。

3)开发应用了铝电解计算机控制技术

我国铝电解工业通过铝电解工艺与计算机控制技术相结合，开发出了多代大型预焙槽计算机控制技术，明显提高了电解槽运行的稳定性，大幅度降低了直流电耗，提高了电流效率，降低了阳极净耗、阳极效应系数以及温室气体排放量。目前我国铝电解控制系统的软件的主要特点是：通过对槽电压和槽电阻的计算机检测，判别电解质中氧化铝浓度的波动，以氧化铝下料的频次控制电解质氧化铝浓度的稳定。更为先进的氟化铝下料控制技术也有所应用。

我国铝电解工业界研究了低槽电压下的能量平衡，开发了一套大型预焙电解槽低窄氧化铝浓度控制技术，提高了对氧化铝浓度控制的准确性，实现了铝电解槽在低槽电压下稳定运行，同时降低了电解槽的阳极效应系数，减少了过氟化碳气体的排放。

4)开发应用了提高大型预焙电解槽寿命的技术

2005年，针对我国大型预焙槽寿命短(1300天左右)的现状，提出了提高大型预焙电解槽寿命技术的研究项目。通过对影响铝电解槽寿命关键因素的研究，对症下药，开发出了提高大型预焙电解槽寿命的关键技术。延长铝电解槽寿命的关键技术有：通过强化铝电解槽控制系统，降低阳极效应系数；严格控制电解质过热度，保持电解槽稳定运行；大容量电解槽使用高石墨质阴极炭块、碳化硅侧块，提高铝电解槽的热稳定性；采用焦粒焙烧启动技术，以形成稳定规整的炉帮和阴极等。所开发的提高大型预焙电解槽寿命技术已经使我国电解槽寿命由1300天提高到现在的2500天以上，大大减少了废槽衬的排放量和铝电解槽的维修量。

5）开发应用了优质炭阳极和内衬材料生产技术

通过对我国石油焦、煤沥青等原材料生产条件和产品质量以及炭阳极生产过程各环节技术的系统研究，开发出了适应我国石油焦质量特点的多种生石油焦混配原理及均化应用技术，深入研究了煤沥青性质对炭阳极质量的影响规律，系统研究了炭阳极各生产工艺过程的控制参数与阳极质量的关联性，在这些研究结果的基础上，成功开发出了利用各种石油焦进行混配、改善炭阳极氧化性的关键技术，实现了采用国产原材料即可生产出抗氧化性优异的优质炭阳极，并由此制订了优质炭阳极生产的技术标准，全面提高了炭阳极质量及电解槽运行稳定性，从而使我国炭阳极的质量及铝电解炭耗达到国际领先水平。目前中国优质炭阳极已经大批量出口到世界发达地区的铝电解厂。

6）开发应用了新型结构电解槽等重大节能技术

2005年以来，我国相继通过改变铝电解槽阴极炭块和钢棒的结构和形状，并相应采用优化电解槽内衬结构等一系列创新技术，形成了新型结构电解槽、异形阴极、阻流块、新型钢棒结构等重大铝电解节能技术，形成了具有我国自主知识产权和世界领先技术水平的铝电解重大节能技术。这一类技术使我国铝电解生产实现了大幅度节能降耗。

7）开发应用了低温低电压铝电解新技术

通过多年的产学研联合攻关，解决了低温低电压领域多项技术难题，开发出了低温低电压铝电解新技术，低温低电压铝电解技术在云南铝业、中孚实业林丰铝电等铝电解厂进行了产业化示范，实现了铝电解大幅度节能的目标。

（3）我国电解铝清洁生产存在的问题和挑战

1）我国铝电解产能大转移

近几年来，我国的铝电解产能正在逐步从中东部地区向西部和西北部转移。这一产业转移标志着我国铝电解工业已进入了一个新的历史阶段。铝电解产业转移的主要原因是西北部地区的能源丰富、能源价格较为低廉、排放容量较大，因而生产成本具有较强的竞争力。我国大约80%的新建电解铝产能以及50%以上的电解铝总产能集中在青海、宁夏、内蒙古、甘肃和新疆等省区，而且这一趋势仍在继续，特别是新疆将成为我国铝电解工业发展的重要区域。

2）进一步优化已开发的节能技术

尽管我国铝电解工业的节能已达到了世界领先技术水平，但距离世界铝工业技术发展路线的高水平目标仍有差距。特别是由于我国铝电解用的电价在世界上最高(如图6－8所示)，因此节电仍是我国铝电解工业的当务之急。

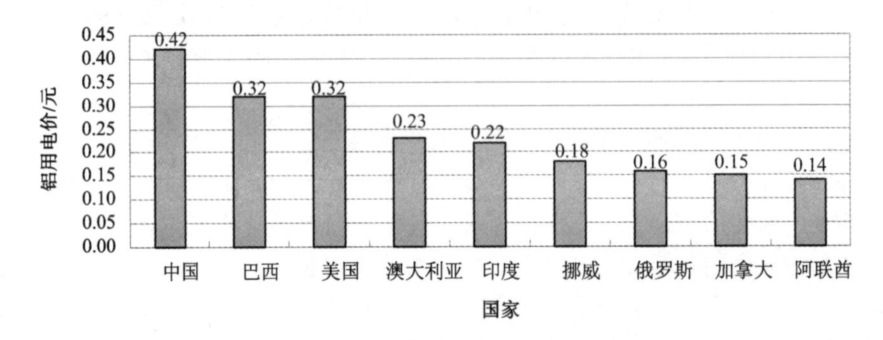

图6－8 世界上主要产铝国的铝用电价(含税价)

为进一步降低电耗，需要优化应用新型结构电解槽等重大节能技术，主要优化方向和目标是降低水平电流和提高电流效率。表6－3列出了降低水平电流和提高电流效率所需开发应用的关键技术内容。我国铝电解技术界已经把这些技术的开发应用作为今后研发工作的主要方向。

表6－3 铝电解节能技术的优化方向

技术需求	技术应用目标	所需开发的关键技术
降低槽电压和水平电流，提高电流效率，降低效应系数	得到最优化的电流分布以及尽可能小的水平电流	优化阴极和阴极钢棒的结构和形状，改进内衬材料
	提高新型结构电解槽运行的稳定性，降低阳极效应系数	进一步优化计算机控制系统
	保持电解槽的热稳定性以及炉帮的规整	最优化调整电解槽工艺参数，如电解质成分、过热度、铝水平等

3)提高铝电解槽的电流密度并保持电流效率

我国大型槽进一步节能的重要方向是提高电流密度并同时尽可能保持较低的槽电压。从国外先进铝电解技术和铝电解运行原理上看，在一定程度上提高电流密度对电流效率是有正面作用的，但是在提高电流密度之后，如何保持电解槽的热稳定性和运行稳定性，尽可能保持较低的槽电压，就需要进一步开发相应的关键技术。

提高电流密度与降低槽电压存在着相互影响和相互制约的关系，因为提高电流密度将带来有利于提高电流效率的可能性，但同时也会产生增加槽电压的不利结果。我国铝电解工业传统上采用较低电流密度主要是因为：一方面我国原来与预焙槽配套的各种材料、设备的质量不高，只得采用较低的电流密度；另一方面则是低电流密度可带来较低的槽电压及电耗，有利于节电。特别是当电价较高时，较低的电流密度导致更低的电耗和生产成本。因此在适当提高电流密度时应该综合比较和考虑。

表 6－4 为提高电流密度、同时保持尽可能低的槽电压所需要开发应用的重大技术。实施这些技术的主要目的是：在高电流密度下，提高铝电解槽内磁流体稳定性、热稳定性和氧化铝浓度均匀性，从而保证在此条件下的尽可能低的槽电压、高电流效率并节能。为此所采用的主要方法是：优化设计、改进控制、采用优质原材料。

表 6－4　提高铝电解电流密度的主要技术方向

技术需求	技术目标	所需开发的关键技术
提高电流密度，保持较高的电流效率	提高磁流体的稳定性、均化电流分布	优化仿真模拟和设计技术
	更稳定的操作运行、更好的热平衡、更均匀的氧化铝浓度分布	改进优化计算机控制系统
	更稳定的操作运行、减少软沉淀、更均匀的氧化铝浓度分布	应用优质炭阳极和砂状氧化铝

4）开发应用高效减排技术

降低阳极效应系数和 PFC（多氟化碳）排放量是铝电解工业实现减排的主攻方向。表 6－5 列出了铝电解 PFC 减排技术的发展方向和应予开发的关键技术。铝电解槽减排 PFC 的主要目标是减少阳极效应系数、减少局部炭阳极瞬间过电压。所采用的主要方法是：提高铝电解槽计算机控制水平、提高铝电解槽内的氧化铝浓度的均匀性、快速熄灭阳极效应等。

表 6－5　铝电解 PFC 减排技术的发展方向

技术需求	技术应用目标	所需开发的关键技术
减排铝电解过程的 PFC	保持槽内氧化铝浓度的均匀性和下料的稳定性	改进氧化铝喂料装置
	达到最佳的热平衡、氧化铝分布、合适的温度分布以及阳极效应预报	优化计算机控制系统
	更稳定的操作运行，以达到几乎没有沉淀	采用高质量的阳极和砂状氧化铝
	减少熄灭阳极效应的时间和瞬间过电压	开发快速熄灭阳极效应的技术

(4)电解铝行业清洁生产指标要求

2006年7月3日，国家环保总局以国家环境保护行业标准形式正式发布《清洁生产标准－电解铝业》(HJ/T 187—2006)。本标准为推荐性标准，可用于电解铝企业的清洁生产审核和清洁生产潜力与机会的判断，以及企业清洁生产绩效评定和企业清洁生产绩效公告制度。在达到国家和地方环境标准的基础上，本标准根据当前的行业技术、装备水平和管理水平而制订，共分为三级，一级代表国际清洁生产先进水平，二级代表国内清洁生产先进水平，三级代表国内清洁生产基本水平。根据清洁生产的一般要求，同时考虑到电解铝业的特点，本标准将清洁生产指标分为五类，即生产工艺与装备要求、资源能源利用指标、污染物产生指标(末端处理前)、废物回收利用指标和环境管理要求。

(5)电解铝行业清洁生产潜力

电解铝行业清洁生产潜力和机会主要表现在以下几方面：

①原辅材料和能源消耗。

②技术工艺路线先进程度。

③设备维护和更新改造。

④生产过程控制优化水平。

⑤废弃物综合利用程度。

⑥生产管理规范化水平。

⑦员工素质培训。

根据电解铝行业的生产特点，清洁生产潜力重点反映在生产工艺过程、设备操作和维护、生产实践操作、物流流失部位、废物排放等方面。需要弄清和解决的具体内容如下：

1)原辅材料及其预处理

①作为主要原料的氧化铝和电解质氟化盐分别取自何地；是否进行化学成分分析；氧化铝粉的细度、纯度，含杂质的种类、数量及灼失量；氟化盐的细度，所含氟化镁和六氟化铝酸钠的纯度，杂质的种类、数量。

②企业所购电能的相关指标：进厂电压是否稳定；厂内变电站的电工效率；变电设备运转完好率。

③阳极的质量指标：产地、导电率、比重、含炭量等。

④原料进厂贮存方式是封闭、半封闭还是露天；原料贮存设备是否采用除尘、防尘措施；除尘、防尘措施效果如何。

2)物料输送与加料

①氧化铝、氟化盐采用何种输送方式，物料进入电解槽前每一个环节流失量；若为气力输送，输送物料是采用稀相输送、浓相输送还是超浓相输送；设备输送能力；物料进入电解槽流失量；物料输送能耗指标(kW·h/t Al)；风量、风

速；设备运转完好率。

②全厂压缩空气站的数量、布局；所提供的压缩空气的质量：风量和风压是否足用、稳定。

③氧化铝氟化盐是混料加入还是分别加入；如何混料加入。

④采用何种方式均化(机械倒库还是气力均化)；若为气力均化，均化库内的每一充气区是否有单独的供气管路或单独的供气系统。

⑤均化所需的风压和风量能否保证。

⑥均化能耗指标(kW · h/t Al)。

⑦均化效率。

3)电解槽电解

①预焙槽电流强度(kA)、单台槽产量[t/(台槽·日)]、氧化铝单耗(t/t Al)、氟化盐单耗(t/t Al)；导电母线配置是否合理；效应系数[次/(台槽·日)]、直流电耗(kW · h/t Al)、烟气产生量、烟气中氟含量。

②电解槽维护检修、大修周期；正常生产电解槽数。

4)铝液输送

①真空抬包、敞口抬包中残留铝液占总产量的比率。

②铝液运送路径(工艺布局)是否合理。

5)铸铝

①铝液保温采用何种燃料(燃气、电热等)。

②冷却水是否循环使用；单耗(t/t Al)。

③铸铝件切割余量工艺要求是否合理及其回收利用率。

6)烟气净化

①净化系统集气效率。

②净化系统氟吸附效率、除尘效率。

③单位产品净化系统费用(元/t Al)。

7)全厂印象

①工业冷却水循环利用率。

②是否有健全的设备维护保养制度；执行情况，跑冒滴漏现象是否严重；责任是否明确到人。

③试验仪器是否齐全；检测水平；是否有效地为电解铝生产的过程控制提供信息和帮助。

④铝质量；各项指标情况。

⑤各生产岗位是否有现行有效的操作规程；是否建立岗位责任制；执行情况；是否建立奖惩制度。

⑥车间卫生情况；是否定期清扫地面和设备的积尘；是否建立奖惩制度。

⑦员工操作技能、个人素质、环境意识；要求持证上岗岗位员工是否有上岗证。

⑧全员是否有定期的培训机会和适宜的培训内容(环境保护和清洁生产)。

⑨厂区路面情况(土质路面还是硬化路面)；厂区绿化工作。

(6)电解铝行业清洁生产技术途径

电解铝行业常见的清洁生产方案主要来自以下生产工序：

1)电解铝工序

电解铝工序存在的问题主要是阳极效应系数高，其原因是：

①设计参数选择不合理，槽型结构、阴极内衬保温结构、加工面等增加了槽子散热损失，要维持电解槽的热平衡就必须提高槽电压。另外，由于槽膛过大，阴极镜面增加大，电解过程中二次反应增加，即 $2Al + 3O_2 = 2Al_2O_3$，从而使电解效率降低，电耗增加。由于电解槽散热面积过大，在电压一定的条件下，电解质温度相应降低，氧化铝在电解质中的溶解度也相应降低，当电解质中的 Al_2O_3 浓度降低到一定数量时(约为 1.7%)，即发生阳效应。

②操作和管理方面的原因。工人在日常生产工作中，如果下料、打壳不及时，保温料不足或电解质中 Al_2O_3 浓度过低，就容易发生阳极效应，增加电耗。

针对阳极效应系数高，采取的清洁生产方案是：加强对职工责任心教育，提高工人技术水平，加大工艺纪律考核力度，要求电解工根据槽况采用手动打壳下料，保持电解槽良好的工艺条件，确保较低的阳极效应。

2)物料输送工序

物料输送工序存在的主要问题是氧化铝、氟化盐单耗高。问题产生的原因是：

①氧化铝输送采用最原始的物料输送方式，在料塔下料、料斗运输、槽上料箱下料等环节均有不同程度的损耗，产生这些损耗的主要原因为输送设备和技术水平落后。

②氟化盐输送采用的也是较落后的方式，在电瓶车运输→盛料箱→手推车→电解槽等运输环节及电解槽中的无组织扩散环节，均有不同程度的损失，产生这些损耗的主要原因为运输设备和技术水平落后及管理不到位。

清洁生产方案：目前，国内外先进的电解铝厂氧化铝输送均采用浓相和超浓相输送技术，超浓相输送技术是20世纪90年代初国际上开发成功的一种输送技术，它完全克服了稀相输送、浓相输送、斜槽输送、料斗输送等输送方式的缺点，它使氧化铝在密闭管道中输送，没有飞扬损失，对氧化铝磨损也最小，是最佳的氧化铝输送方式，同时可实现对氟化盐的自动计量、自动配料，经济和环境效益明显。

3)烟气净化工序

烟气净化工序存在的主要问题是电解槽集气效率低。问题产生的原因如下：

①电解槽罩的作用主要是收集电解烟气，若要保持较高的集气效率，必须保证槽罩将电解槽有效地密闭起来。第三电解铝厂烟气集气效率低，可能是因为设备工艺落后和管理工作跟不上。

②在更换阳极、处理效应、人工下料、打壳加工等操作时，槽罩要经常打开，工人的劳动强度相对较大，造成工人打开槽罩后不愿再盖上，使得槽罩的覆盖率较低，严重影响集气效率，这主要是管理方面存在问题，管理制度执行不严格。

清洁生产方案：在现有工艺设备水平条件下，要加强对职工的教育，提高环境意识，制订严格的管理制度，加大考核力度，严格检查、监督，把盖好电解槽罩变成职工的自觉行动。

另外，可采用“四低一高”的电解工艺制度，即低电解温度、低分子比、低 Al_2O_3 浓度、低效应系数、高极距，使电解槽在最佳技术条件下生产。具体如下：

①槽电压采用高电压生产。槽电压由 3.95 ~4.05 V 提高到 4.10 ~4.15 V，即设定电压提高 100 ~ 150 mV。槽底压降有所降低，实际极距有效电压提高100 ~150 mV。

②氧化铝浓度。采用智能模糊控制技术，氧化铝浓度由 4% ~6% 降至 1.5% ~3.5%，减少炉底沉淀，增加了物料平衡稳定性，使槽底压降降低 20 ~50 mV。

③电解质分子比。槽电解质分子比控制在 2.3 ~2.4，且实现低温电解提高电流效率的必要条件。

④电解温度。槽内电解温度应该控制在 940 ~955℃。

⑤电解槽平均阳极效应系数为 0.3 次/(槽·d)，比同期系列生产槽的阳极效应系数 1.0 次/(槽·d)，降低 0.7 次/(槽·d)，可以提高电流效率 0.5%，吨铝节电约 200 kW·h。

6.2.2.2　铜冶炼清洁生产

(1)铜冶炼行业的现状

我国铜冶炼产业发展迅猛，且主要集中于 24 家冶炼企业，产能超过 20 万 t 的企业见表 6 -6，江铜贵冶产能超过 100 万 t，位居第一。铜冶炼企业主要分布在江西、安徽、云南、甘肃、湖北、山东等地。

目前应用较多的炼铜工艺主要有 5 种：奥图泰闪速熔炼—P - S 转炉吹炼，双闪，浸没式顶吹(澳斯麦特、艾萨)熔炼—P - S 转炉吹炼，富氧底吹熔炼—P - S 转炉吹炼，双侧吹—P - S 转炉吹炼，今后新建或改建的炼铜厂预期也主要是采用这些技术。熔炼工艺主要为奥图泰闪速熔炼法、浸没式顶吹法、富氧底吹法、双侧吹法，吹炼仍以 P - S 转炉为主，闪速吹炼已在 3 家大型铜厂应用，产能达 120 万 t/a，富氧底吹连续吹炼工艺正在开发中。

表6-6　我国主要铜冶炼厂及其工艺与产能

企业名称	粗炼工艺	熔炼炉数	精炼铜产能/万 t
江铜贵冶	闪速熔炼—P-S 转炉吹炼	2	100
铜陵金隆	闪速熔炼—P-S 转炉吹炼	1	45
铜陵金冠	双闪	1	40
铜陵金昌	澳斯麦特熔炼—P-S 转炉吹炼	1	20
云南铜业	艾萨熔炼—P-S 转炉吹炼	1	70
金川公司	闪速熔炼(合成炉)—P-S 转炉吹炼	1	65
大冶有色	澳斯麦特熔炼—P-S 转炉吹炼	1	60
东营方圆	富氧底吹炉熔炼—P-S 转炉吹炼	1	50
祥光铜业	双闪	1	40
广西金川	双闪	1	40
紫金铜业	闪速熔炼—P-S 转炉吹炼	1	20
白银铜业	白银炉熔炼—P-S 转炉吹炼	2	20

我国铜冶炼个别低品位矿直接采用微生物冶金方法，如紫金铜业。炼铜强化熔炼技术的发展，起步于20世纪70年代初期，以白银炼铜法的研发和应用为标志，其后通过引进与自主创新相结合，极大地加快了技术进步。目前，我国已全面淘汰鼓风炉、反射炉和电炉等传统炼铜工艺，铜冶炼工业在工艺技术、装备、能耗、污染物排放和资源综合利用等方面，全面进入世界先进水平。目前闪速熔炼、熔池熔炼等多种冶炼技术并存，主要熔炼技术为奥图泰闪速熔炼，占50%；浸没式顶吹，占25%；其余为富氧底吹和侧吹。

(2)清洁生产的措施

根据清洁生产的内涵，结合铜冶炼行业的具体实际情况，铜冶炼企业的清洁生产应着重体现在生产工艺、原材料、设备和生产过程控制与管理等环节。

1)工艺的清洁性

根据国内铜冶炼企业的现状，生产工艺分为冶炼、制酸和辅助工艺。

①铜的粗熔炼工艺。

铜的火法粗炼可分为鼓风炉、反射炉、电炉、诺兰达法、艾萨法、白银法和闪速炉法。反射炉法的热效率低，烟气中二氧化硫浓度低；鼓风炉床能力和脱硫率低、能耗高；电炉法电能耗大、投资高；闪速炉法热效率高、能耗低，烟气含 SO_2 浓度高，硫回收率可达95%，易实现机械化、自动化和规模化生产，而属于熔池熔炼的诺兰达法、艾萨法和白银法，介于闪速炉与鼓风炉两者之间。随着制氧和膜技术的发展，富氧技术在铜的冶炼中得到广泛应用。高浓度的氧气不仅能提高冶炼效率，节约能源，而且能提高烟气中 SO_2浓度，有利于制酸，能提高硫的回收率。综合对我国炼铜工艺的比较，闪速熔炼烟气中二氧化硫浓度高，硫的利用率可达到95%以上，单位粗铜产污和排污系数低，应加以提倡，属于熔池熔炼的诺兰达法、艾萨法和白银法是发展工艺，电炉和鼓风炉则是保留工艺，反射炉工艺呈淘汰趋势。

②精炼工艺。

粗铜精炼分火法精炼和电解精炼。火法精炼是利用某些杂质对氧的亲和力大于铜，而其氧化物又不熔于铜液等性质，通过氧化造渣或挥发除去。其过程是将液态铜加入精炼炉升温或固态铜料加入炉内熔化，然后向铜液中鼓风氧化，使杂质挥发、造渣；扒出炉渣后，用插入青木或向铜液注入重油、石油气或氨等方法还原其中的氧化铜。还原过程中用木炭或焦炭覆盖铜液表面，以防再氧化。粗铜火法精炼后可铸成电解精炼所用的铜阳极或铜锭。精炼炉渣含铜较高，可返回转炉处理。精炼作业一般在反射炉或回转精炼炉内进行。火法精炼的产品叫火精铜，一般含铜99.5%以上。火精铜中常含有金、银等贵金属和少量杂质，通常要进行电解精炼。若金、银和有害杂质含量很少，可直接铸成商品铜锭。电解精炼是以火法精炼的铜为阳极，以电解铜片为阴极，在含硫酸铜的酸性溶液中进行。电解可产出含铜99.95%以上的电铜，而金、银、硒、碲等富集在阳极泥中。电解过程中，大部分铁、镍、锌和一部分砷、锑等进入溶液，使电解液中的杂质逐渐积累，铜含量也不断增高，硫酸浓度则逐渐降低。因此，必须定期引出部分溶液进行净化，并补充一定量的硫酸。

为降低粗铜在精炼还原阶段的烟气炭黑污染，金隆公司率先在阳极炉用 LPG 替代重油，下一步还将利用制氧中产生的氮气还原，从机理上消除炭黑污染。

③烟气制酸。

由于水洗烟气净化采用一次性洗涤水，污水产生量大，而酸洗流程污酸产生量少，因此用酸洗净化工艺取代水洗流程。转化方面，二次转化二次双吸，使二氧化硫得到充分转化和吸收；另外应采用新型、高效的净化和转化技术和设备，如金隆公司引进使用美国孟山都动力波洗涤器和触媒，进一步强化净化和转化效率，使制酸后外排尾气 SO_3的浓度和绝对量均较低，符合环保要求。

2）原料的清洁性

制定企业内部原（辅）材料标准，不用、限用或少用有毒有害的材料；用无毒、低毒或少毒的材料替代有毒有害的材料，努力从源头减少毒害物质的摄入量。如限制铜精矿中砷、氟等有害物的含量；用低硫、低灰分的燃煤；阳极炉还原用液化气替代重油等。

3)设备的清洁性

设备的清洁性，主要体现在：一是要求转化利用效率高、产污系数低的设备；二是设备封闭性好，没有跑冒滴漏；三是节能降耗、资源流失率少、排污系数低；四是设备要有利于生产操作控制的自动化。如金隆公司采用结构简单、封闭性好的阿法拉法板式换热器；变频 SO_2 风机，使制酸系统能根据冶炼烟气量变化自动调节控制。

4)污染的预防和治理

在保证实施工艺、设备和原材料清洁性的同时，依然采取积极的污染预防和治理措施，主要体现在：

①烟气低空污染的防治。在铜的熔炼过程中因加料、放铜和放渣等，作业现场会有 SO_2 烟气泄漏，通过设置活动烟罩、回转烟罩、集烟箱、管道、阀门、环保风机和高架烟囱等，将上述低空含硫烟气高空排放，既改善了作业环境，又避免了泄漏烟气造成的低空污染。

②酸性场面水的集中。收集熔炼、制酸区域易被烟尘、酸污染区域的场面水及雨后 10 min 的雨水，电解湿法精炼的酸性废水，通过设置集水池、专用管道、输送泵等，集中收集后再处理。

③废酸及酸性污水处理系统。废酸采用石膏硫化法处理，回收有价金属，并副产石膏；运用石灰铁盐法，通过二段中和、曝气、沉淀过滤等工序，有效除去废水中的重金属离子，使废水达标排放。

④固体废弃物综合利用。铜冶炼产生的固体废弃物有冶炼渣和化工渣，大多数渣是能综合利用的(如水淬渣、石膏、煤渣)，使其资源化；对于暂时不能利用的(如中和渣)，应采取妥善处置措施，做到无害化，尽量使一般固体废物零排放，危险固体废物对外部环境(如水源和地下水)零风险。

5)生产过程的控制和管理

生产过程控制主要是控制重要的生产指标，如提高鼓风炉的床能力、降低焦率；优化转炉造铜、造渣期，提高送风时率；制酸的重点是提高净化效率、转化率和吸收率；改善环保指标，如提高水的重复利用率和污染物排放综合达标率；提高全硫利用率；固体废弃物减量化、资源化和无害化；提高环保设施的完好率和开动率。生产过程管理主要是强化清洁生产意识；强化岗位、工序按标准化操作；运用行政、经济等手段，杜绝或减少生产过程的“跑、冒、滴、漏”现象。

综上所述，铜冶炼行业的清洁生产是节能、降耗、减污，是经济、环境和社会效益的统一，也是实施可持续发展的客观要求。清洁生产涉及工艺、设备、材料、生产过程的控制和管理。同时，清洁生产又是相对的，随着科技进步、生产工艺、技术、设备及装备水平的提高而不断深化发展。对新建或技改企业，主要采用低物耗、低污染、高产出的先进工艺和设备；对现有企业，可通过清洁生产审计，对从原料投入到产品产出的生产全过程的各工序、各环节、各岗位进行审定，查找出产生污染的“原因”和“地点”，提出可行的解决方法，以达到节能、降耗、减污的目的。

6.2.2.3　铅锌冶炼清洁生产

世界铅精矿和铅生产量的增量主要来自中国。西方国家的精铅生产以再生铅为主，其中发达国家均在83%以上；而我国70%以上是矿产铅。我国的铅冶炼产业发展较快，表6-7所列为2012年中国前十大铅冶炼企业的产能、产量。

表6-7　2012年全国十大铅冶炼企业的铅产能/万t

企业名称	主要工艺	产能	产量	原料
河南豫光金铅	SKS	40	40.1	原生铅+再生铅
安徽省华鑫铅业	反射炉	33	30	再生铅
济源市万洋冶炼集团	SKS	22	20	原生铅
济源市金利铅业	富氧侧吹	30	16	原生铅+再生铅
春兴胜科合金公司	反射炉	20	12	再生铅
安阳豫北金属冶炼厂	SKS+反射炉	26	11	原生铅+再生铅
湖南宇腾有色股份	SKS	18	11	原生铅
水口山有色金属集团	SKS	10	10	原生铅+再生铅
云南锡业集团	澳斯麦特	10	8.3	原生铅
安阳岷山有色金属公司	SKS	10	8	原生铅

目前，中国铅冶炼企业主要采用水口山法、反射炉、富氧侧吹、澳斯麦特等工艺。铅冶炼工艺几乎全是火法，湿法冶炼至今仍处于试验阶段。铅精炼方面，我国基本上采用电解精炼工艺，而俄罗斯和欧美等国主要采用火法精炼。直接炼铅法简单地分为熔池熔炼和闪速熔炼两类，熔池熔炼方法包括QSL法、卡尔多法、富氧顶吹浸没熔炼—鼓风炉还原法(又称艾萨炼铅法或澳斯麦特炼铅法)、氧气底吹—鼓风炉还原法(SKS法)及在SKS法基础上发展的“三段炉法”。闪速熔炼有基夫赛特法及我国自主研发的铅富氧闪速熔炼法，共同特点是：①采用强化冶炼的现代冶金设备，提高热能利用效率；②使用氧气和富氧空气，降低熔炼烟气量，提高烟气SO_2利用率，减少排入大气的有害烟气量；③充分利用硫化物的燃烧热，降低熔炼过程能耗；④控制有害物质的无组织排放，满足环保要求；⑤实现工艺的高度自动化，降低工人劳动强度。我国自主研发的SKS工艺及“三段炉法”应用最广泛，占全国的60%以上。各种铅冶炼方法具有不同特点，针对

不同的原料特点及企业生产实际选择不同的冶炼方法。

近年来，我国锌产量基本保持稳定的增长趋势，2013 年我国精锌产量为 530 万 t，占世界总产量的 40%，2014 年精锌产量 583 万 t。除中国外，加拿大、日本、韩国、澳大利亚、西班牙、德国、美国、墨西哥、俄罗斯是金属锌的主要生产国。我国规模以上锌冶炼企业 400 余家，分布在全国 25 个省、市、自治区。2012 年底，全国锌冶炼能力已接近 700 万 t，实际产量 483 万 t，冶炼能力过剩。2012 年我国十大锌冶炼企业的主要工艺及产能见表 6－8。

表 6－8　2012 年我国十大锌冶炼企业的主要工艺及锌产能

企业名称	主要工艺	产能/万 t	产量/万 t
株洲冶炼集团	常规工艺＋常压富氧浸出	50	47.7
葫芦岛有色集团	常规工艺＋竖罐＋ISP	42.5	31.6
汉中锌业公司	常规工艺	36	29.8
河南豫光锌业	常规工艺	25	23.7
白银有色金属公司	常规工艺＋ISP	18.5	17.5
赤峰中色库博红烨锌冶炼有限公司	常规工艺	21	17
巴彦淖尔紫金有色金属有限公司	常规工艺	22	15.7
陕西锌业有限公司	常规工艺	15	15
云南冶金集团	常规工艺＋氧压浸出	15	13
中金岭南有色金属股份公司	氧压浸出＋ISP	20	12.5

现代炼锌方法分为火法炼锌与湿法炼锌两大类。火法炼锌中的竖罐蒸馏炼锌已趋淘汰，电炉炼锌规模小且未见新的发展；密闭鼓风炉炼锌是世界上最主要的几乎是唯一的火法炼锌方法，尚在白银冶炼厂、陕西凤翔东岭冶炼厂及韶关冶炼厂应用。世界上总共有 15 台密闭鼓风炉在进行锌的生产，占锌总产量的 12%～13%。湿法炼锌包括常规浸出法、氧压浸出法和常压氧浸法。

(1)我国铅锌行业发展现状及环保问题

相比废水和废渣，铅冶炼过程的含铅尘废气尤其需要关注，这也是“血铅”事件的元凶。铅尘是尘和铅烟的混合物，由于铅及其化合物的蒸气压较高，在高温冶炼过程中，铅及其化合物很容易呈蒸气状态逸出(通常认为在 450℃时，铅烟开始产生，并随温度升高而增加)。因此，在炉窑的排铅口、放渣口等处，会产生大量的粒径在 0.01～1 μm 的含铅烟尘，若收尘措施不当，就会给环境带来严重污染。

铅冶炼企业铅尘的来源可分为三类：①低温作业区的机械尘，主要包括原料库、配料、混料、物料制备、转运、烟灰输送等过程产生的铅灰尘，含铅量一般在40%以上；②炉窑的加料口、喷枪口的机械尘和挥发尘，以及由于操作失误导致的烟气外溢等；③高温作业区的挥发尘，包括炉窑排铅口、放渣口外溢的含铅烟尘等。铅尘具有粒径分布范围广、分散度高的特性，普通的布袋收尘效果不理想，加之工厂产尘点多、通风量大，导致铅尘的无组织排放量较高。

铅冶炼企业的废水主要来源于制酸的动力波净化工段，该废水含有10～30 g/L硫酸和少量F、Cl、As等，通常采用石灰中和的办法处理。对厂区内前期收集的雨水，通常采用过滤后返回水淬的办法，基本不外排。

铅冶炼企业烟化炉产出的水淬渣，目前大都作为一般的工业固体废物外售给水泥厂。由于该水淬渣中仍含有约1%的铅和锌作为水泥原料，其对环境的影响在短期内尚不明朗，需要引起相关部门和生产企业的关注。

铅冶炼企业的另一个隐性污染源是As污染。由于铅物料中或多或少都含有一定量的砷，在熔炼过程大部分砷进入粗铅，并最终在铅阳极泥中富集。目前铅冶炼企业的铅阳极泥大都采用转炉灰吹的办法，首先脱除阳极泥中大部分的铅、锑、铋、锡和砷，得到贵铅再精炼回收贵金属。

锌冶炼过程的主要污染源是冶炼废渣和废水，近年来发生的水体镉、铊污染事件大都和锌冶炼渣和冶炼废水的不当处置有关。锌冶炼渣在某种程度上也是造成“血铅”事件的帮凶。锌冶炼渣有两大类——浸出渣和除铁渣。根据冶炼工艺的不同，锌浸出渣和除铁渣的成分也有很大的变化。

目前我国的锌冶炼以沸腾焙烧—热酸浸出—铁矾除铁为主流，热酸浸出渣中通常含有6%～10%的铅、6%～10%的锌和200～300 g/t的银，铁矾渣中通常含有3%～5%的锌，和锌精矿伴生的铟、镓等也富集在铁矾渣中。粗略估算，一个年生产10万t锌的冶炼厂每年约产出4万t的热酸浸出渣和5.5万t的铁矾渣（干基）。上述冶炼渣中通常含有30%以上的水分，无害化处理成本高。因此，除少数处理高铟锌精矿的冶炼企业采用回转窑挥发进行无害化处置外，大多数均采用堆存的方法，把热酸浸出渣和铁矾渣区别堆存或填埋，存在着较大的污染隐患。

锌冶炼废水主要来自浸出、固液分离、净化、电解等车间的“跑、冒、滴、漏”和地面冲洗，包括制酸工序的稀污酸以及厂区内收集的前期雨水等。锌冶炼废水中通常含有一定量的铅、锌、汞、镉、铜等重金属阳离子和氟、氯、砷、硫酸根等有害阴离子。由于我国南方雨水较多，当地的锌冶炼厂很难做到冶炼废水的“零”排放。

锌冶炼企业的另一个隐性污染源是汞污染，尤其是高汞锌精矿，在焙烧过程中，大部分汞进入烟气，虽然可以采用专门的脱除技术（KI法、氯化汞络合法、硫化钠法等)回收大部分汞,但仍有少量汞会进入稀污酸中。

氧气浸出技术(包括氧压浸出和常压富氧浸出)仅仅解决了SO_2的产生和由此导致的SO_2污染问题,不仅没有从根本上解决浸出渣中伴生铅、银、汞的回收和无害化处置问题,还带来了单质硫自燃的隐患。采用氧压浸出的丹霞冶炼厂,其所产出的浸出渣经热滤回收单质硫后,富含铅、锌、银、汞的热滤渣目前临时堆存在库房中,尚无好的处理办法;采用常压富氧浸出法的株洲冶炼厂,其所产出的浸出渣目前临时外售给某制酸企业生产硫酸,硫酸烧渣再返回株洲冶炼厂的铅冶炼系统。

2010年以前,我国尚有大量采用烧结机—鼓风炉技术的铅冶炼企业,由于产尘点多(约65处),管理粗放,含铅烟尘的无组织排放量高(粗略估计,每生产1 t粗铅,约排放10~15 kg的铅尘),导致"血铅"事件时有发生。2010年以后,随着国家新的铅、锌工业污染物排放标准(GB 25466—2010)的出台和"三段炉"炼铅技术的快速推广,铅冶炼过程基本实现了密闭生产,铅尘的产出量大幅降低(产尘点约33处,每生产1 t粗铅,约排放1~2 kg的铅尘,且主要来自原料堆场的无组织排放),对环境的影响也得到了极大改观。通过加装制酸烟气的二次尾吸装置,外排的制酸烟气SO_2含量大都已经达到400 mg/m^3以下,有的甚至低于100 mg/m^3。

国内(如湖南永州)目前还有许多以处理低品位含铅和贵金属二次物料为主的涉铅企业,并以烧结—鼓风炉为主要生产技术,有关生产指标很难达到粗铅冶炼业的一级指标。由于其所处理的贵金属物料中均含有较高的砷(5%~8%),加之环保措施不到位,砷制品也没有市场,含砷烟尘导致的砷污染比较严重。

我国大型锌冶炼企业在节能减排、资源综合回收方面均建有较完备的设施,如浸出渣和除铁渣的回转窑还原挥发、低浓度SO_2烟气的治理、外排生产废水的处置和达标排放等,新建的铅锌联合企业如江西铜业铅锌金属有限公司也基本实现了锌浸出渣的低能耗综合利用。近年来,随着银、铟等金属产品和铁矿石价格的走高,一些锌冶炼企业堆存的含银、铟浸出渣和铁钒渣也基本处置完毕。

(2)有色铅锌行业清洁生产

1)贯彻环保优先原则,加快完善铅锌行业产业政策

①尽快修订和完善铅锌行业产业政策。应实行环保优先原则,坚决关闭和淘汰以牺牲环境为代价的落后产能。根据《环境保护法》提高行业环保标准,并制定相应的实施办法。对未达到国家环保标准的企业坚决予以强制停产,进行环境治理。通过环保优先政策的制定和实施,提高进入"门槛",形成"绿色屏障",遏制盲目发展和恶性竞争。

②进一步加强环保执法。铅锌行业是产生大量污染的产业,国家环保部门应尽快完善和修订铅锌行业企业污染治理标准,控制高污染产业的蔓延。特别是各

地区环保部门应加大对铅锌行业企业的环保执法力度，通过严格执法，坚决关闭和淘汰落后的冶炼产能，禁止扩大冶炼产能，坚决取缔非法采矿及无证采矿；关闭资源利用率低、工艺落后、严重污染环境的小矿山、小选厂和小有色冶炼、土法冶炼企业。

③积极推进大型骨干企业的技术改造。为了使铅锌行业骨干企业增强竞争力，治理环境污染，国家有关部门安排了一批重点技术改造项目。这些项目将对我国铅锌行业的技术进步和产业升级起到积极的促进作用，为产业发展提供新的经济增长点，有关企业应抓紧落实。

④大力提倡节约铅锌资源和发展再生铅锌行业。政府和有关部门应高度重视废铅锌的回收，广泛宣传废铅和废锌的回收必要性，提高全民资源回收利用意识。同时鼓励再生铅锌企业走出去学习发达国家生产管理的经验；国家应制定一系列鼓励、扶持措施和强制废铅锌回收的法律和法规；要遏制规模小、耗能高、污染重、工艺技术落后、综合回收利用率低等的再生铅锌企业，使我国再生铅锌行业能够实现良性运作；鼓励再生铅锌企业与科研单位、大专院校联合，共同攻克无污染再生铅锌工艺技术，提高铅锌资源回收率。

2）推进清洁生产

①树立清洁生产观念，提高全体员工的清洁生产意识。为了解决生产发展和污染环境的矛盾，走可持续发展的道路，必须在有色金属行业大力推行清洁生产。清洁生产能有效利用资源，减少污染物的产生和排放，保护生态环境，是重大的预防性环境管理策略。清洁生产既是一种新的环保策略，更是一种全新的思维方式。人们的观念、意识对推行清洁生产非常重要，思想观念的转变是清洁生产推行的基础。

②调整产业结构，加强技术改造，淘汰落后工艺，筛选并推动实施清洁生产。调整产业结构将对我国有色金属行业推行清洁生产起到双重作用。首先，产业结构的调整和改善有利于引入清洁生产工艺，优化资源配置，减少资源消耗，提高投入产出比，减少污染物的产生和排放；其次，调整优化产业结构有利于降低企业生产成本，增加企业效益，进而增加环境保护的资金投入，加大环境治理力度，有效促进有色金属行业的可持续发展。技术改造是促进企业实施清洁生产的重要手段，也是企业改变技术落后状态，实施清洁生产的有效途径。

③强化管理，改进操作；加强科研，鼓励创新。国内外的实践表明，行业污染有相当一部分是由于生产过程管理不善造成的，只要改进操作，改善管理，不需花费很大的经济代价，便可获得明显的削减废物和减少污染的效果。要加强科学技术研究，研究清洁生产工艺，更新、替代有害环境的产品，大力发展清洁产品，为企业实施清洁生产提供技术支持手段。清洁生产技术开发和利用的重点是无害化环境技术，即与所取代的技术比较，污染较少、利用资源的方式能较持久、

废料和产品的回收利用较多、处置剩余废料的方式比较能被接受的技术。

④积极拓展国际合作渠道。发达国家在实施清洁生产方面积累了丰富管理经验，开发了一些成熟的清洁生产技术，要加强清洁生产的国际合作与交流，学习国外的先进经验和做法，加快中国清洁生产发展的步伐。应当加强与发达国家合作开发研究先进的无害环境技术，学习发达国家在开发清洁生产和绿色产品方面的成功经验。通过加强国际交流，积极拓展国际合作渠道，引进国外成功的经验和做法，探索适合中国国情的实施清洁生产的措施和政策。

3）清洁生产工艺

①建立铅锌联合企业。

铅锌矿往往是伴生或共生矿，在选矿过程中很难将其完全分离。铅精矿普遍采用火法冶炼工艺，在炼铅过程中锌进入炉渣，将炉渣烟化产生次氧化锌，可以作为炼锌的原料。锌精矿 90% 采用湿法冶炼，炼锌过程中铅进入浸出渣，然后进行浮选产出铅、银渣，最后加入炼铅过程中回收铅、银。将湿法炼锌和火法炼铅结合得最好的应该是加拿大科明科公司的 Trail 冶炼厂，铅冶炼采用基夫赛特法，处理能力为 1340 t/d。锌冶炼采用湿法炼锌，生产能力为 30 万 t/a，浸出渣全部进基夫赛特炉进行固化处理，基夫赛特炉渣含锌 16% ~18%，采用烟化炉吹炼，使废渣含 Zn <1.2%、Pb <0.5%。消除了浸出渣的环境污染问题，并回收其中的铅、锌、银、铟、硫等有价元素。在炼铅过程处理全部浸出渣，解决了回转窑处理浸出渣的高能耗和低浓度 SO_2 烟气污染问题。因此，铅锌联合冶炼企业可以实现铅锌冶炼过程产物的互相渗透，减少渣处理环节，节约能源，减少烟气污染和废渣污染，更有效地实现资源的综合回收。

②先进的铅锌冶炼工艺和技术。

铅冶炼采用闪速熔炼等直接炼铅方法，每吨粗铅可节能 100 kgce/t 以上。铅闪速熔炼对原料适应性强，在炼铅的同时，搭配处理大量锌浸出渣，利用硫化矿的自热，使处理锌浸出渣的能耗大幅度降低。采用三段炉炼铅技术改造氧气顶吹—鼓风炉还原工艺和氧气底吹—鼓风炉还原工艺，取消铸渣冷凝和鼓风炉还原环节。实行设备大型化，提高金属回收率和资源综合回收水平。彻底淘汰能耗高的竖罐炼锌和电炉炼锌工艺。研究开发黄钾铁矾渣和针铁矿渣的无害化处理技术。

③铅锌冶炼自动化控制技术。

通过计算机数学模型使整个生产系统实现在线控制和在线检测，保证系统最经济最合理的运行状态，减少能耗和物耗，延长设备使用寿命。

6.3　节能减排与资源循环利用

6.3.1　钢铁冶金节能减排与资源循环利用技术

自20世纪90年代以来，钢铁工业掀起了缩短流程、降低投资、节能、高效、减轻环境污染的技术革命。具有良好竞争力的新工艺有以下几种。

(1)低污染烧结技术

这是德国鲁奇公司为荷兰豪格文思公司的伊默登厂改造矿石烧结厂时所采用的工艺。与传统工艺相比，低污染EOS烧结工艺可以减少20%～40%的废气排放量，并能改善烧结矿石的质量。该工艺的全部气体都循环使用，只有烧结过程中产生的废气需净化。

(2)炼焦新技术

国外已开发或已采用的炼焦新技术：①超大型焦炉炭化室的容积可达250 m^3，特点是生产效率高，环境污染少。②不回收副产物的焦炉，美国和澳大利亚已将这种焦炉用于生产。其特点是可使用强黏结性煤，在一些地区可有效地降低成本。③成型焦工艺。日本于1984—1986年开发并进行2000 t/d的装置试验。其优点是产量可调节、能用劣质煤、污染少，可弥补现有室式焦炉的不足。④干熄焦技术。过去采用喷淋水熄灭的方法是炙热的红焦1000℃骤降至100℃左右，大量热量散失未被利用，焦炭的质量(如机械强度、筛分组成、反应性水分变化等)也因湿熄焦的急剧冷却而下降，同时还会生成大量含酚废水和带有毒尘的水蒸气，造成环境污染。干法熄焦是用循环使用的氮气冷却红焦，不但消除了含酚废水的污染，减少了用水量，提高了焦炭产品的质量，还可以回收大量余热用于供热和发电。这种技术产生的焦炭含水少，粒度均匀，强度较高，作为冶金焦使用可降低焦耗约2%。

(3)直接还原铁生产技术

直接还原又称无焦炼铁工艺或非高炉炼铁工艺，是指铁矿石在非熔态下进行的还原。它将传统的钢铁生产工艺转变为两个部分，即直接还原生产海绵铁或熔融金属、电炉炼钢。该工艺是用氢气或天然气直接从铁精矿制铁，不用焦炭，不用高炉，从传统工艺中革除烧结、炼焦和高炉熔炼三大工序。用水量减少到1/3，基本无废渣、废气。转换气还原温度为1000～1100℃，得到含铁高于95%的海绵铁，再在电炉中熔炼成钢。直接还原铁具有以下四个优点：①原料的实用性较强；②工厂规模大小灵活(以中型居多)，产量为$(0.5\sim1)\times10^4$ t/a；③生产费用低；④对周围环境污染小。使用的普通方法有回转窑法、流化床法、反应罐法、对流竖炉法等。近20年来直接还原法获得了迅速发展，主要有希尔(Hyl)法、米德莱克斯(Midrex)法、普罗费尔(Purofer)法、费尔(Fir)法、SL/RN法和KR(corex)法等。按还原剂可分为气体还原法和固体还原法两大类。此外还有熔融直接还原法，使用非焦煤和低品位铁矿石生产熔融金属，具有以煤代焦、缩短工艺流程、减少环境污染、增加生产灵活性等优点，可以大幅度降低基建与生产成本，节约能源。目前熔融还原方法已有35种之多，其中德国科夫公司和奥钢联合公司共同研究开发的以非焦煤为能源的Corex法，是目前世界上第一种也是唯一能以工艺性方式用铁矿石（烧结矿、球团矿）和非炼焦直接生产铁水的工艺。预计熔融还原工艺将改变21世纪的钢铁工业，据预算，与建设同等规模的钢厂相比，采用这种新工艺，可节约投资25%左右，少用土地30%，建设周期缩短一年以上。1989年11月福州40 m煤基回转窑直接还原工业试验获得成功，产品用于电炉炼钢，130%配入生产正常。我国海南省和四川省也正积极利用天然气直接还原法生产铁的工艺。

（4）高炉氧煤炼铁工艺

本工艺是指在鼓风中的含氧量为40%～100%条件下的超量喷煤技术。这是以氧气和煤粉为主要能源的炼铁技术，也是介于常规高炉和熔融还原之间的炼铁工艺。20世纪70年代以来，国外已完成了富氧25%、喷煤150 kg的工艺研究与开发，并在工业高炉上推广应用。高炉富氧喷煤能强化高炉冶炼，大幅度提高产量，以丰富廉价的煤粉代替紧张而昂贵的冶金焦，从而大大减轻环境污染。

（5）炼钢节能减污新技术

钢铁工业中能量的获取大多是通过矿物燃烧的过程实现的，因此，节约能量、减少废气排放量应从改进燃料的燃烧过程入手。几种较先进的节能减污新技术包括：①直流电弧炉。日出钢平均28～30炉，冶炼平稳，噪声低、污染少，环保设施耗电量低。日本国内有11台炉在运行，并出口国外。多功能炼钢炉以直流电弧炉为基础，噪声低、污染少、排气经二次燃烧，其热量充分用于预热废钢，节能效果好。②EOF最佳炼钢炉：德国开发的以大量废钢为燃料的炼钢炉。炉型与电炉相似，但不耗电。大量吸入氧气、炭粉、重油，烟气中的余热用于预热废钢。高温含尘烟气穿过几层废钢后，其温度下降，含尘浓度减少，使末端除尘器的负荷减少。巴西、美国等国家已建成废钢冶炼的EOF炉。③船体型煤粉燃烧器：在煤粉炉上采用支流燃烧器，携带煤粉的一次风气流喷口共分为四层，布置在燃烧室的四角，锅炉共有一次风煤粉喷口16个。加装16个船形体，即可采用低NO_x煤粉燃烧技术，而改装费用极少，只占原锅炉出厂价的0.36%，占整套锅炉装置费用的0.18%。

6.3.2 有色冶金节能减排与资源循环利用技术

（1）节能降耗与减排总体情况

近年来，我国有色金属工业节能取得显著成效，主要产品单位能耗大幅下降，主要技术经济指标接近或达到世界先进水平。有色金属工业能源消费主要集中在冶炼环节，占整个行业的80%左右，其中铝冶炼占61%，铅锌冶炼占7%，镁冶炼占6%，铜冶炼占2%。2013年，氧化铝综合能耗为527.8 kgce/t，铝锭综合交流电耗13740 kW·h/t，达世界先进水平；铜冶炼综合能耗为316.4 kgce/t；铅冶炼综合能耗为469.3 kgce/t；电解锌综合能耗为909.3 kgce/t。铝电解是耗能大户，总电耗约占全国发电总量的6%，铝电解节能更是受到我国政府、社会乃至全球的高度关注。

在资源综合利用及降耗方面也取得了明显进展。据统计，2008年至2013年间，电锌冶炼总回收率由92.7%提高至95.0%，铅冶炼总回收率由94.9%提高至96.3%，铜冶炼回收率由97.2%提高至97.7%。其中我国铜冶炼总回收率等技术经济指标已达到世界先进水平。

清洁生产减排技术的进步对我国有色金属行业发展起到了重要的推动作用。遵循源头预防、清洁生产、末端治理的全生命过程综合防控原则，以金属冶炼生产过程控制为重点，实施了清洁生产技术改造，实现了汞、铅、镉、砷等污染物的大幅减排。如实施"铅冶炼液态渣直接还原清洁生产技术"，使铅的回收率提高2%左右，粗铅还原工序烟尘、铅尘和SO_2的排放量分别减少62.4%、67%和39.6%；采用镉连续真空蒸馏等新技术改造锌冶炼系统，镉冶炼总回收率97%，每年可以减少烟尘中镉排放量3.326 t；实施选矿拜耳法等重大关键技术，使过去没有工业开采价值的中低品位一水硬铝石矿资源得到大规模开发利用，使矿产资源服务年限延长3倍以上，从产业链的源头上找到了一条节约资源之路。

(2)节能减排技术进步

2010年以来，有色金属工业生产工艺技术进步显著，通过技术改造、淘汰落后产能，清洁生产水平迅速提升，节能减排取得显著成效，主要污染物排放总量得到有效控制。

我国氧化铝工业解决了中低品位一水硬铝石矿资源生产氧化铝的重大技术难题，实现了大型节能设备的大规模应用，开发了提高热利用率的技术及赤泥防渗干法堆存技术，总体达到世界先进技术水平。电解铝技术进步最快，成功研发出了280 kA、350 kA、400 kA、500 kA甚至600 kA等具有自主知识产权的大型预焙槽成套技术，并输出国外。开发了铝电解计算机控制技术、提高大型预焙电解槽寿命的技术、优质炭阳极和内衬材料生产技术，以及新型结构电解槽等重大节能技术，同时也开发出了低温低电压铝电解新技术、大型铝电解系列不停电技术等。实现了低极距、低水平电流、低槽电压、低电耗、低阳极效应、高电能利用率铝电解的稳定运行，吨铝直流电耗为12000~12300 kW·h，节能幅度大，达到了国际领先技术水平。

我国铜冶金技术通过引进集成再创新，目前一批企业在规模、技术、装备、能耗、环保、综合回收等多方面，已居于世界先进水平，部分技术和装备已开始出口国外。铜闪速熔炼技术、富氧溶池熔炼新技术、自主研发的"氧气底吹炼铜新工艺”，这些具有世界先进水平的新技术、新工艺在生产中普遍应用，大大提升了我国铜冶炼技术水平，冶炼过程能耗大幅度降低，烟气浓度升高，烟气量减少，烟气输送动力消耗降低，使得制酸能耗进一步降低。同时实现了大幅度减排，铜冶炼行业减少二氧化碳排放约 150 万 t。另外，奥托昆普闪速熔炼技术朝着高铜锍品位、高氧浓度、高投料量、高热负荷的“四高”熔炼方向发展，进一步实现铜闪速熔炼的高效、节能、低污染。

铅锌行业技术进步取得重要进展，自主开发的“氧气底吹—鼓风炉还原炼铅”技术(SKS)已经得到推广使用，粗铅综合能耗降至 380 ~ 426 kgce/t，总硫利用率 95% ~96%，使我国铅冶炼技术进入世界领先行列，有效解决了传统铅冶炼工艺存在的污染问题，大大降低了能耗，是国家推荐的节能高效的先进技术，已列入最新颁布的《铅锌行业准入条件》。湿法炼锌工业中的精矿富氧浸出炼锌技术，实现搭配处理锌浸出渣，浸出效率高，锌冶炼总回收率提高 1.5%，生产过程中无 SO_2 产生，提升了有色金属工业清洁生产水平，有效解决了传统冶炼工艺存在的污染问题。铅锌冶炼行业节能减排技术未来的发展必须由传统单一金属生产，转变为铅锌联合冶炼循环经济产业模式，铅、锌两大系统只产生一种无害弃渣，实现了 SO_2 烟气全部制酸，废气达标排放。

(3)节能减排科技进展

我国有色金属行业的经济规模不断扩大，综合实力明显提高，形成了一批对推动行业节能减排具有带动作用的先进适用技术，主要有：①铝冶炼：改进型拜耳法生产氧化铝技术、高效强化拜耳法技术、新型阴极结构铝电解槽节能技术、低温低电压铝电解槽结构优化技术、铝电解槽先进控制等技术、氧化铝赤泥综合利用技术、新型电解铝烟气干法高效净化技术、铝电解降低效应系数、废内衬及炭渣循环利用技术。②铜冶炼：铜冶炼闪速熔炼技术、顶吹熔池熔炼技术(澳斯麦特/艾萨熔炼法)、氧气底吹熔炼技术。③铅锌冶炼：基夫赛特炼铅、艾萨炉熔炼鼓风炉还原炼铅、澳斯麦特法炼铅、氧气底吹熔炼液态高铅渣侧吹(底吹)还原炼铅、硫化锌精矿常压富氧直接浸出、硫化锌精矿加压氧气直接浸出、锌氧化矿及二次物料溶剂萃取提取新工艺、湿法炼锌生产中铁分离—针铁矿沉铁工艺、湿法炼锌工艺挥发窑渣综合利用、锌浸出渣银浮选回收、锌浸出渣无害化处理等技术。④冶炼污染控制：DS - 低浓度二氧化硫治理技术、活性焦脱硫技术、金属氧化物吸收脱硫技术、湿法冶金含酸雾烟气治理技术、焙烧烟气净化除汞技术、HDS 石灰法废水治理技术、重金属废水生物制剂法深度处理与回用技术、冶炼废水膜法深度处理技术等。

我国有色冶金行业在国际同行业中的影响力和竞争力日益增强，然而在产业发展中仍面临一些瓶颈。如部分产品单耗与世界先进水平仍存在一定差距，国内企业间能耗水平相差悬殊，重金属污染问题较为突出，淘汰落后产能任务艰巨，固体废物综合利用水平偏低；有色冶金产业的总体能源消耗和“三废”排放与国际先进水平仍存在差距。具体表现为：我国氧化铝生产目前缺乏工艺技术指标及成本的整体优化方法，往往降低了能耗却严重恶化了其他指标；电解铝技术体系的整体把握和注重点不够，开发方向比较分散；铜冶炼资源高效利用及砷污染控制技术缺乏；铅锌联合清洁冶炼技术整体水平不够；镁冶炼缺乏专业从事镁冶炼技术研究开发的研究院所。有色冶炼目前主要是引进国外先进技术，缺乏研发目标与原创性技术，且新技术推广应用力度不大。

(4)节能减排技术发展方向

2014 新版《产业结构调整指导目录》指出有色金属行业加大高效、低耗、低污染、新型冶炼技术开发，高效、节能、低污染、规模化再生资源回收与综合利用，包括废杂有色金属回收、有价元素的综合利用、赤泥及其他冶炼废渣综合利用及高铝粉煤灰提取氧化铝。为实现这些目标，必须提出能实现我国有色冶金工业节能减排目标的技术路线，开发更为先进的节能减排技术。

氧化铝重大节能技术主要是进一步发展拜耳法。优化选矿拜耳法的主要技术方向是优化选矿流程和选矿药剂以提高选矿效率，降低选精矿的含水量和所含药剂的危害性，开拓选矿尾矿的综合利用途径。石灰拜耳法改进的方向是优化选择石灰最佳添加量、解决碱液化灰和赤泥减量外排的生产技术难题。湿法串联新工艺的关键技术在于开发出新的高效脱硅产物，即铁钛取代铝的水化石榴石。对于低品位矿，湿法串联新工艺将优于其他类型的处理技术，我国应大力推广应用湿法串联新工艺。另外，提高系统热效率及余热回收利用技术是降低能耗的又一重要途径。铝电解重大节能技术主要包括：发展新型结构铝电解槽技术，通过优化阴极和阴极钢棒的结构和形状，改进内衬材料，进一步优化调整电解槽工艺参数，降低水平电流和提高电流效率；大型电解槽进一步节能的重要方向是提高电流密度，并同时尽可能保持较低的槽电压。

氧化铝减排最重要的是实施清洁生产全过程减排技术，包括：提高氧化铝溶出率及回收率，以降低干赤泥的产出率；强化赤泥洗涤，降低外排赤泥中游离附碱含量及浓度；氧化铝生产污水循环利用技术；赤泥无害化堆存技术及赤泥高效资源化利用技术。

铝电解减排未来的主攻方向是重点开发应用高效减排多氟化碳技术，降低阳极效应系数和多氟化碳 PFC 排放量；开发废槽内衬的无害化处理和综合利用技术。

铜冶炼未来将以资源综合利用、实现节能减排为目标，重点开发高温炉窑的余热利用技术、冶炼中间物料的综合利用技术、污酸废水深度治理与资源化利用技术、冶炼过程砷污染物开路与安全处置技术等。

铅锌冶炼节能减排将以污染防治为目标，重点构建铅锌联合绿色冶炼循环经济工业模式，未来将发展适应于中低品位铅锌物料处理的清洁高效综合利用技术、富氧直接浸锌技术、闪速直接炼铅技术、铅锌冶炼渣治理与清洁利用技术、铅膏泥的经济提取及铅－铅酸蓄电池联产新技术、炼钢锌灰的无害化综合利用新技术、高耗能烟化炉替代技术等。

有色冶金节能减排共性技术将重点发展：先进燃烧及燃煤工业锅炉工程技术、余热余压余能利用技术、资源维度的有色冶炼“三废”深度治理技术、有色冶金节能减排管理技术、有色冶炼“用水—回水—排水”综合节水管理技术、合同能源管理系统、合同环境管理系统等。

参考文献

[1] 柴立元, 彭兵. 冶金环境工程学[M]. 北京: 科学出版社, 2010.
[2] 彭容秋. 重金属冶金工厂环境保护[M]. 长沙: 中南大学出版社, 2006.
[3] 北京冶矿研究总院测试研究所. 有色冶金分析手册[M]. 北京: 冶金工业出版社, 2004.
[4] 王绍文. 冶金工业废水处理技术及工程实例[M]. 北京: 化学工业出版社, 2009.
[5] 郭培民, 赵沛. 冶金资源高效利用[M]. 北京: 冶金工业出版社, 2012.
[6] 赵由才. 环境工程手册(固体废物污染控制与资源化)[M]. 北京: 化学工业出版社, 2002.
[7] 张朝晖. 冶金资源综合利用[M]. 北京: 冶金工业出版社, 2011.
[8] 陈津, 王克勤. 冶金环境工程[M]. 长沙: 中南大学出版社, 2009.
[9] 牛冬杰, 孙晓杰, 赵由才. 工业固体废物处理与资源化[M]. 北京: 冶金工业出版社, 2007.
[10] 董保澍. 固体废物的处理与利用[M]. 北京: 冶金工业出版社, 1999.
[11] 赵由才, 牛冬杰, 柴晓利. 固体废物处理与资源化[M]. 北京: 化学工业出版社, 2006.
[12] 张林楠, 张力, 王明玉, 隋智通. 铜渣的处理与资源化[J]. 矿产综合利用, 2005, (5): 22-27.
[13] 赵瑞荣, 石西昌. 锑冶金物理化学[M]. 长沙: 中南大学出版社, 2006.
[14] 盛广宏, 翟建平. 镍工业冶金渣的资源化[J]. 金属矿山, 2005.
[15]《铅锌冶金学》编委会. 铅锌冶金学[M]. 北京: 科学出版社, 2003.
[16] 罗仙平, 刘北林, 唐敏康. 从钨冶炼渣中综合回收有价金属的试验研究[J]. 中国钨业, 2005.
[17] 石太宏等. 冶炼废水重金属污泥的无害化处置和资源化利用[J]. 污染防治技术, 2007.
[18] 陈昆柏. 固体废物处理与处置工程学[M]. 北京: 中国环境科学出版社, 2005.
[19] 韦成果. 含锡富渣烟化炉硫化挥发[J]. 有色金属, 2002.
[20] 王绍文, 杨景玲. 环保设备材料手册[M]. 北京: 冶金工业出版社, 2002: 819-903.
[21] 付运康. 锌浸出渣不同处理工艺浅析[J]. 四川有色金属, 2003(1): 35-38.
[22] 刘天齐等. 三废治理工程技术手册. 废气卷[M]. 北京: 化学工业出版社, 1993.
[23] 张杨帆, 李定龙, 王晋. 燃煤锅炉烟气脱硫除尘一体化技术[J]. 生产与环境, 2007, 7(2): 27-29.
[24] 郭绍义, 韩利华, 梁英华. 烟气脱除氮氧化物技术概况[J]. 辽宁化工, 2006, 35(2): 88-91.
[25] 王敏. 含氟废气的综合利用[J]. 有机氟工业, 2007, (2): 43-47.
[26] 王宝庆, 陈亚雄, 姜小海. 含氟烟气的净化与回收[J]. 环境污染治理技术与设备, 2000, 1(4): 82-86.
[27] 林星杰. 铅锌行业重金属产、排污系数使用手册[M]. 北京矿冶研究总院, 2013.

[28] 朱祖泽，贺家齐．现代铜冶金学[M]．北京：科学出版社，2003.
[29] 朱屯．现代铜湿法冶金[M]．北京：冶金工业出版社，1998.
[30] 钱小青．冶金过程废水处理与利用[M]．北京：冶金工业出版社，2008.
[31] 林世英．有色冶金环境工程学[M]．长沙：中南工业大学出版社，1991.
[32] 唐谟堂，李洪桂．无污染冶金[M]．长沙：中南大学出版社，2006.
[33] 张琰．从铜转炉烟灰中回收铜锌铅的研究[D]．兰州：兰州理工大学，2011.
[34] 刘庆国．炼铜电收尘烟尘的综合利用[D]．南昌：江西理工大学，2010.
[35] 王智友．炼铜烟尘湿法处理回收有价金属的新工艺研究[D]．昆明：昆明理工大学，2010.
[36] 许国洪，朱朝辉．关于用铜烟灰酸浸渣生产三盐基硫酸铅的研究[J]．浙江冶金，1992，(3)：38－43.
[37] 姚根寿．从烟灰铅渣中提取三盐基硫酸铅的实践[J]．安徽冶金，2002，(3)：45－46.
[38] 李琼娥．从炼铜烟尘中提取三盐基硫酸铅的生产实践[J]．有色冶炼，1991，(4)：37－39.
[39] 雷兴国．氯化物水冶法处理铜转炉电收尘烟灰的试验[J]．有色冶炼，1987，(11)：40－43.
[40] 贾荣．铜冶炼含铅废料集中处理方案[J]．有色冶金节能，2005，22(1)：22－25.
[41] 姚芝茂，徐成，赵丽娜．铅冶炼工业综合固体废物管理研究[J]．中国有色冶金，2010，(3)：40－45.
[42] 杨勰，李宏煦，李超．铅冶炼烟尘的物性分析及浸出性研究[J]．化工环保，2014，34(5)：493－498.
[43] 李卫锋，杨安国，郭学益，等．河南铅冶炼的现状及发展思考[J]．中国金属通报，2009，(15)：34－37.
[44] 李卫锋，张晓国，郭学益，等．我国铅冶炼的技术现状及进展[J]．中国有色冶金，2010，(2)：29－33.
[45] 佟志芳，杨光华，李红超，等．氨浸出含锌烟尘制取活性氧化锌[J]．化工环保，2009，29(6)：534－537.
[46] 王树立，高雪，赵奇，等．铅银渣中多种元素提取工艺路线的研究[J]．现代化工，2015，35(1)：80－83.
[47] 马永涛，王凤朝．铅银渣综合利用探讨[J]．中国有色冶金，2008，(3)：44－49.
[48] 魏威，陈海清，陈启元，等．湿法炼锌浸出渣处理技术现状[J]．湖南有色金属，2012，28(6)：37－39.
[49] 张盈，余国林，郑诗礼，等．锌湿法冶炼硫渣中硫磺化学富集工艺[J]．过程工程学报，2014，14(1)：56－63.
[50] 马进，何国才，程亮，等．湿法炼锌净化镍钴渣全湿法回收新工艺[J]．有色金属(冶炼部分)，2013，(12)：11－14.
[51] Gomes G M F, Mendes T F, Wada K. Reduction in toxicity and generation of slag in secondary lead process[J]. Journal of Clean Production, 2011, 19(9/10): 1096－1103.

[52] Chen Weisheng, Shen Yunhwei, Tsai Minshing, et al. Removal of chloride from electric arc furnace dust[J]. Journal of Hazardous Materials, 2011, 190(1/2/3): 639 - 644.

[53] Jha M K, Kumar V, Singh R J. Review of hydrometallurgical recovery of zinc from industrial wastes[J]. Resource Conservation Recycle, 2001, 33(1): 1 - 22.

[54] Turan M D, Altundoan H S, Tümen F. Recovery of zinc and lead from zinc plant residue[J]. Hydrometallurgy, 2004, 75(1/2/3/4): 169 - 176.

[55] 王华, 谢华. 铅锌冶炼厂废水处理工艺优化探讨[J]. 科技创业家, 2013, 10: 203.

[56] 黄霞, 张旭, 胡洪营, 等. 环境工程原理[M]. 北京: 高等教育出版社, 2005.

[57] Kim D S. The removal by crab shell of mixed heavy metal ions in aqueous solution[J]. Bioresource Technology, 2003, 87: 355 - 357.

[58] 肖邦定, 刘剑彤. 曝气混一体法去除碱性废水中砷的研究[J]. 中国环境科学, 1997, 17(2): 148 - 187.

[59] 雷鸣, 铁柏清, 廖柏寒, 秦普丰, 田中干也. 硫化物沉淀法处理含 EDTA 的重金属废水[J]. 环境科学研究, 2008, 21(1): 150 - 154.

[60] Fu F., Wang Q., Removal of heavy metal ions from wastewaters: A review[J]. Journal of Environmental Management, 2011, 92: 407 - 418.

[61] 来风习, 杨玉华, 王九思. 铁氧体法处理重金属废水研究[J]. 甘肃联合大学学报(自然科学版), 2006, 20(3): 64 - 66.

[62] 过俊朗. 铁氧体共沉淀工艺处理含重金属污水[J]. 电子材料, 1973(9): 70.

[63] 钱勇. 工业废水中重金属离子的常见处理方法[J]. 广州化工, 2011, 39(5): 130 - 138.

[64] 杨文进, 陈友岚. 药剂还原法处理含铬污水的试验研究[J]. 工程科技, 2009, 9: 123 - 124.

[65] 光建新. 铁屑还原法处理含铬废水的研究[J]. 污染治理, 2007, 27(3): 42 - 43.

[66] 夏士朋. 利用硼氢化钠从含银废液中回收银[J]. 化学世界, 1994, 7: 379 - 380.

[67] 张小龙, 马前. 国内外重金属废水处理新技术的研究进展[J]. 环境工程学报, 2007, 1(7): 10 - 13.

[68] 李福德. 微生物治理电镀废水方法[J]. 电镀与精饰, 2002, 24(2): 35 - 37.

[69] 卢英华, 袁建军. 高选择性重组基因工程菌治理含汞废水的研究[J]. 泉州师范学院学报, 2003, 21(6): 71 - 75.

[70] 张建梅. 重金属废水处理技术研究进展(综述)[J]. 西安联合大学学报, 2003, 6(2): 55 - 59.

[71] T. A. Kurniawan, G. Y. S. Chan, W. H. Lo, et al. Physico - chemical treatment techniques for wastewater laden with heavy metals[J]. Chemical Engineering Journal, 2006, 118(1 - 2): 83 - 98.

[72] 袁诗璞. 化学法处理电镀废水的几个问题[J]. 涂料涂装与电镀, 2005, 3(1): 39 - 43.

[73] 杨彤, 许耀生, 曹文海. 化学法处理重金属离子废水的改进[J]. 电镀与精饰, 1999, 21(5): 38 - 40.

[74] 赵玉明. 清洁生产[M]. 北京: 中国环境科学出版社, 2005.

[75] 魏立安. 清洁生产审核与评价[M]. 北京：中国环境出版社, 2005.
[76] 孙启宏, 等. 清洁生产标准体系研究[M]. 北京：新华出版社, 2006.
[77] 张景来, 等. 冶金工业污水处理技术及工程实例[M]. 北京：化学工业出版社, 2003.
[78] 姚莉. 试论有色铅锌行业的环保问题及解决对策[J]. 市场周刊. 管理探索, 2005(4).
[79] 夏绪辉. 冶金工业中的清洁生产技术[J]. 湖北工业大学学报, 2006(6).
[80] 周振联. 有色铜冶炼的清洁生产分析[J]. 有色金属(冶炼部分), 2001.
[81] 顾秀莲. 有色金属行业节能减排大有可为[J]. 中国有色金属, 2007(10).
[82] 朱军. 冶金清洁生产的基本特征与方法[J]. 有色金属, 2002(7).